高等学校土木建筑专业应用型本科系列规划教材
华东地区大学出版社优秀教材

结构力学

(第2版)

主　审　单　建
主　编　赵才其　赵　玲
副主编　孙　云　范　力　盛力晶
参　编　(以拼音为序)
蒋亚琼　卢红琴　孟　玮
宋明志　张小娜

东南大学出版社
·南京·

内容提要

本书共12章,其中第1~8章即绪论、平面体系的几何构造分析、静定结构的内力分析、静定结构的位移计算、力法、位移法、渐近法、影响线及其应用为基本内容,一般需安排64学时;第9~12章即矩阵位移法、结构的动力分析、结构的稳定分析、结构的极限分析为专题内容,各校可根据具体情况选学,一般需安排48学时左右。

全书内容精练,通俗易懂,便于自学,并配有教学课件,方便教师教学。本书既重视基本概念、基本原理的讲解和基本方法的训练,又注重理论知识与应用背景的结合,以及本学科最新成果及发展趋势的介绍。

本书既可作为普通高校本科土木工程专业(包括建筑工程、道路桥梁及工程管理等专业方向)以及水利工程、港口航道工程等相近专业的教材,更适合于各类应用型本科院校使用。同时也可供上述专业的广大工程技术人员参考。

图书在版编目(CIP)数据

结构力学/赵才其,赵玲主编. —2版. —南京:
东南大学出版社,2018.1(2022.1重印)
ISBN 978-7-5641-7262-6

Ⅰ.①结… Ⅱ.①赵…②赵… Ⅲ.①结构力学—教材 Ⅳ.①O342

中国版本图书馆CIP数据核字(2017)第163472号

结构力学(第2版)

出版发行:东南大学出版社
社　　址:南京市四牌楼2号　邮编:210096
出 版 人:江建中
责任编辑:史建农　戴坚敏
网　　址:http://www.seupress.com
电子邮箱:press@seupress.com
经　　销:全国各地新华书店
印　　刷:常州市武进第三印刷有限公司
开　　本:787mm×1092mm　1/16
印　　张:22.50
字　　数:576千字
版　　次:2018年1月第2版
印　　次:2022年1月第4次印刷
书　　号:ISBN 978-7-5641-7262-6
印　　数:7001-8000册
定　　价:56.00元

高等学校土木建筑专业应用型本科系列
规划教材编审委员会

总前言

国家颁布的《国家中长期教育改革和发展规划纲要(2010—2020年)》指出，要"适应国家和区域经济社会发展需要，不断优化高等教育结构，重点扩大应用型、复合型、技能型人才培养规模"；"学生适应社会和就业创业能力不强，创新型、实用型、复合型人才紧缺"。为了更好地适应我国高等教育的改革和发展，满足高等学校对应用型人才的培养模式、培养目标、教学内容和课程体系等的要求，东南大学出版社携手国内部分高等院校组建土木建筑专业应用型本科系列规划教材编审委员会。大家认为，目前适用于应用型人才培养的优秀教材还较少，大部分国家级教材对于培养应用型人才的院校来说起点偏高，难度偏大，内容偏多，且结合工程实践的内容往往偏少。因此，组织一批学术水平较高、实践能力较强、培养应用型人才的教学经验丰富的教师，编写出一套适用于应用型人才培养的教材是十分必要的，这将有力地促进应用型本科教学质量的提高。

经编审委员会商讨，对教材的编写达成如下共识：

一、体例要新颖活泼。学习和借鉴优秀教材特别是国外精品教材的写作思路、写作方法以及章节安排，摒弃传统工科教材知识点设置按部就班、理论讲解枯燥无味的弊端，以清新活泼的风格抓住学生的兴趣点，让教材为学生所用，使学生对教材不会产生畏难情绪。

二、人文知识与科技知识渗透。在教材编写中参考一些人文历史和科技知识，进行一些浅显易懂的类比，使教材更具可读性，改变工科教材艰深古板的面貌。

三、以学生为本。在教材编写过程中，"注重学思结合，注重知行统一，注重因材施教"，充分考虑大学生人才就业市场的发展变化，努力站在学生的角度思考问题，考虑学生对教材的感受，考虑学生的学习动力，力求做到教材贴合学生实际，受教师和学生欢迎。同时，考虑到学生考取相关资格证书的需要，教材中还结合各类职业资格考试编写了相关习题。

四、理论讲解要简明扼要，文例突出应用。在编写过程中，紧扣"应用"两字创特色，紧紧围绕着应用型人才培养的主题，避免一些高深的理论及公式的推导，大力提倡白话文教材，文字表述清晰明了、一目了然，便于学生理解、接受，能激起学生的学习兴趣，提高学习效率。

五、突出先进性、现实性、实用性、可操作性。对于知识更新较快的学科，力求将最新最前沿的知识写进教材，并且对未来发展趋势用阅读材料的方式介绍给学生。同时，努力将教学改革最新成果体现在教材中，以学生就业所需的专业知识和操作技能为着眼点，在适度的基础知识与理论体系覆盖下，着重讲解应用型人才培养所需的知识点和关键点，突出实用性和可操作性。

六、强化案例式教学。在编写过程中，有机融入最新的实例资料以及操作性较强的案例素材，并对这些素材资料进行有效的案例分析，提高教材的可读性和实用性，为教师案例教学提供便利。

七、重视实践环节。编写中力求优化知识结构，丰富社会实践，强化能力培养，着力提高学生的学习能力、实践能力、创新能力，注重实践操作的训练，通过实际训练加深对理论知识的理解。在实用性和技巧性强的章节中，设计相关的实践操作案例和练习题。

在教材编写过程中，由于编写者的水平和知识局限，难免存在缺陷与不足，恳请各位读者给予批评斧正，以便教材编审委员会重新审定，再版时进一步提升教材的质量。本套教材以“应用型”定位为出发点，适用于高等院校土木建筑、工程管理等相关专业，高校独立学院、民办院校以及成人教育和网络教育均可使用，也可作为相关专业人士的参考资料。

高等学校土木建筑专业应用型
本科系列规划教材编审委员会

前　言

《结构力学》是高校土木工程专业本科生的一门主干课程，是本专业最重要的专业基础课之一。通过本课程的学习，可以使学生获得清晰的力学概念，掌握常见结构的力学分析方法和建立合理力学模型的基本技能，为后续相关专业课程的学习打下坚实的力学基础。

近年来我国高等教育快速发展，创办了不少应用型本科院校。其培养目标既有别于重点高校培养的研究型人才，也不同于一般高职院校培养的技能型人才。它们对力学的要求是什么？如何在课堂教学中加以体现？这些正是编者在本教材中试图回答的问题。

本书共 12 章，内容符合教育部审定的《结构力学课程教学基本要求》(约 110 学时)。在编写过程中尽量采用形象而直观的比喻，来解释那些不易理解的理论难点，力争使教材体系结构严谨，阐述深入浅出，在强调基本理论的同时尽量做到通俗易懂，理论紧密联系实际。

本书第 1～6 章由东南大学赵才其编写；第 7、12 章由扬州大学赵玲编写；第 8 章由扬州大学孙云编写；第 9、10 章由东南大学盛力晶、赵才其编写；第 11 章由中国矿业大学范力编写。全书由赵才其负责统稿。

书后各章习题及其解答分别由下列院校人员编写：南京工业大学卢红琴(第 2、3、9、10 章)；南京理工大学泰州学院孟玮(第 4、5 章)；安徽新华学院蒋亚琼(第 6、7 章)；淮海工学院宋明志(第 8 章)；黄河科技学院张小娜(第 11、12 章)。

本书由东南大学单建教授主审。

在本书的编写过程中，东南大学的研究生陶健、谢娜、王薇和赖俊明同学参与了大量的插图绘制及书稿整理工作，在此表示感谢！

由于编者的水平有限、时间仓促，书中的错误和不足之处在所难免，恳请广大读者批评指正。

编　者

2011 年 3 月于南京

第 2 版前言

本书第 2 版是根据 8 年来，使用本教材的广大读者及授课教师提出的改进意见和建议，在第 1 版的基础上修订而成的。在修订过程中，继续保持了第 1 版的编写风格和特点，即尽量采用形象而直观的比喻，去解释一些不易理解的"拗口"名词或概念，阐述由浅入深，在强调基本理论的同时，尽量做到通俗易懂，理论联系实际。

在本次修订过程中，更正了第 1 版中的少量笔误，并对某些概念及文字进行重新表达，便于读者更容易阅读和理解。在第 10 章(结构的动力分析)的最后，增加了"振型分解法"一小节供选学。

本书自第 1 版发行以来，受到广大读者及同行的普遍关注和肯定，已陆续增印 5 次，累计出版 16000 册，并于 2012 年 12 月获华东地区大学出版社第九届优秀教材二等奖。应广大考研读者的需求，于 2016 年 8 月出版了与本教材配套的《结构力学习题详解及难点分析》，受到读者的广泛欢迎及好评，在此谨向关心和支持本教材建设的广大读者和同行表示衷心的感谢。

由于编者水平有限，书中难免存在不妥和不足之处，热忱欢迎广大读者继续提出批评和改进意见。

编　者

2019 年 2 月于东南大学

目　录

1 绪论

1.1 结构力学的研究内容

顾名思义，结构力学的研究对象是工程结构，它不同于材料力学主要研究单个构件。结构是由很多构件(包括梁、板、柱等)组成的建筑物的“骨架”，因此从这一点来说结构力学研究的问题应比材料力学更为复杂，且研究的对象更接近于实际工程。它是进一步学习后续专业课之前的一门主干课程。通常在进行一项大型、复杂工程的结构设计时，关键工作之一就是如何对结构进行力学分析，而结构分析的三大任务便是对结构进行强度、刚度和稳定性分析，目的是确保工程结构的充分安全和经济实用。

工程结构从形态上分，通常有高层结构和大跨结构两大类，高层结构包括各种高层建筑和高耸的塔桅结构，如电视塔、输电塔等。图 1－1 为世界最高建筑——阿联酋的迪拜塔，高 828 m。图 1－2 为新建的广州电视塔，高 610 m，为世界第一高塔。

图 1－1

图 1－2

大跨结构包括各种大跨度的体育馆、火车站、机场航站楼和飞机库等空间结构(图1－3)以及各种大跨度的桥梁结构，图 1－3(a)、(b)分别为武汉高铁车站和某飞机场的检修机库，图1－4为著名的美国金门大桥。

(a) 武汉高铁车站

(b) 某机场检修机库

图 1－3

图 1－4

按照组成结构的构件几何特点，结构又可分为杆件体系结构（简称杆系结构）、板壳结构和实体结构三大类。杆系结构是由一系列的杆件构成的，杆件的几何特征是其长度方向的尺度远大于另外两个方向（即截面的宽度和高度），也可以说它是“一维”结构（图 1－5）。板壳结构的基本构件是板或壳，其几何特征是某一个方向的尺度（常称为厚度）远小于另两个方向，因此它属于“二维”结构（图 1－6），如北京火车站的中央大厅便是由钢筋混凝土建造的薄壳结构。另外，人们在日常生活中接触的鸡蛋壳、乒乓球等均属薄壳结构。而实体结构则在 3 个方向的尺度均为同一数量级，例如：山体周边的挡土墙、水库大坝等。图 1－7(b)为长江三峡大坝，全长 2 309 m，坝高 185 m，为目前世界第一大坝。

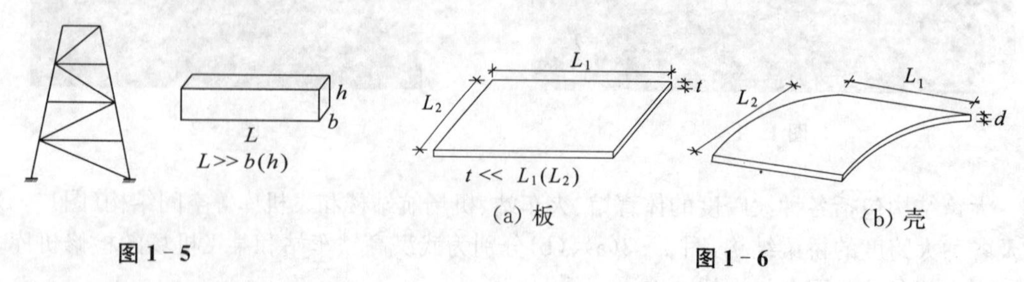

图 1－5

(a) 板　(b) 壳

图 1－6

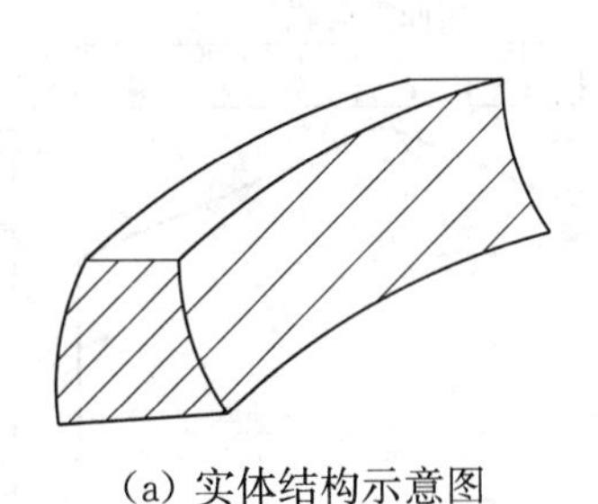

(a) 实体结构示意图

(b) 长江三峡大坝

图 1－7

杆系结构是结构力学的主要研究对象。

1.2 结构的计算简图

由于实物工程的构造极其复杂，试图完全按照其实际工作状态进行受力分析几乎是不可能的，即便对少数简单工程或许有可能，但从实用角度看也是没有必要的。因此必须对实际工程进行相应的简化处理，即抓住主要矛盾，忽略次要因素，用一种能够基本反映实际结构受力状态的“简化图形”来代替原结构，这种“简化图形”便称为结构的计算简图，有时也称计算模型。如何准确、合理地选取计算简图是一名结构工程师应当具备的基本素质。当然，对于比较复杂的大型结构，要确定其计算简图也不是一件容易的事，还需具备一定的专业知识和实践经验，有时尚需借助模型试验等手段才能确定较合理的计算简图。在选取常见结构的计算简图时，应当遵循以下原则：

(1) 计算简图必须能够较客观地反映实际结构的主要受力特征，确保计算结果可靠。

(2) 在满足一定的计算精度要求下，应使计算简图尽量简单明了、方便可行。

选取杆件结构的计算简图，主要涉及以下五方面的简化：

1) 结构体系的简化

杆系结构可分为平面结构和空间结构两大类。当结构中各杆件的轴线与作用的荷载位于同一平面内时，称为平面结构；不在同一平面内时，称为空间结构。严格地说，实际结构几乎都是空间结构，但其中有很多较规则的空间结构，其主要承重结构以及力的传递路线呈平面受力形式，通常可简化为平面结构进行计算分析。如图 1－8(a)所示的单层工业厂房，沿其纵向长度方向有多榀门式刚架连接而成，可取其中的一榀作为计算简图进行受力分析(图 1－8(b))。

2) 杆件的简化

由于杆件的内力仅沿长度方向变化，故所有的杆件均以其轴线代替。

3) 结点的简化

杆件之间的公共交接区域，即各杆件轴线的公共交点称为结构的结点，不同材料制作的杆件之间的连接方式有很多种，但根据其受力时的变形特点，在计算简图中可归纳为以下 3

种:刚性连接、铰接和混合连接。

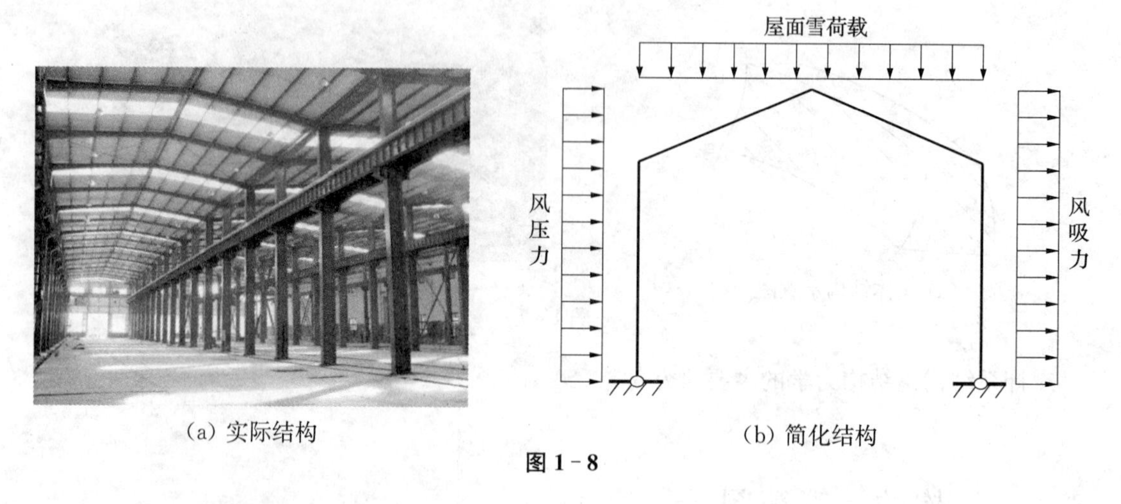

(a) 实际结构　　(b) 简化结构

图 1-8

(1) 刚性连接结点(简称刚结点)

其变形特点是被连接的杆件在其公共结点处不能相对移动和转动,杆件之间既可传递集中力还能传递弯矩。图 1-9(a)为现浇钢筋混凝土框架结点,梁、柱内的钢筋在交接区绑扎在一起,由混凝土将其浇筑成一个整体。图 1-9(b)为钢框架结点,"H"型钢梁、钢柱通过结点板将其焊接成整体,梁、柱之间不能相对移动和转动,可简化为刚结点。

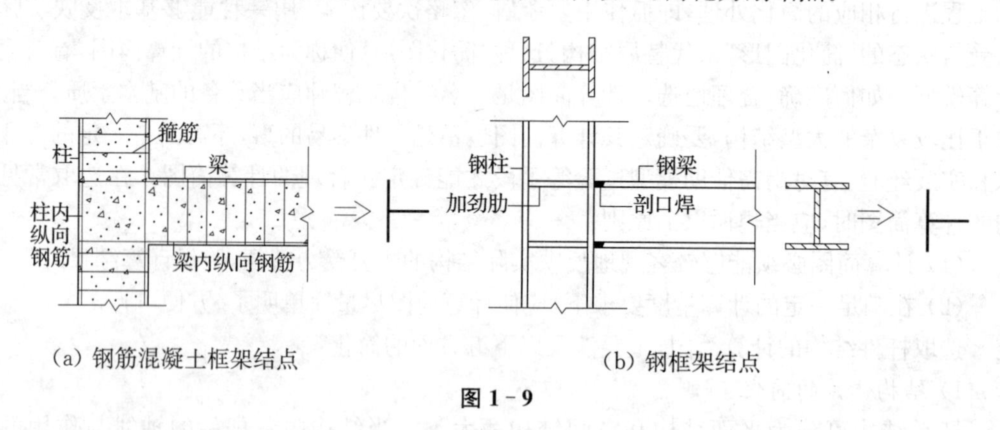

(a) 钢筋混凝土框架结点　　(b) 钢框架结点

图 1-9

(2) 铰接连接结点(简称铰结点)

该类结点的主要特征是被连接的各杆件在结点处不能相对移动,但可绕结点中心自由转动,因此杆件之间只能传递集中力,不能传递弯矩。这种铰结点在实际工程中属于一种不易实现的理想连接方式。如图 1-10(a)所示是由角钢杆件构成的钢屋架结点,杆件之间通过一块公共的结点板将其焊接在一起,尽管在杆件的局部焊接区域不能转动,但由于杆件的长度相对于连接处的焊缝长度要长得多,相对细长的杆件可以发生微小的相对转动,一般可以简化为铰接结点,由此引起的计算误差通常情况下是允许的(详见第 4 章相关分析)。

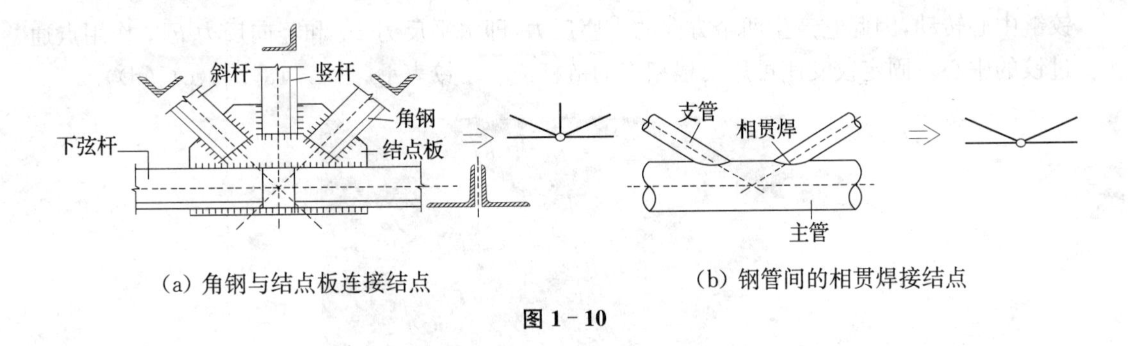

(a) 角钢与结点板连接结点　　(b) 钢管间的相贯焊接结点

图 1－10

(3) 混合连接结点(简称混合结点或组合结点)

若在一个结点上同时出现上述两种连接方式时,则称该结点为混合结点或组合结点。图 1－11(a)所示为某轻钢结构厂房端部的山墙剖面图,抗风柱与钢梁之间为铰接,不能传递弯矩,而钢梁在该处可看成是连续或是刚性连接的,其计算简图如图 1－11(b)所示。

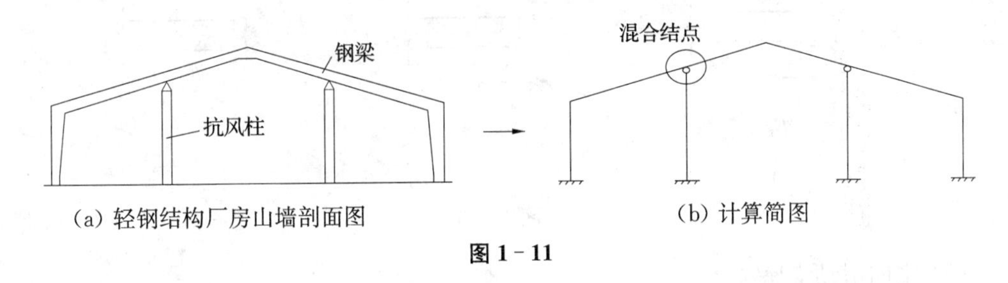

(a) 轻钢结构厂房山墙剖面图　　(b) 计算简图

图 1－11

4) 支座的简化

上部结构与基础之间的连接装置称为支座。其作用是当结构承受荷载后将力传给基础,并限制结构沿某些方向运动。支座对结构产生的反作用力称为支座反力,平面杆系结构的支座一般可简化为以下 4 种形式。

(1) 活动铰支座

图 1－12(a)为多跨连续桥梁中的某一个中间支座的构造示意图,在该处它限制结构竖向移动,而转动和水平方向的移动是自由的(结构可通过辊轴沿水平方向移动,或绕销轴转动),因此它只产生一个竖向反力 F_y。

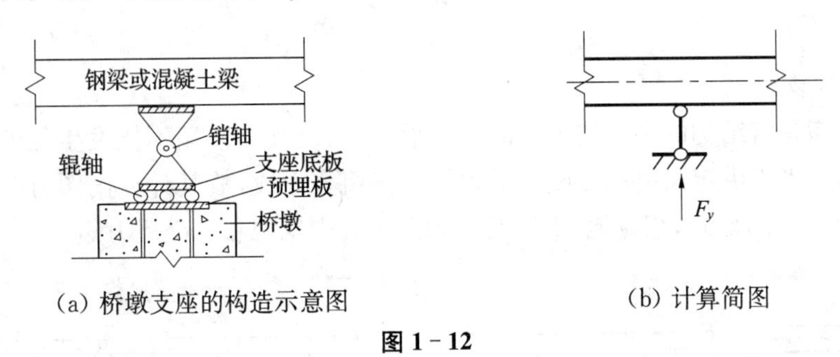

(a) 桥墩支座的构造示意图　　(b) 计算简图

图 1－12

(2) 固定铰支座

图 1－13(a)为某钢结构工程的支座实景照片,它限制结构沿水平和竖向移动,只能绕

铰链中心转动，因此它产生两个方向的支座反力，即水平反力 F_x 和竖向反力 F_y，作用点通过铰的中心。固定铰支座可用两根相交的链杆或一个铰表示(图 1－13(b)、(c)、(d))。

(a) 某工程的固定铰支座

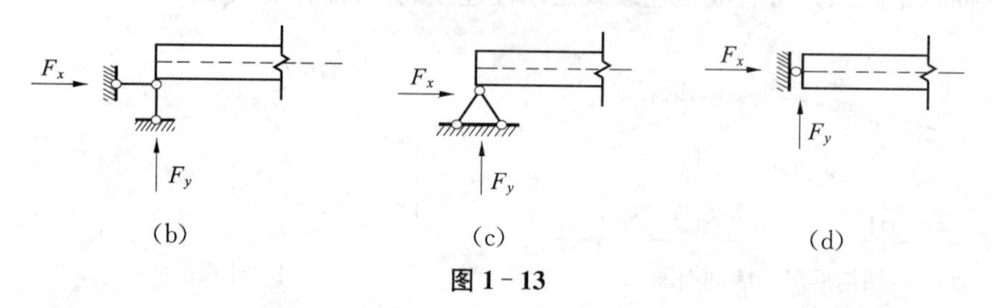

图 1－13

(3) 定向滑动支座

该类支座限制结构的转动和沿某一个方向的移动，但可沿另一个方向移动。计算简图可用一对垂直于运动方向的平行链杆表示。支座反力为一个反力矩 M 和一个沿平行于链杆方向的集中反力。

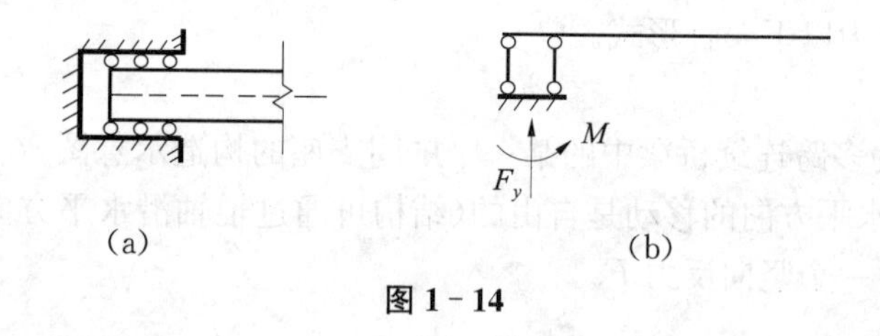

图 1－14

(4) 固定支座

固定支座是将结构的一端完全嵌固在支承物中，使其在该端不能发生任何的移动和转动。其作用相当于由定向滑动支座与活动铰支座组合而成，故其计算简图有时也可表示为图 1－15(c)、(d)的形式，相应地，支座反力为两个集中反力和一个反力矩。

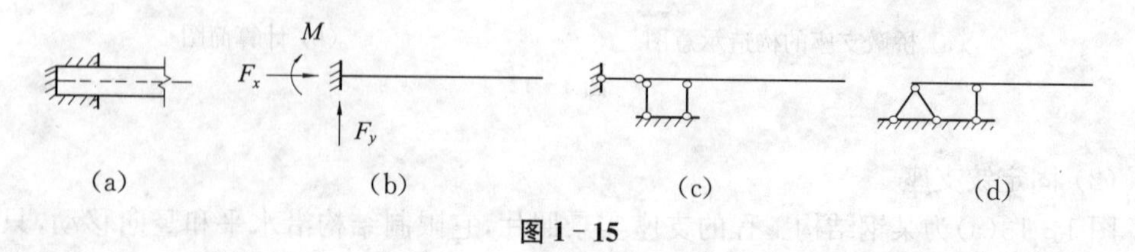

图 1－15

5）荷载的简化

作用在杆件上的荷载通常分布在一定范围内，而杆件在计算简图中以轴线表示，因此，荷载也应简化为作用在杆轴上的力。当荷载作用的范围相对于结构很小时，则可简化为集中荷载，如悬挂在梁上的重物等；当荷载作用的范围较大时，则应简化为沿杆轴方向的分布荷载。如杆件的自重、楼板传给周边支承梁的力等。

1.3 平面杆系结构的分类

平面杆系结构是建筑工程中应用最为广泛的结构形式，也是结构力学课程的主要研究对象。根据其构造特征和受力特点，通常可分为以下几种类别：

(1) 梁——是一种以受弯为主的构件，其轴线一般为直线，也有折线或曲线(称曲梁)。既有单跨梁又有多跨梁(图 1－16)

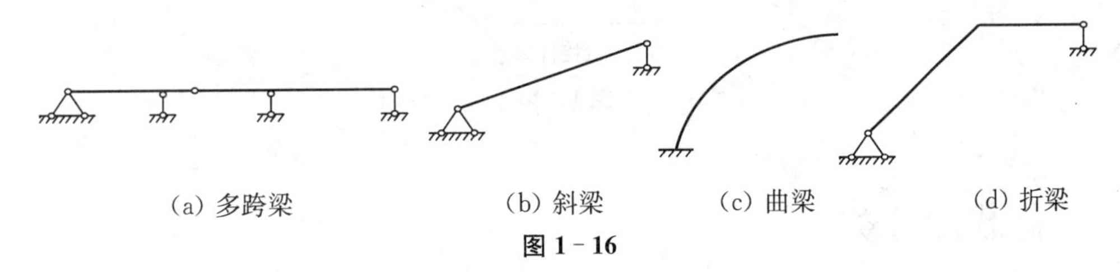

(a) 多跨梁　(b) 斜梁　(c) 曲梁　(d) 折梁

图 1－16

(2) 刚架——是由梁、柱等直杆通过刚结点组成的以受弯为主的结构(图 1－17)。有时也称为框架结构。

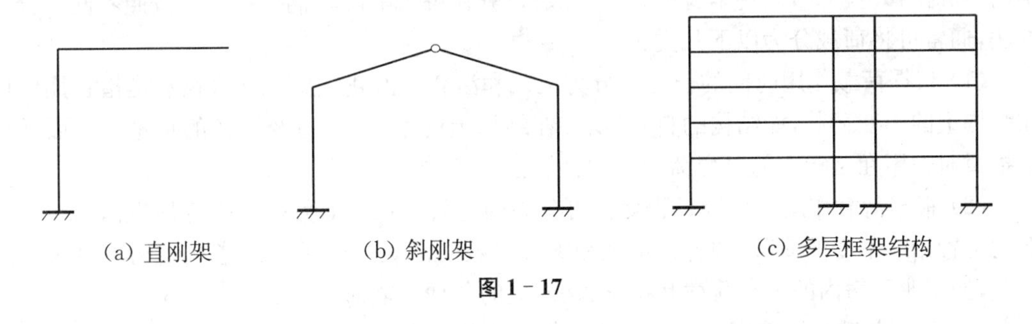

(a) 直刚架　(b) 斜刚架　(c) 多层框架结构

图 1－17

(3) 桁架——是由若干直杆通过铰结点连接而成的结构，当荷载都作用在结点上时，所有杆件的内力只有轴力，不产生弯矩和剪力(图 1－18)。

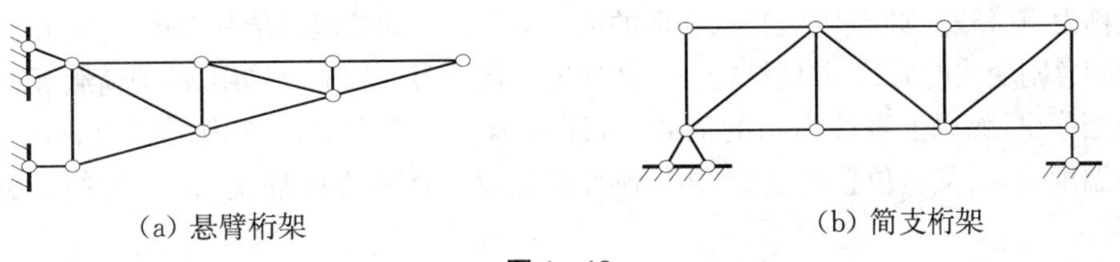

(a) 悬臂桁架　(b) 简支桁架

图 1－18

(4) 拱——杆轴通常为曲线,其主要受力特征是:在竖向荷载作用下支座产生水平推力,可使截面上的弯矩较同跨度的梁小得多(图 1-19)。

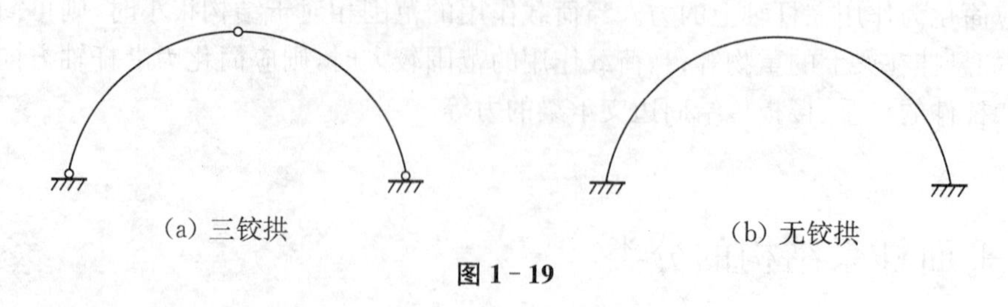

(a) 三铰拱　　(b) 无铰拱

图 1-19

(5) 组合结构——将铰接杆(只有轴力的杆)与梁式杆(以受弯为主),通过组合结点连接在一起的结构(图 1-20)。

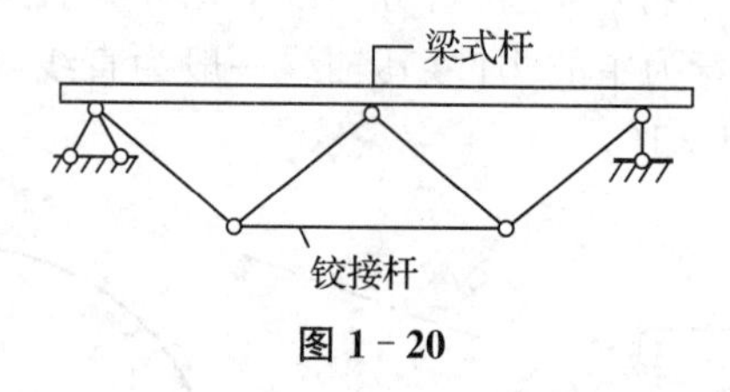

图 1-20

1.4 荷载的分类

荷载是指主动地作用于结构上的外力(理论力学中称为主动力),其作用效果使结构产生内力和位移。例如,结构本身的自重荷载,行驶在桥梁上的车辆荷载等。按照不同的分类方法,通常可将荷载分为以下几类:

(1) 根据荷载作用时间的长短可分为恒载和活载。恒载(也称永久荷载)是指长期作用在结构上的不变荷载,如结构的自重、安装在结构上的吊顶、管道及设备的重量等。而活载是指暂时作用在结构上的可变荷载。如:风、雪、人流等荷载。

(2) 根据荷载作用的位置是否变化可分为固定荷载和移动荷载。前者是指作用在结构上的位置始终不变的荷载,如各种恒载和绝大多数的活载。而后者是指在结构上可移动的荷载,如工业厂房内的吊车荷载和桥梁、路面上的各种车辆荷载等。

(3) 根据荷载作用范围的大小可分为集中荷载和分布荷载。

(4) 根据荷载作用性质的不同可分为静荷载和动荷载。若大小、方向和作用位置不随时间变化,或虽有变化但很缓慢,不会使结构产生振动或加速度,因而惯性力的影响可忽略不计的荷载称为静荷载。如结构的自重、楼面的活荷载等。而动荷载是指其大小、方向和作用位置将随时间急剧变化的荷载,并使结构产生加速度和惯性力。如地震作用、波浪荷载等。

应当指出,除以上直接作用的荷载外,还有很多也能引起结构内力和位移的"间接因素",如温度变化、支座位置的改变、构件制作误差以及材料的收缩、徐变等,它们也属于荷载的范畴。

2 平面体系的几何构造分析

2.1 概述

本章讨论的平面体系是由若干杆件组成的平面杆件体系的简称，杆件之间通过不同的连接方式，可构造出众多几何形状的平面体系，其中有的体系在不考虑荷载产生的微小变形时，能始终维持其原有的几何形状及位置不变，这样的体系称为几何不变体系；而还有一些体系即使不考虑材料的变形因素，在很小的外力扰动下，也会发生机械运动而不能保持其原有的几何形状及位置，这样的体系称为几何可变体系。例如图2-1(a)所示由4根杆件通过4个无摩擦的铰链(后简称铰)连接成正方形，即使在很小的水平力干扰下，其形状很快变成菱形，因而不可能用作结构来承受荷载，属于几何可变体系。若再增加一根对角杆成为图2-1(b)所示的体系，从几何的角度不难看出它由两个三角形构成了稳定的体系，在水平荷载作用下，只能产生微小的变形，之后不可能再继续改变其几何形状，因此它可以作为结构承受荷载，属于几何不变体系。显然，是否考虑材料本身的微小变形，并不影响判定平面体系的几何构造性质(即几何不变还是可变)，因此在本章的讨论中不再考虑荷载效应，而将所有杆件均视为不可变形的刚性杆件。

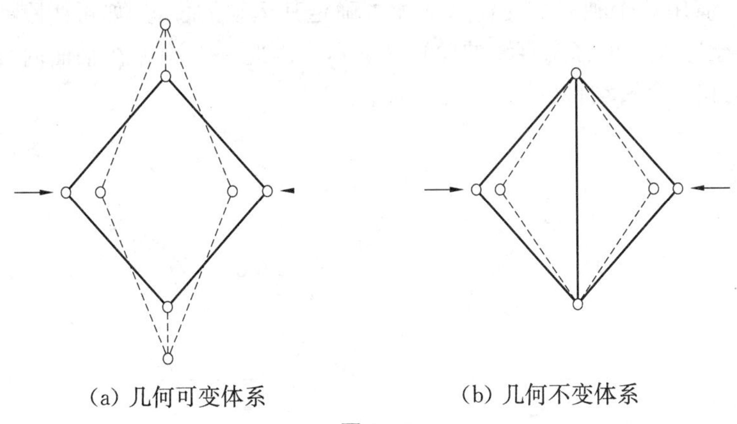

(a) 几何可变体系 (b) 几何不变体系

图2-1

几何构造分析的任务就是从几何学的角度，来判定平面体系几何形状的可变性或机动性，因此有时又称几何组成分析或机动分析。掌握了几何构造分析的规律，便可论证与某平面体系对应的结构方案是否成立，以免平面体系在成为“工程结构”之前就“先天不足”。

2.2 几个重要的概念

1）刚片

平面体系中不变形的刚体称为刚片。它可以是一根直杆、曲杆或折杆，也可以是由若干根杆件构成的已被判定为几何不变的某一部分(图 2-2)。

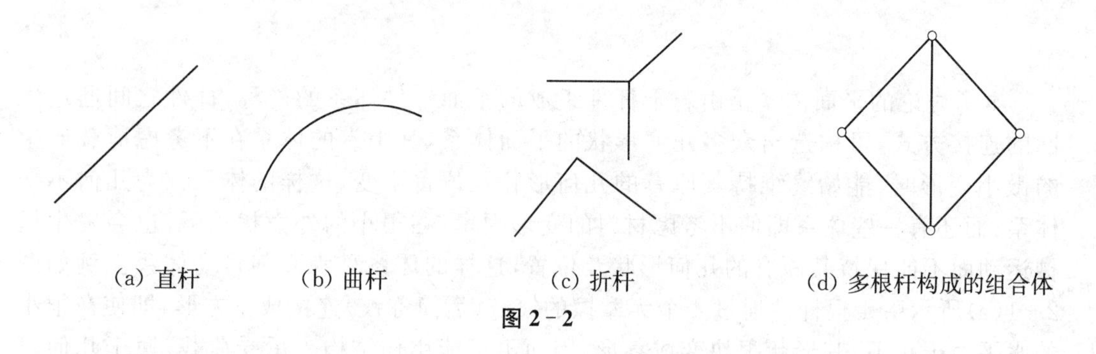
(a) 直杆　(b) 曲杆　(c) 折杆　(d) 多根杆构成的组合体

图 2-2

2）自由度

自由度是指体系可能存在的运动方式的数目，即运动时的自由程度。也可以说是确定体系位置所需的独立坐标数。如图 2-3(a)所示位于 x、y 平面内的 A 点，仅需两个直角坐标参数便可确定其位置，我们就称平面内的一个点具有两个自由度。而图 2-3(b)所示的刚片在平面内有 3 种可能的运动方式，分别沿 x、y 轴方向的平行移动和整体转动(后简称平动和转动)。需用 3 个独立的几何参数才可确定其运动的位置，如可用刚片上任一点 A 的两个坐标和经过 A 点的任意直线的倾角 θ 表示。因此一个刚片在平面内具有 3 个自由度，即两个平动和一个转动自由度。

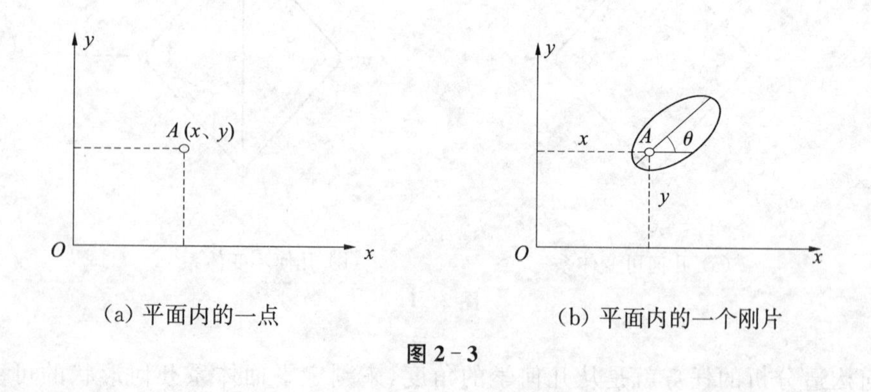

(a) 平面内的一点　(b) 平面内的一个刚片

图 2-3

能够作为结构的几何不变体系不应该存在运动的可能性，即其自由度应为零，而几何可变体系的机构可以运动，即其自由度应大于零。

3）约束

为减少平面体系的运动自由度，可加入约束装置以限制体系的运动。常见的约束装置有链杆和铰。链杆是指仅在两端用铰与别的部件相连的刚性杆，当两个铰之间以曲线或折线相连时，其连接功能与直线相连时完全等价，称为等效链杆，如图 2-4 所示。

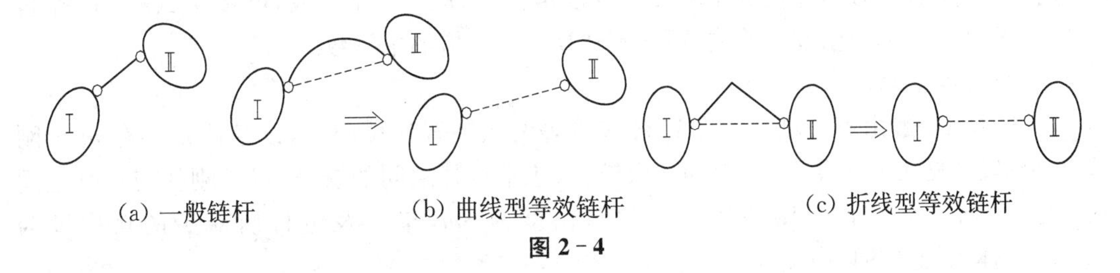

(a) 一般链杆　(b) 曲线型等效链杆　(c) 折线型等效链杆

图 2-4

铰通常分为单铰和复铰两种，所谓单铰是指仅连接两个刚片的铰，而连接 3 个或 3 个以上刚片的铰称为复铰（如图 2-5）。

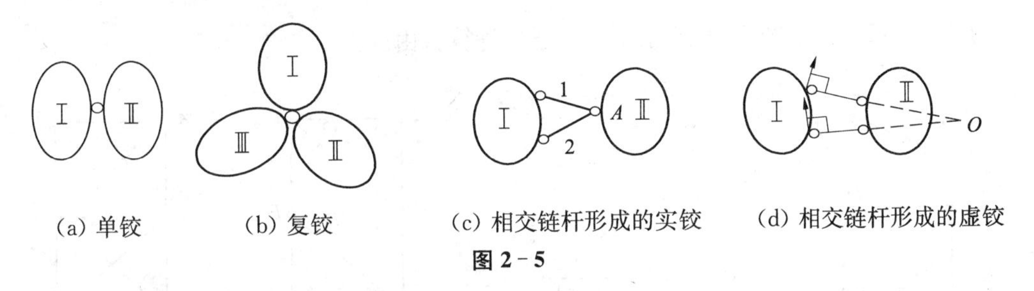

(a) 单铰　(b) 复铰　(c) 相交链杆形成的实铰　(d) 相交链杆形成的虚铰

图 2-5

当两刚片之间用两根相交的链杆相连时（如图 2-5(c)），假定刚片Ⅰ不动，则刚片Ⅱ只能绕 A 点转动，因此其功能相当于在 A 处的一个实铰。当两根链杆并不直接相交时（如图 2-5(d)），根据理论力学中有关“瞬时转动中心”的概念，其延长线之交点 O 相当于瞬时转动中心，称为两刚片之间的虚铰或瞬铰（因 O 点的位置随相对运动而不断改变）。

下面我们来具体分析不同的约束装置能够减少的自由度。例如图 2-6(a)中的刚片加入一根链杆与地基相连后，该刚片不能沿链杆方向发生移动，只能绕刚片与链杆的连接点 A 转动以及链杆本身绕链杆的另一端 B 的转动，故其自由度从原来的 3 减少为 2，即一根链杆可减少 1 个自由度。图 2-6(b)中刚片Ⅰ、Ⅱ在 A 点用铰相连后，两个刚片只能分别绕 A 点转动（即有 2 个转动自由度），同时还有随 A 点一起沿 x、y 方向的平动（即 2 个平动自由度），合计共有 4 个自由度，而连接前每个刚片各有 3 个共 6 个自由度，可见一个单铰可减少 2 个自由度，其连接功能相当于两根链杆的作用。

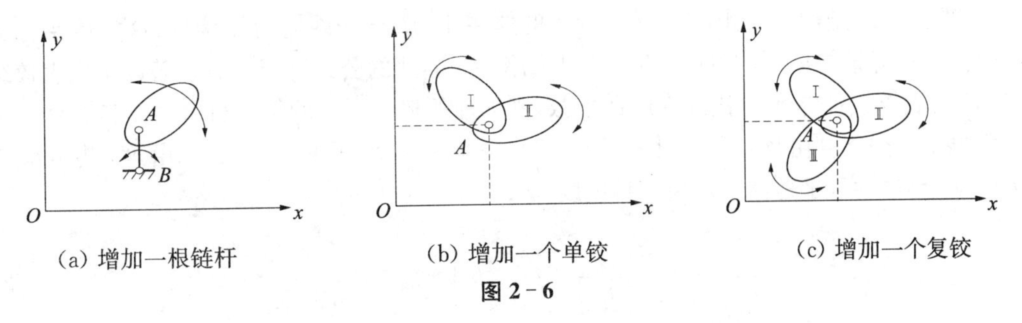

(a) 增加一根链杆　(b) 增加一个单铰　(c) 增加一个复铰

图 2-6

图 2-6(c)中刚片Ⅰ、Ⅱ、Ⅲ在 A 点用一个复铰相连后，3 个刚片各自只能绕其公共点 A 的转动(即 3 个转动自由度)，同时还有随 A 点一起沿 x、y 方向的平动(即 2 个平动自由度)，合计共有 5 个自由度，而连接前每个刚片各有 3 个共 9 个自由度，可见连接 3 个刚片的一个复铰可减少 4 个自由度，相当于 2 个单铰的作用。由此不难推知，连接 4 个刚片的复铰相当于 3 个单铰的作用，连接 n 个刚片的复铰相当于 $(n-1)$ 个单铰，可减少 $2(n-1)$ 个自由度，这样在下面的自由度计算中，可将复铰换算成相应的单铰数。

4) 平面体系的计算自由度

平面体系一般由若干刚片通过链杆或铰等约束装置连接而成，设某体系共有 m 个刚片，h 个单铰(复铰可换算为单铰)和 r 根链杆(包括刚片之间的链杆，以及刚片与地基之间的支座链杆简称支杆)。则该体系的总自由度为 $3m$，单铰及链杆所减少的自由度为 $(2h+r)$，体系剩余的自由度为

$$W = 3m - (2h + r) \tag{2-1}$$

【例 2-1】 试求图 2-7 所示平面体系的计算自由度。

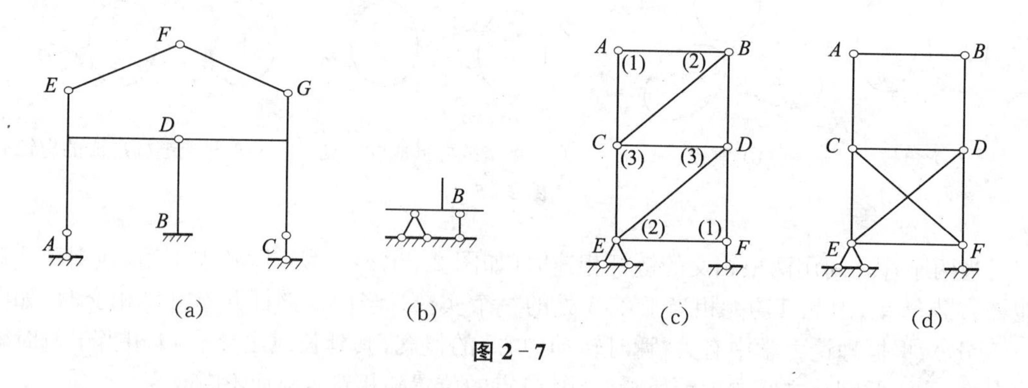

图 2-7

【解】 (1) 在图 2-7(a)的体系中，直杆 EF、FG 及 BD 均可视为刚片，折杆 ADE 及 CDG 部分分别由 2 根直杆刚接为一个整体，各视为一个刚片，因此 $m=5$。结点 E、F、G 均为连接 2 个刚片的单铰，而结点 D 为连接 3 个刚片的复铰，相当于 2 个单铰，于是 $h=3+2=5$。支座 A、B、C 处共有 5 根支杆，其中固定端 B 中隐含 3 根支杆(图 2-7(b))，因此 $r=5$，由公式(2-1)得：$W = 3m - (2h + r) = 3 \times 5 - (2 \times 5 + 5) = 0$。

(2) 在图 2-7(c)的体系中，若将每根杆件均视为刚片，则 $m=9$，单铰数标注在图中的括号内(复铰已换算成单铰)，$h=12$，共 3 根支座链杆 $r=3$，于是 $W = 3 \times 9 - (2 \times 12 + 3) = 0$。

需要说明的是，像本例图 2-7(c)所示的体系中，所有杆件均为铰接杆，这类体系称为铰接杆系，计算该类体系的自由度时，还可采用更为简捷的公式进行计算。若以 j 代表铰结点数，b 代表铰接杆件数，r 代表支座链杆数，则如前所述平面上的每个自由结点各有 2 个自由度，共有 $2j$ 个自由度，而每根铰接链杆和支座链杆均可减少一个自由度，共可减少 $(b+r)$ 个自由度，于是体系剩余的自由度为

$$W = 2j - (b + r) \tag{2-2}$$

现用该公式重新计算图 2-7(c)、(d)两体系的自由度，两图中的参数均为：$j=6$，$b=9$，$r=3$，$W=2\times6-(9+3)=0$。尽管这两个体系的 W 均为零，表明其约束数量已足够，应该不具备运动的可能性，然而由于图 2-7(d)中个别杆件布置不合理，将 BC 杆拆去布置在结点 C、F 之间，使上半部分($ABCD$)缺少约束，导致整个体系成为几何可变体系。可见，$W=0$ 并不能说明体系一定几何不变，还要看布置是否合理。进一步的计算还可发现，即使 $W<0$ 具有多余约束的体系，若布置不当仍有可能成为几何可变。因此 W 并非体系“真实的自由度”，只是一个理论计算结果而已，故称它为“计算自由度”。只有当 $W>0$ 时，表明体系的约束数量不足，体系还可运动，这种情况下我们可以判定该体系一定几何可变。

综上，平面体系的计算自由度分析结果，一般有以下 3 种情况：

(1) $W>0$，表明体系缺少必要的约束装置，仍有运动的趋势，体系一定几何可变。

(2) $W=0$，表明体系已具备必要的约束装置，但若体系布置不合理，有可能为几何可变。

(3) $W<0$，表明体系具有多余的约束装置，但若体系布置不合理，仍有可能成为几何可变。

2.3　几何不变体系的判定规则

由前面的自由度计算结果可知，对于 $W\leqslant0$ 的平面体系必须通过分析其几何构造是否合理，才可进一步判定它是否几何不变，下面将要介绍的 4 个基本规则，便可作为常见平面体系的几何构造性质的判别依据。

2.3.1　三刚片规则

3 个刚片之间用 3 个不在同一直线上的铰两两相连，构成没有多余约束的几何不变体系。由平面几何中三角形稳定性的常识可知，三刚片规则只是将三角形的 3 条边分别视为 3 个刚片而已(如图 2-8(a))。

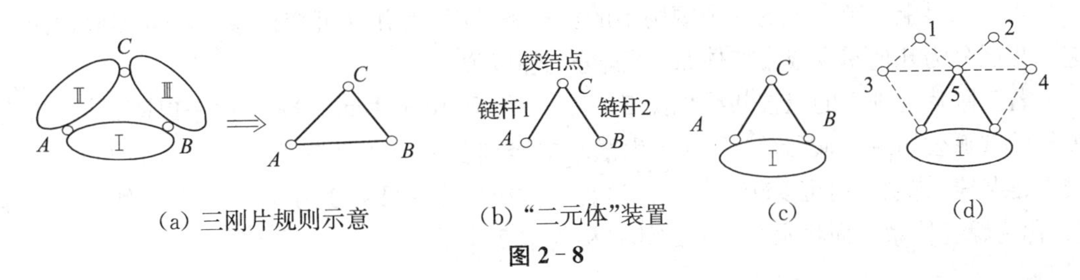

(a) 三刚片规则示意　(b)“二元体”装置　(c)　(d)

图 2-8

2.3.2　二元体规则

所谓“二元体”是指由两根不共线的链杆连接一个新结点的装置(图 2-8(b))。在某刚片上增加二元体后的体系为几何不变且无多余约束。该规则其实就是三刚片规则的简单变形，只需将刚片Ⅱ、Ⅲ分别视作链杆即得图 2-8(c)所示的刚片加二元体的体系，显然它仍是几何不变的。若将图 2-8(c)视为一个大刚片,则在此基础上再增加一对、二对……二元体形成的新体系仍是几何不变的(图 2-8(d))。反过来,拆除若干对二元体也不影响原体系的几何不变性。由此不难推断:在某体系上增加或拆除若干对二元体,并不改变原体系的几何构造性质(不变或可变)。依据该结论,当我们在分析有很多杆件组成的复杂体系时,可逐次拆去二元体使体系得以简化。例如图 2-8(d)中的体系可按 1、2、…、5 的次序,依次拆除 5 对二元体后仅剩下刚片 Ⅰ,若刚片 Ⅰ 为几何不变(或可变),则拆除前的体系也应几何不变(或可变)。

2.3.3　两刚片规则

两个刚片之间用一个铰和一根不通过该铰的链杆(含其延长线)相连,构成无多余约束的几何不变体系。该规则也是三刚片规则的简单变形,只需将图 2-8(a)中的任意一个刚片视为链杆即可(图 2-9(a))。由于一个铰的功能相当于两根相交的链杆,因此可将图 2-9(a)中的铰 A 改为一对相交的链杆(图 2-9(b)、(c)),则该体系仍为几何不变。为此两刚片规则也可表述为:2 个刚片之间用 3 根既不互相平行,也不交于一点(含延长线)的链杆相连,构成无多余约束的几何不变体系。

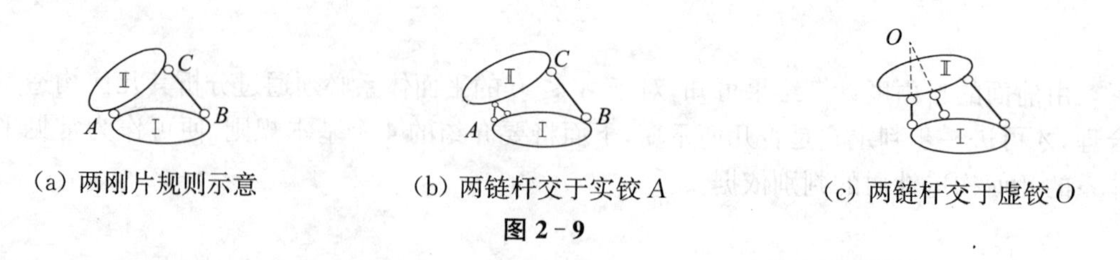

(a) 两刚片规则示意　　(b) 两链杆交于实铰 A　　(c) 两链杆交于虚铰 O

图 2-9

2.4　瞬变及常变体系

当不满足上一节介绍的 3 个规则中的连接条件时,属几何可变体系。根据不同情况可进一步区分为几何瞬变或常变体系,下面分别加以说明。

若三刚片规则中的三铰共线如图 2-10(a)所示,由于中间的铰 B 位于以刚片 Ⅱ、Ⅲ 为半径的圆弧公切线上,因此铰 B 可产生微小的竖向位移。一旦铰 B 产生微小的位移,3 个铰不再共线,体系即由可变转为不变。这种经微小位移后可转变为几何不变的"暂时可变体系"称为瞬变体系。而将永久可变的体系称为常变体系。

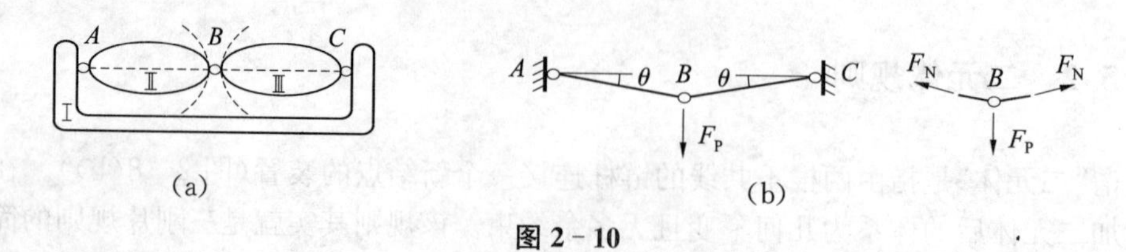

(a)　　(b)

图 2-10

尽管瞬变体系在微小位移后属几何不变，但仍不宜用作工程结构。由图 2－10(b)中的结点 B 的平衡条件可知，铰接杆内的轴力为：$F_N=\dfrac{F_P}{2\sin\theta}$。由于 θ 很小，即使 F_P 值不大也会引起很大的内力，甚至导致体系破坏。因此，应尽量避免采用三铰共线或接近共线的体系用于工程结构。

若两刚片规则中的 3 根链杆交于一点或互相平行，通常分以下几种情况：① 若 3 根链杆直接交于一点 A(图 2－11(a))，则刚片Ⅱ可绕实铰 A 永久转动，属常变体系。② 若 3 根链杆延长后间接交于一点 O(图 2－11(b))，则刚片Ⅱ绕 O 点发生微小的相对转动后，三杆不再交于一点，体系转为几何不变，因此属瞬变体系。③ 若 3 根链杆互相平行且杆长不等(图 2－11(c))，则当刚片Ⅱ向右发生微小位移 Δ 后，由于 3 根链杆不等长，所以其转角互不相等，即 $\alpha\neq\beta\neq\gamma$，因此三杆不再平行，体系便成为几何不变，属瞬变体系。④ 若 3 根链杆互相平行且等长(图 2－11(d))，则当刚片Ⅱ向右发生微小位移 Δ 后，由于三杆等长仍互相平行，两刚片可继续相对运动，属常变体系。

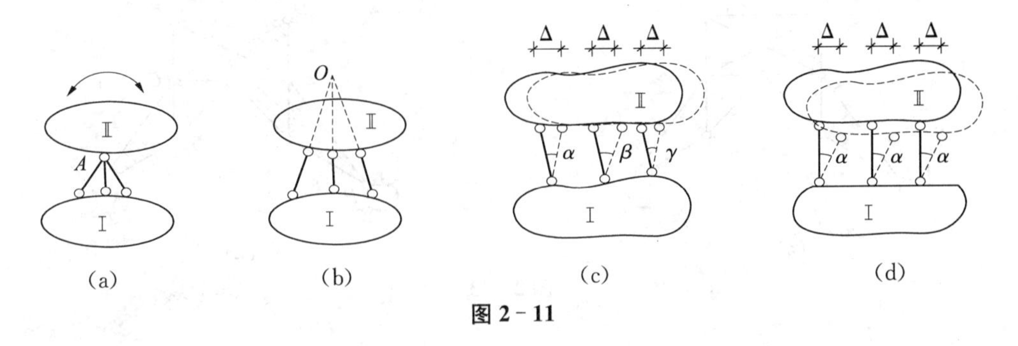

图 2－11

2.5　几何构造分析应用示例

运用上述 3 个判别规则，可对大多数的平面体系进行几何构造分析，对少数不常见的复杂体系，有时尚需采用“零载法”等其他方法辅助分析，详见第 3 章中的 3.6 节，这里不再赘述。

【例 2－2】　试对图 2－12(a)所示体系进行几何构造分析。

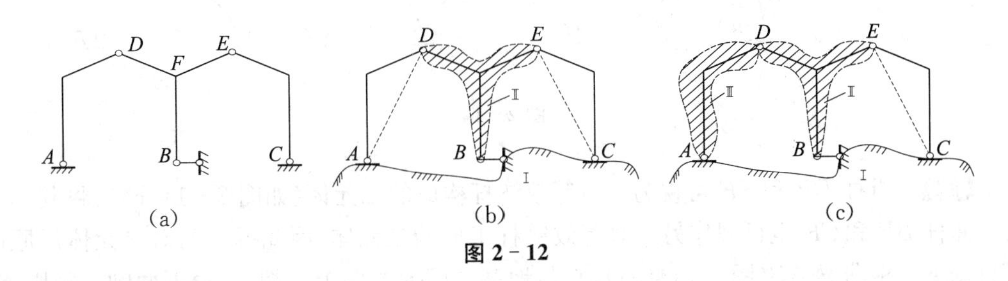

图 2－12

【解】　几何构造分析的关键是如何合理地确定刚片，因为刚片一旦确定后，刚片之间的铰及链杆也就客观存在了。确定刚片的一般原则是：首先宏观地看整个体系与地基之间是否超过 3 个基本约束(即 3 根链杆),若超过应优先将地基定为一个刚片;若恰好为 3 个,则依据两刚片规则可抛开地基只分析上部体系即可。显然本例应优先将地基作为刚片Ⅰ(如图 2 - 12(b)),再确定第二个刚片,上部体系中的 AD、CE 及 BDE 三根折杆均可作为刚片Ⅱ,但值得注意的是,AD 及 CE 仅在两端以铰与其他部件相连,具有双重角色,既可看作刚片也可作为等效链杆,而中间的刚片 BDE 在 B、D、E 三处与其他部件相连,它只能看作刚片,不能视为等效链杆。不妨先将 BDE 视作刚片Ⅱ,AD、CE 视为等效链杆,连同 B 处的水平链杆,刚片Ⅰ、Ⅱ之间由 3 根既不平行也不交于一点的链杆相连,满足两刚片规则,故原体系为无多余约束的几何不变体系。

本例也可按三刚片规则来分析,即将 AD 或 CE 中的一个视为刚片Ⅲ(如图 2 - 12(c)),则 3 个刚片之间由 2 个实铰 A、D 和 1 个虚铰 C(等效链杆 CE 与 B 处的水平链杆之交点)两两相连且不共线,满足三刚片规则,体系几何不变且无多余约束。

【例 2 - 3】 试对图 2 - 13(a)所示体系进行几何构造分析。

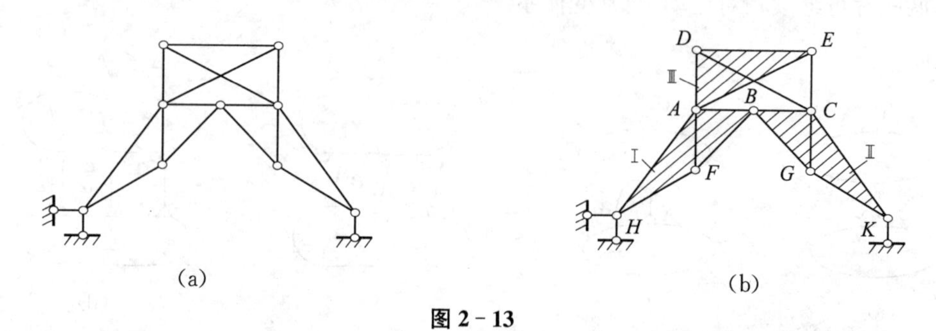

图 2 - 13

【解】 由于上部体系与地基之间恰好有 3 个基本约束,故可只分析上部体系。该体系中有很多铰接三角形可作为刚片,例如在三角形刚片 ABF 的基础上,增加一对二元体(AH 和 FH)后的 BAH 视为刚片Ⅰ。同理,将 BCK 视为刚片Ⅱ,三角形 ADE 为刚片Ⅲ,3 个刚片之间通过 2 个实铰 A、B 及 1 个虚铰 C(链杆 CE 和 CD 之交点)两两相连,但三铰共线,故原体系为几何瞬变。

【例 2 - 4】 试对图 2 - 14(a)所示体系进行几何构造分析。

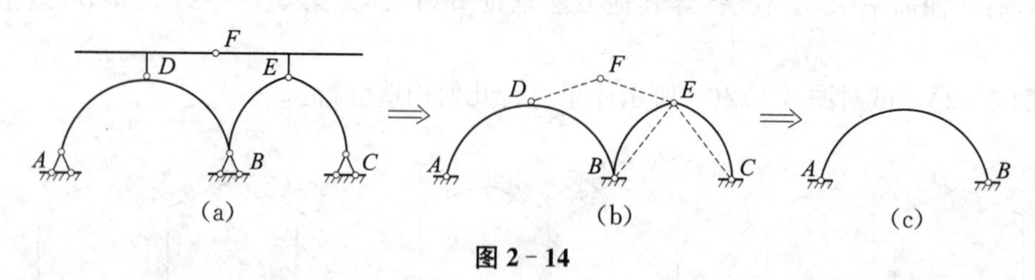

图 2 - 14

【解】 折杆 DF 和 EF 可视为一对等效链杆构成的二元体(如图 2 - 14(b)),将其拆除后的曲杆 BE 和 CE 也可视作另一对等效链杆组成的二元体,因此拆去两对二元体后原体系只剩下一根曲梁 AB(图 2 - 14(c)),它与地基之间通过两个铰相连,根据两刚片规则,该体系几何不变且有一个多余约束。

【例 2 - 5】 试对图 2 - 15(a)所示体系进行几何构造分析。

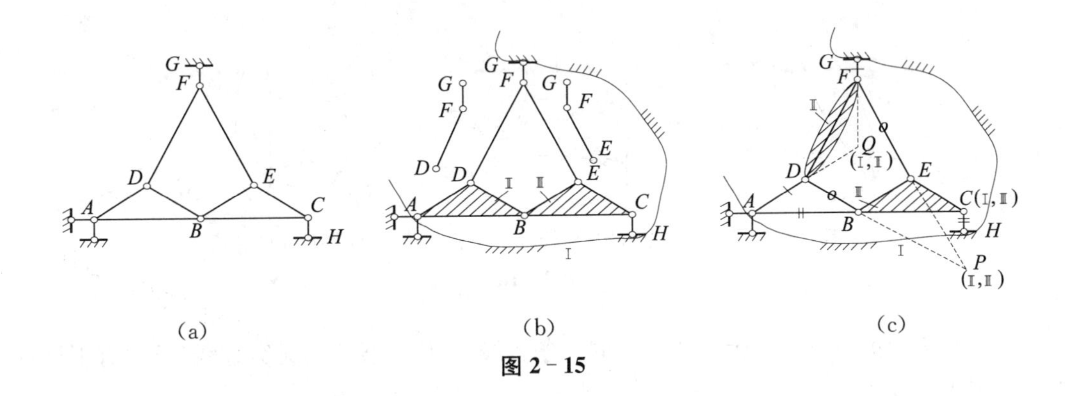

图 2-15

【解】 由于上部体系与地基之间有超过 3 个基本约束相连,因此优先将地基作为刚片Ⅰ(支座 A 处的一对链杆相当于二元体,可将刚片Ⅰ扩大)。按通常的惯例应将两个铰接三角形 ABD 和 BCE 分别视为刚片Ⅱ、Ⅲ(如图 2-15(b))。但很快便发现应用三刚片规则分析时无法进行下去,原因是刚片Ⅰ与Ⅱ或Ⅲ之间均出现"间接联系"的链杆装置(DFG 和 EFG),而非"直接联系"的链杆(图 2-15(b))。为避免该现象的发生,必须更换其中的一个三角形刚片Ⅱ(若更换刚片Ⅲ仍含有间接联系),但接下来的问题是,在余下的 5 根杆件(AB、AD、BD、DF 和 EF)中,选哪一根作为刚片Ⅱ呢?一般的原则是"尽可能使新的刚片远离现有刚片",其目的就是避免刚片过于集中在某些部位,导致链杆集中的部位出现间接联系。显然在这 5 根杆中,唯有 DF 杆与现有的刚片Ⅰ、Ⅲ离得最远,而其余 4 根杆至少有一端与现有的刚片连在一起。刚片一旦选定后问题解决了一大半,如图 2-15(c)所示,刚片Ⅱ与Ⅲ之间由链杆 EF 和 BD 相连,交于虚铰 P(Ⅱ,Ⅲ);刚片Ⅰ与Ⅲ之间由链杆 AB 和 CH 相连,交于虚铰 C(Ⅰ、Ⅲ);刚片Ⅰ与Ⅱ之间由链杆 AD 和 FG 相连,交于虚铰 Q(Ⅰ、Ⅱ)。由于三铰不共线符合三刚片规则,因此原体系为无多余约束的几何不变体系。

2.6 虚铰在无穷远处的几何构造分析

在进行几何构造分析时,刚片之间经常会遇到由平行链杆形成的虚铰在无穷远处的情况,下面就 3 个刚片之间有部分或全部的虚铰在无穷远处的情形归纳如下:

1) *一个虚铰在无穷远处*

图 2-16(a)中的刚片Ⅱ与Ⅲ之间由一对平行链杆 1、2 相连,可以认为其交点(即虚铰)在无穷远处。若将刚片Ⅰ视为等效链杆 3,则由两刚片规则可知,当等效链杆 3 与平行链杆 1、2 不平行时,刚片Ⅱ、Ⅲ之间的连接满足两刚片规则,为几何不变体系;若平行且三者不等长(图 2-16(b)),则为瞬变体系;若平行且等长则为常变体系(图 2-16(c))。

2) *两个虚铰在无穷远处*

这里我们不妨引用射影几何学中的有关概念及定理,辅助分析两个虚铰在无穷远处的情形。

(1) 一组同方向的平行直线相交于同一个无穷远点;不同方向的平行直线相交于不同的无穷远点。

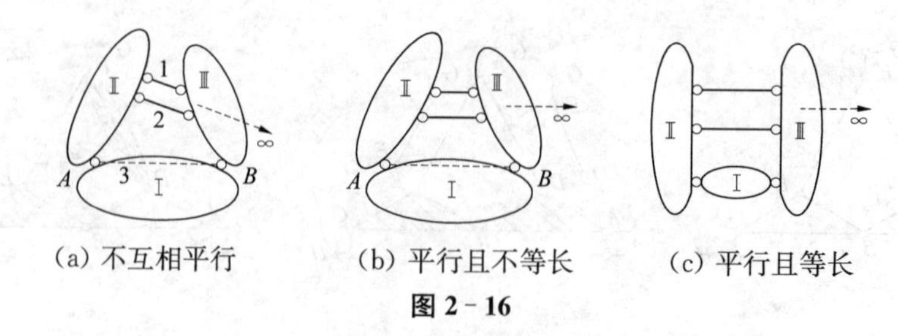

(a) 不互相平行　(b) 平行且不等长　(c) 平行且等长

图 2-16

(2) 平面上的所有无穷远点均位于同一条直线上，该直线称为无穷远线(任何有限远点均不在该直线上)。

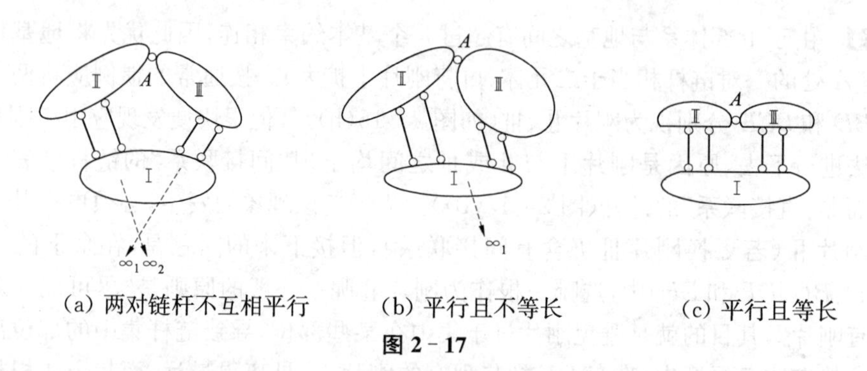

(a) 两对链杆不互相平行　(b) 平行且不等长　(c) 平行且等长

图 2-17

图 2-17(a)中的刚片Ⅱ、Ⅲ之间由实铰 A(也可以是一对不平行的链杆组成的虚铰)相连，而刚片Ⅰ、Ⅱ及Ⅰ、Ⅲ之间分别由一对平行链杆组成的无穷远虚铰相连。

① 若两对平行链杆互不平行，则它们在无穷远处的两个虚铰 ∞_1 和 ∞_2 位于同一条无穷远线上，而有限远的实铰 A 一定不在该无穷远线上，也即三铰(∞_1、∞_2 和 A)不共线，体系几何不变。

② 若两对平行链杆互相平行且不等长(图 2-17(b))，则 4 根平行链杆交于同一个无穷远铰(∞_1)，显然它与实铰 A 可连成一条直线，相当于三铰共线，但相对运动后它们不再互相平行，因此属瞬变体系。

③ 若两对平行链杆互相平行且等长(图 2-17(c))，则相对运动后 4 根链杆始终平行，属常变体系。

3) 3 个虚铰在无穷远处

如图 2-18(a)所示的 3 个刚片之间由 3 对平行链杆相连，在无穷远处的 3 个虚铰(∞_1、∞_2、∞_3)位于同一条无穷远线上，属三铰共线的情况。

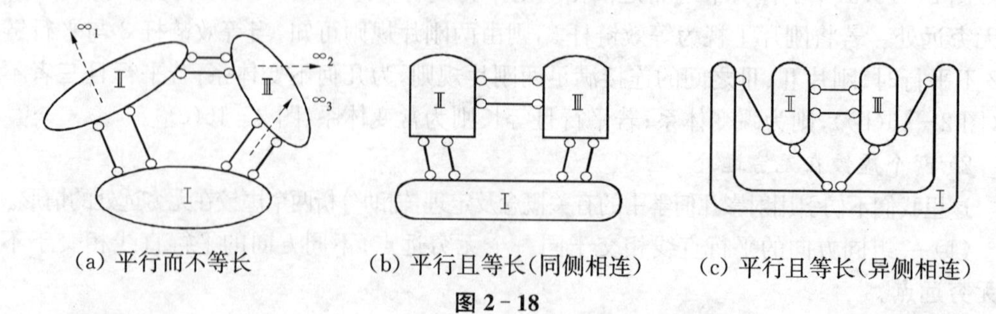

(a) 平行而不等长　(b) 平行且等长(同侧相连)　(c) 平行且等长(异侧相连)

图 2-18

(1) 若3对平行链杆中至少有一对长度不等(图2-18(a)),则相对运动后不再平行,原体系为几何瞬变。

(2) 若3对平行链杆各自等长且均与相关刚片在同侧相连(图2-18(b)),则运动后仍保持平行,为几何常变体系。

(3) 若3对平行链杆各自等长但至少有一对与相关刚片在异侧相连(图2-18(c)),则运动后异侧相连的平行链杆不再平行,体系为几何瞬变。

思考题

2-1 进行几何构造分析有何目的和意义?

2-2 什么是几何不变体系、可变体系和瞬变体系?工程结构应采用什么体系?

2-3 什么是必要约束和多余约束?几何可变体系就一定没有多余约束吗?

2-4 试说明静定结构和超静定结构的机动特性、静力特征。

习题

2-1 试对图示体系进行几何构造分析。

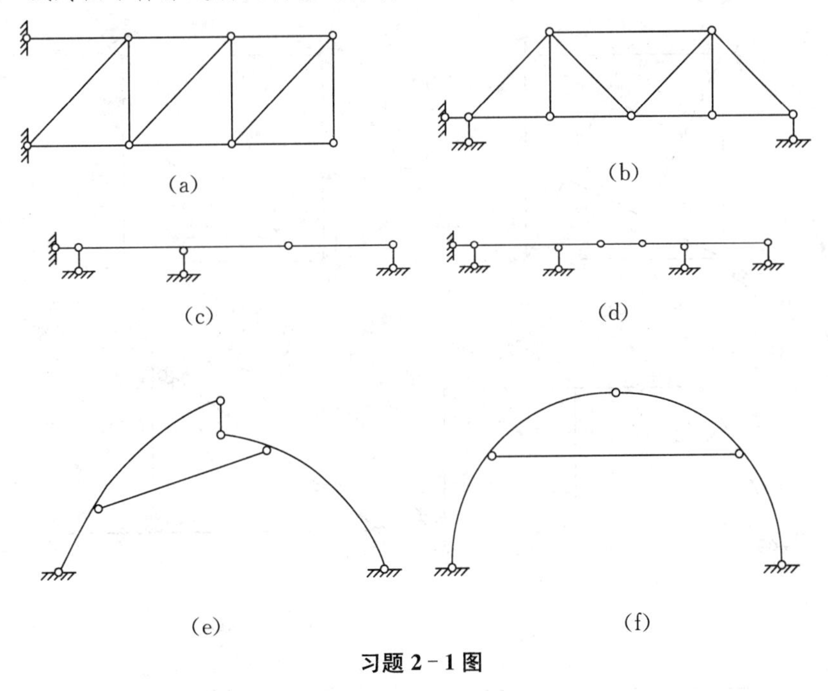

习题2-1图

2-2 试对图示体系进行几何构造分析。

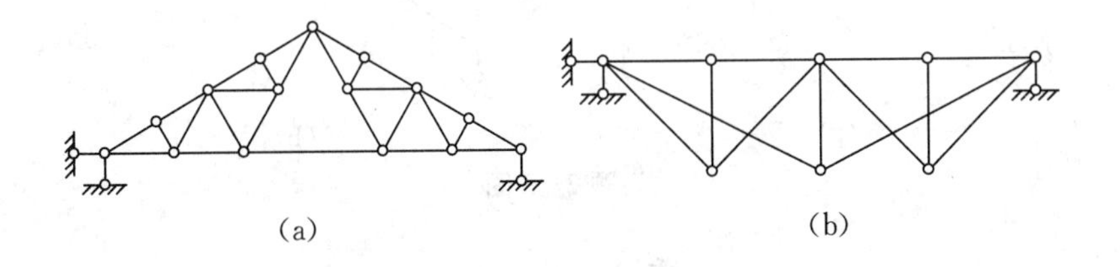

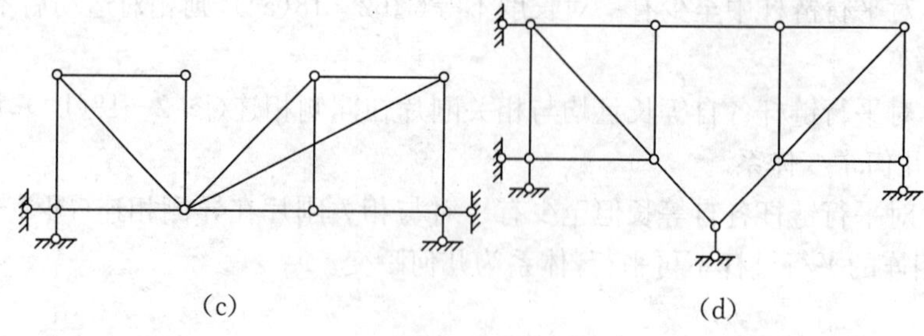

(c) (d)

习题 2-2 图

2-3 试对图示体系进行几何构造分析。

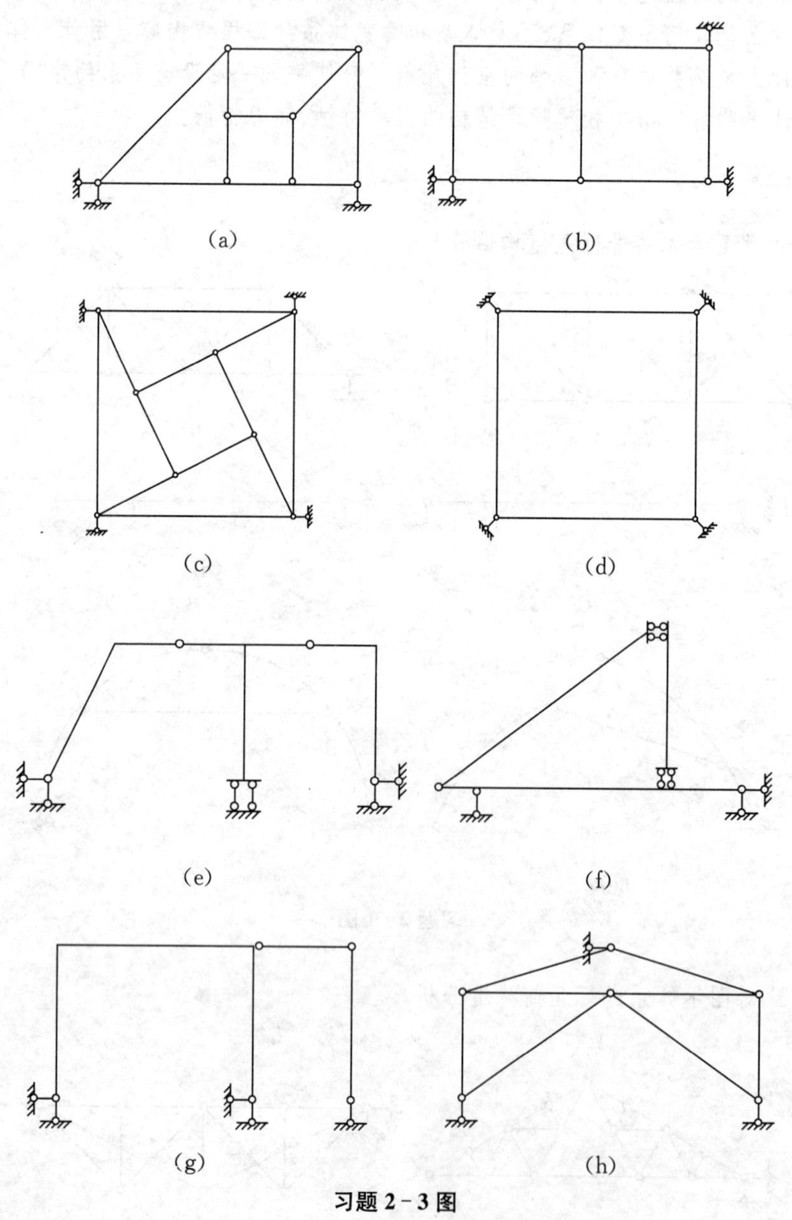

(a) (b)

(c) (d)

(e) (f)

(g) (h)

习题 2-3 图

2-4　试对图示体系进行几何构造分析。

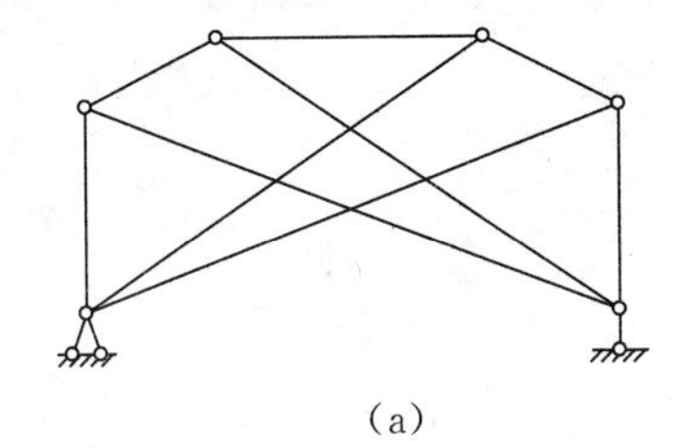

(a)

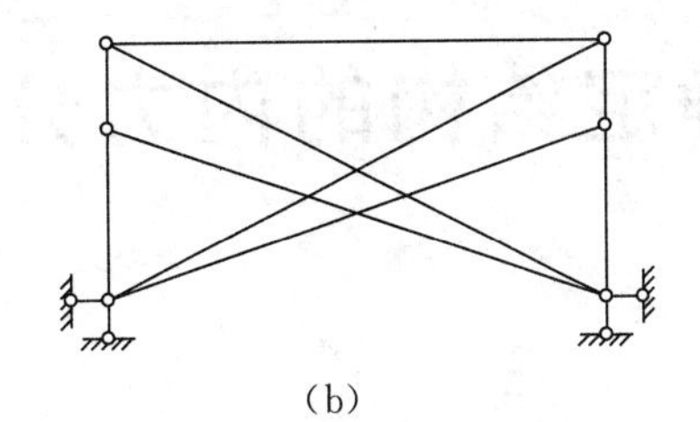

(b)

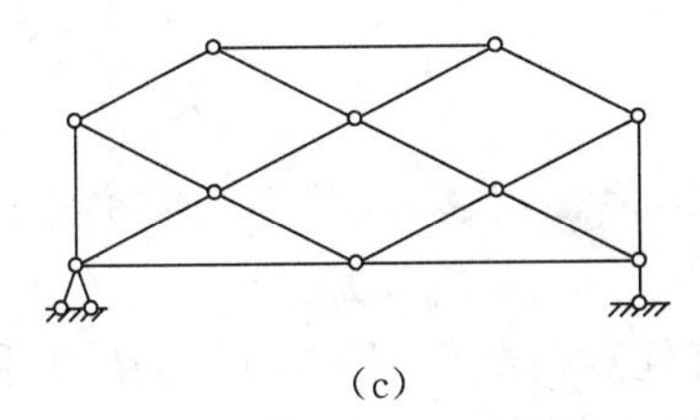

(c)

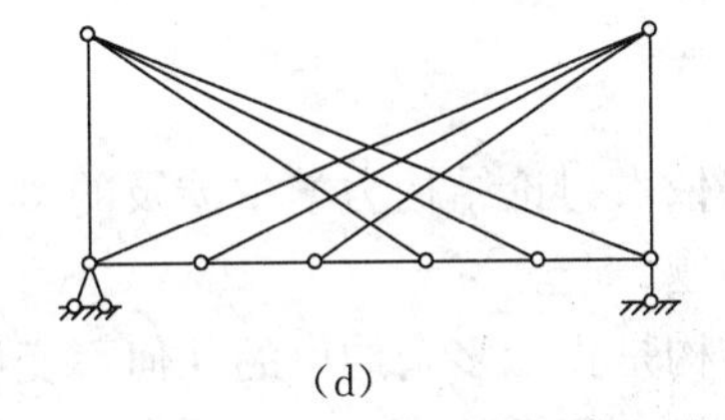

(d)

习题 2-4 图

2-5　试对图示体系进行自由度计算。

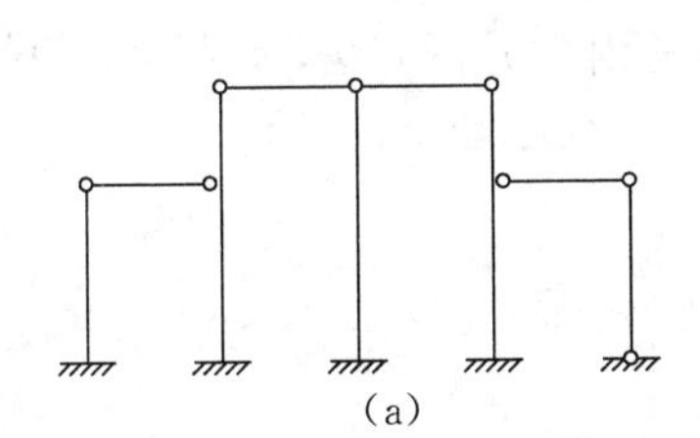

(a)

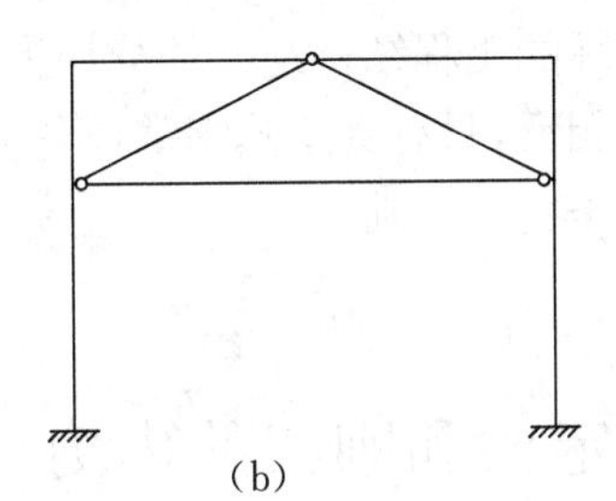

(b)

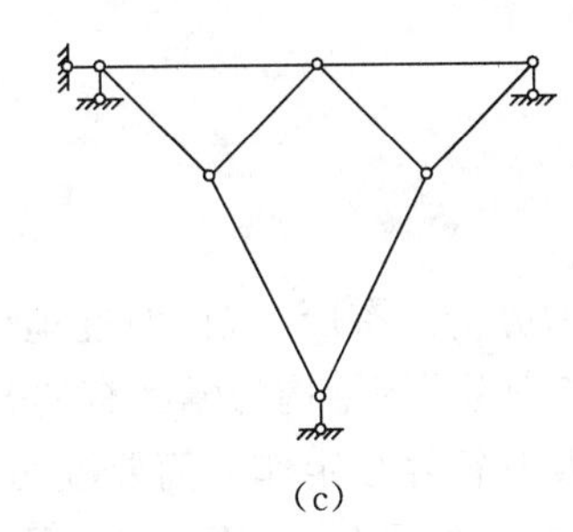

(c)

习题 2-5 图

3 静定结构的内力分析

3.1 概述

本章将依次讨论结构力学中涉及的梁、刚架、桁架、拱及组合结构5类主要静定结构的内力分析问题。

静定结构是指无多余约束的几何不变体系,在任意荷载作用下,所有的反力和内力均可通过静力平衡方程求得。静定结构内力分析的关键有两点:一是选择合适的隔离体作为研究对象;二是如何建立既简单又恰当的平衡条件,以使计算过程最为简捷。而上述5类主要的静定结构各有不同的计算特点和相应的方法,将在后面陆续展开。

尽管实际的工程结构绝大部分均为超静定结构,但这并不能成为轻视甚至忽视本章学习的理由。相反,只有真正熟练掌握各类静定结构的内力分析方法,才能为后面超静定结构的学习打下坚实的基础。

3.2 静定梁和刚架的内力分析

3.2.1 单跨静定梁

尽管在材料力学中对梁的内力分析已有所涉及,但这里讨论的梁的构造方式及类别将更为宽泛,并增加一些诸如“区段叠加法”等结构力学特有的分析方法,以使求解范畴更加广泛。首先有必要对梁的内力计算及其符号规定作一简要说明。

梁中任一截面上的内力一般有3种,即轴力 F_N、剪力 F_S 和弯矩 M。对于直梁,当所有的外力(包括外荷载和支座反力)均垂直于梁轴线时,横截面上将没有轴力,只有弯矩和剪力。

材料力学中规定:轴力以拉力为正;剪力以使隔离体顺时针方向转动为正;弯矩则以使梁的下侧纤维受拉为正。

而在结构力学中有所不同:轴力仍以受拉为正(拱结构除外),即 F_N 的方向以背离截面为正,指向截面为负;剪力的符号同材料力学,即正剪力使相邻侧的隔离体顺时针方向转动;而弯矩一般不分正、负(第6章位移法中除外),仅将弯矩图画在杆件的受拉一侧。

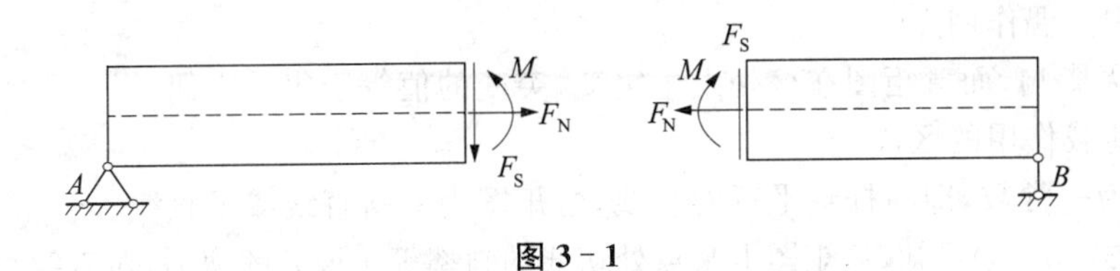

图 3-1

内力图表示各截面内力沿杆长的变化规律，通常以平行于杆轴线（包括斜杆）的坐标轴为基准线（简称基线），用垂直于基线的纵坐标（简称纵标或纵距）表示内力的数值。剪力和轴力图需标注正、负号，而弯矩图则不标注。对于水平或倾斜放置的杆件，正值的剪力和轴力图画在基线的上侧，负值画在下侧；而位于铅垂方向的竖杆（如柱子），其正值的剪力和轴力图可画在任一侧，但在同一幅内力图中的不同竖杆最好画在同一侧，以免自相矛盾而引起符号混乱。

3.2.2 内力图的基本特征

掌握内力图的基本特征，将有助于我们定性地判断内力图的正误，也为快速作图提供有效手段。内力图的基本特征可由内力与荷载间的微分关系加以反映，该关系在材料力学中已有阐述，这里仅简单回顾。

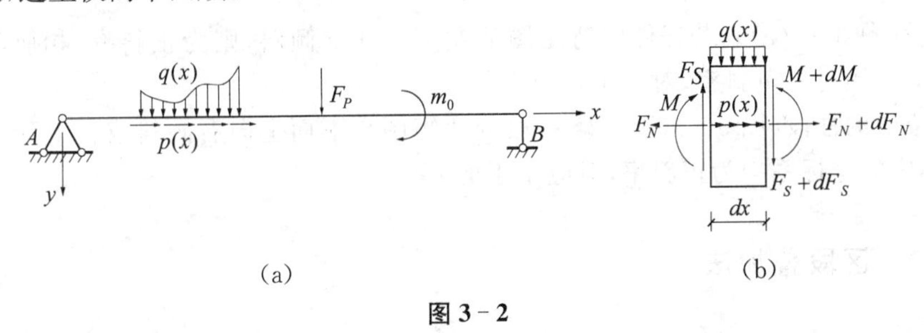

图 3-2

从图 3-2(a)中截取微段如图 3-2(b)，由隔离体平衡条件可得杆件的内力与荷载间的一组微分关系。

由 $\sum F_x = 0$ 得

$$\frac{\mathrm{d}F_{\mathrm{N}}}{\mathrm{d}x} = -p(x) \tag{3-1}$$

由 $\sum F_y = 0$ 得

$$\frac{\mathrm{d}F_{\mathrm{S}}}{\mathrm{d}x} = -q(x) \tag{3-2}$$

由 $\sum M = 0$ 得

$$\frac{\mathrm{d}M}{\mathrm{d}x} = F_{\mathrm{S}} \tag{3-3}$$

由上述微分关系可推知内力图的一些基本特征：

(1) 均布荷载作用的区段

弯矩图为二次抛物线，且曲线的凸出方向同荷载作用方向；剪力图为一斜直线。

(2) 集中荷载作用点

弯矩图发生转折形成尖角，转折的方向同荷载作用的方向。剪力图在该处发生突变，突变的值等于该集中荷载值。

(3) 集中力偶作用点

剪力图无影响,而弯矩图在该处发生突变,突变的值等于集中力偶。

(4) 无荷载作用的区段

剪力图为一常数,即与杆轴平行的直线,弯矩图为一斜直线或平直线。

另外,由式(3-3)可知,弯矩图上某点处切线的斜率等于该处的剪力,对直线型弯矩图,只要通过求某直线段的几何斜率即得该段的剪力值,至于剪力的符号与弯矩图的倾斜方向有关。如图3-3所示沿用材料力学中的坐标系(即杆轴向为 x 轴,再从 $x\rightarrow y$ 按右手法则得 y 轴)。

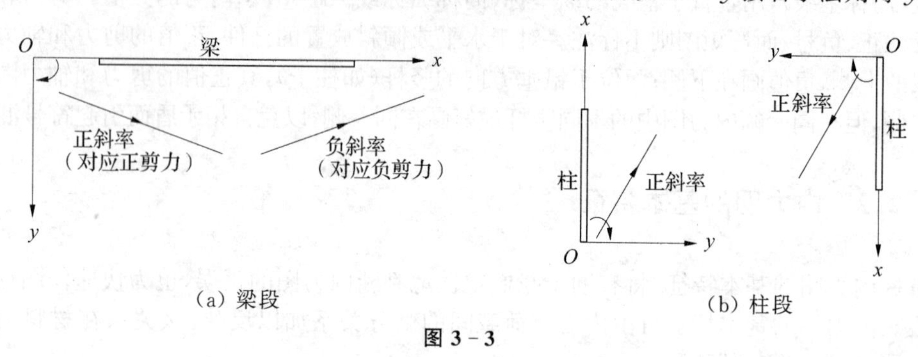

图 3-3

对梁段(图3-3(a)),若杆件的弯矩图从左至右往下倾斜,则为正斜率,相应的剪力为正值;反之,上倾时为负斜率,对应于负剪力。

对刚架中的柱段(图3-3(b)),若杆段的弯矩图自下而上向右倾斜或自上而下向左倾斜,则在相应的坐标系中为正斜率,对应于正剪力。

3.2.3 区段叠加法

当杆件上同时作用多种复杂荷载时,可将杆件分为若干段,应用"区段叠加法"作弯矩和剪力图将是一种极其有效而快捷的方法,它是结构力学中特有的一种新方法,现分述如下。

1) 弯矩图的叠加

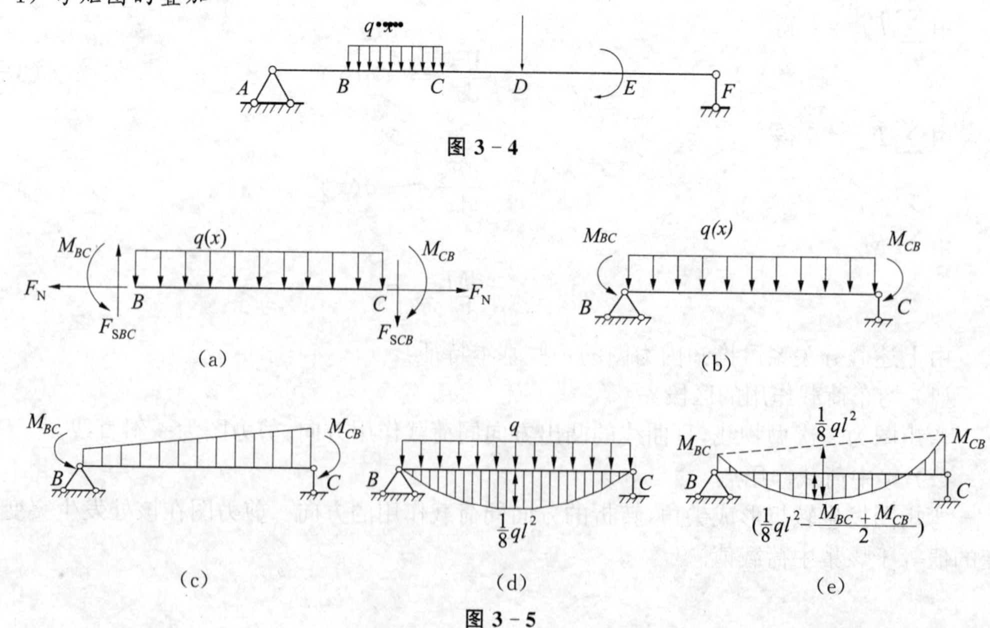

图 3-5

设图 3 - 5(a)中的杆段 BC,取自图 3 - 4 梁中的一段,在 B、C 两截面分别作用两组内力,而该杆段的受力状态应与图 3 - 5(b)中同样跨度、承受同样的横向荷载及两端弯矩的简支梁(后面简称“等代梁”)相同,因为该“等代梁”的水平和竖向支座反力分别对应于图 3 - 5(a)中 B、C 截面处的轴力和剪力,即两者的工作状态是完全等价的,亦即 BC 杆段内任一截面的内力应与等代简支梁(图 3 - 5(b))中同样位置截面的内力相等。依据线弹性结构的叠加原理,图 3 - 5(b)等代梁在两种荷载共同作用下的弯矩,可由图 3 - 5(c)、(d)每种荷载单独作用下的弯矩图叠加而成。

具体叠加的过程如下(分三步):

第一步:“竖”——将简支梁两端的外力偶(即图 3 - 4 中的内力 M_{BC} 和 M_{CB})对应的支座截面的弯矩纵标“竖”好;

第二步:“联”——将上述两纵标联以虚线,作为叠加的新基线(称为“杆端弯矩图”);

第三步:“叠”——将简支梁在跨间横向荷载作用下的弯矩图“粘贴”到新基线上(即将两基线重合),则两图形重叠部分抵消后与杆轴围成的图形即为叠加后的总弯矩图(如图 3 - 5(e))。

需要说明的是,两个弯矩图的叠加并非两者的简单拼合,而是指两图对应截面的弯矩纵标的叠加。被叠加上去的等代简支梁的弯矩纵标仍应垂直于杆轴(而不是垂直于新基线),故叠加后的弯矩图几何形状将与叠加前有所改变(形状相似)。

图 3 - 6 和图 3 - 7 给出了跨中作用集中荷载和集中力偶时杆段的叠加情况。

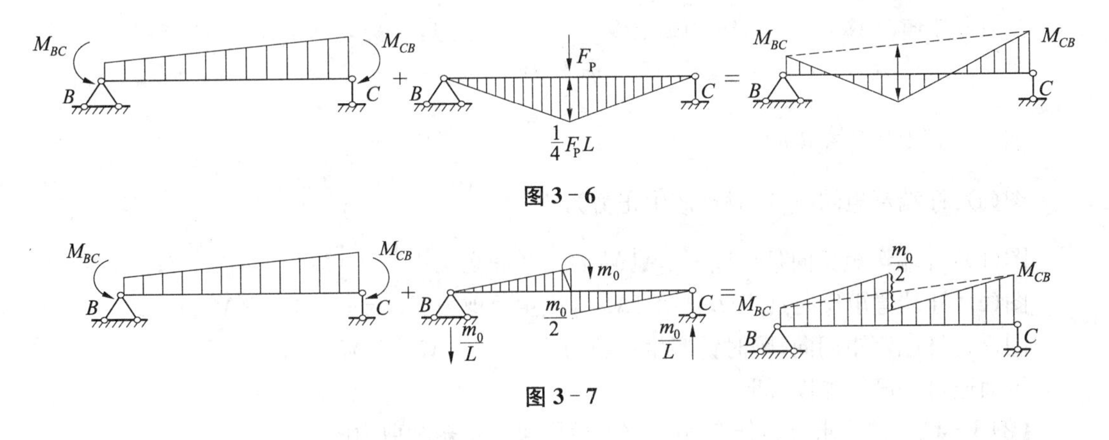

图 3 - 6

图 3 - 7

2) 剪力图的叠加

类似于弯矩图的叠加,剪力图也可由叠加法作出。

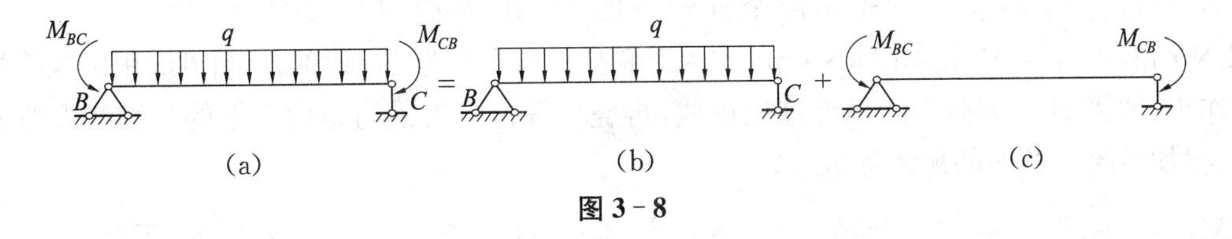

图 3 - 8

设图 3 - 8(a)仍为从某结构中取出的杆段 BC 对应的等代简支梁,它可分解为图 3 - 8(b)、(c)两种情况。均布荷载作用下产生的剪力记为 F_S^q,它是一条斜直线,如图 3 - 9(b),

杆端弯矩 M_{BC}、M_{CB} 作用下产生的剪力记为 F_S^M，它是一条水平线，如图 3－9(c)，其叠加结果相当于将图 3－9(b)的倾斜剪力线向上平移(若 F_S^M 为负，则向下平移)一常量(大小为 F_S^M)，与杆轴围合的部分即为叠加后的总剪力图(应标注正负号)。

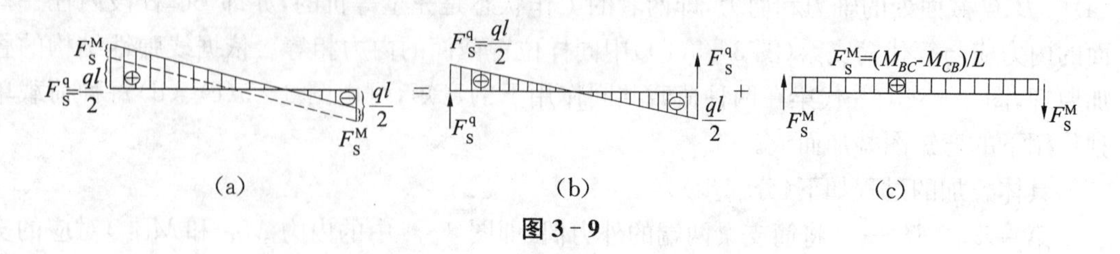

图 3－9

至于图 3－9(c)中剪力图的正负不难由直观判断，它取决于两个杆端弯矩对应的合力矩的方向，若合力矩为逆时针，则产生正剪力，反之产生负剪力，如图 3－10。

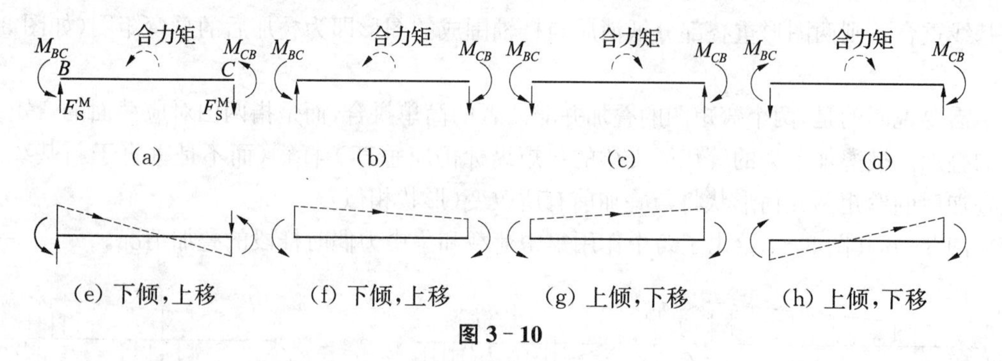

图 3－10

图 3－10 中的补充说明：

图(a)：杆端弯矩同向，逆时针产生正剪力 $F_S^M=\dfrac{M_{BC}+M_{CB}}{l}$；

图(b)：杆端弯矩反向且 $|M_{BC}|>|M_{CB}|$ 产生正剪力 $F_S^M=|M_{BC}-M_{CB}|/l$；

图(c)：杆端弯矩反向且 $|M_{BC}|<|M_{CB}|$ 产生负剪力 $F_S^M=-|M_{BC}-M_{CB}|/l$；

图(d)：杆端弯矩同向，顺时针产生负剪力 $F_S^M=-|M_{BC}+M_{CB}|/l$。

下面通过一简例加以说明。

【例 3－1】 试不求反力作图 3－11(a)所示梁的弯矩和剪力图。

【解】 (1) 绘制弯矩图

材料力学中通常在计算内力之前先求支座反力，但在结构力学中未必，如本例便可不求反力，直接作出 M 图。首先画两个伸臂段的 M 图，它们均为直线形。$M_{BC}=M_{BA}=6\ \text{kN}\cdot\text{m}$，$M_{CB}=M_{CD}=18\ \text{kN}\cdot\text{m}$ (均为上侧受拉)，中间跨 BC 段的 M 图可应用区段叠加法作出，即将 B、C 两处弯矩纵标连以虚线，再叠加等代简支梁均布荷载下的抛物线形弯矩图，叠加后跨中截面的最终弯矩应为

$$M_{中}=\frac{1}{8}ql^2-\frac{1}{2}(M_{BC}+M_{CB})=16-\frac{1}{2}(6+18)=16-12=4\ \text{kN}\cdot\text{m}(下侧受拉)$$

(2) 绘制剪力图

两伸臂段的 M 图呈直线形，根据微分关系求其各自的斜率即得剪力。

AB 段为负斜率(↗)，$F_{SBA} = \dfrac{dM}{dx} = \tan\alpha_{AB} = -\dfrac{6}{2} = -3\ \text{kN}$

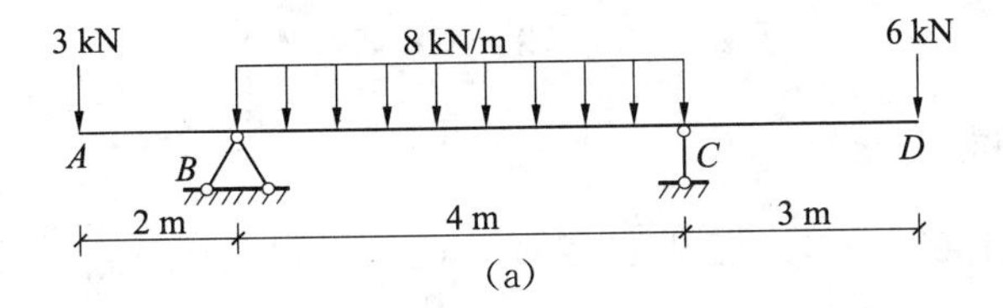

(a)

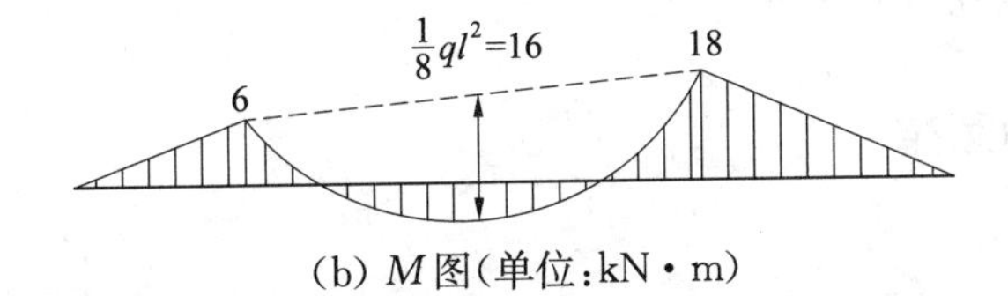

(b) M 图(单位:kN · m)

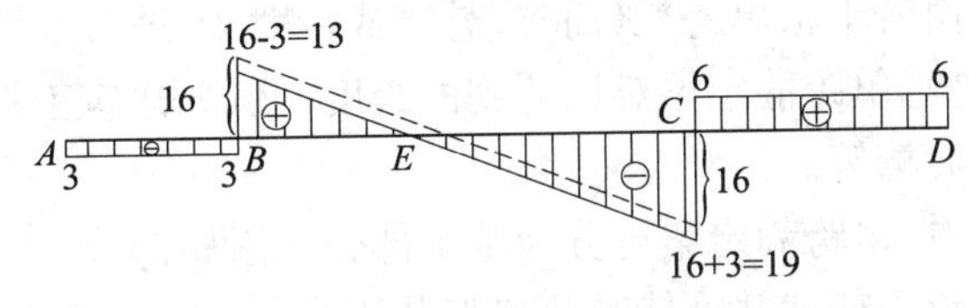

(c) F_S 图(单位:kN)

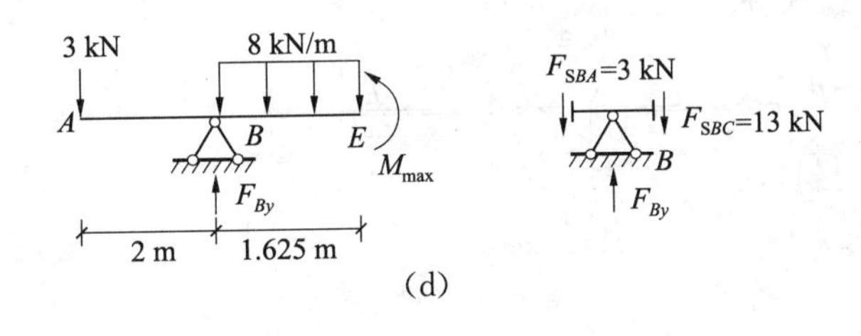

(d)

图 3-11

CD 段为正斜率(↘)，$F_{SCD} = \dfrac{dM}{dx} = \tan\alpha_{CD} = \dfrac{18}{3} = 6\ \text{kN}$

BC 段可利用叠加法，先用虚线画出与等代简支梁对应的均布荷载下的剪力线，其两端的剪力值均为 $F_S^q = \dfrac{ql}{2} = 16\ \text{kN}$，再将该虚线向下(由于 BC 段梁的杆端弯矩对应的弯矩图从左至右向上倾斜)平移，移动的量为 $F_S^M = \left|\dfrac{M_{BC} - M_{CB}}{l}\right| = \left|\dfrac{6-18}{4}\right| = 3\ \text{kN}$，故 B、C 两端的最终剪力为

$$F_{SBC} = F_{SBC}^q + F_S^M = 16 - 3 = 13\ \text{kN}$$
$$F_{SCB} = F_{SCB}^q + F_S^M = -16 - 3 = -19\ \text{kN}$$

(3) 求中间跨的最大正弯矩

由材料力学知，BC 跨的最大正弯矩一定发生在剪力为零的截面，即剪力图中的 E 处，由 BC 段的相似三角形几何关系，不难求得距离 $BE = 13/8 = 1.625\ \text{m}$(不在跨中)。

取出图 3-11(d)所示的 AE 段隔离体，其中的 B 支座竖向反力 F_{By} 可由已求得的支座

B 两侧截面的剪力平衡条件得到。由剪力图知，B 支座的左截面剪力 $F_{SBA}=-3\ \text{kN}$，B 支座的右截面剪力 $F_{SBC}=+13\ \text{kN}$，所以

$$F_{By}=3+13=16\ \text{kN}(\uparrow)$$

由 $\sum M_E=0$ 得

$$M_{max}=F_{By}\times 1.625-3\times(2+1.625)-(8\times 1.625)\times\frac{1.625}{2}=4.56\ \text{kN}\cdot\text{m}$$

（大于跨中截面的弯矩值 4 kN·m）

3.2.4　多跨静定梁

1）几何构造特点

多跨静定梁一般是由若干根单跨梁（简支、悬臂或伸臂梁）通过铰联结而成的静定结构。在工程结构中，常用它跨越单跨静定梁难以达到的跨度。例如建筑工程中的多跨木檩条，公路桥梁和水利工程中的渡槽等。

从几何构造的角度看，多跨静定梁可分为基本部分和附属部分。所谓基本部分，是指不依赖于其他部分能独立承受荷载并维持其几何形状不变的部分。而附属部分，是指需要依赖相邻部分才能承受荷载并维持其几何形状不变的部分。例如图 3-12 中的 AD 和 EH 为基本部分，DE 为附属部分。

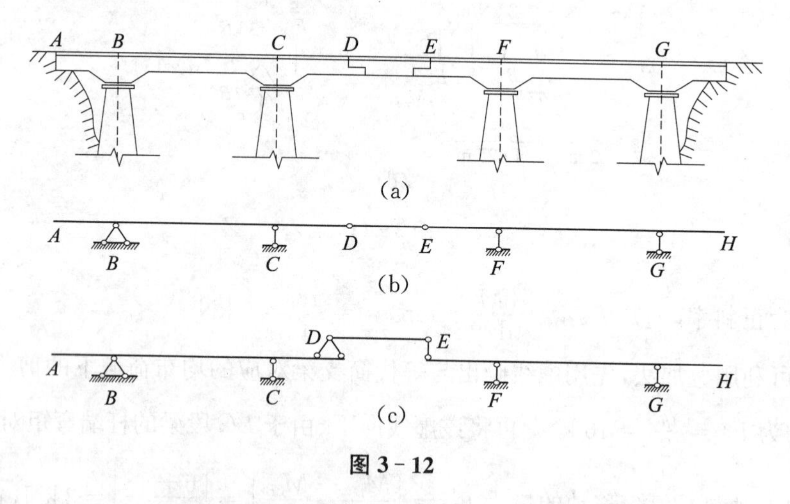

图 3-12

将联结基本部分与附属部分之间的铰用两根链杆替换，则形成图 3-12(c)中的计算简图，该图较直观地反映了两者间的层次关系，通常称它为层叠图。

2）内力分析方法

从层叠图中可以看出，作用在附属部分上的荷载，除了在附属部分中引起内力外，还将通过铰中的反力传递给相邻的基本部分。而作用在基本部分上的荷载，仅在该部分中产生内力，对附属部分无影响。因此，分析的次序应“先附属部分，后基本部分”。

【例 3-2】 试作图 3-13(a)所示多跨静定梁的弯矩和剪力图，并利用剪力图求所有支座的竖向反力。

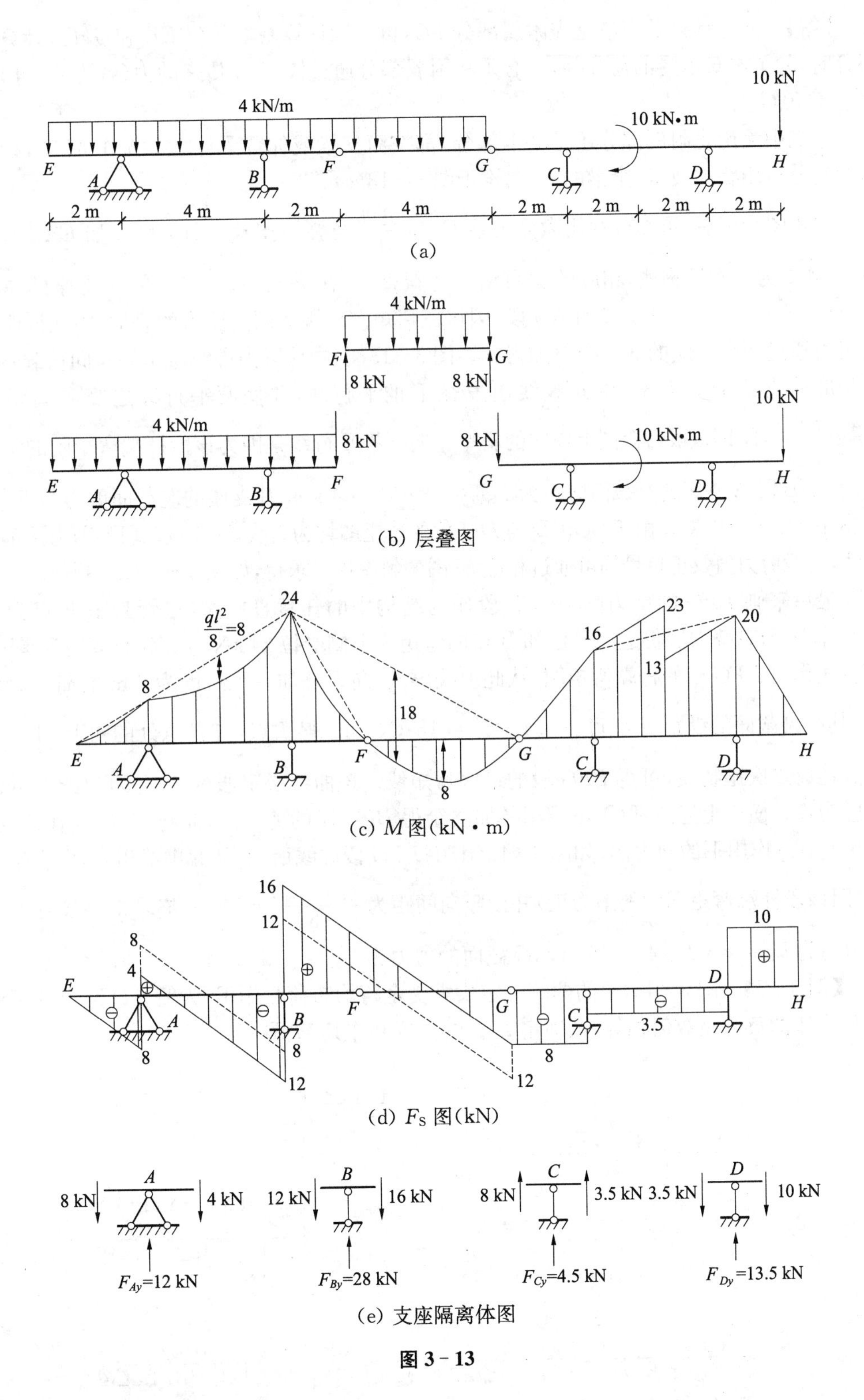

4 kN/m
10 kN·m
10 kN
E
A
B
F
G
C
D
H
2 m
4 m
2 m
4 m
2 m
2 m
2 m
2 m
(a)
8 kN
8 kN
(b) 层叠图
24
$\frac{ql^2}{8}=8$
18
16
23
20
13
(c) M图(kN·m)
12
10
3.5
(d) F_S图(kN)
4 kN
12 kN
16 kN
3.5 kN
F_{Ay}=12 kN
F_{By}=28 kN
F_{Cy}=4.5 kN
F_{Dy}=13.5 kN
(e) 支座隔离体图

图 3－13

【解】 注意计算顺序应是先附属部分 FG，再分别计算基本部分 EF 和 GH。计算基本部分时，除了本身承受的荷载外，还必须将附属部分通过铰 F、G 传来的力（各为 8 kN↓ ）分别置于 F、G 点。

本例中无论是附属部分还是基本部分，都按简支梁或伸臂梁计算。先作 M 图，绘制过程中充分运用叠加技术，全梁的 M 图绘于图 3-13(c)。

弯矩图绘好后，可充分利用微分关系 $F_S = \frac{\mathrm{d}M}{\mathrm{d}x}$ 及叠加技术作剪力图。如 EA 段，因该段的 M 图为二次抛物线，相应的剪力图应为斜直线，在 E 处 $F_S = 0$，在 A 支座的左截面 $F_S = -4\times2 = -8$ kN。又如 AB 段，因该段弯矩图可视为两个图形的叠加，因此该段剪力图也可通过两个相应的剪力图叠加得到。图 3-13(d)中该段内虚线所示为跨间荷载 q 作用下相应简支梁的剪力图，由此虚线出发往下推平行线，并使两平行线之竖向间距等于 $\frac{(24-8)}{4} = 4$，即该段弯矩图上虚线的斜率。向下推平行线是因为该段杆端弯矩图的斜率是负的。AB 段 A 支座的右截面剪力为 $F_{SAB} = 8-4 = 4$ kN，B 支座的左截面剪力为 $F_{SBA} = -(8+4) = -12$ kN。由于 GC、CD 与 DH 段的弯矩图均为直线，因而这三段的剪力图都是水平线，各段剪力值及正负号均可通过相应 M 图的斜率极易求得，如图 3-13(d)中所示。

最后来画 BFG 的剪力图。BFG 段作为结构中的任意直杆段（尽管其中 F 点为中间铰），作 M 图时叠加法仍适用。已知 B 点的弯矩为上侧受拉 24 kN·m，G 点弯矩为零，先以虚直线作出 BFG 段的杆端弯矩图，从此虚线出发，向下叠加一个跨度为 6 m 的简支梁弯矩图，其中央截面的纵距应等于 $\frac{1}{8}\times4\times6^2 = 18$ kN·m，得 J 点，将 B 点处的向上 24 与 J、G 三点连成二次抛物线，可得 BFG 段的最终弯矩线。该曲线必定通过铰 F，因为铰 F 处的弯矩应为零。懂得上述道理后，不难用叠加法绘得 BFG 段的剪力图，先将 BFG 当作简支梁，作出它在 q 作用下的剪力图，如图 3-13(d)中 BFG 段虚线所示，从此虚线出发，向上推平行线（因该段杆端弯矩图的斜率为正）并使竖向间距为 $\frac{(24-0)}{6} = 4$。最终求得 B 支座右截面的剪力为 $F_{SBF} = 12+4 = 16$ kN；G 截面的剪力为 $F_{SG} = -12+4 = -8$ kN。

【例 3-3】 图 3-14(a)的两跨静定梁承受全跨均布荷载作用，为使 AD 跨中的正弯矩与 B 支座的负弯矩数值相等，试确定 D 铰的位置并作其 M 图。

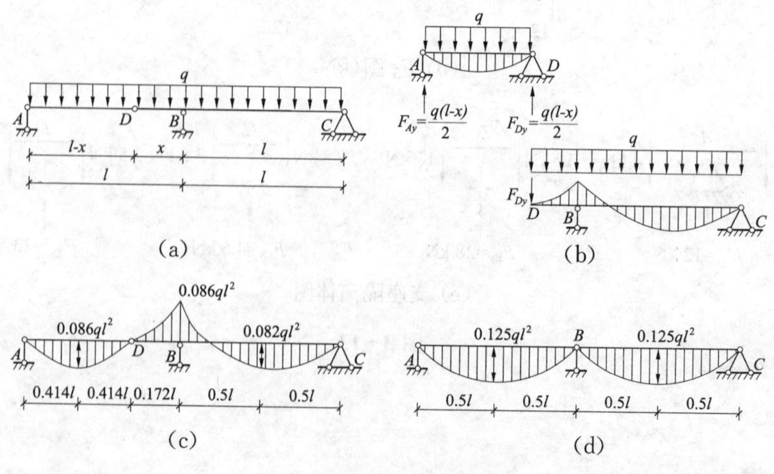

图 3-14

【解】 (1) 设铰 D 的位置离 B 支座的距离为 x（图 3-14(a)）。

(2) 计算反力

计算应从附属部分 AD 开始；根据简支梁 AD 的平衡条件，求得支座 D 的竖向反力为 $F_{Dy}=\frac{q}{2}(l-x)$，并将其反向作用于基本部分 DBC（图 3-14(b)）。

(3) 确定铰的位置

AD 跨中的正弯矩为 $\frac{q}{8}(l-x)^2$，支座 B 处的负弯矩为 $\frac{q(l-x)x}{2}+\frac{qx^2}{2}$。根据题意，有

$$\frac{q(l-x)^2}{8}=\frac{q(l-x)x}{2}+\frac{qx^2}{2}$$

由此解得
$$x=0.172l$$

(4) 作弯矩图

将求得的 x 值代入正弯矩或负弯矩的表达式，即可作出相应的弯矩图（图3-14(c)）。

图 3-14(d)为同跨度简支梁的弯矩图，比较图 3-14(c)、(d)可知，多跨静定梁的最大弯矩比同跨度的一串简支梁小。原因是由于多跨梁在支座处是连续的，支座的负弯矩导致跨中的正弯矩减小，这正是多跨静定梁的优点之一。

3.2.5 静定平面刚架

1) 平面刚架的基本特征及类别

具有刚性结点且由多杆构成的结构称为刚架，当杆轴及荷载均在同一平面内且没有多余约束时的刚架称为静定平面刚架。土建结构中的多层、高层框架结构，通常可取平面刚架作为其近似的计算简图。尽管很多刚架都是超静定的，但熟练掌握静定刚架的内力分析方法是进一步学习超静定刚架分析的重要基础。

静定平面刚架的结构形式通常有：悬臂刚架（图 3-15）、简支刚架（图 3-16）、三铰刚架（图 3-17）和复合刚架（图 3-18）。

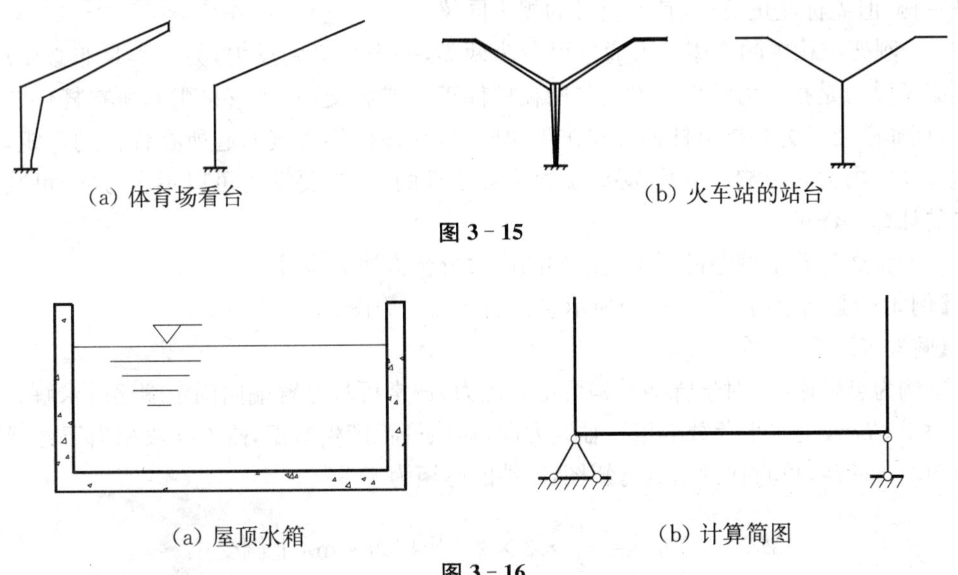

(a) 体育场看台　　(b) 火车站的站台

图 3-15

(a) 屋顶水箱　　(b) 计算简图

图 3-16

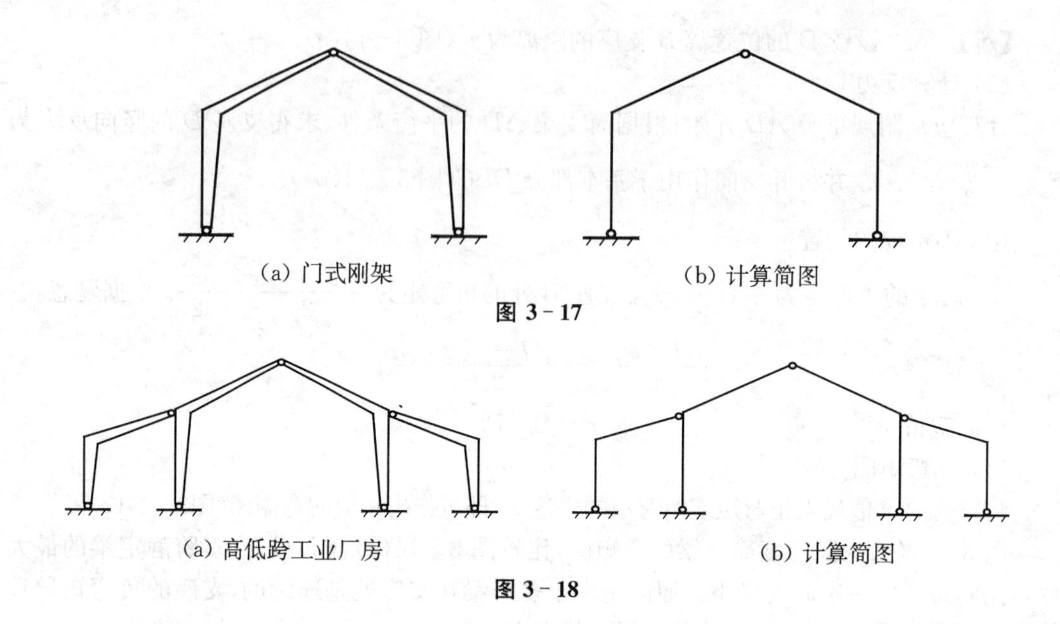

图 3-17

图 3-18

2）平面刚架的内力分析

静定平面刚架的内力分析方法原则上与静定梁相同。通常可先由刚架的整体或局部的平衡条件，求出各支座反力，再用截面法计算主要控制截面(一般指结构的转折点、荷载作用点及支座边缘截面等)的内力，进而分段应用区段叠加法作杆件的弯矩图。有了弯矩图再根据微分关系和剪力叠加技术(推平行线)或杆段的隔离体平衡条件求得杆端剪力，便得刚架的剪力图。最后选取刚架中的相关结点为隔离体，通过投影平衡方程(即 $\sum F_x = 0$ 或 $\sum F_y = 0$)由杆端剪力求杆端轴力。

这里需要说明两点：

(1) 刚架的弯矩图一律画在杆件的受拉一侧，不标正负号。剪力和轴力图可画在杆件的任一侧，但需标注正负号，其正负号的规定同梁。

(2) 刚架结构中的支座反力通常可分为两类，一类是必要反力，另一类是非必要反力。所谓必要反力是指反力的作用方向与所在杆件正交或斜交，它将直接引起所在杆件的截面弯矩；而非必要反力是指沿杆轴方向作用的反力，它往往不直接引起所在杆件的弯矩，仅对其他杆件的内力有影响。因此，必要反力是必须求的，非必要反力可以不求，这样可减少不必要的计算工作量。

下面将通过若干例题说明各类刚架的内力分析方法和步骤。

【例 3-4】 试作图 3-19(a)所示悬臂刚架的内力图。

【解】 (1) 弯矩图

本例为悬臂刚架，对悬臂型结构可不求反力，通常可从悬臂端向固定端逐段求解。

由于 CD 段的水平荷载沿该杆轴线方向，对该杆不产生弯矩，故 CD 段相当于悬臂梁承受竖向均布荷载，可直接画出其弯矩图，C 端的弯矩为

$$M_{CD} = \frac{1}{2}ql^2 = \frac{1}{2} \times 2 \times 2^2 = 4\ \text{kN} \cdot \text{m}\ (\text{上侧受拉})$$

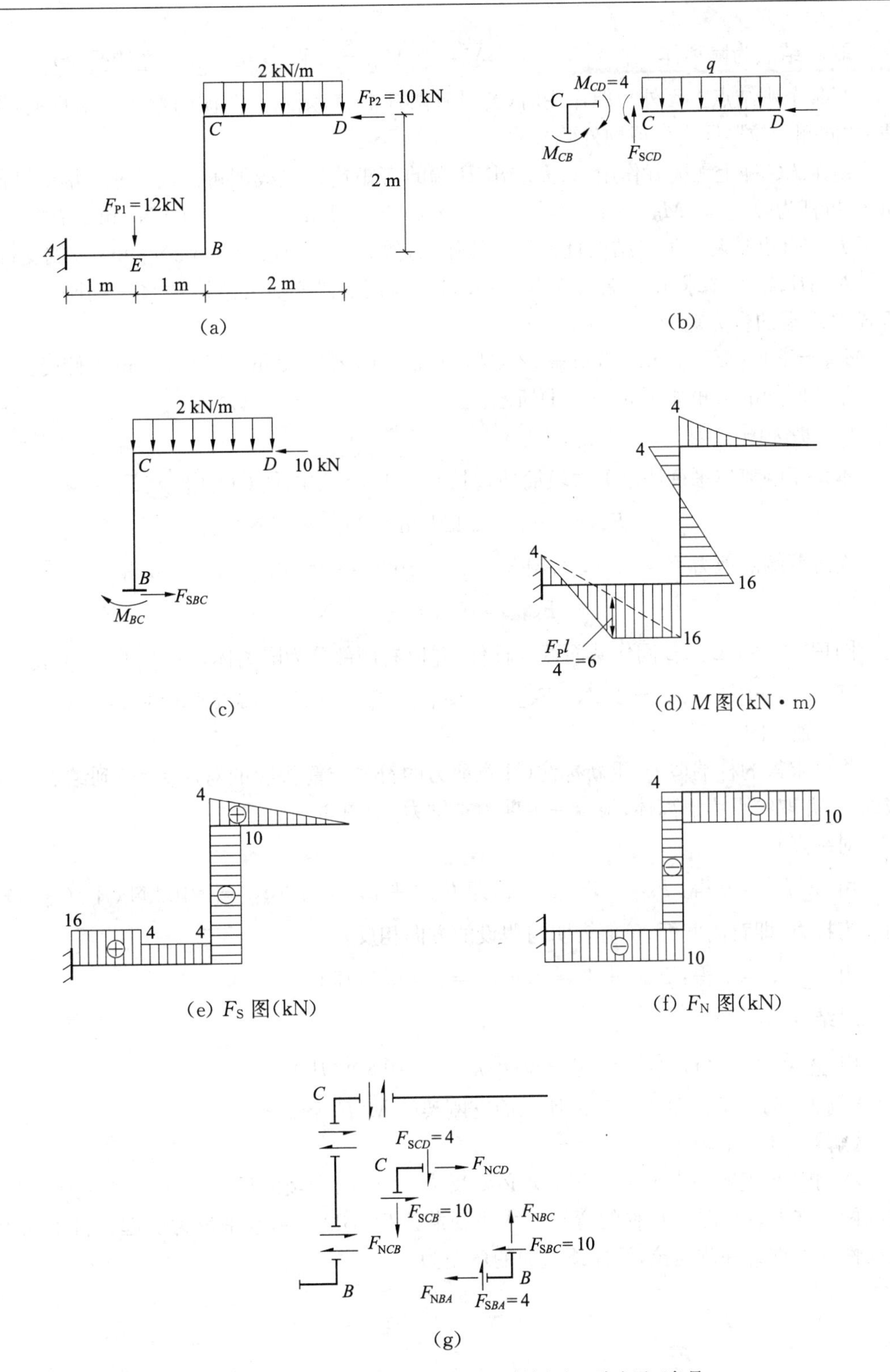

* 注:图中的剪力已按真实的方向标注,故其方向已隐含了正负号

图 3-19

取 C 结点为隔离体，由 $\sum M_C = 0, M_{CB} = M_{CD} = 4\ \text{kN}\cdot\text{m}$（↶）（左侧受拉）

当某个刚结点上无外力偶作用时，若只有两杆汇交，则结点两侧的弯矩等值反向（即所谓的“同侧受拉”，同内侧或同外侧）。

由于 BC 杆上无荷载作用，只需求出 B 端的弯矩连以直线即可。而要求 M_{BC}，可截取 BCD 折杆为隔离体，$M_{BC} = 10\ \text{kN} \times 2\ \text{m} - (2\ \text{kN/m} \times 2\ \text{m} \times 1\ \text{m}) = 16\ \text{kN}\cdot\text{m}$（右侧受拉）。由于 B 结点也是两杆汇交结点且无外力偶作用，故 $M_{BA} = M_{BC} = 16\ \text{kN}\cdot\text{m}$（下侧受拉）。

对 AB 段，只要求出 A 端的弯矩 M_{AB}，即可应用区段叠加法作其 M 图。而刚架上 3 个荷载对 A 端的合力矩为

$$M_{AB} = 2\ \text{kN/m} \times 2\ \text{m} \times 3\ \text{m} + 12\ \text{kN} \times 1\ \text{m} - 10\ \text{kN} \times 2\ \text{m} = 4\ \text{kN}\cdot\text{m}\text{（上侧受拉）}$$

整个刚架的弯矩如图 3-19(d)所示。

(2) 剪力图

本例用隔离体平衡法求剪力较简便，对图 3-19(b)中的杆 CD，由 $\sum F_y = 0$ 知

$$F_{SCD} = qL = 2\ \text{kN/m} \times 2\ \text{m} = 4\ \text{kN}$$

而悬臂端的剪力 $F_{SDC} = 0$，对图 3-19(c)中的隔离体，由 $\sum F_x = 0$ 得

$$F_{SBC} = F_{SCB} = -10\ \text{kN}$$

同理，再将 BE、AE 间作截面截开杆件，并取右侧部分为隔离体，由 $\sum F_y = 0$ 得

$$F_{SEB} = F_{SBE} = qL = 4\ \text{kN}, F_{SAE} = F_{SEA} = qL + F_{P1} = 4\ \text{kN} + 12\ \text{kN} = 16\ \text{kN}$$

(3) 轴力图

将已求得的杆端剪力，重新标注（注意剪力的符号与箭头间的对应关系）到结点一侧的截面上，并取结点为隔离体，很容易由剪力求轴力，如图 3-19(g)。

对结点 C：

由 $\sum F_x = 0$ 得：$F_{NCD} + F_{SCB} = 0$，即 $F_{NCD} + 10 = 0$，$F_{NCD} = -10\ \text{kN}$（压）（这里轴力均设为拉力，即背离截面，负值表明与假设的方向相反）

由 $\sum F_y = 0$ 得：$F_{NCB} + 4 = 0, F_{NCB} = -4\ \text{kN}$（压）

对结点 B：

由 $\sum F_x = 0$ 得：$F_{NBA} + 10 = 0, F_{NBA} = -10\ \text{kN}$（压）

【例 3-5】 试作图 3-20(a)所示简支刚架的 M、F_S 图。

【解】 (1) 弯矩图

本例中 B 支座的水平反力 F_{Bx} 为必要反力，另外两个竖向反力为非必要反力可不求。先画两根柱的弯矩图，AC 柱的弯矩由水平荷载产生，BD 柱由水平反力引起。自下而上弯矩线性增大均为外侧受拉，两柱顶截面的弯矩为

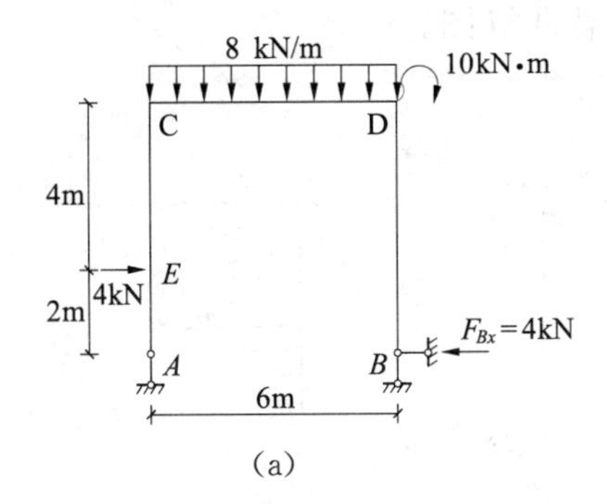

(a)

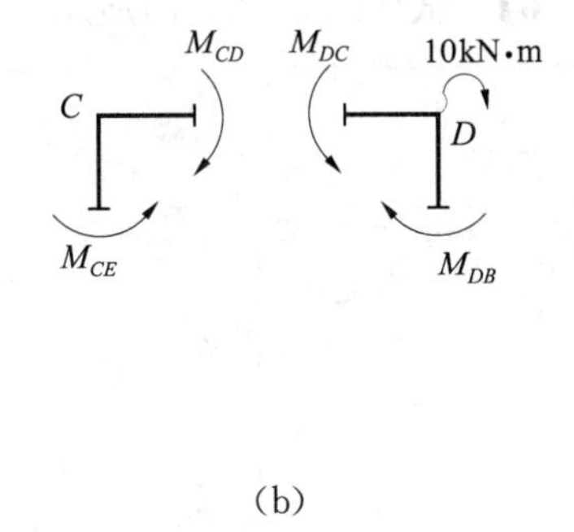

(b)

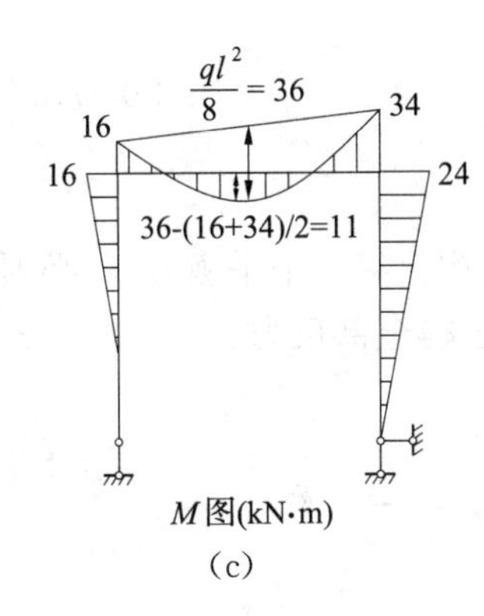

(c)

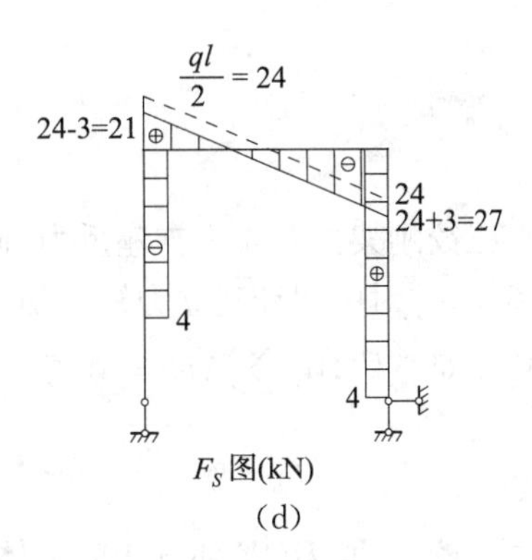

(d)

图 3 - 20

$$M_{CE}=4\text{ kN}\times 4\text{ m}=16\text{ kN}\cdot\text{m},M_{DB}=4\text{ kN}\times 6\text{ m}=24\text{ kN}\cdot\text{m}$$

再求梁 CD 两端的弯矩，由结点 C、D 的力矩平衡条件知：

$$\sum M_C=0:M_{CD}=M_{CE}=16\text{ kN}\cdot\text{m(上侧受拉)}$$

$$\sum M_D=0:M_{DC}-M_{DB}-10=0,M_{DC}=24+10=34\text{ kN}\cdot\text{m(上侧受拉)}$$

（注：图 3 - 20(b)中未知的弯矩 M_{CD} 和 M_{DC} 的方向是任意假设的，已知弯矩的指向应按其真实的方向标注）

这样 CD 段梁已具备区段叠加法的条件，将 M_{CD}、M_{DC} 连以虚线，再叠加等代简支梁均布荷载作用下的抛物线即可。

(2)剪力图

由于两根柱的弯矩图呈直线型，故可应用微分关系 $F_S=\frac{dM}{dx}$（M 图的斜率）作其剪力图，即杆段 CE 的斜率为 $-16/4=-4$ kN，杆段 BD 的斜率为 $24/6=4$ kN（符号根据图 3 - 3(b)确定）。

梁 CD 段的剪力可由叠加法作出，即先画均布荷载作用下的等代梁剪力线（图 3 - 20(d)中的虚线），再向下平移（因为由 M_{CD}、M_{DC} 对应的弯矩图，即图 3 - 20(c)中的虚线向上倾斜），移动的量为 $\Delta=\frac{34-16}{6}=3$ kN，平移后的梁端剪力为

$$F_{SCD}=\frac{qL}{2}-\Delta=24-3=21\text{ kN},\ F_{SDC}=-\left(\frac{qL}{2}+\Delta\right)=-(24+3)=-27\text{ kN}$$

【例 3-6】 试作图 3-21(a)所示三铰刚架的 M 图。

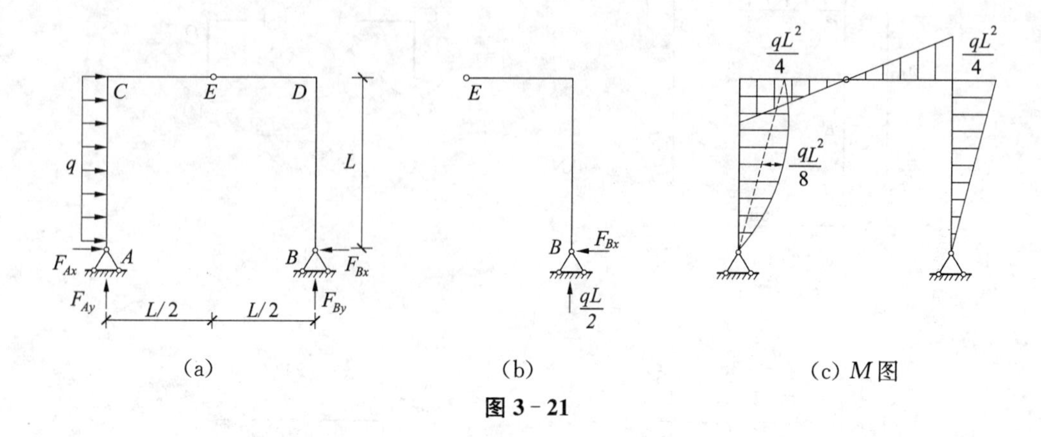

(a)　　(b)　　(c) M 图

图 3-21

【解】 三铰刚架共有 4 个支座反力,而对整体结构仅有 3 个平衡方程,必须切开中间铰取局部隔离体,并对中间铰建立力矩平衡方程,便可求得全部反力。

本例首先对整体,由 $\sum M_A = 0$ 得

$$F_{By} \cdot L - qL \cdot \frac{L}{2} = 0, F_{By} = \frac{qL}{2}(\uparrow)$$

切开中间铰 E,取 BDE 部分为隔离体,由 $\sum M_E = 0$ 得

$$F_{Bx} = \frac{qL}{4}(\leftarrow)$$

A 支座的两个反力可以不求,便可作出该刚架的 M 图。作图次序为:不难作出 BDE 部分的 M 图,先作 BD 杆,再由刚结点 D 的弯矩自平衡特性和 E 铰处弯矩应为零的条件完成 DE 段。由于 CD 段包括 E 铰上均无横向集中荷载作用,根据内力图的基本特征,E 铰左右截面的弯矩图应保持同样的斜率,故可将 DE 段的 M 图向 C 处延长,便得到 EC 段的 M 图。同理,由 C 结点的自平衡特性,得 $M_{CA} = M_{CE} = M_{DE} = M_{DB} = \frac{qL^2}{4}$(右侧受拉)。$CA$ 段则由区段叠加法作出。

【例 3-7】 试作图 3-22(a)所示复合刚架的 M 图。

【解】 由几何构造分析知,本例是在悬臂梁 AB 的基础上,附属一个刚片 BCD,故属复合刚架。类似于前面的多跨静定梁,应先分析附属部分(图 3-22(b))。

由 $\sum M_B = 0$ 得:$F_{Dy} = \frac{qL}{2}(\downarrow)$,则 $F_{By} = F_{Dy} = \frac{qL}{2}(\uparrow)$;

由 $\sum F_x = 0$ 得:$F_{Bx} = qL(\rightarrow)$。

再将铰 B 处的反力反向作用于基本部分(图 3-22(c)),则 AB 段的弯矩图不难画出,整个刚架的弯矩图绘于图 3-22(d),其中 BC 段仍采用区段叠加法。

其实本例即使不求 B 铰处的反力,只求 D 处的反力就可完成全部弯矩图的绘制,因为固定端 A 处的弯矩由整体平衡条件即可求得。

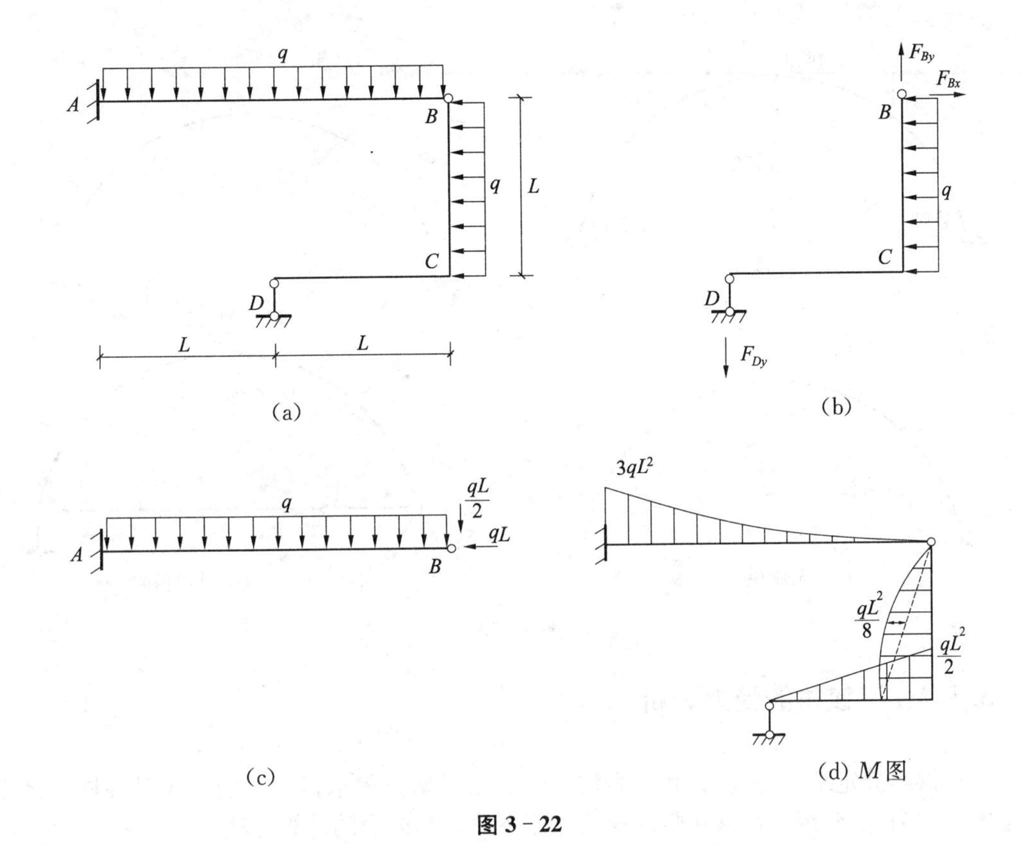

图 3-22

3.3　三铰拱的内力分析

3.3.1　拱的基本特征及有关概念

由于梁以受弯为主，随着跨度的增大，截面上的弯矩也迅速增大，致使梁结构不能跨越较大的跨度，拱便是可供选择的大跨结构形式之一。

拱结构不但具有优美的曲线造型，更具有良好的结构受力性能。其主要特征是：拱在竖向荷载作用下将产生水平推力，致使拱截面以承受轴向压力为主，而弯矩远小于同跨度的梁，可充分发挥材料的结构作用。故拱被广泛应用于桥梁工程和建筑工程中的大跨度拱形屋盖（如体育馆、飞机库等），以及地下隧道结构等诸多领域。

由于拱结构的支座要承受较大的水平推力，有时会给基础的处理带来困难，通常可在两支座之间采用高强度的钢拉杆将两支座拉住（图 3-23(d)），以承担水平推力，为不占用室内空间，可将拉杆进行必要的防腐处理后埋入地面以下。

从几何构造性质的角度看，拱结构也分静定和超静定两大类，三铰拱为静定结构，而两铰拱和无铰拱属超静定结构。

拱的有关名称如图 3-23(a)所示，其中的矢高与跨度之比 $\frac{f}{L}$ 称为矢跨比，是一个重要的几何参数，它反映了拱的扁平程度，直接影响到拱的受力性能。

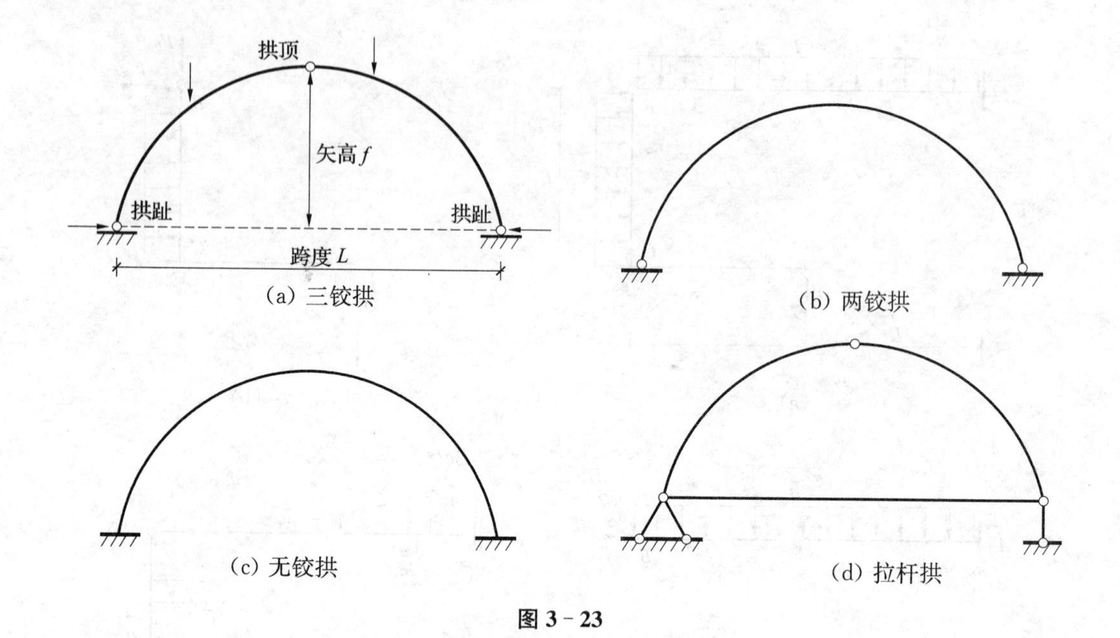

(a) 三铰拱

(b) 两铰拱

(c) 无铰拱

(d) 拉杆拱

图 3－23

3.3.2 三铰拱的受力分析

三铰拱属静定结构，其反力和内力均可由静力平衡方程求得。下面以拱趾在同一水平线上的平拱为例，介绍三铰拱在竖向荷载作用下反力和内力的计算方法。

1）支座反力的计算

类似于前面介绍的三铰刚架，三铰拱也有 4 个未知反力(图 3－24)，仍需分别对整体和切开中间铰 C 后的局部，建立 4 个平衡方程进行求解。

(1) 竖向反力

首先，由整体平衡条件 $\sum M_B = 0$ 或 $\sum M_A = 0$ 可求得两个竖向反力为

$$F_{Ay} = \frac{\sum F_{Pi} b_i}{L} \tag{3-4}$$

$$F_{By} = \frac{\sum F_{Pi} a_i}{L} \tag{3-5}$$

显然它与同样跨度承受相同竖向荷载的简支梁(后简称“等代梁”)(图 3－24(b))的竖向反力表达式完全一致，故

$$F_{Ay} = F_{Ay}^0, F_{By} = F_{By}^0 \tag{3-6}$$

(2) 水平反力

由 $\sum F_x = 0$ 得

$$F_{Ax} = F_{Bx} = F_H \tag{3-7}$$

再切开中间铰 C，取 AC 段为隔离体，由 $\sum M_C = 0$ 得

$$\begin{gathered} F_{Ay} \cdot L_a - F_{P1}(L_a - a_1) - F_{P2}(L_a - a_2) - F_H \cdot f = 0 \\ F_H = \frac{F_{Ay} \cdot L_a - F_{P1}(L_a - a_1) - F_{P2}(L_a - a_2)}{f} = \frac{M_C^0}{f} \end{gathered} \tag{3-8}$$

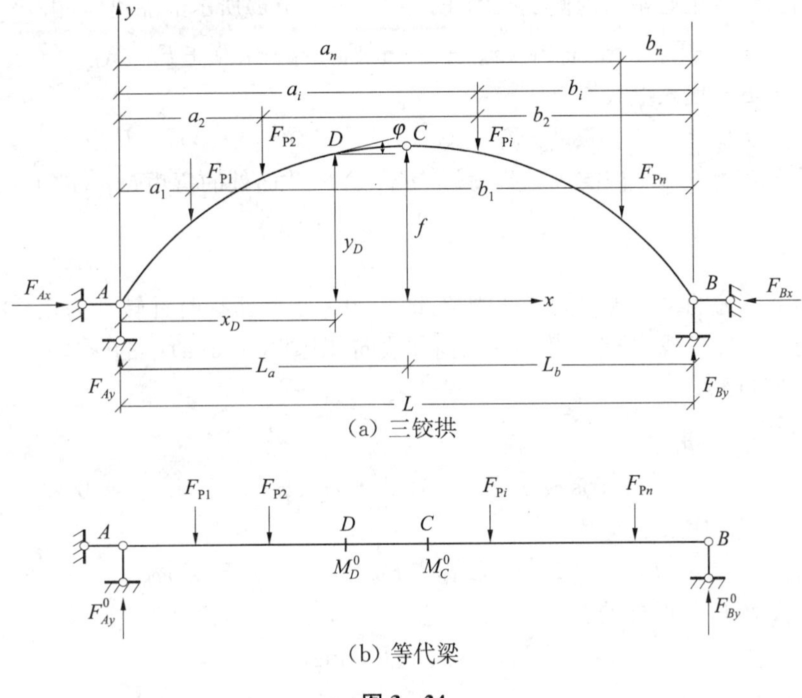

(a) 三铰拱

(b) 等代梁

图 3-24

这里：M_C^0 表示等代梁上与三铰拱的中间铰对应位置截面 C 处的弯矩。

由式(3-8)可知，当荷载及跨度给定时，分子 M_C^0 为常量，水平推力 F_H 与矢高 f 成反比，即扁拱的水平推力大于陡拱，且反力值与 3 个铰之间的曲线形状无关。

2) 截面内力的计算

要求解三铰拱任意截面上的内力，可将所求截面截开并取任一侧为隔离体，不难由平衡条件求得。由于拱的轴线为曲线，为确定任一截面的方位，以该截面的外法线(亦即该处的切线)与水平方向的倾角 φ_K 来描述截面的方位，且规定左半拱的 φ_K 为正，右半拱为负。

(1) 弯矩 M_K

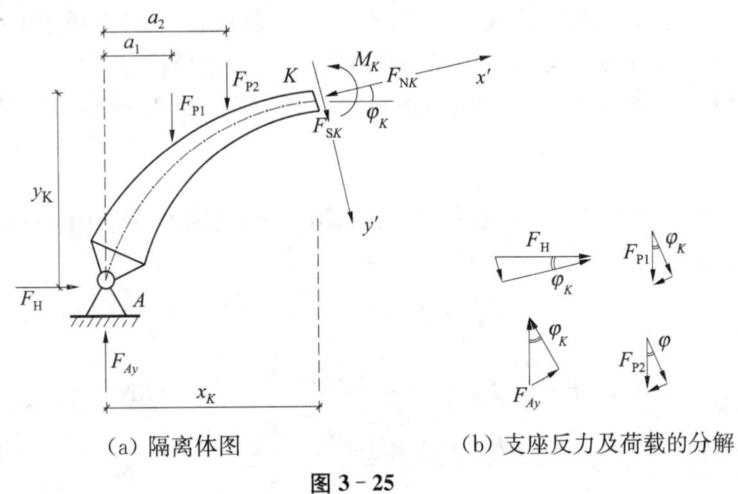

(a) 隔离体图　　(b) 支座反力及荷载的分解

图 3-25

拱截面上的弯矩通常以内侧受拉为正。对图 3-25(a)所示的隔离体,由 $\sum M_K = 0$ 得

$$M_K - F_{Ay} \cdot x_K + F_{P1}(x_K - a_1) + F_{P2}(x_K - a_2) + F_H \cdot y_K = 0$$

将 $F_{Ay} = F_{Ay}^0$ 代入上式得

$$M_K = [F_{Ay}^0 \cdot x_K - F_{P1}(x_K - a_1) - F_{P2}(x_K - a_2)] - F_H \cdot y_K$$

式中等号右边方括号内的表达式,就是等代梁 K 截面处的弯矩 M_K^0,故上式可写成

$$M_K = M_K^0 - F_H \cdot y_K \tag{3-9}$$

(2) 剪力 F_{SK}

拱截面上剪力的符号规定同梁和刚架,即绕相邻侧截面顺时针转动为正。将隔离体上 A 支座的反力及外荷载均沿 K 截面的切向和法向(即图 3-25(a)中的 x' 轴、y' 轴方向)分解(如图 3-25(b))。

由 $\sum F_{y'} = 0$ 得

$$F_{SK} - F_{Ay}\cos\varphi_K + F_{P1}\cos\varphi_K + F_{P2}\cos\varphi_K + F_H\sin\varphi_K = 0$$

将 $F_{Ay} = F_{Ay}^0$ 代入上式得

$$F_{SK} = [F_{Ay}^0 - (F_{P1} + F_{P2})]\cos\varphi_K - F_H\sin\varphi_K$$

由于等代梁 K 截面处的剪力 $F_{SK}^0 = F_{Ay}^0 - (F_{P1} + F_{P2})$,因此

$$F_{SK} = F_{SK}^0\cos\varphi_K - F_H\sin\varphi_K \tag{3-10}$$

(3) 轴力 F_{NK}

由于拱在竖向荷载作用下截面以受压为主,故通常规定轴力以受压为正,即指向所在截面。

由 $\sum F_{x'} = 0$ 得

$$F_{NK} - F_{Ay}\sin\varphi_K + F_{P1}\sin\varphi_K + F_{P2}\sin\varphi_K - F_H\cos\varphi_K = 0$$

由于 $F_{Ay} = F_{Ay}^0$,所以

$$F_{NK} = [F_{Ay}^0 - (F_{P1} + F_{P2})]\sin\varphi_K + F_H\cos\varphi_K$$

同样,由于 $F_{SK}^0 = F_{Ay}^0 - (F_{P1} + F_{P2})$,所以

$$F_{NK} = F_{SK}^0\sin\varphi_K + F_H\cos\varphi_K \tag{3-11}$$

由式(3-9)可知,由于水平推力的存在,使拱截面上的弯矩要比相应的等代简支梁减少 $F_H \cdot y_K$,从减小弯矩的角度看,水平推力越大越好,但同时对处理基础又是不利的,故应综合考虑。

需要说明的是,内力计算公式(3-9)、式(3-10)及式(3-11)仅适用于平拱承受竖向荷载的情况,若不是平拱或承受水平荷载,则需按以上方法重新推导。

【例 3-8】 试作图 3-26(a)所示三铰拱的内力图。已知该拱的轴线方程为 $f(x) = \frac{4f}{l^2}(l-x)x$。

【解】 本例为三铰平拱且承受竖向荷载作用,故可利用本节导出的公式进行计算。

(1) 计算支座反力

$$F_{Ay} = F_{Ay}^0 = \frac{2\times6\times9+8\times3}{12} = 11\ \text{kN}$$

$$F_{By} = F_{By}^0 = \frac{2\times6\times3+8\times9}{12} = 9\ \text{kN}$$

$$F_H = \frac{M_C^0}{f} = \frac{11\times6-2\times6\times3}{4} = 7.5\ \text{kN}$$

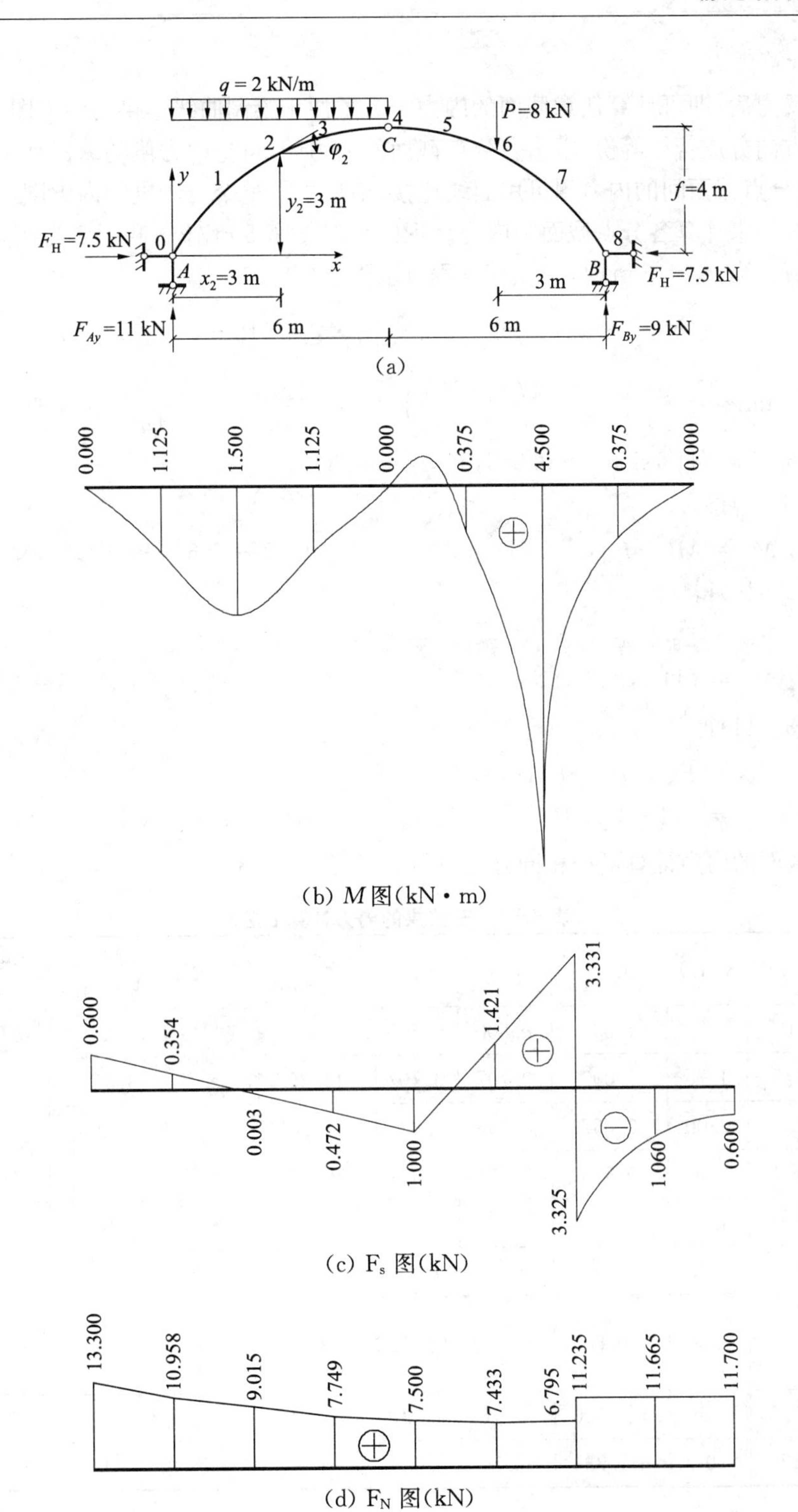

q = 2 kN/m
P=8 kN
f=4 m
y2=3 m
x2=3 m
φ2
C
F_H=7.5 kN
F_Ay=11 kN
F_By=9 kN
A
B
x
y
3 m
6 m
6 m
0
1
2
3
4
5
6
7
8
(a)
0.000
1.125
1.500
1.125
0.000
0.375
4.500
0.375
0.000
(b) M 图(kN・m)
0.600
0.354
0.003
0.472
1.000
1.421
3.331
3.325
1.060
0.600
(c) Fs 图(kN)
13.300
10.958
9.015
7.749
7.500
7.433
6.795
11.235
11.665
11.700
(d) FN 图(kN)

图 3－26

(2) 计算内力

求出反力后，即可计算任意截面的内力。为了便于绘制曲线形拱的内力图，一般可将拱轴沿水平方向分成若干等份，求出各分点截面的内力后，可把内力值的纵标垂直于水平基线量出，而两分点截面间的内力图可用曲线连接，最后可得整个三铰拱的内力图。本例设沿 x 轴分成八等份来计算各分点截面的内力。现以离左支座 3 m 处的截面 2 为例，计算该截面的各内力值。当 $x_2=3$ m 时，由拱轴方程可求得

$$y_2=\frac{4f}{l^2}x(l-x)=\frac{4\times4}{12\times12}\times3\times(12-3)=3\text{ m}$$

$$\tan\varphi_2=\frac{\mathrm{d}y}{\mathrm{d}x}\Big|_{x=3}=\frac{4f}{l}\left(1-\frac{2x}{l}\right)\Big|_{x=3}=\frac{4\times4}{12}\left(1-\frac{2\times3}{12}\right)=0.667$$

因而得出 $\varphi_2=33°41'$，$\sin\varphi_2=0.555$，$\cos\varphi_2=0.832$。

由式(3-9)得

$$M_2=M_2^0-F_{\mathrm{H}}y_2=(11\times3-2\times3\times1.5)-7.5\times3=1.5\text{ kN}\cdot\text{m}$$

由式(3-10)得

$$\begin{aligned}F_{\mathrm{S}2}&=F_{\mathrm{S}2}^0\cos\varphi_2-F_{\mathrm{H}}\sin\varphi_2\\&=(11-2\times3)\times0.832-7.5\times0.555=-0.0025\text{ kN}\approx-0.003\text{ kN}\end{aligned}$$

由式(3-11)得

$$\begin{aligned}F_{\mathrm{N}2}&=F_{\mathrm{S}2}^0\sin\varphi_2+F_{\mathrm{H}}\cos\varphi_2\\&=(11-2\times3)\times0.555+7.5\times0.832=9.015\text{ kN}\end{aligned}$$

其他截面的内力计算可按相同方法进行，其结果见表 3-1。

表 3-1　三铰拱的内力计算汇总表

截面		x (m)	y (m)	$\tan\varphi=\frac{\mathrm{d}y}{\mathrm{d}x}$	$\sin\varphi$	$\cos\varphi$	M^0 (kN·m)	F_{S}^0(kN)	M_x (kN·m)	$F_{\mathrm{S}x}$ (kN)	$F_{\mathrm{N}x}$ (kN)
0		0	0	1.333	0.800	0.600	0	11	0	0.600	13.300
1		1.5	1.75	1.000	0.707	0.707	14.25	8	1.125	0.354	10.958
2		3.0	3.00	0.667	0.555	0.832	24	5	1.500	−0.003	9.015
3		4.5	3.75	0.333	0.316	0.949	29.25	2	1.125	−0.472	7.749
4		6.0	4.00	0	0	1	30	−1	0	−1.000	7.500
5		7.5	3.75	−0.333	−0.316	0.949	28.50	−1	0.375	1.421	7.433
6	左	9.0	3.00	−0.667	−0.555	0.832	27	−1	4.500	3.331	6.795
	右							−9		−3.325	11.235
7		10.5	1.75	−1.000	−0.707	0.707	13.50	−9	0.375	−1.060	11.665
8		12	0	−1.333	−0.800	0.600	0	−9	0	−0.600	11.700

需要指出的是，在有集中荷载作用的截面，相应简支梁的剪力 F_{S}^0 有突变，故在计算拱内剪力和轴力时，在有集中荷载作用的截面，必须区分左截面和右截面。据表 3-1 所绘内力图如图 3-26(b)、(c)、(d)所示。

【例 3-9】 试求图 3-27(a)所示带拉杆的圆弧形三铰拱截面 K 的弯矩。

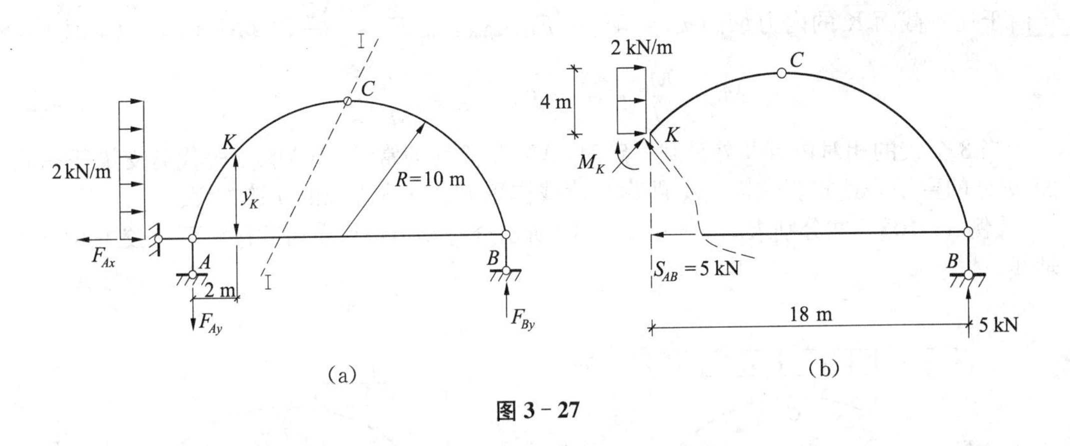

图 3 - 27

【解】 本例由于受水平荷载作用,尽管是带拉杆的三铰拱,支座 A 仍有水平反力存在。

由整体平衡条件 $\sum F_x = 0$ 得 $\quad F_{Ax} = 2 \times 10 = 20\ \text{kN}(\leftarrow)$

由 $\sum M_A = 0$ 得 $\qquad 20F_{By} - 2 \times 10 \times \dfrac{10}{2} = 0$

故 $\qquad F_{By} = 5\ \text{kN}(\uparrow)$

由 $\sum F_y = 0$ 得 $\qquad F_{Ay} = 5\ \text{kN}(\downarrow)$

为了计算截面 K 的弯矩,应求出拉杆 AB 的内力。作截面 Ⅰ－Ⅰ,取右半部分为隔离体,由 $\sum M_C = 0$,得

$$S_{AB} \times 10 - 5 \times 10 = 0$$

故 $\qquad S_{AB} = 5\ \text{kN}$ (拉)

根据几何关系,截面 K 的纵坐标 y_K 为

$$y_K = \sqrt{10^2 - 8^2} = 6\ \text{m}$$

切开截面 K,并取右半部分为隔离体(图 3 - 27(b)),由 $\sum M_K = 0$ 得

$$M_K + \frac{1}{2} \times 2 \times 4^2 + 5 \times 6 - 5 \times 18 = 0$$

故 $\qquad M_K = 90 - 46 = 44\ \text{kN} \cdot \text{m}$

当然,也可取 AK 为隔离体,结果相同。

3.3.3 三铰拱的合理轴线

由材料力学可知,弯矩使截面产生不均匀的弯曲正应力,导致中性轴附近的材料处于低应力状态,不能有效发挥其应有的作用,而截面上的轴向力则产生均匀的正应力。为充分挖掘结构的潜力,设计拱的形状时,应设法尽量减小截面上的弯矩,理想的状况应使拱轴上任一截面的弯矩为零(相应的剪力也为零),从而使拱截面仅产生轴向力。因此,在 3 个铰的相对位置及外荷载一定的情况下,能使任一截面不产生弯矩对应的拱轴线就称为该荷载作用方式下的合理拱轴。

常见荷载下三铰拱的合理轴线可由前述内力表达式(3 - 9)导出。

由于任一截面 K 的内力 $M_K(x)=M_K^0-F_H\cdot y_K$，而 $F_H=\dfrac{M_C^0}{f}$，令 $M_K(x)=0$，则

$$M_K^0-\frac{M_C^0}{f}\cdot y_K=0,\quad y_K=\frac{M_K^0}{M_C^0}\cdot f \tag{3-12}$$

当 3 个铰的相对位置及外荷载一定时，M_C^0 及 f 均为常量，而 M_K^0 为等代简支梁任一截面 K 处的弯矩表达式。这样，y_K 即为某荷载作用下合理拱轴线的轨迹方程。

【例 3-10】 试分别求图 3-28(a)、(b)所示全跨及半跨均布荷载作用下三铰拱的合理轴线。

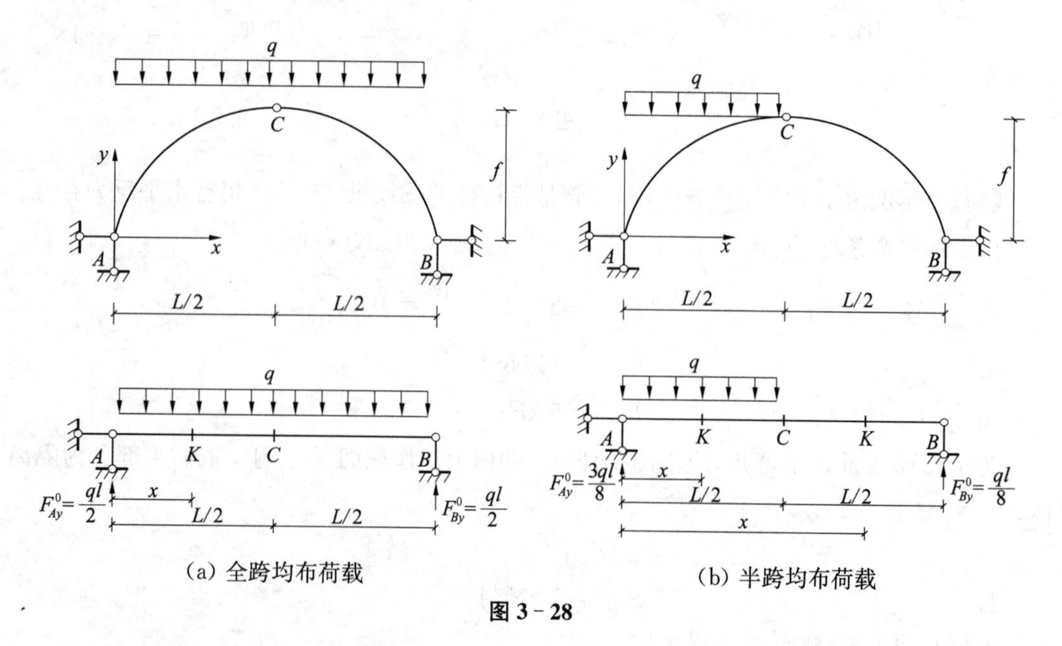

(a) 全跨均布荷载

(b) 半跨均布荷载

图 3-28

【解】 (1)全跨均布荷载作用(图 3-28(a))

将坐标原点设在支座 A 处。等代简支梁跨中截面 C 的弯矩为 $M_C^0=\dfrac{qL^2}{8}$。任一截面 K 处的弯矩表达式 $M_K^0(x)=F_{Ay}^0\cdot x-qx\cdot\dfrac{x}{2}=\dfrac{qLx}{2}-\dfrac{qx^2}{2}=\dfrac{qx}{2}(L-x)$，代入式(3-12)得合理拱轴方程为：$y_K(x)=\dfrac{M_K^0(x)}{M_C^0}\cdot f=\dfrac{4f}{L^2}(L-x)x$。

上式表明，在满跨均布荷载作用下的合理拱轴为二次抛物线，对具有不同矢跨比 $\dfrac{f}{L}$ 的一组抛物线均为该荷载对应的合理拱轴线。

(2)半跨均布荷载作用(图 3-28(b))

等代简支梁的支座反力为 $F_{Ay}^0=\dfrac{3qL}{8}(\uparrow)$，$F_{By}^0=\dfrac{qL}{8}(\uparrow)$，跨中截面 C 的弯矩为 $M_C^0=F_{By}^0\cdot\dfrac{L}{2}=\dfrac{qL^2}{16}$，而任意截面 K 处的弯矩表达式需分段表示：

AC 段：$M_K^0(x)=F_{Ay}^0\cdot x-qx\cdot\dfrac{x}{2}=\dfrac{3qLx}{8}-\dfrac{qx^2}{2}\left(0\leqslant x\leqslant\dfrac{L}{2}\right)$

CB 段：$M_K^0(x)=F_{By}^0\cdot(L-x)=\dfrac{qL}{8}(L-x)\left(\dfrac{L}{2}\leqslant x\leqslant L\right)$

将以上两式分别代入式(3-12)得合理拱轴线方程分别为

AC 段：$y_K(x)=\dfrac{M_K^0(x)}{M_C^0}\cdot f=\dfrac{2f}{L^2}(3L-4x)x,\left(0\leqslant x\leqslant\dfrac{L}{2}\right)$ 二次抛物线

CB 段：$y_K(x)=\dfrac{M_K^0(x)}{M_C^0}\cdot f=\dfrac{2f}{L}(L-x),\left(\dfrac{L}{2}\leqslant x\leqslant L\right)$ 直线

上式表明，在半跨均布荷载作用下，三铰拱的合理拱轴线由左半跨的二次抛物线与右半跨的直线组成。

3.4 平面桁架的内力分析

由于梁和刚架在荷载作用下以受弯为主，截面上的弯曲应力沿截面高度方向的分布是不均匀的(图3-29(a))，中性轴附近的材料处于低应力状态，不能发挥其应有的作用。而桁架结构(图3-29(b))则相当于将实腹的梁掏空后重新形成的格构形"空腹梁"，使梁截面上的弯矩和剪力分别转化成桁架上、下弦及腹杆中的轴力，而轴力引起的轴向应力沿杆件截面的分布是均匀的，可以充分发挥材料的作用。因此，从受力特点来看，桁架结构的性能显然要优于梁和刚架，它被广泛应用于建筑工程中的各类大跨建筑的屋架、电视塔以及桥梁工程(图3-30)。

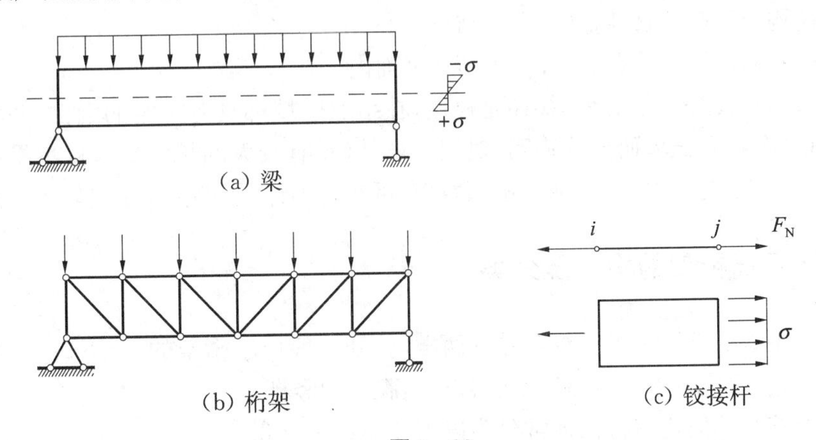

图3-29

(a) 四川某连跨平面桁架铁路桥

(b) 南通体育会展中心体育馆空间桁架屋盖

(c) 南京火车站的站台立体桁架屋盖

图 3-30

3.4.1 平面桁架的计算简图

实际工程中杆件之间的连接方式,取决于所采用的杆件材料。例如钢桁架中的型钢类杆件之间的连接一般通过结点板采用铆接、螺栓连接或焊接,而钢管类杆件之间的连接通常采用直接相贯焊接。为使问题得以简化,通常对平面桁架采用以下 3 个基本假定:

(1) 所有结点均为可自由转动的理想铰结点。

(2) 杆件均为等截面直杆,并汇交于结点中心。

(3) 外荷载均作用在结点上,且位于桁架平面内。

严格地说,杆件之间无论是焊接还是栓接,在结点区域都具有一定的刚性,并非理想的铰结点,但理论分析和试验研究均表明,对细长杆件(具有较大的长细比),仅承受结点荷载时,结点刚性所引起的次内力(附加弯矩和剪力)可忽略不计,杆件主要承受轴力作用。

3.4.2 平面桁架的构成及分类

平面桁架中的杆件可分为弦杆和腹杆两类,弦杆一般位于桁架的上、下边缘,分别称上弦杆和下弦杆;腹杆位于上、下弦杆之间,包括斜腹杆和竖杆。

平面桁架按其几何构造特征通常分为以下 3 类:

(1) 简单桁架

由某个铰接三角形出发,依次增加二元体所形成的无多余约束的几何不变体系,称为简单桁架(如图 3-31(a))。

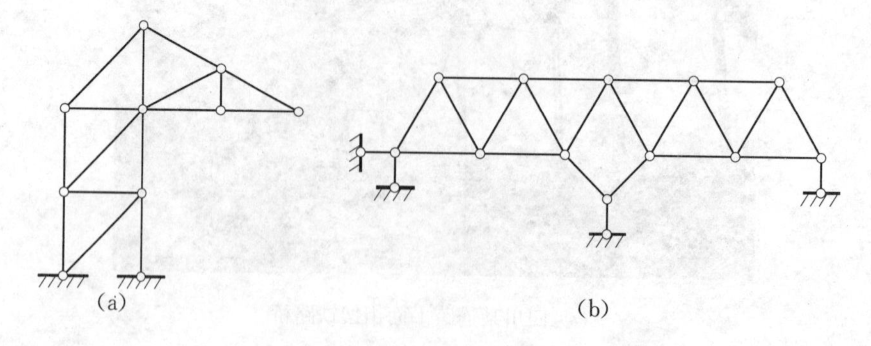

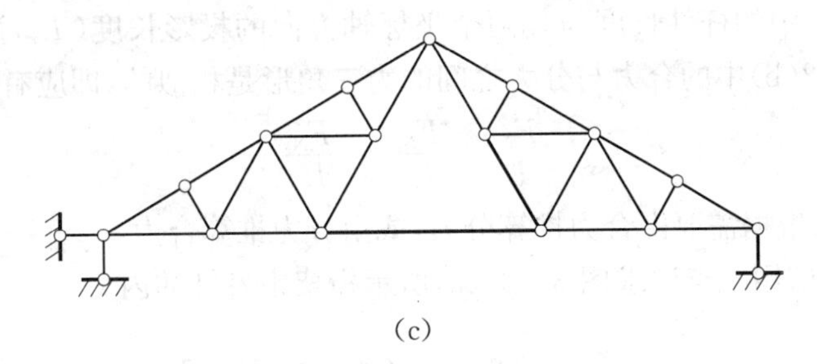
(c)

图 3-31

(2) 联合桁架

由若干个简单桁架按几何不变体系的基本组成规则构成的铰接体系(如图 3-31(c))。

(3) 复杂桁架

凡不属于以上两类的静定桁架,称为复杂桁架(如图 3-31(b))。

3.4.3　平面桁架的内力分析

外荷载作用下平面桁架的反力和内力均可由隔离体平衡条件求得,其中支座反力的计算方法视结构形式的不同采用相应的方法。例如对于三铰式桁架结构,可采用类似于前面三铰刚架的反力计算方法,即分别对整体和局部建立平衡方程求得 4 个支座反力。而内力分析一般有两种基本方法,即结点法和截面法,下面分别加以阐述。

1) 结点法

结点法以截取桁架中的某个结点为隔离体作为研究对象,作用在结点上的荷载及杆件内力均汇交于该结点,构成一组平面汇交力系,利用两个投影平衡方程($\sum F_x = 0$, $\sum F_y = 0$)求解未知杆件的内力。

求解技巧及注意事项:

(1) 未知轴力的方向通常可设为拉力(即背离结点方向),若计算结果为正值表明杆件受拉,反之受压。

(2) 为避免解联立方程,宜优先从未知力不超过两个的结点开始,依次截取并求解。

(3) 选取合理的投影轴(即应使尽量多的未知力与该轴垂直,以减少投影方程中未知力的个数)。

(4) 宜将杆件内力以其分量的形式表示,并利用相似三角形的比例关系推算其余分量和杆内合力。

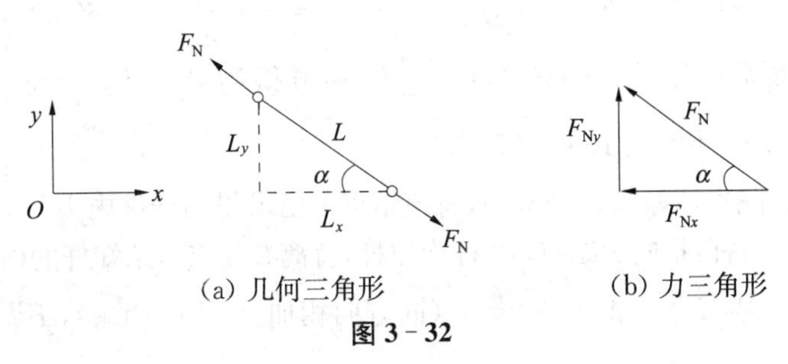

(a) 几何三角形　　(b) 力三角形

图 3-32

如图 3－32(a)中的杆件长度与其两个坐标轴方向的投影长度(L_x,L_y)间构成的几何三角形,与图 3－32(b)中的合力与分力之间的力三角形是相似的,即应有如下比例关系:

$$\frac{F_{\mathrm{N}}}{L}=\frac{F_{\mathrm{N}x}}{L_x}=\frac{F_{\mathrm{N}y}}{L_y} \tag{3-13}$$

利用上式便可根据需要由合力推算分力,或由分力推算合力。

【例 3－11】 试用结点法求图 3－33(a)所示桁架中各杆的内力。

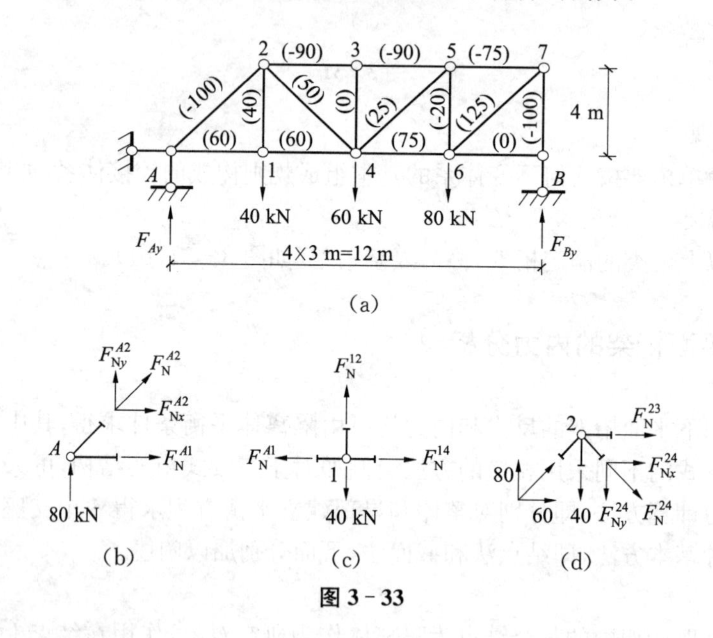

图 3－33

【解】 (1) 求支座反力

由 $\sum M_B=0$,得 $F_{Ay}=80\ \mathrm{kN}(\uparrow)$,再由 $\sum F_y=0$,得 $F_{By}=100\ \mathrm{kN}(\uparrow)$

(2) 求各杆内力

由图中可知,A、B 结点仅含两个未知力,故宜先从 A 或 B 开始,再依次分析相邻结点。先取结点 A,隔离体如图 3－33(b),未知力均设为拉力,由 $\sum F_y=0$ 得:斜杆 $A2$ 的竖向分量为 $F_{\mathrm{N}y}^{A2}+80=0$,所以 $F_{\mathrm{N}y}^{A2}=-80\ \mathrm{kN}$,由比例关系式(3－13),推算得

水平分量:$F_{\mathrm{N}x}^{A2}=\dfrac{L_x}{L_y}\cdot F_{\mathrm{N}y}^{A2}=\dfrac{3}{4}\times(-80)=-60\ \mathrm{kN}$

斜杆合力:$F_{\mathrm{N}}^{A2}=\dfrac{L}{L_y}\cdot F_{\mathrm{N}y}^{A2}=\dfrac{5}{4}\times(-80)=-100\ \mathrm{kN}$(压力)

由 $\sum F_x=0$ 得:$F_{\mathrm{N}}^{A1}+F_{\mathrm{N}x}^{A2}=0$,$F_{\mathrm{N}}^{A1}=-F_{\mathrm{N}x}^{A2}=-(-60)=60\ \mathrm{kN}$(拉力)

再取结点 1,隔离体如图 3－33(c),由 $\sum F_x=0$ 得:$F_{\mathrm{N}}^{14}=F_{\mathrm{N}}^{A1}=60\ \mathrm{kN}$(拉力)

由 $\sum F_y=0$ 得:$F_{\mathrm{N}}^{12}=40\ \mathrm{kN}$(拉力)

其次取结点 2,隔离体如图 3－33(d),将该结点上已求得的杆件内力($A2$,12 杆)按实际方向标注(即 $A2$ 杆为压杆,指向 2 结点,12 杆为拉杆,背离 2 结点),未知杆的内力仍设为拉力。

由 $\sum F_y=0$ 得:$F_{\mathrm{N}y}^{24}+40-80=0$(同方向相加,反方向相减),$F_{\mathrm{N}y}^{24}=40\ \mathrm{kN}$

由比例关系得：$F_{Nx}^{24}=\dfrac{3}{4}F_{Ny}^{24}=30\text{ kN}$，$F_{N}^{24}=\dfrac{5}{4}F_{Ny}^{24}=50\text{ kN}$（拉力）

再由 $\sum F_x=0$ 得：$F_{N}^{23}+F_{Nx}^{24}+60=0$，$F_{N}^{23}=-90\text{ kN}$（压力）

按以上方法依次取结点 3、4、5、6，每个结点均仅含两个未知力。至结点 7 时，只有一个未知力 F_{N}^{7B}。至支座结点 B 时，各杆内力均为已知，便可检查该结点是否满足平衡条件予以校核。本例也可同时从 A、B 两支座结点出发向中部推进，最后在某结点上进行内力校核。

(3) 将计算结果标注在每根杆件的中部，正值表示拉杆，负值表示压杆。

2) 零内力杆(简称“零杆”)的判别方法

平面桁架中位于特殊位置的杆件，在特定的荷载作用下其内力为零。若在计算工作开始之前能设法提前加以识别，将使整个计算工作大为简化。

桁架中存在零杆的几种特殊情形：

(1) 两杆汇交的结点(又称“L”形结点)

① 若结点上无荷载作用，则两杆均为零杆(如图 3 - 34(a))。

② 若有荷载作用，且荷载沿某杆轴方向(如图 3 - 34(b))，则另一杆为零杆。

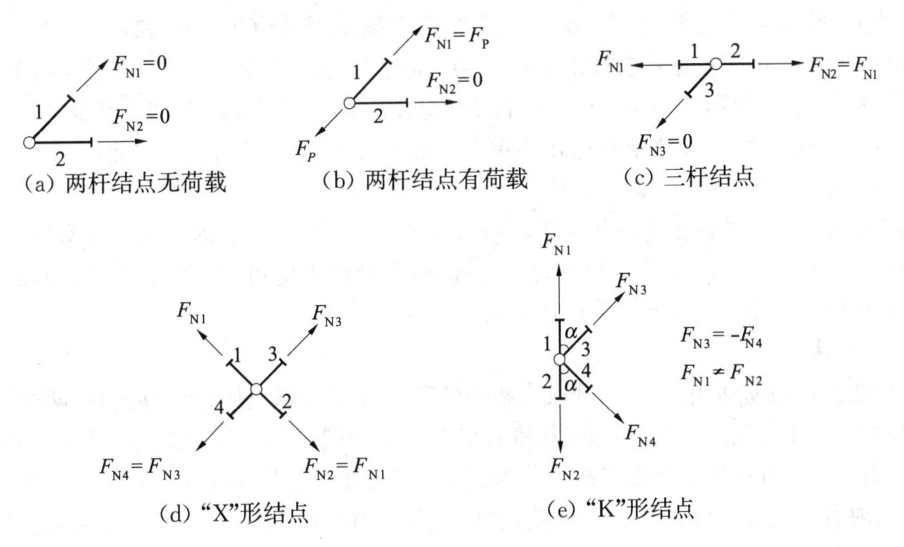

(a) 两杆结点无荷载　(b) 两杆结点有荷载　(c) 三杆结点

(d) “X”形结点　(e) “K”形结点

图 3 - 34

(2) 三杆汇交的结点(又称“T”形结点)

若三杆中有两根杆位于同一直线上，且结点上无荷载作用，则第三杆为零杆，共线的两杆内力等值同号(即同拉或同压)(如图 3 - 34(c))。

(3) 四杆汇交的结点

① “X”形结点。若四杆的位置为两两共线，且无结点荷载作用，则共线的两杆内力等值同号(如图 3 - 34(d))。

② “K”形结点。若四杆中有两杆共线，另两杆在该直线的同侧且对称布置(即夹角相等)，则当无结点荷载作用时，不共线的两杆内力必等值反号(即一拉一压)(如图3 - 34(e))。

以上结论均可依据合适的投影平衡方程不难导出，请读者自行验证。

【例 3 - 12】 试指出图 3 - 35(a)所示桁架中的零杆。

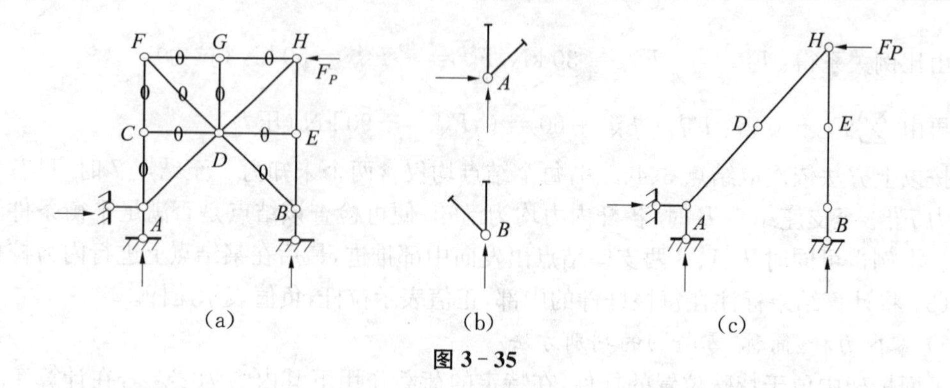

图 3-35

【解】 为防止在查找零杆的过程中出现误判或漏判的现象，一般应按序判别。即依次考虑两杆、三杆和四杆结点，当然还应注意与荷载作用方式对应的支座反力情况。

例如本例中的支座 A 在水平荷载作用下有两个反力，而支座 B 仅有一个竖向反力。因此，尽管 A、B 均属"L"形两杆结点，但 A 结点不满足存在零杆的结点荷载条件（支座反力相当于作用在支座结点的荷载），而 B 结点满足，因此 BD 杆为零杆。再考虑三杆结点，本例中的结点 C、E、G 均为三杆"T"形结点，且无结点荷载作用，故 CD、DE 和 DG 均为零杆。此时中间的 D 结点由原来的 7 根杆汇交的结点，退化为三杆汇交的"T"形结点，则不共线的 DF 杆应为零杆。同理，结点 F 也由三杆结点退化为两杆结点，且无结点荷载作用，故 FC 和 FG 均为零杆。而 C、G 两结点退化为单杆结点且无荷载作用，显然 CA 和 GH 必为零杆。本例共有 9 根零杆（图中以画"0"表示）。

需要指出的是：尽管在荷载作用下零杆并不受力，但不能随意拆除。若将本例中的所有零杆拆掉（如图 3-35(c)所示），此时的外荷载 F_P 在理论上仍可与 3 个支座反力构成平衡关系，但由于 D、E 为铰结点，该体系已成为可变体系。

3）截面法

截面法是通过作适当的截面，截取桁架中的某一部分为隔离体（至少应包括两个结点）作为研究对象，作用在隔离体上的已知力和未知力构成一组平面一般力系，利用三个平衡方程（即 2 个力矩平衡方程加 1 个投影平衡方程或 2 个投影平衡方程加 1 个力矩平衡方程）求解未知杆件的内力。为避免解联立方程，所截隔离体上的未知杆内力不宜超过 3 个，并注意选择合理的投影轴和力矩中心，使较多的未知力与投影轴垂直，或通过力矩中心，以使平衡方程得到简化。

例如，要求图 3-36(a)所示桁架中的 a、b、c 三根杆件的内力，若采用结点法则必须先从只有两个未知力的支座结点 A、B 开始，逐渐推进到杆件所在的结点。而采用截面法则简便得多，作竖向截面 Ⅰ-Ⅰ 将所求杆件截断并代以相应的未知力，任取一侧为隔离体（图 3-36(b)），将 a、b 杆的交点 D 作为矩心，由 $\sum M_D = 0$ 得

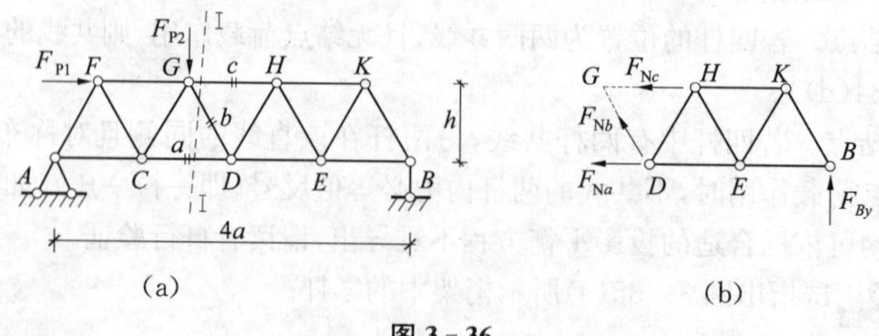

图 3-36

$F_{Nc}\cdot h+F_{By}\cdot 2a=0,F_{Nc}=-\frac{2a}{h}F_{By}$。再取 b、c 杆的交点 G 为矩心，由 $\sum M_G=0$ 得

$$F_{Na}\cdot h-F_{By}\cdot(2a+\frac{a}{2})=0,F_{Na}=\frac{5a}{2h}F_{By}$$

再由 $\sum F_y=0$ 得斜杆 b 的竖向分量为：$F_{Nb}^y=-F_{By}$。

【例 3-13】 试求图 3-37(a)所示桁架中 a、b 杆的内力。

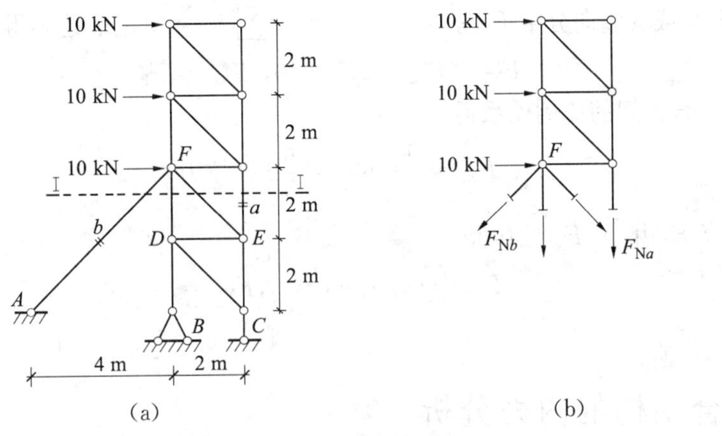

图 3-37

【解】 作Ⅰ-Ⅰ水平截面，取截面以上部分为隔离体(避免求支座反力)，尽管横截面上共有 4 个未知力，但其中有 3 个交于 F 点，故取该点为力矩中心，由 $\sum M_F=0$ 得

$$F_{Na}\times 2+10\times 2+10\times 4=0$$
$$F_{Na}=-30\text{ kN}(压力)$$

由支座结点 C 可知，CD 杆为零杆，从而可推断 DE、EF 杆也是零杆。

再由 $\sum F_x=0$ 得 b 杆的水平分量为

$$F_{Nb}^x=10+10+10=30\text{ kN}$$

根据分力与合力的比例关系

$$F_{Nb}=\sqrt{2}F_{Nb}^x=30\sqrt{2}\text{ kN}(拉力)$$

4) 结点法和截面法的联合应用

尽管结点法和截面法各有独特的优点，但在许多场合仅靠某一种方法很难求得指定杆的内力，必须同时交替使用两种基本方法才能获得较好的效果。

【例 3-14】 试求图 3-38(a)所示桁架中 1、2、3 杆的内力。

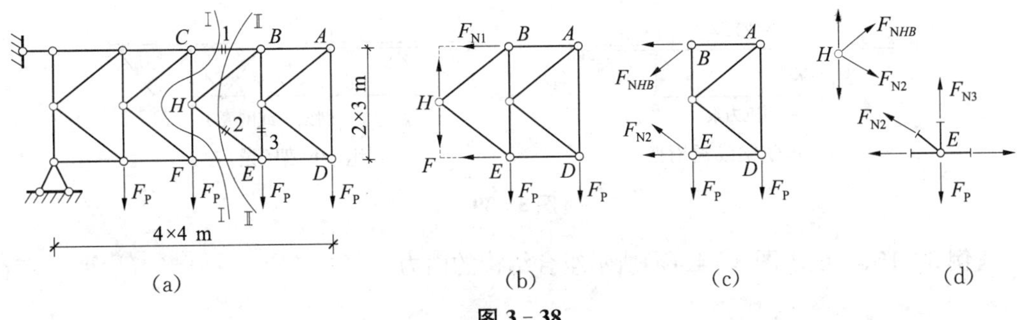

图 3-38

【解】 作Ⅰ-Ⅰ截面并取右隔离体(图 3-38(b)),由 $\sum M_F = 0$ 得

$$F_{N1} \times 6 - F_P \times 4 - F_P \times 8 = 0, F_{N1} = 2F_P(\text{拉力})$$

再作Ⅱ-Ⅱ截面并取右隔离体(图 3-38(c)),由 $\sum F_y = 0$ 得

$$F_{N2}^y - F_{NHB}^y - 2F_P = 0$$

根据"K"型结点的特性,汇交于 H 结点的两根斜杆其内力等值反号(图 3-38(d)),即 $F_{NHB} = -F_{N2}$ 或其竖向分量 $F_{NHB}^y = -F_{N2}^y$,代入 $\sum F_y = 0$ 的表达式得

$$F_{N2}^y + F_{N2}^y - 2F_P = 0,\ F_{N2}^y = F_P$$

由分力与合力间的比例关系得

$$F_{N2} = \frac{L_2}{L_2^y} F_{N2}^y = \frac{5}{3} F_P(\text{拉力})$$

截取结点 E,由 $\sum F_y = 0$ 得

$$F_{N3} + F_{N2}^y - F_P = 0, F_{N3} = 0$$

3.5 组合结构的内力分析

所谓组合结构是将具有不同受力特点的构件或结构组合在一起形成的"杂交"结构。大量的研究表明,其综合性能远优于组合前单一形式的结构性能,组合后可以跨越更大的跨度,承受更大的荷载,是目前乃至今后结构发展的必然趋势。一般意义上的组合结构有很多种,常见的有:① 杆件体系(简称"杆系")与梁的组合(例如:拱桥及张弦梁结构);② 杆系与板的组合(例如:组合网架、壳);③ 索与梁的组合(例如:斜拉、悬索桥);④ 索与膜的组合(例如:大跨度张力膜结构)等(图 3-39)。本节讨论其中最简单的一种,即由只承受轴力的铰接链杆与同时承受弯矩和剪力的梁式杆件构成的组合结构。其分析方法是先由支座反力运用结点法或截面法求铰接链杆中的轴力,并作为新的荷载施加于梁式杆,再作弯矩和剪力图。

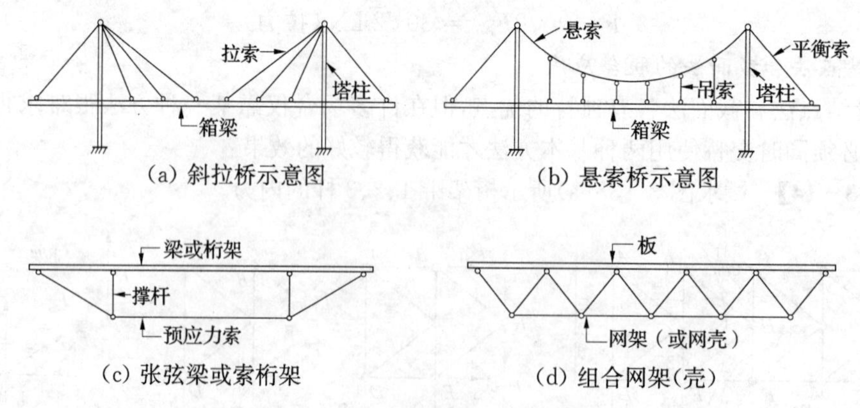

图 3-39

【例 3-15】 试求图 3-40(a)所示组合结构的内力。

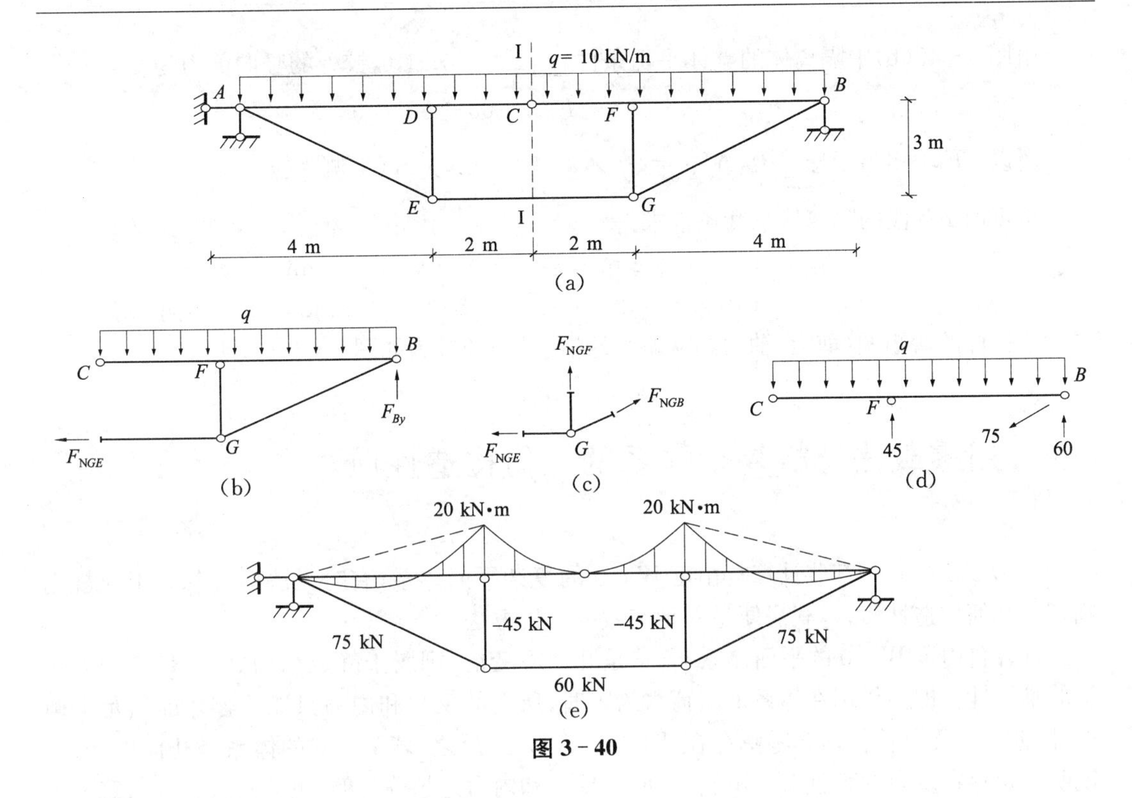

图 3-40

【解】 该结构中的 AC、BC 两杆是以受弯为主的梁式杆,其余 5 根杆件均为只有轴力的铰接链杆。

(1) 支座反力

由整体平衡条件得:$F_{Ay}=F_{By}=\dfrac{qL}{2}=60\ \text{kN}(\uparrow)$

(2) 求链杆内的轴力

切开中间铰 C 引Ⅰ-Ⅰ截面并取右隔离体如图 3-40(b)。

由 $\sum M_C=0$ 得:$F_{NGE}\times 3\ \text{m}+(10\times 6\ \text{m})\times\dfrac{6\ \text{m}}{2}-F_{By}\times 6\ \text{m}=0$

$$F_{NGE}=60\ \text{kN}\ (\text{拉力})$$

取结点 G(图 3-40(c)),由 $\sum F_x=0$ 得:$F_{NGB}^{x}=F_{NGE}=60\ \text{kN}$

由比例关系推算:$F_{NGB}^{y}=\dfrac{L_y}{L_x}\cdot F_{NGB}^{x}=\dfrac{3}{4}\times 60=45\ \text{kN}$

$$F_{NGB}=\frac{L}{L_x}\cdot F_{NGB}^{x}=\frac{5}{4}\times 60=75\ \text{kN}\ (\text{拉力})$$

由 $\sum F_y=0$ 得:$F_{NGF}=-F_{NGB}^{y}=-45\ \text{kN}$ (压力),由于结构及荷载均对称,所以

$$F_{NAE}=F_{NGB}=75\ \text{kN}\ (\text{拉力})$$

$$F_{NDE}=F_{NGF}=-45\ \text{kN}\ (\text{压力})$$

(3) 求梁式杆的内力

将上面求得的链杆轴力按其真实的方向施加于梁式杆 BC,隔离体如图 3-40(d)。其弯矩图不难由区段叠加法作出,先求控制截面 F 处的弯矩:M_{FC} 或 M_{FB} (可任求其一)。

由图 3-40(b)中隔离体的整体平衡条件 $\sum F_y = 0$ 知，C 铰处的竖向剪力为

$$F_{SCF} = q \cdot 6\ \text{m} - F_{By} = 60 - 60 = 0$$

所以 CF 段相当于悬臂梁，$M_{FC} = \frac{q}{2} \times 2^2 = 20\ \text{kN} \cdot \text{m}$（上侧受拉）

也可由 FB 段的隔离体平衡条件求得

$$\begin{aligned} M_{FB} &= (q \times 4) \times 2\ \text{m} + F_{NGB}^y \times 4\ \text{m} - F_{By} \times 4\ \text{m} \\ &= (10 \times 4) \times 2 + 45 \times 4 - 60 \times 4 = 20\ \text{kN} \cdot \text{m}\text{（上侧受拉）} \end{aligned}$$

梁式杆的弯矩图（剪力、轴力图从略）及铰接链杆的轴力如图 3-40(e)所示。

3.6 用零载法分析复杂体系的几何构造性质

在第 2 章中对于某些计算自由度 $W=0$ 的复杂平面体系，有时无法运用基本组成规则判别其几何构造性质，零载法便是一种有效的分析方法。

计算自由度 $W=0$ 的平面体系，若它是几何不变的，则属于静定结构，应满足其静力解答的唯一性。即当作用在体系上的荷载为零时，所有的反力和内力只能为零才能满足平衡条件，此外再无其他任何非零解存在（图 3-41(a)）。反之，若 $W=0$ 的体系是几何可变的，说明一定存在多余约束且布置不当，因而其反力和内力是超静定的，也就是说在零荷载下可变体系的全部反力和内力还存在非零解（图 3-41(b)、(c)）。

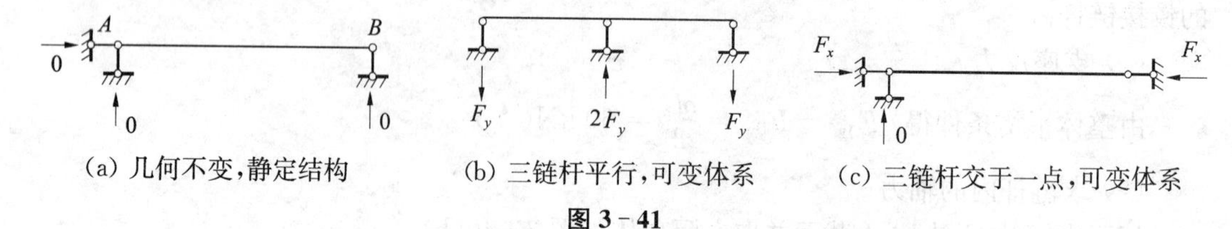

(a) 几何不变，静定结构　　(b) 三链杆平行，可变体系　　(c) 三链杆交于一点，可变体系

图 3-41

【例 3-16】 用零载法分析图 3-42 所示体系的几何构造性质。

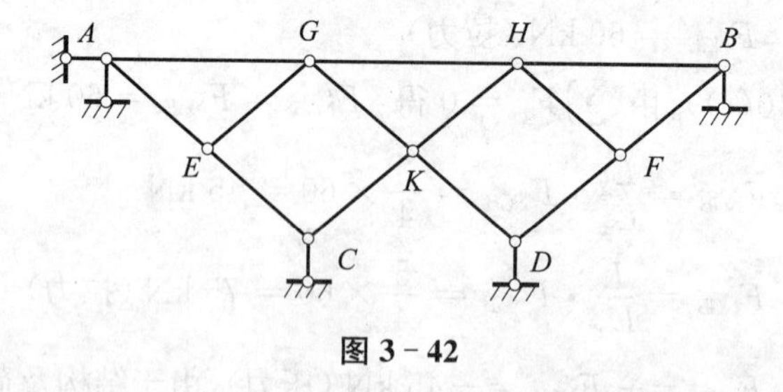

图 3-42

【解】 该体系属纯铰接杆系，结点数 $j=9$，杆件数 $b=13$，支座链杆数 $r=5$。计算自由度 $W = 2j - b - r = 2 \times 9 - 13 - 5 = 0$，符合零载法的应用条件。

在零荷载情况下，利用前面介绍的平面桁架中“零杆”的判别方法，容易判定所有杆件的内力均为零（包括支座反力）。

首先从三杆结点 E、F 出发，可判定 EG 和 FH 为零杆，此时相邻的 G、H 结点也退化为

三杆结点，则 GK 和 HK 应为零杆。由于 K 结点属“X”形结点，所以与零杆共线的 CK 和 DK 也应为零杆。接着 C、D 便退化为两杆结点（其中一根为支座链杆），则 EC 和 DF 杆应为零杆，两根支座链杆的竖向反力也为零。再看 E、F 结点，显然与零杆共线的 AE、BF 杆应为零杆。同理，B 结点也退化为两杆结点，则 BH 杆为零杆，B 处的竖向反力也为零。再依次由结点 H、G 和 A 可知，GH 杆和 GA 杆为零杆，A 支座的两个反力也为零。

综上所述，在零荷载下所有的内力及反力均为零，故该体系几何不变。

【例 3 - 17】 用零载法分析图 3 - 43 所示体系的几何构造性质。

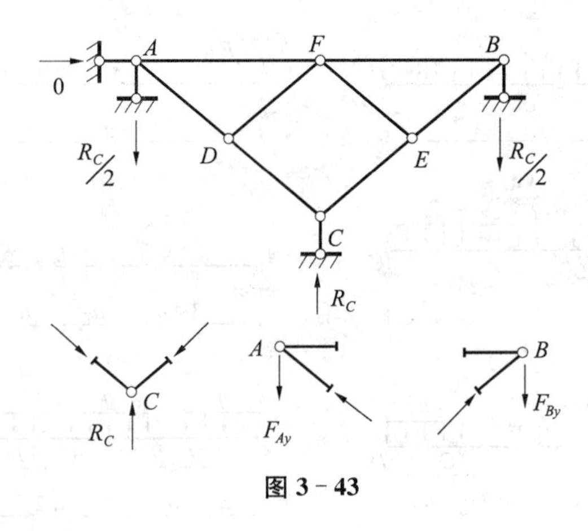

图 3 - 43

【解】 计算自由度 $W=2j-b-r=2\times6-8-4=0$，符合零载法的应用条件。在零载下可判定 A 支座的水平反力必为零。

由 D、E 结点可知，DF、EF 杆为零杆。

现设 C 处的竖向反力为 R_C（向上），则由结点 C 的平衡条件可知（CD、CE 对称布置），CD、CE 均应为压杆，且其竖向分量均为：$F^y_{NDC}=F^y_{NCE}=-\dfrac{R_C}{2}$。由结点 D、E 可知，$F^y_{NAD}=F^y_{NCD}=-\dfrac{R_C}{2}$，$F^y_{NBE}=F^y_{NCE}=-\dfrac{R_C}{2}$。则由支座结点 A、B 的平衡条件可知，其竖向反力均为 $\dfrac{R_C}{2}$，方向向下。

显然上述 3 个竖向反力满足整体平衡条件，杆件内力也为非零解，也即该体系在零荷载下具有非零的反力和内力，故它是几何可变体系。

思考题

3 - 1　什么是静定结构的基本特性？当改变各杆的刚度时，静定结构的内力会发生变化吗？

3 - 2　试述静定梁、拱结构的受力特征及二者的区别。

3 - 3　为什么能采用理想铰结点作为平面桁架中杆件之间的连接结点？什么情况下与实际桁架的偏差较大？

3 - 4　静定结构有变温时：（　　）。

A. 无变形，无位移，无内力　　B. 有变形，有位移，有内力

C. 有变形，有位移，无内力　　D. 无变形，有位移，无内力

3 - 5　三铰拱的水平推力（　　）。

A. 与矢高有关　　B. 与矢高成反比且与拱轴形状有关

C. 与矢高无关　　D. 与矢高成反比且与拱轴形状无关

3－6　区别拱和梁的主要标志是：(　　)。

A. 杆轴线的形状　　B. 弯矩和剪力的大小

C. 是否具有合理轴线　　D. 在竖向荷载作用下是否产生水平推力

习题

3－1　快速作图示梁的弯矩图。

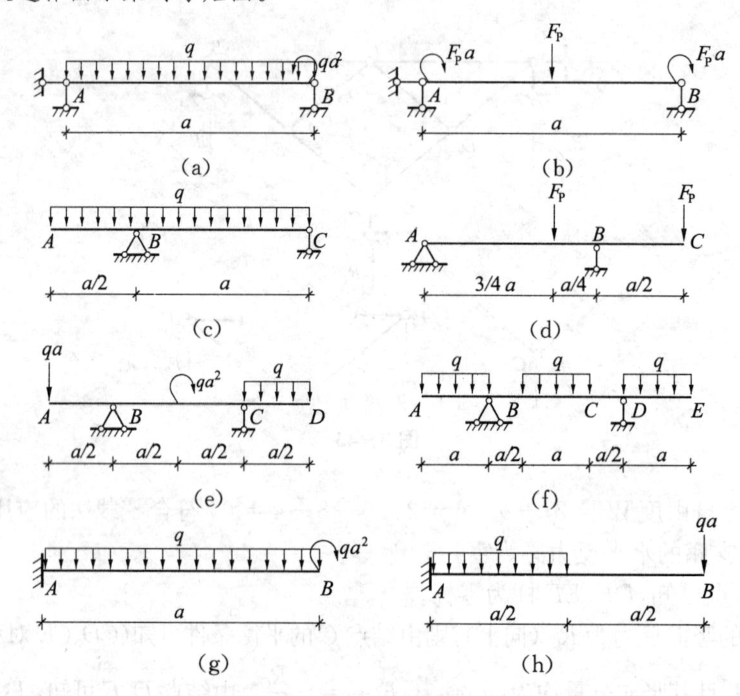

习题 3－1 图

3－2　试作图示单跨梁的内力图。

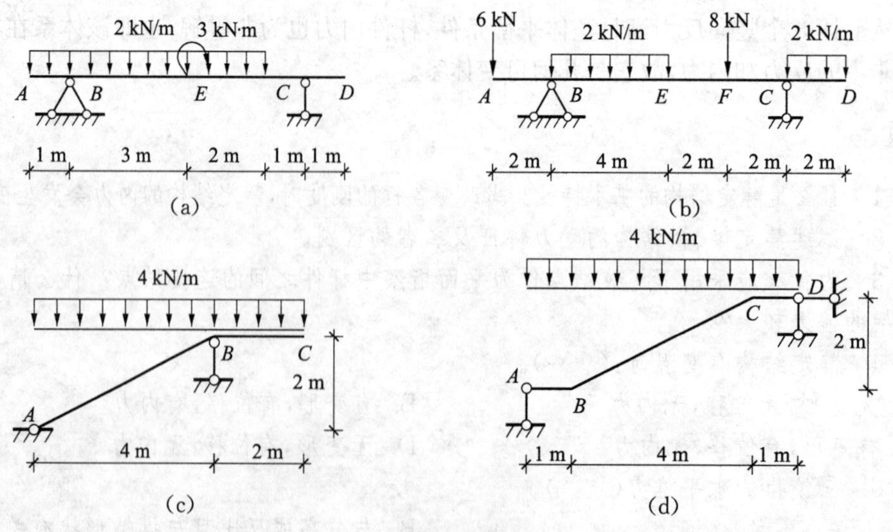

习题 3－2 图

3－3 试作图示多跨静定梁的内力图。

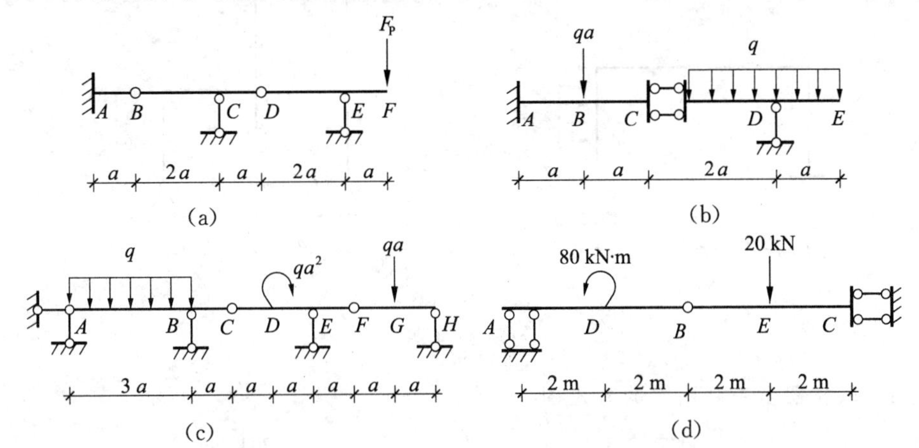

习题 3－3 图

3－4 快速画出图示刚架的弯矩图。

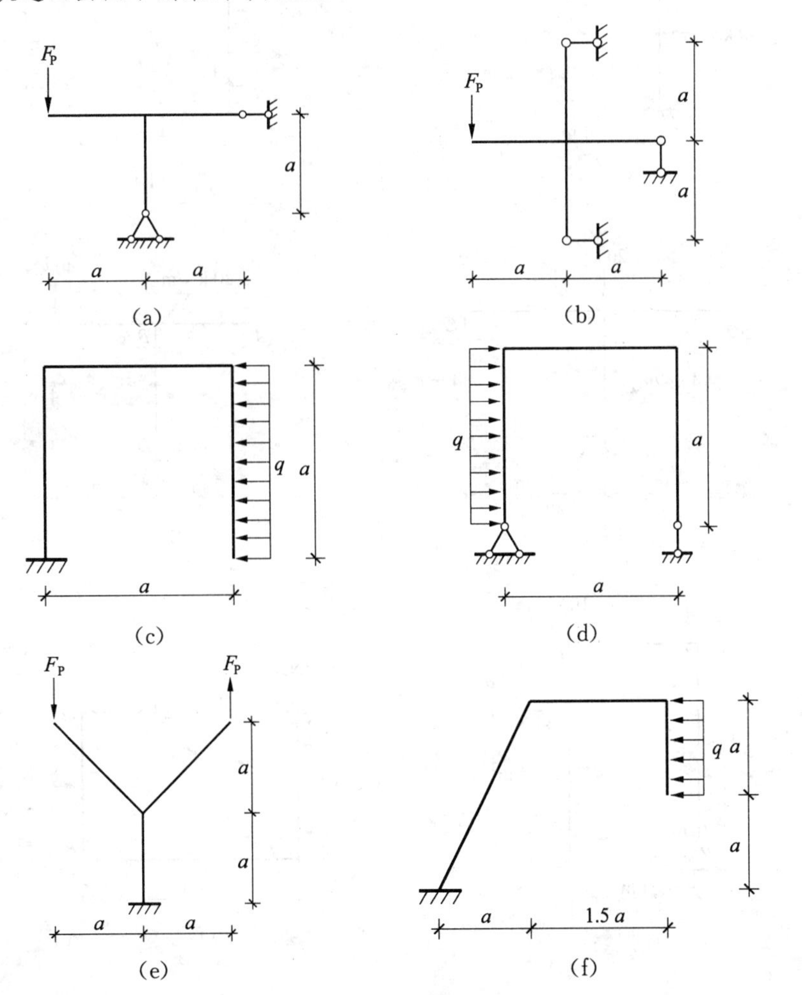

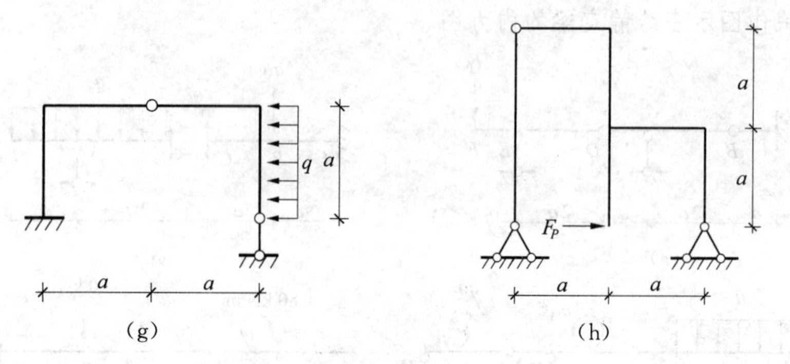

（g）　　　　（h）

习题 3-4 图

3-5　试作图示单跨刚架的弯矩图。

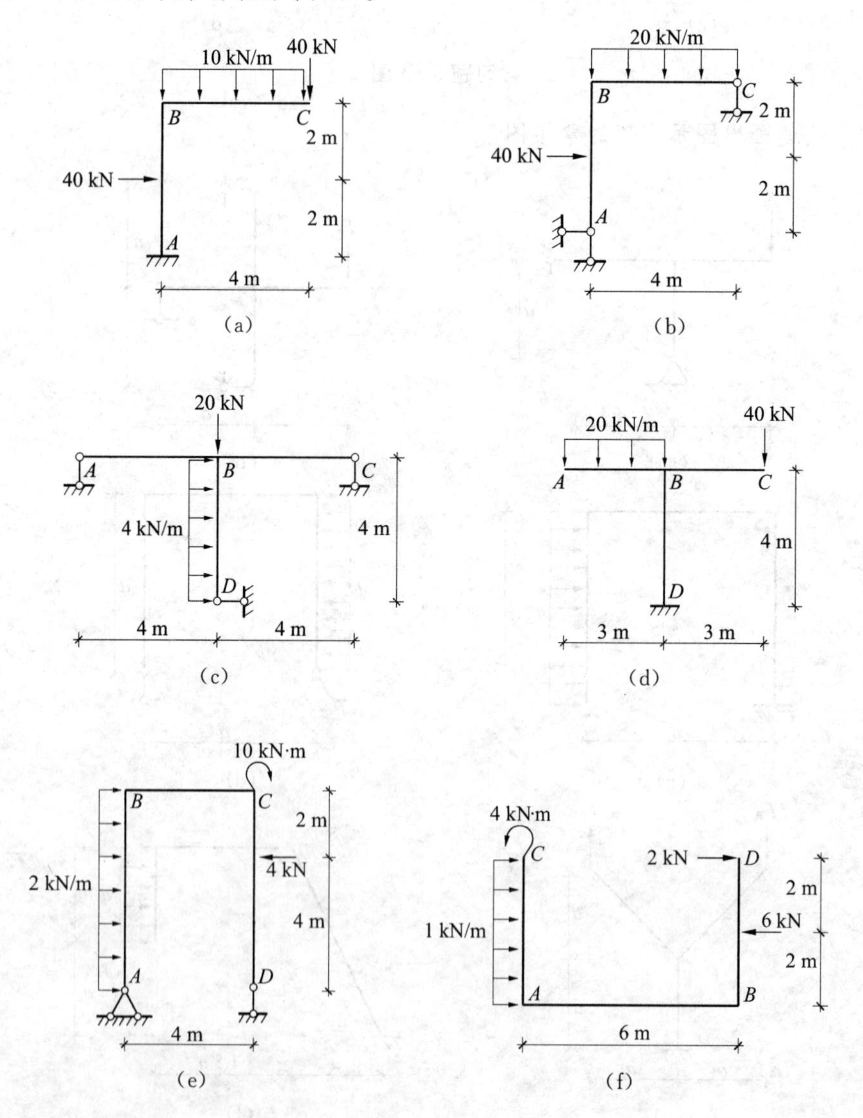

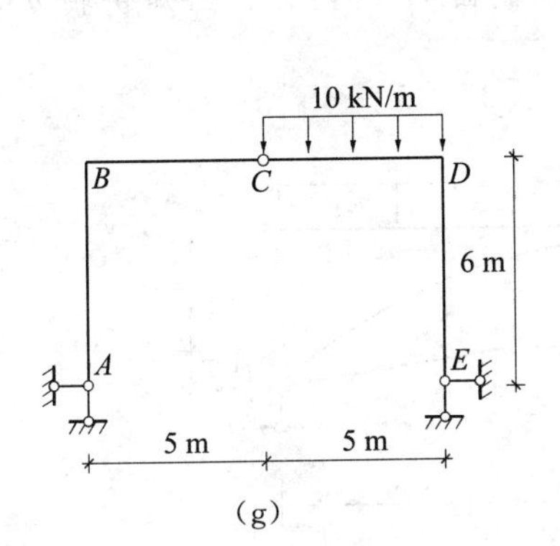

(g)

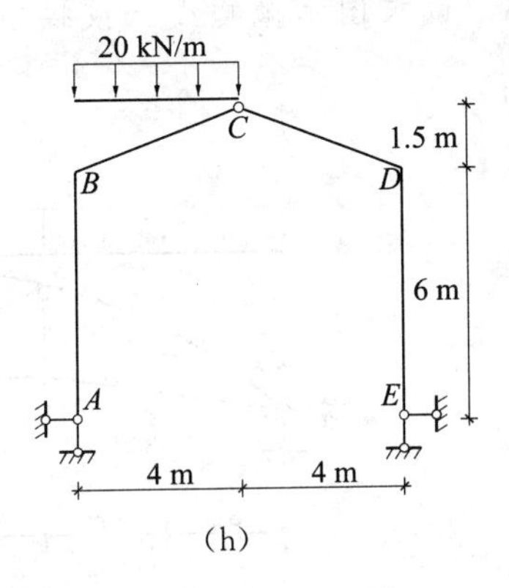

(h)

习题 3-5 图

3-6 试作图示多跨刚架的弯矩图。

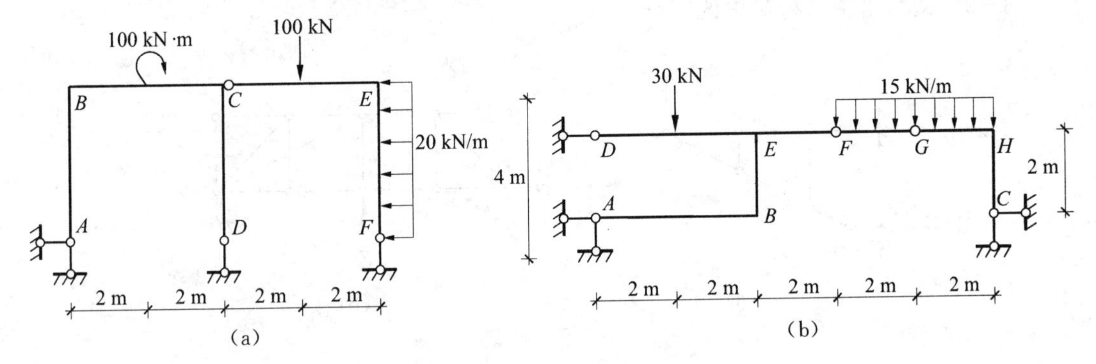

习题 3-6 图

3-7 已知图示抛物线型三铰拱的轴线方程为 $y=\frac{4f}{l^2}x(l-x)$，$l=16\ \text{m}$，$f=4\ \text{m}$。试求：

(1) 支座反力；

(2) 截面 E 的内力；

(3) D 点左右两侧截面的内力。

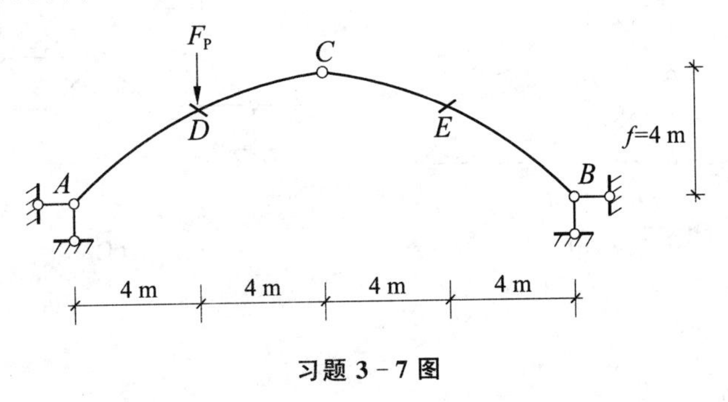

习题 3-7 图

3－8　试求图示抛物线三铰拱中各链杆和截面 K 的内力。已知拱轴方程为 $y=\frac{4f}{l^2}x(l-x)$。

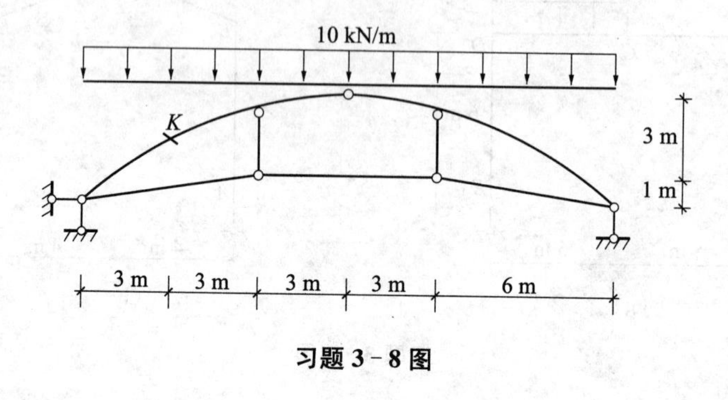

习题 3－8 图

3－9　试指出图示桁架中的零杆。

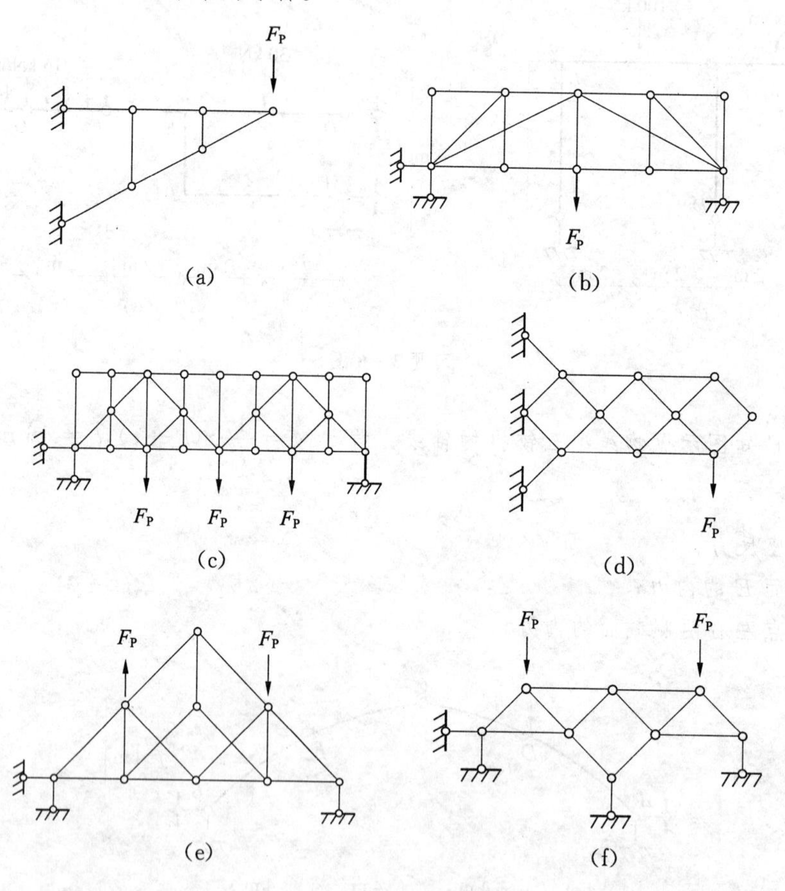

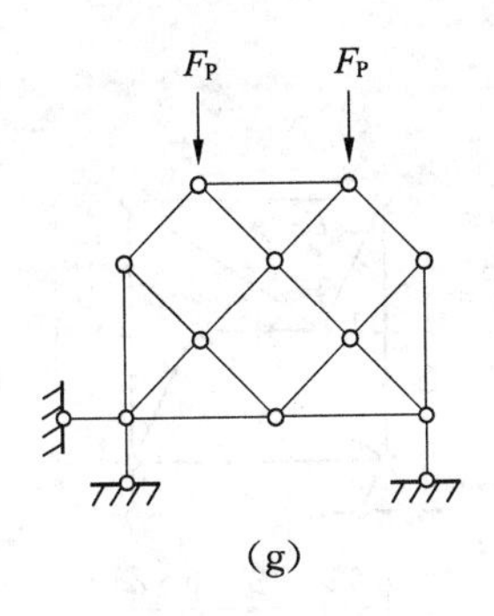

(g)

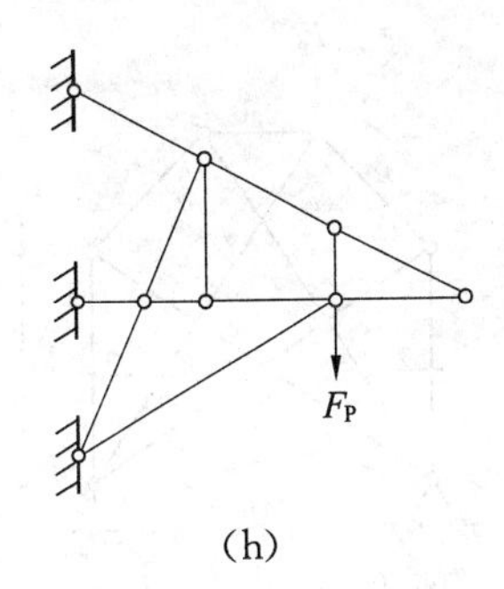

(h)

习题 3-9 图

3-10 试求图示桁架各杆件的轴力。

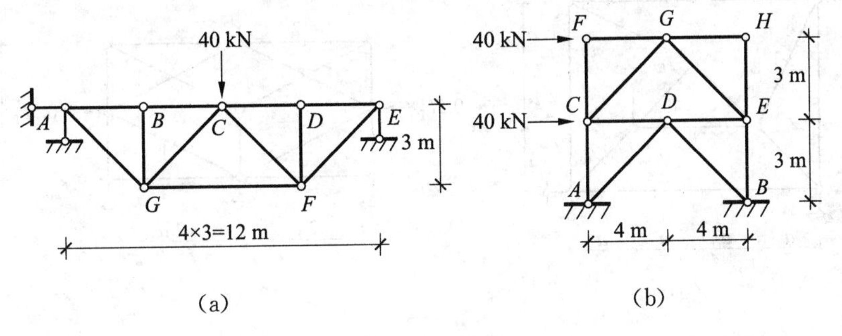

习题 3-10 图

3-11 试求图示桁架中指定杆件的轴力。

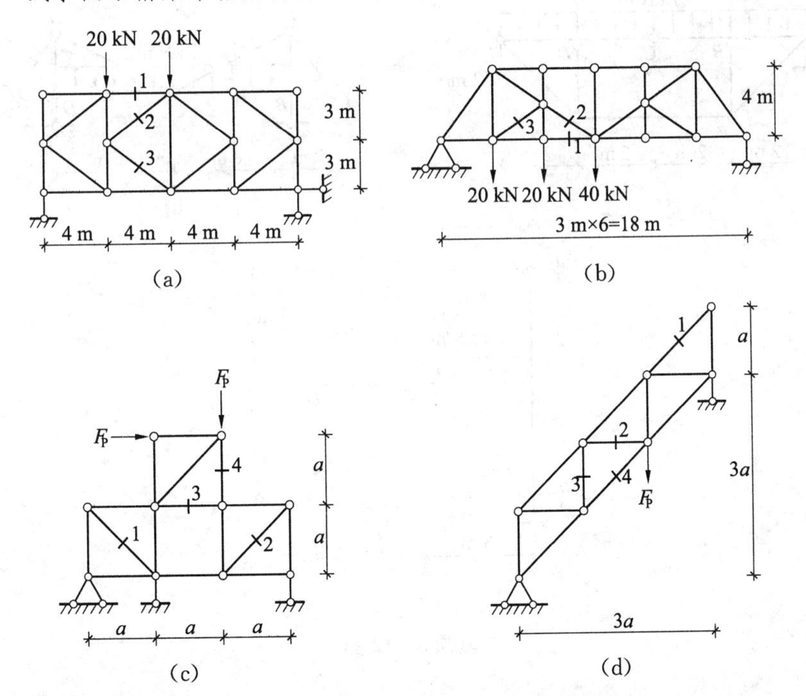

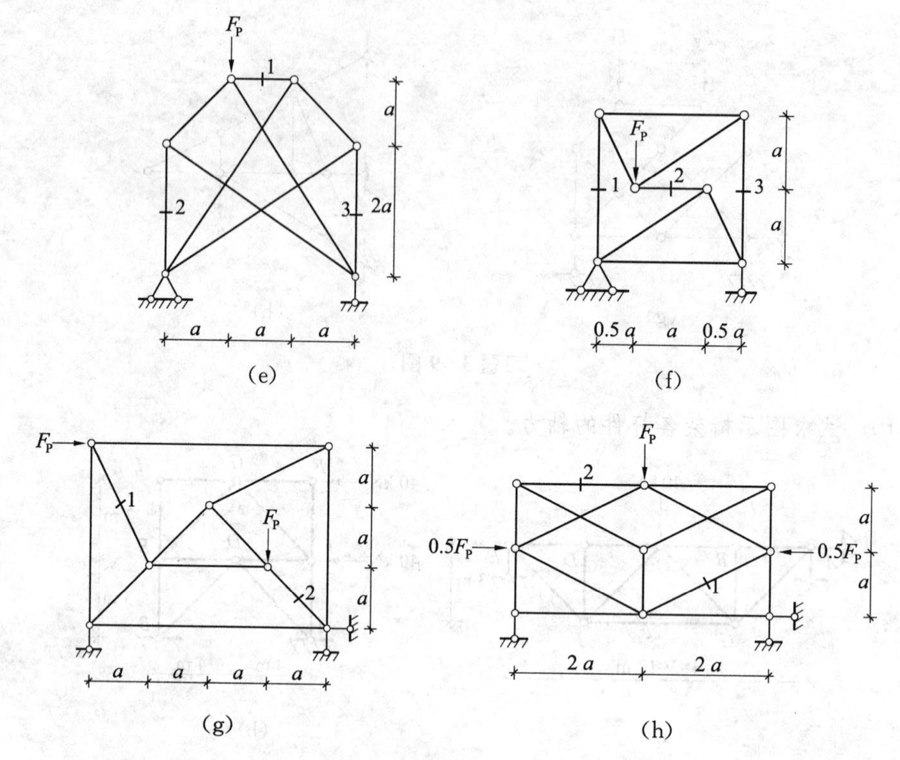

习题 3 - 11 图

3 - 12 试作图示组合结构的内力图。

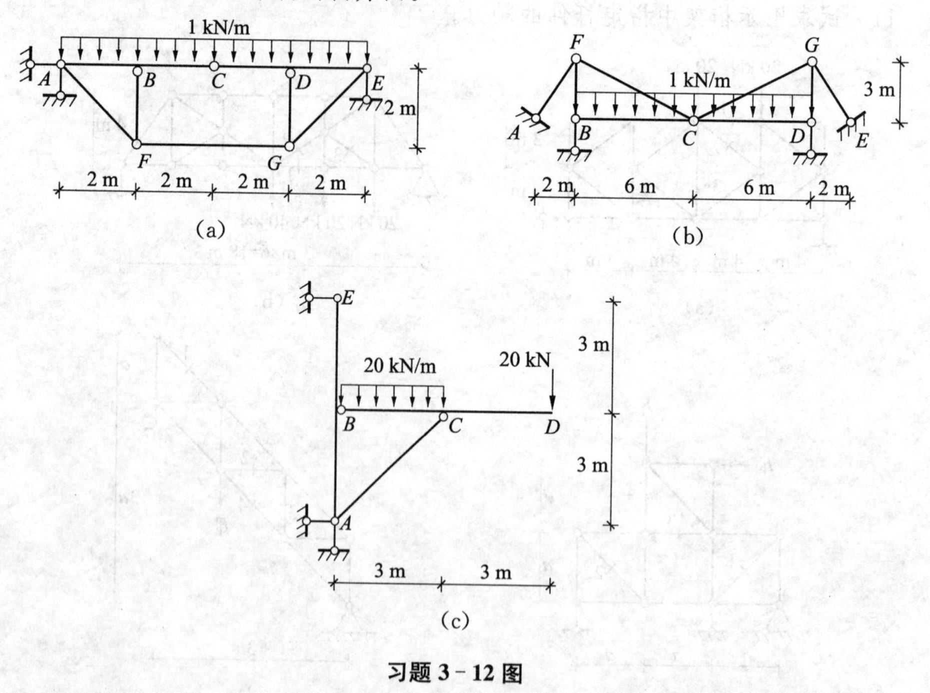

习题 3 - 12 图

4 静定结构的位移计算

4.1 概述

结构分析的三大基本任务是进行强度、刚度和稳定分析，而刚度分析的主要工作便是计算结构在各种荷载作用下的位移情况。本章将以变形体虚功原理为理论基础，讨论常见的静定结构在外荷载作用下的位移计算问题。

4.1.1 常见位移的类别和引起位移的因素

变形和位移是两个既有联系又有区别的概念，变形通常指由于荷载作用而引起的杆件形状改变。如：轴向变形使杆件伸长或缩短，弯曲变形使杆件由直变弯等，从而使结构中的某一点或某个截面的位置发生变化(移动或转动)简称位移。因此也可以说是杆件的变形直接导致位移的产生。当然，在某些情况下(如：支座变位或制造误差等因素)，即使杆件没有变形也会引起结构的位移，这种位移称为“刚体位移”。

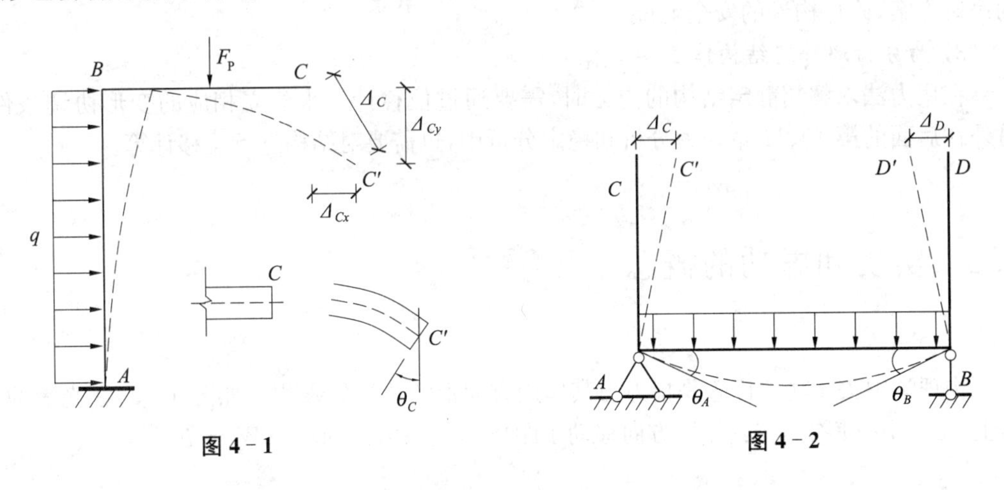

图 4-1　　图 4-2

如图 4-1 所示悬臂刚架在荷载作用下发生变形，使悬臂端的 C 点移动到 C' 点，CC' 间的直线距离 Δ_C 称为 C 点的线位移，它也可以用两个坐标轴方向的位移分量来表示，即水平线位移 Δ_{Cx} 和竖向线位移 Δ_{Cy}。C 点所在截面的方位由变形前的竖向，沿顺时针方向旋转了一个角度 θ_C，称为该截面的角位移。上述位移称为沿某个方向的绝对线位移和绝对角位移(通常省去“绝对”两字)，而与之相对应的还有相对线位移和相对角位移。如图 4-2 中的屋顶简支水箱，在底板的竖向均布荷载作用下，使开口端的 C、D 两点相互靠拢，即 C、D 两点的绝对线位移方向相反，这两个线位移之和称为该两点的相对线位移 $\Delta_{CD}=\Delta_C+\Delta_D$。同样，两个支座截面 A、B 产生了两个相反方向的绝对角位移，其和称为这两个截面的相对角位移 $\theta_{AB}=\theta_A+\theta_B$。上述线位移和角位移统称为广义位移。

引起结构位移的因素除直接作用的一般荷载外，还有间接作用的因素，如：① 温度改变会引起杆件的伸缩和弯曲变形；② 地基的不均匀沉降导致结构中某些支座位置的改变，简称"支座变位"(包括支座的移动和转动)；③ 构件下料制作时产生的误差等。

4.1.2 位移计算的目的

1) 设计阶段的刚度验算

为保证结构除具备足够的强度以外，还要满足一定的刚度要求，现行设计规范针对不同类别的结构和不同的应用场合给出了明确的刚度指标，以免结构在荷载作用下产出过大的变形而影响正常使用。例如：高层建筑的层间最大位移不得大于层高的 1/550，否则会影响居住者的舒适度；工业厂房中的吊车梁跨中最大挠度应小于跨度的 1/600，否则吊车在行驶过程中有可能因卡轨而不能正常运行；游泳池或大型地下室结构的刚度不够时，会出现渗水等现象。

2) 施工阶段的位移监控计算

大型结构在制作安装过程中，需要实时监控结构的位移变化情况。例如为克服大型屋架或桥梁因自重引起的挠度，安装时必须预先将其反向抬起(通常称为预起拱)，以使结构成型后恰好位于设计要求的水平位置，而上述预起拱的值需要提前定量计算。

另外，为防止大型预制构件在吊装过程中发生变形或开裂现象，也需要对各种不同的吊点位置因自重和施工荷载产生的变形情况进行对比分析，以便选择最佳的吊点位置及合理的吊装方案，确保构件的安全就位。

3) 为分析超静定结构作准备

在用力法求解超静定结构的内力时，需要通过位移计算来建立相应的变形协调条件。另外在后面的第 10、11 章动力分析和稳定分析中，也需要对结构进行位移计算。

4.2 实功和虚功的概念

物理学中关于功的概念是指力与其作用方向上的位移的乘积。如图 4-3，在光滑的桌面上，恒力 F_P 使物体在其作用方向移动了距离 s，则该力做的功为 $W=F_P\cdot s$。

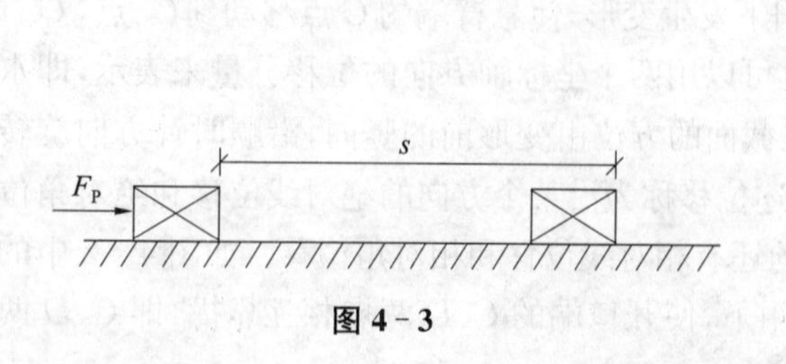

图 4-3

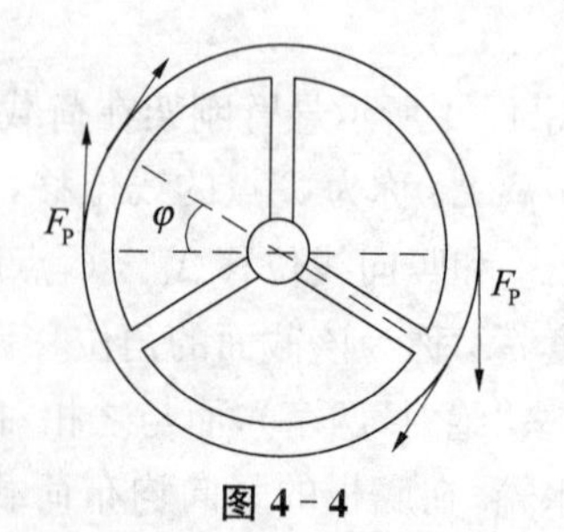

图 4-4

又如图 4－4 所示用双手转动汽车方向盘时，相当于施加了一对等值、反向的集中力 F_P，使中心的轴转动了一个角度 φ，此时这一对集中力的作用效果相当于在轴上施加了一个外力偶 $m_0=F_P\cdot D$（D 为方向盘的直径），故它所做的功为 $W=m_0\cdot\varphi$。这两个例子的共同特点都是做功的力与位移处于同一种状态下，即位移是由做功的力本身引起的，这样的功称为实功。但有时力与位移也可处于不同的状态下，即位移并非由做功的力引起，而是由其他因素的作用导致的，则称力在该位移上做了虚功。例如我们要在某简支梁上施加两个集中荷载（做加载试验），并先后分两次加载。

首先在截面 1 处施加荷载 F_{P1}，并假设荷载是从零开始逐渐增大到 F_{P1}，荷载作用点的位移也从零逐渐增大到 Δ，即采用如图 4－5 所示的线性加载方案。弹性变形曲线如图 4－6 所示，在截面 1、2 处引起的位移分别为 Δ_{11} 和 Δ_{21}。这里 Δ_{ij} 中两个下标的含义为：第一个下标 i 表示位移的地点和方向，第二个下标 j 代表引起该位移的因素。

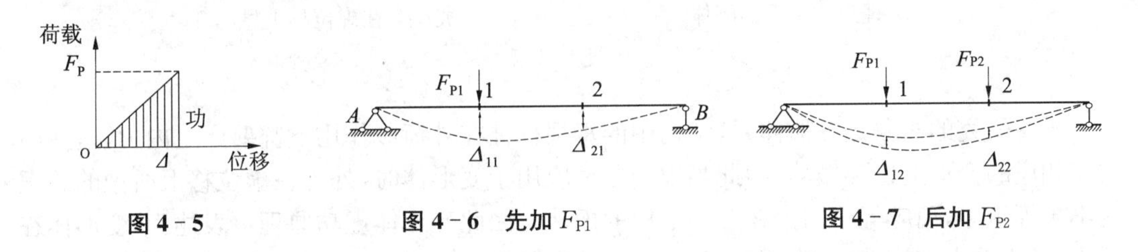

图 4－5　　图 4－6　先加 F_{P1}　　图 4－7　后加 F_{P2}

再在截面 2 处施加第二个集中荷载 F_{P2}（此时 F_{P1} 仍作用在截面 1 处不变），在截面 1、2 处产生了新的位移分别为 Δ_{12} 和 Δ_{22}。按照上述实功和虚功的概念易知：图 4－6 中的荷载 F_{P1} 在其自身引起的位移 Δ_{11} 上做了实功 W_{11}，且由于荷载 F_P 是从零开始逐渐增大的变力，该变力所做的功应等于图 4－5 中的三角形面积，即 $W_{11}=\dfrac{1}{2}F_{P1}\Delta_{11}$。同理，在图 4－7 中，后加的荷载 F_{P2} 在其自身引起的位移 Δ_{22} 上也做实功 $W_{22}=\dfrac{1}{2}F_{P2}\Delta_{22}$。而在第二次的加载过程中，先加的荷载 F_{P1} 的值始终保持不变，它在由 F_{P2} 引起的位移 Δ_{12} 上做的功为虚功 W_{12}，相当于常力做功，即 $W_{12}=F_{P1}\Delta_{12}$。该虚功 W_{12} 也可理解为图 4－8(a)中状态Ⅰ（称为力状态）上的力 F_{P1}，在图 4－8(b)中状态Ⅱ（称为位移状态）的位移（这里的位移 Δ_{12} 相对于 F_{P1} 而言也可称为虚位移）上做的虚功。因此，虚功也可理解为力与位移分别属于同一体系的两种独立无关的状态。

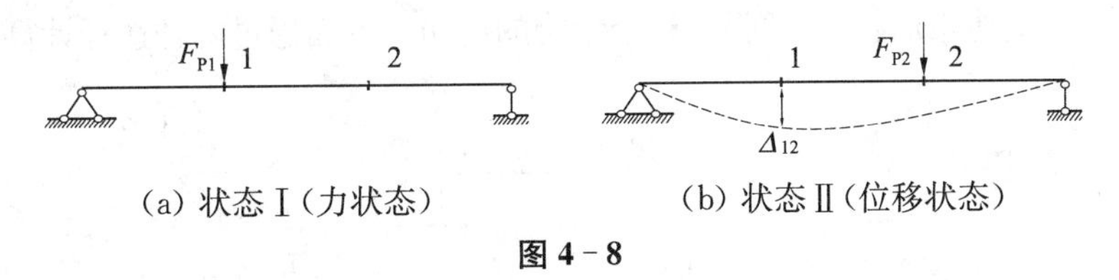

(a) 状态Ⅰ（力状态）　(b) 状态Ⅱ（位移状态）

图 4－8

4.3　变形体虚功原理

理论力学研究的对象是质点系和刚体，而刚体是一种不可变形的“理想物体”，它是一种特殊的质点系，即可以认为刚体内部任意两点之间由刚性链杆相连，其距离始终保持不变，因此无论刚体如何位移，刚体内部任意两点之间的相互作用力（内力）在任意的虚位移上所做的功等于零，而只有外力做功（图 4－9）。所以刚体虚功原理可表述为：刚体在外力（包括主动力和被动力）作用下处于平衡状态的必要和充分条件是：所有外力在任何虚位移上做的总虚功应为零。

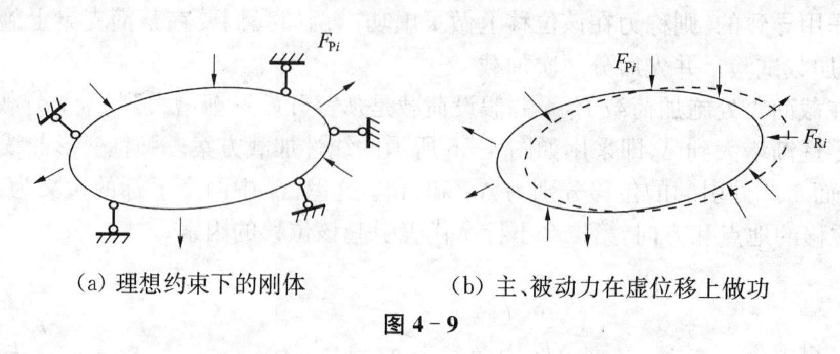

(a) 理想约束下的刚体　　(b) 主、被动力在虚位移上做功

图 4－9

本章研究的对象是变形体系，结构中的每根杆件在外荷载作用下都要产生内力，这些内力在相应的变形上也要做功，因此当虚功原理应用于变形体时，外力在虚位移上所做的总虚功不再等于零，而应等于内力在变形上做的虚功。因此变形体虚功原理可表述为：变形体在外力（含主动力和被动力）作用下，处于平衡状态的充要条件是：对于任何虚位移，外力在虚位移上所做的总虚功应等于各微段的内力在其变形上所做的虚功总和。简言之，外力虚功＝内力虚功。

下面我们从物理概念方面对虚功原理的必要条件加以论证，关于充分条件的证明及详细的数学推导可参阅相关的文献资料。

图 4－10(a)表示某平面杆系结构在外荷载作用下处于平衡状态，图 4－10(b)表示该结构由于其他原因（例如另一组荷载或温度变化等）产生的位移状态。分别称这两个状态为该结构的力状态和位移状态，显然这两个状态是相互独立的，或者说相对于力状态而言，位移状态中的位移为虚位移。

从力状态中截取微段 ds（图 4－10(a)），该隔离体上的作用力除荷载 q 外，还有两侧截面上的一组内力，这些内力是相对于整个结构而言的，对于微段本身则相当于外力。位移状态中的微段由原来的 $ABCD$ 位置移动到了 $A'B'C'D'$，于是微段上的各种力将在相应的虚位移上做虚功，将所有微段的虚功累加起来，便得到整个结构的虚功。下面通过两种途径计算虚功。

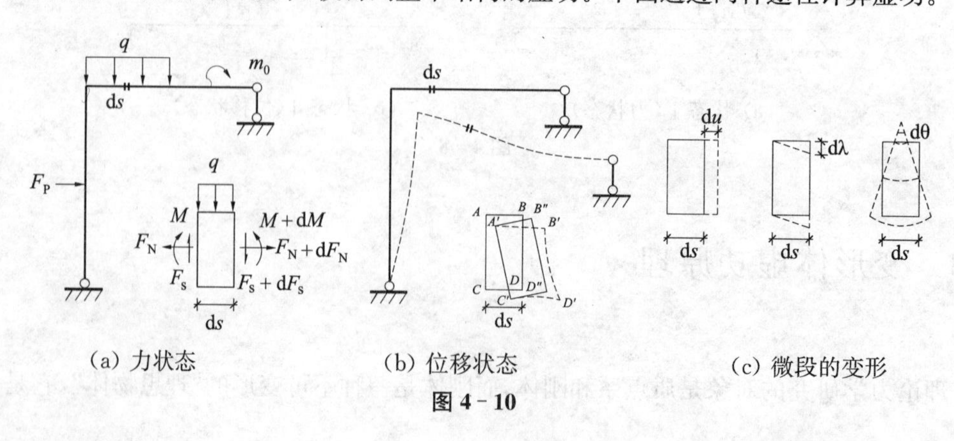

(a) 力状态　　(b) 位移状态　　(c) 微段的变形

图 4－10

(1) 分别按外力虚功和内力虚功计算

将微段的总虚功分成两部分,一部分是外力即荷载所做的虚功 dW_e,另一部分是截面上的内力所做的虚功 dW_i,总虚功为 dW,即

$$dW = dW_e + dW_i$$

将其沿杆长积分并将各杆段积分求和,得整个结构的总虚功为

$$\sum\int dW = \sum\int dW_e + \sum\int dW_i$$

简写为

$$W = W_e + W_i$$

式中,W_e 为整个结构的所有外力(包括支座反力)在位移状态的虚位移上所做的虚功总和,即外力虚功;W_i 为所有微段两侧截面上的内力在微段的变形上(图 4-10(c))所做的虚功总和。由于任何两个相邻微段的相邻截面上的内力互为作用和反作用力,其大小相等方向相反;又由于位移状态对应的虚位移是协调的,满足变形连续条件,两微段的相邻截面又始终紧密地贴合在一起,具有相同的位移,因此每一对相邻截面上的内力所做虚功总是大小相等正负抵消。可见所有微段截面上的内力总虚功必为零,即 $W_i = 0$。于是整个结构的总虚功等于外力虚功:

$$W = W_e \tag{a}$$

(2) 按刚体虚功与变形虚功计算

将图 4-10(b)中微段的虚位移分解为以下两种位移之和:从原来的 $ABCD$ 位置到 $A'B''C'D''$ 的刚体位移,以及再到 $A'B'C'D'$ 的变形位移(设 $A'C'$ 边不动)。这样,作用在微段上的所有力在刚体位移上做的虚功为 dW_s,在变形位移上做的虚功为 dW_v,于是微段的总虚功为 $dW = dW_s + dW_v$。

由于微段处于平衡状态,由刚体虚功原理可知,所有外力在刚体位移上不做功,即 $dW_s = 0$,因此 $dW = dW_v$。

对于整个结构有

$$W = \sum\int dW = \sum\int dW_v = W_v \tag{b}$$

下面来讨论虚功 W_v 的计算。对于一般的平面杆系结构,微段的变形包括 3 种:轴向变形 du、弯曲变形 $d\theta$ 和剪切变形 $d\lambda$。若忽略微段截面上的内力增量(dF_N、dF_S 和 dM)以及分布荷载 q 在这些变形上所做虚功的高阶微量,则该微段上各力在其变形上所做虚功为

$$dW_v = F_N du + F_S d\lambda + M d\theta \tag{4-1}$$

如果所截微段上还作用有集中荷载或集中力偶,可以将其视为作用在左截面 AC 上,因而在微段变形时它们并不做功。将式(4-1) 沿杆长积分并累加,便得整个结构的虚功为

$$W_v = \sum\int dW_v = \sum\int F_N\, du + \sum\int F_S\, d\lambda + \sum\int M d\theta \tag{4-2}$$

可见,W_v 是所有微段两侧截面上的内力在微段的变形上所做的总虚功,称为变形虚功或内力虚功。

比较(a)、(b)两式可得

$$W_e = W_v \tag{4-3}$$

即外力虚功等于内力虚功,结论得证。

若将式(a)中的外力虚功 W_e 改为 W,则式(4-3)可表示为

$$W = W_v \tag{4-4}$$

上式称为变形体虚功方程。对于平面杆系结构有

$$W_v = \sum\int F_N \, du + \sum\int F_S \, d\lambda + \sum\int M d\theta \tag{4-5}$$

故虚功方程可表示为

$$W = \sum\int F_N \, du + \sum\int F_S \, d\lambda + \sum\int M d\theta \tag{4-6}$$

变形体虚功原理同样适用于刚体体系。由于刚体发生虚位移时，各微段不产生变形，即变形虚功 $W_v = 0$，式(4-6)成为

$$W = 0 \tag{4-7}$$

这就是刚体虚功原理，可见它是变形体虚功原理之特例。

需要指出的是，上述论证过程中，未涉及材料的物理性质，因此虚功原理普遍适用于线弹性、非弹性及非线性体系。虚功原理在具体应用时通常有以下两种形式：一种是虚位移原理，即对给定的某力状态，虚设一种位移状态，利用虚功方程求解力状态中的某些未知力。理论力学中曾详细介绍过，本书第 8 章中的“机动法作影响线”将再次用到该原理。虚功原理的另一种应用形式是虚力原理，即对于给定的位移状态，根据所求位移虚设力状态，利用虚功方程求解某些未知的位移，本章将应用该方法导出位移计算公式。

4.4 静定结构在荷载作用下的位移计算

4.4.1 位移计算公式的推导

这里我们的研究对象是线性弹性结构，是应用最为广泛的一类工程结构，其特点是作用在结构上的荷载与所产生的位移之间成线性比例关系，应力与应变之间符合虎克定律，同时所产生的位移是微小的，符合叠加原理。

如图 4-11(a)所示的静定刚架在外荷载作用下发生了虚线所示的弹性变形曲线，它是实际的位移状态。现在欲求任一截面 K 沿任一指定方向($k-k$)的位移 Δ_{KP}（第二个下标 P 指“荷载”）。

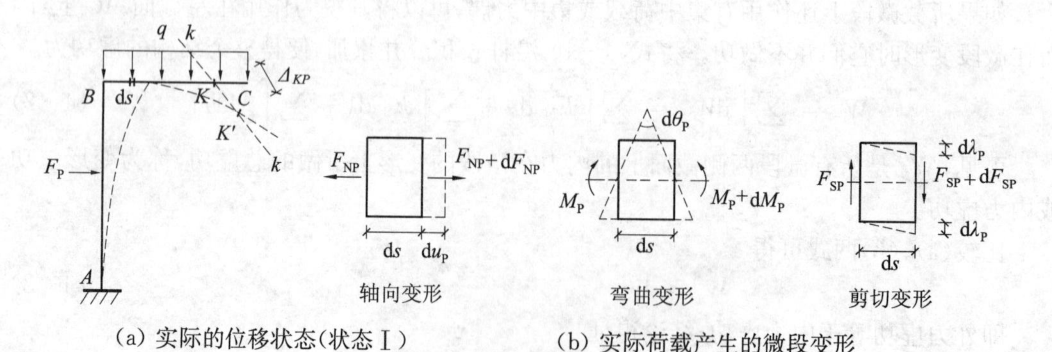

(a) 实际的位移状态(状态Ⅰ)　　(b) 实际荷载产生的微段变形

图 4-11

应用变形体虚功方程需要有两个状态，即位移状态和力状态。现位移状态已具备，还需建立一个力状态，为使虚设的力在欲求的位移 Δ_{KP} 上作虚功，简便的方法是在 K 点沿 $k-k$ 方向施加一个单位的集中荷载 $\overline{F}_{PK}=1$，以构成虚拟的力状态(如图 4-12)。

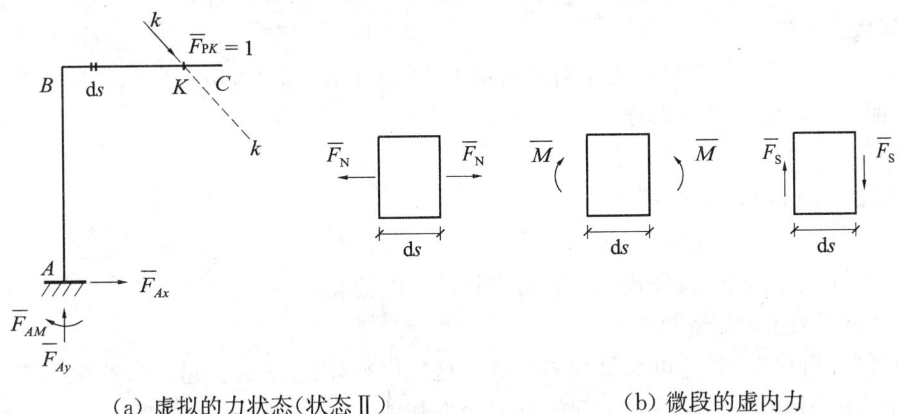

(a) 虚拟的力状态(状态Ⅱ)　　(b) 微段的虚内力

图 4-12

下面具体计算外力虚功 $W_{外}^{*}$ 和内力虚功 $W_{内}^{*}$，然后由变形体虚功方程导出位移的计算公式。外力虚功是指状态Ⅱ的虚外力(包括虚拟的单位荷载 $\overline{F}_{PK}$ 和相应的虚反力 $\overline{F}_{Ax}$、$\overline{F}_{Ay}$、$\overline{F}_{AM}$)，在状态Ⅰ的位移上作的虚功

$$\begin{aligned} W_{外}^{*} &= \overline{F}_{PK}\times\Delta_{KP}+\overline{F}_{Ax}\times 0+\overline{F}_{Ay}\times 0+\overline{F}_{AM}\times 0 \\ &= 1\times\Delta_{KP}=\Delta_{KP} \end{aligned}$$

内力虚功是指状态Ⅱ的虚内力(即由虚拟的单位荷载 $\overline{F}_{PK}$ 引起的一组内力 $\overline{F}_N$、$\overline{F}_S$、$\overline{M}$)，在状态Ⅰ微段的变形(由实际的荷载产生，微段的轴向变形 du_P、弯曲变形 $d\theta_P$ 和剪切变形 $d\lambda_P$)上作的虚功

$$W_{内}^{*}=\sum\int\overline{F}_N\cdot du_P+\sum\int\overline{M}\cdot d\theta_P+\sum\int\overline{F}_S\cdot d\lambda_P$$

式中略去了高阶微量，“$\sum$”代表结构中的所有杆件。

实际状态中微段的 3 种变形是由该状态的内力引起的(如图 4-11(b))，根据材料力学公式可知：

轴向变形 $du_P=\dfrac{F_{NP}\cdot ds}{EA}$，弯曲变形 $d\theta_P=\dfrac{M_P\cdot ds}{EI}$，剪切变形 $d\lambda_P=\dfrac{kF_{SP}\cdot ds}{GA}$

式中：E 为材料的弹性模量；G 为剪切模量；A 为杆件的截面积；I 为截面的惯性矩。EA 为杆件的轴向刚度；EI 为弯曲刚度；GA 为剪切刚度；k 为反映剪应力沿截面高度不均匀分布的系数，它与截面的形状有关，称为剪应力不均匀系数或截面形状系数。例如，矩形截面 $k=6/5$，圆形截面 $k=10/9$，薄壁圆环截面 $k=2$，可从相关手册中查取。

将上述变形公式代入后得

$$W_{内}^{*}=\sum\int\frac{\overline{F}_N F_{NP}ds}{EA}+\sum\int\frac{\overline{M}M_P ds}{EI}+\sum\int k\frac{\overline{F}_S F_{SP}ds}{GA}$$

由虚功方程 $W_{内}^{*}=W_{外}^{*}$ 得

$$\Delta_{KP}=\sum\int\frac{\overline{F}_N F_{NP}ds}{EA}+\sum\int\frac{\overline{M}M_P ds}{EI}+\sum\int k\frac{\overline{F}_S F_{SP}ds}{GA} \tag{4-8}$$

式(4-8)即为静定结构在荷载作用下的位移计算公式。式中涉及两组内力，一组为实际状态中由外荷载引起的实内力 F_{NP}、F_{SP}、M_P（用下标"P"表示），另一组为虚拟状态中由虚拟的单位荷载引起的虚内力 $\overline{F}_N$、$\overline{F}_S$、$\overline{M}$（用上划线表示）。两组内力的符号必须统一，其中轴力和剪力的符号规定同第 3 章，而弯矩可任设某一侧受拉为正，但两种状态必须统一，不可自相矛盾。

位移公式(4-8)右端的 3 项分别表示轴力、弯矩和剪力对位移的贡献，依次称为轴向变形项、弯曲变形项和剪切变形项。

4.4.2 位移公式的简化

针对不同的结构形式，公式(4-8)可进行适当的简化：

1）以受弯为主的梁和刚架

由算例分析可知(具体可参见相关例题)，这类结构中的弯矩引起的弯曲变形是产生结构位移的主要因素，轴力和剪力引起的轴向变形和剪切变形对位移的贡献很小，对于细长杆件通常仅占 5%以内(高跨比较大的深梁除外)，可忽略不计，故式(4-8)可简化为

$$\Delta_{KP}=\sum\int\frac{\overline{M}M_P\mathrm{d}s}{EI} \tag{4-9}$$

2）平面桁架

由于桁架中的各杆只有轴力，且轴力和截面的拉压刚度 EA 沿杆长不变，故式(4-8)可简化为

$$\Delta_{KP}=\sum\int\frac{\overline{F}_N F_{NP}\mathrm{d}s}{EA}=\sum\frac{\overline{F}_N F_{NP}}{EA}\int\mathrm{d}s=\sum\frac{\overline{F}_N F_{NP}L}{EA} \tag{4-10}$$

3）组合结构

对以受弯为主的梁式杆仅考虑弯曲变形项，而对只有轴力的铰接杆仅考虑轴向变形项，故式(4-8)可简化为

$$\Delta_{KP}=\sum\frac{\overline{F}_N F_{NP}L}{EA}+\sum\int\frac{\overline{M}M_P\mathrm{d}s}{EI} \tag{4-11}$$

4）拱结构

剪切变形一般仍可忽略，对于扁平拱或为合理拱轴时，必须考虑轴向变形的影响，此时

$$\Delta_{KP}=\sum\int\frac{\overline{F}_N F_{NP}\mathrm{d}s}{EA}+\sum\int\frac{\overline{M}M_P\mathrm{d}s}{EI} \tag{4-12}$$

4.4.3 虚拟状态的建立

上述位移计算公式(4-8)中的 Δ_{KP} 是指广义位移，它可以是某截面的绝对线位移或角位移，也可以是某两个截面之间的相对线位移或相对角位移。与 Δ_{KP} 相对应的单位荷载 $\overline{F}_{PK}=1$ 代表单位广义力，它可以是一个单位的集中力或力偶，也可以是一对等值反向的单位集中力或力偶，因此所谓建立虚拟状态，就是在原结构上针对欲求的广义位移的类别，施加单位广义力。图 4-13 是一些虚拟状态的例子。需要特别说明的是，对于图 4-13(e)、(f)中的桁架结构，为了求某根杆件的转角位移，不能将单位力偶直接施加于该杆件上(因为

平面桁架只能承受结点荷载)，而应将该单位力偶换算为一对等效结点荷载作用在杆件的两端，其大小为杆长分之一，方向相反并与该杆垂直。

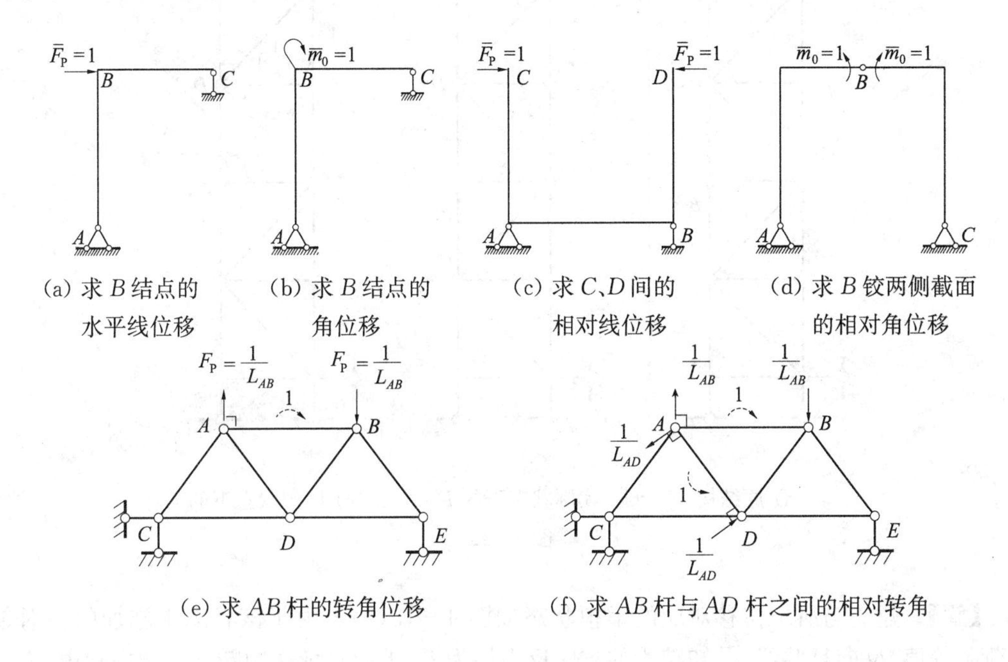

(a) 求 B 结点的水平线位移　(b) 求 B 结点的角位移　(c) 求 C、D 间的相对线位移　(d) 求 B 铰两侧截面的相对角位移

(e) 求 AB 杆的转角位移　(f) 求 AB 杆与 AD 杆之间的相对转角

图 4-13

【例 4-1】 试求图 4-14(a)所示简支梁在均布荷载作用下 B 端的角位移 φ_B，设 EI 为常数。

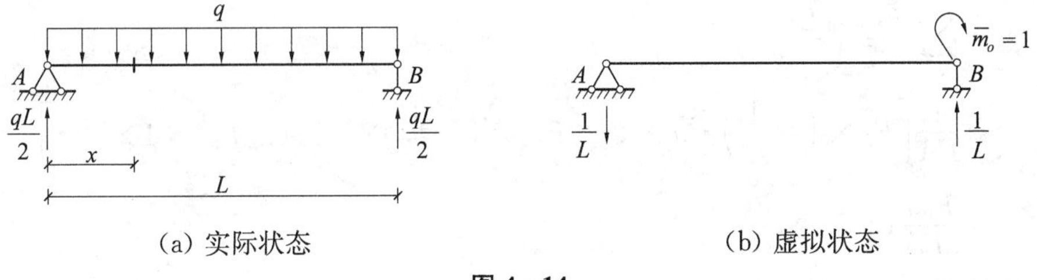

(a) 实际状态　(b) 虚拟状态

图 4-14

【解】 建立与所求位移对应的虚拟状态如图 4-14(b)。

本例为水平直梁，在竖向荷载作用下的轴力为零，若梁为细长杆件则剪切变形可忽略不计。设 A 为坐标原点，则两种状态下任一截面的弯矩为

实际状态：$M_P=\frac{1}{2}qLx-\frac{1}{2}qx^2$，　　虚拟状态：$\overline{M}=-\frac{1}{L}x$

代入式(4-8)得

$$\varphi_B=\int_0^L\frac{\overline{M}M_P}{EI}\mathrm{d}s=-\int_0^L\frac{1}{EI}\left[\left(\frac{qL}{2}x-\frac{qx^2}{2}\right)\times\frac{x}{L}\right]\mathrm{d}x=-\frac{qL^3}{24EI}(\curvearrowleft)$$

结果为负号，表示与假设的方向相反(逆时针方向)。

【例 4-2】 试求图 4-15(a)所示桁架 A、B 两点之间的相对线位移，已知各杆的 EA 为常数。

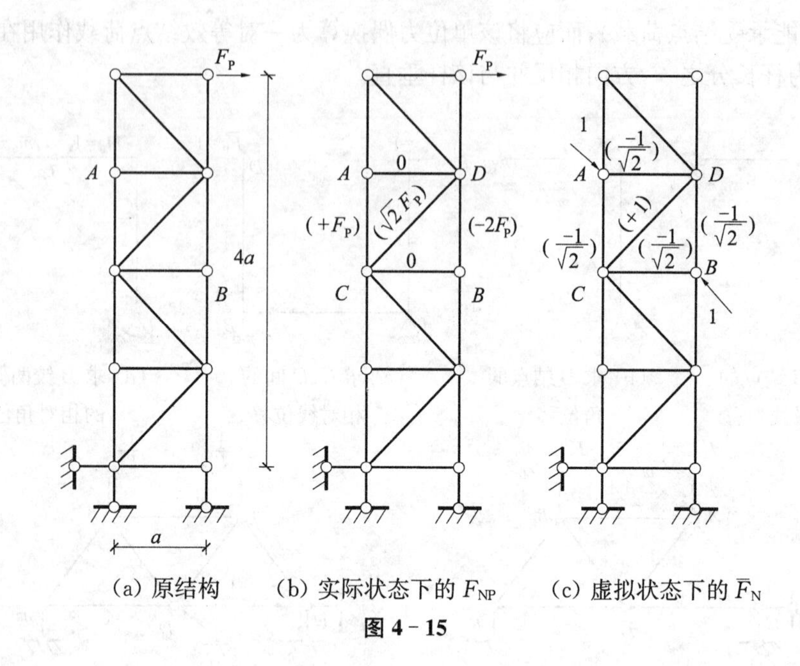

(a) 原结构　(b) 实际状态下的 F_{NP}　(c) 虚拟状态下的 $\overline{F}_N$

图 4-15

【解】 建立与所求位移对应的虚拟状态如图 4-15(c)。由于该状态中施加的一对单位荷载等值、反向且共线,易知结构的支座反力均为零,进而可依次判断该桁架中除中、上部 $ABCD$ 方框内的五根杆件有内力外,其余各杆均为零杆。因此在实际状态中不必求出所有杆件的内力,只需求出与虚拟状态对应的那五根非零杆的内力即可。采用结点法或截面法均不难求得其内力如图 4-15(b)。代入公式(4-10)得

$$\Delta_{A-B}=\sum\frac{\overline{F}_N F_{NP}L}{EA}$$

$$=\frac{1}{EA}\left[F_P\times\left(-\frac{1}{\sqrt{2}}\right)\times a+(-2F_P)\times\left(-\frac{1}{\sqrt{2}}\right)\times a+(\sqrt{2}F_P)\times 1\times\sqrt{2}a\right]$$

$$=\frac{F_P a}{2EA}(4+\sqrt{2})$$

(与假设的方向一致)。

【例 4-3】 图 4-16(a)为半圆形等截面悬臂曲梁,其横截面为 $b\times h$ 的矩形,剪切模量 $G=0.4E$(E 为弹性模量),试求 B 点的竖向位移。

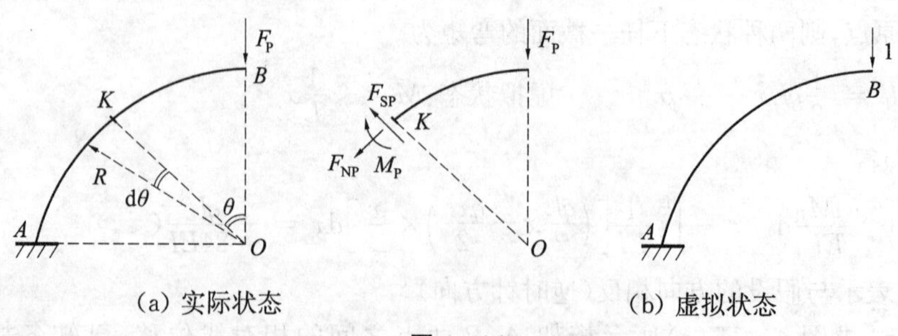

(a) 实际状态　(b) 虚拟状态

图 4-16

【解】 两种状态下，任一截面 K 的内力分别为

实际状态下：$M_P=-F_P\cdot R\sin\theta, F_{SP}=F_P\cdot\cos\theta, F_{NP}=F_P\cdot\sin\theta$

虚拟状态下：$\overline{M}=-R\sin\theta, \overline{F}_S=\cos\theta, \overline{F}_N=\sin\theta$

不考虑曲率的影响，$ds=R\cdot d\theta$，则 B 点的竖向位移为

$$\begin{aligned}\Delta&=\sum\int\frac{\overline{M}M_P ds}{EI}+\sum\int k\frac{\overline{F}_S F_{SP} ds}{GA}+\sum\int\frac{\overline{F}_N F_{NP} ds}{EA}\\&=\int_0^{\pi/2}\frac{F_P R^3\sin^2\theta}{EI}d\theta+\int_0^{\pi/2}k\frac{F_P R\cos^2\theta}{GA}d\theta+\int_0^{\pi/2}\frac{F_P R\sin^2\theta}{EA}d\theta\\&=\frac{\pi}{4}\left(\frac{F_P R^3}{EI}+k\frac{F_P R}{GA}+\frac{F_P R}{EA}\right)\end{aligned}$$

将 $k=1.2, G=0.4E, A=\frac{12I}{h^2}$（因 $I=\frac{bh^3}{12}=\frac{Ah^2}{12}$）

代入后得 $$\Delta=\frac{\pi F_P R^3}{4EI}\left[1+\frac{1}{4}\left(\frac{h}{R}\right)^2+\frac{1}{12}\left(\frac{h}{R}\right)^2\right]$$

设 $\frac{h}{R}=\frac{1}{10}$，则 $\Delta=\frac{\pi F_P\cdot R^3}{4EI}\left[1+\frac{1}{400}+\frac{1}{1200}\right]$，可见当 $\frac{h}{R}$ 较小时，剪切变形和轴向变形的影响可忽略不计。

4.5 位移计算的实用方法——图乘法

如前所述，梁和刚架的位移计算公式可简化为 $\Delta_{KP}=\sum\int\frac{\overline{M}M_P ds}{EI}$，当杆件较多且荷载较复杂时，积分运算将非常麻烦。但如果结构中的各杆段符合下列条件：① 杆件为等截面直杆；② 杆段的抗弯刚度 EI 为常量；③ 两种状态下的弯矩图 M_P 和 $\overline{M}$ 中，至少有一个为直线形。则可用本节介绍的图乘法代替积分运算，使计算过程得以简化。

上述 3 个条件对大部分结构都能满足。首先对于由等截面直杆构成的梁和刚架自然满足前两个条件，至于第三个条件，尽管外荷载作用下的 M_P 图未必是直线形，但虚拟状态下的 $\overline{M}$ 图是由单位集中力或集中力偶引起的，通常为直线或折线形。

下面来推导图乘法的计算公式。设图 4－17 为某等截面直杆 AB 段在两种状态下的弯矩图，其中的 $\overline{M}$ 图为直线形，M_P 图为曲线形。在 $\overline{M}$ 图中取杆轴为 x 轴，与 x 轴的交点为坐标原点建立直角坐标系，则任意位置 x 处的纵标 $\overline{M}(x)=x\tan\alpha$。由于 AB 段的斜率不变，因此 $\tan\alpha$ 为常数，对于直杆 $ds=dx$，于是

$$\int\frac{\overline{M}M_P ds}{EI}=\frac{1}{EI}\int_A^B\overline{M}M_P dx=\frac{1}{EI}\int_A^B x\tan\alpha\cdot M_P dx=\frac{\tan\alpha}{EI}\int_A^B xM_P dx=\frac{\tan\alpha}{EI}\int_A^B x\cdot d\omega$$

式中，$d\omega=M_P dx$ 为 M_P 图中阴影部分的微分面积，而 $\int_A^B x\,d\omega$ 则为 M_P 图的几何面积对 y 轴的静矩。由材料力学知，它等于 M_P 图的几何面积 ω 乘以其形心 C 到 y 轴的水平距离 x_C，即 $\int_A^B x\,d\omega=\omega x_C$，从而原式可写为：$\int\frac{\overline{M}M_P ds}{EI}=\frac{\tan\alpha}{EI}\omega x_C$，而 M_P 图的形心 C 对应到 $\overline{M}$

图的纵标 y_C 为：$y_C = x_C\tan\alpha$，则

$$\int \frac{\overline{M}M_{\mathrm{P}}\mathrm{d}s}{EI} = \frac{\omega y_C}{EI} \tag{4-13}$$

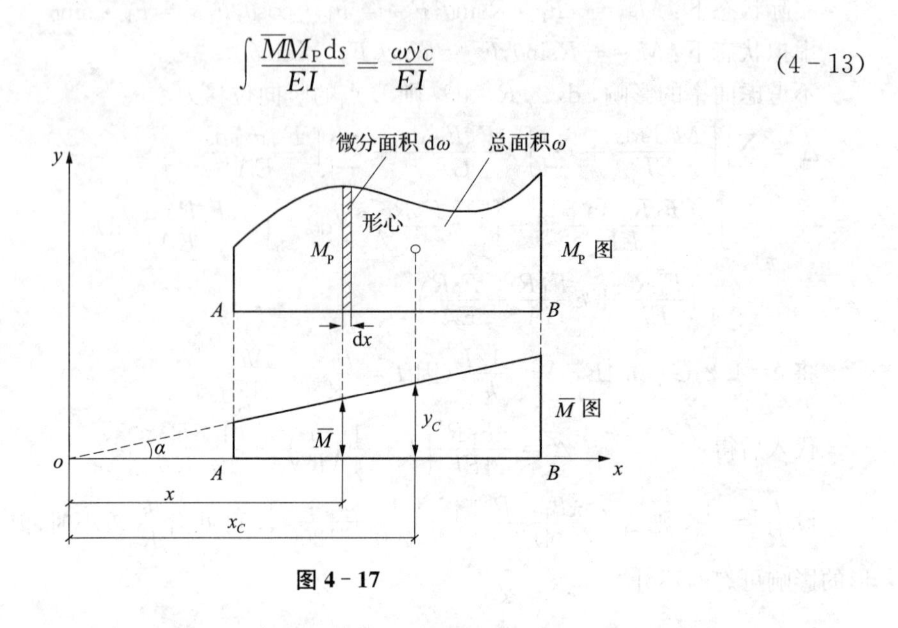

图 4－17

上式表明，积分运算之值等于 M_P 图的几何面积 ω 乘以其形心 C 对应于 $\overline{M}$ 图中的纵标 y_C，再除以 EI。称为图形相乘法（简称图乘法），它最初是由莫斯科铁路运输学院的学生 Vereshagin 于 1925 年提出的，后经改进被广泛应用至今。

当结构中所有杆段均满足图乘法的 3 个条件时，位移公式可写为

$$\Delta_{KP} = \sum\int \frac{\overline{M}M_{\mathrm{P}}\mathrm{d}s}{EI} = \sum \frac{\omega y_C}{EI} \tag{4-14}$$

应用图乘法时应注意以下问题：

（1）公式（4－14）的符号规定：若相乘的两个弯矩图的 ω 和 y_C 位于杆轴的同一侧，则乘积取正号，异侧取负号。

（2）掌握常见图形的几何面积及其形心位置。

图 4－18 为经常遇到的一些弯矩图形的几何面积及其形心位置。其中，图 4－18(c)～(g) 分别为分布荷载作用下的抛物线形弯矩图，其“顶点”是指该处的切线与基线平行或重合，这样

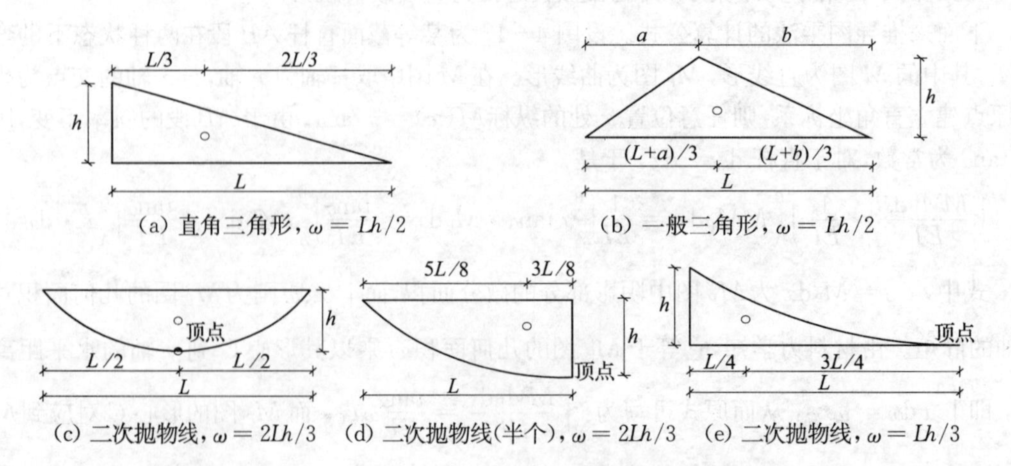

(a) 直角三角形，$\omega = Lh/2$　(b) 一般三角形，$\omega = Lh/2$

(c) 二次抛物线，$\omega = 2Lh/3$　(d) 二次抛物线(半个)，$\omega = 2Lh/3$　(e) 二次抛物线，$\omega = Lh/3$

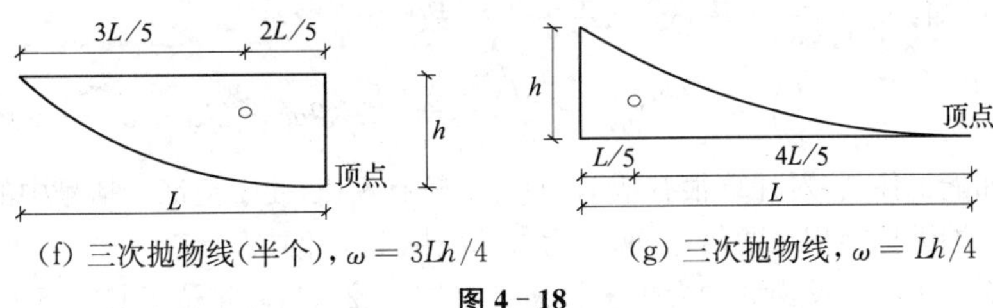

(f) 三次抛物线(半个)，$\omega = 3Lh/4$　　(g) 三次抛物线，$\omega = Lh/4$

图 4 - 18

的抛物线图形称为标准抛物线，若实际遇到的图形为非标准抛物线，则其面积及形心位置将不适用于图 4 - 18 中的结果，需采用其他方法处理，详见后面的例子。

(3) 纵标 y_C 必须取自直线形弯矩图。若 M_P 与 $\overline{M}$ 图均为直线形，则 y_C 可任取其中的一个。

(4) 若 y_C 所在的图形为折线状，则应按多段直线将两弯矩图分段后对应相乘(图 4 - 19)。

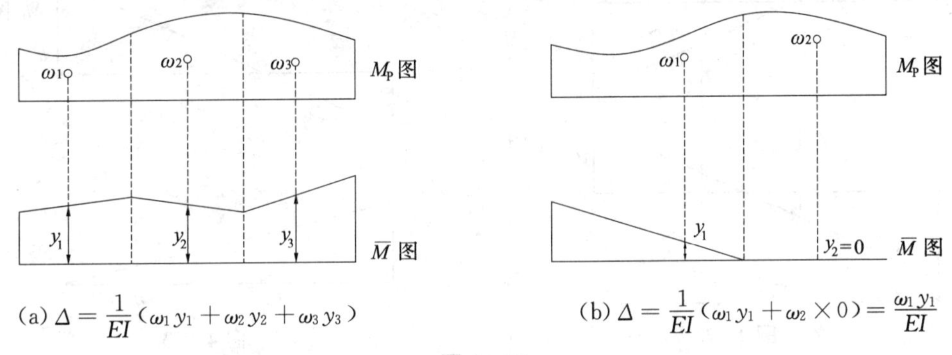

(a) $\Delta = \dfrac{1}{EI}(\omega_1 y_1 + \omega_2 y_2 + \omega_3 y_3)$　　(b) $\Delta = \dfrac{1}{EI}(\omega_1 y_1 + \omega_2 \times 0) = \dfrac{\omega_1 y_1}{EI}$

图 4 - 19

(5) 若杆件的 EI 沿杆长方向分成若干段，则不论 M_P 图为直线还是曲线形，都应分别在 EI 相等的杆段内进行图乘后叠加(图 4 - 20)。

$$\Delta = \frac{\omega_1 y_1}{EI_1} + \frac{\omega_2 y_2}{EI_2} + \frac{\omega_3 y_3}{EI_3}$$

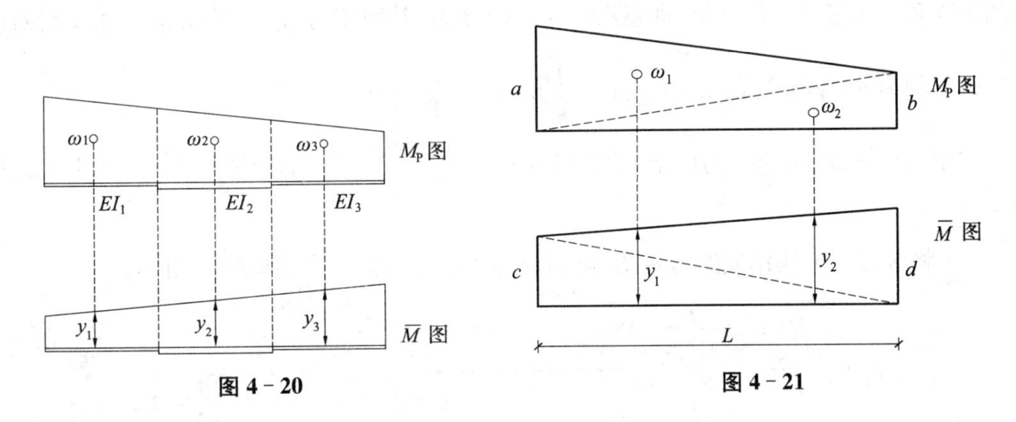

图 4 - 20　　图 4 - 21

(6) 若两个弯矩图均为梯形(图 4 - 21)，则可将其分解成两个三角形，分别对应相乘后叠加，即 $\Delta = \dfrac{1}{EI}(\omega_1 y_1 + \omega_2 y_2)$，由 M_P 图可知：$\omega_1 = \dfrac{aL}{2}$，$\omega_2 = \dfrac{bL}{2}$。

由 $\overline{M}$ 图可知：$y_1=\frac{2c}{3}+\frac{d}{3}$，$y_2=\frac{c}{3}+\frac{2d}{3}$。故

$$\Delta=\frac{1}{EI}\left\{\left[\frac{aL}{2}\left(\frac{2c}{3}+\frac{d}{3}\right)\right]+\left[\frac{bL}{2}\left(\frac{c}{3}+\frac{2d}{3}\right)\right]\right\}=\frac{L}{6EI}(2ac+2bd+ad+bc) \quad (4-15)$$

该公式如能记住，将对计算很有帮助，而且也较有规律，便于记忆。括号中的前两项，为两个梯形同一端纵标乘积之两倍，后两项为端部纵标交叉相乘。

例如当应用于两个反梯形的弯矩图相乘时(图 4-22)，只需将位于基线下方的纵标 b 和 c 以负值代入即可。

$$\Delta=\frac{L}{6EI}[2a(-c)+2(-b)d+ad+(-b)(-c)]=\frac{L}{6EI}(-2ac-2bd+ad+bc)。$$

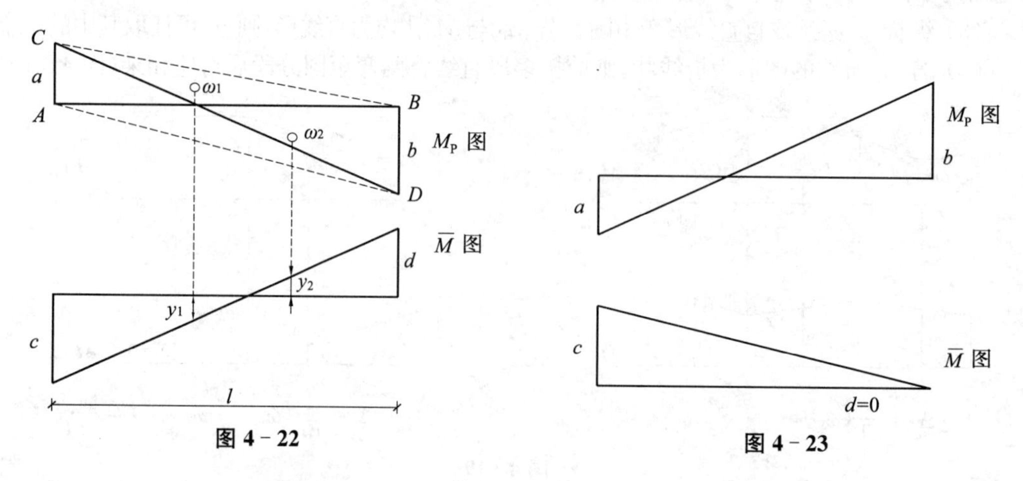

图 4-22　　图 4-23

又如图 4-23 所示的反梯形与三角形相乘时，只需以 $d=0$ 和 a 为负值代入式(4-15)即可。

$$\Delta=\frac{L}{6EI}[2(-a)c+2b(0)+(-a)(0)+bc]=\frac{L}{6EI}(-2ac+bc)$$

当然，也可将反梯形连接四个角点后分解为两个三角形，M_P 图便可视为位于基线两侧的两个直角三角形叠加的结果(即$\triangle ABC$ 和$\triangle ABD$)，其面积为 $\omega_1=\frac{aL}{2}$，$\omega_2=\frac{bL}{2}$，所对应的纵标分别为 y_1、y_2。于是，$\Delta=\frac{1}{EI}(-\frac{aL}{2}\times y_1-\frac{bL}{2}\times y_2)$。

式中，负号表示 ω 与 y 均位于基线的异侧，将 $y_1=\frac{2c}{3}-\frac{d}{3}$，$y_2=\frac{2d}{3}-\frac{c}{3}$ 代入上式后所得结果相同。

(7) 将区段叠加法作成的弯矩图，重新还原为叠加前的几个简单弯矩图。

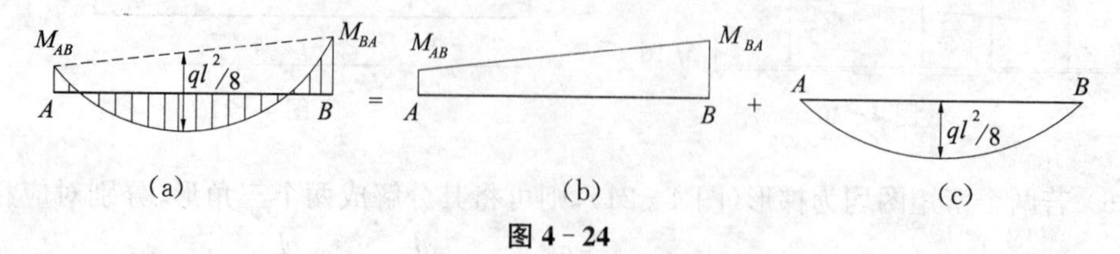

图 4-24

例如图 4-24(a)为均布荷载作用下某杆段的弯矩图,可将它还原为叠加前的两个简单图形(图 4-24(b)、(c))。这里需要说明的是,尽管叠加前后两个抛物线的基线方位不同,图4-24(a)的基线倾斜,而图 4-24(c)的基线水平,但两者对应位置的弯矩纵标应处处相等且均垂直于杆轴,故每一微分面积 $d\omega = y dx$ 也相等。可见,虽然两个抛物线的形状并不完全相同,但其面积和形心的位置仍应相等。正如第 3 章中的区段叠加法所述,弯矩图的叠加并非几何图形的简单拼合,而是纵标的叠加。

【例 4-4】 求图 4-25(a)所示悬臂梁 B 点的竖向位移 Δ_{BV},EI 为常数。

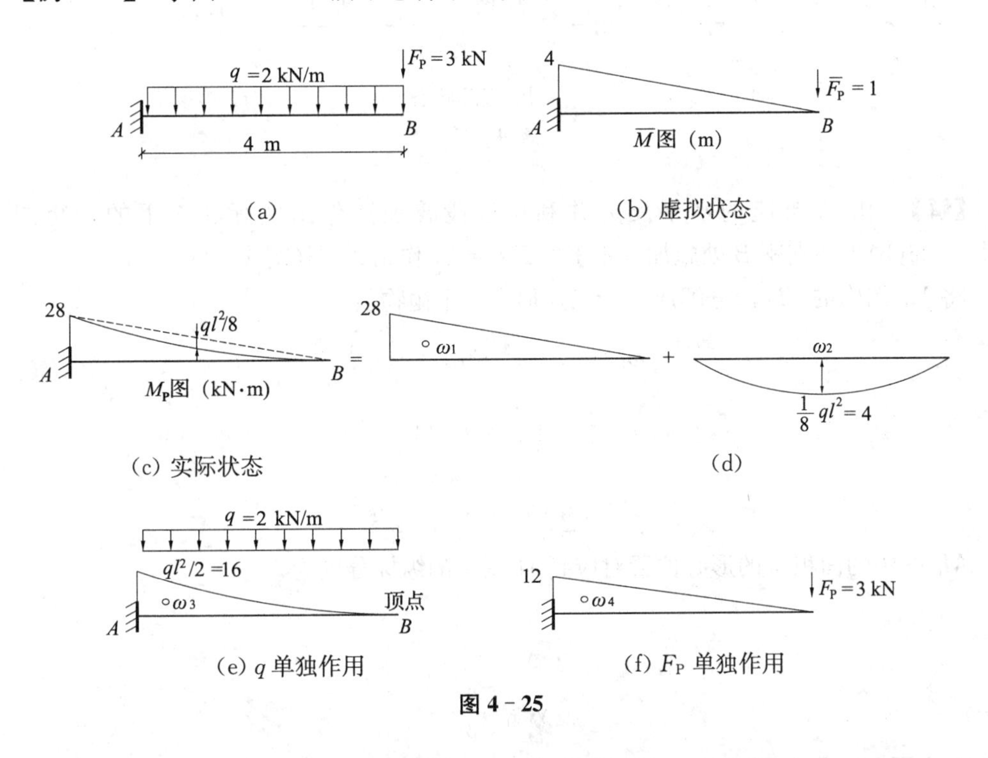

图 4-25

【解】 在 B 点沿竖向施加单位集中荷载建立虚拟状态,作出两种状态下的弯矩图 $\overline{M}$ 及 M_P 如图 4-25(b)、(c)所示。注意:由于 M_P 图是由悬臂端的集中荷载与梁上均布荷载共同产生的,所以 B 点的切线方向并不平行于杆件轴线,因此该抛物线不属于标准的二次抛物线,不能套用图 4-18(e)中的面积及形心公式,而应将它视为叠加前的两个简单图形(图 4-25(d)),分别与 $\overline{M}$ 图相乘(注意符号)。

$$\Delta_{BV} = \frac{1}{EI}(\omega_1 y_1 + \omega_2 y_2) = \frac{1}{EI}\left[\left(\frac{1}{2}\times 4\times 28\right)\times\left(\frac{2}{3}\times 4\right) - \left(\frac{2}{3}\times 4\times 4\right)\times\left(\frac{1}{2}\times 4\right)\right] = \frac{128}{EI}(\downarrow)$$

本例也可按叠加概念,将原结构在两种荷载单独作用下的弯矩图作出(如图 4-25(e)、(f))。分别与 $\overline{M}$ 图相乘(注意,此时 q 单独作用下的抛物线为标准形,可采用图 4-18(e)中的公式计算面积及形心位置),得

$$\Delta_{BV} = \frac{1}{EI}(\omega_3 y_3 + \omega_4 y_4) = \frac{1}{EI}\left[\left(\frac{1}{3}\times 4\times 16\right)\times\left(\frac{3}{4}\times 4\right) + \left(\frac{1}{2}\times 4\times 12\right)\times\left(\frac{2}{3}\times 4\right)\right] = \frac{128}{EI}(\downarrow)$$

【例 4-5】 试求图 4-26(a)所示刚架支座 B 的水平位移 Δ_{BH}。

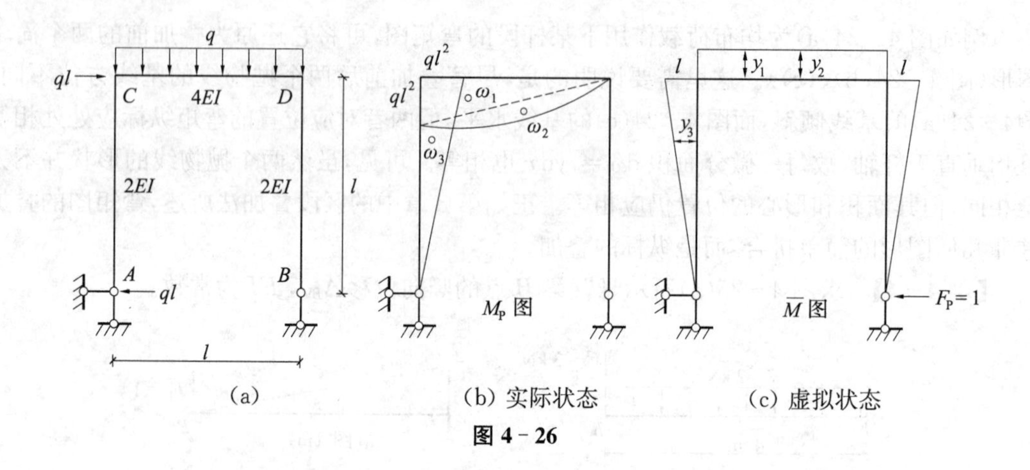

(a) (b) 实际状态 (c) 虚拟状态

图 4-26

【解】 由 A 支座的水平反力并利用区段叠加法作出实际状态下的弯矩图 M_P(图 4-26(b))。在支座 B 处施加一水平力 $\overline{F}_P=1$，作出 $\overline{M}$ 图(图 4-26(c))。

将 M_P 图中的 CD 段分解成一个三角形和一个抛物线。

$$\omega_1=\frac{1}{2}(ql^2\times l)=\frac{1}{2}ql^3$$

$$\omega_2=\frac{2}{3}\times\left(\frac{1}{8}ql^2\times l\right)=\frac{1}{12}ql^3$$

$$\omega_3=\frac{1}{2}(ql^2\times l)=\frac{1}{2}ql^3$$

M_P 图中的面积 ω 的形心位置对应到 $\overline{M}$ 图中的纵标分别为

$$y_1=l$$

$$y_2=l$$

$$y_3=\frac{2}{3}l$$

代入图乘法公式(注意各杆的 EI 不同,应分开列出并注意符号)得

$$\begin{aligned}\Delta_{BH}&=\sum\frac{\omega y_c}{EI}\\&=-\frac{1}{4EI}(\omega_1y_1+\omega_2y_2)-\frac{1}{2EI}(\omega_3y_3)\\&=-\frac{1}{4EI}\left(\frac{1}{2}ql^3\times l+\frac{1}{12}ql^3\times l\right)-\frac{1}{2EI}\left(\frac{1}{2}ql^3\times\frac{2}{3}l\right)\\&=-\frac{5ql^4}{16EI}(\rightarrow)\end{aligned}$$

负号表示支座 B 的水平位移方向与虚设的单位力方向相反。

【例 4-6】 图 4-27(a)所示刚架各杆的弯曲刚度均为 EI,试求 B、C 两点间的相对线位移 Δ_{B-C}。

【解】 该刚架为一简支刚架,先求出支座反力,作 M_P 图如图 4-27(b)所示。

在 B、C 之间的连线方向施加一对大小相等、方向相反的单位力,得虚拟状态下的 $\overline{M}$ 图如图 4-27(c)所示。

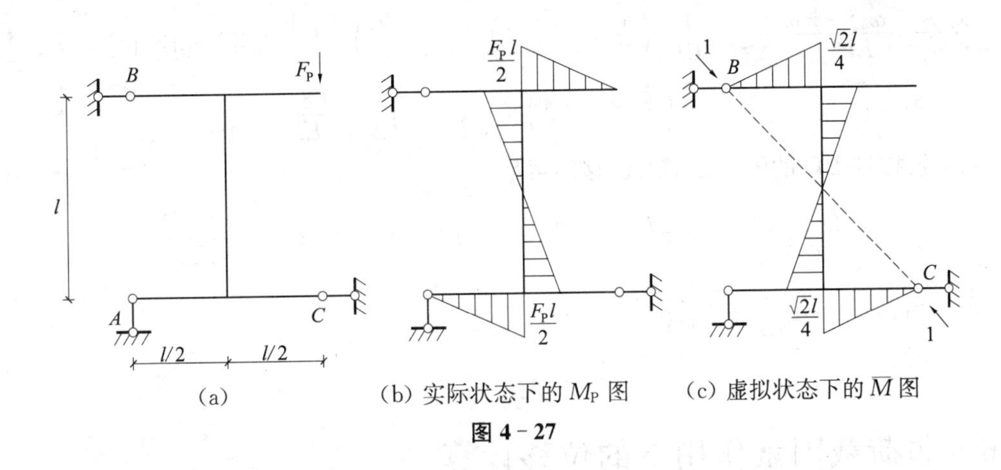

(a)　(b) 实际状态下的 M_P 图　(c) 虚拟状态下的 $\overline{M}$ 图

图 4 - 27

两图形相乘(仅柱子部分)：$\Delta_{B-C}=-\frac{1}{EI}\left(\frac{1}{2}\times\frac{\sqrt{2}}{4}l\times\frac{l}{2}\times\frac{2}{3}\times\frac{F_P l}{2}\right)\times 2=-\frac{\sqrt{2}F_P l^3}{24EI}$

计算结果为负，说明 B、C 两点间的距离增大。

【例 4 - 7】 试求图 4 - 28(a)所示组合结构 E 点的竖向位移 Δ_{EV}。设梁式杆 AC 的弯曲刚度为 EI，铰接杆 BD 的轴向刚度为 EA。

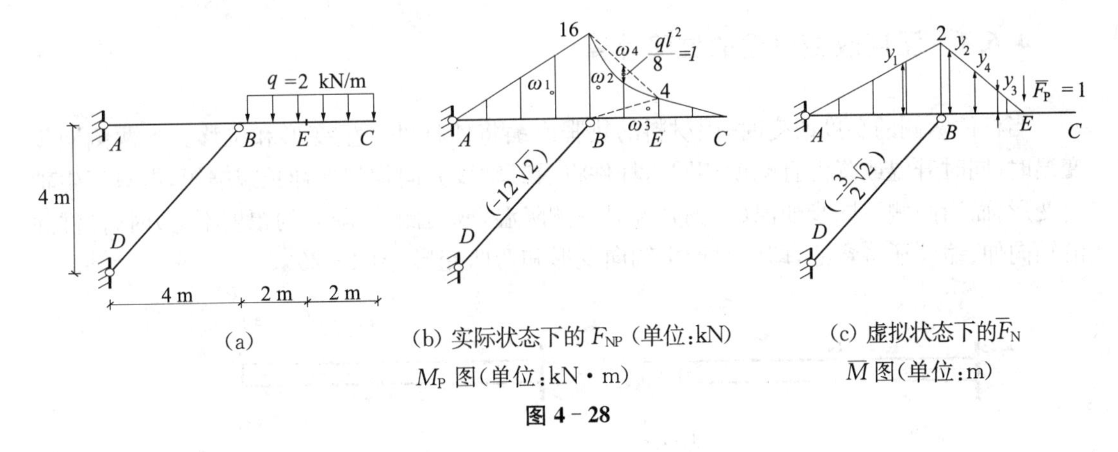

(a)　(b) 实际状态下的 F_{NP} (单位:kN) M_P 图(单位:kN·m)　(c) 虚拟状态下的 $\overline{F}_N$ $\overline{M}$ 图(单位:m)

图 4 - 28

【解】 计算桁梁组合结构在荷载作用下的位移时，对梁式杆只考虑弯曲变形，铰接杆只考虑轴向变形。两种状态下的内力(弯矩和轴力)如图 4 - 28(b)、(c)所示。由于在虚拟状态下的 $\overline{M}$ 图中，AC 杆由 3 段折线组成(即 AB、BE 和 EC)，故图乘时 AC 杆的 M_P 图也应分为 3 段与 $\overline{M}$ 图对应相乘。但由于 EC 段的 $\overline{M}$ 为零，故该段不用图乘。其中 AB 段为三角形不用分块，BE 段需分成一个梯形和一个标准抛物线或再将梯形分成两个三角形分别与 $\overline{M}$ 图相乘。而铰接杆 BD 的轴向变形对 E 点位移的贡献仍可采用式(4 - 10)计算。

(1) 梁式杆 AB 段的弯曲变形对位移的贡献

$$\frac{\omega_1 y_1}{EI}=\frac{1}{EI}\left(\frac{1}{2}\times 4\times 16\right)\times\left(\frac{2}{3}\times 2\right)=\frac{128}{3EI}$$

(2) 梁式杆 BE 段的弯曲变形对位移的贡献

$$\frac{\omega_2 y_2+\omega_3 y_3+\omega_4 y_4}{EI}=\frac{1}{EI}\left[\left(\frac{1}{2}\times 2\times 16\right)\times\left(\frac{2}{3}\times 2\right)+\left(\frac{1}{2}\times 2\times 4\right)\times\left(\frac{1}{3}\times 2\right)-\left(\frac{2}{3}\times 2\times 1\right)\times\left(\frac{1}{2}\times 2\right)\right]=\frac{68}{3EI}$$

(3) 铰接杆 BD 的轴向变形对位移的贡献

$$\frac{\overline{F}_{N}F_{NP}\cdot L}{EA}=\frac{1}{EA}\left(-\frac{3}{2}\sqrt{2}\right)\times(-12\sqrt{2})\times(4\sqrt{2})=\frac{144\sqrt{2}}{EA}$$

叠加后：$\Delta_{EV}=\dfrac{196}{3EI}+\dfrac{144\sqrt{2}}{EA}(\downarrow)$

4.6 非荷载因素作用下的位移计算

除荷载之外的一些间接因素，如温度改变、支座的移动和转动、制作误差等通常称为非荷载因素，也会引起静定结构的位移。本节将着重讨论前两种因素引起的位移计算问题。

4.6.1 温度改变引起的位移计算

当杆件两侧的温度改变时，因材料的热胀冷缩将使杆件产生变形和位移。当两侧同步变温时(同时升温或降温且幅度相同)，杆件将沿其轴线方向均匀地伸长或缩短，即只产生轴向变形；而当两侧不同步变温(一侧升温另一侧降温，或两侧升、降温的幅度不等)时，杆件除沿轴向伸、缩外还将弯曲，即同时产生轴向变形和弯曲变形(图 4-29)。

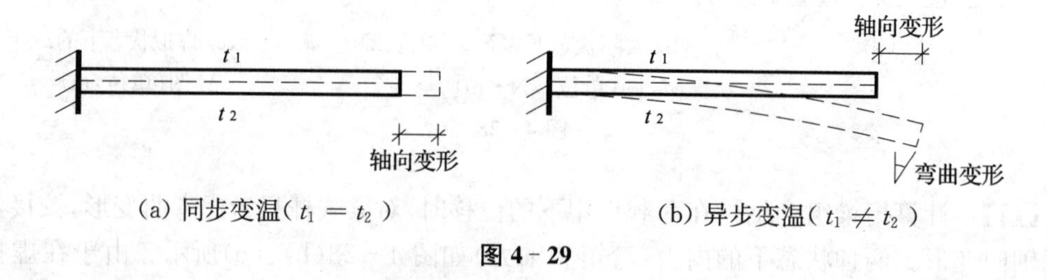

(a) 同步变温($t_1=t_2$)　(b) 异步变温($t_1\neq t_2$)

图 4-29

另外，同样的温度改变对静定和超静定结构的反应是不同的。由于静定结构不存在多余约束，在温度改变时只产生自由的变形，不会产生附加的内力，而超静定结构在热胀冷缩变形时，要受到多余约束的限制，从而还会产生附加内力(如图 4-30 所示)。

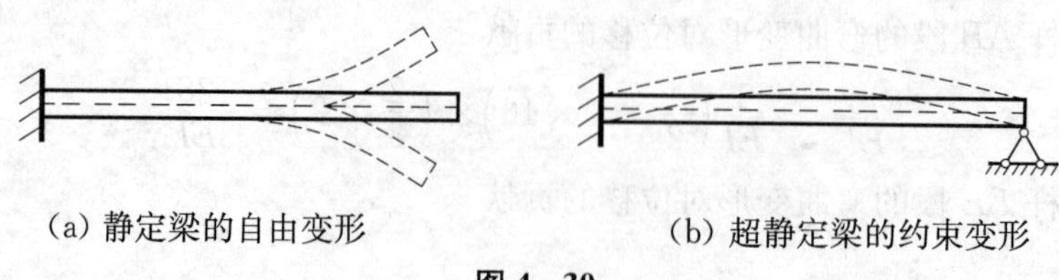

(a) 静定梁的自由变形　(b) 超静定梁的约束变形

图 4-30

下面我们仍将应用变形体虚功原理，导出温度改变时静定结构的位移计算公式。

设图 4-31(a)所示的刚架，外侧温度升高 t_1 度，内侧温度升高 t_2 度，现在欲求由此引起的任一截面 K 处的竖向位移 Δ_{Kt}。建立图 4-31(b)所示的虚拟状态，由虚拟的单位力产生一组虚内力($\overline{F}_N$、$\overline{F}_S$、$\overline{M}$)和虚反力($\overline{F}_{Ax}$、$\overline{F}_{Ay}$、$\overline{F}_{AM}$)。

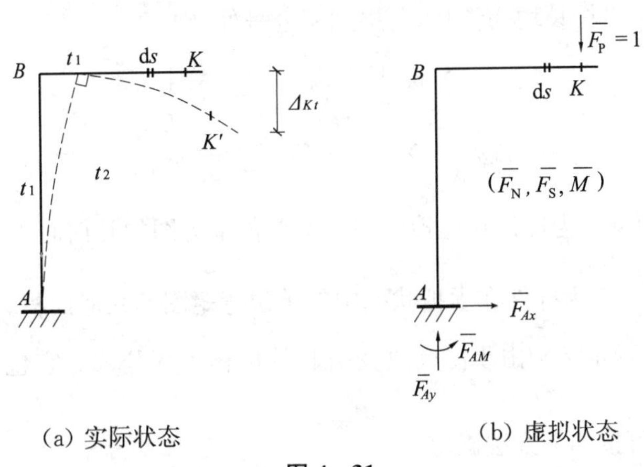

(a) 实际状态　　(b) 虚拟状态

图 4-31

设温度沿截面高度按直线规律变化(如图 4-32(a))，则变形后的截面仍为平截面。微段 ds 的上、下边缘纤维各伸长了 $\alpha t_1 \mathrm{d}s$ 和 $\alpha t_2 \mathrm{d}s$(图 4-32(b))，由几何关系不难求得图 4-32(a)中杆轴处的温度变化 t_0 为

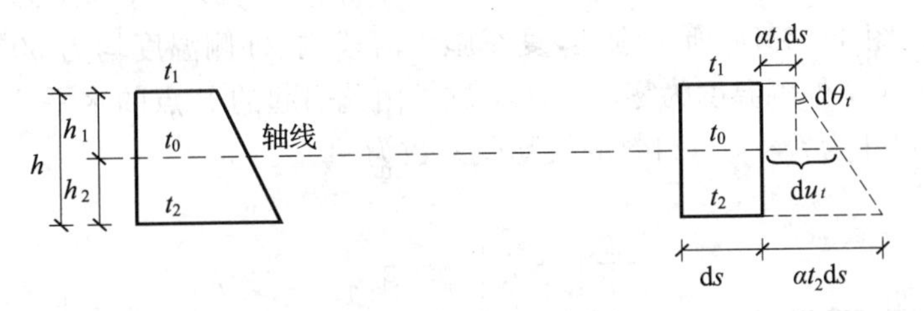

(a) 温度沿截面高度方向的变化情况　　(b) 微段的变形

图 4-32

$$t_0 = t_1 + (t_2 - t_1) \cdot \frac{h_1}{h} = \frac{t_1 h_2 + t_2 h_1}{h}$$

若杆件截面的形心位于截面高度的几何中心(如矩形截面)，即 $h_1 = h_2 = \dfrac{h}{2}$，则 $t_0 = \dfrac{1}{2}(t_1 + t_2)$，微段在杆轴处的伸长量(即轴向变形)为 $\mathrm{d}u_t = \alpha t_0 \mathrm{d}s$。

微段两侧截面的相对转角(即弯曲变形)为

$$\mathrm{d}\theta_t \approx \tan \mathrm{d}\theta_t = \frac{\alpha t_2 \mathrm{d}s - \alpha t_1 \mathrm{d}s}{h} = \frac{\alpha (t_2 - t_1) \mathrm{d}s}{h} = \frac{\alpha \Delta t \mathrm{d}s}{h}$$

外力虚功为：$W^*_{外} = \overline{F}_P \times \Delta_{Kt} = 1 \times \Delta_{Kt}$

内力虚功为：$W^*_{内} = \sum \int \overline{F}_N \cdot \mathrm{d}u_t + \sum \int \overline{M} \cdot \mathrm{d}\theta_t + \sum \int \overline{F}_S \cdot \mathrm{d}\lambda_t$，温度改变不引起剪

切变形 $d\lambda_t = 0$，由变形体虚功方程得

$$\Delta_{Kt} = \sum\int \overline{F}_N \, du_t + \sum\int \overline{M} d\theta_t$$
$$= \sum\int \overline{F}_N (\alpha t_0 ds) + \sum\int \overline{M}\left(\frac{\alpha\Delta t}{h} ds\right)$$

由于 α、t_0 和 Δt 沿杆长均为常数，可提到积分号外，则

$$\Delta_{Kt} = \sum \alpha t_0 \int \overline{F}_N ds + \sum \frac{\alpha\Delta t}{h}\int \overline{M} ds$$

$$\Delta_{Kt} = \sum \alpha t_0 \omega_{\overline{F}N} + \sum \frac{\alpha\Delta t}{h}\omega_{\overline{M}} \tag{4-16}$$

式中，$\omega_{\overline{F}N} = \int \overline{F}_N ds$ 为杆件在虚拟状态中的单位轴力图的几何面积；

$\omega_{\overline{M}} = \int \overline{M} ds$ 为杆件在虚拟状态中的单位弯矩图的几何面积。

式(4-16)即为静定结构由于温度改变引起的位移计算公式。它包括轴向变形和弯曲变形两项。

公式中的符号可按如下方法确定：

(1) 轴向变形项的符号取决于 t_0 和 $\omega_{\overline{F}N}$ 两个因素。若某杆段由 t_0 引起的轴向变形方向(t_0 为正值时表明升温，则杆轴处伸长；负值表示缩短)，与由 $\omega_{\overline{F}N}$ 对应的轴向变形方向(若 $\overline{F}_N$ 为拉力，则伸长；压力则缩短)一致，则该项取正号。

(2) 弯曲变形项的符号取决于 Δt 和 $\omega_{\overline{M}}$ 两个因素。若某杆段由 Δt 决定的材料弯曲变形方向与由 $\omega_{\overline{M}}$ 对应的弯曲变形方向(有弯矩的一侧表示受拉)一致，则该项取正号。

【例 4-8】 图 4-33(a)所示刚架，夏季施工阶段内、外侧温度均为 30℃，冬季使用阶段内侧温度为 10℃，外侧温度为零下 20℃，试求由此引起的 B 点的水平位移 Δ_{BH}。设各杆截面均为矩形(尺寸为 $b\times h$)，材料的线膨胀系数为 α。

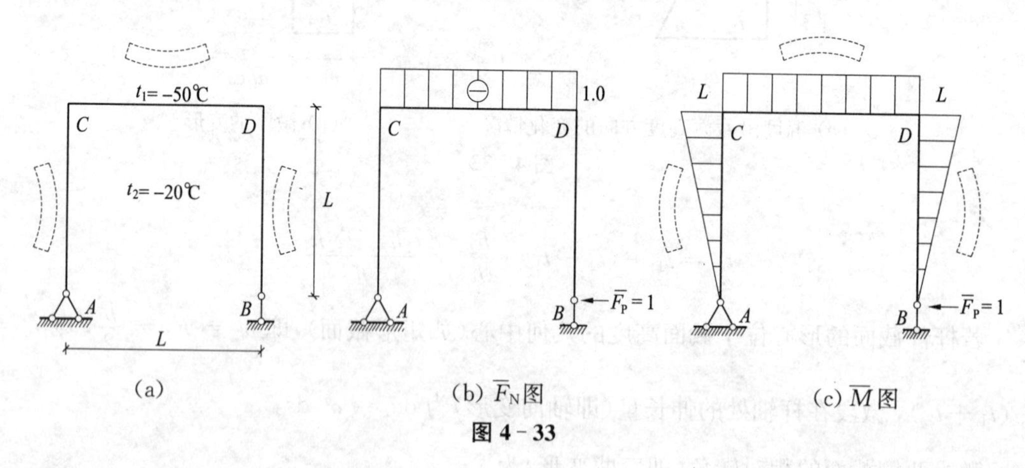

图 4-33

【解】 各杆件的温度变化值为

外侧：$t_1 = (-20℃) - 30℃ = -50℃$ (冬季温度减夏季温度)

内侧：$t_2 = 10℃ - 30℃ = -20℃$

各杆件在其轴线处的温度变化值为：$t_0 = \frac{t_1 + t_2}{2} = \frac{(-50)+(-20)}{2} = -35℃$ (表示降温)

内、外侧温度变化之差：$\Delta t = |t_1 - t_2| = |-50-(-20)| = 30℃$

虚拟状态下的 $\overline{F}_N$ 图及 $\overline{M}$ 图绘于图 4 - 33(b)、(c)。

由式(4 - 16)可得

$$\Delta_{BH} = \sum \alpha t_0 \omega_{\overline{F}N} + \sum \frac{\alpha \Delta t}{h} \omega_{\overline{M}}$$

由图 4 - 33(b)中的 $\overline{F}_N$ 图可知，仅 CD 杆有轴力，$\overline{F}_{NCD} = -1$ 表明杆件因受压而缩短，该杆件在轴线处的温度改变 $t_0 = -35℃$，表明杆件降温、缩短，根据前述符号规则，由 t_0 和 $\overline{F}_N$ 决定的轴向变形方向一致(均为缩短)，故轴向变形项应取正号。

再由 $\overline{M}$ 图可知，刚架的 3 根杆件均为外侧受拉(图 4 - 33(c)中以虚线表示弯曲变形的方向)。而由图 4 - 33(a)可知，刚架的 3 根杆件的外侧降温幅度均大于内侧，即外侧纤维缩短的量大于内侧纤维，故其弯曲变形的方向应如图中的虚线所示。显然由 Δt 决定的杆件弯曲变形方向(即图 4 - 33(a))，与由 $\overline{M}$ 图所对应的弯曲变形方向(图 4 - 33(c))相反，故公式中的弯曲变形项应取负值。

于是将以上数据代入后得(注意 t_0 和 Δt 只需代以绝对值，因其符号已综合考虑在其变形方向上了)

$$\begin{aligned}
\Delta_{BH} &= \sum \alpha t_0 \omega_{\overline{F}N} + \sum \frac{\alpha \Delta t}{h} \omega_{\overline{M}} \\
&= \alpha \times 35 \times \omega_{\overline{F}NCD} - \frac{\alpha \times 30}{h}(\omega_{\overline{M}AC} + \omega_{\overline{M}CD} + \omega_{\overline{M}BD}) \\
&= \alpha \times 35 \times (L \times 1) - \frac{30\alpha}{h}\left[\left(\frac{1}{2} \times L \times L\right) + (L \times L) + \left(\frac{1}{2} \times L \times L\right)\right] \\
&= 35\alpha L - \frac{60\alpha L^2}{h}
\end{aligned}$$

4.6.2 支座变位引起的位移计算

所谓支座变位，是指支座位置因某种因素(如地基不均匀沉降或大面积堆载等)发生改变，包括支座的移动和转动。由于支座变位时，静定结构中的所有杆件均不产生内力，整个结构只产生没有变形的刚体位移。尽管这种位移可以通过几何作图的方法求得，但对于较为复杂的结构将很难实施，而运用变形体虚功原理则很容易得到一个普遍适用的计算公式。设图 4 - 34(a)所示的悬臂刚架的支座 A 发生了水平位移 a、竖向位移 b 和转角 θ，则结构由此产生的刚体位移如图中的虚线所示。现在欲求任一点 K 的竖向位移 Δ_{KC}，这里下标 C 表示该位移是由支座变位引起的。建立虚拟状态如图 4 - 34(b)所示，在虚拟的单位荷载作用下产生了一组虚内力和虚反力。由于实际状态中的杆件没有产生变形，因此虚拟状态下的虚内力($\overline{F}_N$、$\overline{F}_S$、$\overline{M}$)在实际状态的变形上不做功，即内力虚功 $W^*_{内} = 0$。而虚拟状态下的虚外力(包括单位荷载和虚反力)在实际状态的位移上所做的外力虚功为

$$\begin{aligned}
W^*_{外} &= \overline{F}_P \cdot \Delta_{KC} + \overline{F}_{Ax} \cdot a + \overline{F}_{Ay} \cdot b + \overline{F}_{AM} \cdot \theta \\
&= 1 \times \Delta_{KC} + \sum \overline{R} \cdot C
\end{aligned}$$

由虚功方程 $W^*_{外} = W^*_{内}$ 得

$$\Delta_{KC} = -\sum \overline{R} \cdot C \tag{4-17}$$

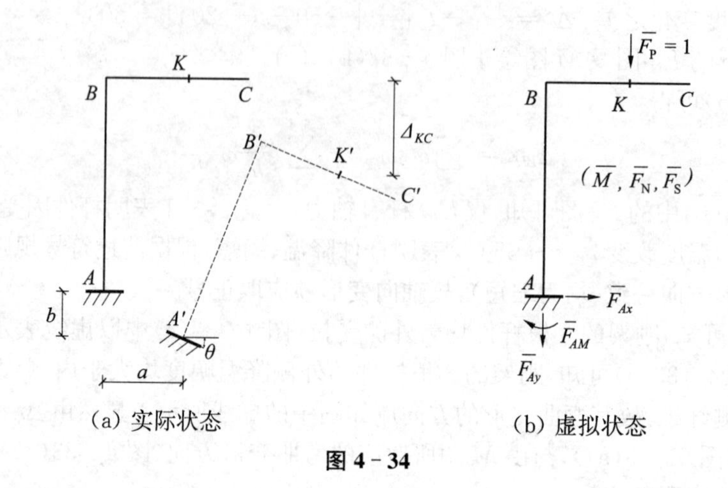

(a) 实际状态　　　　　　　　(b) 虚拟状态

图 4-34

式中，$\overline{R}$ 表示虚拟状态下由单位荷载产生的一组虚反力（$\overline{F}_{Ax}$、$\overline{F}_{Ay}$、$\overline{F}_{AM}$），C 表示已知的支座变位值。

当 $\overline{R}$ 与 C 对应的方向一致时，乘积 $\overline{R}\cdot C$ 取正号，不一致时取负号。但 $\sum$ 符号前的负号是由方程移项时产生的，它与任何因素无关。

【例 4-9】 图 4-35(a)所示刚架的支座 A 沿水平方向移动了 $\Delta_{Ax}=2$ cm，顺时针方向转动了 $\theta_A=0.001$ 弧度，支座 B 向下移动了 $\Delta_{By}=4$ cm。试求由此引起的结点 D 的水平线位移 Δ_{DH} 和角位移 θ_D。

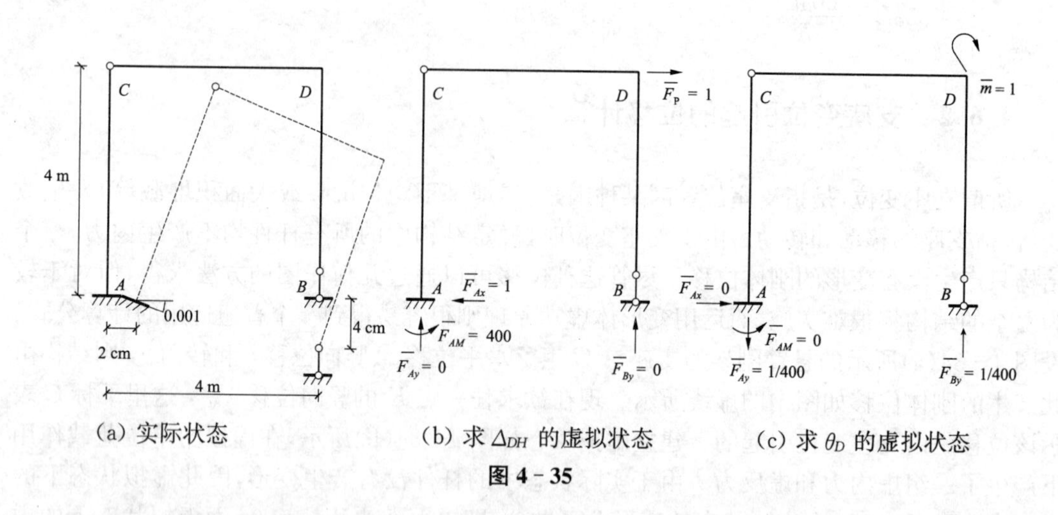

(a) 实际状态　　(b) 求 Δ_{DH} 的虚拟状态　　(c) 求 θ_D 的虚拟状态

图 4-35

【解】 (1) 求水平线位移 Δ_{DH}

建立虚拟状态，由平衡条件求得 A、B 支座在虚拟的单位荷载作用下的一组虚反力如图 4-35(b)所示。由公式(4-16)可得

$$\Delta_{DH}=-\sum\overline{R}\cdot C=-(\overline{F}_{Ax}\cdot\Delta_{Ax}+\overline{F}_{AM}\cdot\theta_A+\overline{F}_{By}\cdot\Delta_{By})$$

$$=-[(-1\times2)+(-400\times0.001)+(0\times4)]=2.4\text{ cm}(\rightarrow)$$

(2) 求角位移 θ_D

建立虚拟状态，由平衡条件求得在单位力偶作用下 A、B 支座的虚反力如图 4－35(c)所示。则

$$\theta_D = -\sum \overline{R} \cdot C = -(\overline{F}_{Ax} \cdot \Delta_{Ax} + \overline{F}_{AM} \cdot \theta_A + \overline{F}_{By} \cdot \Delta_{By})$$

$$= -\left[(0 \times 2) + (0 \times 0.001) + \left(-\frac{1}{400} \times 4\right)\right] = 0.01 \text{ 弧度}(\curvearrowright)$$

4.7　线弹性体系的互等定理

线弹性体系包括两层含义：线性和弹性。所谓线性是指结构的材料服从虎克定律，即应力与应变之间呈现线性比例关系；而弹性则指结构在荷载作用下的变形是微小的，且在卸载后能够完全恢复到加载前的状态。因此线弹性体系可以应用叠加原理。本节将介绍线弹性体系具有的四个互等定理：虚功互等、位移互等、反力互等以及位移与反力的互等。其中虚功互等定理是其他 3 个互等定理的基础，这些定理将分别在后面的第 5、6 章中得以应用。

4.7.1　虚功互等定理

曾在本章的一开始引出虚功的概念时，讨论了某简支梁的加载试验问题（图 4－6、4－7），这里我们仍可通过该例不难导出虚功互等定理。

设图 4－36 表示加载方案 A：即先在截面 1 处施加荷载 F_{P1}，后在 2 处施加 F_{P2}。

而图 4－37 表示加载方案 B：即先在截面 2 处施加荷载 F_{P2}，后在 1 处施加 F_{P1}。

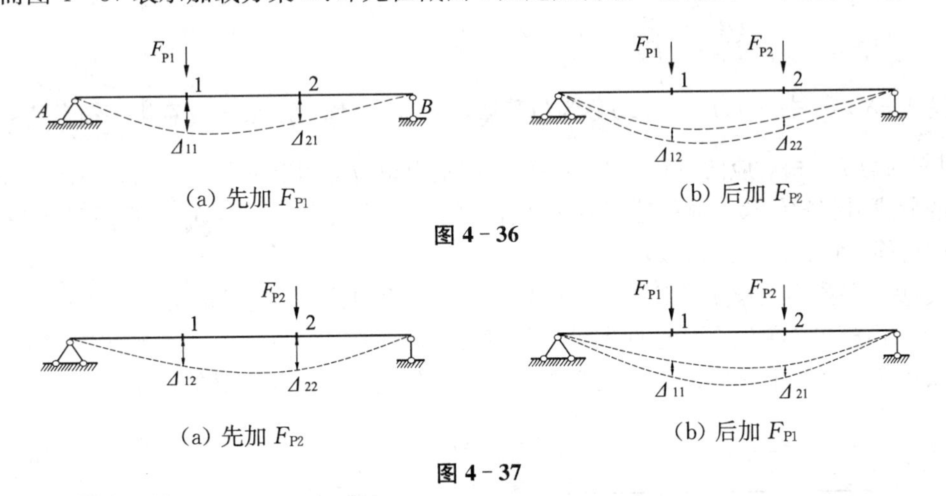

图 4－36

图 4－37

尽管两种方案的加载次序不同，但由于所施加荷载的大小及位置相同，其最终的变形状态必然相同（图 4－36(b)和 4－37(b)），即梁内储存的变形能亦应相等。而梁内产生的变形能是外荷载 F_{P1}、F_{P2} 做功的结果，显然两种方案中的外荷载所做的总功应相等。

在方案 A 中：先加的荷载 F_{P1} 共做两次功，第一次为实功 $W_{11} = \frac{1}{2} F_{P1} \cdot \Delta_{11}$（位移 Δ_{11} 是

由 F_{P1} 自身引起的);第二次为虚功 $W_{12}=F_{P1}\cdot\Delta_{12}$(位移 Δ_{12} 是由 F_{P2} 产生的)。后加的荷载 F_{P2} 仅做一次实功 $W_{22}=\frac{1}{2}F_{P2}\cdot\Delta_{22}$(位移 Δ_{22} 由 F_{P2} 自身引起),故总功为

$$W_A=(W_{11}+W_{12})+W_{22}=(\frac{1}{2}F_{P1}\cdot\Delta_{11}+F_{P1}\cdot\Delta_{12})+\frac{1}{2}F_{P2}\cdot\Delta_{22}$$

在方案 B 中:先加的荷载 F_{P2} 共做两次功,第一次为实功 $W_{22}=\frac{1}{2}F_{P2}\cdot\Delta_{22}$;第二次为虚功 $W_{21}=F_{P2}\cdot\Delta_{21}$(位移 Δ_{21} 由 F_{P1} 引起)。后加的荷载 F_{P1} 仅做一次实功 $W_{11}=\frac{1}{2}F_{P1}\cdot\Delta_{11}$,故总功为

$$W_B=(W_{22}+W_{21})+W_{11}=(\frac{1}{2}F_{P2}\cdot\Delta_{22}+F_{P2}\cdot\Delta_{21})+\frac{1}{2}F_{P1}\cdot\Delta_{11}$$

由于 $W_A=W_B$,因此

$$F_{P1}\cdot\Delta_{12}=F_{P2}\cdot\Delta_{21}\quad 或\quad W_{12}=W_{21}\tag{4-18}$$

上式称为虚功互等定理,即第一个荷载(F_{P1})在第二个荷载(F_{P2})引起的位移(Δ_{12})上所做的虚功,等于第二个荷载(F_{P2})在第一个荷载(F_{P1})引起的位移(Δ_{21})上所做的虚功。也可广义地表述为:第一状态的外力在第二状态的位移上所做的虚功,应等于第二状态的外力在第一状态的位移上所做的虚功。

4.7.2 位移互等定理

由上述虚功互等定理可直接导出位移互等定理,它只是虚功互等定理的一个特例。

将式(4-18)改写为

$$\frac{\Delta_{21}}{F_{P1}}=\frac{\Delta_{12}}{F_{P2}}\quad 或\quad \delta_{21}=\delta_{12}\tag{4-19}$$

这里,$\delta_{ij}=\frac{\Delta_{ij}}{F_{Pj}}$($i,j=1,2$)称为位移影响系数,也称柔度系数。意指当荷载 $F_{Pj}=1$ 时,引起的与 F_{Pi} 相对应的位移。即小写的"δ"是由单位力引起的位移。而大写的"Δ"是由实际的荷载引起的位移。显然这两者之间存在的线性关系为:$\Delta_{ij}=\delta_{ij}\times F_{Pj}$(即由单位力引起的位移再扩大该力的倍数)。

式(4-19)称为位移互等定理。可表述为:由第一个单位力引起的沿第二个单位力方向的位移,等于由第二个单位力引起的沿第一个单位力方向的位移。其物理意义如图4-38所示。

该互等定理将在下一章的"力法"和第10章的结构动力分析中具体应用。

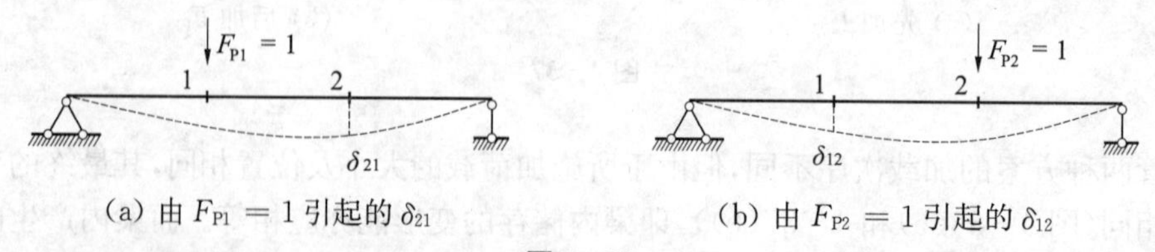

(a) 由 $F_{P1}=1$ 引起的 δ_{21} (b) 由 $F_{P2}=1$ 引起的 δ_{12}

图4-38

需要指出的是,这里所说的单位力和位移均指广义力和广义位移,即单位力包括单位集

中力和单位力偶，位移包括线位移和角位移。例如，在图 4－39 中的简支梁 1、2 处分别作用单位集中力 F_{P1} 和单位集中力偶 F_{P2}，根据上述位移互等定理有：$\delta_{21}=\delta_{12}$。

这里的 δ_{21} 是指当单位集中力作用在梁上 1 截面处时，引起支座 2 处沿 F_{P2} 方向（即力偶方向）的转角位移，而 δ_{12} 是指当单位集中力偶作用在支座 2 处时，引起梁上 1 截面处沿 F_{P1} 作用方向的竖向线位移。

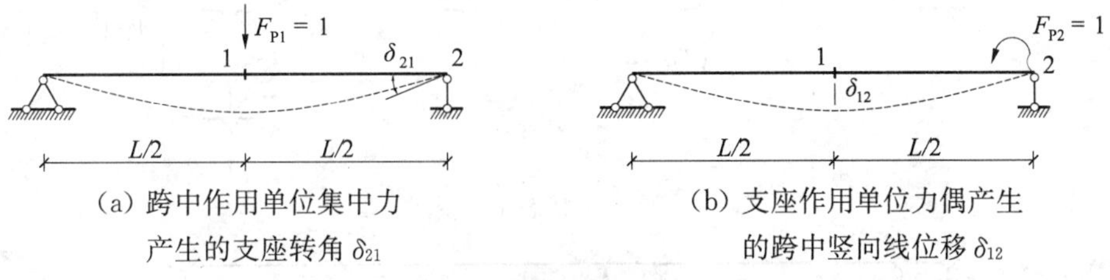

(a) 跨中作用单位集中力产生的支座转角 δ_{21}　(b) 支座作用单位力偶产生的跨中竖向线位移 δ_{12}

图 4－39

由图乘法求图 4－39(a)中支座角位移 δ_{21} 时的实际状态和虚拟状态如图 4－40 所示。

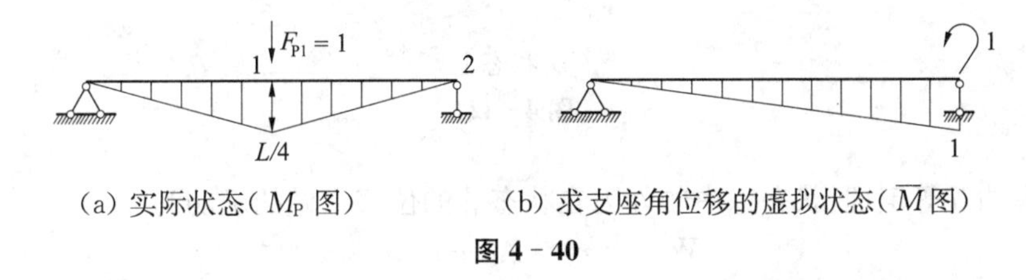

(a) 实际状态（M_P 图）　(b) 求支座角位移的虚拟状态（$\overline{M}$ 图）

图 4－40

由图乘法求图 4－39(b)中的跨中竖向线位移 δ_{12} 时，相应的实际状态和虚拟状态如图 4－41所示。

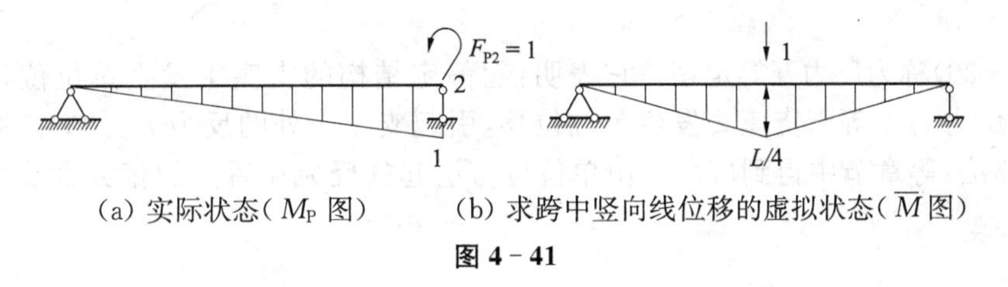

(a) 实际状态（M_P 图）　(b) 求跨中竖向线位移的虚拟状态（$\overline{M}$ 图）

图 4－41

由于图 4－40 与图 4－41 中的 M_P 图与 $\overline{M}$ 图互换位置，应用图乘法分别将图 4－40 和图 4－41中的两个弯矩图相乘后其结果必然相等：$\delta_{21}=\delta_{12}=\dfrac{L^2}{16EI}$。

由于在 1、2 两处施加的荷载 $F_{P1}=F_{P2}=1$ 均没有单位，因此 δ_{21} 和 δ_{12} 不仅数值相等，而且量纲也相同。也就是说，两种不同性质的线位移与角位移之间也存在互等关系。

4.7.3　反力互等定理

反力互等定理也是虚功互等定理的特例。它用来说明当超静定结构的支座发生单位位移时，两种状态中引起的支座反力存在互等关系。

图 4－42(a)为三跨超静定连续梁，支座 2 发生单位位移（支座下沉）$\Delta_2=1$ 的状态记作

状态Ⅰ，此时在支座1、2中产生的反力分别记为r_{12}和r_{22}（这里r的两个下标含义类似于前面的δ，即第一个下标表示反力的地点和方向，第二个下标表示引起该反力的原因）。图4-42(b)表示支座1发生单位位移$\Delta_1=1$的状态记作状态Ⅱ，由此引起的两个支座反力记为r_{11}和r_{21}。由于其余支座的反力与所讨论的问题无关，故在图中没有表示。

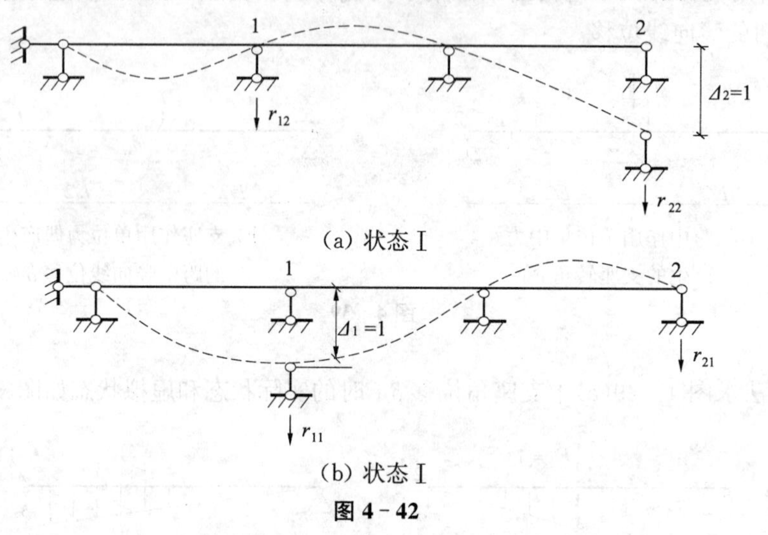

图4-42

应用虚功互等定理，状态Ⅰ中的外力在状态Ⅱ的位移上做的虚功为

$$W_{12}=r_{12}\cdot\Delta_1+r_{22}\cdot 0$$

状态Ⅱ中的外力在状态Ⅰ的位移上做的虚功为

$$W_{21}=r_{21}\cdot\Delta_2+r_{11}\cdot 0$$

于是$r_{12}\Delta_1=r_{21}\cdot\Delta_2$，因$\Delta_1=\Delta_2=1$，故

$$r_{12}=r_{21}\tag{4-20}$$

式(4-20)称为反力互等定理。它表明：超静定结构的支座1发生单位位移，引起支座2处的反力r_{21}，等于支座2发生单位位移，引起支座1处的反力r_{12}。该定理将在第6章的“位移法”等章节中得到应用。由单位位移引起的反力在后面的相关章节中，称为刚度系数。

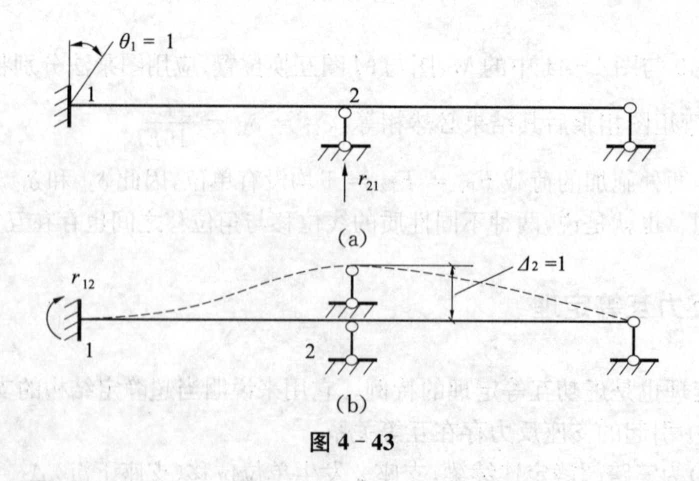

图4-43

需要指出的是，在应用反力互等定理时，同样要注意反力与位移间的对应关系，例如图4-43所示的两个状态，由虚功互等定理不难得到$r_{12}=r_{21}$。这里的r_{12}表示支座反力矩，而r_{21}表示反力。尽管这两种反力的性质不同，但其数值和单位都是相同的，因为角位移$\theta_1=1$和线位移$\Delta_2=1$中的“1”也是不含单位的无量纲物理量。

4.7.4 反力位移互等定理

该定理仍属虚功互等定理之特例。它用来表明一种状态下的反力与另一种状态下的位移具有互等关系。

图4-44(a)表示在梁的2截面处作用单位力$F_{P2}=1$，引起支座1处的反力矩为r'_{12}。图4-44(b)表示该梁的支座1沿r'_{12}的方向发生单位角位移$\theta_1=1$时，在2截面处沿F_{P2}方向产生的竖向线位移δ'_{21}。注意这里用记号r'和δ'仍表示反力和位移，但又区别于前面的反力互等定理中的r和位移互等定理中的δ。主要表现在引起反力和位移的原因不同，即：位移互等定理中的位移δ是指“由单位力引起的位移”，而这里的δ'是指“由单位位移引起的位移”。反力互等定理中的反力r是指“由单位位移引起的反力”，而此处的r'是指“由单位力引起的反力”。

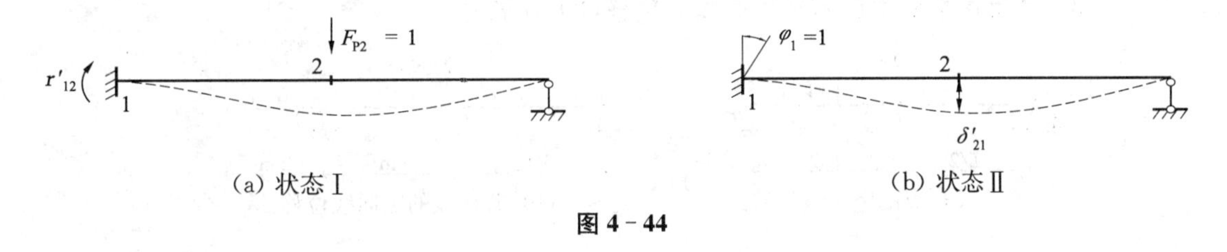

(a) 状态Ⅰ　　(b) 状态Ⅱ

图4-44

应用虚功互等定理：$r'_{12}\times\varphi_1+F_{P2}\times\delta'_{21}=0$，由于$F_{P2}=1,\varphi_1=1$。

于是：$r'_{21}=-\delta'_{21}$

这就是反力位移互等定理，它表明：单位荷载引起的某支座反力，等于该支座发生与反力相应的单位位移时，在单位荷载作用方向的位移。该定理被应用于超静定结构的混合法中。

思考题

4-1 试阐述变形体虚功原理与刚体虚功原理之间的区别与联系。

4-2 虚拟状态中沿所求位移方向施加的力，如果不是1而是2、3、…是否可以？

4-3 在求平面桁架中某杆件的转角位移时，为何不能将单位力偶直接加在该杆件上，而要将其转换为等效结点荷载？

4-4 图乘法的条件是什么？变截面杆及曲杆能否运用图乘法计算位移？

4-5 支座变位引起的位移计算公式中各项的含义是什么？其正负号是如何规定的？

习题

4-1 试用积分法求图示悬臂梁B端和跨中C点的竖向位移和转角(忽略剪切变形的影响，EI=常数)。

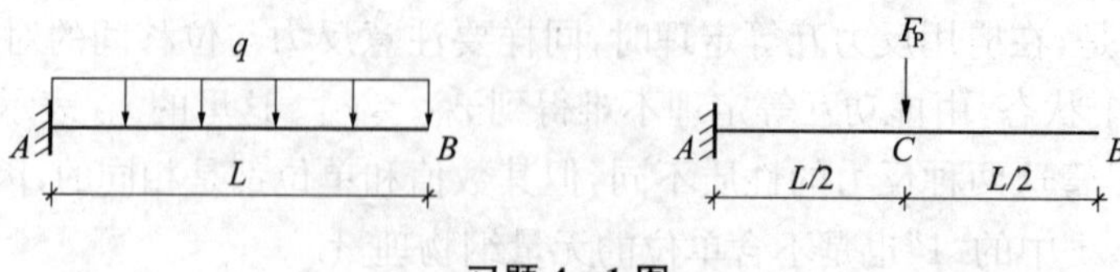

习题 4－1 图

4－2　试用积分法求图示悬臂刚架和曲梁的水平和竖向位移(只考虑弯曲变形)。

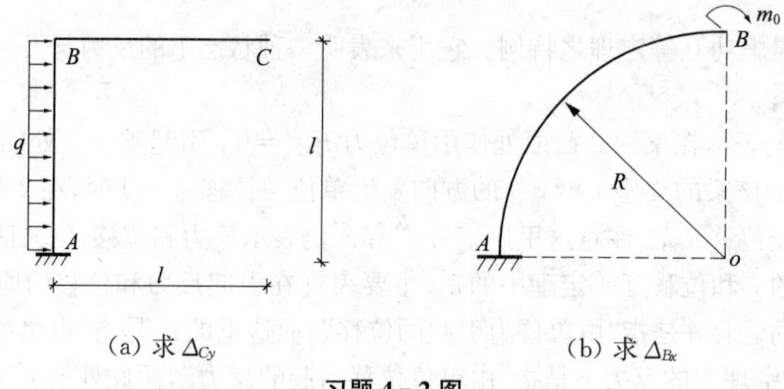

(a) 求Δ_{Cy}　(b) 求Δ_{Bx}

习题 4－2 图

4－3　试用图乘法求图示梁中的相关位移，EI 为常量。

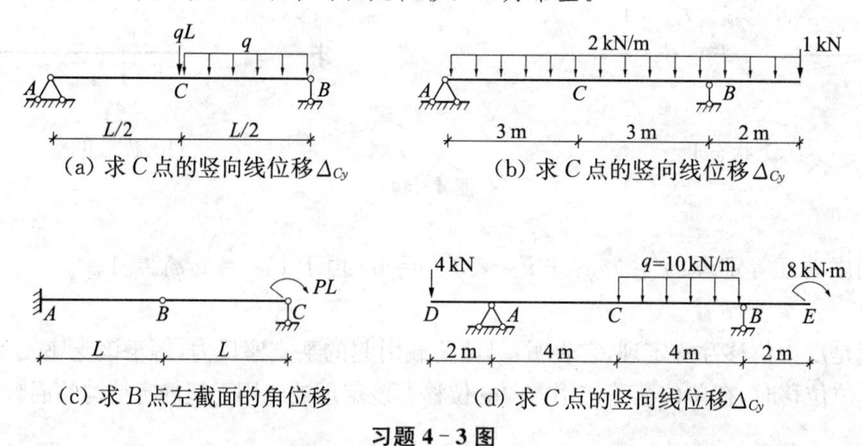

(a) 求 C 点的竖向线位移Δ_{Cy}　(b) 求 C 点的竖向线位移Δ_{Cy}

(c) 求 B 点左截面的角位移　(d) 求 C 点的竖向线位移Δ_{Cy}

习题 4－3 图

4－4　试用图乘法求图示刚架结构的位移。

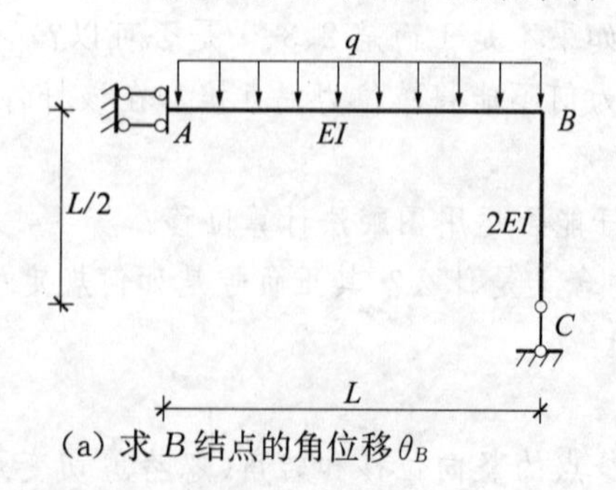

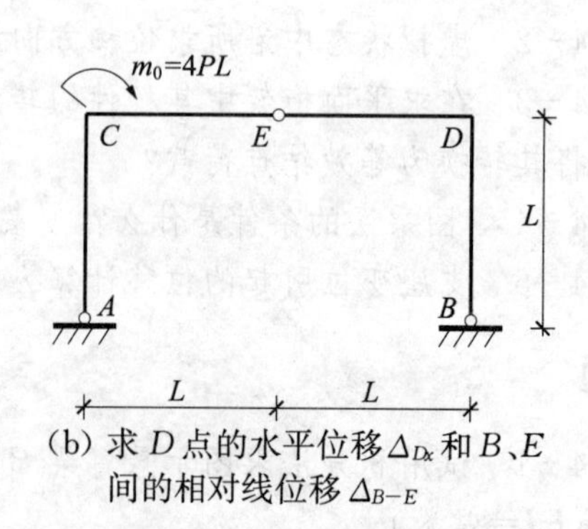

(a) 求 B 结点的角位移θ_B　(b) 求 D 点的水平位移Δ_{Dx}和 B、E 间的相对线位移 Δ_{B-E}

习题 4－4 图

4-5 求图示桁架结构的位移。

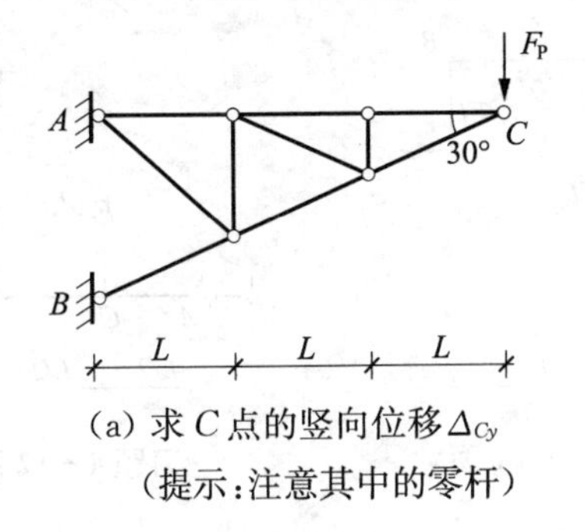

(a) 求 C 点的竖向位移 Δ_{Cy}
(提示:注意其中的零杆)

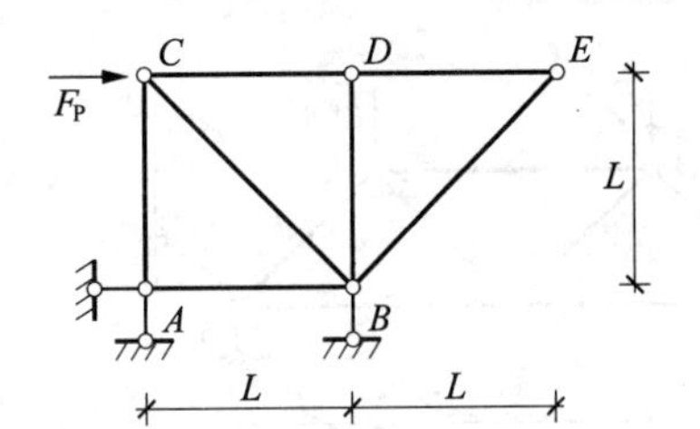

(b) 求 C 点的水平位移 Δ_{Cx} 及 BC 杆的角位移 θ_{BC}

习题 4-5 图

4-6 求图示组合结构中 C 点的竖向位移 Δ_{Cy}（已知铰接杆 BE 的轴向刚度 $EA=2EI$）。

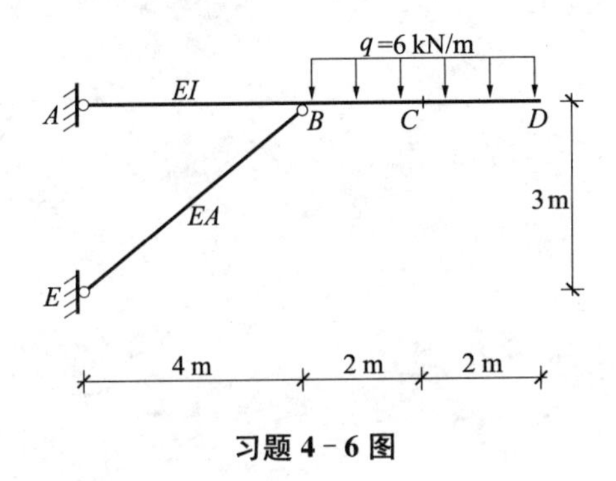

习题 4-6 图

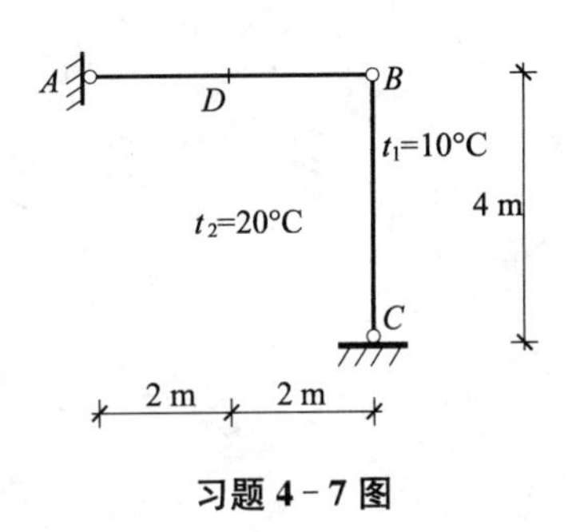

习题 4-7 图

4-7 图示刚架的外侧温度升高 10℃，内侧升高 20℃，试求由此引起的 D 截面的竖向线位移 Δ_{Dy}。已知材料的线膨胀系数为 $\alpha=10^{-5}$，截面为矩形，高度 $h=40$ cm。

4-8 图示三铰刚架的 B 支座沿水平和竖向分别移动了 4 cm 和 6 cm，试求由此引起的支座 A 的角位移 θ_A。

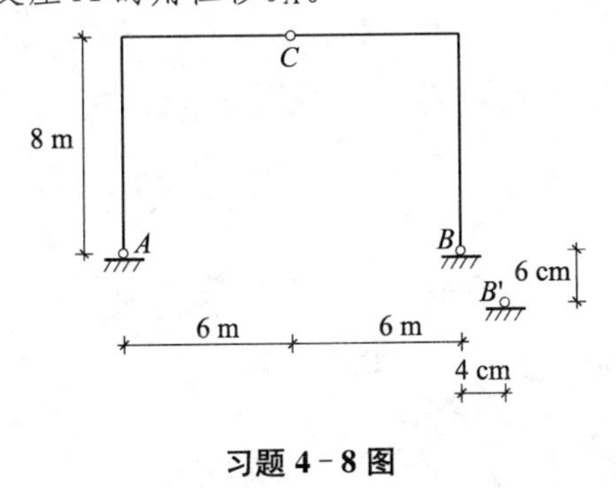

习题 4-8 图

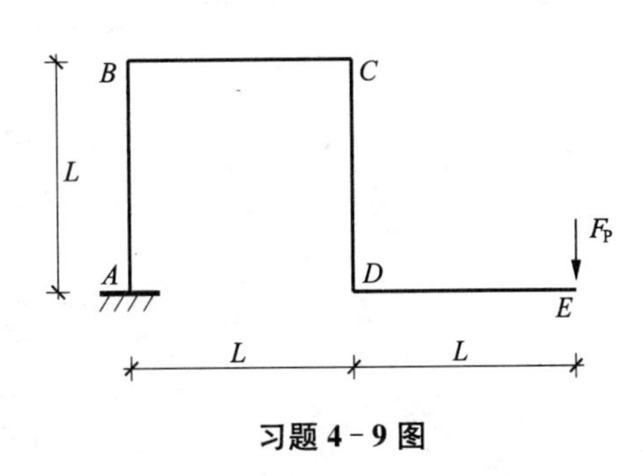

习题 4-9 图

4-9 求图示刚架自由端的竖向位移 Δ_{Ey}，各杆件 EI 为常数。

4-10 求图示结构结点 C 的竖向位移 Δ_{Cy}，设各杆的 EA 相等。

4-11 杆件的 EI 为常数，求刚架 A 点的竖向位移 Δ_{Ay}，并绘出刚架的变形曲线。

4-12　试求图示组合结构 C 点的竖向位移 Δ_{Cy}，已知各杆的 E、I、A 为常数。

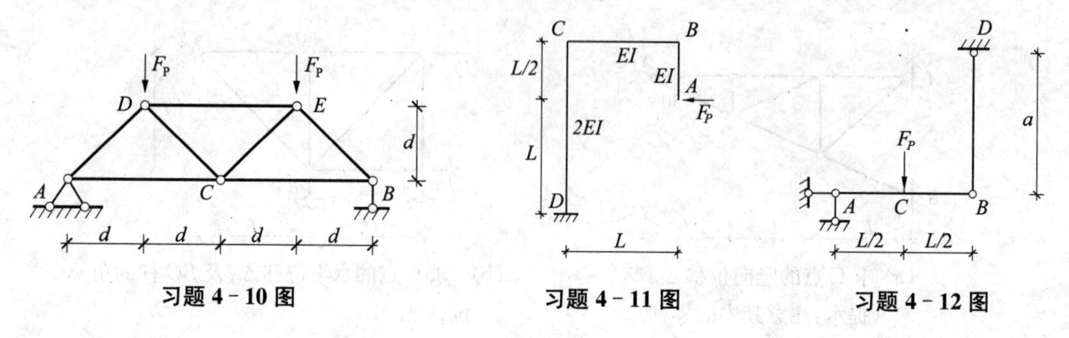

习题 4-10 图　　习题 4-11 图　　习题 4-12 图

5　力法

5.1　超静定结构概述

前 4 章我们详细讨论了静定结构的内力分析和位移计算方法。由于实际工程中，绝大部分的结构物均属超静定结构，因此从本章起将陆续讨论超静定结构内力分析的方法，包括力法、位移法、渐近法和矩阵位移法等。其中力法和位移法是最基本的两种经典解法，它们的主要区别是分别以未知的力和未知的结点位移作为各自的求解目标(通常又称基本未知量)，本章首先介绍如何用力法求解超静定结构。

5.2　超静定次数的确定

由于超静定结构属于有多余约束的几何不变体系，导致其反力和内力不能全部由静力平衡方程求得。例如图 5-1(a)的悬臂刚架为静定结构，其全部的反力和内力均可由静力平衡条件直接求取。

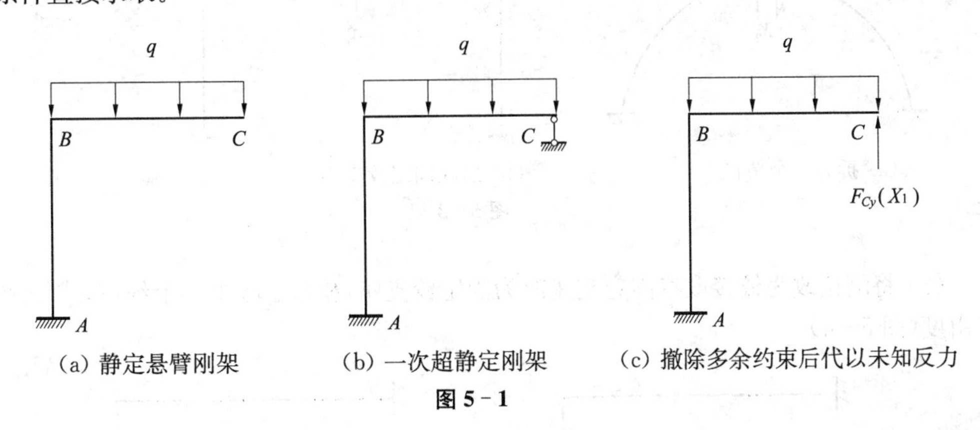

图 5-1

而图 5-1(b)在 C 端增加一根竖向链杆后，该刚架便成为具有一个多余约束的超静定结构，显然不能由 3 个平衡方程求得 4 个支座反力，其中有一个反力属多余的未知力(如支座 C 的竖向反力 F_{Cy})，我们就称该结构为一次超静定结构。因此，所谓超静定次数是指结构中的多余约束数或多余未知力的个数。

确定超静定次数最直接的方法，是在原结构上撤除多余约束代以多余未知力，使其变成不含多余约束的静定结构(如图 5-1(c)),所撤除的多余约束数就是超静定次数。

结合第 2 章中有关约束和自由度的概念,在原结构上撤除多余约束的常用方法有以下几种:

(1) 去掉一根支座链杆或切断一根链杆,相当于减少一个约束,或称增加一个自由度(图 5-2)。

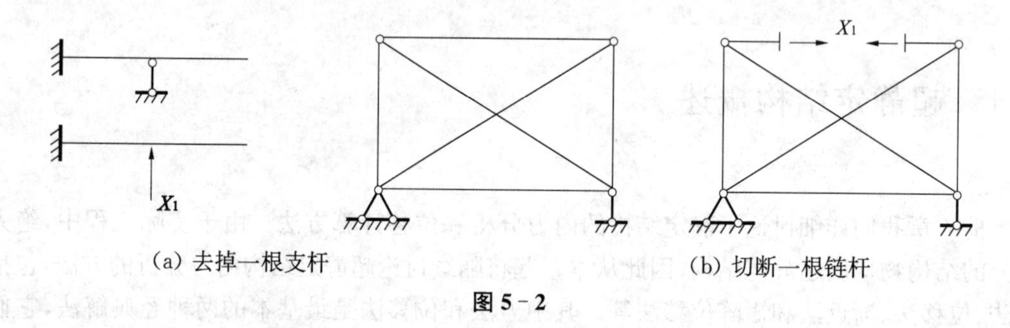

(a) 去掉一根支杆　　(b) 切断一根链杆

图 5-2

(2) 拆开一个单铰、撤除一个固定铰支座或定向滑动支座,相当于减少两个约束,或增加两个自由度(图 5-3)。

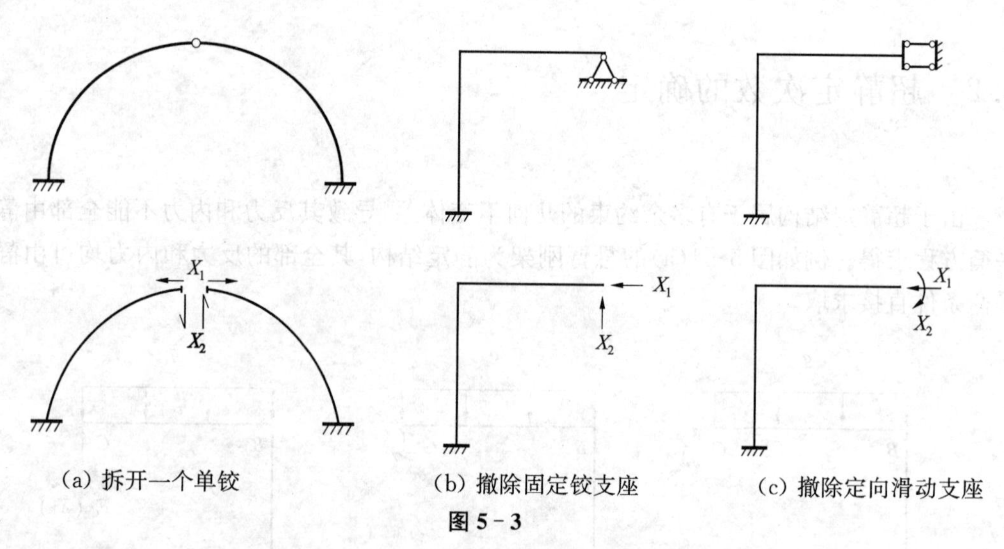

(a) 拆开一个单铰　　(b) 撤除固定铰支座　　(c) 撤除定向滑动支座

图 5-3

(3) 将刚接改为铰接或将固定支座改为固定铰支座,相当于减少一个约束,或增加一个自由度(图 5-4)。

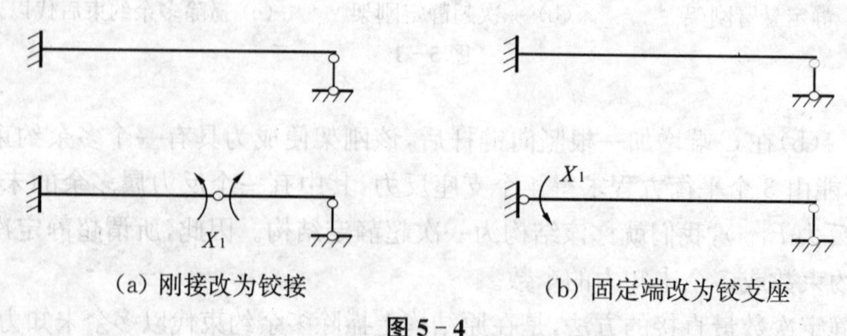

(a) 刚接改为铰接　　(b) 固定端改为铰支座

图 5-4

(4) 撤除一个固定支座或切断一根梁式杆，相当于减少 3 个约束，或增加 3 个自由度(图 5-5(b)、(c))。

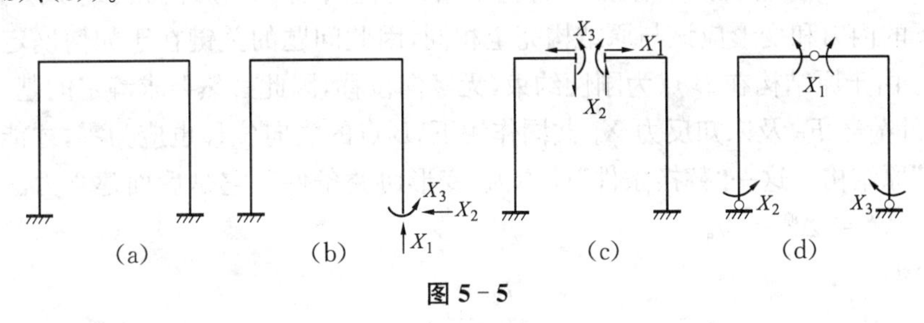

图 5-5

(5) 对具有多个封闭框格的刚架结构，可按框格数目确定其超静定次数。仅含一个无铰封闭框格的结构(图 5-5(a))，其超静定次数为 3，它可视为结构外部支座处具有 3 个多余约束(图5-5(b))，或结构内部具有 3 个多余约束(图 5-5(c))，或内部多余 1 个、外部多余 2 个(图 5-5(d))。

当结构中含有 n 个无铰封闭框格时，其超静定次数应为 $3n$。如图 5-6(a)所示的外廊式 5 层教学楼框架结构中，共有 10 个无铰封闭框，其超静定次数为：10 个×3 次/个=30 次。若结构中还有铰结点(单铰或复铰)，则应统一换算成单铰数。设单铰总数为 h，则超静定次数应为：$3n-h$。

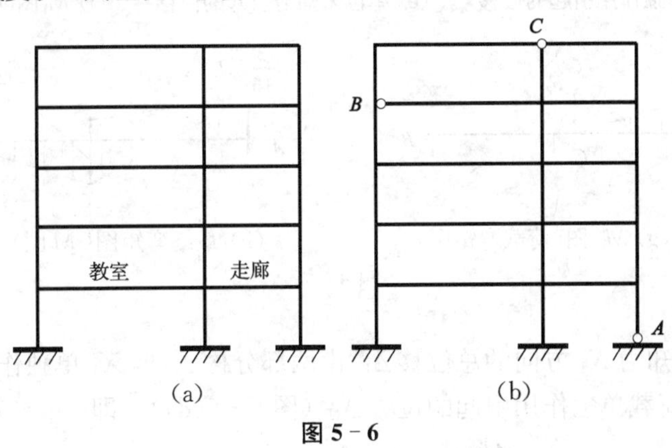

图 5-6

如图 5-6(b)所示框架结构在 A、B、C 处存在铰结点，其中 B 处为混合连接，即柱的上、下为刚接，柱与梁为铰接，故 B 铰连接两个部件属单铰，而 C 处为复铰(连接 3 个部件)，相当于 2 个单铰，故该结构的超静定次数应为 30－(1＋1＋2)＝26 次。

5.3 力法基本原理及典型方程

5.3.1 力法基本原理

为便于理解力法的基本原理，我们首先通过一个简例加以分析。图 5-7(a)所示的一次超静定梁，具有一个多余约束，若将支座 B 处的竖向链杆视为多余约束将其拆除，并代以

支座反力 X_1（后称多余未知力），则原来的一次超静定梁（称为原结构），变成一根静定的悬臂梁（图 5－7(b)），显然该悬臂梁（后简称基本结构或基本体系）在外荷载 F_P 及竖向反力 X_1 共同作用下的内力和变形应该与原结构完全相同，因此问题的关键在于如何确定未知的支座反力 X_1。由于原结构在 B 点为刚性约束，无竖向位移，因此必然要求静定的基本结构（即悬臂梁）在外荷载 F_P 及未知反力 X_1 共同作用下，B 点的竖向位移也应为零，才能用基本结构来“替换”原结构。这一“替换条件”被称为“变形协调条件”，它是后面建立力法基本方程的依据，即：$\Delta_1^{基} = \Delta_B^{原} = 0$。

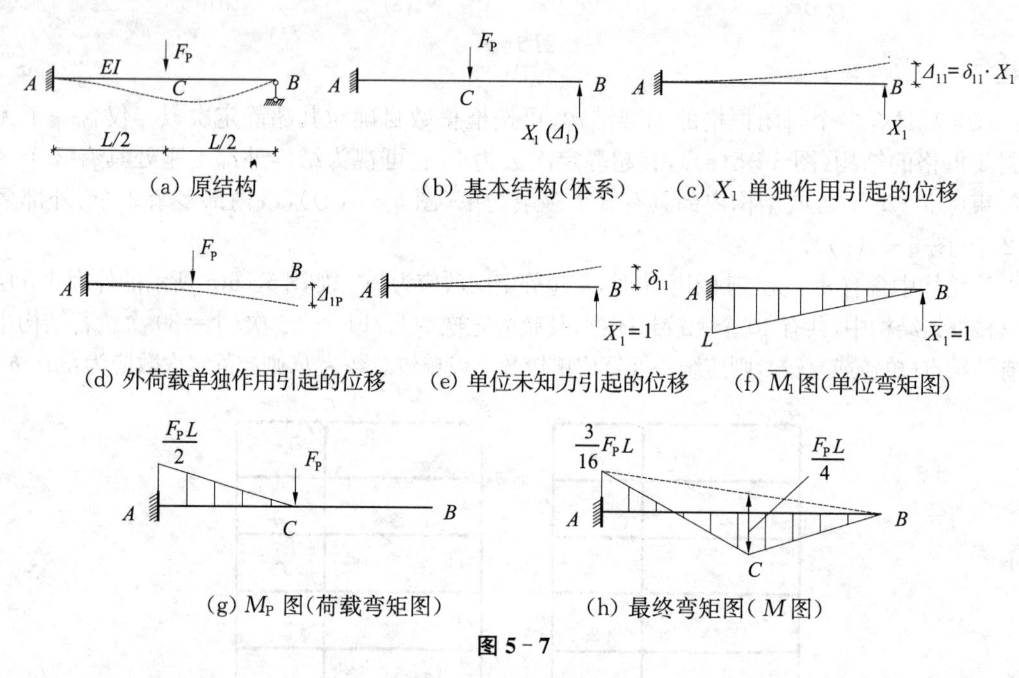

(a) 原结构　(b) 基本结构（体系）　(c) X_1 单独作用引起的位移

(d) 外荷载单独作用引起的位移　(e) 单位未知力引起的位移　(f) $\overline{M}_1$ 图（单位弯矩图）

(g) M_P 图（荷载弯矩图）　(h) 最终弯矩图（M 图）

图 5－7

基本结构沿未知力 X_1 方向的总位移 $\Delta_1^{基}$ 由两部分构成，即 X_1 单独作用引起的位移 Δ_{11}（图 5－7(c)）和外荷载单独作用引起的位移 Δ_{1P}（图 5－7(d)）。即

$$\Delta_1^{基} = \Delta_{11} + \Delta_{1P} = 0 \tag{5-1}$$

这里位移 Δ_{ij} 的两个下标的含义同第 4 章。即第 1 个下标 i 表示位移的地点和方向，第 2 个下标 j 表示引起该位移的原因。

由于位移 Δ_{11} 是由未知力 X_1 引起的，而此时 X_1 正是我们欲求解的未知量，因此不妨利用叠加原理将该矛盾进行简单转换，即设当未知力 $X_1 = 1$ 时（常以 $\overline{X}_1$ 表示），引起 B 点沿 X_1 方向的位移为 δ_{11}，则

$$\Delta_{11} = \delta_{11} \cdot X_1 \tag{5-2}$$

于是式(5－1)可表示为

$$\delta_{11} X_1 + \Delta_{1P} = 0 \tag{5-3}$$

式(5－3)称为力法典型方程。该方程的物理意义是：基本结构在多余未知力 X_1 和外荷载共同作用下，沿未知力 X_1 方向的总位移等于零。

式(5－3)中的 δ_{11} 称为力法典型方程的系数，Δ_{1P} 称为自由项。显然它们都是静定的基本结构的位移，可用第 4 章中的图乘法进行计算。

在求位移 δ_{11} 时，作用的荷载是一个单位的未知力（后简称单位未知力）$\overline{X}_1=1$，它产生的弯矩图绘于图 5－7(f)（相当于求位移 δ_{11} 的实际状态），而对应的虚拟状态应在 B 点沿 X_1 方向施加一个单位的虚拟荷载，它所产生的弯矩图与图 5－7(f)完全相同，也即实际状态与虚拟状态的弯矩图“合二为一”，本应将两个弯矩图互乘的过程变为在同一个弯矩图上“自乘”。即

$$\delta_{11}=\sum\int\frac{\overline{M}_1\cdot\overline{M}_1}{EI}ds=\sum\int\frac{\overline{M}_1^2}{EI}ds=\sum\frac{\omega\cdot y_C}{EI}=\frac{1}{EI}\left(\frac{1}{2}\times L\times L\right)\times\frac{2L}{3}=\frac{L^3}{3EI}$$

在求位移 Δ_{1P} 时，外荷载 F_P 单独作用下的弯矩图（相当于实际状态）绘于图 5－7(g)，而对应的虚拟状态仍应在 B 点沿 X_1 方向施加一个单位的虚拟荷载，它所产生的弯矩图与图 5－7(f)完全相同，即 Δ_{1P} 可由图 5－7(g)（M_P 图）与图 5－7(f)（$\overline{M}_1$ 图）互乘得到

$$\Delta_{1P}=\sum\int\frac{\overline{M}_1M_P}{EI}ds=\sum\frac{\omega y_C}{EI}=-\frac{1}{EI}\left(\frac{1}{2}\times\frac{F_PL}{2}\times\frac{L}{2}\right)\times\frac{5L}{6}=-\frac{5F_PL^3}{48EI}$$

将 δ_{11} 和 Δ_{1P} 代入式(5－3)后解得

$$X_1=-\frac{\Delta_{1P}}{\delta_{11}}=\frac{5F_P}{16}$$

X_1 求出后，便可利用截面法作基本结构的内力图。也可利用之前已作的 $\overline{M}_1$ 图乘以未知力 X_1 后，再与 M_P 图叠加得到最终弯矩图 5－7(h)

$$M=\overline{M}_1\cdot X_1+M_P$$

5.3.2　力法典型方程

为了更加深入地理解力法典型方程的物理意义及其求解过程，下面结合两次超静定刚架来进一步阐述该方法的普遍性及其解题步骤。

图 5－8(a)所示刚架具有两个多余约束，为两次超静定结构。现去掉固定铰支座 B 代以多余未知力 X_1、X_2 得如图 5－8(b)所示的基本结构。由于原结构在支座 B 处的水平及竖向位移均为零，因此要求基本结构在多余未知力及外荷载共同作用下，B 点沿 X_1 方向的位移 Δ_1（即水平位移）和沿 X_2 方向的位移 Δ_2（即竖向位移）也应为零。

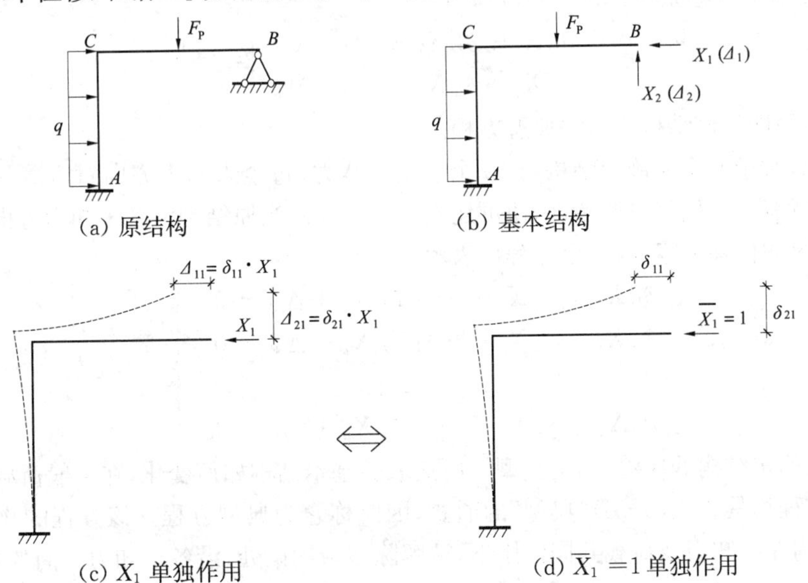

(a) 原结构　　(b) 基本结构

(c) X_1 单独作用　　(d) $\overline{X}_1=1$ 单独作用

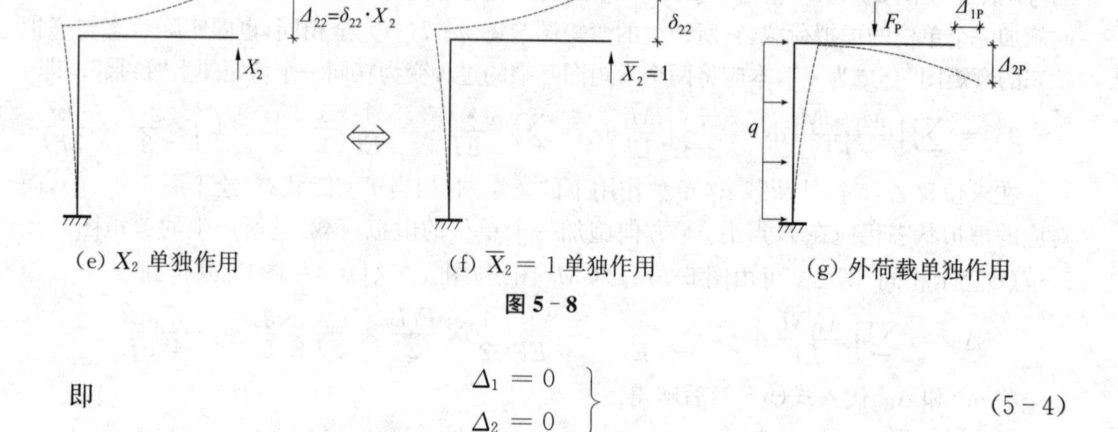

(e) X_2 单独作用　　(f) $\overline{X}_2=1$单独作用　　(g) 外荷载单独作用

图 5-8

即

$$\left.\begin{aligned}\Delta_1 &= 0\\ \Delta_2 &= 0\end{aligned}\right\} \tag{5-4}$$

设由未知力 X_1 单独作用，在 B 点产生的水平位移为Δ_{11}（沿 X_1 方向）、竖向位移为 Δ_{21}（沿 X_2 方向）(图 5-8(c))；

而由未知力 X_2 单独作用，在 B 点产生的水平位移为Δ_{12}（沿 X_1 方向）、竖向位移为 Δ_{22}（沿 X_2 方向）(图 5-8(e))；

当未知力 X_1、X_2 分别取单位力时(即 $\overline{X}_1=\overline{X}_2=1$)，在 B 点引起的位移分别为δ_{11}、δ_{21}、δ_{12} 和 δ_{22}（图 5-8(d)、(f)）。正如前面的式(5-2)所述，显然有

$$\left.\begin{aligned}\Delta_{11} &= \delta_{11}\cdot X_1\\ \Delta_{21} &= \delta_{21}\cdot X_1\end{aligned}\right\}\quad \left.\begin{aligned}\Delta_{12} &= \delta_{12}\cdot X_2\\ \Delta_{22} &= \delta_{22}\cdot X_2\end{aligned}\right\} \tag{5-5}$$

由叠加原理可知，基本结构在 X_1、X_2 及外荷载共同作用下 B 点的水平和竖向总位移应为

$$\left.\begin{aligned}\Delta_1(\text{水平位移}) &= \Delta_{11}(\text{图 5-8(c)})+\Delta_{12}(\text{图 5-8(e)})+\Delta_{1P}(\text{图 5-8(g)})=\delta_{11}X_1+\delta_{12}X_2+\Delta_{1P}\\ \Delta_2(\text{竖向位移}) &= \Delta_{21}(\text{图 5-8(c)})+\Delta_{22}(\text{图 5-8(e)})+\Delta_{2P}(\text{图 5-8(g)})=\delta_{21}X_1+\delta_{22}X_2+\Delta_{2P}\end{aligned}\right\} \tag{5-6}$$

于是 B 点的位移条件式(5-4)可写为

$$\left.\begin{aligned}\delta_{11}X_1+\delta_{12}X_2+\Delta_{1P} &= 0\\ \delta_{21}X_1+\delta_{22}X_2+\Delta_{2P} &= 0\end{aligned}\right\} \tag{5-7}$$

式(5-7)即为该结构的力法典型方程。

类似地，对于 n 次超静定结构，有 n 个多余未知力，每个未知力方向对应着一个多余约束，相应地就有一个位移协调条件，便可建立 n 个方程。当原结构沿各未知力方向均为刚性约束时，对应的位移为零，则 n 个方程可表示为

$$\left.\begin{aligned}\delta_{11}X_1+\delta_{12}X_2+\cdots+\delta_{1n}X_n+\Delta_{1P} &= 0\\ \delta_{21}X_1+\delta_{22}X_2+\cdots+\delta_{2n}X_n+\Delta_{2P} &= 0\\ &\vdots\\ \delta_{n1}X_1+\delta_{n2}X_2+\cdots+\delta_{nn}X_n+\Delta_{nP} &= 0\end{aligned}\right\} \tag{5-8}$$

无论超静定结构的次数、结构类型及所选取的基本结构如何变化，在一般荷载作用下的力法基本方程均具有式(5-8)“典型”的通式，因此称它为典型方程。该方程的物理意义表示：基本结构在未知力及荷载共同作用下，被解除多余约束处，沿各未知力方向的总位移，应

与原结构该方向的已知位移相等。当已知位移不为零时(例如弹性约束等),则式(5-8)的等式右端项就不为零。

上述方程组中位于主对角线(自左上方至右下方)上的系数 δ_{ii} (两个下标相同)称为主系数,其余系数 δ_{ij} $(i \neq j)$称为副系数。方程左端的最右一列不含未知力的项 Δ_{iP} 称为自由项。由于主系数 δ_{ii} 是单位未知力 $\overline{X}_i=1$ 单独作用下引起的沿其本身方向的位移,故其值恒为正;而副系数和自由项的值则可能为正、负或零。另外,由第 4 章中的位移互等定理可知,位于主对角线两侧对称位置上的任意两个副系数应相等,即 $\delta_{ij}=\delta_{ji}$。

由于力法方程中所有的系数和自由项,都是静定的基本结构在已知力(单位未知力 $\overline{X}_i=1$ 或外荷载)作用下的位移,因此均可利用第 4 章静定结构的位移计算公式求得,即

$$\delta_{ii}=\sum\int\frac{\overline{M}_i^2}{EI}\mathrm{d}s+\sum\int\frac{\overline{F}_{Ni}^2}{EA}\mathrm{d}s+\sum\int\frac{k\overline{F}_{Si}^2}{GA}\mathrm{d}s \tag{5-9a}$$

$$\delta_{ij}=\delta_{ji}=\sum\int\frac{\overline{M}_i\,\overline{M}_j}{EI}\mathrm{d}s+\sum\int\frac{\overline{F}_{Ni}\,\overline{F}_{Nj}}{EA}\mathrm{d}s+\sum\int\frac{k\,\overline{F}_{Si}\,\overline{F}_{Sj}}{GA}\mathrm{d}s \tag{5-9b}$$

$$\Delta_{iP}=\sum\int\frac{\overline{M}_iM_P}{EI}\mathrm{d}s+\sum\int\frac{\overline{F}_{Ni}F_{NP}}{EA}\mathrm{d}s+\sum\int\frac{k\,\overline{F}_{Si}F_{SP}}{GA}\mathrm{d}s \tag{5-9c}$$

根据结构的具体类型,通常只需计算其中的一项或两项。

(1) 梁和刚架:一般可略去轴力和剪力的影响,只取式(5-9)中的首项。当结构中的各杆均为等截面直杆时,式(5-9)第一项的积分运算可用图乘法代替。

(2) 桁架结构:由于各杆只有轴力,因而只需计算式(5-9)的第二项,当杆件均为等截面直杆时,可进一步简化为

$$\delta_{ii}=\sum\frac{\overline{F}_{Ni}^2L}{EA},\quad \delta_{ij}=\sum\frac{\overline{F}_{Ni}\,\overline{F}_{Nj}L}{EA},\ \Delta_{iP}=\sum\frac{\overline{F}_{Ni}F_{NP}L}{EA} \tag{5-10}$$

(3) 组合结构:对于受弯杆件取式(5-9)中的第一项;对于轴力杆件,取第二项。即

$$\delta_{ii}=\sum\int\frac{\overline{M}_i^2}{EI}\mathrm{d}s+\sum\frac{\overline{F}_{Ni}^2L}{EA} \tag{5-11a}$$

$$\delta_{ij}=\sum\int\frac{\overline{M}_i\,\overline{M}_j}{EI}\mathrm{d}s+\sum\frac{\overline{F}_{Ni}\,\overline{F}_{Nj}L}{EA} \tag{5-11b}$$

$$\Delta_{iP}=\sum\int\frac{\overline{M}_iM_P}{EI}\mathrm{d}s+\sum\frac{\overline{F}_{Ni}F_{NP}L}{EA} \tag{5-11c}$$

系数和自由项求出后,便可解方程组求多余未知力,再由平衡条件求出其余反力和内力。也可按下述叠加公式求最终内力:

$$M=\overline{M}_1X_1+\overline{M}_2X_2+\cdots+\overline{M}_nX_n+M_P=\sum\overline{M}_iX_i+M_P \tag{5-12a}$$

$$F_S=\overline{F}_{S1}X_1+\overline{F}_{S2}X_2+\cdots+\overline{F}_{Sn}X_n+F_{SP}=\sum\overline{F}_{Si}X_i+F_{SP} \tag{5-12b}$$

$$F_N=\overline{F}_{N1}X_1+\overline{F}_{N2}X_2+\cdots+\overline{F}_{Nn}X_n+F_{NP}=\sum\overline{F}_{Ni}X_i+F_{NP} \tag{5-12c}$$

至此,可归纳出力法求解超静定结构的一般步骤如下:

(1) 选取基本结构:解除多余约束代以多余未知力,得到静定的基本结构(可选不同的解除方案,但解除后必须仍为几何不变的体系)。

(2) 列基本方程:根据被解除的多余约束方向的位移协调条件(即解除前后该方向的位移相等)建立力法典型方程。

(3) 求系数和自由项：作出基本结构在各单位未知力及外荷载单独作用下的内力图或内力表达式，按求位移的方法求出各系数和自由项。

(4) 求多余未知力：通过解典型方程求得各未知力。

(5) 求最终内力：按静定结构的内力分析方法或由叠加原理按式(5-11)求出原结构的最终内力并作内力图。

5.4 一般荷载作用下的内力分析

本节将通过多个不同类型的超静定结构，在一般荷载作用下的内力分析例题，使读者对力法求解的全过程及其要点有一个系统而完整的认识。

【例 5-1】 试用力法计算图 5-9(a)所示刚架，并作弯矩图，各杆 EI 为常量。

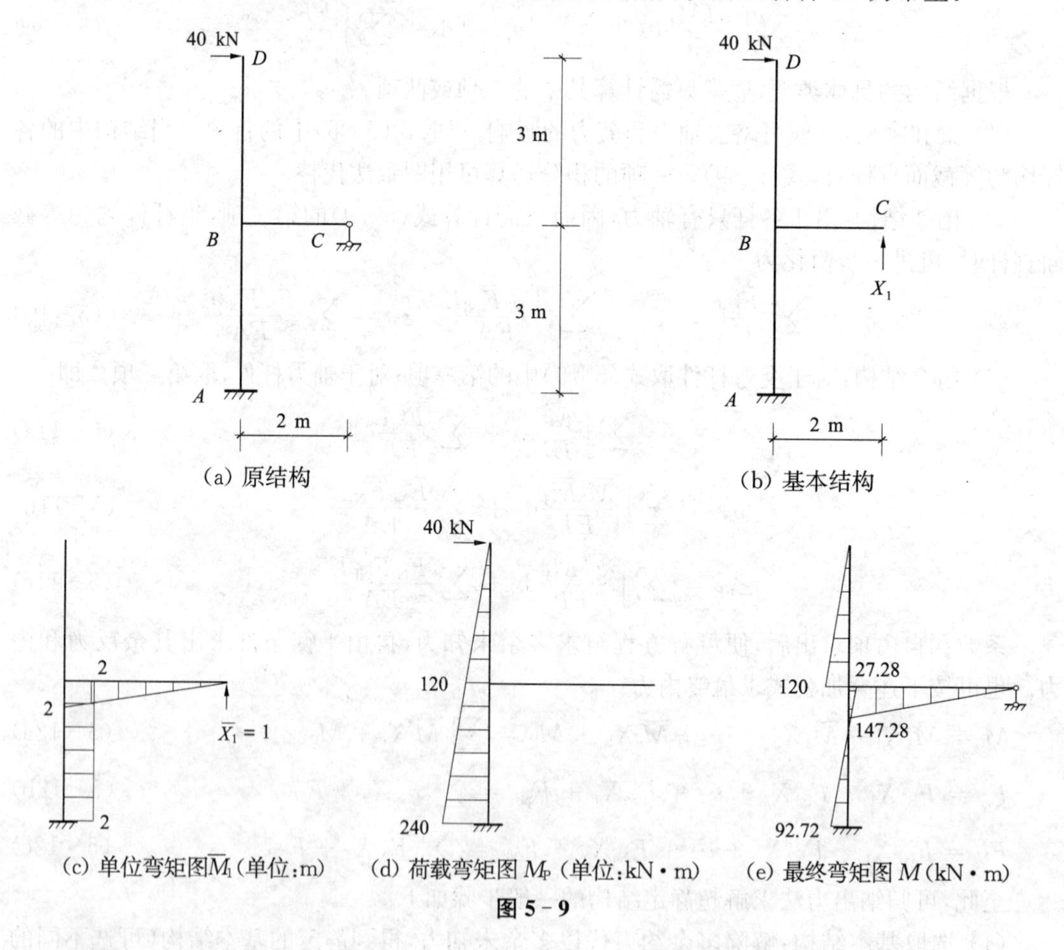

图 5-9

【解】 (1) 选取基本结构

该刚架为一次超静定结构，解除 C 处的多余约束(竖向链杆)代以未知力 X_1 得基本结构，原结构便成为无多余约束的静定悬臂刚架(图 5-9(b))。

(2) 列基本方程

基本结构在未知力 X_1 及外荷载共同作用下，沿 X_1 方向的总位移(即 C 点的竖向位移)为：$\Delta_1^{基}=\delta_{11}X_1+\Delta_{1P}$，而原结构在 C 点沿 X_1 方向为刚性约束无竖向位移，即 $\Delta_1^{原}=0$。根据位移协调条件：$\Delta_1^{基}=\Delta_1^{原}=0$，即

$$\delta_{11}X_1+\Delta_{1P}=0$$

(3) 求系数、自由项解方程

作基本结构的单位弯矩图 $\overline{M}_1$ 和荷载弯矩图 M_P，分别如图 5-9(c)、(d)。

将$\overline{M}_1$图自乘得：$\delta_{11}=\sum\frac{\omega y_C}{EI}=\frac{1}{EI}\left[(2\times3)\times2+\left(\frac{1}{2}\times2\times2\right)\times\frac{2}{3}\times2\right]=\frac{44}{3EI}$

将$\overline{M}_1$图与 M_P 图互乘得：$\Delta_{1P}=\sum\frac{\omega y_C}{EI}=-\frac{1}{EI}\left[\frac{1}{2}\times(240+120)\times3\right]\times2=-\frac{1\ 080}{EI}$

$$X_1=-\frac{\Delta_{1P}}{\delta_{11}}=73.64\ \text{kN}$$

(4) 作最终弯矩图

将已绘的$\overline{M}_1$图及 M_P 图叠加得最终弯矩 $M=\overline{M}_1X_1+M_P$，选取结构中的几个控制截面进行叠加，例如：

下柱底截面：

$$\begin{aligned}M_{AB}&=\overline{M}_1X_1+M_P=2\ \text{m}\times73.64\ \text{kN(右侧受拉)}-240\ \text{kN·m(左侧受拉)}\\&=-92.72\ \text{kN·m(左侧受拉)}\end{aligned}$$

下柱顶截面：

$$\begin{aligned}M_{BA}&=\overline{M}_1X_1+M_P=2\ \text{m}\times73.64\ \text{kN(右侧受拉)}-120\ \text{kN·m(左侧受拉)}\\&=27.28\ \text{kN·m(右侧受拉)}\end{aligned}$$

上柱底截面：

$$M_{BD}=\overline{M}_1X_1+M_P=0+120\ \text{kN·m(左侧受拉)}=120\ \text{kN·m(左侧受拉)}$$

梁端截面：

$$M_{BC}=\overline{M}_1X_1+M_P=2\ \text{m}\times73.64\ \text{kN(下侧受拉)}+0=147.28\ \text{kN·m(下侧受拉)}$$

需要说明的是，正如前述，力法基本结构的选取并不是唯一的，只要是几何不变体系均可作为原结构的基本结构。例如，本例也可保留 C 处的链杆，解除固定端 A 处的转动约束代以反力矩 X_1，将其改造为固定铰支座，这样原结构便成为一静定的简支刚架(图 5-10(a))。

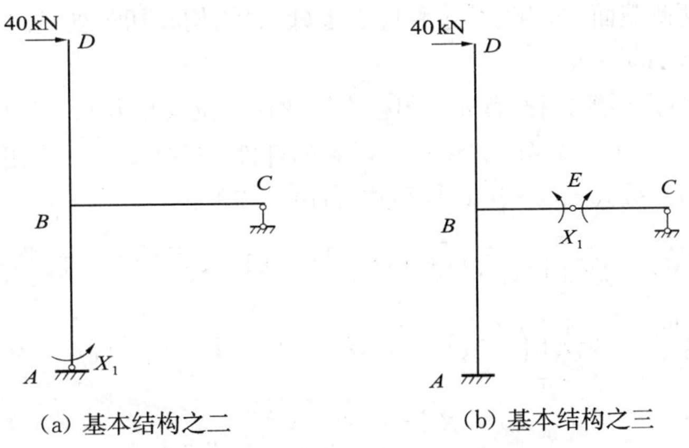

(a) 基本结构之二　　(b) 基本结构之三

图 5-10

还可保留 A、C 处的全部约束，切开横梁中间的刚性约束，将刚接改造成铰接并代以一对弯矩 X_1，原结构就成为一静定的复合刚架(图 5-10(b))。

选取不同的基本结构时，虽然典型方程的形式有时不变，但方程所代表的物理意义完全不同。例如：当选取第二种基本结构时(图 5-10(a))，$\Delta_1=\delta_{11}X_1+\Delta_{1P}=0$ 表示简支刚架在未知力和外荷载共同作用下，支座 A 处产生的沿反力矩 X_1 方向的角位移应为零；而当选取第三种基本结构时(图 5-10(b))，$\Delta_1=\delta_{11}X_1+\Delta_{1P}=0$ 则表示复合刚架在未知力和外荷载共同作用下，在 E 铰两侧截面引起的相对角位移应为零。

【例 5-2】 试用力法计算图 5-11(a)所示的超静定桁架，各杆的轴向刚度均为 EA。

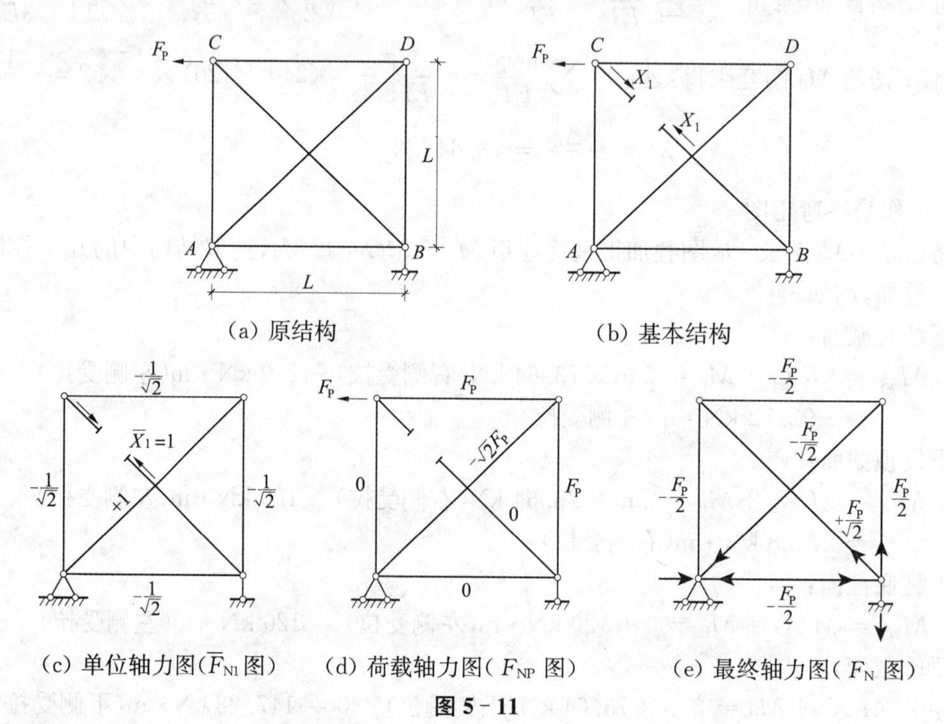

图 5-11

【解】 方法一：截断多余杆件

(1) 原结构为一次超静定桁架，可截断其中的任一根杆件使其成为静定桁架。这里假设截断斜杆 BC 代以未知力 X_1，得基本结构如图 5-11(b)。位移协调条件为：基本结构沿 X_1 方向(即切口两侧截面)的相对线位移应为零(因原结构在切口处是闭合的，没有相对线位移)，即：$\delta_{11}X_1+\Delta_{1P}=0$。

(2) 求系数、自由项解方程：首先求出基本结构在单位未知力 $\overline{X}_1=1$ 及外荷载作用下的各杆轴力图绘于图 5-11(c)、(d)。注意被截断的杆件 BC 在 $\overline{X}_1=1$ 作用下，其轴力也是 1(离开结点为拉力)。按公式(5-9)计算系数、自由项如下：

$$\delta_{11}=\sum\frac{\overline{F}_{N1}^2L}{EA}=\frac{1}{EA}\left[\left(-\frac{1}{\sqrt{2}}\right)^2\times L\times 4\text{ 根}+(1^2\times\sqrt{2}L)\times 2\text{ 根}\right]=\frac{2L}{EA}(1+\sqrt{2})$$

$$\Delta_{1P}=\sum\frac{\overline{F}_{N1}F_{NP}L}{EA}=\frac{1}{EA}\left[\left(-\frac{1}{\sqrt{2}}\right)\times F_P\times L\times 2\text{ 根}+1\times(-\sqrt{2}F_P)\times\sqrt{2}L\right]=-\frac{F_PL}{EA}(2+\sqrt{2})$$

$$X_1=-\frac{\Delta_{1P}}{\delta_{11}}=\frac{F_P}{\sqrt{2}}$$

(3) 叠加最终内力：$F_N = \overline{F}_{N1} X_1 + F_{NP}$，叠加结果如图 5 - 11(e)。

方法二：撤除多余杆件

本例也可撤去任一根多余杆件得到基本结构。这里不妨假设撤去 BC 杆，在 B、C 结点处代以一对多余未知力 X_1，得基本结构如图 5 - 12(a)。此时的位移协调条件为：撤去 BC 杆后的基本结构在未知力和外荷载共同作用下，沿 X_1 方向(即 B、C 两点之间)的相对线位移 $\Delta_1^{基}$ 应等于原结构在 B、C 两点之间的相对线位移 $\Delta_1^{原}$。

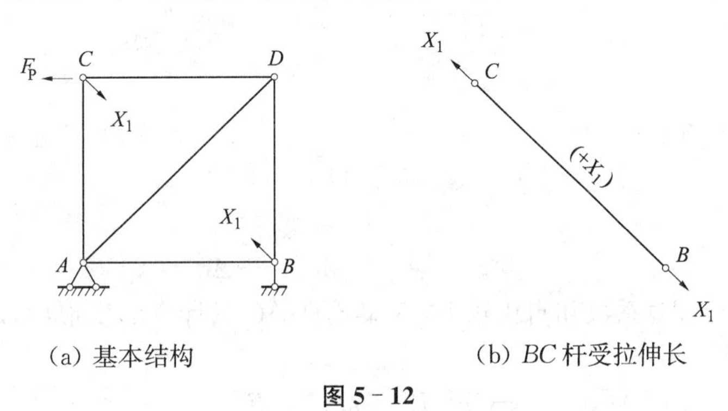

(a) 基本结构　　(b) BC 杆受拉伸长

图 5 - 12

$\Delta_1^{基} = \delta_{11} X_1 + \Delta_{1P}$，其物理意义同前，而 $\Delta_1^{原} = \dfrac{X_1(\sqrt{2}L)}{EA}$，其含义指：原结构 B、C 两点之间的相对线位移等于 BC 杆在轴力 X_1 作用下的伸长量(因为题设 X_1 背离结点，意指设为拉力)。由于 $\Delta_1^{基}$ 的方向是沿 X_1 方向的，即沿 B、C 两点相互靠拢的方向，而 $\Delta_1^{原}$ 的方向为 BC 杆伸长方向，即沿 B、C 两点相互离开的方向。显然 $\Delta_1^{基}$ 与 $\Delta_1^{原}$ 两者方向相反，即 $\Delta_1^{基} = -\Delta_1^{原}$，因此典型方程应表示为

$$\delta_{11} X_1 + \Delta_{1P} = -\frac{X_1(\sqrt{2}L)}{EA}$$

至于基本结构的 $\overline{F}_{N1}$ 和 F_{NP} 图与"方法一"完全相同，只是在 $\overline{F}_{N1}$ 图中少一根 BC 杆的内力，相应地求 δ_{11} 时就少一项，而 Δ_{1P} 同"方法一"。原结构的最终内力仍如图 5 - 11(e)所示(后面几步留给读者自行完成)。

【例 5 - 3】 用力法计算图 5 - 13(a)所示组合结构，作梁式杆的弯矩图并求铰接杆的轴力。

【解】 本例是由一根梁式杆和一根铰接杆构成的简单组合结构，用力法求解时通常以铰接杆的内力作为基本未知量，分别采取截断和撤除铰接杆两种方式选取基本结构。

(1) 截断铰接杆 CD 代以一对未知轴力 X_1 (作用于切口截面的两侧)，得基本结构如图 5 - 13(b)，作 $\overline{M}_1$、M_P 图，如图 5 - 13(c)、(d)。

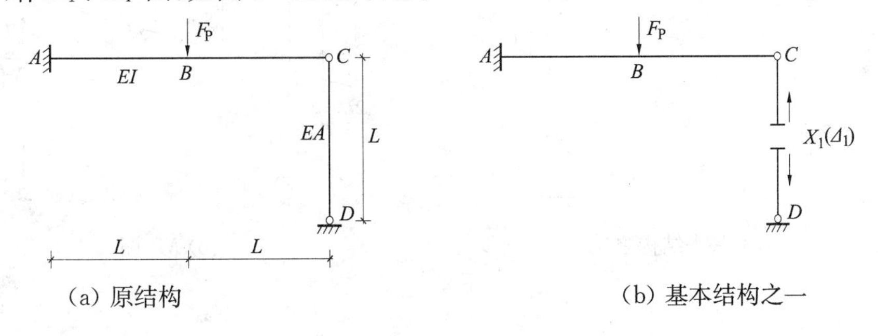

(a) 原结构　　(b) 基本结构之一

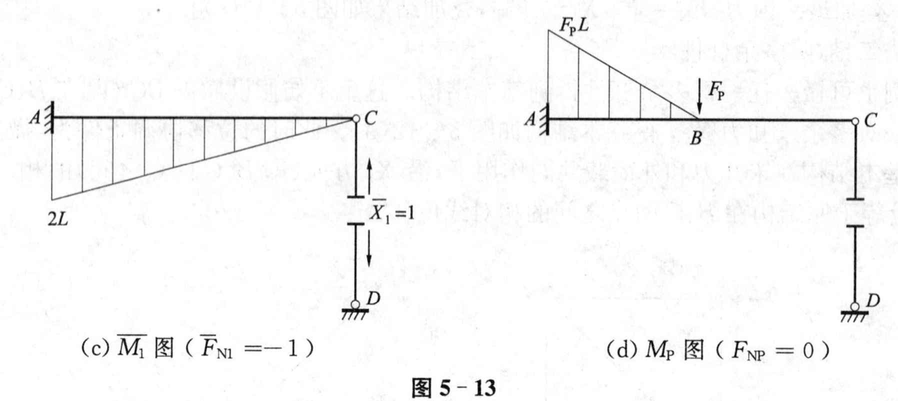

(c) $\overline{M_1}$ 图（$\overline{F}_{N1}=-1$）　　(d) M_P 图（$F_{NP}=0$）

图 5-13

力法典型方程为：

$$\delta_{11}X_1+\Delta_{1P}=0 \tag{a}$$

按公式(5-11)计算系数和自由项时，对梁式杆 AC 只计弯曲变形项，对铰接杆 CD 只计轴向变形项。

$$\delta_{11}=\sum\int\frac{\overline{M}_1^2\mathrm{d}s}{EI}+\sum\frac{\overline{F}_{N1}^2L}{EA}=\frac{\omega y_C}{EI}+\frac{\overline{F}_{N1}^{\,2}L}{EA}$$

$$=\frac{1}{EI}\left(\frac{1}{2}\times2L\times2L\right)\times\left(\frac{2}{3}\times2L\right)+\frac{(-1)^2}{EA}\cdot L=\frac{8L^3}{3EI}+\frac{L}{EA}$$

$$\Delta_{1P}=\frac{\omega y_C}{EI}+\frac{\overline{F}_{N1}F_{NP}L}{EA}$$

$$=-\frac{1}{EI}\left(\frac{1}{2}\times F_PL\times L\right)\times\left(\frac{L}{3}+\frac{2}{3}\times2L\right)+\frac{(-1)\times0\times L}{EA}=-\frac{5F_PL^3}{6EI}$$

代入典型方程得

$$\left(\frac{8L^3}{3EI}+\frac{L}{EA}\right)X_1-\frac{5F_PL^3}{6EI}=0 \tag{b}$$

$$X_1=\frac{\dfrac{5F_PL^3}{6EI}}{\left(\dfrac{8L^3}{3EI}+\dfrac{L}{EA}\right)} \tag{c}$$

(2) 撤除铰接杆 CD 代以一对未知力 X_1（作用于 CD 杆的两端），得基本结构如图 5-14(a)。力法典型方程为

$$\delta_{11}X_1+\Delta_{1P}=-\frac{X_1L}{EA} \tag{d}$$

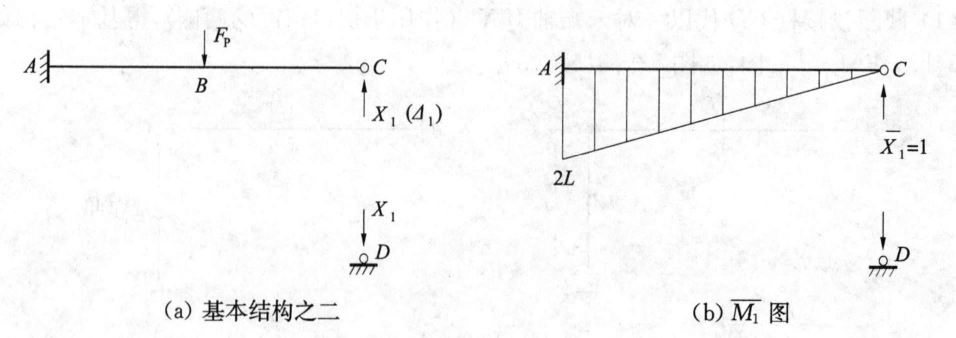

(a) 基本结构之二　　(b) $\overline{M_1}$ 图

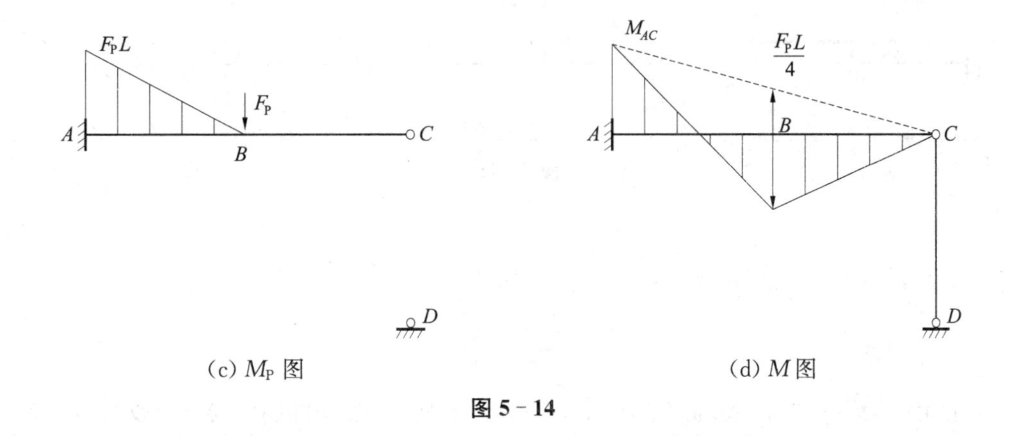

(c) M_P 图 (d) M 图

图 5-14

该方程的物理意义表示：基本结构沿 X_1 方向（C、D 两点之间）的相对线位移等于原结构 C、D 之间的位移，即 CD 杆的伸长量 $\frac{X_1L}{EA}$，且两者方向相反（前者沿 X_1 正向，即 C 点向上；而后者沿 X_1 反向，使 C 点向下）。

作 $\overline{M}_1$、M_P 图（如图 5-14(b)、(c)），由于基本结构中的铰接杆已被撤除，只有梁式杆，因此按公式(5-11)计算系数和自由项时，只剩梁式杆的弯曲变形项，而铰接杆的轴向变形项其实已转移到方程的右端项中。

$$\delta_{11}=\sum\int\frac{\overline{M}_1^2\,\mathrm{d}s}{EI}=\sum\frac{\omega y_C}{EI}=\frac{8L^3}{3EI}$$

$$\Delta_{1P}=\sum\frac{\omega y_C}{EI}=-\frac{5F_PL^3}{6EI}$$

代入基本方程得

$$\frac{8L^3}{3EI}X_1-\frac{5F_PL^3}{6EI}=-\frac{X_1L}{EA} \tag{e}$$

显然式(e)与式(b)是完全等价的，亦即基本方程(a) 与(d) 只是外形不同，本质是相同的，其最终计算结果必然是一致的。

(3) 最终内力及其讨论：最终弯矩 $M=\overline{M}_1\cdot X_1+M_P$。作梁式杆的弯矩图，如图 5-14(d)。其中 A 支座的弯矩（以下侧受拉为正）为

$$M_{AC}=\overline{M}_1\cdot X_1+M_P=(2L)X_1-F_PL \tag{f}$$

由式(c)可知，当 CD 杆的轴向刚度很大时（即 $EA\to\infty$），$X_1\approx\frac{5}{16}F_P$，原结构的受力状态相当于在 C 点有一根刚性链杆支承，其计算简图类似于一根单跨超静定梁（第 6 章位移法中的基本梁之一）（图 5-15(a)）。反之，当 CD 杆的刚度很小时（$EA\to 0$），式(c) 的分母趋向于无穷大，即 $X_1\to 0$，代入式(f) 得 $M_{AC}=-F_PL$，原结构的受力状态相当于在 C 点没有竖向约束作用，此时的计算简图类似于一根静定的悬臂梁（图 5-15(b)）。实际的受力状态介于上述两种极端情况之间，CD 杆的结构功能相当于在 C 点提供一个刚度系数为 $k=\frac{EA}{L}$ 的弹性支座（图 5-15(c)）。

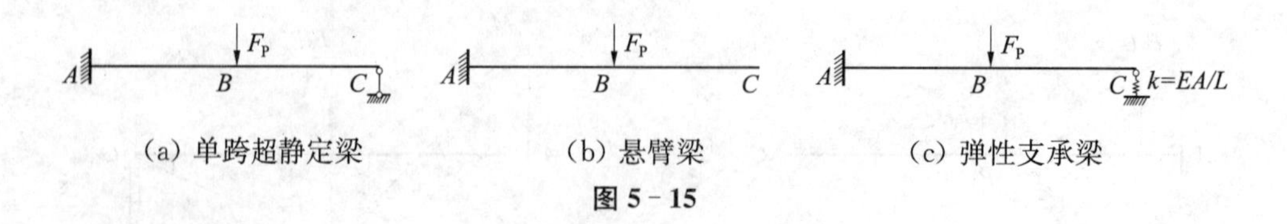

(a) 单跨超静定梁　　(b) 悬臂梁　　(c) 弹性支承梁

图 5-15

5.5 非荷载因素作用下的内力分析

与静定结构不同的是，超静定结构在温度改变、支座变位、构件制作误差以及材料的收缩徐变等非荷载因素作用下，都将产生内力。原因是超静定结构中存在多余约束，限制了结构的自由变形和位移。本节主要介绍其中最常见的两种非荷载因素，即温度改变和支座变位引起的内力分析方法，尽管其基本原理和计算步骤与前面的一般荷载作用下相同，但在典型方程的形式、自由项的物理意义及其计算方法以及最终内力的叠加等方面还有明显的差异。

5.5.1 温度改变引起的内力分析

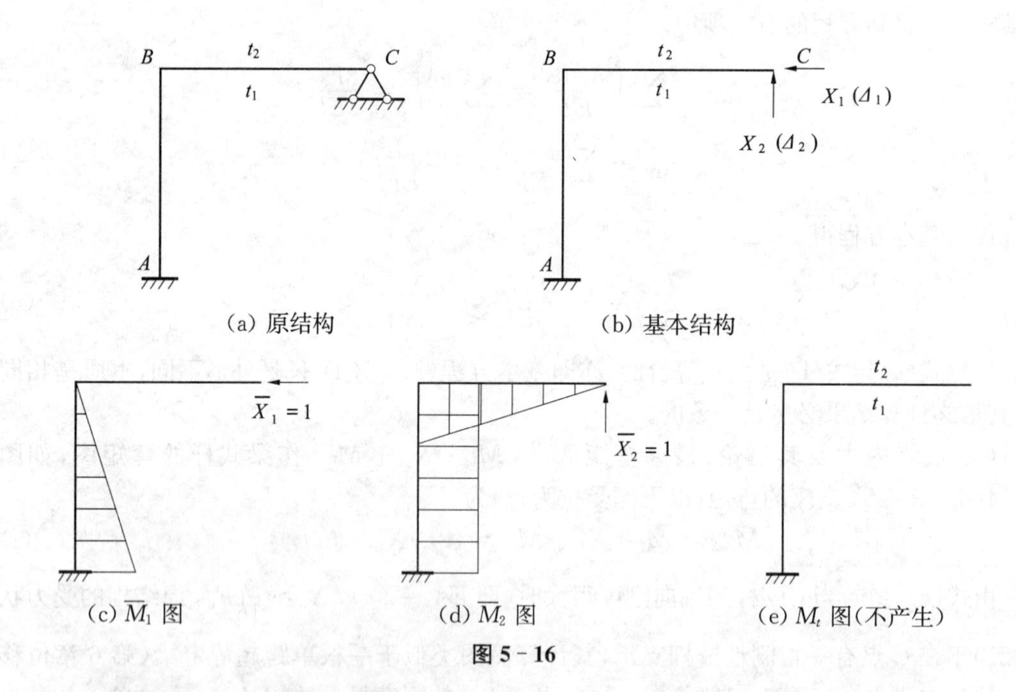

(a) 原结构　　(b) 基本结构

(c) $\overline{M}_1$ 图　　(d) $\overline{M}_2$ 图　　(e) M_t 图(不产生)

图 5-16

设图 5-16(a)所示的两次超静定刚架，其内、外侧的温度改变值分别为 t_1、t_2。若取图 5-16(b)所示的悬臂刚架作为其基本结构，则典型方程为

$$\begin{cases}\delta_{11}X_1+\delta_{12}X_2+\Delta_{1t}=0\\ \delta_{21}X_1+\delta_{22}X_2+\Delta_{2t}=0\end{cases}$$

方程中的系数 δ_{ij} 与外因无关，其含义和计算方法同前面一般荷载作用下的情况，分别

由 $\overline{M}_1$、$\overline{M}_2$ 图自乘或互乘得到。自由项 Δ_{it}（下标"t"意指温度）的物理意义表示基本结构由于温度改变引起的沿 X_1、X_2 方向的位移。其值可按第 4 章中的公式(4-15)计算：

$$\Delta_{it} = \sum \alpha t_0 \omega_{\overline{F}N} + \sum \frac{\alpha \Delta t}{h} \omega_{\overline{M}}$$

由于基本结构是静定的，温度改变不产生内力，即 $M_t \equiv 0$，因此最终内力仅由各 $\overline{M}_i$ 叠加得到

$$M = \overline{M}_1 \cdot X_1 + \overline{M}_2 \cdot X_2 + \cdots = \sum \overline{M}_i \cdot X_i$$

【例 5-4】 图 5-17(a)所示刚架的内侧温度升高 25℃，外侧温度升高 15℃，材料的线膨胀系数为 α，各杆截面为矩形，截面高度 $h=0.1L$，EI 为常数，试用力法计算并作 M 图。

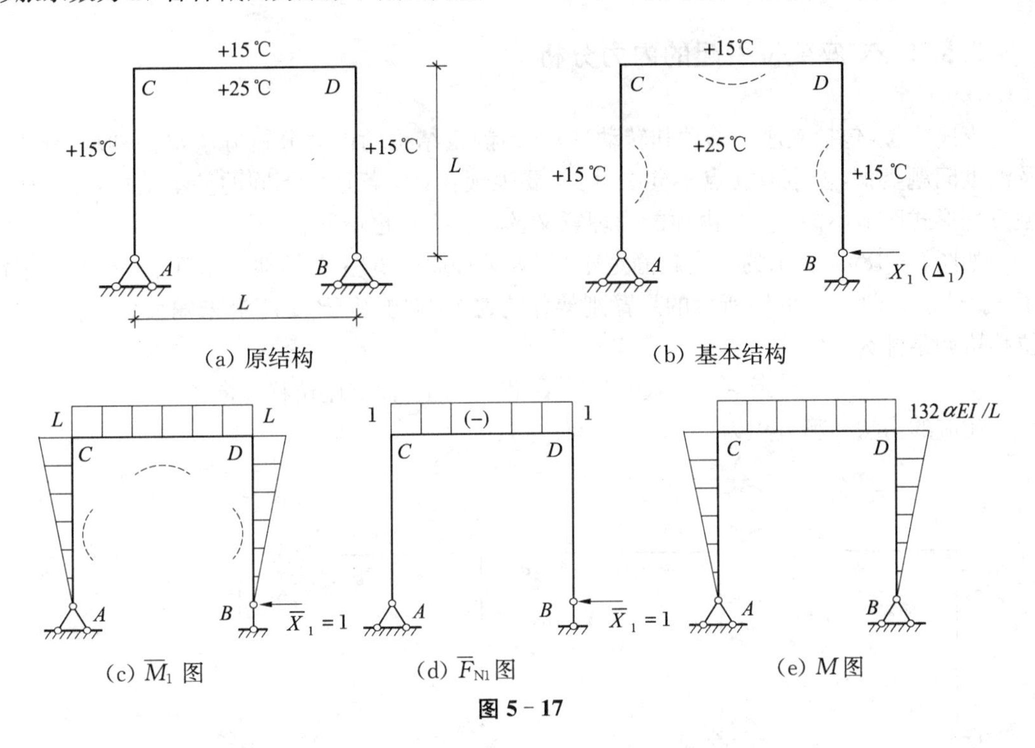

图 5-17

【解】 (1) 选取基本结构如图 5-17(b)，力法典型方程为：$\delta_{11}X_1 + \Delta_{1t} = 0$

(2) 作基本结构的单位弯矩图和单位轴力图(图 5-17(c)、(d))。

$$t_0 = \frac{15+25}{2} = 20℃，\quad \Delta t = |25-15| = 10℃$$

系数由 $\overline{M}_1$ 图自乘得：$\delta_{11} = \sum \int \frac{\overline{M}_1^2}{EI} ds = \sum \frac{\omega y}{EI} = 2 \times \frac{L^3}{3EI} + \frac{L^3}{EI} = \frac{5L^3}{3EI}$

自由项为

$$\Delta_{1t} = \sum \alpha t_0 \omega_{\overline{F}_{N1}} + \sum \frac{\alpha \Delta t}{h} \omega_{\overline{M}_1} = -\alpha \times 20 \times (1 \times L)(CD\text{ 杆}) + \left[-\frac{\alpha \times 10}{0.1L} \times (L \times L)\right]$$

$$(CD\text{ 杆}) + \left[-\frac{\alpha \times 10}{0.1L} \times \left(\frac{L}{2} \times L\right) \times 2\text{ 根}\right](AC、BD\text{ 杆}) = -220\alpha L$$

上式中的符号说明：第一项为轴向变形项，符号取决于 t_0 和 $\overline{F}_N$，由于 CD 杆的 t_0 为正，表明升温杆轴伸长，而由图 5-17(d)可知，CD 杆受压、缩短，故两者的轴向变形方向不一致，该项

应取负号。后三项为弯曲变形项，由 Δt 决定的杆件弯曲变形方向如图 5-17(b)所示，而由 $\overline{M}$ 图对应的弯曲变形方向示于图 5-17(c)，显然三根杆件的变形方向均相反，故三项均取负值。

(3) 解方程，作 M 图。

$$X_1=-\frac{\Delta_{1t}}{\delta_{11}}=\frac{132\alpha EI}{L^2},\qquad M=\overline{M}_1\cdot X_1\text{（如图 5-17(e)）}$$

(4) 计算结果表明，由于自由项 Δ_{it} 中不含公因子 EI，解方程时无法将它消去，故由温度改变引起的超静定结构的内力与各杆的绝对刚度 EI 有关。而且 EI 越大，其相应的内力通常也越大。而在一般荷载作用下的内力仅与各杆 EI 的相对比值有关，与其绝对值无关。因此从尽量减小温度改变引起的附加内力的角度看，结构的刚度并非越大越好，而应适当控制。

5.5.2 支座变位引起的内力分析

支座变位（包括支座的移动和转动）引起超静定结构的内力分析方法，与一般荷载作用及温度问题类似，但也有几点不同之处，主要表现在：① 若选取不同的基本结构，相应的典型方程形式明显不同；② 自由项的物理意义及计算方法也不同。

如图 5-18(a)所示的一次超静定刚架，因某种原因支座 A 转动了角度 φ，支座 B 下沉了 a。若选取图 5-18(b)所示的悬臂刚架作为基本结构，则 B 支座沿未知反力 X_1 方向的位移协调条件为：

$$\Delta_1^{基}=\Delta_1^{原}=-a\text{（未知力 }X_1\text{ 设为向上，而支座位移 }a\text{ 向下）}$$

相应的力法典型方程为：

$$\delta_{11}X_1+\Delta_{1C}=-a$$

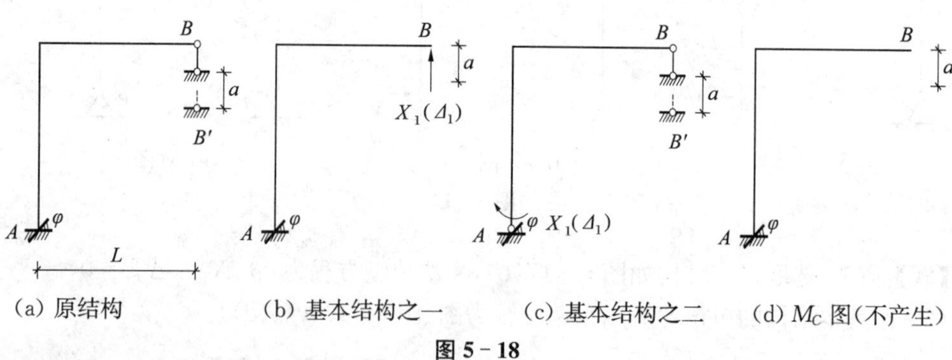

(a) 原结构　(b) 基本结构之一　(c) 基本结构之二　(d) M_C 图（不产生）

图 5-18

若取图 5-18(c)所示的简支刚架作为基本结构，则 A 支座沿未知的反力矩 X_1 方向的位移协调条件为

$$\Delta_1^{基}=\Delta_1^{原}=-\varphi\text{（}X_1\text{ 为顺时针方向，}\varphi\text{ 为逆时针方向）}$$

相应的力法典型方程为

$$\delta_{11}X_1+\Delta_{1C}=-\varphi$$

方程中的系数 δ_{ij} 同前，它与外因无关；自由项 Δ_{iC}（第二个下标 C 意指支座变位）的物理意义表示基本结构由于支座变位引起的沿 X_i 方向的位移。可按公式(4-16)计算：$\Delta_{iC}=-\sum\overline{R}_{ij}C_i$，式中 $\overline{R}_{ij}$ 是基本结构由第 j 个单位未知力 $\overline{X}_j=1$ 引起的与第 i 个支座位移 C_i 相

对应的支座反力。与温度问题一样，支座变位也不产生静定的基本结构中的弯矩，即 $M_C\equiv 0$。因此最终弯矩 $M=\sum \overline{M}_i\cdot X_i$。

【例 5-5】 图 5-19(a)为一单跨超静定梁，A 支座转动 φ，B 支座下沉 a，试作梁的弯矩图。

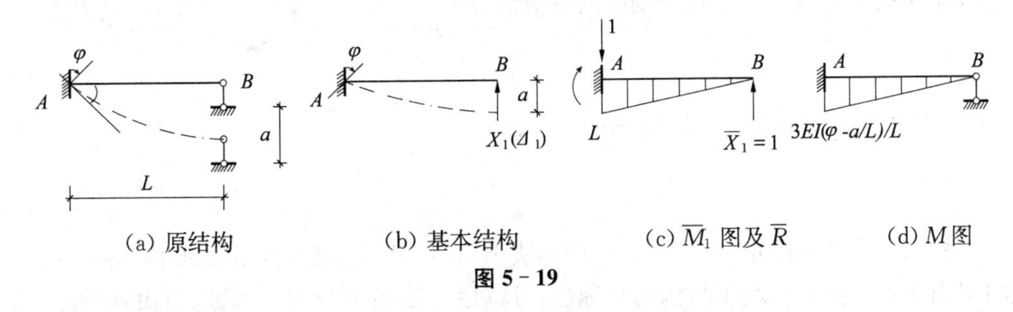

(a) 原结构　(b) 基本结构　(c) $\overline{M}_1$ 图及 $\overline{R}$　(d) M 图

图 5-19

【解】 (1) 此梁为一次超静定结构，取图 5-19(b)所示的悬臂梁为基本结构，原结构在 B 点沿未知力 X_1 方向的已知位移为 a，方向向下与所设的未知力 X_1 反向，故位移协调条件应为

$$\Delta_1=-a$$

即力法基本方程为 $\Delta_1=\delta_{11}X_1+\Delta_{1C}=-a$

(2) 作单位弯矩图 $\overline{M}_1$ 并求相应于已知支座位移方向的反力 $\overline{R}$，如图 5-19(c)。

由 $\overline{M}_1$ 图自乘得 $\delta_{11}=\dfrac{L^3}{3EI}$

自由项 $\Delta_{1C}=-\sum \overline{R}C=-(L\times\varphi)=-L\varphi$

(3) 解方程得 $X_1=\dfrac{3EI}{L^2}\left(\varphi-\dfrac{a}{L}\right)$

最终弯矩 $M=\overline{M}_1\cdot X_1$，如图 5-19(d)。

讨论：若取简支梁作为基本结构如图 5-20(a)，未知力为支座 A 的反力矩 X_1，则原结构在 A 支座沿未知力 X_1 方向的已知角位移为 φ，其方向与所设的 X_1 同向，故位移协调条件为

$$\Delta_1=\varphi$$

即

$$\Delta_1=\delta_{11}X_1+\Delta_{1C}=\varphi$$

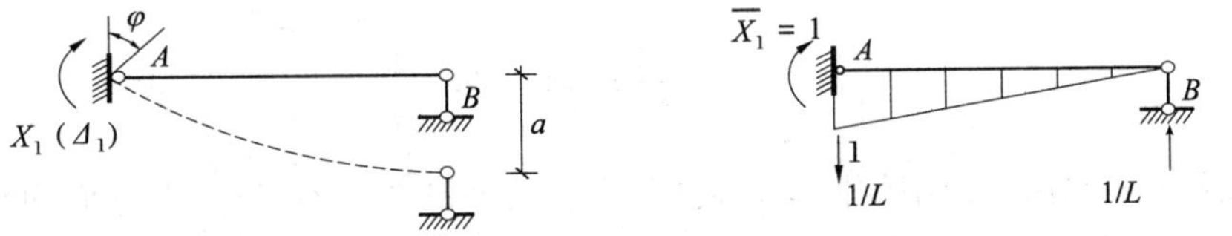

(a) 基本结构之二　(b) $\overline{M}_1$ 图及 $\overline{R}$

图 5-20

作 $\overline{M}_1$ 及 $\overline{R}$ 如图 5-20(b)，则

$$\delta_{11}=\frac{\omega y}{EI}=\frac{L}{3EI}$$

$$\Delta_{1C}=-\sum \overline{R}C=-\left(-\frac{1}{L}\times a\right)=\frac{a}{L}$$

$$X_1=\frac{3EI}{L}\left(\varphi-\frac{a}{L}\right)$$

最终弯矩 $M=\overline{M}_1 \cdot X_1$，叠加结果与图 5-19(d)完全相同。

本例选取不同的基本结构，力法典型方程明显不同。已知的支座位移 φ 和 a 将随对应的未知力出现在方程的右端项中。由未知力的表达式可见，类似于温度问题，超静定结构在支座变位作用下的内力也与各杆刚度的绝对值有关。

5.6 利用对称性简化分析

结构越复杂其超静定次数就越多，用力法求解时，计算系数、自由项和解方程组的工作量将成倍增加。而充分利用结构的对称性，可以使方程组中的很多系数、自由项为零，从而实现简化分析的目的。我们在讨论如何简化之前，有必要首先正确识别以下三方面的对称性概念：结构的对称性、荷载的对称性和未知力的对称性。

5.6.1 结构的对称性

判别一个结构是否对称，主要依据以下三个方面，即几何形状、支承条件和截面的基本特征。若将结构沿其对称轴对折后，几何形状完全重合，且位于对称位置上杆件的支承条件和截面基本特征（截面积 A、惯性矩 I、弹性模量 E 等参数）也完全相同，则称该结构为对称结构。

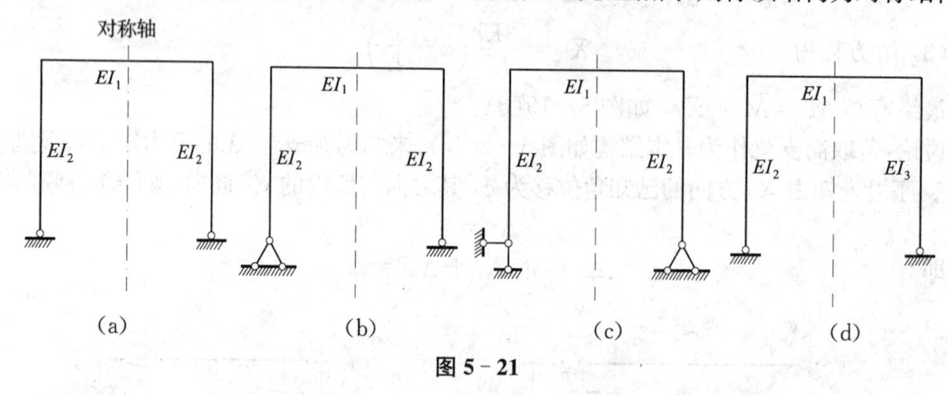

图 5-21

例如图 5-21(b)、(c)中的固定铰支座，尽管其外形似乎不对称，但它们均与图 5-21(a)具有相同的支承效果，因此可以认为是对称结构（只是画法不同而已），而图 5-21(d)中的两柱刚度不对称，因此它不是对称结构。

5.6.2 荷载的对称性

作用在结构上的外荷载也具有对称性，通常有正对称和反对称两类。所谓正对称荷载是指将结构沿对称轴对折后，位于对称位置上的两个荷载（包括集中荷载、集中力偶或分布荷载）的作用点重合，数值相等且指向（或转向）相同（图 5-22(a)）；反对称荷载是指对折后，大小相等、作用点重合而指向（或转向）相反（图 5-22(b)）。

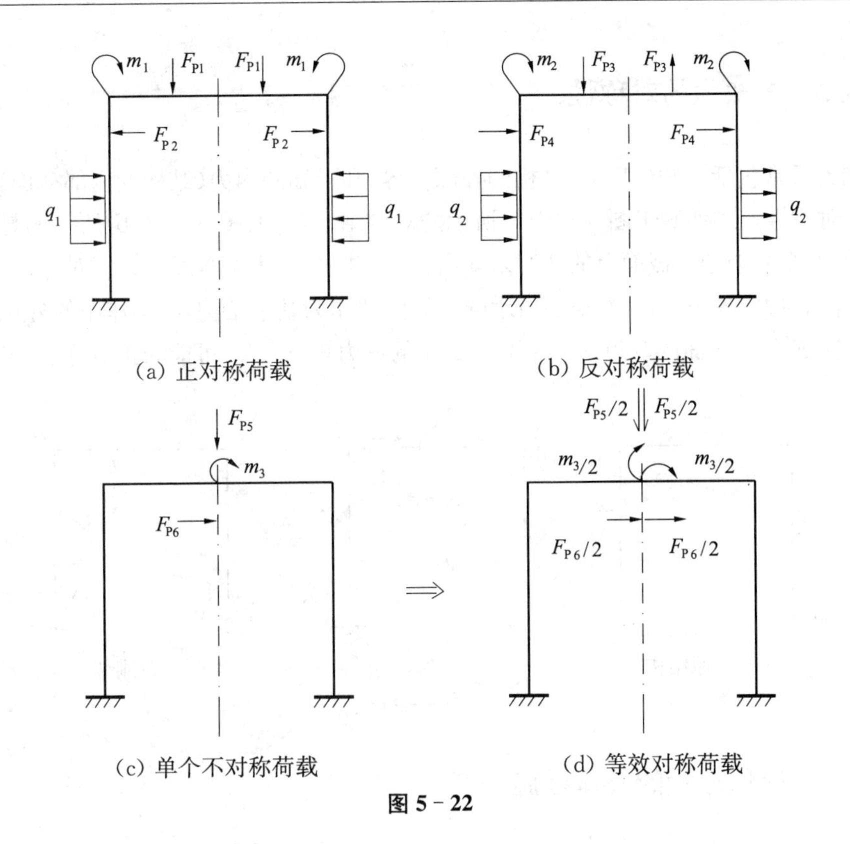

(a) 正对称荷载　(b) 反对称荷载

(c) 单个不对称荷载　(d) 等效对称荷载

图 5-22

作用在对称轴上的单个不对称的集中荷载或集中力偶(图 5-22(c)),我们可以将其视为作用于对称轴两侧的一对大小减半的对称荷载(图 5-22(d)),显然对折后不难看出:F_{P5} 为正对称荷载,而 F_{P6} 和 m_3 为反对称荷载。一般地,对任何一种不对称荷载均可应用叠加原理,将其分解为一组正对称和另一组反对称的荷载(图 5-23)。

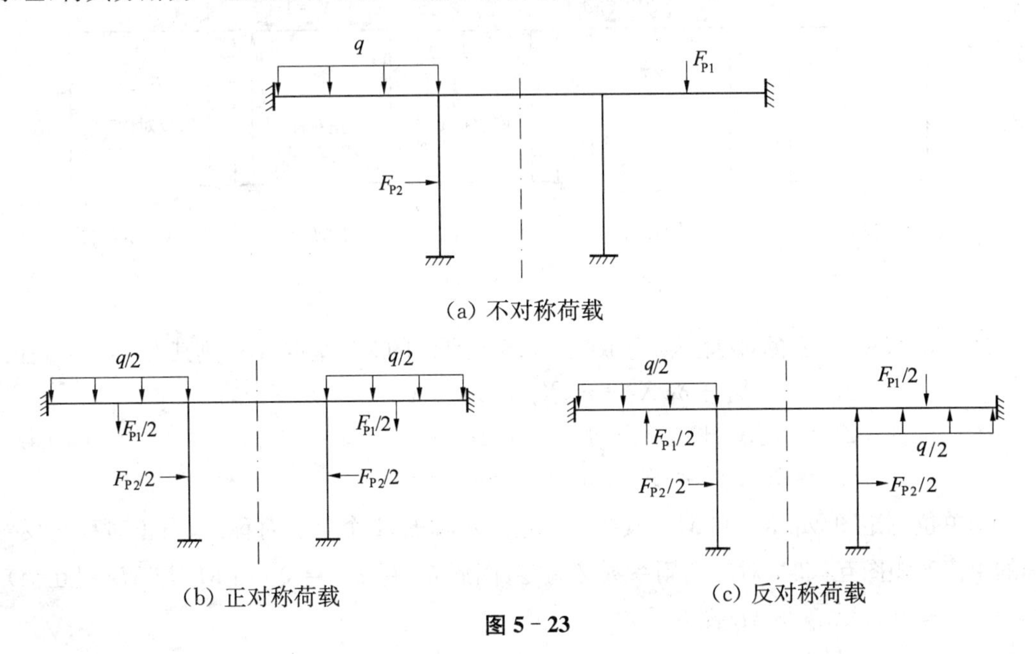

(a) 不对称荷载

(b) 正对称荷载　(c) 反对称荷载

图 5-23

5.6.3 未知力的对称性

未知力通常包括未知的反力(结构的外部边界)和未知的内力(结构的内部截面)。它们一般也具有对称性。例如对于图 5-24(a)所示的对称结构,若取图 5-24(b)所示的悬臂刚架作为基本结构,则跨中切口截面上的 3 对未知内力中,轴力 X_1 和弯矩 X_2 为正对称内力,而剪力 X_3 属反对称内力。若取图 5-24(c)所示的三铰刚架作为基本结构,则当作用的外荷载也正对称时跨中铰 E 两侧截面的弯矩 X_1 和 A、B 支座的反力矩 X_2、X_3 可能为正对称的未知力。

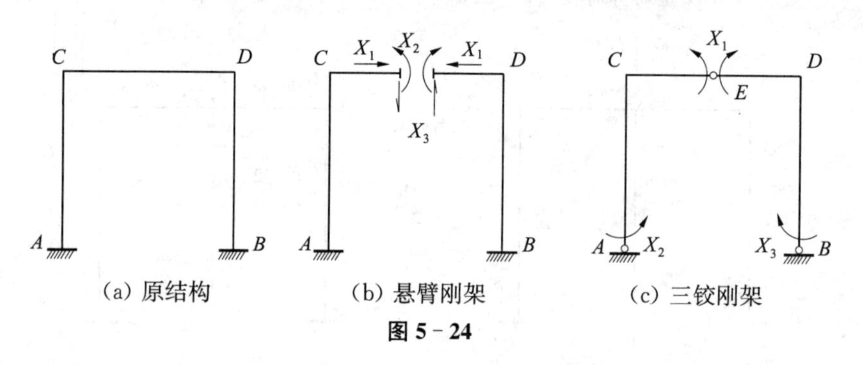

(a) 原结构　(b) 悬臂刚架　(c) 三铰刚架

图 5-24

5.6.4 简化分析的具体措施

利用结构的对称性进行简化分析,主要采取以下 3 种措施:① 选取对称的基本结构;② 取半结构计算;③ 选取成对的未知力。本节主要介绍最常见的前两种措施。

1) 选取对称的基本结构

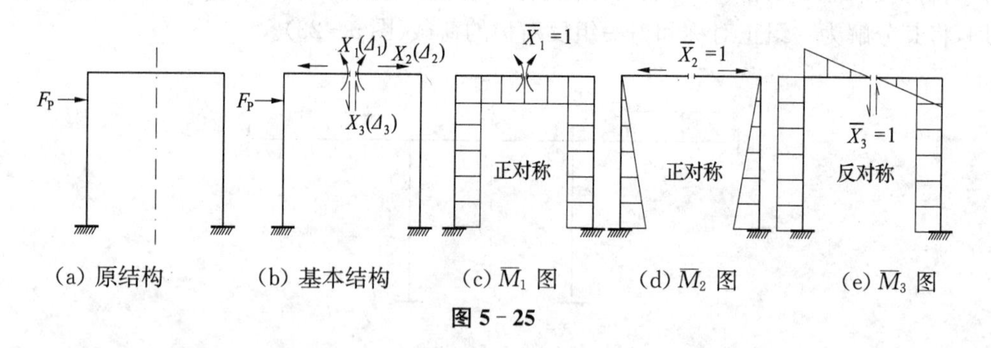

(a) 原结构　(b) 基本结构　(c) $\overline{M}_1$ 图　(d) $\overline{M}_2$ 图　(e) $\overline{M}_3$ 图

图 5-25

对图 5-25(a)所示的对称刚架,选取图 5-25(b)所示的对称基本结构,则其力法典型方程为

$$\left.\begin{aligned}\Delta_1 &= \delta_{11}X_1+\delta_{12}X_2+\delta_{13}X_3+\Delta_{1P}=0\\ \Delta_2 &= \delta_{21}X_1+\delta_{22}X_2+\delta_{23}X_3+\Delta_{2P}=0\\ \Delta_3 &= \delta_{31}X_1+\delta_{32}X_2+\delta_{33}X_3+\Delta_{3P}=0\end{aligned}\right\} \tag{a}$$

作单位弯矩图 $\overline{M}_1$、$\overline{M}_2$ 和 $\overline{M}_3$,其中 2 个是正对称的,1 个是反对称的,当正对称与反对称的单位弯矩图互乘时,对应的副系数必为零,因此 $\delta_{13}=\delta_{31}=0$(由 $\overline{M}_1$ 与 $\overline{M}_3$ 图互乘),$\delta_{23}=\delta_{32}=0$(由 $\overline{M}_2$ 与 $\overline{M}_3$ 图互乘)。

方程组(a)便简化为

$$\left.\begin{aligned}\delta_{11}X_1+\delta_{12}X_2+\Delta_{1P}=0\\ \delta_{21}X_1+\delta_{22}X_2+\Delta_{2P}=0\\ \delta_{33}X_3+\Delta_{3P}=0\end{aligned}\right\}\tag{b}$$

如前所述,原结构上的单个不对称荷载可分解为图 5－26(a)、(b)所示的对称荷载之和,相应的荷载弯矩图绘于图 5－26(c)、(d)。

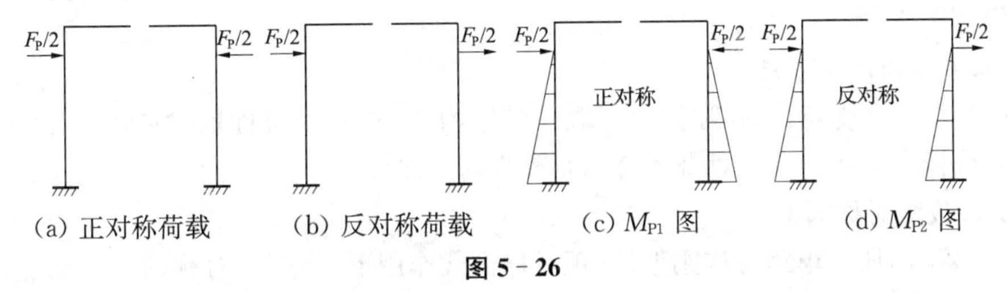

(a) 正对称荷载　(b) 反对称荷载　(c) M_{P1} 图　(d) M_{P2} 图

图 5－26

将正对称的荷载弯矩图 M_{P1} 与反对称的单位弯矩图 $\overline{M}_3$ 互乘,所得自由项 $\Delta_{3P}=0$ 代入式(b),可得 $\delta_{33}X_3=0$。由于 $\delta_{33}\neq 0$($\overline{M}_3$图自乘),因此 $X_3=0$(即反对称的未知力等于零)。而将反对称的荷载弯矩图 M_{P2} 与正对称的单位弯矩图$\overline{M}_1$、$\overline{M}_2$互乘,所得自由项 $\Delta_{1P}=0$,$\Delta_{2P}=0$ 代入式(b) 后可得 $\begin{cases}\delta_{11}X_1+\delta_{12}X_2=0\\ \delta_{21}X_1+\delta_{22}X_2=0\\ \delta_{33}X_3+\Delta_{3P}=0\end{cases}$

$X_1=X_2=0$(即正对称的未知力等于零),而 $X_3\neq 0$。

综上可得结论:

对称结构在正对称荷载作用下,反对称的未知力应等于零,只存在正对称的未知力;对称结构在反对称荷载作用下,正对称的未知力应等于零,只存在反对称的未知力。

【例 5－6】 试利用对称性计算图 5－27(a)所示刚架,并作 M 图,各杆 EI 为常量。

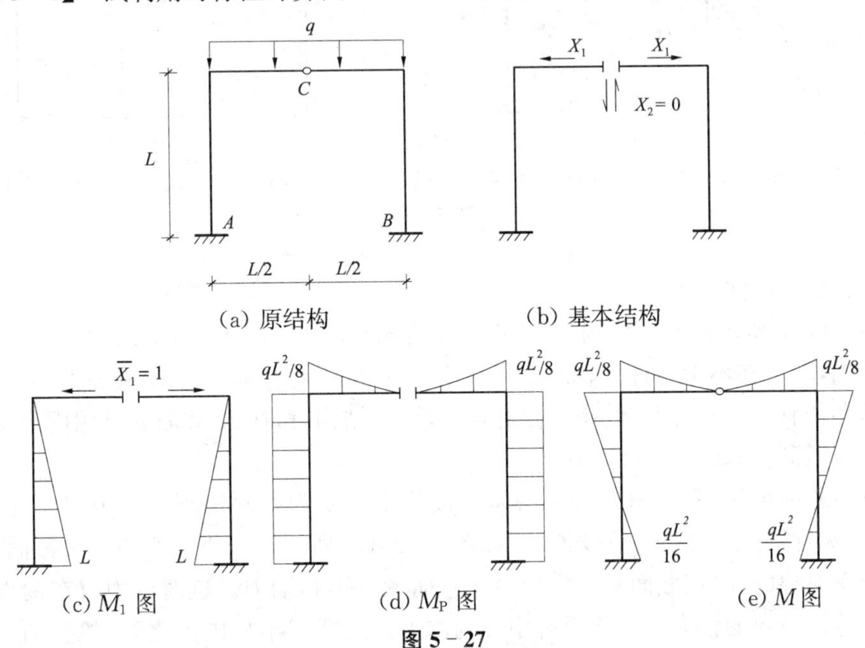

(a) 原结构　(b) 基本结构

(c) $\overline{M}_1$ 图　(d) M_P 图　(e) M 图

图 5－27

【解】 原结构为二次超静定的对称刚架，作用正对称的均布荷载。现选取对称的基本结构如图 5 - 27(b)，由前面的结论可知，跨中的切口截面上反对称的未知剪力 X_2 必为零，只存在正对称的未知轴力 X_1（原结构在该处是铰，没有弯矩）。

简化后的力法典型方程为 $\delta_{11}X_1+\Delta_{1P}=0$

由 $\overline{M}_1$、M_P 图相乘得 $\delta_{11}=\dfrac{2L^3}{3EI}$，$\Delta_{1P}=-\dfrac{qL^4}{8EI}$，$X_1=-\dfrac{\Delta_{1P}}{\delta_{11}}=\dfrac{3qL}{16}$

最终弯矩 $M=\overline{M}_1\cdot X_1+M_P$，如图 5 - 27e。

2) 取半结构计算分析

当对称结构承受对称荷载时，也可取一半结构（在有多个对称轴时还可取 1/4 或 1/8）进行简化分析。下面分别针对奇数跨和偶数跨刚架进行讨论。

(1) 奇数跨对称刚架

图 5 - 28(a)所示单跨对称刚架，在正对称荷载作用下，将产生对称的内力和变形（变形曲线如图中虚线所示）。位于对称轴上的 K 截面只能产生竖向线位移，不应产生水平位移和转角（否则将破坏变形的对称性）；同时，K 截面上只有正对称的弯矩和轴力，没有反对称的剪力。因此，当从对称轴处截取一半结构时，在 K 截面处可用定向滑动支座代替原来的约束，计算简图如图 5 - 28(b)所示。

在反对称荷载作用下（图 5 - 28(c)），将产生反对称的内力和变形。位于对称轴上的 K 截面只产生水平位移和转角，不产生竖向线位移；同时，K 截面上只有反对称的剪力，而无正对称的弯矩和轴力。因此，当从对称轴处截取一半结构时，在 K 截面处可用竖向链杆代替原有约束，计算简图如图 5 - 28(d)所示。

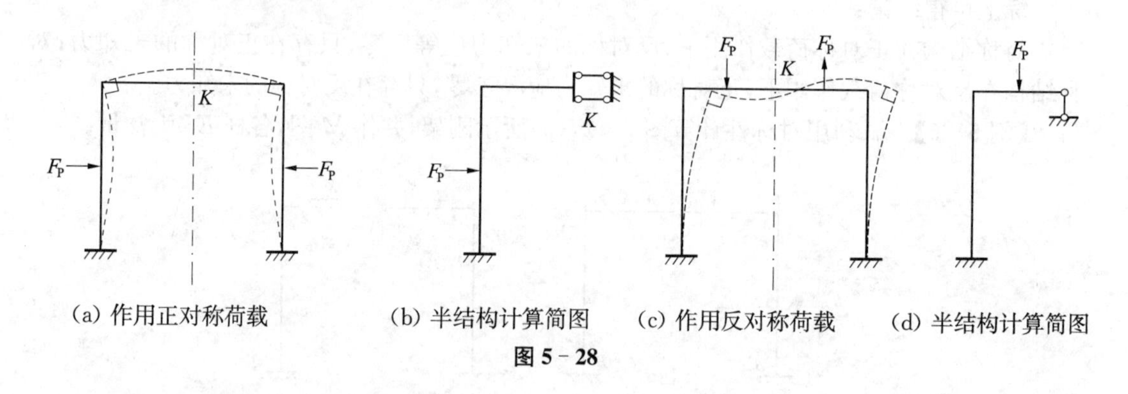

(a) 作用正对称荷载 (b) 半结构计算简图 (c) 作用反对称荷载 (d) 半结构计算简图

图 5 - 28

(2) 偶数跨对称刚架

图 5 - 29(a)所示两跨对称刚架，在正对称荷载作用下，将产生对称的内力和变形（虚线为其变形曲线）。在不考虑杆件轴向变形的情况下，位于对称轴上的 K 截面处不产生水平、竖向和转角位移，相当于固定约束。因此，当取一半结构时，在 K 截面处可用固定支座代替原有约束，计算简图如图 5 - 29(b)。

在反对称荷载作用下（图 5 - 29(c)），假设将中柱视为由两根刚度减半（$I/2$）的竖柱组成，它们在对称轴的两侧仍与横梁刚结，如图 5 - 29(d)所示。若将横梁的中央截面切开，由于荷载是反对称的，故该截面只产生剪力 F_{SK} 而无弯矩和轴力。这对剪力仅在两根半柱内引起一对等值反向的轴力。由于原有中柱的内力是这两根半柱内力之和，故叠加后 F_{SK} 相互抵消为零，亦即相当于两根半柱是独立的，并未在柱顶连在一起，因此可取一半结构作为其计算简图（图 5-29(e)）。

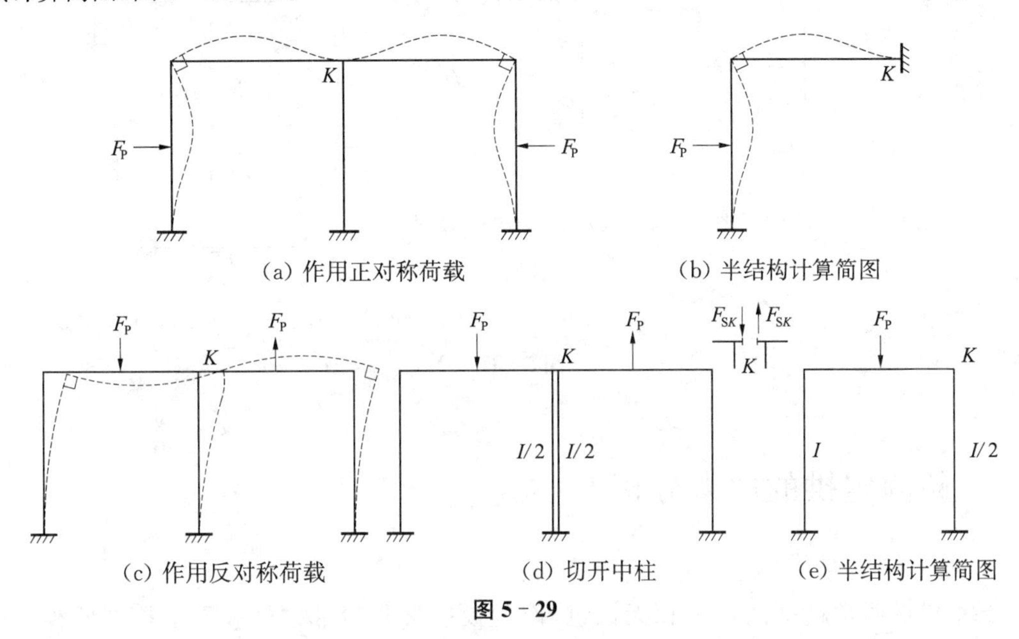

(a) 作用正对称荷载

(b) 半结构计算简图

(c) 作用反对称荷载

(d) 切开中柱

(e) 半结构计算简图

图 5-29

【例 5-7】 试利用对称性计算图 5-30(a)所示刚架，并作 M 图，各杆 EI 为常量。

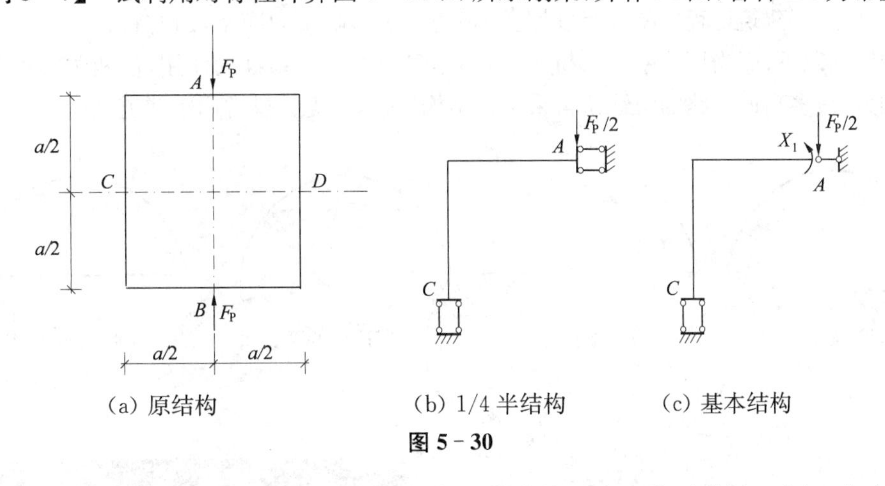

(a) 原结构

(b) 1/4 半结构

(c) 基本结构

图 5-30

【解】 (1) 这是一个三次超静定刚架，结构及荷载均具有两个对称轴，可取 1/4 结构作为其计算简图，如图 5-30(b)。解除一个多余约束得基本结构如图 5-30(c)，力法典型方程为

$$\delta_{11}X_1 + \Delta_{1P} = 0$$

(2) 作基本结构的 $\overline{M}_1$、M_P 图如图 5-31(a)、(b)所示，由图乘得

$$\delta_{11} = \frac{a}{EI}, \qquad \Delta_{1P} = -\frac{3F_P a^2}{16EI}$$

代入力法方程解得未知的支座反力矩为 $X_1 = \dfrac{3F_P a}{16}$

(3) 由 $M = \overline{M}_1 \cdot X_1 + M_P$ 绘出 1/4 结构的弯矩图（图 5-31(c)），再根据对称性得原结构完整的弯矩图（图 5-31(d)）。

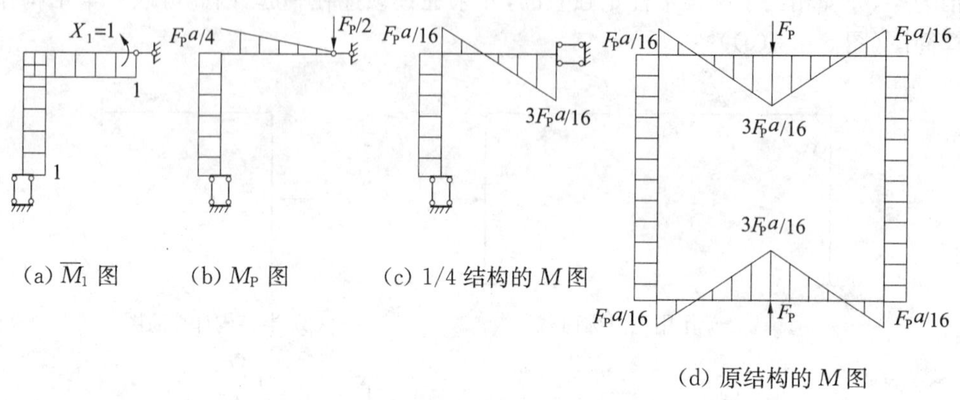

(a) $\overline{M}_1$ 图　(b) M_P 图　(c) 1/4 结构的 M 图　(d) 原结构的 M 图

图 5 - 31

5.7　超静定拱的内力分析

超静定拱通常包括两铰拱和无铰拱，而两铰拱又分为带拉杆和不带拉杆两种（图 5 - 32）。带拉杆的主要目的是，避免在竖向荷载作用下产生的水平推力过大，致使基础难以处理，当被应用于建筑工程中的大跨度屋盖时，为了不影响室内净空，通常将拉杆埋于两个基础之间的地面以下；而当用作系杆拱桥时，桥面本身就相当于系杆的作用，使两边的桥墩不产生水平推力，很多高速公路的跨线桥常采用该结构形式，而无铰拱常用于隧道结构(图 5 - 33)。

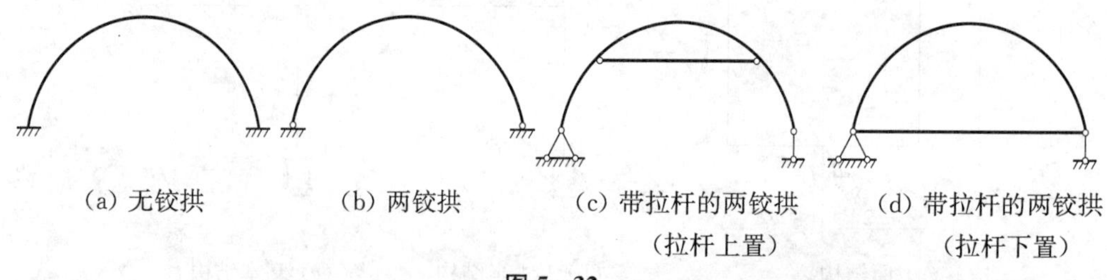

(a) 无铰拱　(b) 两铰拱　(c) 带拉杆的两铰拱（拉杆上置）　(d) 带拉杆的两铰拱（拉杆下置）

图 5 - 32

(a) 京沪高铁常州段跨线桥

(b) 陕西某公路隧道拱圈

图 5 - 33

用力法计算超静定拱的原理及过程与其他结构基本相同，只是由于拱轴为曲线，在计算系数和自由项时，图乘法不再适用必须改用积分运算。

5.7.1 两铰拱的内力分析

两铰拱属一次超静定结构，通常可取简支的曲梁作为基本结构（图 5－34(b)），也可采用三铰拱作为基本结构（图 5－34(c)）。

力法典型方程为 $\Delta_1 = \delta_{11} X_1 + \Delta_{1P} = 0$

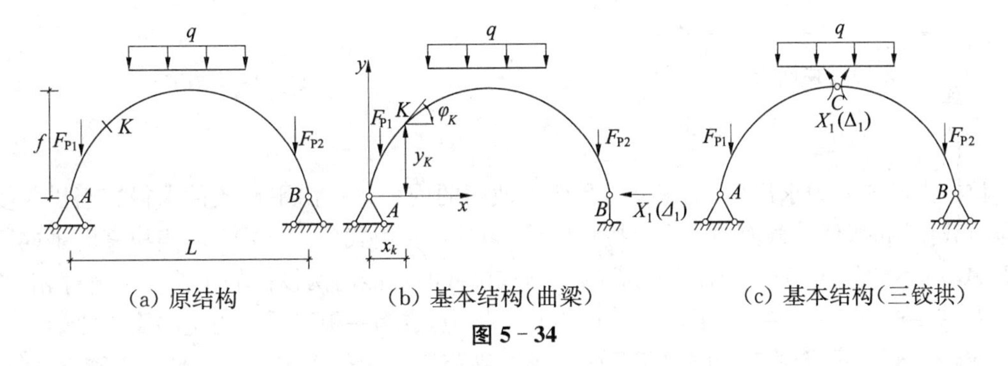

图 5－34

经验表明，计算自由项 Δ_{1P} 时只需考虑弯曲变形项，而在计算系数 δ_{11} 时，仍可忽略剪切变形的影响，但轴向变形通常应考虑（尤其是当矢跨比 $\frac{f}{L} < \frac{1}{3}$ 时）。即

$$\delta_{11} = \int \frac{\overline{M}_1^2 \mathrm{d}s}{EI} + \int \frac{\overline{F}_{N1}^2 \mathrm{d}s}{EA}, \quad \Delta_{1P} = \int \frac{\overline{M}_1 M_P \mathrm{d}s}{EI}$$

基本结构在 $\overline{X}_1 = 1$ 单独作用下，任一截面的内力为：$\overline{M}_1 = -y$，$\overline{F}_{N1} = \cos\varphi$。这里 y 为任意截面的纵坐标，φ 为该处切线的倾角，左半拱为正，右半拱为负。弯矩以内侧受拉为正，轴力以受压为正。代入后解得未知力为

$$X_1 = -\frac{\Delta_{1P}}{\delta_{11}} = \frac{\int \frac{y M_P \mathrm{d}s}{EI}}{\int \frac{y^2 \mathrm{d}s}{EI} + \int \frac{\cos^2\varphi \mathrm{d}s}{EA}} \tag{5-13}$$

求出 X_1 后，其余内力不难由叠加法求得

$$\left.\begin{aligned} M_K &= M_K^0 - X_1 y_K \\ F_{SK} &= F_{SK}^0 \cos\varphi_K - X_1 \sin\varphi_K \\ F_{NK} &= F_{SK}^0 \sin\varphi_K + X_1 \cos\varphi_K \end{aligned}\right\} \tag{5-14}$$

用力法分析带拉杆的两铰拱时，通常以拉杆的内力为多余未知力，基本结构如图 5－35(b)所示。力法典型方程及计算步骤与不带拉杆的两铰拱完全相同，只是在系数 δ_{11} 中应增加拉杆的轴向变形项 $\frac{L}{E_1 A_1}$，因此未知力为

$$X_1 = -\frac{\Delta_{1P}}{\delta_{11}} = \frac{\int \frac{y M_P \mathrm{d}s}{EI}}{\int \frac{y^2 \mathrm{d}s}{EI} + \int \frac{\cos^2\varphi \mathrm{d}s}{EA} + \frac{L}{E_1 A_1}} \tag{5-15}$$

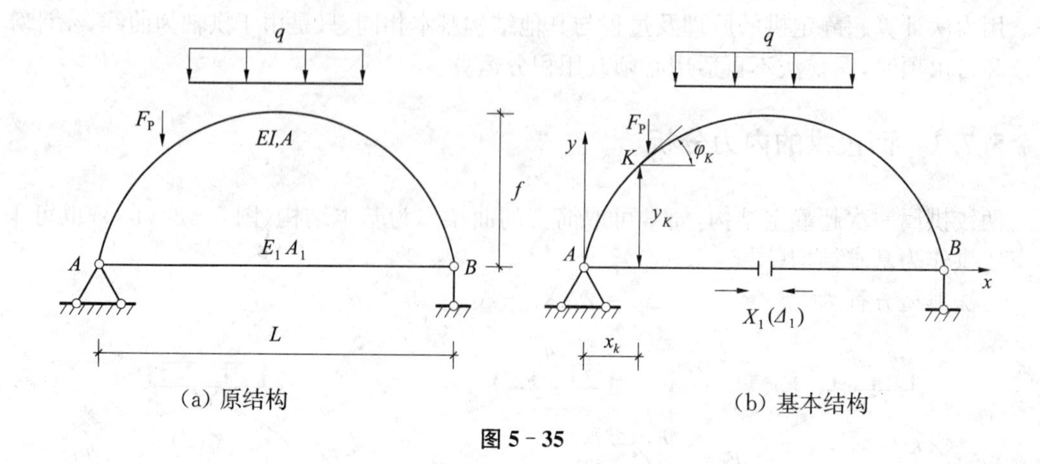

(a) 原结构　　　　(b) 基本结构

图 5 - 35

拉杆内的未知力求出后，支座反力和任一截面的内力均可由平衡条件求得。当拱仅受竖向荷载作用时，任一截面的内力可按式(5 - 14)计算。由式(5 - 15)可知，当拉杆的轴向刚度 $E_1A_1 \to \infty$ 时，式(5 - 15)便退化成(5 - 13)，拉杆的功能与两铰拱的刚性水平链杆相同。而当 $E_1A_1 \to 0$ 时，$X_1 \to 0$，此时拱不产生水平推力，成为一根以受弯为主的简支曲梁。

【例 5 - 8】 试求图 5 - 36(a)所示两铰拱在满跨均布荷载作用下的水平推力和 K 截面的弯矩。已知拱轴线方程为 $y = \frac{4f}{L^2}x(L-x)$，跨度 $L = 18\ \text{m}$，矢高 $f = 3.6\ \text{m}$，拱截面面积 $A = 0.384\ \text{m}^2$，弹性模量 $E = 192\ \text{GPa}$，惯性矩 $I = 1.834 \times 10^{-3}\ \text{m}^4$。

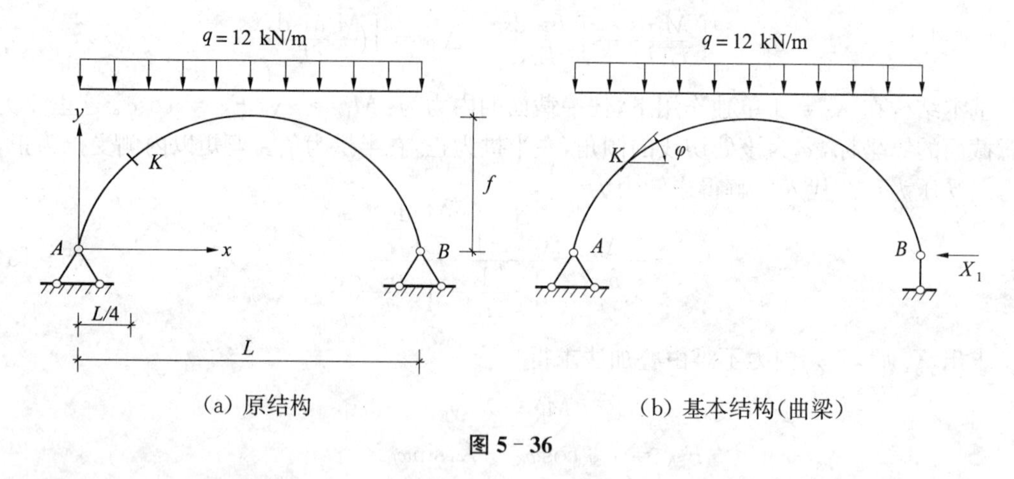

(a) 原结构　　　　(b) 基本结构(曲梁)

图 5 - 36

【解】 (1) 求水平推力

取曲梁为基本结构如图 5 - 36(b)所示，力法典型方程为

$$\delta_{11}X_1 + \Delta_{1P} = 0$$

由于矢跨比 $\frac{f}{L} = \frac{3.6}{18} = \frac{1}{5}$ 属扁拱，可近似取 $ds = dx$，$\cos\varphi = 1$

由单位未知力引起的基本结构的内力(忽略剪切变形)为

$$\overline{M}_1 = -y,\quad \overline{F}_{N1} = \cos\varphi = 1$$

由均布荷载引起的基本结构的内力(忽略剪切变形)为

$$M_{\mathrm{P}} = \frac{q}{2}x(L-x), \qquad F_{\mathrm{NP}} = 0$$

于是

$$\begin{aligned}\delta_{11} &= \int \frac{\overline{M}_1{}^2 \mathrm{d}s}{EI} + \int \frac{\overline{F}_{\mathrm{N1}}{}^2 \mathrm{d}s}{EA} = \frac{1}{EI}\int_0^L y^2 \mathrm{d}x + \frac{1}{EA}\int_0^L \mathrm{d}x \\ &= \frac{1}{EI}\int_0^L \left[\frac{4f}{L^2}x(L-x)\right]^2 \mathrm{d}x + \frac{1}{EA}\int_0^L \mathrm{d}x \\ &= \frac{8Lf^2}{15EI} + \frac{L}{EA}\end{aligned}$$

$$\begin{aligned}\Delta_{1\mathrm{P}} &= \int \frac{\overline{M}_1 M_{\mathrm{P}} \mathrm{d}s}{EI} = -\int \frac{yM_{\mathrm{P}} \mathrm{d}s}{EI} \\ &= -\frac{1}{EI}\int_0^L \frac{4f}{L^2}x(L-x)\left[\frac{qx}{2}(L-x)\right]\mathrm{d}x \\ &= -\frac{qfL^3}{15EI}\end{aligned}$$

$X_1 = -\dfrac{\Delta_{1\mathrm{P}}}{\delta_{11}} = \dfrac{fqL^2}{8f^2 + 15\dfrac{I}{A}}$,式中分母有两项。第一项:$8f^2 = 8 \times 3.6^2 = 103.68\ \mathrm{m}^2$。第二项:$15I/A = 0.071\,6\ \mathrm{m}^2$。可见,第二项仅占第一项的 1/1 448,轴向变形的影响极其微小。忽略后的水平推力 $X_1 = \dfrac{qL^2}{8f}$ 与同跨、同荷载的三铰拱完全相同。

(2) 求 K 截面的弯矩

K 截面的几何坐标:$x_K = \dfrac{L}{4} = 4.5\ \mathrm{m}$,$y_K = \dfrac{4f}{L^2}x_K(L-x_K) = 2.7\ \mathrm{m}$

等代梁 K 截面的弯矩为

$$\begin{aligned}M_K^0 &= \frac{qL}{2}x_K - \frac{q}{2}x_K^2 = \frac{qx_K}{2}(L-x_K) \\ &= \frac{12 \times 4.5}{2}(18-4.5) \\ &= 364.5\ \mathrm{kN \cdot m}\end{aligned}$$

两铰拱 K 截面的弯矩为

$$\begin{aligned}M_K &= M_K^0 - X_1 y_K \\ &= 364.5 - \frac{3.6 \times 12 \times 18^2}{8 \times 3.6^2 + 0.071\,6} \times 2.7 \\ &= 0.25\ \mathrm{kN \cdot m}\end{aligned}$$

由此可见,尽管本例中的拱轴线为三铰拱的合理轴线,截面上不产生弯矩,但两铰拱在考虑轴向变形时,截面上仍将存在微小的弯矩。

5.7.2 无铰拱的内力分析

利用结构的对称性,同样可将具有 3 次超静定的对称无铰拱进行简化处理。如图

5－37(a)所示的对称无铰拱，若沿其对称轴切开，取图 5－37(b)所示的对称悬臂曲梁为基本结构，根据切口截面沿未知力 X_1、X_2、X_3 方向的相对位移应为零的协调条件得力法典型方程为

$$\left.\begin{aligned}\Delta_1 &= \delta_{11}X_1+\delta_{12}X_2+\delta_{13}X_3+\Delta_{1P}=0\\ \Delta_2 &= \delta_{21}X_1+\delta_{22}X_2+\delta_{23}X_3+\Delta_{2P}=0\\ \Delta_3 &= \delta_{31}X_1+\delta_{32}X_2+\delta_{33}X_3+\Delta_{3P}=0\end{aligned}\right\} \tag{a}$$

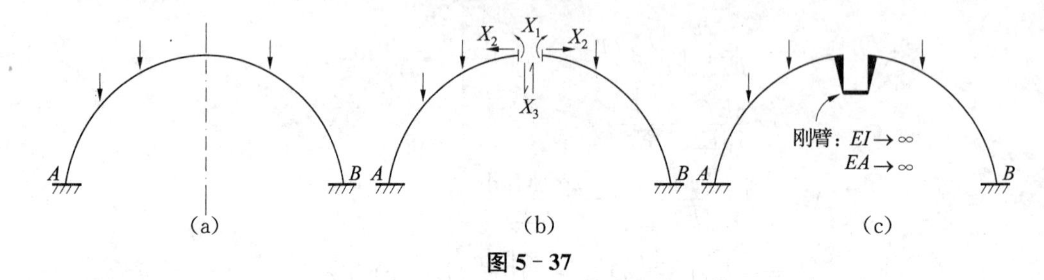

图 5－37

由于 X_1（弯矩）和 X_2（轴力）为正对称的未知力，而 X_3（剪力）为反对称的未知力，由前面的分析结果可知 $\delta_{13}=\delta_{31}=\delta_{23}=\delta_{32}=0$，因此方程组(a) 可简化为

$$\left.\begin{aligned}\delta_{11}X_1+\delta_{12}X_2+\Delta_{1P}=0\\ \delta_{21}X_1+\delta_{22}X_2+\Delta_{2P}=0\end{aligned}\right\} \tag{b}$$

$$\delta_{33}X_3+\Delta_{3P}=0 \tag{c}$$

若能设法再使方程组(b)中的两个副系数 $\delta_{12}=\delta_{21}=0$，则上述方程组将简化为 3 个独立的一元方程，使原方程组(a)彻底“解耦”。下面介绍的弹性中心法便可实现该简化目标。

该方法的基本思路是在切口截面的两侧各添加一个刚度为无限大的刚臂，并在两刚臂的下端将其刚结在一起(图 5－37(c))。由于刚臂本身不变形，因此刚臂下端刚结处(C')切开后的变形与拱顶切口截面 C 处的变形完全相同，这样可将 C 处的一组未知力 X_1、X_2、X_3 下移到刚臂的下端而不会改变其变形状态，作为新的基本结构如图 5－38(a)。现以刚臂的端点为坐标原点，并设 x 轴向右为正，y 轴向下为正，拱轴上各点的切线倾角 φ 在右半拱取正，左半拱取负。弯矩以使拱的内侧受拉为正，剪力仍以使隔离体顺时针方向转动为正，轴力以受压为正。

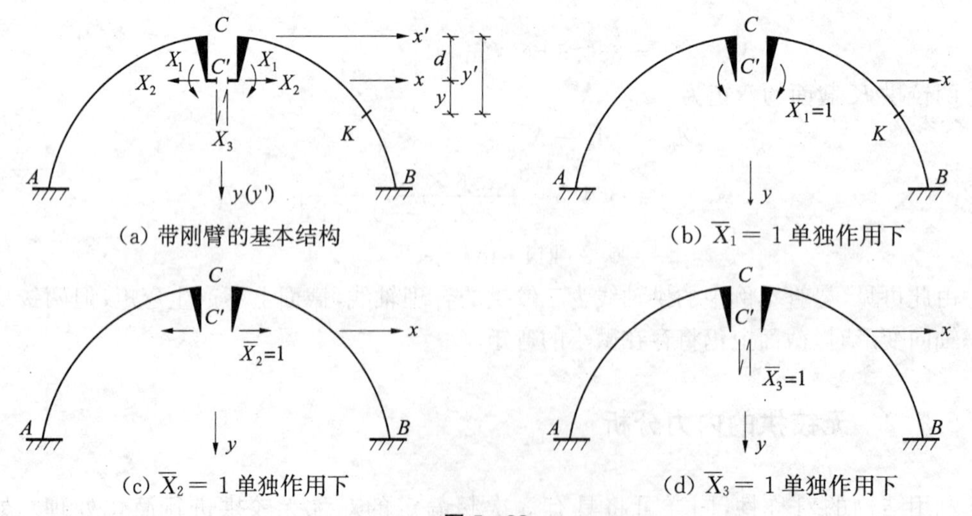

(a) 带刚臂的基本结构　(b) $\overline{X}_1=1$ 单独作用下

(c) $\overline{X}_2=1$ 单独作用下　(d) $\overline{X}_3=1$ 单独作用下

图 5－38

则基本结构在单位未知力作用下的内力为

$\overline{X}_1 = 1$ 单独作用下(图 5-38(b)):$\overline{M}_1 = 1$,　　$\overline{F}_{N1} = 0$,　　$\overline{F}_{S1} = 0$

$\overline{X}_2 = 1$ 单独作用下(图 5-38(c)):$\overline{M}_2 = y$,　　$\overline{F}_{N2} = \cos\varphi$,　　$\overline{F}_{S2} = \sin\varphi$

$\overline{X}_3 = 1$ 单独作用下(图 5-38(d)):$\overline{M}_3 = x$,　　$\overline{F}_{N3} = -\sin\varphi$,　　$\overline{F}_{S3} = \cos\varphi$

于是副系数 δ_{12} 和 δ_{21} 为

$$\delta_{12} = \delta_{21} = \int \frac{\overline{M}_1\,\overline{M}_2\,\mathrm{d}s}{EI} + \int \frac{\overline{F}_{N1}\,\overline{F}_{N2}\,\mathrm{d}s}{EA} + \int k\,\frac{\overline{F}_{S1}\,\overline{F}_{S2}\,\mathrm{d}s}{GA}$$
$$= \int \frac{\overline{M}_1\,\overline{M}_2\,\mathrm{d}s}{EI} = \int \frac{y\mathrm{d}s}{EI} = \int (y' - d)\,\frac{\mathrm{d}s}{EI} = \int y'\,\frac{\mathrm{d}s}{EI} - d\int \frac{\mathrm{d}s}{EI}$$

令 $\delta_{12} = \delta_{21} = 0$,则刚臂的长度 d 为

$$d = \frac{\int y'\,\frac{\mathrm{d}s}{EI}}{\int \frac{\mathrm{d}s}{EI}} \tag{5-16}$$

下面来解释式(5-16)的几何意义。若沿拱轴方向作一宽度为 $\frac{1}{EI}$ 的条状图形(图 5-39),则微分面积为 $\mathrm{d}A = \mathrm{d}s \cdot \frac{1}{EI}$。式(5-16)可写成:$d = \frac{\int y'\mathrm{d}A}{\int \mathrm{d}A}$,其几何意义表示该条状图形的形心坐标公式,由于该图形与结构的弹性性质 EI 有关,故称为弹性面积,其形心称为弹性中心。可见,将多余未知力置于弹性中心,并以此为坐标原点,可使力法方程中的全部副系数均为零,从而使计算得以简化,这种方法称为弹性中心法。

此时力法典型方程被简化为 3 个独立的一元方程:

$$\left.\begin{aligned} \delta_{11}X_1 + \Delta_{1P} = 0 \\ \delta_{22}X_2 + \Delta_{2P} = 0 \\ \delta_{33}X_3 + \Delta_{3P} = 0 \end{aligned}\right\} \tag{5-17}$$

在计算系数和自由项时,一般仍可忽略轴力和剪力引起的变形影响,仅当矢高 $f < \frac{L}{5}$,拱顶截面的高度 $h_C < \frac{L}{10}$ 时,才需要将轴向变形计入 δ_{22} 中。于是各系数和自由项可按下式计算:

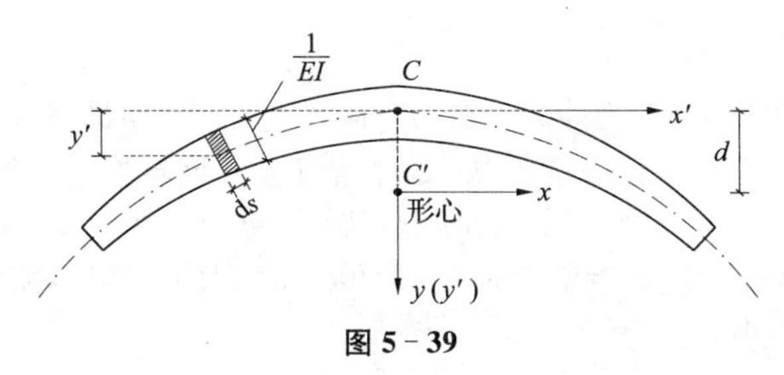

图 5-39

$$
\left.\begin{aligned}
\delta_{11}&=\int\frac{\overline{M}_1^2\mathrm{d}s}{EI}=\int\frac{\mathrm{d}s}{EI}\\
\delta_{22}&=\int\frac{\overline{M}_2^2\mathrm{d}s}{EI}+\int\frac{\overline{F}_{\mathrm{N2}}^{\,2}\mathrm{d}s}{EA}=\int\frac{y^2\mathrm{d}s}{EI}+\int\frac{\cos^2\varphi\mathrm{d}s}{EA}\\
\delta_{33}&=\int\frac{\overline{M}_3^2\mathrm{d}s}{EI}=\int\frac{x^2\mathrm{d}s}{EI}\\
\Delta_{1\mathrm{P}}&=\int\frac{\overline{M}_1M_{\mathrm{P}}\mathrm{d}s}{EI}=\int\frac{M_{\mathrm{P}}\mathrm{d}s}{EI}\\
\Delta_{2\mathrm{P}}&=\int\frac{\overline{M}_2M_{\mathrm{P}}\mathrm{d}s}{EI}=\int\frac{yM_{\mathrm{P}}\mathrm{d}s}{EI}\\
\Delta_{3\mathrm{P}}&=\int\frac{\overline{M}_3M_{\mathrm{P}}\mathrm{d}s}{EI}=\int\frac{xM_{\mathrm{P}}\mathrm{d}s}{EI}
\end{aligned}\right\}\tag{5-18}
$$

综上,采用弹性中心法分析无铰拱的计算步骤为:

(1) 按形心坐标公式(5-16)求出弹性中心的几何位置(即确定刚臂的长度 d)。

(2) 将多余未知力置于弹性中心处,建立图 5-38(a)所示的带刚臂的基本结构。

(3) 按式(5-18)计算“一元型”力法方程组中的系数和自由项,解出多余未知力。

5.8 超静定结构的位移计算及最终内力图的校核

5.8.1 超静定结构的位移计算

在前面的第 4 章中,由变形体虚功原理及单位荷载法导出的静定结构位移计算公式,同样适用于超静定结构。只是在建立虚拟状态时,单位荷载不一定非要施加在原结构上,而可以施加在与原结构对应的任一种静定的基本结构上,这样单位荷载作用下虚拟状态的内力计算工作量可大大减小。

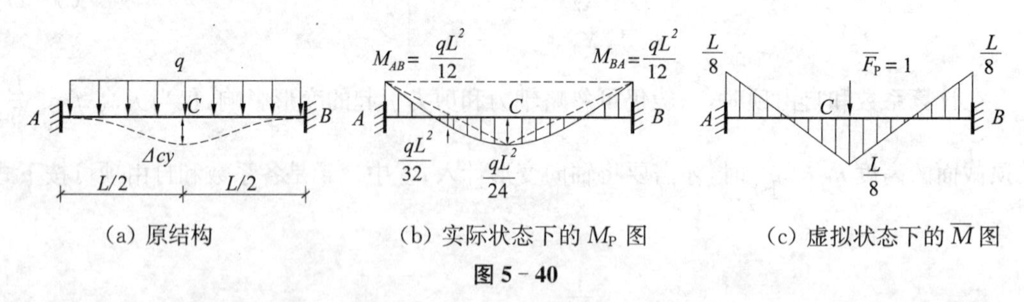

(a) 原结构　　(b) 实际状态下的 M_{P} 图　　(c) 虚拟状态下的 $\overline{M}$ 图

图 5-40

例如欲求图 5-40(a)所示超静定梁在均布荷载作用下跨中的挠度 Δ_{Cy},应将单位荷载 $\overline{F}_{\mathrm{P}}=1$ 施加在原结构的 C 点作为虚拟状态,并通过求解该超静定梁得到 $\overline{M}$ 图(图 5-40(c))。若已知原结构在外荷载作用下的 M_{P} 图如图 5-40(b),则由图乘法(将 M_{P} 图中的 AC 段分解为一个反梯形和一个抛物线,分别与 $\overline{M}$ 图中 AC 段的反梯形对应相乘)可得

$$\Delta_{Cy}=\sum\int\frac{\overline{M}M_{\mathrm{P}}\mathrm{d}s}{EI}$$

$$= \sum \frac{\omega y_C}{EI} = \frac{2}{EI}\left[\frac{1}{6}\times\frac{L}{2}\left(2\times\frac{qL^2}{12}\times\frac{L}{8}+2\times\frac{qL^2}{24}\times\frac{L}{8}-\frac{qL^2}{12}\times\frac{L}{8}-\frac{qL^2}{24}\times\frac{L}{8}\right)+\left(\frac{2}{3}\times\frac{L}{2}\times\frac{qL^2}{32}\times 0\right)\right]=\frac{qL^4}{384EI}(\downarrow)$$

为避免必须通过求解超静定结构才能得到虚拟状态下的 $\overline{M}$ 图，我们完全不必将单位荷载施加于原结构，而可以施加在原结构的基本结构上。理由是：因为原结构的最终弯矩图（图 5－40(b)）可视为某基本结构（如简支梁）在外荷载及多余未知力共同作用下的结果（图 5－41(a)），因此研究原结构图 5－40(a)超静定梁的位移问题，便可转化为研究图 5－41(a)所示简支梁的位移问题。其虚拟状态便可建在解除多余约束后的静定梁上，相应的单位弯矩图 $\overline{M}$ 也容易画出（图 5－41(c)）。

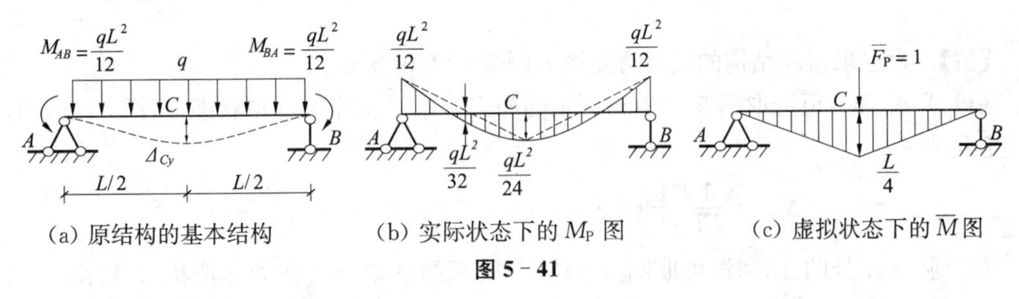

(a) 原结构的基本结构　　(b) 实际状态下的 M_P 图　　(c) 虚拟状态下的 $\overline{M}$ 图

图 5－41

将 M_P 图（图 5－41(b)）与 $\overline{M}$ 图（图 5－41(c)）互乘，求得

$$\Delta_{Cy} = \sum\int\frac{\overline{M}M_P\mathrm{d}s}{EI} = \sum\frac{\omega y_C}{EI}$$

$$=\frac{2}{EI}\left[\frac{1}{6}\times\frac{L}{2}\left(2\times\frac{qL^2}{24}\times\frac{L}{4}-\frac{qL^2}{12}\times\frac{L}{4}\right)+\left(\frac{2}{3}\times\frac{L}{2}\times\frac{qL^2}{32}\right)\times\frac{1}{2}\times\frac{L}{4}\right]=\frac{qL^4}{384EI}(\downarrow)$$

可见，计算结果与采用原超静定梁作为虚拟状态时完全一致。由于原结构的基本结构具有多样性，因此虚拟状态可加在任何一种基本结构上，例如图 5－40(a)所示的原结构，我们也可选择悬臂梁（图 5－42(a)、(b)）作为其虚拟状态，将比采用简支梁时更简便，建议读者自行验证结果。

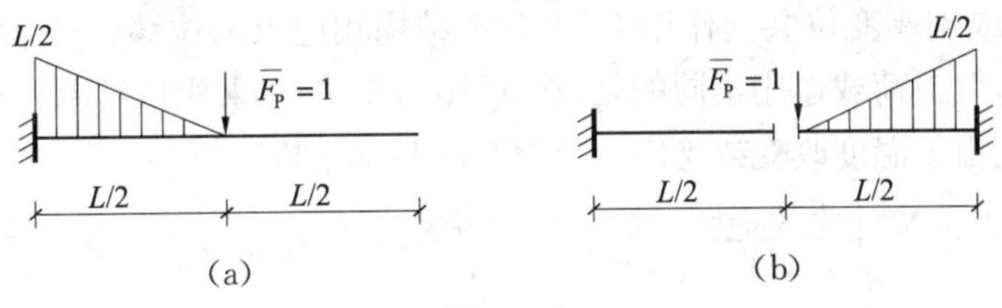

图 5－42

【例 5－9】 试求图 5－43(a)所示刚架结点 C 的水平位移 Δ_{Cx} 和铰 D 处的竖向位移 Δ_{Dy}，各杆 EI 为常数。

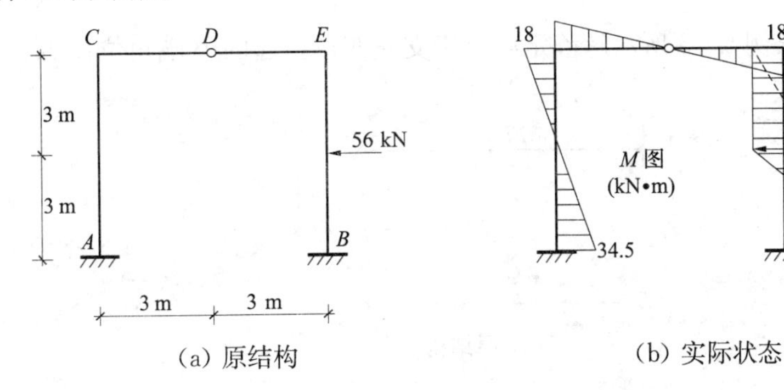

(a) 原结构　　(b) 实际状态

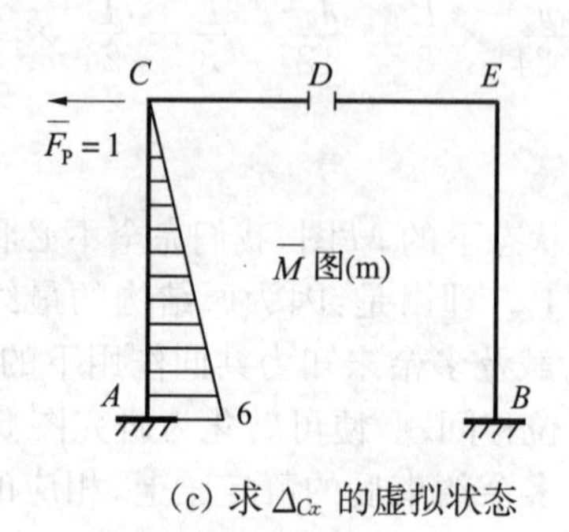

(c) 求 Δ_{Cx} 的虚拟状态

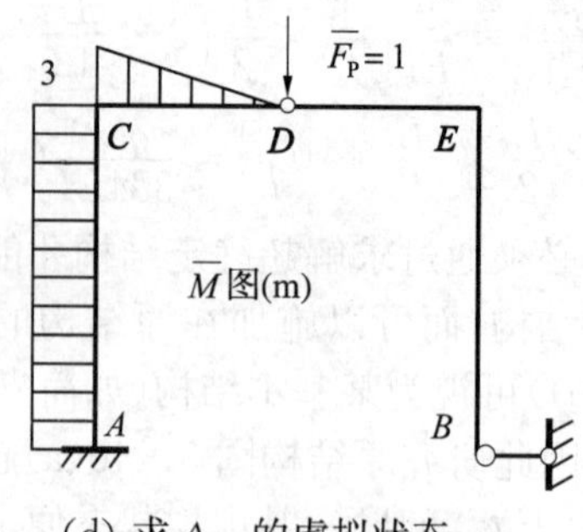

(d) 求 Δ_{Dy} 的虚拟状态

图 5-43

【解】 设已求得原结构的最终弯矩图如图 5-43(b)所示。

(1) 求 Δ_{Cx} 时,可选取图 5-43(c)所示的静定基本结构作为虚拟状态,将图 5-43(b)、(c)互乘得

$$\Delta_{Cx}=\frac{1}{EI}\left[\frac{6}{6}(2\times6\times34.5-6\times18)\right]=\frac{306}{EI}(\leftarrow)$$

(2) 求铰 D 处的 Δ_{Dy} 时,可取图 5-43(d)所示的基本结构作为虚拟状态,将图 5-43(b)、(d)互乘得

$$\Delta_{Dy}=\frac{1}{EI}\left[\frac{3}{3}\times3\times18-3\times6\times\frac{1}{2}(34.5-18)\right]=-\frac{94.5}{EI}(\uparrow)$$

本例所取的两种虚拟状态,其单位弯矩图仅发生在左半个结构上,右半个结构无弯矩,使计算过程大大简化。

以上讨论了超静定结构在一般荷载作用下的位移计算问题,对于温度改变和支座变位问题,其位移计算的基本思路与荷载作用时类似。欲求原结构某点的位移,相当于在多余未知力和温度改变或支座变位共同作用下,求基本结构相应点的位移, 同样可任选一种基本结构为虚拟状态,但与荷载作用不同的是,将 $\overline{M}$ 图与 M 图相乘所得结果并非原结构的全部位移,还必须加上由于温度改变或支座变位引起的基本结构的位移。

$$\Delta=\left(\sum\int\frac{\overline{M}M_P\mathrm{d}s}{EI}+\sum\int\frac{\overline{F}_NF_{NP}\mathrm{d}s}{EA}+\sum\int\frac{k\overline{F}_SF_{SP}\mathrm{d}s}{GA}\right)+\left(\sum\alpha t_0\omega_{\overline{F}_N}+\sum\frac{\alpha\Delta t}{h}\omega_{\overline{M}}\right)-\sum\overline{R}\cdot C$$

式中 ,M_P、F_{NP} 和 F_{SP} 为实际状态下原超静定结构的最终内力(由外荷载、温度改变和支座变位共同产生);$\overline{M}$、$\overline{F}_N$、$\overline{F}_S$和 $\overline{R}$ 为虚拟状态(原结构相应的静定基本结构)下的内力和反力。

【例 5-10】 试求例 5-5 所示超静定梁由于支座变位引起的 B 端角位移 θ_B。

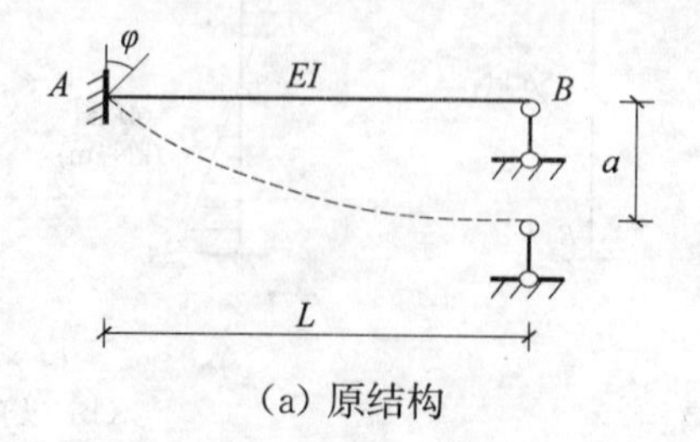

(a) 原结构

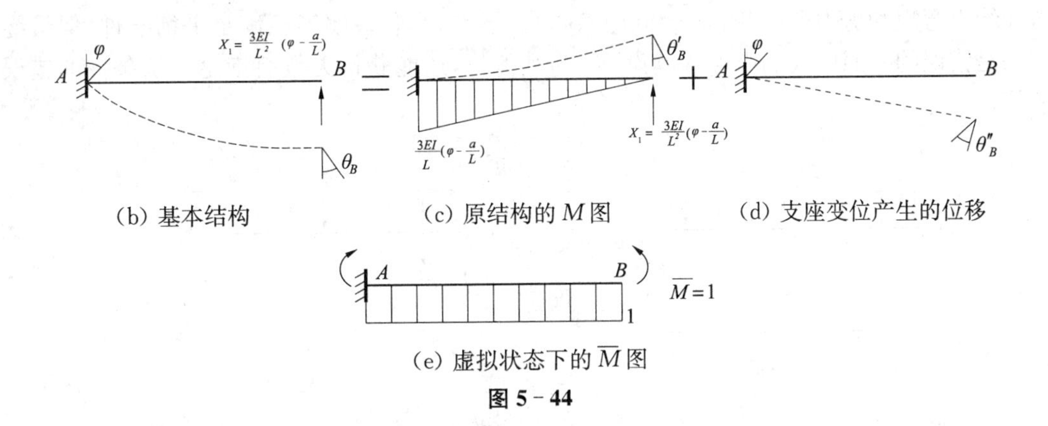

图 5-44

【解】 重绘超静定梁于图 5-44(a)，在例 5-5 中，以 B 支座的反力作为多余未知力，解得 $X_1 = \dfrac{3EI}{L^2}\left(\varphi - \dfrac{a}{L}\right)$，将该未知力作为已知的荷载作用在基本结构上(图 5-44(b))。求超静定梁 B 端的角位移 θ_B，相当于将基本结构在多余未知力 X_1 作用下产生的转角 θ'_B，与支座变位产生的角位移 θ''_B 叠加(如图 5-44(b)、(c)、(d))。相应的虚拟状态如图 5-44(e)，实际的位移状态如图 5-44(a)，也可用图 5-44(b)表示。

由多余未知力 X_1 产生的角位移为

$$\theta'_B = \int \frac{\overline{M}M_C\,\mathrm{d}s}{EI} = \sum \frac{\omega y_C}{EI}\ (\text{将图 5-44(c)与图 5-44(e)互乘})$$

$$= \frac{1}{EI}\left[\frac{1}{2} \times L \times \frac{3EI}{L}\left(\varphi - \frac{a}{L}\right) \times 1\right] = \frac{3}{2}\left(\varphi - \frac{a}{L}\right)$$

由支座变位产生的角位移为

$$\theta''_B = -\sum \overline{R}C = -(1 \times \varphi) = -\varphi$$

总的角位移为

$$\theta_B = \theta'_B + \theta''_B = \frac{3}{2}\left(\varphi - \frac{a}{L}\right) - \varphi = \frac{\varphi}{2} - \frac{3a}{2L}$$

5.8.2 最终内力图的校核

为保证计算结果的准确性，必须对超静定结构的最终内力图进行校核，以确保结构设计的顺利进行和安全可靠。

1）平衡条件的校核

我们知道一个静定结构的计算结果正确与否，只需看解答是否满足全部平衡条件即可。而对于超静定结构，仅靠平衡条件的校核是不够的，由于多余约束的存在，若不考虑结构的变形条件，则有无限多个解答可以满足平衡条件。例如图 5-45(a)所示的一次超静定梁，B 支座反力的正确解答应为 $X_1 = \dfrac{3qL}{8}$。如果在计算过程中发生错误，导致多余未知力的值不是 $\dfrac{3qL}{8}$，而是 $\dfrac{1}{4}qL$（如图 5-45(b)），则根据该错误值我们仍可利用平衡条件求出 A 处的反力并绘出弯矩和剪力图(如图 5-45(c)、(d))。显然,尽管该解答已满足平衡条件,但最终结果是错误的。照此我们尚可继续设 X_1 为其他值,还能获得无数组满足平衡条件的错误解答。

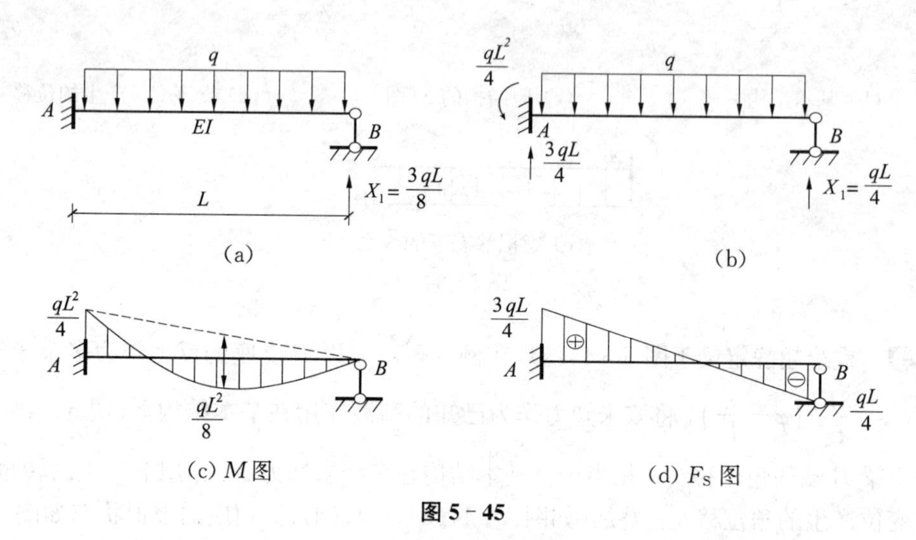

图 5-45

对于多次超静定结构,最终弯矩图的叠加公式为:$M=\overline{M}_1X_1+\overline{M}_2X_2+\cdots+M_P$。如果未知力 X_i 在运算过程中求错了,只要单位弯矩图 $\overline{M}$ 及荷载弯矩图 M_P 仍符合平衡条件,则经过错误叠加后的最终弯矩图 M 也必能维持平衡。因此,即使最终弯矩图满足平衡条件,也不能说明未知力的正确性。显然,由于多余未知力是利用变形条件求出的,因此要充分证明最终内力的准确性,除按平衡条件校核外,必须进行变形条件的校核。也就是说,平衡条件只是校核超静定结构内力的必要条件,并非充分条件。

2) 变形条件的校核

校核变形条件,就是检查各多余未知力方向的位移是否与原结构已知的实际位移相符。根据超静定结构的位移计算方法,对于刚架可取基本结构的单位弯矩图与原结构的最终弯矩图相乘,检验所得位移是否与原结构的已知位移一致。严格地说,为确保全部多余未知力的正确,对具有 n 次超静定的结构,应进行 n 次位移校核。不过,一般仅需抽验几个位移即可,而且也不限于在原来解算时所取的基本结构上进行。

【例 5-11】 试校核图 5-46(a)所示超静定结构的最终弯矩图(图 5-46(b))的可靠性。

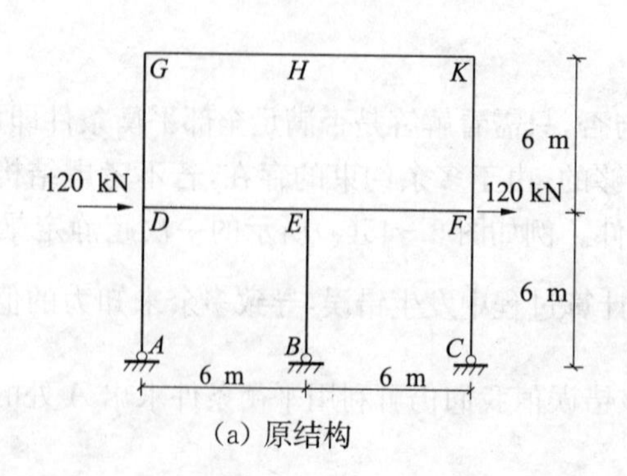

(a) 原结构

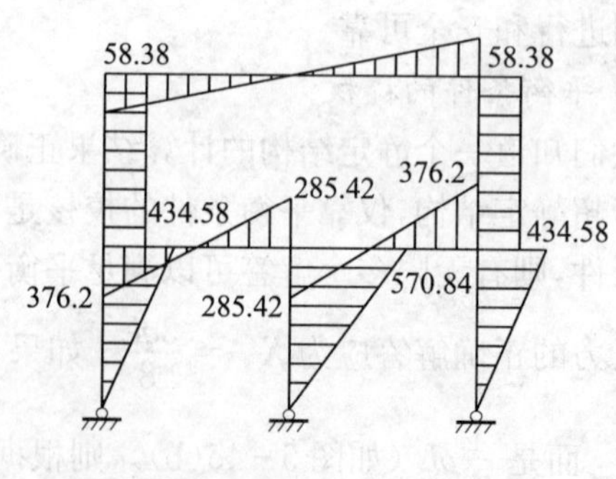

(b) 最终弯矩图(kN·m)

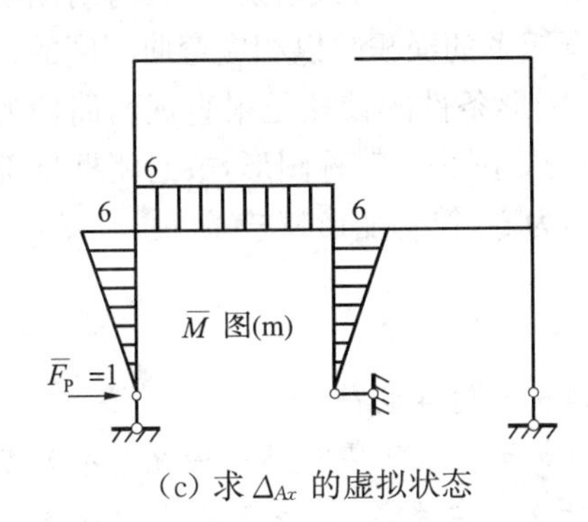

(c) 求 Δ_{Ax} 的虚拟状态

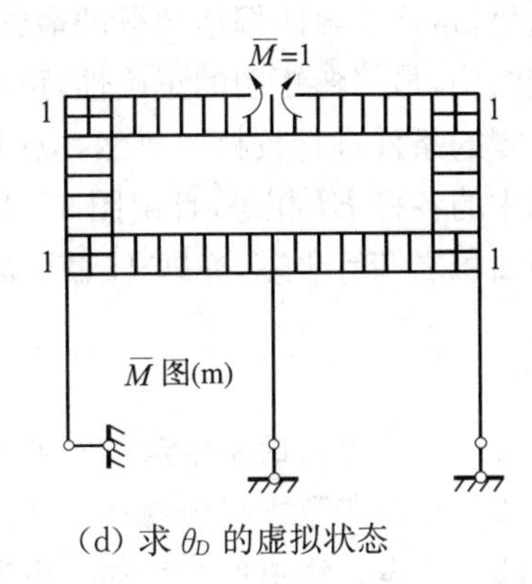

(d) 求 θ_D 的虚拟状态

图 5-46

【解】 (1) 平衡条件的校核

可任取某些结点或杆件进行平衡条件的校核，例如取结点 D、E 为隔离体，由力矩平衡条件

$$\sum M_D = 434.58 - 376.2 - 58.38 = 0$$

$$\sum M_E = 570.84 - 285.42 - 285.42 = 0 \quad \text{满足！}$$

(2) 变形条件的校核

若取图 5-46(c)所示的基本结构为虚拟状态，则将图 5-46(b)、(c)相乘即得 A 支座的水平位移为

$$\begin{aligned}\Delta_{Ax} &= \sum\int\frac{\overline{M}M\mathrm{d}s}{EI} = \sum\frac{\omega y_C}{EI} \\ &= \frac{1}{EI}\Big[-\Big(\frac{1}{2}\times 6\times 434.58\Big)\times \\ &\quad \frac{2}{3}\times 6 + \Big(\frac{1}{2}\times 6\times 570.84\Big)\times\frac{2}{3}\times 6 - 6\times 6\times\frac{1}{2}(376.2-285.42)\Big] \\ &= 0\end{aligned}$$

可见变形条件也满足，原结构的最终弯矩图是正确的。

对于具有无铰封闭框格的刚架，由变形的连续性条件可知，框架上任一点两侧截面的相对角位移应为零，利用该变形条件校核弯矩图是很方便的。例如可取图 5-46(d)所示的基本结构，校核横梁跨中 H 截面两侧的相对角位移是否为零，可将图 5-46(b)、(d)相乘，由于图5-46(d)中的弯矩值均为 1，且仅发生在上层的封闭框格内，故对于该封闭框格有

$$\theta_D = \sum\int\frac{\overline{M}M\mathrm{d}s}{EI} = \sum\int\frac{M\mathrm{d}s}{EI} = 0$$

上式表明，在最终弯矩图的封闭框格 $DEFKHG$ 中(图 5-46(b))，若将弯矩的纵标记为 $\frac{M}{EI}$，则 M 图的框外几何面积之和应等于框内面积之和(可设定框内面积为正，则框外面积为负；反之亦然)。对于由等截面直杆组成的封闭框，上式可进一步简化为

$$\sum\frac{M}{EI}\mathrm{d}s = \sum\frac{1}{EI}\int M\mathrm{d}s = \sum\frac{\omega}{EI} = 0$$

这里，ω代表封闭框格部分的最终弯矩图的几何面积。该公式表明，对具有封闭框格的超静定结构，最终弯矩图的正确性，可按各杆最终弯矩图的面积除以相应弯曲刚度的代数和是否为零的条件进行校核。显然，应用该结论进行变形条件的校核是很直观而简便的。例如本例中的各杆 EI 相等，且由图 5-46(b)可知该弯矩图为反对称图形，故封闭框格部分的弯矩图面积之和等于零，亦即 H 截面的相对角位移为零，符合变形校核条件。

思考题

5-1　何谓力法的基本结构？基本结构与原结构有何异同？

5-2　力法典型方程的物理意义是什么？右端是否恒等于零？什么情况下不为零？

5-3　典型方程中的系数和自由项的含义是什么？主系数、副系数及自由项各自的正负情况如何，引起的原因是什么？

5-4　何谓对称结构？对于正对称及反对称结构如何利用对称性进行力法求解的简化？

5-5　如何计算超静定结构的位移？为何可用任意一种基本结构代替原结构得到虚拟状态下的单位弯矩图？

5-6　超静定结构的内力在什么情况下与其刚度的绝对值有关？

5-7　为什么仅检验平衡条件不能用于校核由力法求得的最终内力图的可靠性？如何检查变形协调条件？

习题

5-1　试确定图示各结构的超静定次数。

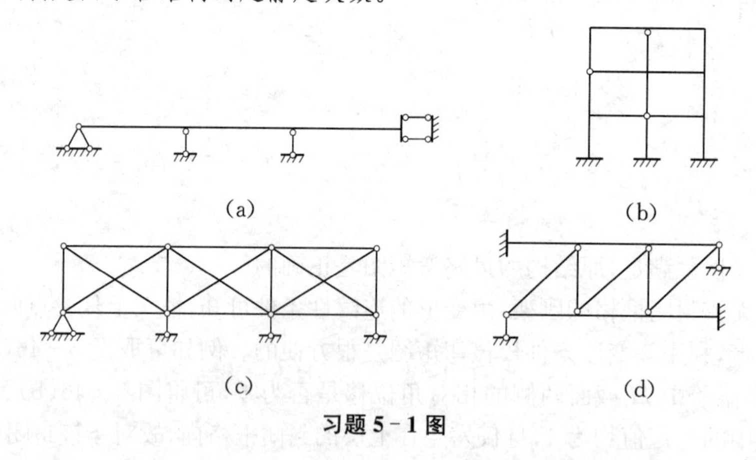

习题 5-1 图

5-2　试用力法计算图示超静定梁，并作 M 图。已知 EI=常数。

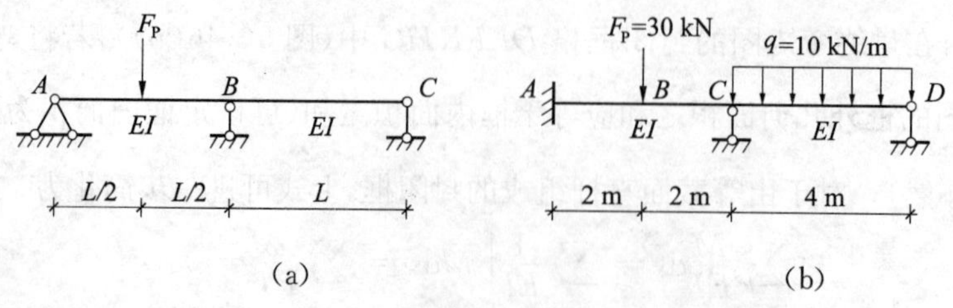

习题 5-2 图

5-3 试用力法计算图示刚架,并作 M 图。

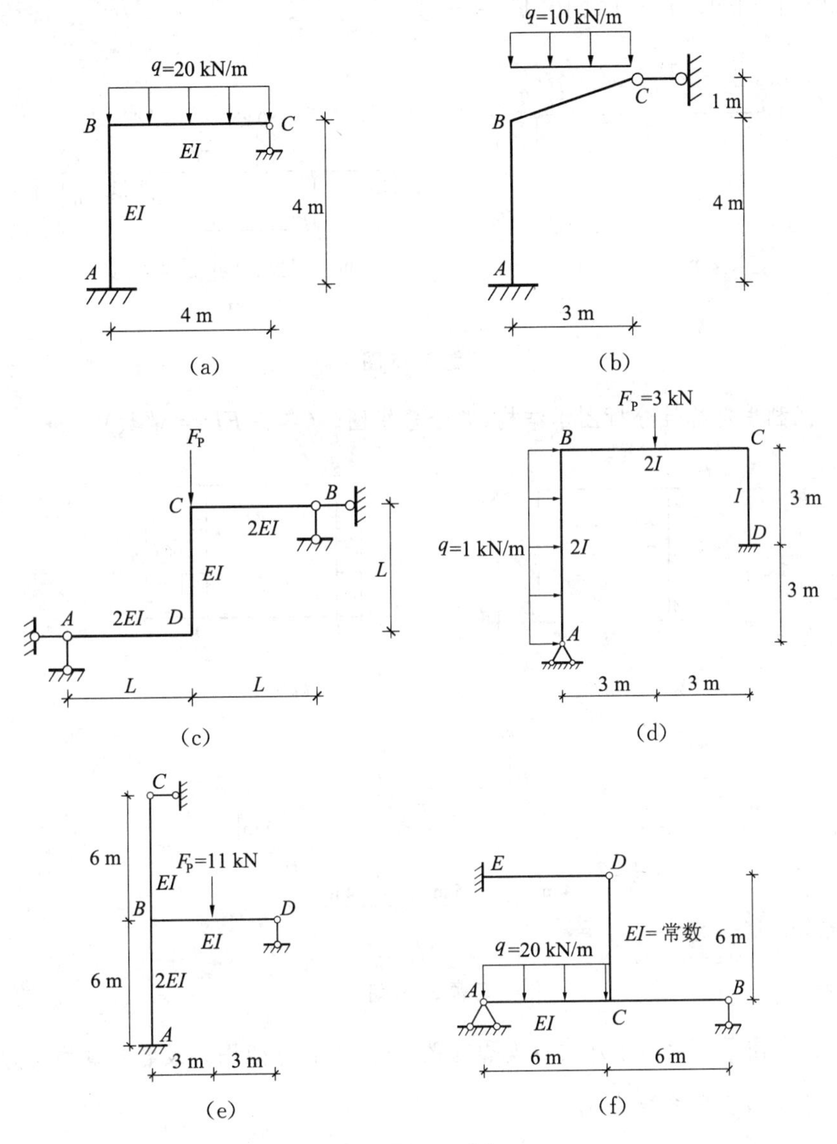

习题 5-3 图

5-4 试用力法计算图示超静定桁架中 K 杆的内力,已知各杆 EA=常数。

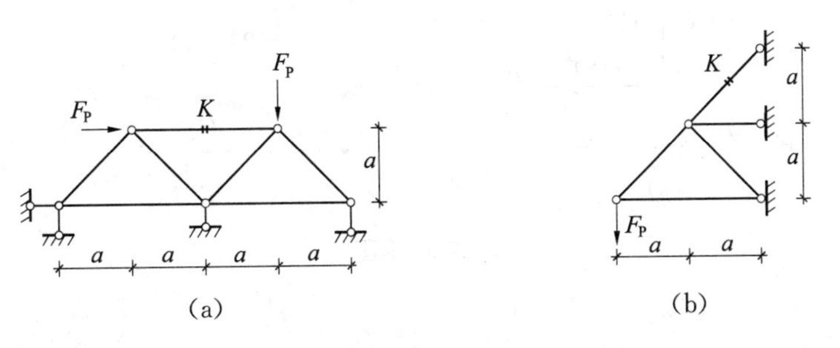

习题 5-4 图

5－5　用力法计算图示超静定组合结构，求出铰接杆的轴力并作梁式杆的弯矩图。（已知 $EA = 2 \times 10^5$ kN，$EI = 1 \times 10^4$ kN·m²）

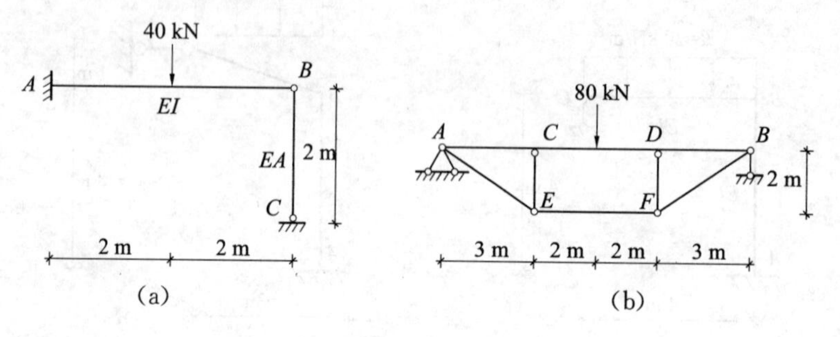

习题 5－5 图

5－6　试利用对称性分析图示结构，并绘弯矩图。（各杆 EI = 常数）

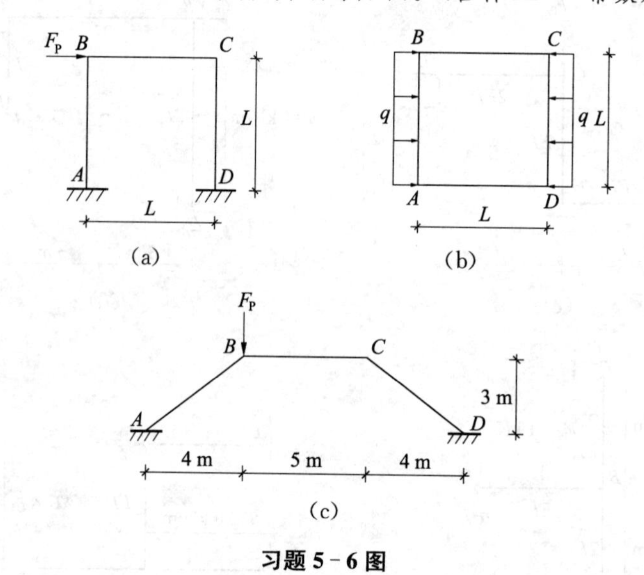

习题 5－6 图

5－7　试求图示刚架由于温度改变引起的内力，并作弯矩图。设各杆截面均为矩形，截面高度 $h = \dfrac{L}{10}$，线膨胀系数为 α。

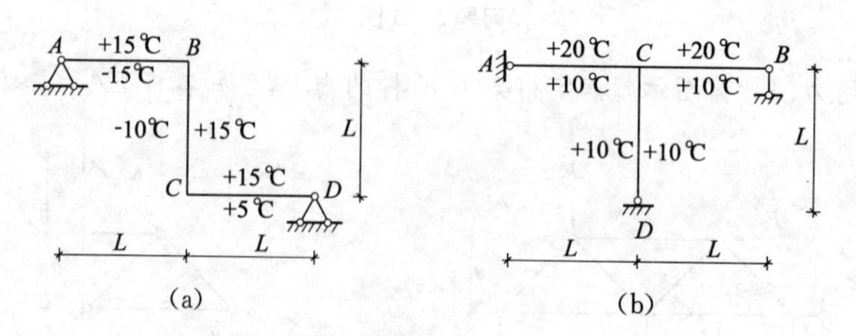

习题 5－7 图

5-8 试求图示超静定结构由于支座变位引起的内力,并作弯矩图,各杆 EI 为常数。

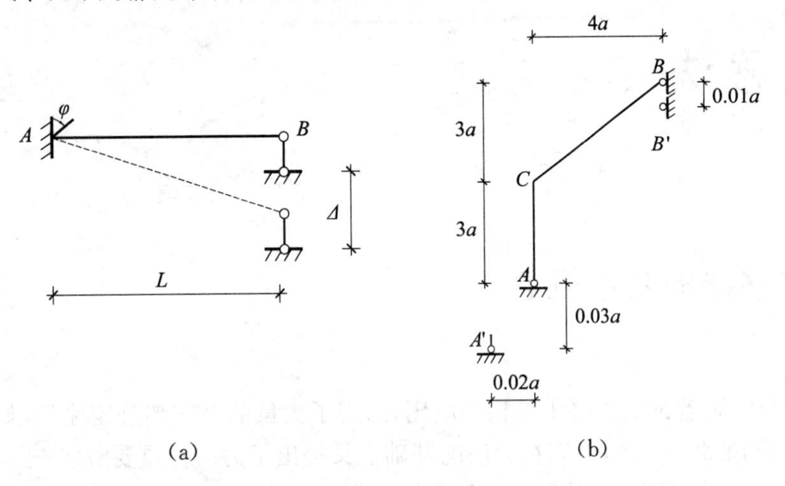

习题 5-8 图

5-9 试求图示抛物线形两铰拱 K 截面的弯矩和拉杆的内力。已知拱轴线方程为 $y=\frac{4f}{L^2}(L-x)x$,$EI=5\times10^3\ \text{kN}\cdot\text{m}^2$,$EA=3.6\times10^6\ \text{kN}$,$E_1A_1=2\times10^5\ \text{kN}$。

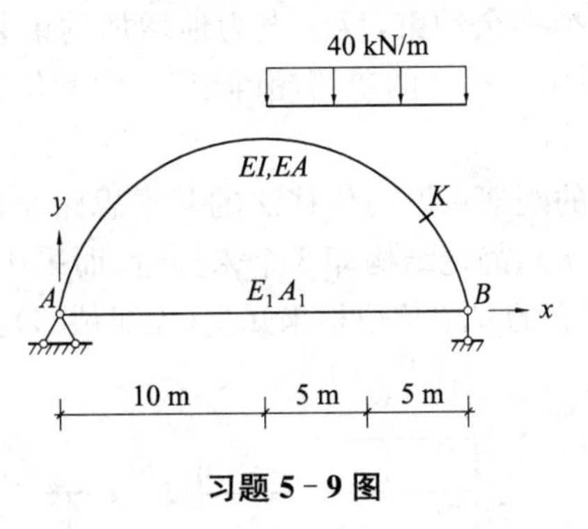

习题 5-9 图

6 位移法

6.1 位移法的基本概念

20 世纪初，随着钢筋混凝土结构的应用，出现了大量的高次超静定刚架，如果仍采用力法求解将非常麻烦。于是，人们在力法的基础上又提出了另一种重要解法——位移法。

力法是以超静定结构中的某些多余未知力作为基本未知量的，并借助变形协调条件求得未知力后，再计算结构的内力和位移。而位移法则是以某些结点位移作为基本未知量，通过结构的位移与内力之间的物理对应关系（即所谓的“转角位移方程”）求得内力，也就是说两种方法求解的目标不同。另外，力法是以去掉多余约束后的静定结构为计算基础的，而位移法则恰好相反，非但不去掉多余约束，反而人为地增加约束装置（后称“附加链杆”和“刚臂”），使原结构成为若干根相对独立的单跨超静定梁，因此位移法的计算基础并非静定结构，而是单跨的超静定梁。

下面结合图 6-1 所示的刚架来说明位移法的基本思路及计算原理。该刚架结构若采用第 5 章的力法求解，属 3 次超静定结构即 3 个未知量，而采用位移法求解时，若不考虑杆件的轴向变形，则仅有 A 结点的一个角位移未知量（无线位移）。

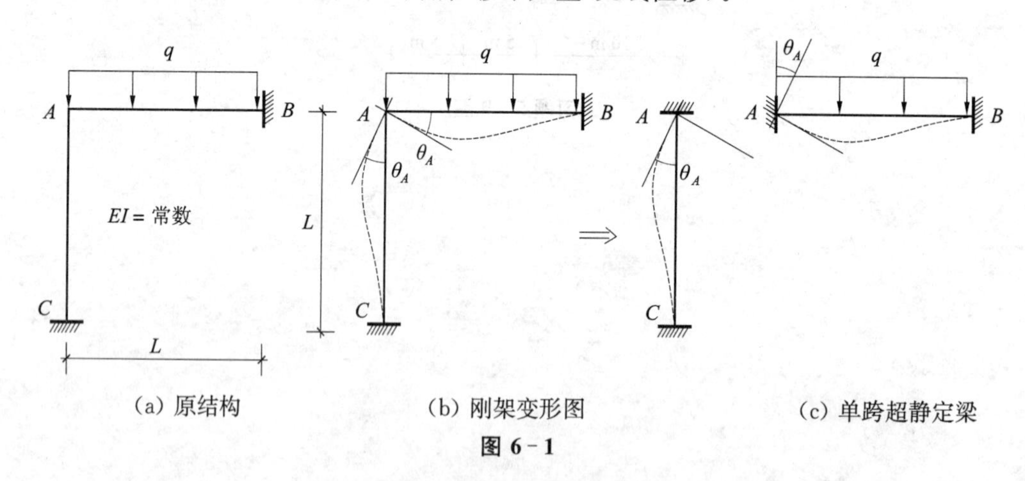

(a) 原结构　　(b) 刚架变形图　　(c) 单跨超静定梁

图 6-1

刚架在均布荷载作用下的变形如图 6-1(b)所示，横梁 AB 和立柱 AC 在 A 端具有相同的转角位移 θ_A。横梁 AB 的受力状态可视为一根两端固定的单跨超静定梁，除承受均布荷载 q 作用外，A 端还发生转角位移 θ_A（相当于力法中的支座变位问题），而这两种情况下梁的内力均可由力法求得。同理，立柱 AC 则可视为另一根两端固定的单跨超静定梁，仅在 A 端发生转角为 θ_A 的支座变位，其内力同样可由力法求出。可见只要设法求出刚结点的角

位移 θ_A，该刚架的内力便可确定。

综上所述，用位移法求解超静定结构的内力，需要解决以下 3 个问题：

(1) 用力法求出常见的单跨超静定梁在外荷载及杆端位移(相当于支座变位)作用下的内力(详见 6.2 节)。

(2) 确定位移法的基本未知量(详见 6.3 节)。

(3) 如何建立位移法基本方程求得结点位移(详见 6.4 节)。

6.2 等截面直杆的转角位移方程

用位移法求解超静定结构时，需要用到单跨超静定梁在杆端位移及荷载作用下的内力，这种杆端内力与其杆端位移及荷载之间的对应关系称为转角位移方程，这里的杆件是指截面尺寸保持不变的"等截面"直杆。位移法中经常遇到的单跨超静定梁一般有以下 3 种：两端固定、一端固定另一端铰接和一端固定另一端定向滑动(图 6-2)。这 3 种超静定梁的内力均可由力法不难求得，其计算方法已在第 5 章中详细阐述。

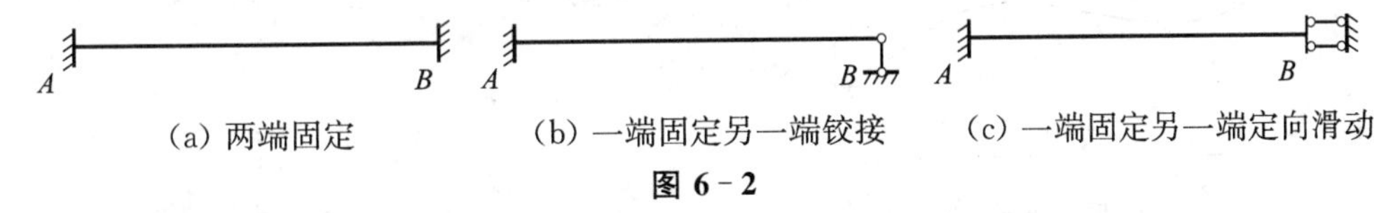

(a) 两端固定　(b) 一端固定另一端铰接　(c) 一端固定另一端定向滑动

图 6-2

在推导转角位移方程之前，有必要对杆端位移及杆端内力的符号规则加以说明。

1) 杆端位移

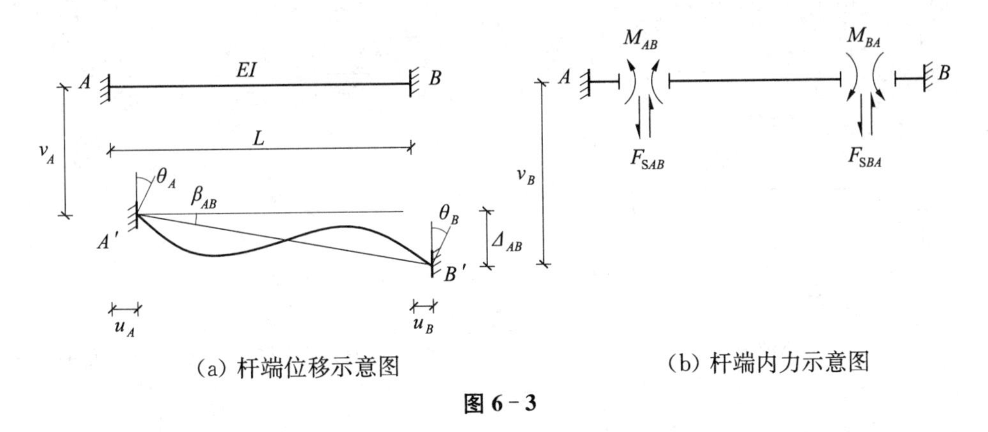

(a) 杆端位移示意图　(b) 杆端内力示意图

图 6-3

如图 6-3(a)所示，设杆件 AB 的两端分别发生水平和竖向线位移 u、v 及转角位移 θ，变形后的位置到达 A'、B'，在不考虑杆件轴向变形的情况下(即 $u_A = u_B$)，杆端位移分量共有 3 个，即每端的转角位移 θ_A、θ_B 和两端垂直于杆轴方向的相对线位移 Δ_{AB} (简称相对侧移)，$\Delta_{AB} = v_B - v_A$。有时也可用杆件变形后两端的连线(称弦线)与原杆轴之间的夹角来反映相对侧移的程度，该夹角称为弦转角 $\beta = \dfrac{\Delta}{L}$。杆端转角 θ_A、θ_B 以使杆端顺时针转动为正；

相对侧移 Δ_{AB} 及弦转角 β 则以使整根杆件顺时针转动为正，图 6－3(a)中的各杆端位移均表示正值。

2）杆端内力

杆端弯矩以使杆端顺时针转动为正(对支座而言恰好相反，以逆时针方向转动为正)；杆端剪力仍以使相邻侧的截面顺时针转动为正，反之为负。图 6－3(b)中的杆端内力均为正值。

6.2.1 两端固定梁的转角位移方程

如前所述，单跨超静定梁的杆端内力由两种因素引起，一部分是由一般荷载及温度变化引起，称为固端内力，通常用 M^F 和 F_S^F 分别表示固端弯矩和固端剪力；另一部分是由杆端位移(相当于支座变位)引起的内力。由于前者较简单，这里着重讨论后者引起的内力，记为 M^Δ 和 F_S^Δ。设图 6－4(a)为两端固定梁的杆端位移(即支座变位)情况，现取图 6－4(b)所示的简支梁为其力法基本结构，由于不计轴向变形的影响，故未知轴力 X_3 可不予考虑，多余未知力为杆端弯矩 X_1 和 X_2。

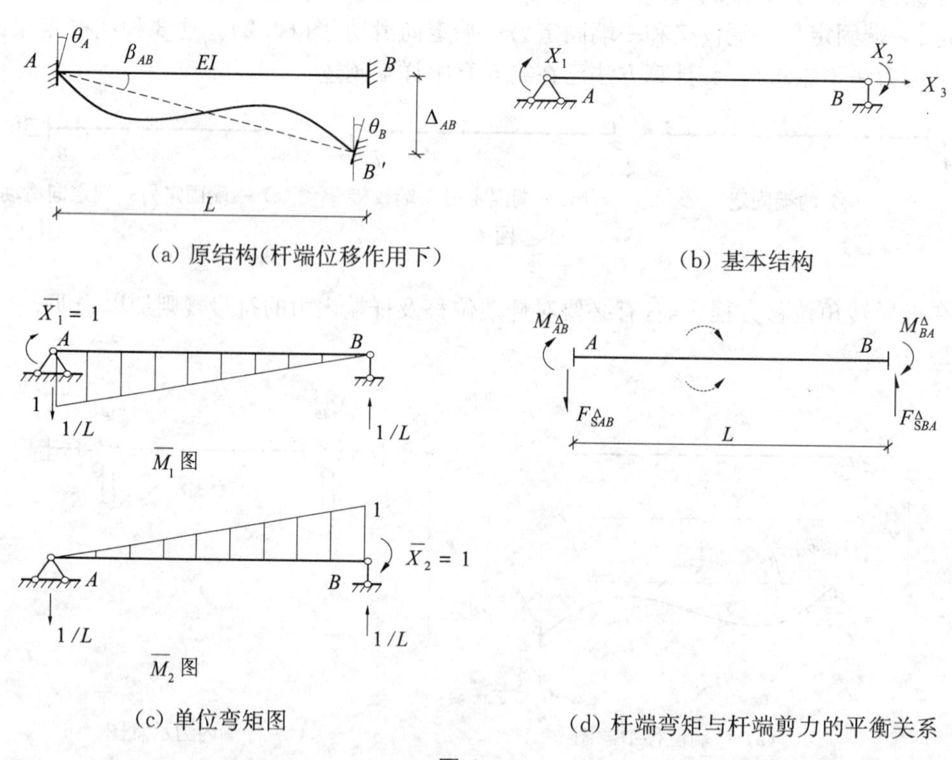

(a) 原结构(杆端位移作用下)　　(b) 基本结构

(c) 单位弯矩图　　(d) 杆端弯矩与杆端剪力的平衡关系

图 6－4

相应的力法典型方程为

$$\left.\begin{aligned}\delta_{11}X_1+\delta_{12}X_2+\Delta_{1C}=\theta_A\\ \delta_{21}X_1+\delta_{22}X_2+\Delta_{2C}=\theta_B\end{aligned}\right\}\tag{6-1}$$

由图 6－4(c)所示单位弯矩图和 B 支座的反力，可求得典型方程中的系数和自由项为

$$\delta_{11}=\delta_{22}=\frac{L}{3EI},\quad \delta_{12}=\delta_{21}=-\frac{L}{6EI}$$

$$\Delta_{1C}=\Delta_{2C}=-\sum \overline{R}C=-\left[-\left(\frac{1}{L}\times\Delta_{AB}\right)\right]=\frac{\Delta_{AB}}{L}=\beta$$

解方程，得未知力

$$\left.\begin{aligned}X_1&=\frac{4EI}{L}\theta_A+\frac{2EI}{L}\theta_B-\frac{6EI}{L^2}\Delta_{AB}\\X_2&=\frac{2EI}{L}\theta_A+\frac{4EI}{L}\theta_B-\frac{6EI}{L^2}\Delta_{AB}\end{aligned}\right\}\tag{6-2}$$

令 $i=\dfrac{EI}{L}$ 为杆件的线刚度，即单位长度的相对抗弯刚度，它比绝对刚度 EI 更能直观地反映杆件的刚柔情况。则由杆端位移单独作用引起的杆端弯矩为

$$\left.\begin{aligned}M_{AB}^{\Delta}&=X_1=4i\theta_A+2i\theta_B-6i\beta\\M_{BA}^{\Delta}&=X_2=2i\theta_A+4i\theta_B-6i\beta\end{aligned}\right\}\tag{6-3}$$

与杆端弯矩 M_{AB}^{Δ}、M_{BA}^{Δ} 对应的杆端剪力 F_{SAB}^{Δ}、F_{SBA}^{Δ} 不难由平衡条件求得(图 6-4(d))，由 $\sum M_B=0$ 得

$$\begin{aligned}F_{SAB}^{\Delta}&=-\frac{(M_{AB}^{\Delta}+M_{BA}^{\Delta})}{L}=-6i\theta_A/L-6i\theta_B/L+12i\beta/L\\&=F_{SBA}^{\Delta}\end{aligned}\tag{6-4}$$

值得注意的是，当杆件上无荷载作用时，式(6-4)具有普遍性，即杆端剪力等于杆端弯矩之代数和除以杆长并反号。由于杆端弯矩与杆端剪力分别构成的合力矩自平衡(如图 6-4(d)中杆件上、下侧的虚线箭头所示)，故两者总是等值反向，类似于"方向盘"效应。

根据叠加原理，当两端固定的单跨超静定梁同时还作用跨间荷载时，杆端内力的表达式应为

$$\left.\begin{aligned}M_{AB}&=M_{AB}^{\Delta}+M_{AB}^{F}=4i\theta_A+2i\theta_B-6i\beta+M_{AB}^{F}\\M_{BA}&=M_{BA}^{\Delta}+M_{BA}^{F}=2i\theta_A+4i\theta_B-6i\beta+M_{BA}^{F}\end{aligned}\right\}\tag{6-5}$$

$$\left.\begin{aligned}F_{SAB}&=F_{SAB}^{\Delta}+F_{SAB}^{F}=-6i\theta_A/L-6i\theta_B/L+12i\beta/L+F_{SAB}^{F}\\F_{SBA}&=F_{SBA}^{\Delta}+F_{SBA}^{F}=-6i\theta_A/L-6i\theta_B/L+12i\beta/L+F_{SBA}^{F}\end{aligned}\right\}\tag{6-6}$$

6.2.2 一端固定另一端铰接梁的转角位移方程

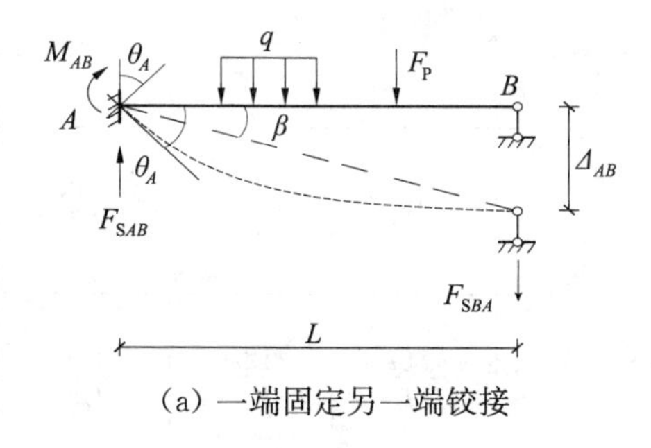

(a) 一端固定另一端铰接

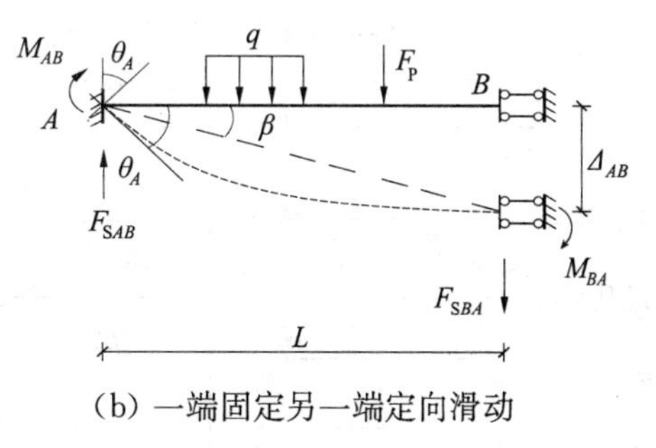

(b) 一端固定另一端定向滑动

图 6-5

图 6-5(a)所示一端固定另一端铰接的一次超静定梁，在杆端位移及外荷载共同作用下的杆端内力，同样可以取简支梁为基本结构，由力法不难求得其杆端内力为(建议读者自

行完成)

$$\left.\begin{aligned} M_{AB} &= M^{\Delta}_{AB} + M^{F}_{AB} = 3i\theta_A - 3i\beta + M^{F}_{AB} \\ M_{BA} &= 0(\text{铰支端}) \end{aligned}\right\} \tag{6-7}$$

$$\left.\begin{aligned} F_{SAB} &= F^{\Delta}_{SAB} + F^{F}_{SAB} = -3i\theta_A/L + 3i\beta/L + F^{F}_{SAB} \\ F_{SBA} &= F^{\Delta}_{SBA} + F^{F}_{SBA} = -3i\theta_A/L + 3i\beta/L + F^{F}_{SBA} \end{aligned}\right\} \tag{6-8}$$

6.2.3 一端固定另一端定向滑动梁的转角位移方程

图 6-5(b)所示一端固定另一端定向滑动的二次超静定梁,在杆端位移及外荷载共同作用下的杆端内力,仍可由力法求得

$$\left.\begin{aligned} M_{AB} &= M^{\Delta}_{AB} + M^{F}_{AB} = i\theta_A + M^{F}_{AB} \\ M_{BA} &= M^{\Delta}_{BA} + M^{F}_{BA} = -i\theta_A + M^{F}_{BA} \end{aligned}\right\} \tag{6-9}$$

$$\left.\begin{aligned} F_{SAB} &= F^{\Delta}_{SAB} + F^{F}_{SAB} = F^{F}_{SAB} \\ F_{SBA} &= 0 \end{aligned}\right\} \tag{6-10}$$

式(6-9)表明:由于 B 端为定向滑动支座,相对侧移 Δ_{AB} 不会使杆件弯曲,引起杆端弯矩。

6.2.4 形常数和载常数

以上介绍的 3 种常见单跨超静定梁的转角位移方程,是各种外因共同作用下的通用表达式,而在后面的实际应用中,经常会遇到其中的某一种杆端位移或荷载单独作用的情况。其中,当杆端位移取 1 个单位值时,引起的杆端内力称为“形常数”,而由外荷载(包括温度改变)单独作用引起的杆端内力(即固端内力)称为“载常数”。为今后方便引用,便称其为“常数”并列于表 6-1 和 表 6-2。

表 6-1 单跨超静定梁的形常数表

梁的类别	计算简图	弯矩图	杆端弯矩		杆端剪力	
			M_{AB}	M_{BA}	F_{SAB}	F_{SBA}
两端固定	A, B, $\theta=1$, L	2i, 4i	$4i$	$2i$	$-\frac{6i}{L}$	$-\frac{6i}{L}$
	A, B, $\theta=1$, L	4i, 2i	$2i$	$4i$	$-\frac{6i}{L}$	$-\frac{6i}{L}$
	A, B, 1, L	6i/L, 6i/L	$-\frac{6i}{L}$	$-\frac{6i}{L}$	$\frac{12i}{L^2}$	$\frac{12i}{L^2}$
	A, B, 1, L	6i/L, 6i/L	$\frac{6i}{L}$	$\frac{6i}{L}$	$-\frac{12i}{L^2}$	$-\frac{12i}{L^2}$

续表 6-1

梁的类别	计算简图	弯矩图	杆端弯矩		杆端剪力	
			M_{AB}	M_{BA}	F_{SAB}	F_{SBA}
一端固定一端铰接	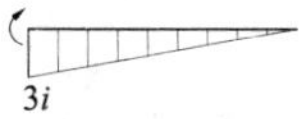	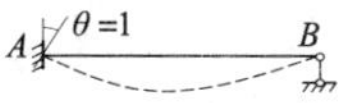	$3i$	0	$-\frac{3i}{L}$	$-\frac{3i}{L}$
		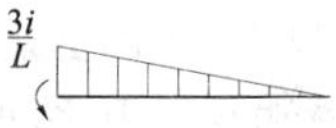	$-\frac{3i}{L}$	0	$\frac{3i}{L^2}$	$\frac{3i}{L^2}$
	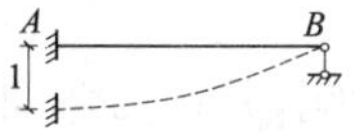	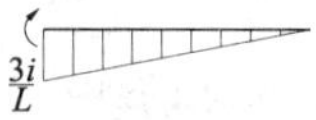	$\frac{3i}{L}$	0	$-\frac{3i}{L^2}$	$-\frac{3i}{L^2}$
一端固定一端定向滑动	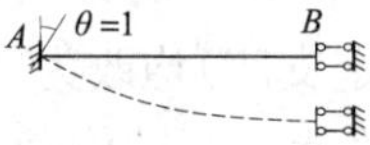	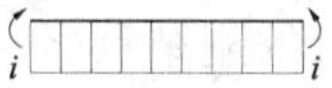	i	$-i$	0	0

表 6-2 单跨超静定梁的“载常数”表

梁的类别	计算简图	弯矩图	固端弯矩		固端剪力	
			M^F_{AB}	M^F_{BA}	F^F_{SAB}	F^F_{SBA}
两端固定	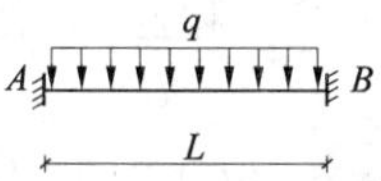	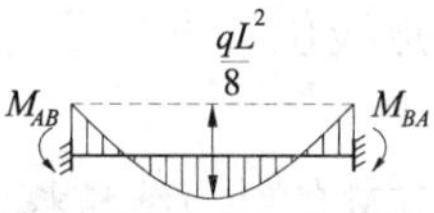	$-\frac{qL^2}{12}$	$\frac{qL^2}{12}$	$\frac{qL}{2}$	$-\frac{qL}{2}$
	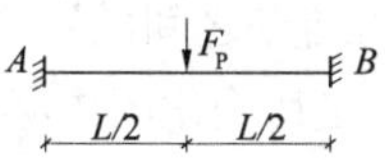	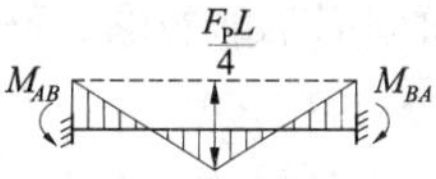	$-\frac{F_P L}{8}$	$\frac{F_P L}{8}$	$\frac{F_P}{2}$	$-\frac{F_P}{2}$
一端固定一端铰接	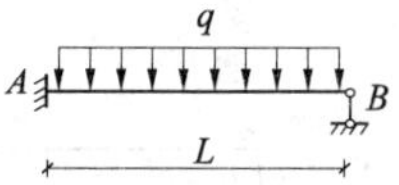	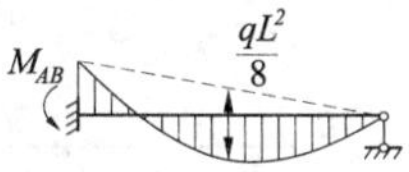	$-\frac{qL^2}{8}$	0	$\frac{5qL}{8}$	$-\frac{3qL}{8}$
	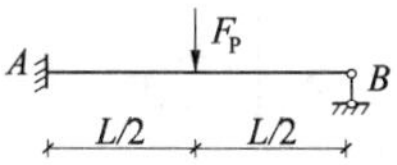	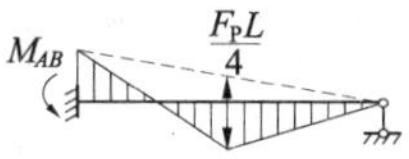	$-\frac{3F_P L}{16}$	0	$\frac{11F_P}{16}$	$-\frac{5F_P}{16}$
	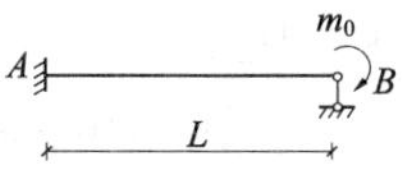	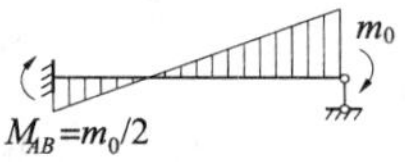 $M_{AB}=m_0/2$	$\frac{m_0}{2}$	m_0	$-\frac{3m_0}{2L}$	$-\frac{3m_0}{2L}$
一端固定一端定向滑动	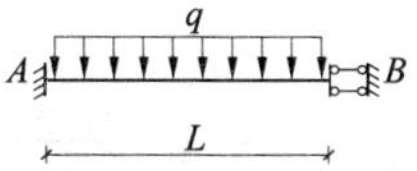	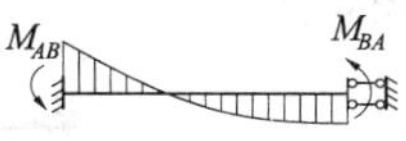	$-\frac{qL^2}{3}$	$-\frac{qL^2}{6}$	qL	0
	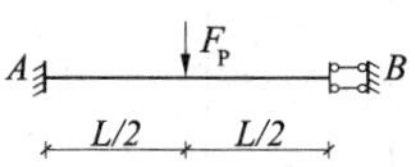	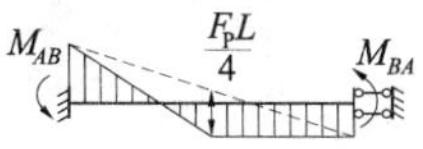	$-\frac{3F_P L}{8}$	$-\frac{F_P L}{8}$	F_P	0
	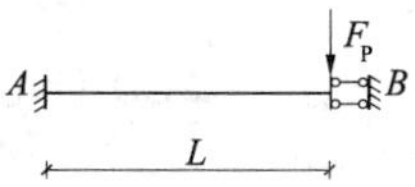	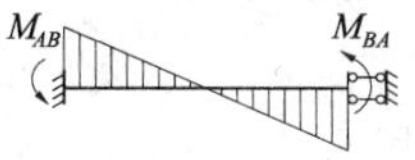	$-\frac{F_P L}{2}$	$-\frac{F_P L}{2}$	F_P	$F^L_{SB}=F_P$ $F^R_{SB}=0$

6.3 位移法基本未知量的确定

位移法的基本未知量包括结点的角位移和线位移两种未知量。由多根杆件汇交的刚结点，各杆端具有相同的转角，因此每个刚结点只有一个独立的角位移，至于铰结点和铰支座处各杆端的转角是不独立的，可不作为基本未知量。故结点的角位移未知量就等于刚结点的个数。

对于一般刚架，不考虑受弯直杆的轴向变形和剪切变形的影响，并认为弯曲变形是微小的。因此，可假定杆件两端之间的距离在变形后仍保持不变。因而独立的结点线位移未知量可用几何构造分析的方法来确定，若将所有的刚结点（包括固定支座）均改为铰结点，则原结构成为铰接链杆体系。为使该体系几何不变，需添加的链杆数就是原结构独立的结点线位移数。例如图 6-6 所示的刚架具有一个刚结点 B，因此只有一个角位移未知量 θ_B（A、D 虽为刚结点，但其转角为零）。将原结构中所有的刚结点均改为铰接后得到图 6-6(b)所示的"铰化图"，显然它可沿水平方向移动，需加入一根附加链杆才可使其不动，因此原结构具有一个独立的结点线位移未知量 Δ。又如图 6-7(a)所示的刚架，具有 4 个刚结点的角位移未知量（θ_D、θ_E、θ_F 和 θ_G），以及 2 个水平结点线位移未知量（$\Delta_D=\Delta_E$ 和 $\Delta_F=\Delta_G$），故该结构共有 6 个未知的结点位移。

这里应当指出，上述利用铰接图来确定独立的结点线位移的方法，仅适用于以受弯为主的直杆体系，对于只有轴力的铰接杆，由于轴向变形不能忽略，导致两结点之间的距离发生变化，例如图 6-7(c)所示的刚架横梁 BC 为弹性铰接杆（$EA\neq\infty$），因此在其铰化图中必须加入 2 根链杆，才能限制 B、C 两点的水平位移，故其独立的结点线位移应等于 2 而不是 1（图 6-7(d)）。

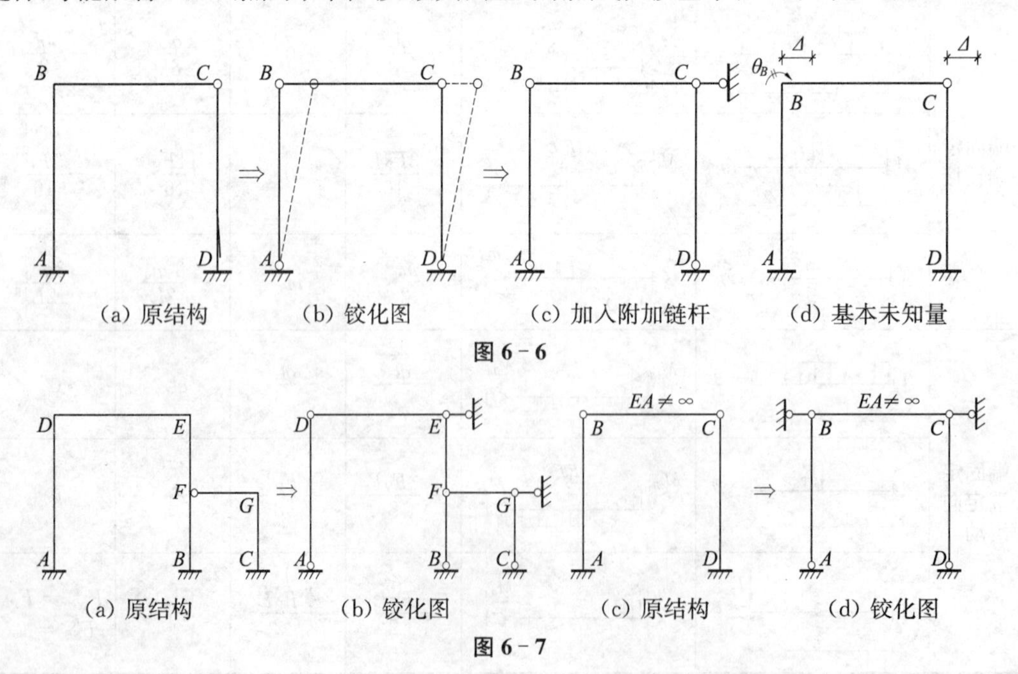

(a) 原结构　(b) 铰化图　(c) 加入附加链杆　(d) 基本未知量

图 6-6

(a) 原结构　(b) 铰化图　(c) 原结构　(d) 铰化图

图 6-7

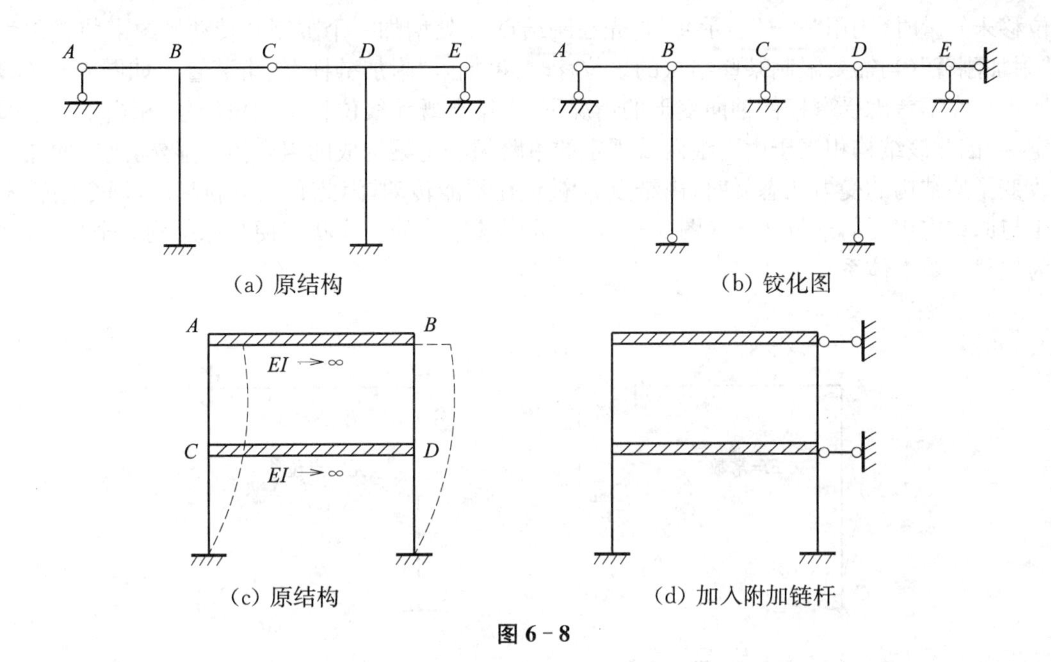

(a) 原结构　　(b) 铰化图

(c) 原结构　　(d) 加入附加链杆

图 6－8

图 6－8(a)所示刚架中有 2 个刚结点的角位移未知量 θ_B、θ_D，其铰化图中除在 E 点或 A 点需加入一根水平链杆限制其水平位移外，尚需在 C 点加入一根竖向链杆，以限制 C 点的竖向位移，故共有 2 个结点线位移未知量。由于图 6－8(c)所示刚架的横梁弯曲刚度为无限大，与其相连的 4 个刚结点 A、B、C、D 只能产生水平线位移而不可能发生转角位移，因此该结构仅需在每一层加入一根水平链杆，便可限制结点的位移，即原结构只有 2 个结点线位移未知量。

6.4　位移法之一：基本结构—典型方程法

用位移法求解超静定结构有两种计算方法：一种是基本结构—典型方程法。该方法物理概念清晰，与第 5 章的力法计算步骤非常相似，也是首先建立与原结构对应的基本结构，列出位移法典型方程，再根据基本结构的单位弯矩图及荷载弯矩图，计算方程中的系数和自由项，通过解方程求得结点位移后，叠加最终弯矩。另一种方法是结点和截面平衡方程法，其特点是不建立原结构的基本结构，直接由各杆件的转角位移方程写出各杆端内力的表达式，再利用结点和截面平衡条件列出位移法基本方程，求得结点位移后回代各杆端内力表达式便得到各杆端内力。本节首先介绍第一种方法。

6.4.1　无侧移刚架

这里仍以图 6－1(a)所示的无侧移刚架为例加以阐述(重绘于图 6－9(a))，该刚架在荷载作用下只有一个刚结点的角位移未知量 Z_1（位移法中的未知位移无论是线位移还是角位移，均统一用 Z 表示，以便与力法中的未知力 X 相对应)，在图中用“⌒⌒、”表示(当结点有线位移未知量时，则用"⊣⊢→"表示）。首先在刚结点 A 处增加一个限制其转动的约束装置称为"附加刚臂"（当需要限制某些结点的线位移时，可加入"附加链杆"约束装置），如图 6 - 9(b) 所示。在不考虑受弯杆件轴向变形的情况下，A 结点既无线位移又无角位移，相当于一个固定端，因此该结构相当于由两根两端固定的单跨超静定梁构成的组合体。显然，刚臂的加入改变了原结构的受力状态，使自由结点 A 被锁住不能转动，因此必须重新释放，即令刚臂发生与原结构相同的角位移 Z_1（图 6 - 9(c)），此时该结构的工作状态便与原结构完全相同，称为位移法基本体系。

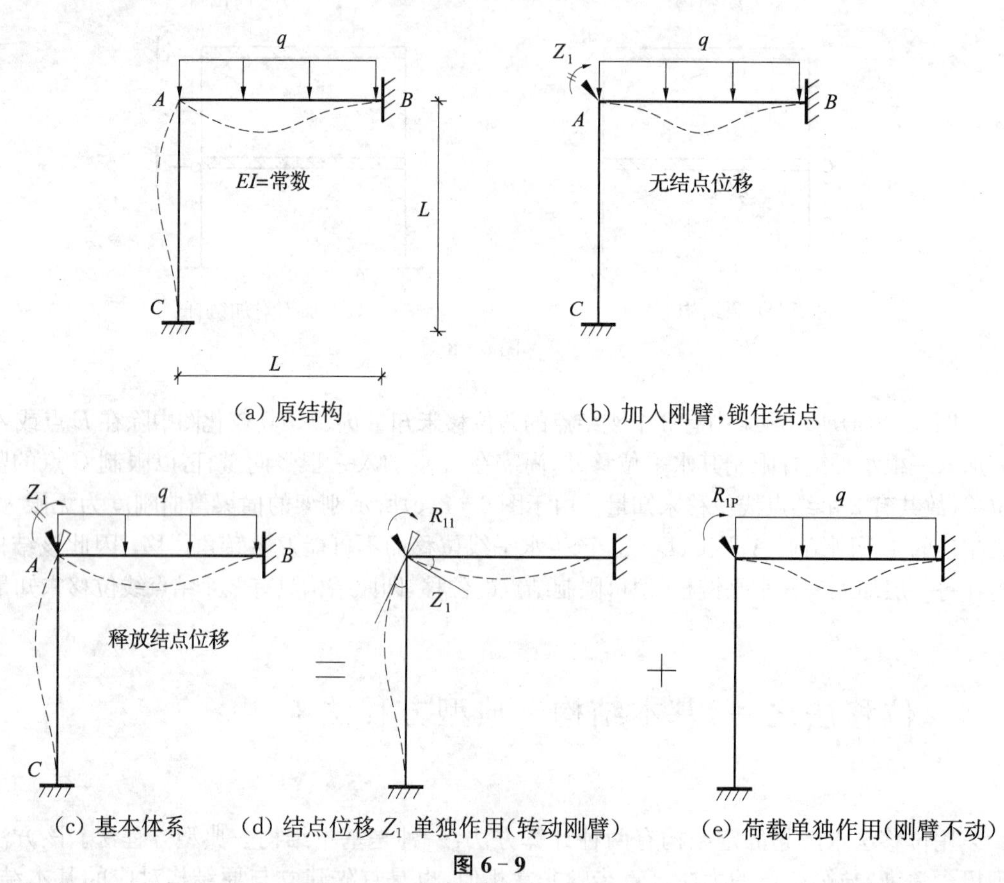

(a) 原结构　　(b) 加入刚臂，锁住结点

(c) 基本体系　(d) 结点位移 Z_1 单独作用(转动刚臂)　(e) 荷载单独作用(刚臂不动)

图 6 - 9

基本体系与原结构所承受的荷载及结点位移完全相同，唯一的区别是人为增加了一个附加刚臂，它在外荷载及杆端位移 Z_1 作用下都会产生约束反力或反力矩，若令刚臂内的总反力矩为零，则相当于撤除刚臂，因此基本体系能够代替原结构的条件便是附加刚臂内的总反力矩必须为零。由叠加原理可知，基本体系刚臂内的总反力矩 R_1 是由两种因素共同作用产生的，即结点位移单独作用引起的反力矩 R_{11}（图 6 - 9(d)），以及外荷载单独作用引起的反力矩 R_{1P}（图 6 - 9(e)）。即

$$R_1 = R_{11} + R_{1P} = 0 \tag{6-11}$$

式中，R_{ij} 的两个下标的含义与力法中的 Δ_{ij} 相仿：第一个下标 i 表示该反力(矩)所在的附加约束装置的编号；第二个下标 j 表示引起该反力(矩)的原因。

令 r_{11} 表示由单位位移 $\overline{Z}_1 = 1$ 引起的附加刚臂内的反力矩，则 $R_{11} = r_{11}Z_1$，于是式(6 - 11)可写为

$$r_{11}Z_1 + R_{1P} = 0 \tag{6-12}$$

这就是位移法的基本方程。为了求该方程中的系数和自由项，需要利用表 6-1、表 6-2 中的形常数和载常数，绘出基本体系在 $\overline{Z}_1 = 1$ 作用下的单位弯矩图 $\overline{M}_1$ 及外荷载作用下的荷载弯矩图 M_P，如图 6-10(a)、(c)所示。

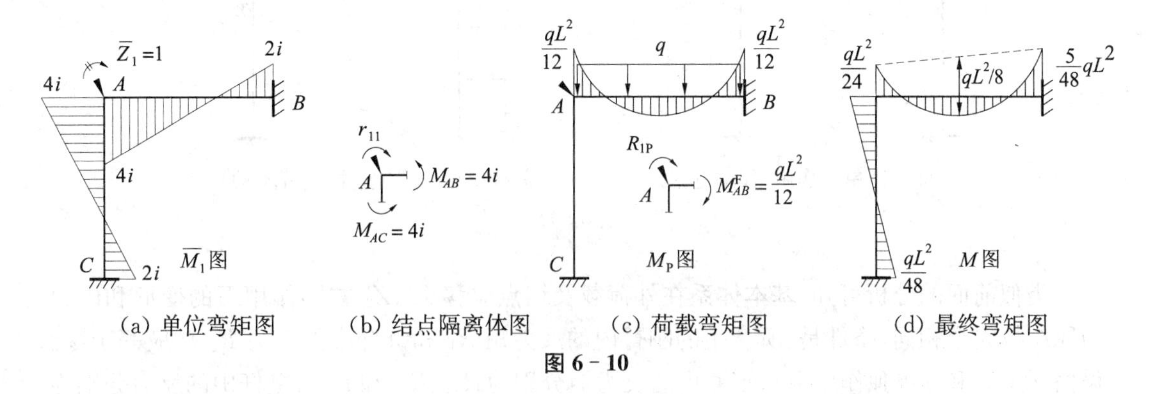

(a) 单位弯矩图　　(b) 结点隔离体图　　(c) 荷载弯矩图　　(d) 最终弯矩图

图 6-10

从 $\overline{M}_1$ 图中截取结点 A 为隔离体(图 6-10(b))，由 $\sum M_A = 0$ 得

$$r_{11} = M_{AC} + M_{AB} = 4i + 4i = 8i(i = \frac{EI}{L})$$

同理，从 M_P 图中取结点 A，由 $\sum M_A = 0$ 得

$$R_{1P} = -M^F_{AB} = -\frac{qL^2}{12}$$

代入式(6-12)得

$$Z_1 = -\frac{R_{1P}}{r_{11}} = \frac{qL^2}{96i}$$

最终杆端弯矩为：$M = \overline{M}_1 Z_1 + M_P$，叠加结果如图 6-10(d)所示。

6.4.2 有侧移刚架

下面我们再对有侧移的刚架加以分析，图 6-11(a)的刚架在水平荷载作用下具有两个结点位移未知量，即刚结点 B 的角位移 Z_1 和 B、C 结点共同的水平侧移 Z_2，在 B、C 结点分别增加一个附加刚臂和一根附加链杆得基本体系如图 6-11(b)所示。

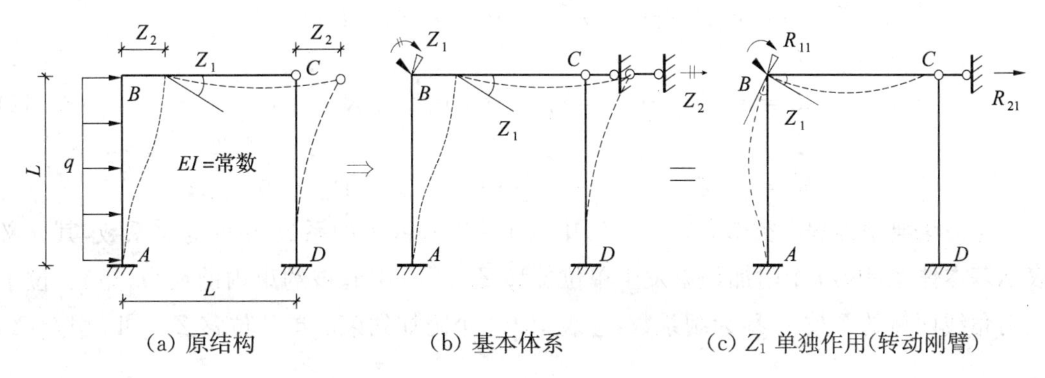

(a) 原结构　　(b) 基本体系　　(c) Z_1 单独作用(转动刚臂)

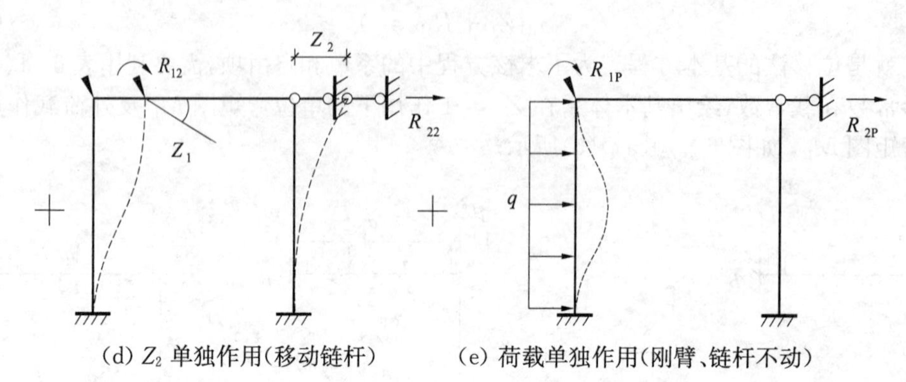

(d) Z_2 单独作用(移动链杆)　　(e) 荷载单独作用(刚臂、链杆不动)

图 6-11

类似前面的分析可知,基本体系在外荷载及结点位移 Z_1、Z_2 共同作用下的变形和内力与原结构完全相同,条件是:所产生的刚臂内的反力矩 R_1 和链杆中的反力 R_2 均应等于零。设由 Z_1、Z_2 和 q 单独作用引起刚臂内的反力矩分别为 R_{11}、R_{12} 和 R_{1P};链杆中的反力分别为 R_{21}、R_{22} 和 R_{2P}(图 6-11(c)、(d)和(e))。

根据叠加原理,刚臂和链杆内引起的总反力(矩)为

$$\left.\begin{aligned}&\text{刚臂}\quad R_1=R_{11}+R_{12}+R_{1P}=0\\&\text{链杆}\quad R_2=R_{21}+R_{22}+R_{2P}=0\end{aligned}\right\}\tag{6-13}$$

再以 r_{11}、r_{12} 分别表示由单位位移 $\overline{Z}_1=1$ 和 $\overline{Z}_2=1$ 单独作用时,在附加刚臂内引起的反力矩,以 r_{21}、r_{22} 分别表示由单位位移 $\overline{Z}_1=1$ 和 $\overline{Z}_2=1$ 单独作用时,在附加链杆内引起的反力。则式(6-13)中的 $R_{11}=r_{11}Z_1$,$R_{12}=r_{12}Z_2$,$R_{21}=r_{21}Z_1$,$R_{22}=r_{22}Z_2$。因此式(6-13)可改写为

$$\left.\begin{aligned}r_{11}Z_1+r_{12}Z_2+R_{1P}=0\\r_{21}Z_1+r_{22}Z_2+R_{2P}=0\end{aligned}\right\}\tag{6-14}$$

上式即称为位移法典型方程,其物理意义表示基本体系在外荷载及各结点位移共同作用下,每个附加刚臂或链杆中的反力或反力矩均应为零。该方程的本质反映了附加约束中的静力平衡关系,而力法典型方程反映的是变形协调关系。

当某结构具有 n 个独立的结点位移时,应在基本体系中加入 n 个附加约束装置(刚臂或链杆),根据每个附加约束中的反力(矩)应为零的平衡条件,可列出 n 个位移法方程

$$\left.\begin{aligned}R_1&=r_{11}Z_1+\cdots+r_{1i}Z_i+\cdots+r_{1n}Z_n+R_{1P}=0\\&\vdots\\R_i&=r_{i1}Z_1+\cdots+r_{ii}Z_i+\cdots+r_{in}Z_n+R_{iP}=0\\&\vdots\\R_n&=r_{n1}Z_1+\cdots+r_{ni}Z_i+\cdots+r_{nn}Z_n+R_{nP}=0\end{aligned}\right\}\tag{6-15}$$

与力法典型方程组类似,式(6-15)中位于主对角线上的系数 r_{ii} 称为主系数,其含义表示基本体系的第 i 个附加约束发生单位位移 $\overline{Z}_i=1$,引起该约束内的反力(矩)。位于主对角线两侧的系数 r_{ij} 称为副系数,它表示第 j 个附加约束的单位位移 $\overline{Z}_j=1$,引起第 i

个约束的反力(矩)，根据第 4 章中的反力互等定理可知，$r_{ij}=r_{ji}$。而式中不含未知量的常数项 R_{iP} 称为自由项，它是基本体系在外荷载作用下引起第 i 个附加约束内的反力(矩)。

为了求方程组(6－14)中的系数和自由项，可借助表 6－1 中的“形常数”，绘出基本体系中的各单跨超静定梁，在单位未知位移 $\overline{Z}_1=1$、$\overline{Z}_2=1$ 作用下的单位弯矩图$\overline{M}_1$、$\overline{M}_2$(图 6－12(a)、(b))，以及表 6－2 中的“载常数”，绘出外荷载作用下的 M_P 图(图 6－12(c))。

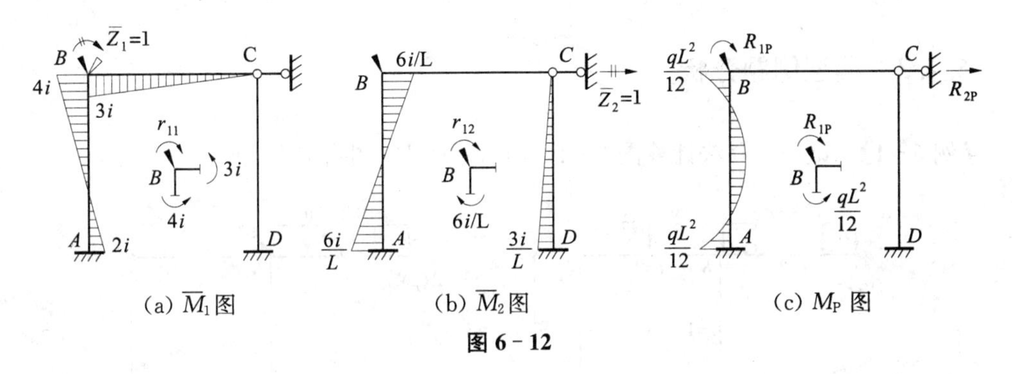

(a) $\overline{M}_1$图　　(b) $\overline{M}_2$图　　(c) M_P 图

图 6－12

截取带有附加刚臂的结点 B 为隔离体，由结点的力矩平衡条件 $\sum M_B=0$ 得

$$r_{11}=4i+3i=7i\,,\quad r_{12}=-\frac{6i}{L}\,,\quad R_{1P}=\frac{qL^2}{12}$$

截取含有附加链杆的柱顶以上部分为隔离体，如图 6－13 所示，由各柱的杆端弯矩求得杆端剪力，并反作用于隔离体一侧，由水平方向的投影平衡方程 $\sum F_x=0$ 得

$$r_{21}=-\frac{6i}{L},\ r_{22}=\frac{12i}{L^2}+\frac{3i}{L^2}=\frac{15i}{L^2},\ R_{2P}=-\frac{qL}{2}$$

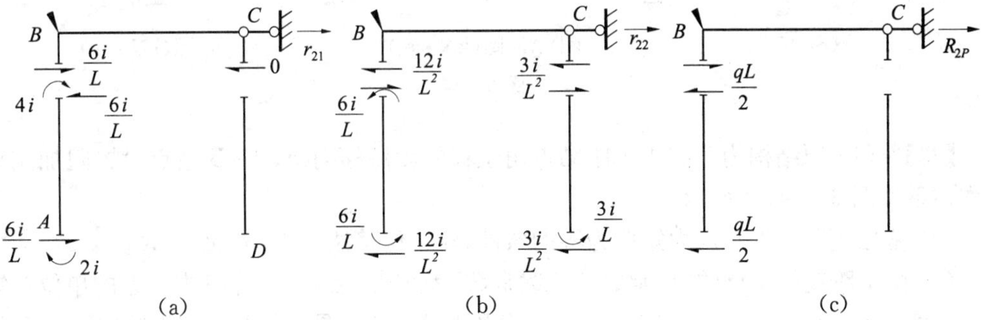

(a)　　(b)　　(c)

图 6－13

通常情况下，计算链杆中的反力要比刚臂中的反力矩麻烦，因此对于链杆中的副系数反力可由刚臂中的反力矩替代，如这里的 r_{21} 可由 r_{12} 代替。

接下来便可解方程求结点位移，叠加最终弯矩 $M=\overline{M}_1Z_1+\overline{M}_2Z_2+M_P$。建议读者自行完成。

综上所述，位移法的计算步骤可归纳如下：

(1) 在原结构具有独立的结点角位移和线位移处，分别加入附加刚臂和链杆锁住自由结点，使原结构成为由若干根单跨超静定梁构成的组合体，得到位移法基本体系。

(2) 根据附加约束内的总反力(矩)应为零的条件,建立位移法典型方程。

(3) 借助单跨超静定梁的"形常数"和"载常数"表,作基本体系的单位弯矩图$\overline{M}_i$及荷载弯矩图M_P,并分别由结点或截面平衡条件求系数和自由项。

(4) 解方程求结点的未知位移。

(5) 叠加最终弯矩$M = \sum \overline{M}_i Z_i + M_P$,作最后内力图。

6.4.3 典型例题分析

【例 6-1】 试用位移法计算图 6-14(a)所示刚架,并作弯矩图。

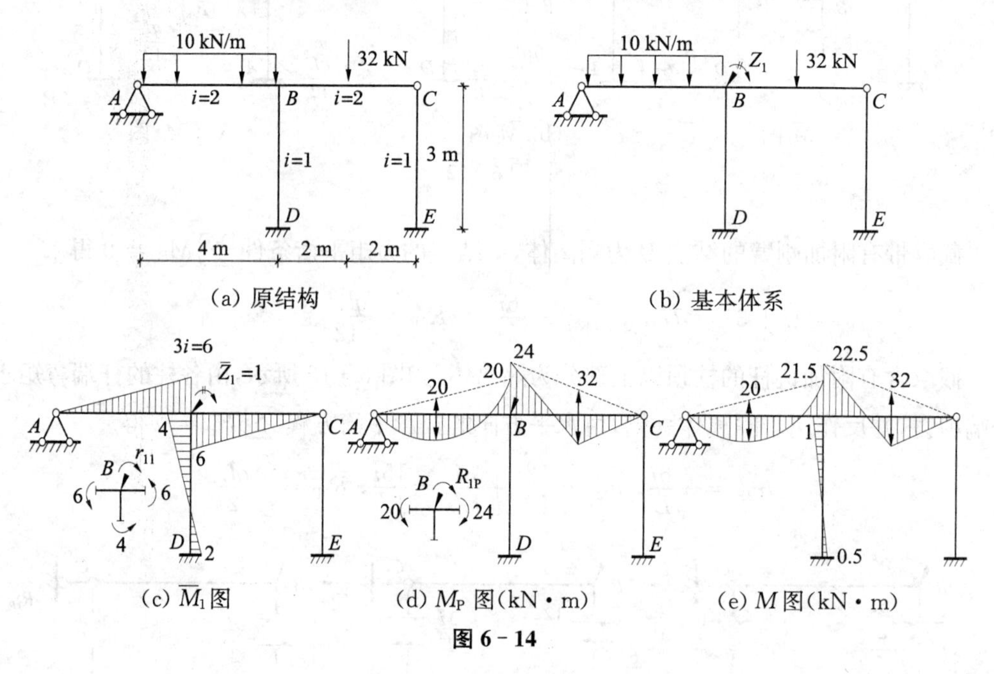

图 6-14

【解】 (1) 原结构为只有 1 个刚结点角位移的无侧移刚架,在 B 结点设置附加刚臂得基本体系如图 6-14(b)所示。

(2) 依据刚臂上的总反力矩应为零的条件,建立位移法方程:$r_{11}Z_1 + R_{1P} = 0$

(3) 由单跨超静定梁的"形常数"和"载常数"表 6-1、表 6-2,作基本体系的单位弯矩图$\overline{M}_1$及荷载弯矩图M_P(图 6-14(c)、(d))。分别从$\overline{M}_1$、M_P图中截取含有刚臂的结点 B 为隔离体,由$\sum M_B = 0$得

$$r_{11} = 6 + 4 + 6 = 16, \quad R_{1P} = 20 - 24 = -4\ \text{kN}\cdot\text{m}$$

(4) 解方程求结点位移 $\qquad Z_1 = -\dfrac{R_{1P}}{r_{11}} = \dfrac{1}{4}$

(5) 叠加杆端弯矩$M = \sum \overline{M}_1 Z_1 + M_P$,可得最终弯矩如图 6-14(e)所示。

【例 6-2】 试用位移法计算图 6-15(a)所示刚架,并作弯矩图。

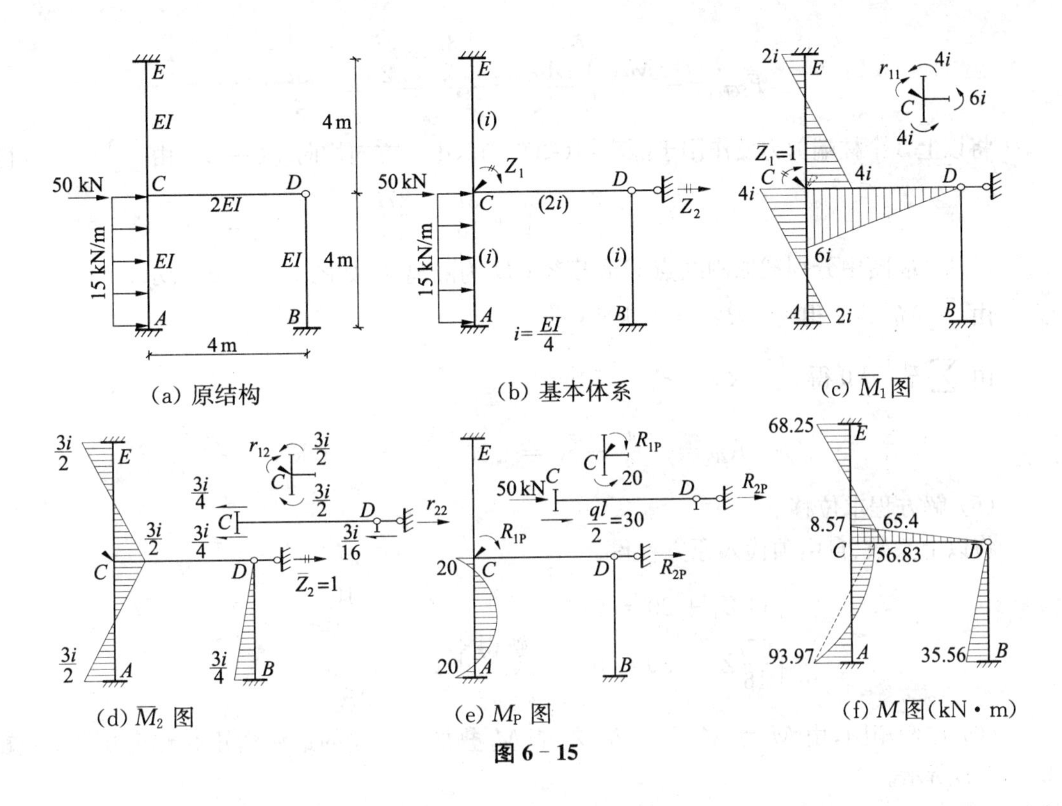

(a) 原结构　　(b) 基本体系　　(c) $\overline{M}_1$图

(d) $\overline{M}_2$ 图　　(e) M_P 图　　(f) M图(kN・m)

图 6－15

【解】 (1) 该结构为有侧移刚架，共有 1 个独立的线位移和 1 个角位移未知量。需在刚结点 C 处设置附加刚臂和铰结点 D 处(也可仍在 C 处)设置附加链杆，得基本体系如图 6－15(b)所示(图中括号内的数字表示各杆的线刚度)。

(2) 根据附加刚臂及链杆中的反力(矩)应为零的条件，建立位移法典型方程为

$$\begin{cases} r_{11}Z_1 + r_{12}Z_2 + R_{1P} = 0 \\ r_{21}Z_1 + r_{22}Z_2 + R_{2P} = 0 \end{cases}$$

(3) 由表 6－1 和表 6－2 作基本体系的单位弯矩图$\overline{M}_1$、$\overline{M}_2$及荷载弯矩图 M_P，分别如图 6－15(c)、(d)、(e)所示。

(4) 计算系数和自由项。

从$\overline{M}_1$图中截取带有刚臂的结点 C(图 6－15(c))为隔离体，由 $\sum M_C = 0$ 得

$$r_{11} = 14i$$

从$\overline{M}_2$图中分别截取结点 C 和带有附加链杆的横梁 CD 为隔离体(图 6－15(d))，由 $\sum M_C = 0$ 得

$$r_{12} = 0,\ r_{21} = r_{12} = 0$$

与横梁 CD 相连的 3 个柱端剪力(由各柱的杆端弯矩求得)分别为

$$F_{SCA} = -\frac{M_{CA} + M_{AC}}{L} = -\frac{\left(-\frac{3i}{2}\right) + \left(-\frac{3i}{2}\right)}{4} = \frac{3i}{4}$$

$$F_{SDB} = -\frac{M_{DB} + M_{BD}}{L} = -\frac{0 + \left(-\frac{3i}{4}\right)}{4} = \frac{3i}{16}$$

$$F_{SCE}=-\frac{M_{CE}+M_{EC}}{L}=-\frac{\frac{3i}{2}+\frac{3i}{2}}{4}=-\frac{3i}{4}$$

将以上3个柱端剪力反作用于隔离体(图6-15(d)),方向均向左(←)。由$\sum F_x=0$得

$$r_{22}=\frac{3i}{4}+\frac{3i}{4}+\frac{3i}{16}=\frac{27i}{16}$$

再从M_P图中分别截取刚结点C和横梁CD为隔离体,如图6-15(e)所示。

由$\sum M_C=0$得 $\quad R_{1P}=20\text{ kN}\cdot\text{m}$

由$\sum F_x=0$得 $\quad R_{2P}+\frac{qL}{2}+50=0$

$$R_{2P}=-\frac{qL}{2}-50=-30-50=-80\text{ kN}$$

(5) 解方程求位移

将以上系数、自由项代入原方程得

$$\begin{cases}14iZ_1+20=0\\ \frac{27i}{16}Z_2-80=0\end{cases}\qquad 解得\begin{cases}Z_1=-\frac{10}{7i}\\ Z_2=\frac{1\,280}{27i}\end{cases}$$

(6) 作弯矩图,由$M=\overline{M}_1Z_1+\overline{M}_2Z_2+M_P$叠加各杆端的最终弯矩并作弯矩图,如图6-15(f)所示。

6.5 位移法之二:结点和截面平衡方程法

上一节介绍的基本结构—典型方程法,须在原结构中设置附加刚臂或链杆形成基本体系,再根据附加约束内的反力(矩)应为零的条件建立位移法方程,通过前面的算例我们已清楚地看到,该位移法典型方程的实质代表了原结构的结点和截面平衡条件。因此,我们也可以不通过构造原结构的基本体系,直接根据原结构的受力情况分别建立与结点和截面平衡条件相对应的位移法基本方程。该方法简称"结点和截面平衡方程法"。

现仍以上节中的图6-11所示刚架为例说明其分析过程,将该结构重绘于图6-16(a),

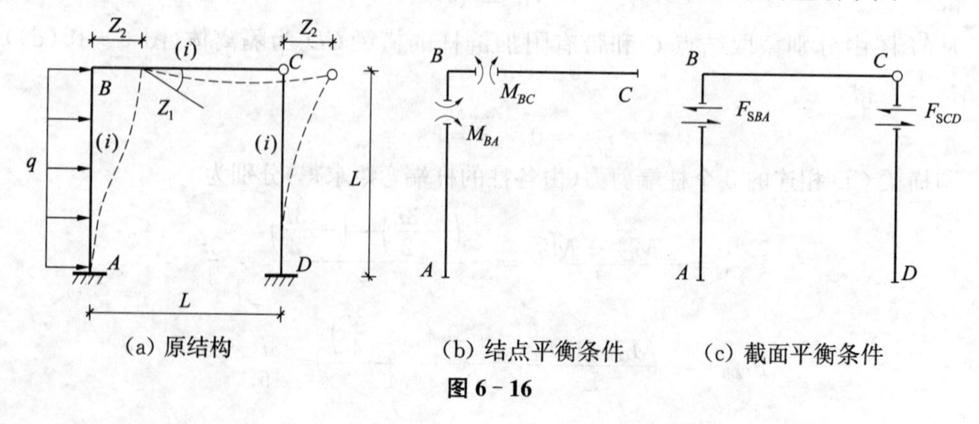

(a) 原结构 (b) 结点平衡条件 (c) 截面平衡条件

图6-16

它具有两个基本未知量：即刚结点 B 的角位移 Z_1（方向假设顺转）和 B、C 结点共同的水平线位移 Z_2（方向假设向右）。

(1) 根据各杆两端的位移情况和杆上荷载情况，利用转角位移方程直接写出各杆件的杆端内力表达式为

柱 AB（由 Z_1、Z_2 及 q 共同产生）：

$$\left.\begin{aligned} M_{AB} &= 2iZ_1 - 6i\frac{Z_2}{L} - \frac{qL^2}{12} \\ M_{BA} &= 4iZ_1 - 6i\frac{Z_2}{L} + \frac{qL^2}{12} \\ F_{SBA} &= F_{SBA}^{\Delta} + F_{SBA}^{F} = -6i\frac{Z_1}{L} + 12i\frac{Z_2}{L^2} - \frac{qL}{2} \end{aligned}\right\} \tag{a}$$

柱 CD（仅由 Z_2 引起）：

$$\left.\begin{aligned} M_{CD} &= 0 \\ M_{DC} &= -3i\frac{Z_2}{L} \\ F_{SCD} &= 3i\frac{Z_2}{L^2} \end{aligned}\right\} \tag{b}$$

梁 BC（仅由 Z_1 引起）：

$$\left.\begin{aligned} M_{BC} &= 3iZ_1 \\ M_{CB} &= 0 \end{aligned}\right\} \tag{c}$$

(2) 由原结构刚结点 B 的力矩平衡条件（图 6-16(b)）$\sum M_B = 0$ 可得

$$M_{BA} + M_{BC} = 0$$

即

$$\left(4iZ_1 - 6i\frac{Z_2}{L} + \frac{qL^2}{12}\right) + 3iZ_1 = 0 \tag{d}$$

(3) 由原结构柱顶以上横梁 BC 的隔离体平衡条件（图 6-16(c)）$\sum F_x = 0$ 可得

$$F_{SBA} + F_{SCD} = 0$$

即

$$\left(-6i\frac{Z_1}{L} + 12i\frac{Z_2}{L^2} - \frac{qL}{2}\right) + 3i\frac{Z_2}{L^2} = 0 \tag{e}$$

将式(d)、(e) 整理后得

$$\left.\begin{aligned} 7iZ_1 - 6i\frac{Z_2}{L} + \frac{qL^2}{12} &= 0 \\ -\frac{6i}{L}Z_1 + 15i\frac{Z_2}{L^2} - \frac{qL}{2} &= 0 \end{aligned}\right\} \tag{6-16}$$

式(6-16)就是直接按结点和截面平衡条件建立的位移法基本方程，显然它与上节应用基本结构—典型方程法建立的方程式(6-16)完全相同。因此，这两种方法只是建立基本方程的途径不同而已，其本质并无区别。

在解方程式(6-16)得结点位移 Z_1、Z_2 后，只需回代各杆端内力的表达式(a)、(b)、(c)便可求出所有杆端内力值。

综上所述，该方法的解题步骤可归纳如下：

(1) 确定结点位移的基本未知量。

(2) 套用转角位移方程，列出各杆端内力的表达式。

(3) 截取原结构中的相关结点和截面，利用力矩和投影平衡条件，建立位移法基本方程。

(4) 解方程求得结点位移。

(5) 将结点位移回代杆端内力的表达式,便可求得所有杆端内力并作内力图。

【例 6-3】 试用结点和截面平衡方程法计算图 6-17(a)所示连续梁,并作弯矩图(设 $EI=12$)。

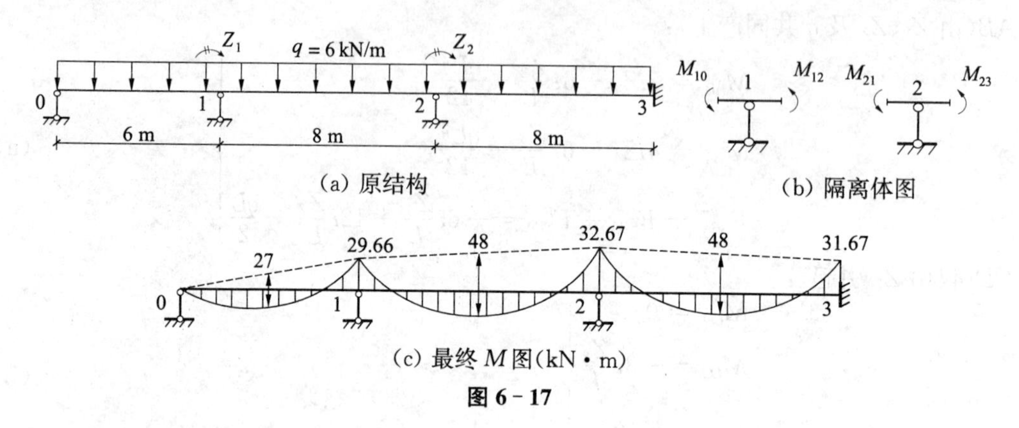

(a) 原结构　(b) 隔离体图

(c) 最终 M 图(kN·m)

图 6-17

【解】 (1) 确定基本未知量

该连续梁在结点 1、2 处各有一个角位移未知量 Z_1、Z_2(设为顺时针方向)。

(2) 列出各杆端内力的表达式

杆件 01 可套用一端固定另一端铰接的单跨超静定梁的转角位移方程,而杆件 12 和 23 则套用两端固定的单跨超静定梁。

$$\begin{cases} M_{01}=0 \\ M_{10}=3iZ_1+\dfrac{qL^2}{8}=3\times\dfrac{12}{6}Z_1+\dfrac{6\times 6^2}{8}=6Z_1+27 \end{cases}$$

$$\begin{cases} M_{12}=4iZ_1+2iZ_2-\dfrac{qL^2}{12}=4\times\dfrac{12}{8}\times Z_1+2\times\dfrac{12}{8}\times Z_2-\dfrac{6\times 8^2}{12}=6Z_1+3Z_2-32 \\ M_{21}=4iZ_2+2iZ_1+\dfrac{qL^2}{12}=4\times\dfrac{12}{8}\times Z_2+2\times\dfrac{12}{8}\times Z_1+\dfrac{6\times 8^2}{12}=6Z_2+3Z_1+32 \end{cases}$$

$$\begin{cases} M_{23}=4iZ_2-\dfrac{qL^2}{12}=4\times\dfrac{12}{8}Z_2-\dfrac{6\times 8^2}{12}=6Z_2-32 \\ M_{32}=2iZ_2+\dfrac{qL^2}{12}=2\times\dfrac{12}{8}Z_2+\dfrac{6\times 8^2}{12}=3Z_2+32 \end{cases}$$

(3) 建立平衡条件

由结点 1、2 的力矩平衡条件(图 6-17(b)) $\sum M_1=0$, $\sum M_2=0$ 得

$$\begin{cases} M_{10}+M_{12}=0 \\ M_{21}+M_{23}=0 \end{cases}$$

即

$$\begin{cases} 12Z_1+3Z_2-5=0 \\ 3Z_1+12Z_2=0 \end{cases}$$

(4) 解上述方程组得结点位移: $\begin{cases} Z_1=0.444 \\ Z_2=-0.111 \end{cases}$

(5) 计算各杆端弯矩

将 Z_1、Z_2 的值回代各杆端弯矩的表达式得

$$M_{10}=6\times0.444+27=29.66\ \text{kN}\cdot\text{m}(\text{上侧受拉})$$

$$M_{12}=6\times0.444+3\times(-0.111)-32=-29.66\ \text{kN}\cdot\text{m}(\text{上侧受拉})$$

$$M_{21}=6\times(-0.111)+3\times0.444+32=32.67\ \text{kN}\cdot\text{m}(\text{上侧受拉})$$

$$M_{23}=6\times(-0.111)-32=-32.67\ \text{kN}\cdot\text{m}(\text{上侧受拉})$$

$$M_{32}=3\times(-0.111)+32=31.67\ \text{kN}\cdot\text{m}(\text{上侧受拉})$$

(6) 作最终弯矩图

根据上述各杆端弯矩，结合区段叠加法作最后弯矩图如图 6－17(c)所示。

【例 6－4】 试用位移法分析图 6－18(a)所示刚架并作弯矩图。

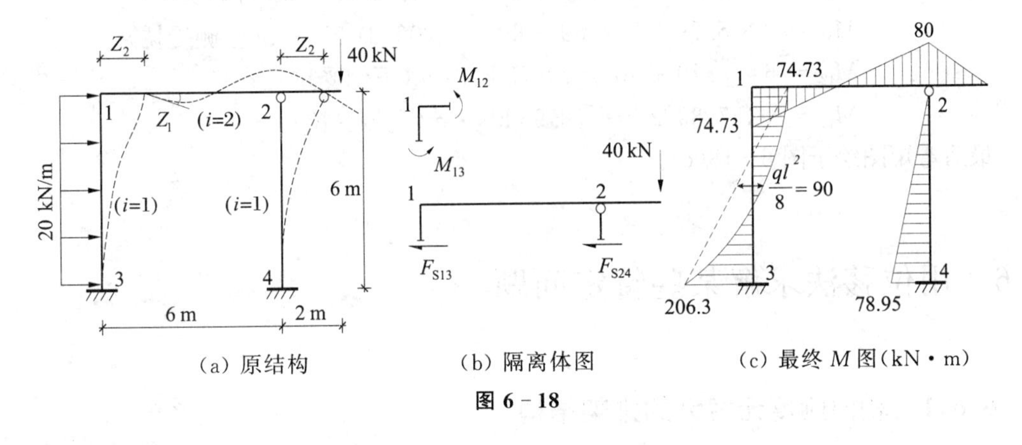

(a) 原结构　　(b) 隔离体图　　(c) 最终 M 图(kN·m)

图 6－18

【解】 (1) 确定基本未知量

横梁 12 右端的伸臂部分内力静定，可将其等效为作用于 2 结点处的一个竖向荷载 40 kN和一个附加力偶荷载 $m_0=40\ \text{kN}\times2\ \text{m}=80\ \text{kN}\cdot\text{m}$，该处相当于铰接。因此该刚架有两个未知的结点位移，即刚结点 1 的角位移 Z_1 和柱顶的水平线位移 Z_2(方向如图 6－18(a))。

(2) 写杆端内力的表达式

横梁 12 右端的伸臂部分等效后，相当于一端固定另一端铰接的单跨超静定梁，立柱 13 相当于两端固定梁，由转角位移方程得

$$\begin{cases}M_{13}=4iZ_1-6i\dfrac{Z_2}{L}+\dfrac{qL^2}{12}=4\times1\times Z_1-6\times1\times\dfrac{Z_2}{6}+\dfrac{20\times6^2}{12}=4Z_1-Z_2+60\\M_{31}=2iZ_1-6i\dfrac{Z_2}{L}-\dfrac{qL^2}{12}=2\times1\times Z_1-6\times1\times\dfrac{Z_2}{6}-\dfrac{20\times6^2}{12}=2Z_1-Z_2-60\\F_{S13}=-\dfrac{M_{13}+M_{31}}{L}-\dfrac{qL}{2}=-\dfrac{6Z_1}{6}+\dfrac{2Z_2}{6}-\dfrac{1}{2}\times20\times6=-Z_1+\dfrac{Z_2}{3}-60\end{cases}$$

$$\begin{cases}M_{12}=3iZ_1+\dfrac{m_0}{2}=3\times2\times Z_1+\dfrac{80}{2}=6Z_1+40\\M_{21}=80\end{cases}$$

$$\begin{cases}M_{42}=-\dfrac{3iZ_2}{L}=-3\times1\times\dfrac{Z_2}{6}=-\dfrac{Z_2}{2}\\M_{24}=0\\F_{S24}=-\dfrac{M_{24}+M_{42}}{L}=\dfrac{Z_2}{12}\end{cases}$$

(3) 建立平衡条件

由刚结点 1 的力矩平衡条件 $\sum M_1 = 0$ 得：$M_{12} + M_{13} = 0$，即 $10Z_1 - Z_2 + 100 = 0$

由柱顶以上横梁的隔离体截面投影平衡条件 $\sum F_x = 0$ 得 $F_{S13} + F_{S24} = 0$

即
$$-Z_1 + \frac{5}{12}Z_2 - 60 = 0$$

(4) 解上述方程组得结点位移：$Z_1 = 5.79, Z_2 = 157.89$

(5) 计算各杆端弯矩并作最后弯矩图

将 Z_1、Z_2 回代各杆端弯矩表达式得

$$M_{13} = 4 \times 5.79 - 157.89 + 60 = -74.73\ \text{kN} \cdot \text{m}(右侧受拉)$$

$$M_{31} = 2 \times 5.79 - 157.89 - 60 = -206.31\ \text{kN} \cdot \text{m}(左侧受拉)$$

$$M_{12} = 6 \times 5.79 + 40 = 74.73\ \text{kN} \cdot \text{m}(下侧受拉)$$

$$M_{42} = -157.89/2 = -78.95\ \text{kN} \cdot \text{m}(左侧受拉)$$

最后弯矩图绘于图 6 - 18(c)。

6.6 用位移法求解某些特定问题

6.6.1 轴向刚度无穷大的排架结构

图 6 - 19(a)所示排架结构横梁的轴向刚度为无穷大，若采用力法求解，可将 3 根横梁切断，共有 3 个未知力。而用位移法求解时，仅有一个基本未知量，即柱顶共同的水平线位移，基本体系如图 6 - 19(b)所示。位移法典型方程为：$r_{11}Z_1 + R_{1P} = 0$。基本体系的单位弯矩图 $\overline{M}_1$ 和荷载弯矩图 M_P 如图 6 - 19(c)、(d)。

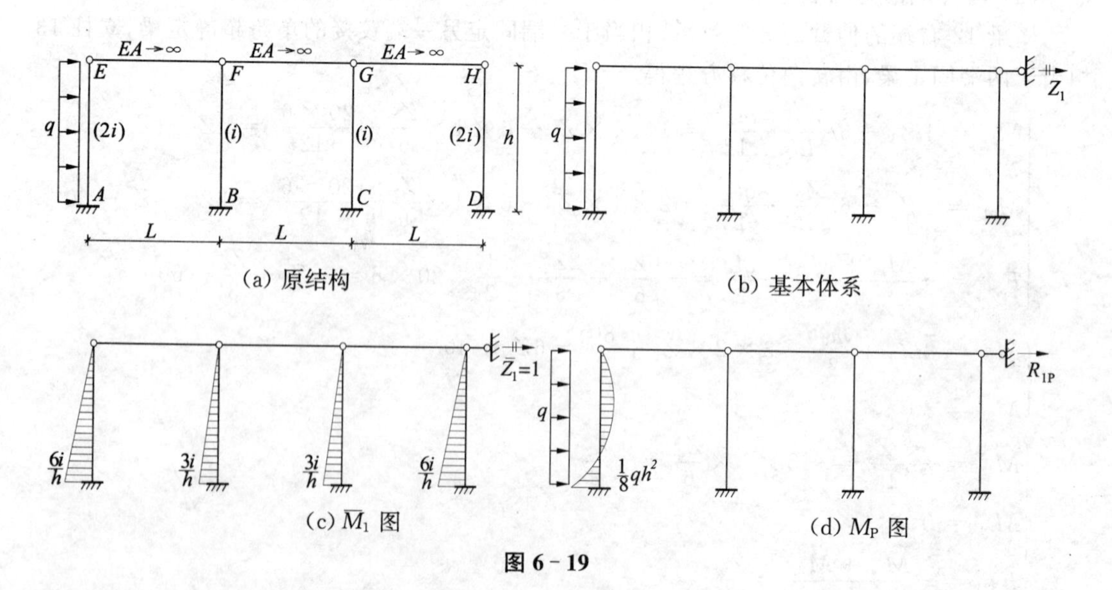

图 6 - 19

取$\overline{M}_1$、M_P图中柱顶以上隔离体，不难求得

$$r_{11}=\frac{18i}{h^2},\quad R_{1P}=-\frac{3qh}{8},\quad Z_1=-\frac{R_{1P}}{r_{11}}=\frac{qh^3}{48i}$$

最终弯矩 $$M=\overline{M}_1Z_1+M_P\text{（略）}$$

可见，用位移法求解多跨排架结构比力法简便得多。

6.6.2 弯曲刚度无穷大的刚架结构

在后面第 10 章的结构动力学中，通常将多层刚架的楼面弯曲刚度近似为无穷大，使其简化为仅沿水平方向振动的计算模型(图 6-20(b))。该类结构用位移法分析时，计算工作量也将大大减少。例如图 6-20(a)所示的两层刚架，由于横梁的弯曲刚度无穷大，因此与其相连的 4 个刚结点 C、D、E、F 均不产生转角位移，因此基本未知量为每层的水平线位移，加入附加链杆后的位移法基本体系如图 6-20(c)所示。

根据链杆内的约束反力应为零的条件建立位移法典型方程为

$$\begin{cases}r_{11}Z_1+r_{12}Z_2+R_{1P}=0\\ r_{21}Z_1+r_{22}Z_2+R_{2P}=0\end{cases}$$

在绘制基本体系的$\overline{M}_1$、$\overline{M}_2$及 M_P（如图 6-20(e)、(f)、(d)）时，4 根柱子(AC、BD、CE、DF)相当于两端固定的单跨超静定梁，刚结点仍满足平衡关系，即柱端引起的弯矩传递给相邻的梁端。

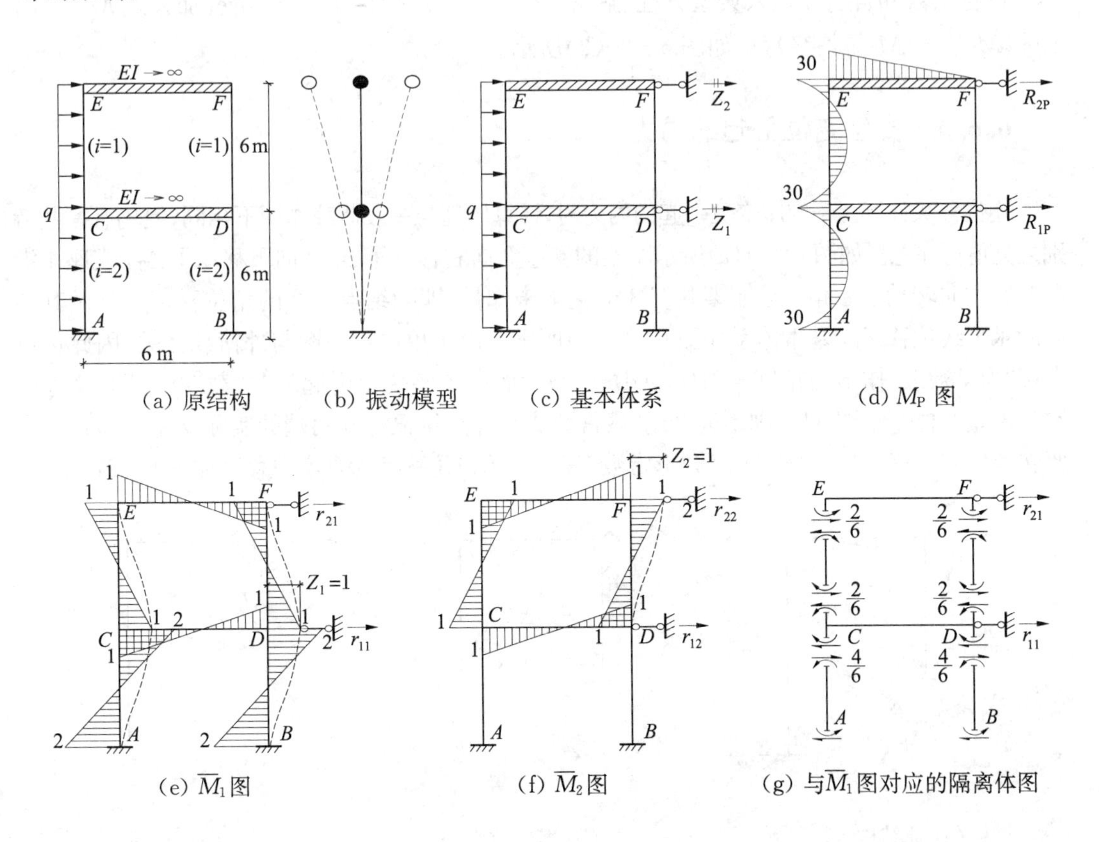

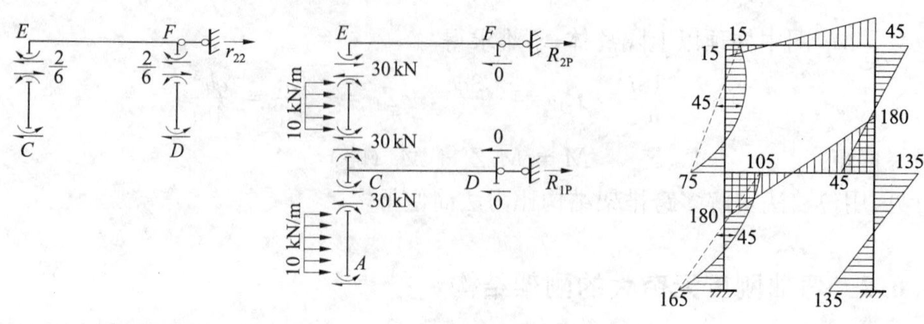

(h) 与$\overline{M}_2$图对应的隔离体图　(j)与 M_P 图对应的隔离体图　(k) M图(kN·m)

图 6-20

从$\overline{M}_1$图中截取横梁 CD 和 EF 隔离体如图 6-20(g)所示，由 $\sum F_x = 0$ 得

$$r_{11} = \frac{2}{6} \times 2 + \frac{4}{6} \times 2 = 2, r_{21} = -\left(\frac{2}{6} + \frac{2}{6}\right) = -\frac{2}{3}$$

从$\overline{M}_2$图中截取顶层横梁 EF 为隔离体如图 6-20 (h)所示，由 $\sum F_x = 0$ 得

$r_{22} = \frac{2}{6} + \frac{2}{6} = \frac{2}{3}$ (底层横梁CD不必截取，副系数 r_{12} 可利用互等定理求得：$r_{12} = r_{21} = -\frac{2}{3}$)

从 M_P 图中截取横梁为隔离体如图 6-20(j)所示，由 $\sum F_x = 0$ 得

$$R_{1P} = -60\text{ kN},\quad R_{2P} = -30\text{ kN}$$

将各系数和自由项代入典型方程，解得：$Z_1 = 67.5, Z_2 = 112.5$，由叠加公式 $M = \overline{M}_1 Z_1 + \overline{M}_2 Z_2 + M_P$得最终弯矩如图 6-20(k)所示。

6.6.3　支座变位引起的内力

用位移法计算由于支座变位引起的内力时，计算原理与一般荷载作用下相同，但仍有一些特别之处值得注意。如图 6-21(a)所示刚架的支座 3 向右移动了 Δ_1 并向下移动了 Δ_2，支座 4 沿顺时针方向转动了 φ 角。该刚架共有 3 个基本未知量，即刚结点 1、2 的角位移 Z_1、Z_2 及其共同的水平线位移 Z_3，基本体系如图 6-21(b)所示。由于单位弯矩图与外荷载无关，因此仍可套用“形常数表”作出(如图 6-21(c)、(d)、(e))。而由支座变位引起的“荷载”弯矩图(这里称它为支座变位弯矩图 M_C)则不能套用“载常数表”，应由每根杆件两端的实际支座位移直接参照转角位移方程作出(也相当于将“形常数”表中的单位位移换为真实位移)(如图 6-21(f))。

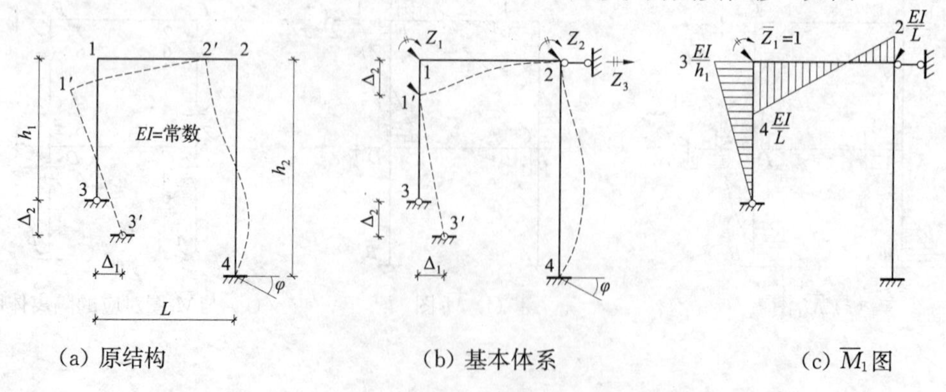

(a) 原结构　(b) 基本体系　(c) $\overline{M}_1$图

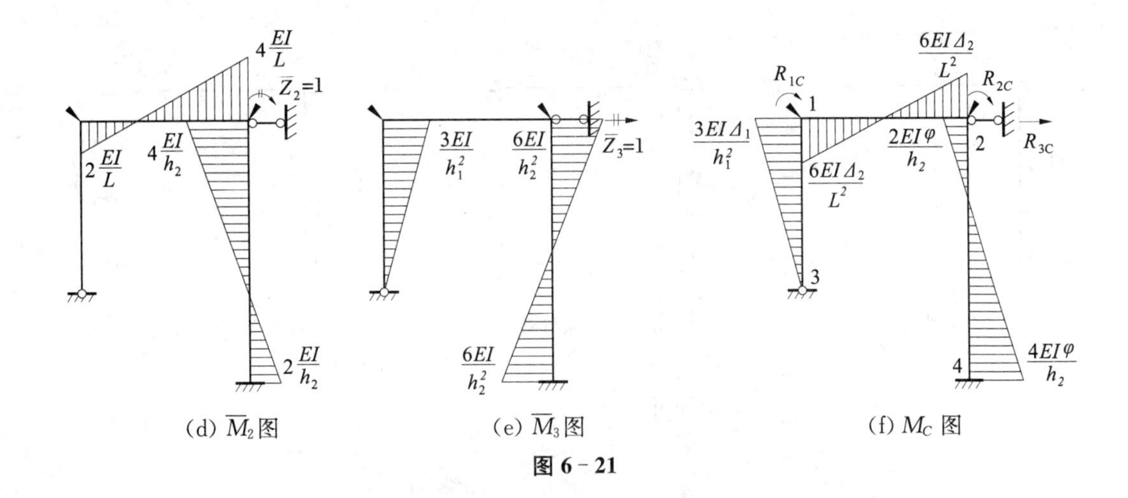

(d) $\overline{M}_2$图　　(e) $\overline{M}_3$图　　(f) M_C 图

图 6 - 21

位移法典型方程为

$$\begin{cases}r_{11}Z_1+r_{12}Z_2+r_{13}Z_3+R_{1C}=0\\ r_{21}Z_1+r_{22}Z_2+r_{23}Z_3+R_{2C}=0\\ r_{31}Z_1+r_{32}Z_2+r_{33}Z_3+R_{3C}=0\end{cases}$$

方程中各系数的求法与前面一般荷载作用下相同,这里不再赘述。

自由项 R_{iC} 的含义表示基本体系由于支座变位引起第 i 个附加约束中的反力(矩),仍可从 M_C 图中截取带有附加刚臂或链杆的隔离体,由力矩或投影平衡条件分别求得

$$\begin{cases}R_{1C}=\dfrac{3EI}{h_1^2}\Delta_1+\dfrac{6EI}{L^2}\Delta_2\\ R_{2C}=\dfrac{6EI}{L^2}\Delta_2+\dfrac{2EI}{h_2}\varphi\\ R_{3C}=-\left(\dfrac{3EI}{h_1^3}\Delta_1+\dfrac{6EI}{h_2^2}\varphi\right)\end{cases}$$

最终弯矩图仍由$\overline{M}_i$图与M_C图叠加得到,即$M=\overline{M}_1Z_1+\overline{M}_2Z_2+\overline{M}_3Z_3+M_C$,建议读者自行完成。

6.6.4 对称性的利用

用位移法求解对称结构时,与力法一样也可利用对称性简化计算。在力法中我们已详细阐述了如何将任意的不对称荷载进行对称分组,以及如何选取相应的半结构作为简化的计算简图,这些结论同样适用于位移法,只是由于半结构中的某些杆长发生变化,需对其线刚度作相应的调整即可。另外在取半结构后,应根据结构的具体支承条件分别选用力法或位移法求解。例如图 6 - 22(a)所示刚架中的不对称荷载分解为图 6 - 22(b)、(c)的正对称和反对称荷载,相应的半结构如图 6 - 22(d)、(e)所示。显然正对称荷载作用下的半结构(图 6 - 22(d)),采用位移法求解时,只有一个刚结点的角位移未知量,而用力法求解有两个未知力。相反,反对称荷载作用下的半结构(图 6 - 22(e)),采用位移法求解时分别有一个角位移和一个线位移未知量,而用力法求解仅有一个未知力。

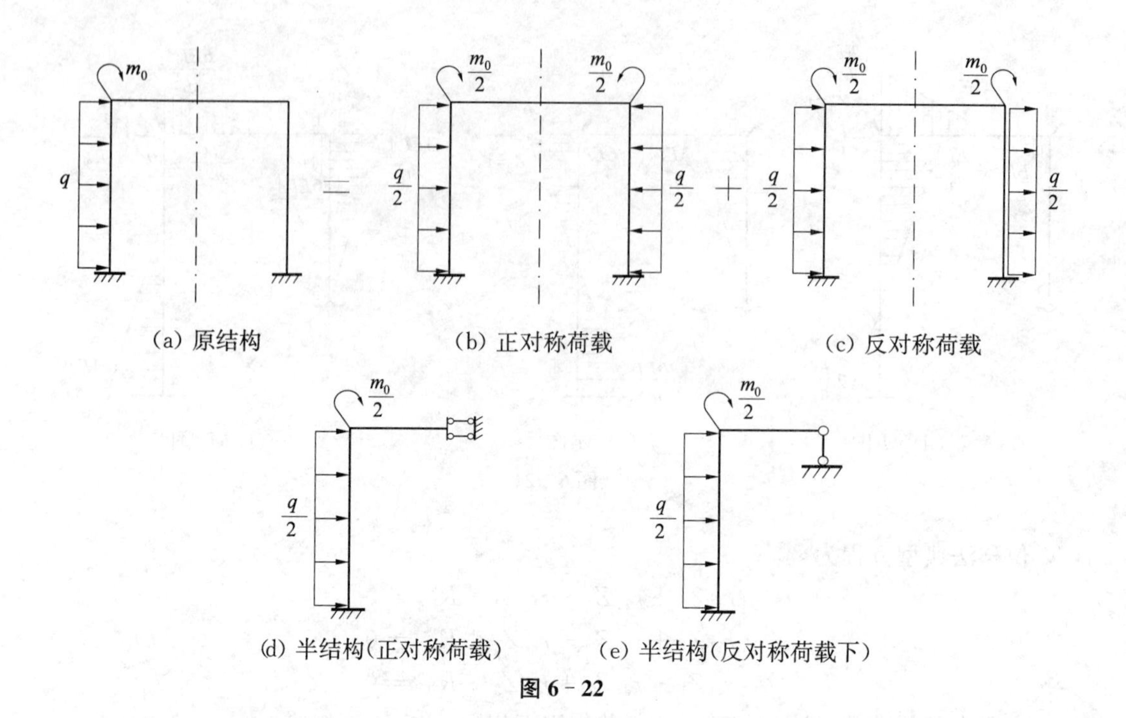

(a) 原结构　(b) 正对称荷载　(c) 反对称荷载

(d) 半结构(正对称荷载)　(e) 半结构(反对称荷载下)

图 6-22

【例 6-5】 试利用对称性计算图 6-23(a)所示刚架,并作 M 图,各杆 EI=常数。

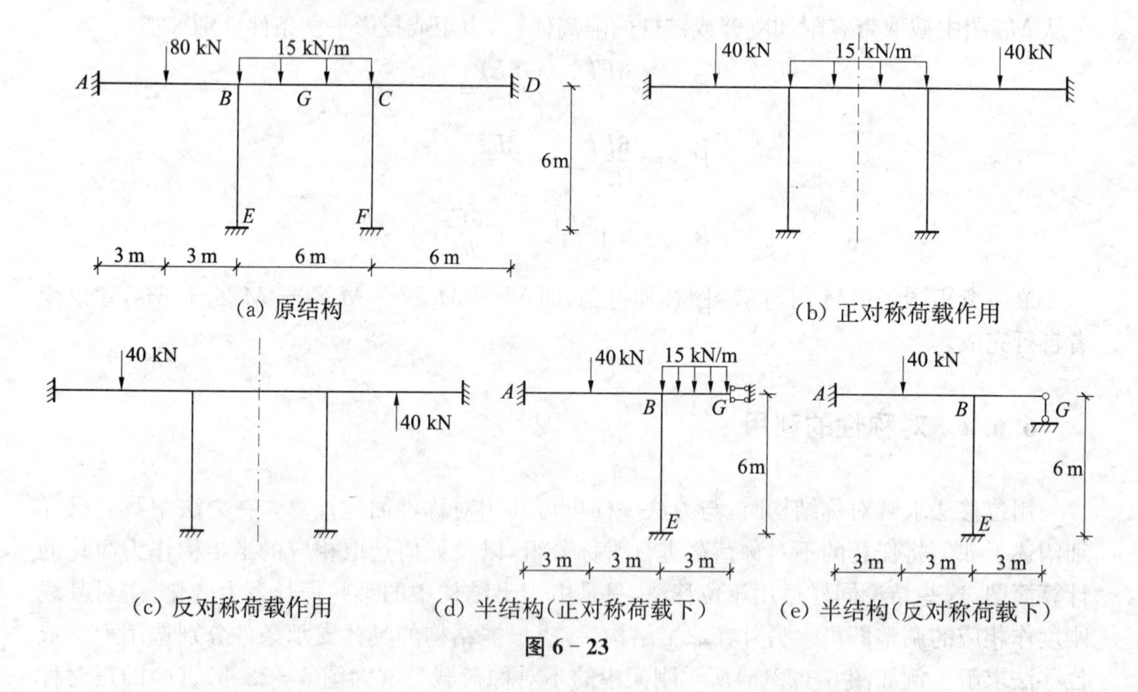

(a) 原结构　(b) 正对称荷载作用

(c) 反对称荷载作用　(d) 半结构(正对称荷载下)　(e) 半结构(反对称荷载下)

图 6-23

【解】 (1) 荷载的对称化处理

将原结构的荷载分解成正、反对称的两组(图 6-23(b)、(c)),相应的半刚架如图 6-23(d)、(e)。由于这两个半刚架的边界约束很强,若采用力法求解分别有 5 个和 4 个多余未知力,而采用位移法求解,均只有一个刚结点 B 的角位移未知量。

(2) 正对称荷载作用下的计算

位移法基本体系如图 6-24(a)所示,相应的典型方程为:$r_{11}Z_1+R_{1P}=0$

作$\overline{M}_1$、M_P 图如图 6-24(b)、(c)所示,由于杆长均为 6 m,可令 $EI=6$,则各杆的线刚度均为 $i=\frac{EI}{L}=1$。但须注意:由于横梁 BG 的长度缩短到原长的一半,故其线刚度扩大为 2。

从$\overline{M}_1$、M_P 图中截取刚结点 B 为隔离体,可求得系数和自由项为

$$r_{11}=4+4+2=10,\quad R_{1P}=30-45=-15\text{ kN}\cdot\text{m}$$

解得:$Z_1=-\frac{R_{1P}}{r_{11}}=1.5$,最终弯矩 $M=\overline{M}_1Z_1+M_P$,绘于图 6-24(d)。

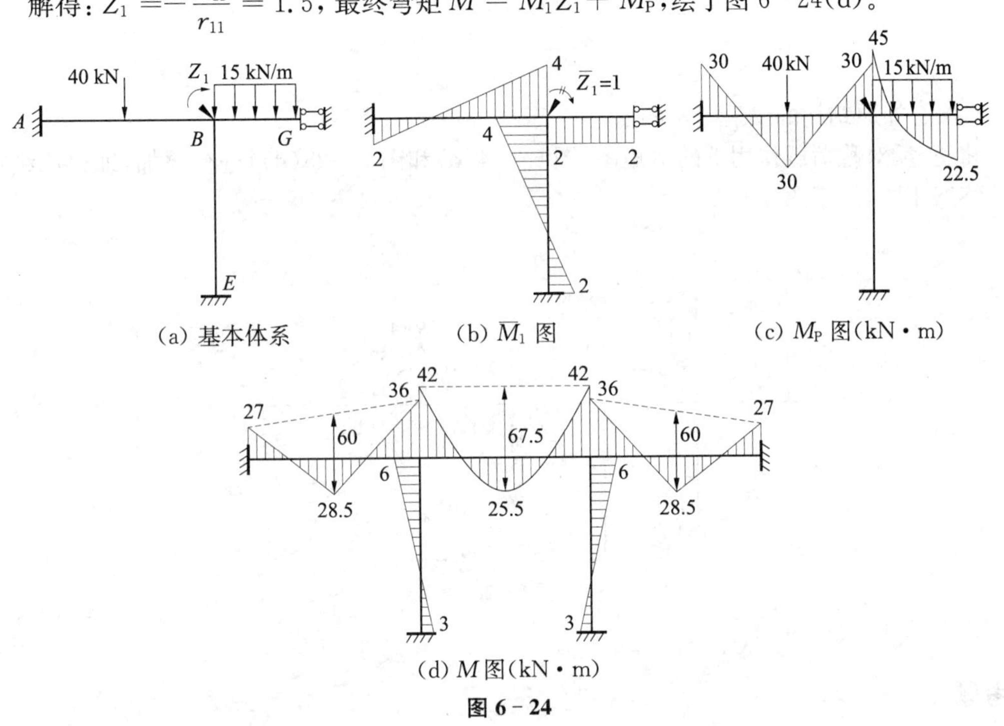

(a) 基本体系　　(b) $\overline{M}_1$ 图　　(c) M_P 图(kN·m)

(d) M 图(kN·m)

图 6-24

(3) 反对称荷载作用下的计算

位移法基本体系如图 6-25(a)所示,相应的典型方程为:$r_{11}Z_1+R_{1P}=0$

作$\overline{M}_1$、M_P 图如图 6-25(b)、(c)所示。

$$r_{11}=4+4+6=14,\quad R_{1P}=30\text{ kN}\cdot\text{m},\quad Z_1=-\frac{R_{1P}}{r_{11}}=-\frac{15}{7}$$

最终弯矩 $M=\overline{M}_1Z_1+M_P$绘于图 6-25(d)。

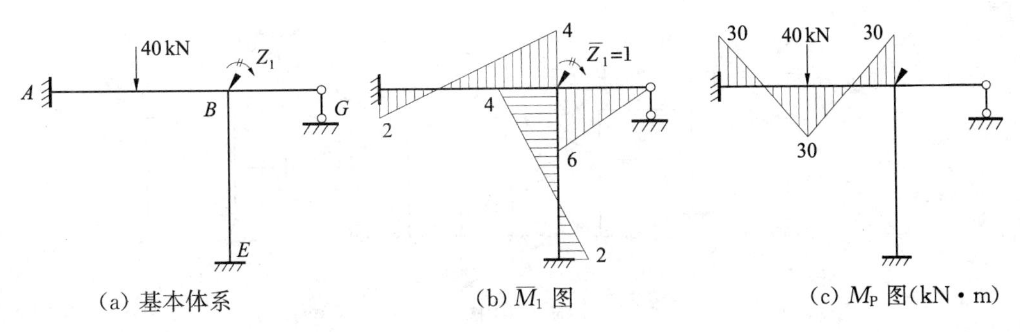

(a) 基本体系　　(b) $\overline{M}_1$ 图　　(c) M_P 图(kN·m)

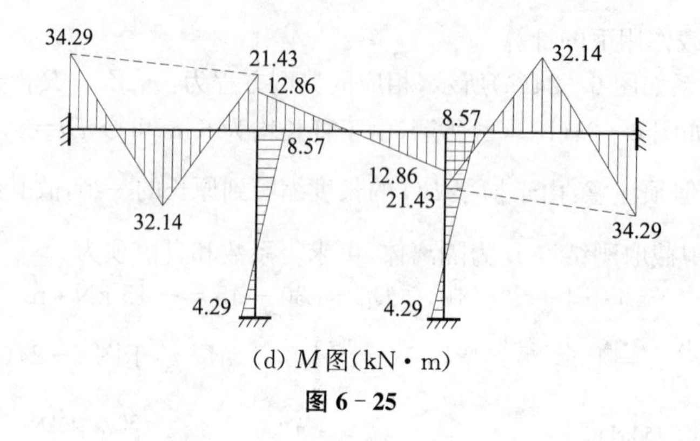

(d) M图(kN·m)

图 6-25

(4) 叠加原结构的最后弯矩图

将正、反对称荷载作用下的弯矩图(图 6-24(d)和图 6-25(d))进行叠加,即得原结构的最终弯矩图,绘于图 6-26。

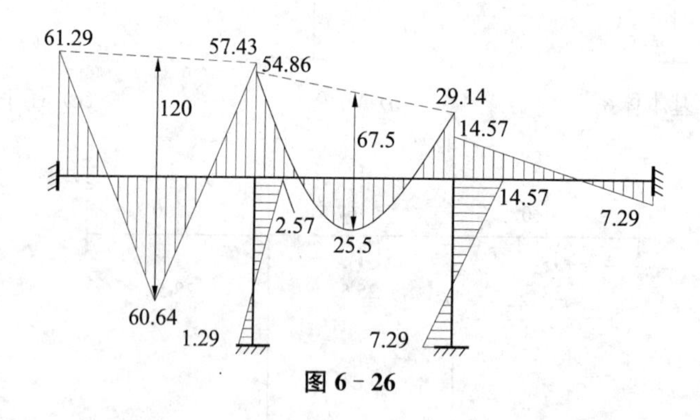

图 6-26

思考题

6-1　与力法相比,位移法有哪些优点,它更适合于求解什么样的超静定结构?

6-2　位移法基本体系是如何形成的?其中的附加刚臂和链杆各起什么作用?

6-3　超静定结构在支座变位作用下的位移法典型方程与一般荷载作用时有何异同?自由项应如何计算?

6-4　为何说位移法的两种分析方法在本质上是一致的?试比较这两种方法的优缺点。

6-5　采用位移法分析对称结构时,与力法相比在选取半结构时应注意哪些方面的问题?

习题

6-1　试确定图示结构中的基本未知量。

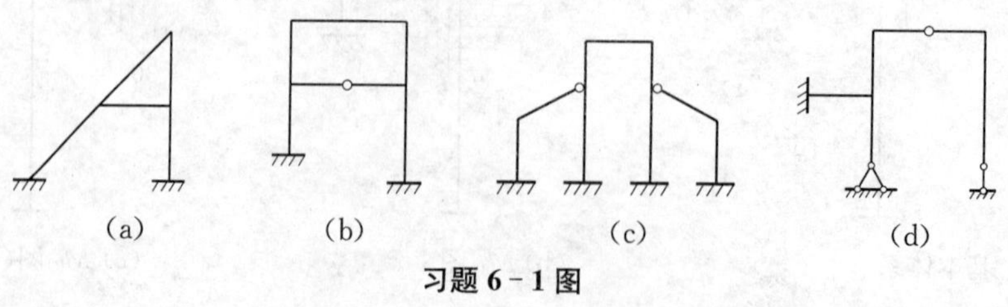

习题 6-1 图

6-2 写出图示结构各杆件的杆端弯矩表达式。(各杆 EI 为常数)

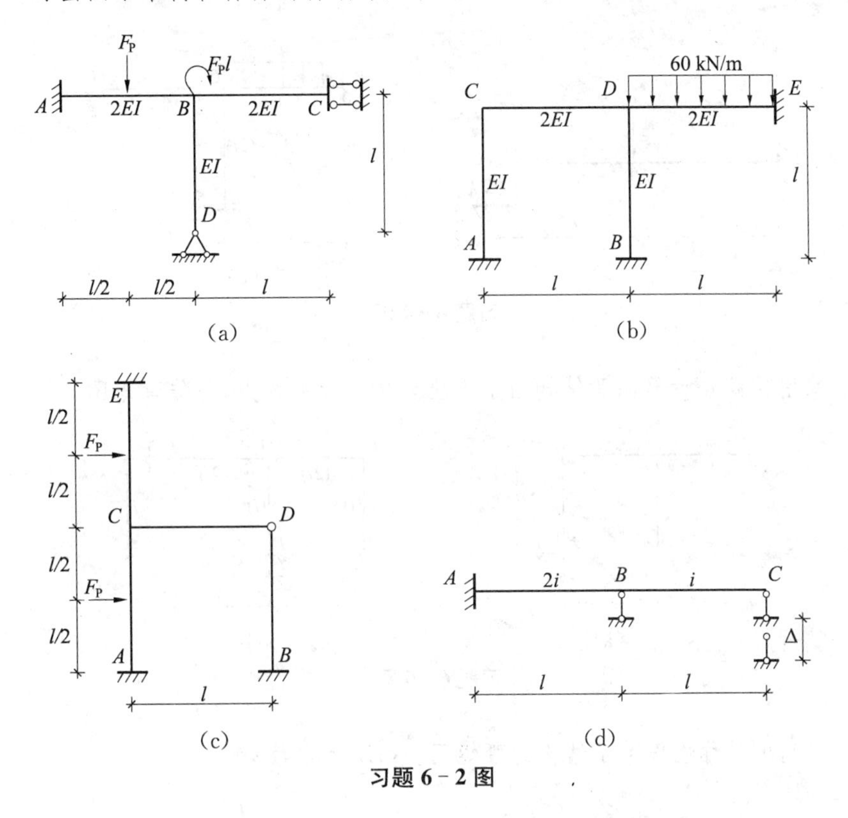

习题 6-2 图

6-3 试用位移法计算图示结构,并作弯矩图。(各杆 EI 为常数)

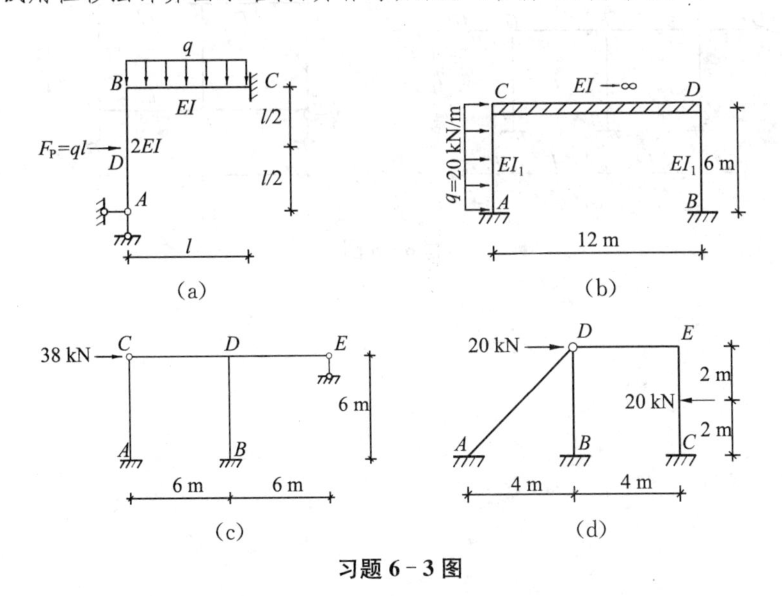

习题 6-3 图

6-4　试用位移法计算图示具有弹性支承的结构,并作弯矩图。($k=i/l^2$)

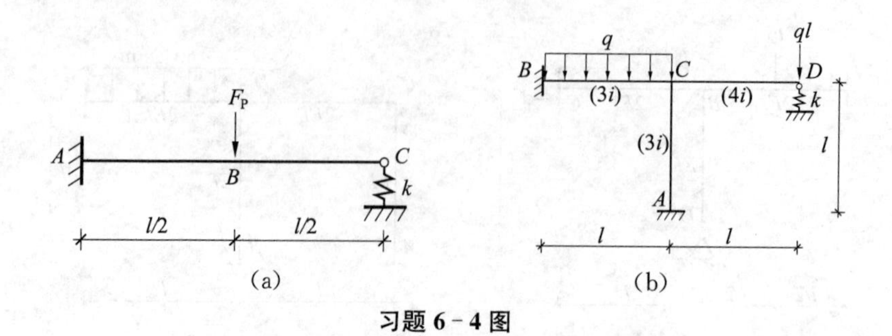

习题 6-4 图

6-5　试用位移法计算图示结构由于支座变位引起的内力,并作弯矩图。

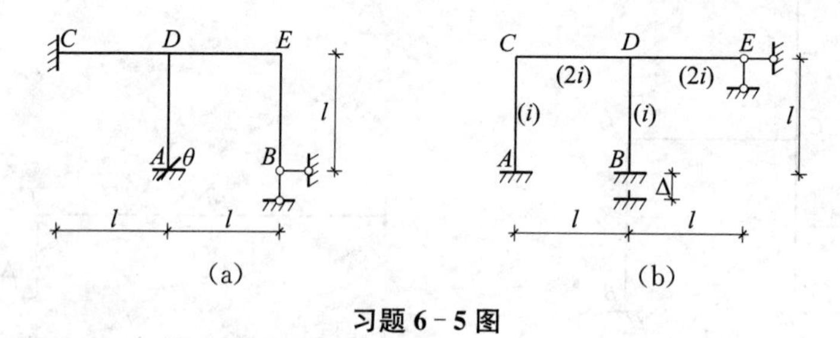

习题 6-5 图

6-6　试利用对称性作图示结构的弯矩图。(EI 为常数)

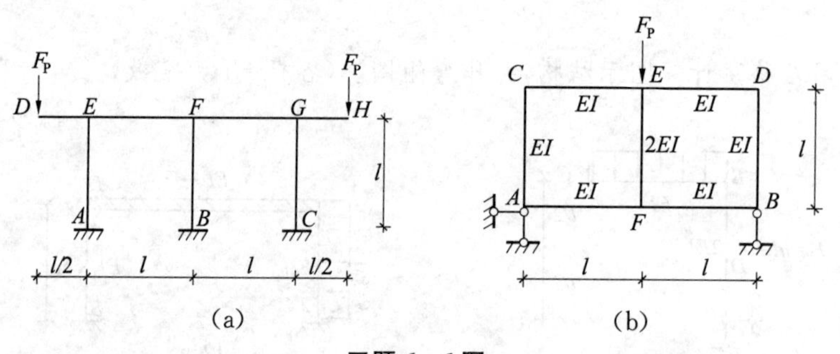

习题 6-6 图

7 渐近法

7.1 概述

前面介绍的分析超静定结构的两种基本方法——力法和位移法，都是首先建立关于未知量的联立方程再进行求解。当未知量较多时，计算工作量较大；且在求得基本未知量后，还要利用杆端弯矩的叠加公式才能求得最终的杆端弯矩。本章将要介绍的力矩分配法、无剪力分配法等均为基于位移法基本原理的渐近解法，其共同特点是直接从实际结构的受力和变形状态出发，根据位移法基本原理，针对杆端弯矩从近似数值开始，经过逐次分配、传递进行增量调整修正，最后收敛于杆端弯矩的精确解，其结果的精度随着计算轮次的增加而提高。

渐近法不必求解联立方程，计算步骤简单而直观，每轮计算都按同样的步骤重复进行，因而易于掌握，非常适合于手算；同时，直接求得的是梁或刚架结构的杆端弯矩，其精度可以满足工程要求。因此，渐近法在工程中的应用很广泛。而随着计算机的普及和计算软件的广泛应用，渐近法的应用价值有所减弱，但在以手算为主的场合仍可作为一种简便易行的计算方法。

力矩分配法适用于连续梁和无结点线位移的刚架；剪力分配法主要适用于仅有结点线位移而无结点角位移的超静定刚架；无剪力分配法则适用于刚架中除杆端无相对线位移的杆件外，其余杆件均为剪力静定杆件的刚架。力矩分配法也可以与剪力分配法或位移法联合应用，以求解有结点线位移的超静定刚架。

7.2 力矩分配法的基本原理

对于结点无线位移而仅有角位移的超静定梁和刚架，采用力矩分配法求解时通常要比力法和位移法简便易行，而且其解答可以达到任意要求的精度。当结构仅有一个结点角位移未知量时，经一次弯矩分配即可获得精确解；当有多个角位移未知量时，一般经过不多的若干轮渐近运算便可以达到满足工程应用的精度要求。

力矩分配法中对杆端弯矩的正负号规定与位移法相同，即假设弯矩使杆端顺时针方向旋转为正号。

7.2.1 名词解释

在讲述力矩分配法的基本原理之前，首先针对等截面直杆介绍抗转刚度、分配系数和传递系数的概念。

1) 抗转刚度(S)

抗转刚度是指杆件的某一端抵抗转动的能力，以 S 表示，在数值上等于使该杆端转动单位角度时需要施加的力矩。图 7－1(a)所示杆件 AB，使 A 端转动单位转角 $\varphi_A=1$ 时所需施加的力矩称为 AB 杆在 A 端的抗转刚度，用 S_{AB} 表示。第一个下标 A 代表施力端或转动端，也称为近端；第二个下标 B 代表远端。

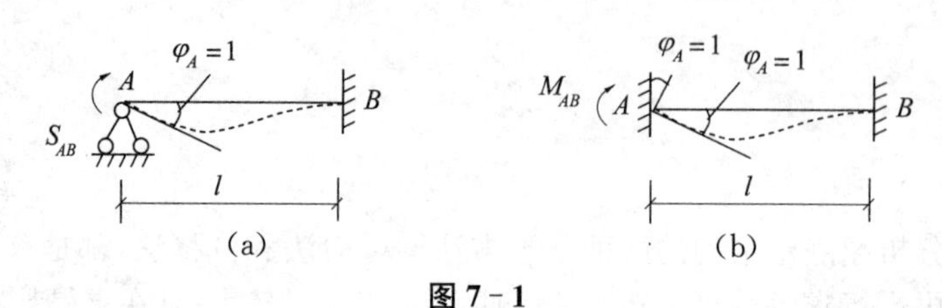

图 7－1

由于杆件的受力情况仅与所受荷载和杆端位移有关，因此 AB 杆的变形和受力与图 7－1(b)所示两端固定梁当 A 端转动单位转角 $\varphi_A=1$ 时的情况相同，即 AB 杆在 A 端的抗转刚度 S_{AB} 就等于图 7－1(b)中 A 端的弯矩 M_{AB}。根据两端固定梁的形常数可知：$S_{AB}=M_{AB}=4i$。当远端的支承条件不同时，等截面直杆抗转刚度 S_{AB} 的数值也会不一样，表 7－1 列出了不同远端支承情况下的抗转刚度。

表 7－1　等截面直杆的抗转刚度

简　图	抗转刚度 S_{AB}	远端 B 的支承情况
	$4i=\frac{4EI}{l}$	固定支座
	$3i=\frac{3EI}{l}$	铰支座
	$i=\frac{EI}{l}$	定向滑动支座
	0	沿杆轴向的链杆支座
	0	自由

由表 7－1 可见，等截面直杆的抗转刚度与远端的支承情况和杆件的线刚度有关。杆件的线刚度 i 越大(即 EI 越大或 l 越小)，欲使杆端产生单位转角所需施加的力矩也越大，抗转刚度一般也越大。

2）分配系数(μ)

图 7－2(a)所示刚架，三杆 AB、AC 和 AD 在 A 点处刚性联结，3 个杆件的远端 B、C 和 D 端分别为铰支座、固定支座和定向滑动支座。设在刚结点 A 处作用一顺时针方向的力偶 m_0，使结点 A 产生转角 φ_A，刚架发生虚线所示的变形。

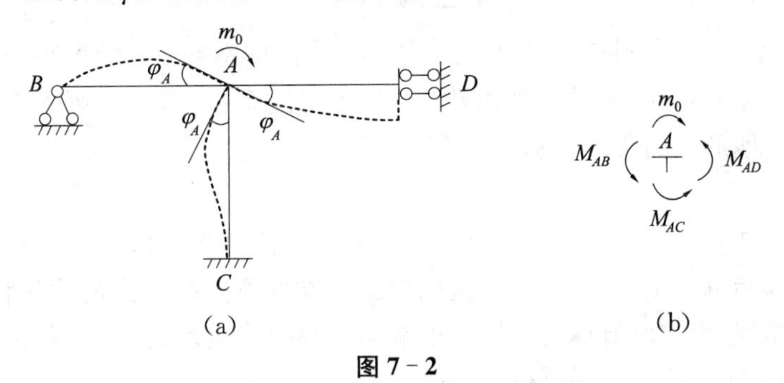

图 7－2

根据抗转刚度的定义，各杆在 A 端的弯矩为

$$\left.\begin{aligned} M_{AB} &= S_{AB}\varphi_A = 3i_{AB}\varphi_A \\ M_{AC} &= S_{AC}\varphi_A = 4i_{AC}\varphi_A \\ M_{AD} &= S_{AD}\varphi_A = i_{AD}\varphi_A \end{aligned}\right\} \tag{7-1}$$

取结点 A 为隔离体(图 7－2(b))，由结点 A 的力矩平衡条件 $\sum M_A = 0$，得

$$M_{AB} + M_{AC} + M_{AD} = m_0$$

将式(7－1)代入上式，得

$$(S_{AB} + S_{AC} + S_{AD})\varphi_A = m_0$$

解得

$$\varphi_A = \frac{m_0}{S_{AB} + S_{AC} + S_{AD}} = \frac{m_0}{\sum\limits_A S}$$

式中 $\sum\limits_A S$ 表示汇交于结点 A 的各杆件在 A 端的抗转刚度之和。

将 φ_A 代入式(7－1)，得各杆近端弯矩为

$$\left.\begin{aligned} M_{AB} &= \frac{S_{AB}}{\sum\limits_A S} m_0 \\ M_{AC} &= \frac{S_{AC}}{\sum\limits_A S} m_0 \\ M_{AD} &= \frac{S_{AD}}{\sum\limits_A S} m_0 \end{aligned}\right\} \tag{7-2}$$

由式(7－2)可见，各杆在 A 端的弯矩均等于外力偶 m_0 乘以一个相应的系数，将该系数用 μ_{Aj} 表示，则有

$$\mu_{Aj} = \frac{S_{Aj}}{\sum\limits_A S} \tag{7-3}$$

式中下标 j 为汇交于结点 A 的各杆件的远端。则式(7－2)可写成通用形式：

$$M_{Aj} = \mu_{Aj} m_0 \tag{7-4}$$

由式(7-3)可见:分配系数 μ_{Aj} 与各杆在 A 端的抗转刚度成正比;各杆在 A 端的分配系数之和应等于 1,即

$$\sum_{A} \mu_{Aj} = 1 \tag{7-5}$$

式(7-4)表明:作用在刚结点 A 上的力偶 m_0 按比例系数 μ_{Aj} 的大小分配到各杆的近端,成为各杆的近端弯矩 M_{Aj}。故比例系数 μ_{Aj} 称为分配系数,而近端弯矩 M_{Aj} 又称为分配弯矩,为便于与其他形式的弯矩区别,以"M_{Aj}^{μ}"表示。

3) 传递系数(C)

在图 7-2(a)中,当外力偶 m_0 作用在结点 A 使其转动 φ_A 时,不仅各杆的近端产生弯矩,而且各杆的远端也产生一定的弯矩,这相当于近端的弯矩按一定的比例传到了远端,故将远端弯矩与近端弯矩的比值称为由杆件近端向远端的传递系数,用 C 表示。

由位移法中的转角位移方程可得

$$\left.\begin{aligned} M_{BA} &= 0 \\ M_{CA} &= 2i_{AC}\varphi_A \\ M_{DA} &= -i_{AD}\varphi_A \end{aligned}\right\} \tag{7-6}$$

则远端分别为不同支承形式的 3 种杆件的传递系数分别为

$$\left.\begin{aligned} C_{AB} &= \frac{M_{BA}}{M_{AB}} = 0 \\ C_{AC} &= \frac{M_{CA}}{M_{AC}} = \frac{1}{2} \\ C_{AD} &= \frac{M_{DA}}{M_{AD}} = -1 \end{aligned}\right\} \tag{7-7}$$

由上式可见,等截面直杆的传递系数 C 随远端的支承情况而异:

远端固定支座　　$C = \frac{1}{2}$

远端铰支座　　$C = 0$

远端定向滑动支座　　$C = -1$

因此,根据杆件的传递系数 C_{Aj} 和近端分配弯矩 M_{Aj}^{μ},可按下式计算远端的传递弯矩 M_{jA}^{C}

$$M_{jA}^{C} = C_{Aj} M_{Aj}^{\mu} \tag{7-8}$$

7.2.2 单结点的力矩分配

通过前面的分析,对于图 7-2(a)所示只有一个刚结点且仅在刚结点处承受外力偶 m_0 作用的刚架,当刚结点只产生转角位移时,其杆端弯矩的计算过程可分为两步:首先,将力偶 m_0 按各杆的分配系数分配到各杆近端,即根据式(7-4)求出近端的分配弯矩,称为分配过程;其次,将近端弯矩乘以传递系数即按式(7-8)求出远端的传递弯矩,称为传递过程。这样,经过分配、传递两个过程就可以求出各杆的杆端弯矩。

对于只有一个刚结点角位移但承受一般荷载的梁和刚架,也可以用上述力矩分配法进行计算。如图 7-3(a)所示的连续梁,在荷载作用下的变形如图中虚线所示。图 7-3(b)为该梁

用位移法计算的基本体系，则基本体系在荷载 F_P 和角位移 φ_B 共同作用下，受力和变形与原结构等效。为了计算各杆的杆端弯矩，可以根据基本体系将原结构分解为“锁住状态”(即图7-3(c)所示荷载 F_P 单独作用)和“放松状态”(即图 7-3(d)所示角位移 φ_B 单独作用)两种状态。

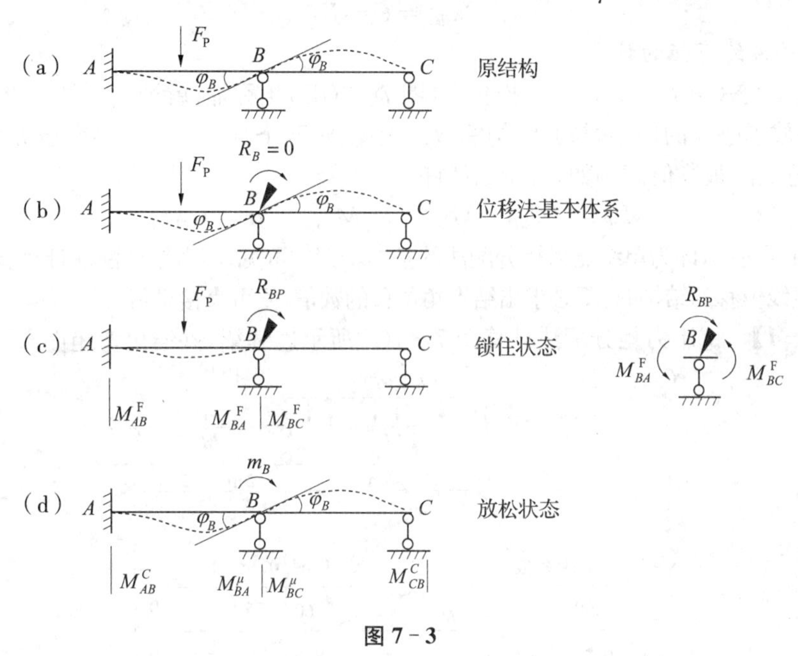

图 7-3

1）锁住状态

锁住状态即为图 7-3(c)所示用刚臂将刚结点 B 锁住，使结点 B 不能转动的状态。此时，结点 B 既不能移动也无法转动，相当于固定支座；杆件 AB 与 BC 则分别等效于两端固定和一端铰支的单跨超静定梁，仅直接作用在其上的荷载才会在杆内产生内力和变形，相应的杆端弯矩即为位移法中的固端弯矩。各单跨超静定梁的固端弯矩的计算可参考位移法中的载常数表 6-2。在荷载 F_P 作用下，杆件 AB 产生固端弯矩 M_{AB}^F 和 M_{BA}^F，BC 杆上因无荷载作用，固端弯矩 $M_{BC}^F=0$。这时，在结点 B 处两杆的固端弯矩不能相互平衡，故附加刚臂上必产生约束反力矩 R_{BP}，其值可由图 7-3(c)所示结点 B 的力矩平衡条件 $\sum M_B=0$ 求得

$$R_{BP}=M_{BA}^F+M_{BC}^F=\sum_B M_{Bj}^F \tag{7-9}$$

约束反力矩 R_{BP} 称为结点 B 的不平衡力矩，它等于汇交于结点 B 的各杆端的固端弯矩之代数和，以顺时针方向为正。

2）放松状态

放松状态如图 7-3(d)所示，即放松结点 B 使其转动 φ_B 以消除锁住状态中结点 B 的不平衡力矩 R_{BP}。这一过程相当于在结点 B 施加一个与不平衡力矩大小相等、方向相反的外力偶 $m_B=-R_{BP}$，迫使结点 B 转动 φ_B。该状态下梁的受力与图 7-2(a)所示只有一个刚结点且仅在刚结点处承受外力偶 m_0 作用的刚架相似，故杆端弯矩的计算可按前述分配、传递两过程进行。则两杆件在 B 端的分配弯矩分别为

$$M_{BA}^\mu=\mu_{BA}(-R_{BP}) \qquad M_{BC}^\mu=\mu_{BC}(-R_{BP})$$

用一般形式表示为

$$M_{Bj}^\mu=\mu_{Bj}(-R_{BP}) \tag{7-10}$$

远端的传递弯矩为

$$M^{C}_{AB} = C_{BA}M^{\mu}_{BA} \qquad M^{C}_{CB} = C_{BC}M^{\mu}_{BC}$$

用一般形式表示为

$$M^{C}_{jB} = C_{Bj}M^{\mu}_{Bj} \tag{7-11}$$

3) 杆端最终弯矩的计算

将锁住状态(图 7-3(c))与放松状态(图 7-3(d))相叠加,就消去了结点 B 处的约束反力矩,即释放了刚臂的作用,与原结构等效。因此,将两个状态下的杆端弯矩进行叠加,就得到各杆端弯矩的最终值。例如,对于 AB 杆

$$M_{AB} = M^{F}_{AB} + M^{C}_{AB} \qquad M_{BA} = M^{F}_{BA} + M^{\mu}_{BA} \tag{7-12}$$

以上分析过程,即为单结点力矩分配法的基本步骤。可见,用力矩分配法计算具有一个刚结点且无结点线位移的结构时,不必求出结点角位移的数值,便可直接求得杆端弯矩的准确值。

【例 7-1】 试用力矩分配法计算图 7-4(a)所示连续梁,并绘出弯矩图。

(a)

20 kN / m　100 kN

A　B　C

2EI　EI

6m　2 m　2 m

(b)

分配系数		0.64	0.36	
固端弯矩	-60	60	-75	0
分配与传递	4.8 ←	9.6	5.4	→ 0
最终弯矩	-55.2	69.6	-69.6	0

(c)

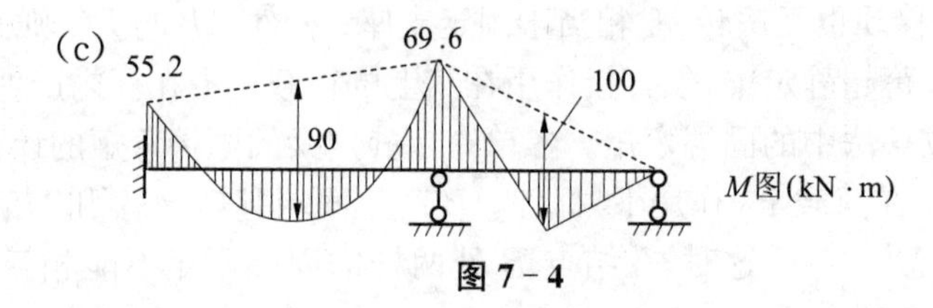

图 7-4

【解】 (1) 计算结点 B 处各杆端的分配系数

各杆的抗转刚度为

$$S_{BA} = 4 \times \frac{2EI}{6} = \frac{4}{3}EI \qquad S_{BC} = 3 \times \frac{EI}{4} = \frac{3}{4}EI$$

则各杆端的分配系数为

$$\mu_{BA} = \frac{S_{BA}}{S_{BA} + S_{BC}} = \frac{\frac{4}{3}EI}{\frac{4}{3}EI + \frac{3}{4}EI} = 0.64$$

$$\mu_{BC} = \frac{S_{BC}}{S_{BA} + S_{BC}} = \frac{\frac{3}{4}EI}{\frac{4}{3}EI + \frac{3}{4}EI} = 0.36$$

且 $\mu_{BA} + \mu_{BC} = 1$,故计算无误。

(2) 计算各杆端的固端弯矩

锁住结点 B,将各杆作为单跨超静定梁,根据"载常数"表 6-2,有

$$M_{AB}^{F}=-\frac{1}{12}\times 20\times 6^{2}=-60\ \text{kN}\cdot\text{m}$$

$$M_{BA}^{F}=\frac{1}{12}\times 20\times 6^{2}=60\ \text{kN}\cdot\text{m}$$

$$M_{BC}^{F}=-\frac{3}{16}\times 100\times 4=-75\ \text{kN}\cdot\text{m}$$

$$M_{CB}^{F}=0$$

由式(7-9),结点 B 的不平衡力矩为

$$R_{BP}=M_{BA}^{F}+M_{BC}^{F}=60-75=-15\ \text{kN}\cdot\text{m}$$

(3) 计算分配弯矩与传递弯矩

放松结点 B,即将不平衡力矩 R_{BP} 反向作用在结点 B 后分别按式(7-10)及式(7-11)计算。分配弯矩为

$$M_{BA}^{\mu}=\mu_{BA}(-R_{BP})=0.64\times 15=9.6\ \text{kN}\cdot\text{m}$$

$$M_{BC}^{\mu}=\mu_{BC}(-R_{BP})=0.36\times 15=5.4\ \text{kN}\cdot\text{m}$$

传递弯矩为

$$M_{AB}^{C}=C_{BA}M_{BA}^{\mu}=\frac{1}{2}\times 9.6=4.8\ \text{kN}\cdot\text{m}$$

$$M_{CB}^{C}=C_{BC}M_{BC}^{\mu}=0$$

(4) 计算杆端的最终弯矩

将以上结果进行叠加,即得各杆端的最终弯矩,根据式(7-12)得

$$M_{AB}=M_{AB}^{F}+M_{AB}^{C}=-60+4.8=-55.2\ \text{kN}\cdot\text{m}$$

$$M_{BA}=M_{BA}^{F}+M_{BA}^{\mu}=60+9.6=69.6\ \text{kN}\cdot\text{m}$$

$$M_{BC}=M_{BC}^{F}+M_{BC}^{\mu}=-75+5.4=-69.6\ \text{kN}\cdot\text{m}$$

$$M_{CB}=0$$

(5) 作弯矩图

根据各杆端的最终弯矩作出弯矩图,如图 7-4(c)所示。

对于连续梁,力矩分配法的计算过程可在其计算简图的下方直接列表计算。其中,在分配弯矩的下方画一道横线,表示结点 B 的不平衡力矩已经消除或者说结点 B 已经平衡;水平方向的箭头表示弯矩的传递方向。

【例 7-2】 试用力矩分配法计算图 7-5(a)所示刚架,并绘出弯矩图。

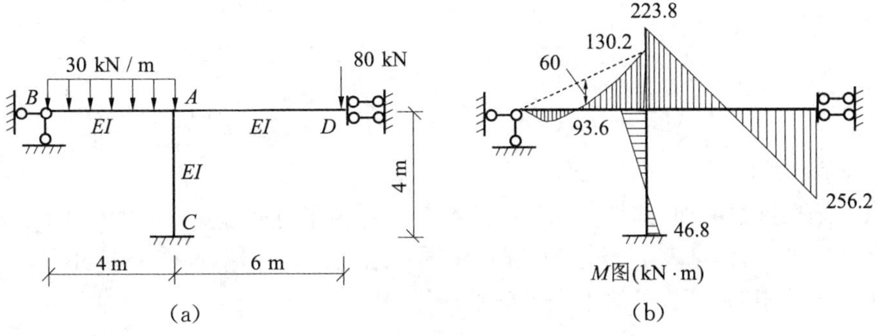

图 7-5

【解】 (1) 计算各杆端的分配系数

为方便计算,可令 $i_{AD}=\frac{EI}{6}=1$,则

$$i_{AB}=i_{AC}=\frac{EI}{4}=1.5$$

各杆的抗转刚度为

$$S_{AB}=3\times1.5=4.5$$

$$S_{AC}=4\times1.5=6$$

$$S_{AD}=1\times1=1$$

则各杆端的分配系数为

$$\mu_{AB}=\frac{4.5}{4.5+6+1}=0.39$$

$$\mu_{AC}=\frac{6}{4.5+6+1}=0.52$$

$$\mu_{AD}=\frac{1}{4.5+6+1}=0.09$$

(2) 计算各杆端的固端弯矩

$$M_{AB}^{F}=\frac{1}{8}\times30\times4^{2}=60\ \mathrm{kN\cdot m}$$

$$M_{AD}^{F}=M_{DA}^{F}=-\frac{1}{2}\times80\times6=-240\ \mathrm{kN\cdot m}$$

则结点 A 的不平衡力矩为

$$R_{AP}=M_{AB}^{F}+M_{AC}^{F}+M_{AD}^{F}=60+0-240=-180\ \mathrm{kN\cdot m}$$

(3) 计算分配弯矩与传递弯矩

按式(7-10)计算各杆的近端分配弯矩:

$$M_{AB}^{\mu}=\mu_{AB}(-R_{AP})=0.39\times180=70.2\ \mathrm{kN\cdot m}$$

$$M_{AC}^{\mu}=\mu_{AC}(-R_{AP})=0.52\times180=93.6\ \mathrm{kN\cdot m}$$

$$M_{AD}^{\mu}=\mu_{AD}(-R_{AP})=0.09\times180=16.2\ \mathrm{kN\cdot m}$$

然后按式(7-11)计算各杆的远端传递弯矩:

$$M_{BA}^{C}=C_{AB}M_{AB}^{\mu}=0$$

$$M_{CA}^{C}=C_{AC}M_{AC}^{\mu}=\frac{1}{2}\times93.6=46.8\ \mathrm{kN\cdot m}$$

$$M_{DA}^{C}=C_{AD}M_{AD}^{\mu}=-1\times16.2=-16.2\ \mathrm{kN\cdot m}$$

(4) 计算杆端的最终弯矩

将以上结果进行叠加,即得各杆端的最终弯矩。为了方便起见,刚架用力矩分配法计算的过程可列表进行,详见表7-2。列表时,将同一结点的各杆端列在一起,并尽可能将同一杆件的两个杆端相邻排列,以便于进行分配和传递。

表 7-2 杆端弯矩的计算

结　点	B	A			D	C
杆　端	BA	AB	AC	AD	DA	CA
分配系数		0.39	0.52	0.09		
固端弯矩	0	60	0	−240	−240	0
分配弯矩和传递弯矩	0	70.2	93.6	16.2	−16.2	46.8
最终弯矩	0	130.2	93.6	−223.8	−256.2	46.8

(5) 作弯矩图

根据各杆的最终杆端弯矩作出弯矩图，如图 7-5(b)所示。

7.3 连续梁和无侧移刚架的计算

上节介绍了用力矩分配法计算只有一个结点角位移结构的基本原理。对于具有多个结点转角但无结点线位移(简称无侧移)的结构，只需依次对各结点应用单结点的力矩分配过程便可求解。做法是:先将所有刚结点锁住，计算各杆的固端弯矩;然后将各结点轮流地放松，即每次只放松一个结点，其他结点仍暂时固定，这样将各结点的不平衡力矩轮流地进行分配、传递，直到结点的不平衡力矩(或传递弯矩)小到可以忽略时为止。这种计算过程体现了渐近法的特点，下面结合具体实例加以说明。

图 7-6(a)所示三跨连续梁，在荷载作用下，刚结点 B、C 将产生角位移。设想用附加刚臂分别锁住结点 B、C 使它们固定即无法转动，则 3 根单跨超静定梁的固端弯矩分别为

$$M_{AB}^{F} = M_{BA}^{F} = 0$$

$$M_{BC}^{F} = -\frac{1}{12} \times 24 \times 8^2 = -128\ \text{kN} \cdot \text{m}$$

$$M_{CB}^{F} = \frac{1}{12} \times 24 \times 8^2 = 128\ \text{kN} \cdot \text{m}$$

$$M_{CD}^{F} = -\frac{1}{8} \times 80 \times 8 = -80\ \text{kN} \cdot \text{m}$$

$$M_{DC}^{F} = \frac{1}{8} \times 80 \times 8 = 80\ \text{kN} \cdot \text{m}$$

结点 B、C 的不平衡力矩分别为

$$R_{BP} = M_{BA}^{F} + M_{BC}^{F} = 0 - 128 = -128\ \text{kN} \cdot \text{m}$$

$$R_{CP} = M_{CB}^{F} + M_{CD}^{F} = 128 - 80 = 48\ \text{kN} \cdot \text{m}$$

为了消除这两个不平衡力矩，假设先放松结点 B，而结点 C 仍保持固定。此时，结点 B 的远端为铰支座(支座 A)或固定支座(结点 C 被锁住)，因而可利用单结点的力矩分配法进行分配弯矩和传递弯矩的计算。先求出汇交于结点 B 的各杆端的分配系数，令

$$\frac{EI}{8} = i = 1$$

(a)

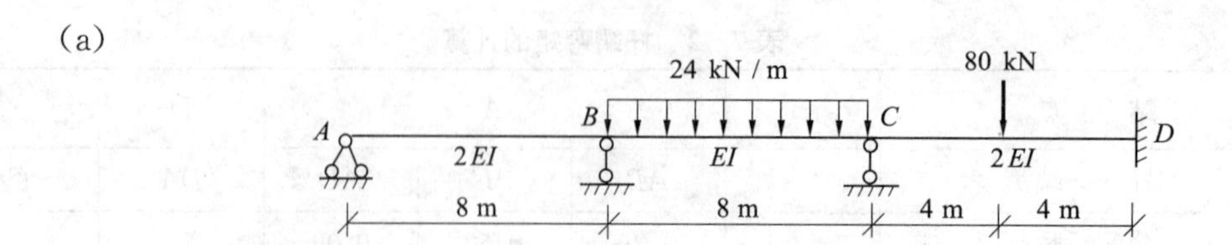

(b)

分配系数	0	0.6	0.4	0.333	0.667	
固端弯矩		0	−128	128	−80	80
B第1次分配传递		76.80	51.20 →	25.60		
C第1次分配传递			−12.27 ←	−24.53	−49.07 →	−24.54
B第2次分配传递		7.36	4.91 →	2.46		
C第2次分配传递			−0.41 ←	−0.82	−1.64 →	−0.82
B第3次分配传递		0.25	0.16 →	0.08		
C第3次分配传递				−0.03	−0.05	
最终杆端弯矩	0	84.41	−84.41	130.76	−130.76	54.64

(c)

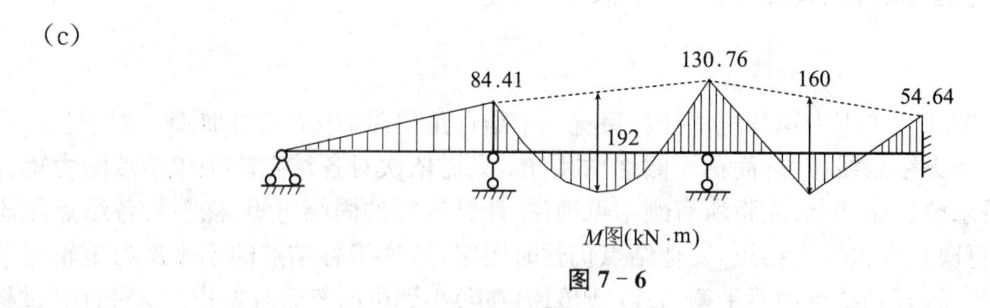

图 7-6

则 $i_{AB}=2i=2,\quad i_{BC}=i=1,\quad i_{CD}=2i=2$

$$\mu_{BA}=\frac{S_{BA}}{S_{BA}+S_{BC}}=\frac{3\times2}{3\times2+4\times1}=0.6$$

$$\mu_{BC}=\frac{S_{BC}}{S_{BA}+S_{BC}}=\frac{4\times1}{3\times2+4\times1}=0.4$$

将不平衡力矩 R_{BP} 反号后进行分配,相当于放松结点 B,则其各杆端的分配弯矩为

$$M^{\mu}_{BA}=\mu_{BA}(-R_{BP})=0.6\times128=76.80\text{ kN}\cdot\text{m}$$

$$M^{\mu}_{BC}=\mu_{BC}(-R_{BP})=0.4\times128=51.20\text{ kN}\cdot\text{m}$$

再求出远端 A、C 的传递弯矩

$$M^{C}_{AB}=C_{BA}M^{\mu}_{BA}=0$$

$$M^{C}_{CB}=C_{BC}M^{\mu}_{BC}=\frac{1}{2}\times51.20=25.60\text{ kN}\cdot\text{m}$$

以上完成了结点 B 的一次分配、传递,使结点 B 暂时得到平衡。但此时结点 C 仍存在不平衡力矩 R_{C1},其数值等于原来由固端弯矩引起的不平衡力矩 R_{CP},再加上由于放松结点 B 而传递到结点 C 的传递弯矩 M^{C}_{CB},即

$$R_{C1}=R_{CP}+M^{C}_{CB}=48+25.6=73.6\text{ kN}\cdot\text{m}$$

为了消除结点 C 的不平衡力矩 R_{C1},将结点 B 重新用附加刚臂锁住使之固定并放松结点 C,即将不平衡力矩 R_{C1} 反号后进行分配。此时结点 C 的远端均为固定支座(保持锁住的

结点 B、支座 D)，则汇交于结点 C 各杆端的分配系数为

$$\mu_{CB}=\frac{S_{CB}}{\mu_{CB}+S_{CD}}=\frac{4\times 1}{4\times 1+4\times 2}=0.333$$

$$\mu_{CD}=\frac{S_{CD}}{S_{CB}+S_{CD}}=\frac{4\times 2}{4\times 1+4\times 2}=0.667$$

结点 C 近端各杆端的分配弯矩为

$$M_{CB}^{\mu}=\mu_{CB}(-R_{C1})=0.333\times(-73.6)=-24.53\ \text{kN}\cdot\text{m}$$
$$M_{CD}^{\mu}=\mu_{CD}(-R_{C1})=0.667\times(-73.6)=-49.07\ \text{kN}\cdot\text{m}$$

结点 C 远端各杆端的传递弯矩为

$$M_{BC}^{C}=C_{CB}M_{CB}^{\mu}=\frac{1}{2}\times(-24.53)=-12.27\ \text{kN}\cdot\text{m}$$

$$M_{DC}^{C}=C_{CD}M_{CD}^{\mu}=\frac{1}{2}\times(-49.07)=-24.54\ \text{kN}\cdot\text{m}$$

以上完成了结点 C 的一次分配、传递，使结点 C 暂时得到平衡。至此，我们进行了力矩分配法第一个循环(或称为第一轮)的计算。但是，结点 B 又出现了新的不平衡力矩 R_{B1}，其值即为结点 C 传来的传递弯矩 $M_{BC}^{C}=-12.27\ \text{kN}\cdot\text{m}$。

下面，可按照与上述相同的步骤，再次轮流放松结点 B、C，进行第二个循环的分配与传递，使结点的不平衡力矩进一步减小。经过若干轮计算以后，当不平衡力矩小到可以忽略不计时即可停止，此时结构已经非常接近真实的平衡状态了。由于分配系数和传递系数都小于 1，因此不平衡力矩一般可以快速地消减，经过几轮计算之后就能够小到可以忽略的地步了。最后，将每一杆端的固端弯矩、各轮次的分配弯矩和传递弯矩相加，即得所求的最终杆端弯矩。

以上计算过程，可采用图 7－6(b)所示格式在梁的计算简图下方列表进行，表中弯矩的单位为 kN·m。然后，根据各杆端的最终杆端弯矩作出梁的弯矩图，如图 7－6(c)所示。

上述力矩分配法不仅适用于连续梁，也同样适用于无侧移刚架。为了使计算时收敛较快，通常宜先从不平衡力矩的绝对值较大的结点开始分配。当结点数量较多时，若每次只放松一个结点，则各结点都得到放松的循环周期加长，计算的整个过程会很长。为此，可采用间隔结点同时放松的方法，该方法不仅可大大加快收敛速度，而且不改变力矩分配法的计算原则(即应用单结点转动的分配系数和传递系数公式)。

用力矩分配法计算一般连续梁和无侧移刚架的步骤可归纳如下：

(1) 在各分配结点处，根据单结点转动的公式分别计算各杆端的分配系数。当杆件的远端为刚结点时，按照固定支座计算近端的转动刚度和分配系数。

(2) 计算各杆端的固端弯矩。当杆端为刚结点时，按照固定支座计算该杆端的固端弯矩。

(3) 轮流放松各结点。每放松一个结点，按分配系数将该结点的不平衡力矩反符号分配给汇交于该结点的各杆端，求出分配弯矩；再将分配弯矩乘以传递系数得到远端的传递弯矩。按此步骤循环计算，直至结点的不平衡力矩小到可以忽略时为止。最后一次分配时只需算出分配弯矩，不必向远端传递，以使结点上各杆端的最后弯矩满足平衡条件。

(4) 将各杆端的固端弯矩与历次的分配弯矩和传递弯矩相加，求出最终杆端弯矩。

(5) 作内力图。

【例 7-3】 试用力矩分配法计算图 7-7(a)所示连续梁，并作出弯矩图。各杆 EI=常数。

(a)

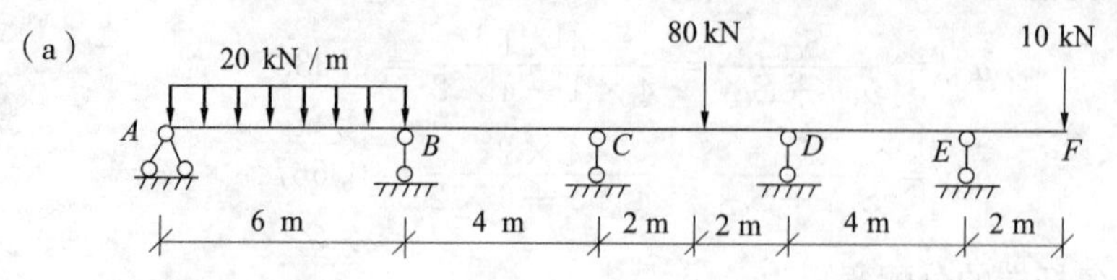

(b)

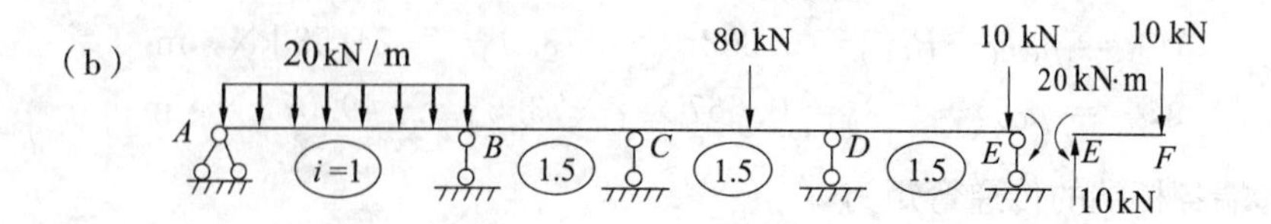

(c)

	A	B		C		D		E
分配系数		0.333	0.667	0.5	0.5	0.571	0.429	
固端弯矩	0	90	0	0	−40	40	10	20
B、D第1次分配传递		−30	−60	−30	−14.28	−28.55	−21.45	
C第1次分配传递			21.07	42.14	42.14	21.07		
B、D第2次分配传递		−7.02	−14.05	−7.03	−6.01	−12.03	−9.04	
C第2次分配传递			3.26	6.52	6.52	3.26		
B、D第3次分配传递		−1.09	−2.17	−1.09	−0.93	−1.86	−1.40	
C第3次分配传递			0.51	1.01	1.01	0.51		
B、D第4次分配传递		−0.17	−0.34	−0.17	−0.15	−0.29	−0.22	
C第4次分配传递			0.08	0.16	0.16	0.08		
B、D第5次分配传递		−0.03	−0.05			−0.05	−0.03	
最终杆端弯矩	0	51.69	−51.69	11.54	−11.54	22.14	−22.14	20

(d)

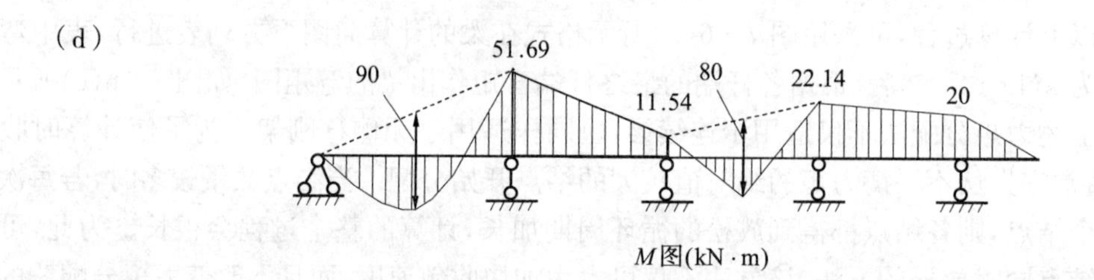

M图(kN·m)

【解】 该梁的外伸段 EF 为一静定部分，弯矩图可直接作出。为了计算方便，可将其去掉，并将作用在自由端 F 的集中荷载平移到简化为铰支座的结点 E 上，得到作用在 E 支座的一个大小为 10 kN 的竖向集中力和一个大小为 20 kN·m 的集中力偶，如图 7-7(b)所示。显然，作用在 E 支座的竖向集中力由支座直接承受，不会在梁内引起内力，计算时可以不考虑。

(1) 计算各杆端的分配系数

对于图 7-7(b)所示连续梁 AE，分别计算结点 B、C、D 上各杆端的分配系数。

令
$$i_{AB}=\frac{EI}{6}=1$$

则
$$i_{BC}=i_{CD}=i_{DE}=\frac{EI}{4}=1.5$$

由单结点转动的分配系数计算公式得

结点 B：

$$\mu_{BA}=\frac{S_{BA}}{S_{BA}+S_{BC}}=\frac{3\times 1}{3\times 1+4\times 1.5}=0.333$$

$$\mu_{BC}=\frac{S_{BC}}{S_{BA}+S_{BC}}=\frac{4\times 1.5}{3\times 1+4\times 1.5}=0.667$$

结点 C：

$$\mu_{CB}=\frac{S_{CB}}{S_{CB}+S_{CD}}=\frac{4\times 1.5}{4\times 1.5+4\times 1.5}=0.5$$

$$\mu_{CD}=\frac{S_{CD}}{S_{CB}+S_{CD}}=\frac{4\times 1.5}{4\times 1.5+4\times 1.5}=0.5$$

结点 D：

$$\mu_{DC}=\frac{S_{DC}}{S_{DC}+S_{DE}}=\frac{4\times 1.5}{4\times 1.5+3\times 1.5}=0.571$$

$$\mu_{DE}=\frac{S_{DE}}{S_{DC}+S_{DE}}=\frac{3\times 1.5}{4\times 1.5+3\times 1.5}=0.429$$

(2) 锁住结点 B、C、D，计算各杆的固端弯矩

由“载常数”表 6－2 得：

AB 杆：
$$M_{AB}^{F}=0$$

$$M_{BA}^{F}=\frac{1}{8}\times 20\times 6^{2}=90\ \text{kN}\cdot\text{m}$$

CD 杆：
$$M_{CD}^{F}=-\frac{1}{8}\times 80\times 4=-40\ \text{kN}\cdot\text{m}$$

$$M_{DC}^{F}=\frac{1}{8}\times 80\times 4=40\ \text{kN}\cdot\text{m}$$

DE 杆按照 D 端固定、E 端铰支的单跨超静定梁计算固端弯矩，在 E 端的集中力偶作用下，其固端弯矩为

$$M_{DE}^{F}=\frac{1}{2}\times 20=10\ \text{kN}\cdot\text{m}$$

$$M_{ED}^{F}=20\ \text{kN}\cdot\text{m}$$

(3) 放松结点，进行分配和传递

各结点分配与传递的计算过程列于图 7－7(c)。由图中可见，结点 B、D 上的不平衡力矩较大。因此，首先将间隔的两个结点 B、D 同时放松进行分配和传递，然后单独放松结点 C；之后按照相同的顺序进行循环计算。进行 4 次循环后，传递到结点 B、D 上的不平衡力矩已经很小，仅有 0.08 kN・m，将其做最后一次分配后计算工作停止。

(4) 计算最终杆端弯矩

如图 7－7(c)所示，将各杆端的弯矩从固端弯矩开始自上而下进行累加，即得最终杆端弯矩。

(5) 作内力图

根据最终杆端弯矩作出连续梁的弯矩图，如图 7－7(d)所示。

【例 7－4】 试用力矩分配法计算图 7－8(a)所示刚架，并作出弯矩图。各杆 EI＝常数。

【解】 该刚架为对称结构，承受正对称荷载，可取左半结构的计算简图如图 7－8(b)，属无侧移刚架，故可用力矩分配法计算。

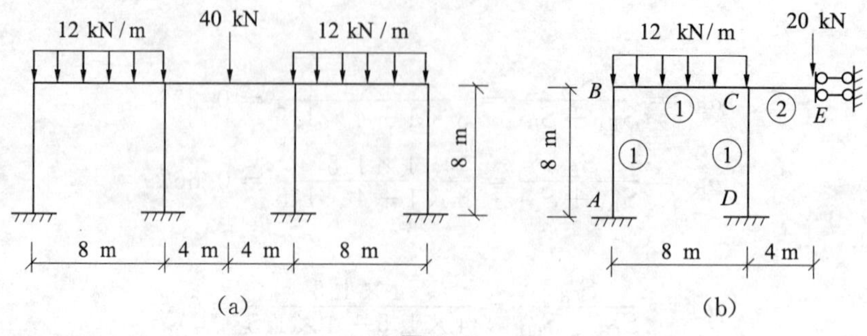

图 7-8

(1) 计算各杆端的分配系数

令 $i_{AB}=i_{BC}=i_{CD}=\dfrac{EI}{8}=1$，　　则 $i_{CE}=\dfrac{EI}{4}=2$

结点 B：

$$\mu_{BA}=\mu_{BC}=\frac{4\times 1}{4\times 1+4\times 1}=0.5$$

结点 C：

$$\mu_{CB}=\mu_{CD}=\frac{4\times 1}{4\times 1+4\times 1+1\times 2}=0.4$$

$$\mu_{CE}=\frac{1\times 2}{4\times 1+4\times 1+1\times 2}=0.2$$

(2) 锁住结点 B、C，计算各杆的固端弯矩

BC 杆：

$$M_{BC}^{F}=-\frac{1}{12}\times 12\times 8^{2}=-64\ \text{kN}\cdot\text{m}$$

$$M_{CB}^{F}=\frac{1}{12}\times 12\times 8^{2}=64\ \text{kN}\cdot\text{m}$$

CE 杆：

$$M_{CE}^{F}=M_{EC}^{F}=-\frac{1}{2}\times 20\times 4=-40\ \text{kN}\cdot\text{m}$$

(3) 分配、传递及最终弯矩的计算

力矩分配法的计算过程见表 7-3。

表 7-3　杆端弯矩的计算

结　点	A	B		C			E	D
杆　端	AB	BA	BC	CB	CD	CE	EC	DC
分配系数		0.5	0.5	0.4	0.4	0.2		
固端弯矩			−64	64		−40	−40	
B 第 1 次分配传递	16	32	32	16				
C 第 1 次分配传递			−8	−16	−16	−8	8	−8
B 第 2 次分配传递	2	4	4	2				
C 第 2 次分配传递			−0.4	−0.8	−0.8	−0.4	0.4	−0.4
B 第 3 次分配传递	0.1	0.2	0.2	0.1				
C 第 3 次分配传递				−0.04	−0.04	−0.02		
最终弯矩	18.10	36.20	−36.20	65.26	−16.84	−48.42	−31.60	−8.40

(4) 作弯矩图

根据各杆的最终杆端弯矩作出弯矩图，如图 7 - 9 所示。

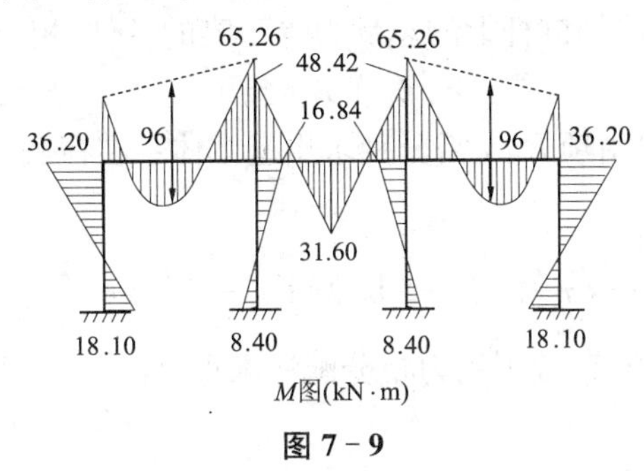

图 7 - 9

7.4 有侧移刚架的计算

7.4.1 一般有侧移刚架的分析——与位移法联合运用

由前述可知，力矩分配法适用于无结点线位移的连续梁或无侧移刚架。因此，对于有结点线位移(或有侧移)的刚架，力矩分配法不能直接应用。但在分别掌握了位移法和力矩分配法的计算原理之后，我们可联合运用这两种方法分析有侧移刚架，即在位移法中仅设立结点线位移为基本未知量，建立的位移法基本体系是无结点线位移的刚架；在计算位移法典型方程中的系数和自由项时，基本体系在荷载和结点线位移单独作用下的弯矩则用力矩分配法来求得。下面结合具体例子加以说明。

图 7 - 10(a)所示刚架，在荷载作用下，结点 B、C 除了各自产生转角外，还会产生相同的水平线位移 Z_1。现考虑用位移法求解，但所取的基本体系只通过一个附加链杆控制结点线位移，而不控制角位移，即允许各结点产生转动，如图 7 - 10(b)所示，仅将结点线位移 Z_1 作为基本未知量，结点角位移则不算作基本未知量。显然，所取的基本体系为无结点线位移的刚架。根据位移法的原理，基本体系在荷载和线位移 Z_1 共同作用下，其受力和变形与原结构完全相同，即图 7 - 10(a)所示原结构的内力可由图 7 - 10(c)、(d)两种情况下的内力叠加求得。

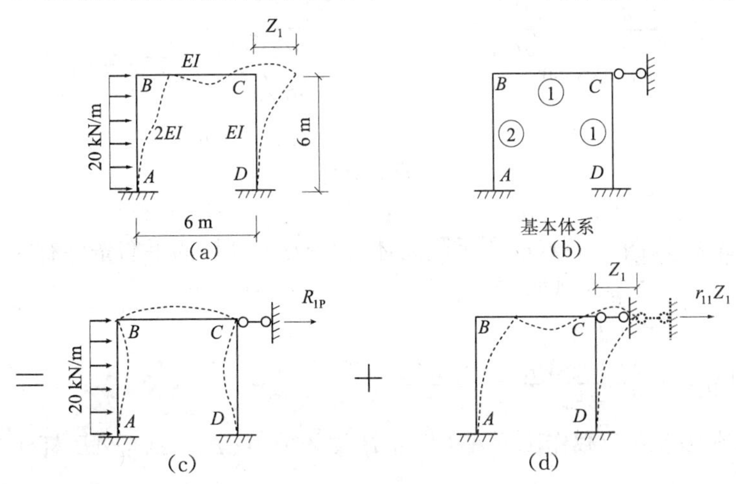

图 7 - 10

设基本体系在荷载作用下附加链杆上的反力为 R_{1P}（图 7－10(c)）；基本体系发生与原结构相同的结点线位移 Z_1 时附加链杆上的反力为 $r_{11}Z_1$（图 7－10(d)），其中 r_{11} 为 $\overline{Z}_1=1$ 时附加链杆上的反力。则根据附加链杆上的总反力等于零的条件，相应的位移法典型方程为

$$r_{11}Z_1+R_{1P}=0 \tag{7-13}$$

为了确定系数 r_{11} 和自由项 R_{1P}，需分别求出基本体系在荷载和单位线位移 $\overline{Z}_1=1$ 作用下的弯矩 $\overline{M}_1$ 和 M_P。

为了计算方便，令 $i_{BC}=i_{CD}=\dfrac{EI}{6}=1$，则 $i_{AB}=\dfrac{2EI}{6}=2$

求 M_P 时各结点无线位移，故可用力矩分配法求得，计算过程列于表 7－4，所作出的 M_P 图如图 7－11(a)所示。

表 7－4　M_P 计算

结　点	A	B		C		D
杆　端	AB	BA	BC	CB	CD	DC
分配系数		0.667	0.333	0.5	0.5	
固端弯矩	−60	60				
B 第 1 次分配传递	−20	−40	−20	−10		
C 第 1 次分配传递			2.50	5	5	2.50
B 第 2 次分配传递	−0.84	−1.67	−0.83	−0.42		
C 第 2 次分配传递			0.11	0.21	0.21	0.11
B 第 3 次分配传递	−0.04	−0.07	−0.04	−0.02		
C 第 3 次分配传递				0.01	0.01	
M_P	−80.88	18.26	−18.26	−5.22	5.22	2.61

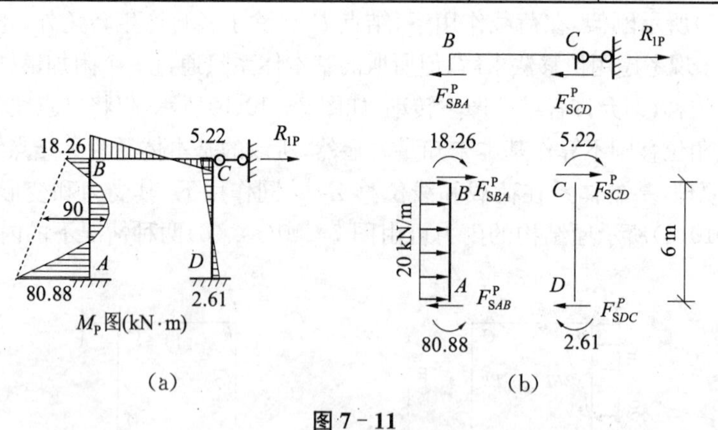

图 7－11

为了求解 R_{1P}，取图 7－11(b)所示隔离体，由 AB、CD 杆的平衡条件有

$$F^P_{SBA}=-\frac{M^P_{AB}+M^P_{BA}}{l_{AB}}+F^0_{SBA}=-\frac{-80.88+18.26}{6}-60=-49.56\text{ kN}$$

$$F^P_{SCD}=-\frac{M^P_{CD}+M^P_{DC}}{l_{CD}}=-\frac{5.22+2.61}{6}=-1.31\text{ kN}$$

式中 F^P_{SBA} 为基本体系在荷载作用下 AB 杆在 B 端的剪力；F^0_{SBA} 则是 AB 杆作为简支梁时在

均布荷载作用下 B 端的剪力。则横梁 BC 杆由 $\sum F_x = 0$ 可得

$$R_{1P} = F_{SBA}^{P} + F_{SCD}^{P} = -49.56 - 1.31 = -50.87\ \text{kN}$$

求 $\overline{M}_1$ 时，结点线位移 $\overline{Z}_1 = 1$，这相当于无侧移刚架发生已知支座位移的情况，故其弯矩同样可用力矩分配法求得，求解过程列于表 7－5，所作 $\overline{M}_1$ 图如图 7－12(a)所示。

表 7－5 $\overline{M}_1$ 计算

结点	A	B		C		D
杆端	AB	BA	BC	CB	CD	DC
分配系数		0.667	0.333	0.5	0.5	
固端弯矩	−2	−2			−1	−1
B 第 1 次分配传递	0.67	1.33	0.67	0.34		
C 第 1 次分配传递			0.17	0.33	0.33	0.17
B 第 2 次分配传递	−0.06	−0.11	−0.06	−0.03		
C 第 2 次分配传递				0.015	0.015	
$\overline{M}_1$	−1.39	−0.78	0.78	0.66	−0.66	−0.83

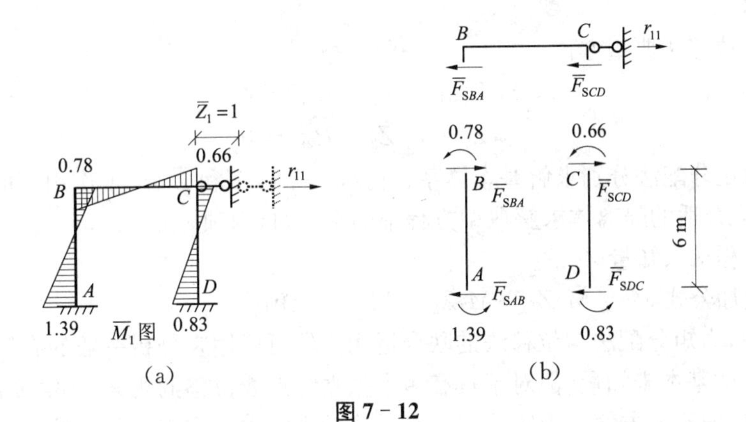

图 7－12

基本体系在结点线位移 $\overline{Z}_1 = 1$ 作用下，表 7－5 中的固端弯矩按照两端固定的单跨超静定梁的"形常数"表 6－1 公式计算如下：

$$\overline{M}_{AB}^{F} = \overline{M}_{BA}^{F} = -\frac{6i_{AB}}{l_{AB}} = -\frac{6\times 2}{6} = -2$$

$$\overline{M}_{CD}^{F} = \overline{M}_{DC}^{F} = -\frac{6i_{CD}}{l_{CD}} = -\frac{6\times 1}{6} = -1$$

为了求解 r_{11}，取图 7－12(b)所示隔离体，由 AB、CD 杆的平衡条件有

$$\overline{F}_{SBA} = -\frac{\overline{M}_{AB} + \overline{M}_{BA}}{l_{AB}} = -\frac{-1.39 - 0.78}{6} = 0.36$$

$$\overline{F}_{SCD} = -\frac{\overline{M}_{CD} + \overline{M}_{DC}}{l_{CD}} = -\frac{-0.66 - 0.83}{6} = 0.25$$

则横梁 BC 杆由 $\sum F_x = 0$ 可得

$$r_{11} = \overline{F}_{SBA} + \overline{F}_{SCD} = 0.36 + 0.25 = 0.61$$

将 r_{11} 和 R_{1P} 代入典型方程式(7-13)可解得

$$Z_1 = -\frac{R_{1P}}{r_{11}} = -\frac{-50.87}{0.61} = 83.39$$

刚架的最终弯矩可由叠加法求得(图 7-13)

$$M = \overline{M}_1 Z_1 + M_P$$

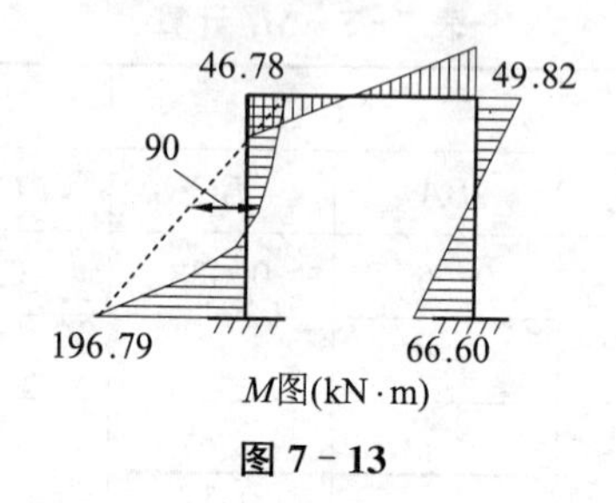

图 7-13

当刚架的结点线位移不止一个时,也可以按照上述类似的方法进行计算。现以具有两个线位移未知量 Z_1、Z_2 的刚架为例,写出其计算步骤如下:

(1) 在原结构上设置两个附加链杆,以控制线位移 Z_1、Z_2,并以所得无线位移刚架作为位移法基本体系。

(2) 列出位移法典型方程

$$\begin{cases} r_{11}Z_1 + r_{12}Z_2 + R_{1P} = 0 \\ r_{21}Z_1 + r_{22}Z_2 + R_{2P} = 0 \end{cases}$$

(3) 用力矩分配法分别求解基本体系在荷载、$\overline{Z}_1 = 1$ 和 $\overline{Z}_2 = 1$ 作用下的弯矩 M_P、$\overline{M}_1$ 和 $\overline{M}_2$,并选取合适的隔离体求解典型方程中的系数、自由项。

(4) 解方程求未知量 Z_1、Z_2。

(5) 用叠加公式 $M = \overline{M}_1 Z_1 + \overline{M}_2 Z_2 + M_P$ 作弯矩图。

综上所述,力矩分配法与位移法的联合运用虽然可以用来分析一般的有侧移刚架,减少了位移法求解的基本未知量,但对于具有多个独立结点线位移的刚架,仍需要建立和求解联立方程,计算依旧不太方便。力矩分配法在计算过程中主要作为一种辅助工具,用来计算作为基本体系的无侧移刚架在荷载和单位线位移作用下的弯矩,以便求得位移法典型方程中的系数和自由项,显然它在无侧移刚架分析中所显示出来的便于计算的优势已经大大削弱。

7.4.2 特殊有侧移刚架的分析——无剪力分配法

对于符合某些特定条件的特殊有侧移刚架,用无剪力的力矩分配法计算较为方便。本节以单层单跨对称刚架在反对称荷载作用下所取的半刚架为例来说明这种方法。

图 7-14(a)所示单跨对称刚架上作用有一般荷载,利用对称性求解时,首先可将荷载分为正对称荷载(图 7-14(b))和反对称荷载(图 7-14(c))两组。刚架在正对称荷载作用下(图 7-14(b)),受力和变形均具有正对称性,结点只产生转角,不产生线位移,故取半刚架(图 7-14(d))后用力矩分配法计算即可。刚架在反对称荷载作用下(图 7-14(c)),受力和变形则具有反对称性,结点不仅产生转角,还会产生线位移,此时可采用下面的无剪力分配法来计算。

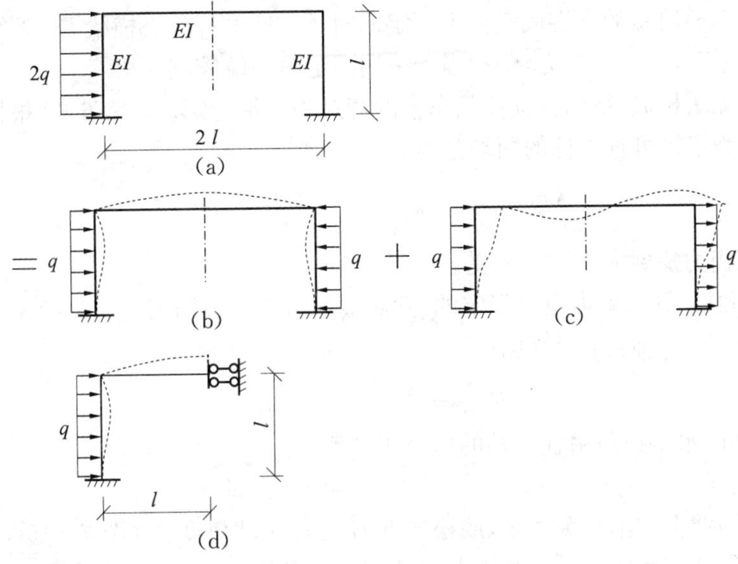

图 7-14

刚架在反对称荷载作用下的半刚架如图 7-15(a)所示，C 处为活动铰支座。在荷载作用下，结点 B 除了产生转角 Z_1 外还有水平位移。图中虚线所示刚架的变形曲线表明，横梁 BC 两端的结点都只有水平位移而无横向(即垂直于杆轴方向)的相对线位移，这种杆件称为两端无相对线位移的杆件或无侧移杆件；竖柱 AB 两端虽有相对侧移，但剪力是静定的，即 AB 柱上任一截面的剪力可根据该截面以上隔离体的平衡条件 $\sum F_x = 0$ 直接求出，这种杆件称为剪力静定杆件。用无剪力分配法计算此半刚架时，与力矩分配法一样仍分两步来考虑：

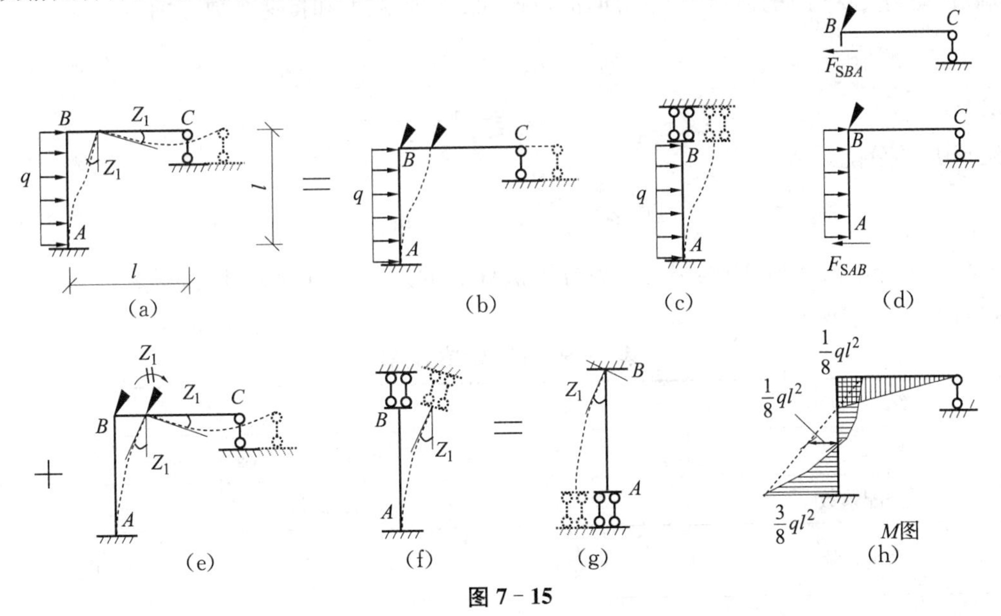

图 7-15

(1) 锁住结点

在结点 B 加上附加刚臂阻止其产生角位移，但不需加附加链杆去阻止其线位移，如图 7-15(b)所示。由于附加刚臂的作用，柱 AB 的上端无法转动但仍可自由地水平平移，故应等效于图 7-15(c)所示的下端固定而上端定向滑动支座的杆件。横梁 BC 随结点 B 沿水平方向产生刚体平动，不产生内力，仍相当于一端固定另一端铰支的梁。

与力矩分配法相似，结构在锁住状态下的弯矩为固端弯矩。由表 6-2 根据图 7-15(c)所示的单跨超静定梁可查得柱的固端弯矩为

$$M_{AB}^{F}=-\frac{1}{3}ql^{2},\quad M_{BA}^{F}=-\frac{1}{6}ql^{2}$$

结点 B 的不平衡力矩暂时由刚臂承受。

注意，此时柱 AB 的剪力也是静定的，其两端的剪力可根据图 7-15(d)所示隔离体的平衡条件 $\sum F_x=0$ 分别得到

$$F_{SBA}=0,\quad F_{SAB}=ql$$

显然，全部的水平荷载由柱下端的剪力所平衡。

(2) 放松结点

为了消除刚臂上的不平衡力矩，放松结点 B 使其转动角度 Z_1(图 7-15(e))，即将不平衡力矩反号进行分配和传递。此时结点 B 不仅转动角度 Z_1，同时也发生水平位移。对于横梁 BC 来说，由于其两端产生相同的水平位移，因此其内力和变形仅由结点 B 的转动所产生，计算时仍按一端固定另一端铰支的梁考虑，其抗转刚度为

$$S_{BC}=3i_{BC}=\frac{3EI}{l}=3i$$

对于柱 AB，应等效于图 7-15(f)所示下端固定上端定向滑动支座的杆件在上端转动角度 Z_1 时的受力状态，此时柱中剪力显然为零，即柱处于无剪力的纯弯曲受力状态。柱 AB 的受力和变形实际上与图 7-15(g)所示上端固定下端定向滑动支座的杆件在上端(固定端)转动角度 Z_1 时的情形完全相同，故可推知其抗转刚度和传递系数分别为

$$S_{BA}=i_{AB}=\frac{EI}{l}=i$$

$$C_{AB}=-1$$

故结点 B 的分配系数为

$$\mu_{BA}=\frac{i}{i+3i}=0.25\qquad\qquad \mu_{BC}=\frac{3i}{i+3i}=0.75$$

与力矩分配法相似，刚架用无剪力分配法计算的过程也可列表进行，详见表 7-6。M 图如图 7-15(h)所示。

表 7-6 杆端弯矩的计算

结　点	A	B	
杆　端	AB	BA	BC
分配系数		0.25	0.75
固端弯矩	$-\frac{1}{3}ql^2$	$-\frac{1}{6}ql^2$	0
分配弯矩和传递弯矩	$-\frac{1}{24}ql^2$	$\frac{1}{24}ql^2$	$\frac{1}{8}ql^2$
最终弯矩	$-\frac{3}{8}ql^2$	$-\frac{1}{8}ql^2$	$\frac{1}{8}ql^2$

由此可见，在锁住结点时，柱 AB 的剪力是静定的；在放松结点时，柱 B 端得到的分配弯矩将乘以传递系数 -1 传到 A 端，柱 AB 的弯矩沿杆全长为常数而剪力为零，即柱 AB 是在零剪力的情况下得到分配弯矩和传递弯矩的，故这种方法称为无剪力力矩分配法(简称无剪力分配法)。

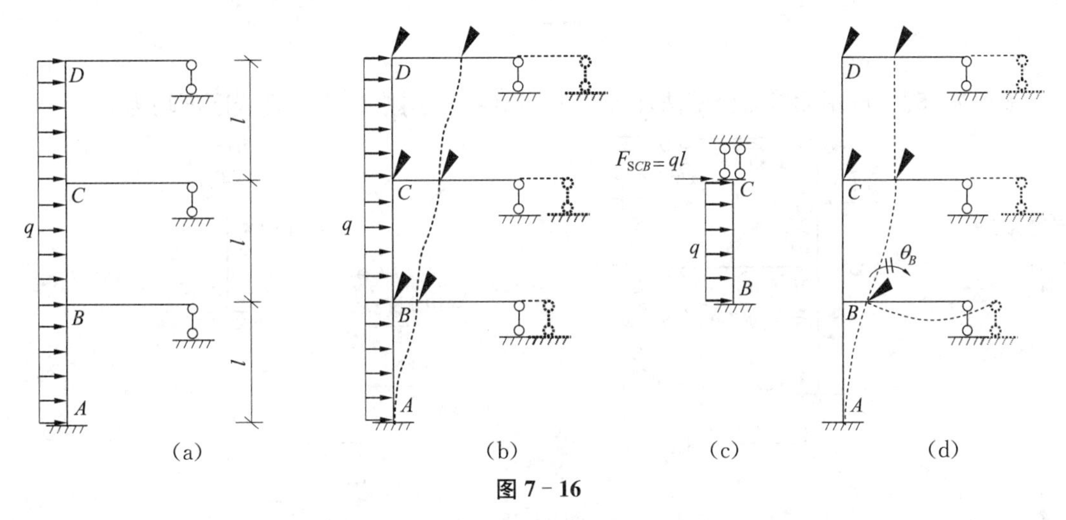

图 7 - 16

图 7 - 16(a)所示的多层刚架，各横梁均为两端无相对线位移的杆件，各竖柱则均为剪力静定杆件。锁住结点时，只加刚臂阻止各结点的转动，并不阻止其线位移，如图 7 - 16(b)所示。此时各层柱子两端均无转角，但有侧移。现取其中任一层柱子，例如 BC 柱来分析：根据其只有两端产生相对线位移的变形特征，可看作为图 7 - 16(c)所示的下端固定而上端为定向滑动支座的杆件。由图 7 - 16(b)可见，BC 柱上端的剪力为 $F_{SCB}=ql$，故在图 7 - 16(c)中 BC 柱上端附加一水平集中力，使 BC 柱的受力与图 7 - 16(b)中相同。由此可推知，不论刚架有多少层，每一层的柱子均可视为下端固定上端定向滑动的杆件，而除了柱身承受本层荷载外，还应在柱顶附加一集中荷载，其值等于柱顶以上各层所有水平荷载的代数和。这样，便可根据表6 -2 分别计算各柱的固端弯矩。然后将各结点轮流地放松，进行力矩的分配和传递。

图 7 - 16(d)所示为放松某一结点 B 时的情形，这相当于将该结点上的不平衡力矩反号作为集中力偶施加于该结点上，使结点 B 转动角度 θ_B。此时，只有汇交于结点 B 的两柱 BA、BC 及横梁产生变形而受力，其余杆件只产生刚体平动不受力，因此结点 B 的不平衡力矩只需在汇交于它的各杆进行分配和传递。由于两柱 BA、BC 的剪力均为零，处于纯弯曲受力状态(与图 7 - 15(f)相同)，因而计算时柱子的转动刚度应取各自的线刚度而传递系数为-1(指等截面杆)。放松其他结点时的情况与结点 B 相似，至于力矩分配、传递的具体计算步骤则与一般力矩分配法相同，无须赘述。

用无剪力分配法计算有侧移刚架时，由于采取了只控制结点转动而任其侧移的特殊措施，使得其计算过程和普通力矩分配法一样简便。但需注意，无剪力分配法只适用于一些特殊的有侧移刚架，即刚架中除两端无相对线位移的杆件外，其余杆件都是剪力静定杆件。

在图 7 - 17 所示的有侧移刚架中，竖柱 AB 和 CD 既不是两端无相对线位移的杆件，也不是剪力静定杆件，因此不能直接用无剪力分配法进行分析。

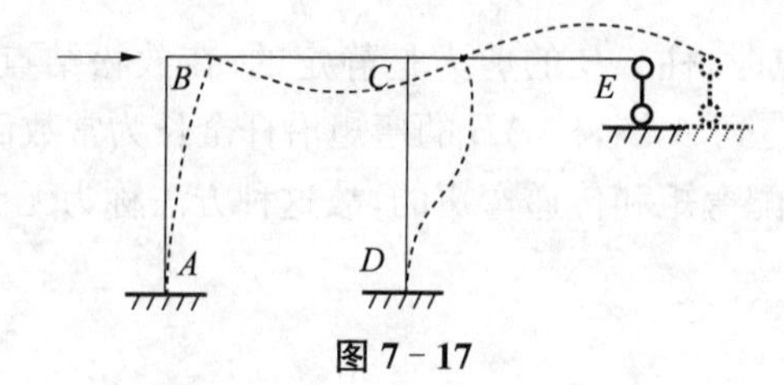

图 7-17

【例 7-5】 试用无剪力分配法计算图 7-18(a)所示刚架，设各杆线刚度均为 i。

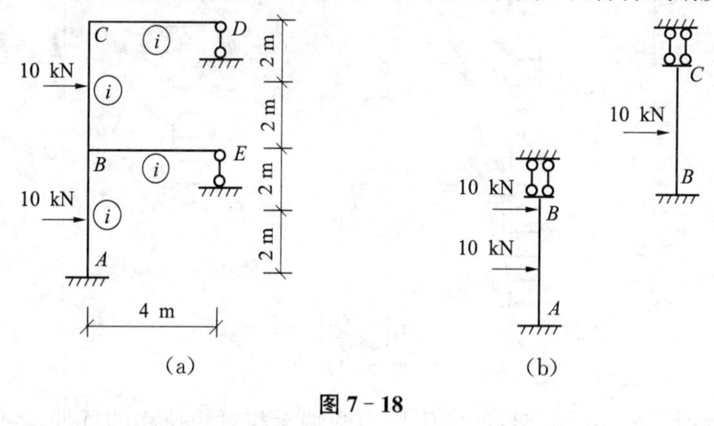

图 7-18

【解】 竖杆 AB、BC 均按下端固定上端定向滑动考虑。

(1) 计算分配系数

计算分配系数时注意各柱端的抗转刚度应套用远端定向滑动的支承情况，即 $S=i$。

结点 B：

$$\mu_{BA}=\frac{S_{BA}}{S_{BA}+S_{BC}+S_{BE}}=\frac{i}{i+i+3i}=0.2$$

$$\mu_{BC}=\frac{S_{BC}}{S_{BA}+S_{BC}+S_{BE}}=\frac{i}{i+i+3i}=0.2$$

$$\mu_{BE}=\frac{S_{BE}}{S_{BA}+S_{BC}+S_{BE}}=\frac{3i}{i+i+3i}=0.6$$

结点 C：

$$\mu_{CB}=\frac{S_{CB}}{S_{CB}+S_{CD}}=\frac{i}{i+3i}=0.25$$

$$\mu_{CD}=\frac{S_{CD}}{S_{CB}+S_{CD}}=\frac{3i}{i+3i}=0.75$$

(2) 计算固端弯矩

计算固端弯矩时，竖杆 AB、BC 应按图 7-18(b)所示的荷载作用情况考虑。

柱 BC：

$$M_{CB}^{F}=-\frac{1}{8}\times10\times4=-5\ \mathrm{kN\cdot m}$$

$$M_{BC}^{F}=-\frac{3}{8}\times10\times4=-15\ \mathrm{kN\cdot m}$$

柱 AB：

$$M_{BA}^{F}=-\frac{1}{8}\times10\times4-\frac{1}{2}\times10\times4=-25\ \text{kN}\cdot\text{m}$$

$$M_{AB}^{F}=-\frac{3}{8}\times10\times4-\frac{1}{2}\times10\times4=-35\ \text{kN}\cdot\text{m}$$

(3) 力矩的分配和传递

计算过程详见表 7－7。

表 7－7　杆端弯矩的计算

结　点	A	B			C	
杆　端	AB	BA	BE	BC	CB	CD
分配系数		0.2	0.6	0.2	0.25	0.75
固端弯矩	－35	－25		－15	－5	
B 第 1 次分配传递	－8	8	24	8	－8	
C 第 1 次分配传递				－3.25	3.25	9.75
B 第 2 次分配传递	－0.65	0.65	1.95	0.65	－0.65	
C 第 2 次分配传递				－0.16	0.16	0.49
B 第 3 次分配传递		0.03	0.10	0.03		
最终弯矩	－43.65	－16.32	26.05	－9.73	－10.24	10.24

(4) 作弯矩图

根据计算结果作出最终弯矩图，如图 7－19 所示。

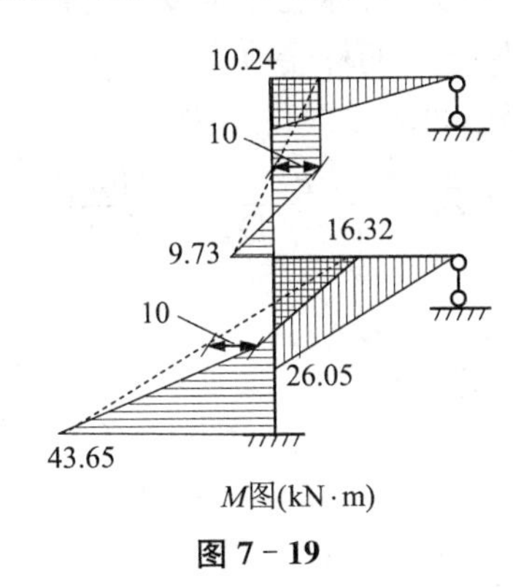

图 7－19

7.5　剪力分配法

剪力分配法适用于横梁为刚性杆、竖柱为弹性杆的框架结构，它是在位移法的基础上延伸出来的一种简便计算方法。

下面以图 7－20(a)所示排架为例来讨论如何用剪力分配法计算超静定结构。

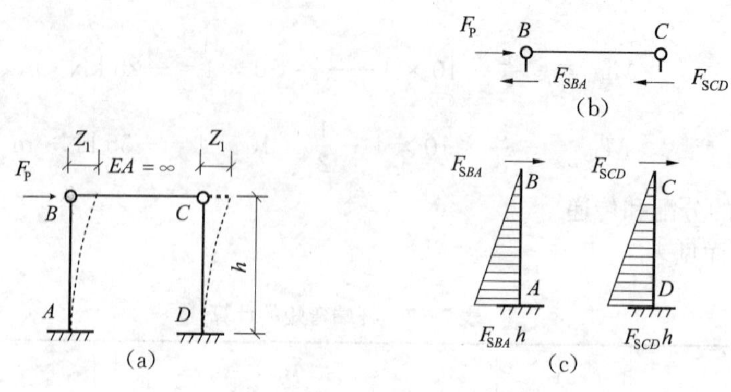

图 7－20

该排架结构的横梁为轴向刚度无穷大的刚性链杆，故用位移法求解时只有一个独立的结点线位移 Z_1。为了求出 Z_1，将排架在各柱顶截开，取图 7－20(b)所示的隔离体，通过平衡条件 $\sum F_x=0$ 得到位移法方程

$$F_{SBA}+F_{SCD}=F_P$$

式中，各柱顶剪力可由转角位移方程列出

$$F_{SBA}=\frac{3i_{AB}}{h^2}Z_1,\qquad F_{SCD}=\frac{3i_{CD}}{h^2}Z_1$$

令

$$D_1=\frac{3i_{AB}}{h^2},\qquad D_2=\frac{3i_{CD}}{h^2}$$

其中 D_1、D_2 称为杆件的抗侧移刚度，简称抗侧刚度。它反映了杆件抵抗侧移的能力，在数值上等于杆件发生单位侧移时所产生的杆端剪力。

将上述剪力代入位移法方程，可求出线位移为

$$Z_1=\frac{F_P}{D_1+D_2}=\frac{F_P}{\sum D_i}$$

则各柱顶的剪力为

$$F_{SBA}=\frac{D_1}{\sum D_i}F_P=\gamma_1 F_P,\qquad F_{SCD}=\frac{D_2}{\sum D_i}F_P=\gamma_2 F_P$$

式中

$$\gamma_1=\frac{D_1}{\sum D_i},\qquad \gamma_2=\frac{D_2}{\sum D_i}$$

称为剪力分配系数，它表示荷载引起的总剪力在各柱中的分配比例，柱子剪力分配系数的大小与各柱的抗侧刚度成正比。显然

$$\sum \gamma_i=\gamma_1+\gamma_2=1$$

柱顶剪力求出后，即可计算柱中的弯矩值。对于排架结构，由于各柱上端的弯矩为零，因此下端的弯矩就等于柱顶剪力与柱子高度的乘积，即

$$M_{AB}=-F_{SBA}h,\qquad M_{DC}=-F_{SCD}h$$

式中负号表示弯矩绕杆端逆时针方向转动。两个柱子的弯矩图如图 7-20(c)所示。

这种利用剪力分配系数先求出柱顶剪力再进一步求弯矩的方法称为剪力分配法。

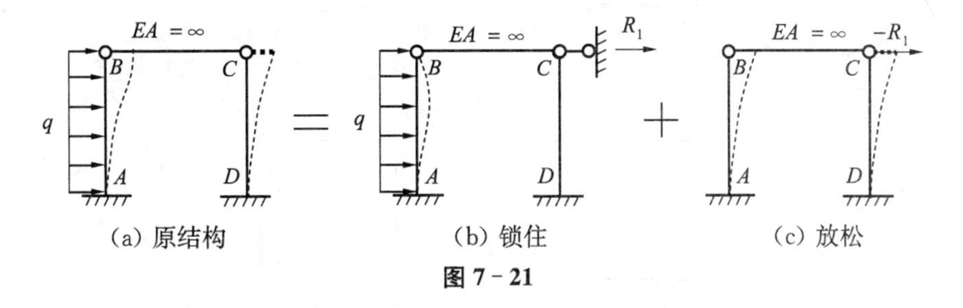

图 7-21

若荷载不作用在结点上，而是作用在竖柱上，如图 7-21(a)所示，则可以按照与力矩分配法类似的思路，采用先“锁住”后“放松”的过程分两步进行分析。首先，通过设置附加链杆控制结点的线位移(图 7-21(b))，使结点固定不动被“锁住”。显然，此时柱中的内力即为固端内力，可查表求出，而附加链杆中的约束反力设为 R_1，可取链杆为隔离体由柱顶的固端剪力通过平衡条件求得。其次，在柱顶结点上施加大小为 $-R_1$ 的水平集中力(图 7-21(c))，使结点发生与原结构相同的水平位移(即“放松”过程)，这种情况可用上述剪力分配法进行计算。最后，将图 7-21(b)、(c)两种情况的内力叠加，即得原结构的最后内力。

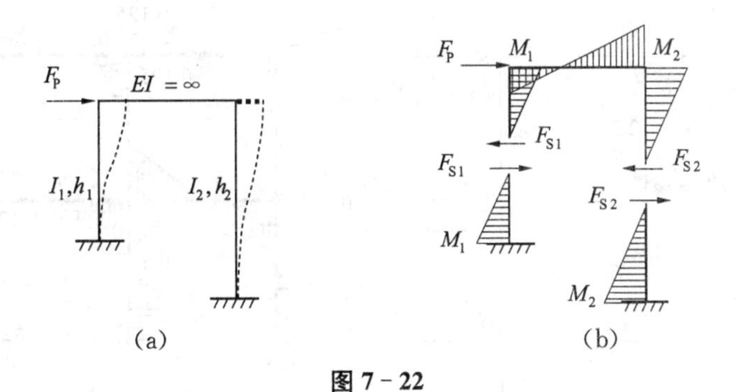

图 7-22

对于图 7-22(a)所示横梁的抗弯刚度为无穷大的刚架，在水平荷载作用下各结点随着刚性横梁的平动而只产生水平线位移，不发生转动，故同样可采用剪力分配法进行计算，但柱子的抗侧刚度应套用两端固定的单跨超静定梁产生单位相对侧移时的杆端剪力(见“形常数”表 6-1)，即

$$D_1 = \frac{12EI_1}{h_1^3}, \qquad D_2 = \frac{12EI_2}{h_2^3}$$

各柱的剪力分配系数以及柱中剪力的计算方法与上述排架相同。由于在结点荷载作用下同一柱中各截面的剪力值均相同，因此，柱端弯矩计算时可如图 7-22(b)所示将柱中点截面(弯矩为零的截面)的剪力乘以柱高度的一半，即

$$M_1 = -F_{S1}\frac{h_1}{2}, \qquad M_2 = -F_{S2}\frac{h_2}{2}$$

柱端弯矩求出后,梁端弯矩可根据结点的力矩平衡条件得到。

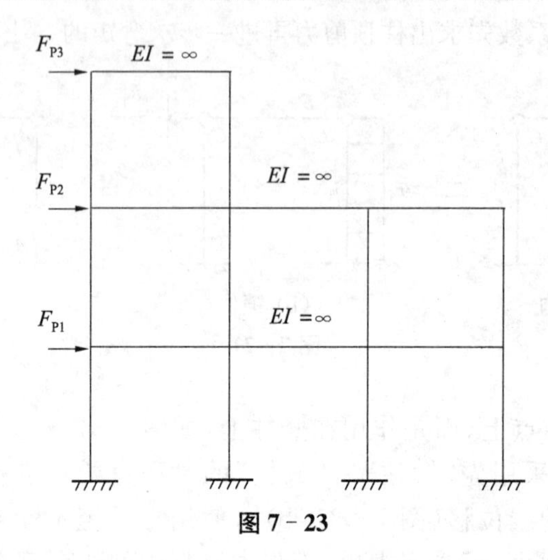

图 7-23

当用剪力分配法计算图 7-23 所示多层多跨刚架时,任一层的总剪力等于该层以上所有水平荷载的代数和,则各柱所承担的剪力根据该层的总剪力按剪力分配系数进行分配,并由此进一步确定各柱端的弯矩。

【例 7-6】 试用剪力分配法计算图 7-24(a)所示刚架,并作弯矩图。

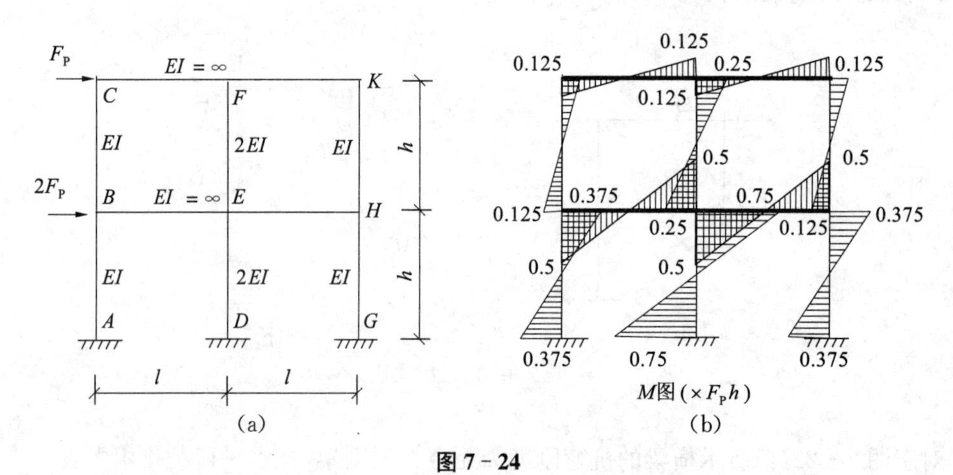

图 7-24

【解】 为了方便起见,设 $\frac{12EI}{h^3}=1$,则各边柱的抗侧刚度 $D_{边}=1$,两根中柱的抗侧刚度 $D_{中}=\frac{12\times 2EI}{h^3}=2$

剪力分配系数为

$$边柱\ \gamma_{边}=\frac{1}{1+2+1}=0.25, \qquad 中柱\ \gamma_{中}=\frac{2}{1+2+1}=0.5$$

各层总剪力为

$$2层\ F_{S2}=F_P, \qquad 1层\ F_{S1}=F_P+2F_P=3F_P$$

2 层各柱剪力为

$$F_{S2边} = \gamma_{边} F_{S2} = 0.25F_P, \qquad F_{S2中} = \gamma_{中} F_{S2} = 0.5F_P$$

1 层各柱剪力为

$$F_{S1边} = \gamma_{边} F_{S1} = 0.75F_P, \qquad F_{S1中} = \gamma_{中} F_{S1} = 1.5F_P$$

各柱端的弯矩分别为

2 层柱： $M_{BC} = M_{CB} = M_{KH} = M_{HK} = -F_{S2边}\dfrac{h}{2} = -0.125F_P h$

$$M_{EF} = M_{FE} = -F_{S2中}\frac{h}{2} = -0.25F_P h$$

1 层柱： $M_{AB} = M_{BA} = M_{HG} = M_{GH} = -F_{S1边}\dfrac{h}{2} = -0.375F_P h$

$$M_{DE} = M_{ED} = -F_{S1中}\frac{h}{2} = -0.75F_P h$$

求出各柱端弯矩后，应进一步确定刚性横梁的杆端弯矩：对于边柱结点，只有一个梁端截面，可由结点的力矩平衡条件确定梁端弯矩，即梁端弯矩等于柱端弯矩之和；对于中柱结点，由于连接了两个梁端截面，梁端弯矩之和应等于柱端弯矩之和，此时可近似认为两根刚性横梁的抗转刚度相同，故两个梁端截面均分柱端弯矩之和。刚架的最后弯矩图如图 7-24(b)所示。

上述剪力分配法对于绘制多层多跨刚架在风、地震(通常简化为结点的水平集中力)作用下的弯矩图是非常方便的，但其基本假设是横梁刚度为无穷大，各刚结点均无转角，因而各柱的反弯点在其高度的一半处。但实际结构的横梁刚度并非无穷大，故各柱的反弯点一般并不在柱子的中点截面。经验表明，当刚架横梁与柱子的线刚度之比大于等于 3～5 时，通常可将横梁刚度近似地视为无穷大，采用剪力分配法进行分析，所求得的内力精度一般能够满足工程的要求。即使对于梁柱线刚度比值较小的刚架，也可以通过修正的方法(D 值法)来减小因不考虑结点角位移所引起的内力误差。由于剪力分配法的计算十分简便，而且具有传力以及力的分配明确而又直观的优点，所以在实际工程中，尤其在结构方案比较、初步设计以及定性分析中常被采用。

思考题

7-1　抗转刚度和抗侧刚度的物理意义是什么？它们分别与什么因素有关？

7-2　固端弯矩、分配弯矩、传递弯矩和最终弯矩在概念和物理意义方面如何区别？

7-3　为什么对于某分配结点的力矩分配系数和某一层的剪力分配系数之和恒等于1？

7-4　在进行力矩分配和剪力分配时，为何要将不平衡力矩或不平衡剪力反号分配？它代表什么含义？

7-5　力矩分配法、剪力分配法和无剪力力矩分配法各适用于什么条件？

习题

7-1　试求图示结构中分配结点的力矩分配系数和固端弯矩。

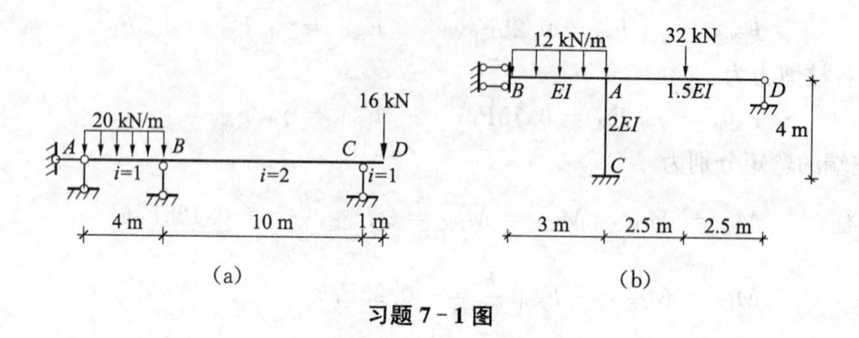

习题 7-1 图

7-2　试用力矩分配法计算连续梁并作 M 图(EI=常数)。

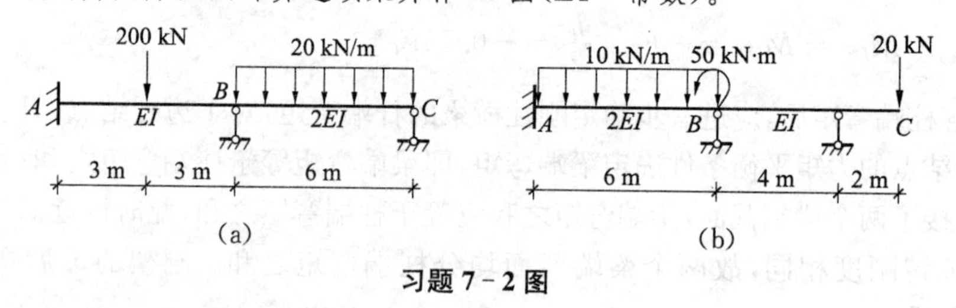

习题 7-2 图

7-3　试用力矩分配法计算图示刚架,并作 M 图(EI =常数)。

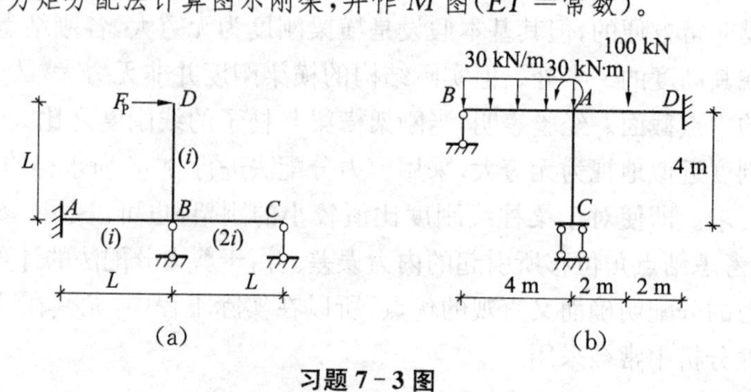

习题 7-3 图

7-4　试用力矩分配法作图示连续梁的弯矩图,各杆 EI 为常数(要求计算两轮)。

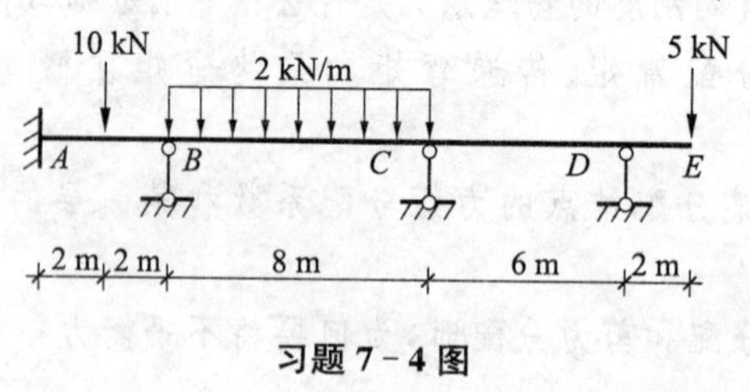

习题 7-4 图

7-5 试用力矩分配法计算图示对称结构,并作 M 图。各杆 EI =常数。

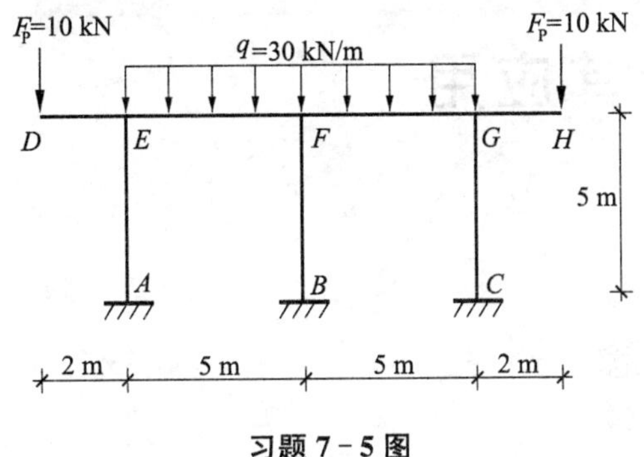

习题 7-5 图

7-6 已知图示结构的支座下沉 $\Delta_B = 0.01$ m, $\Delta_C = 0.015$ m,各杆 $EI = 4.2 \times 10^4\ \mathrm{kN \cdot m^2}$,试用力矩分配法作 M 图(要求计算两轮)。

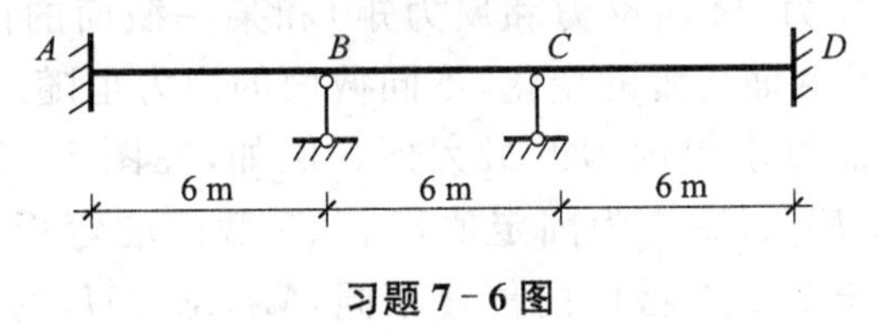

习题 7-6 图

7-7 试用无剪力分配法计算图示结构,并作 M 图。

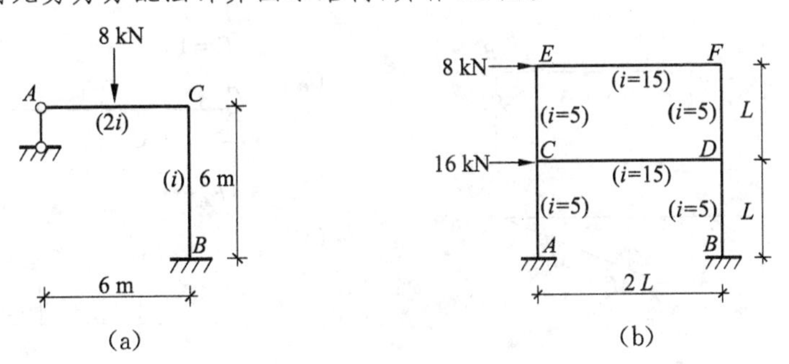

习题 7-7 图

7-8 试用剪力分配法作图示结构的 M 图。

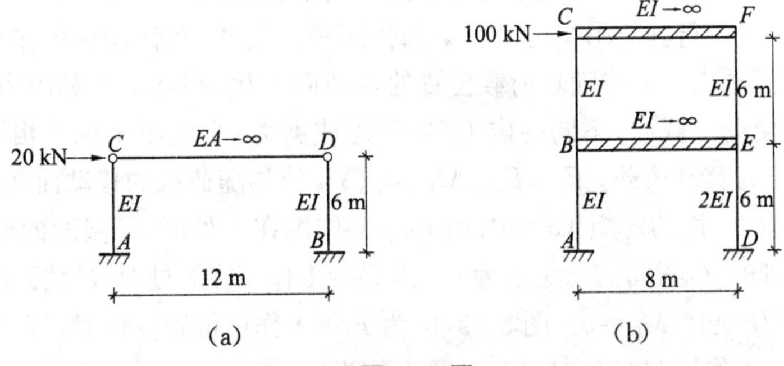

习题 7-8 图

8 影响线及其应用

8.1 影响线的概念

前面几章讨论了固定荷载作用下静定结构和超静定结构的内力计算问题。所谓固定荷载，即荷载的大小、方向和作用位置都是固定不变的。在固定荷载作用下，结构的某一位置的反力(水平反力、竖向反力和反力矩)和某一截面的内力(弯矩、剪力和轴力)都是固定值。但随着截面位置的变化，不同截面的内力也随之变化，其变化规律可用内力图反映出来，从而可求出内力的最大值。例如，在图 8-1(a)中，F_P 为固定荷载，A、B 处的支座反力 F_{Ay}、F_{By} 均为固定值，1、2、3 截面的弯矩 M_1、M_2、M_3(图 8-1(b))也是固定值，但由于 1、2、3 截面的位置不同，M_1、M_2、M_3 的值不同，从 M 图中便可确定 C 截面的弯矩最大。

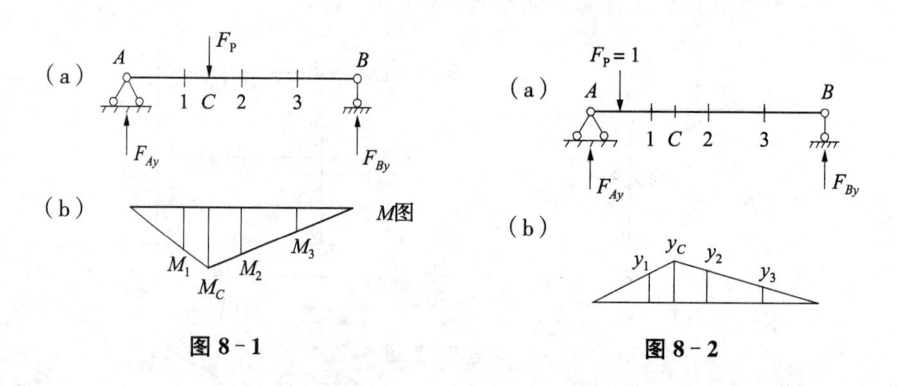

图 8-1　　图 8-2

但一般工程结构除了承受固定荷载作用外，还要承受移动荷载的作用。所谓移动荷载，即荷载的大小、方向不变，其作用位置是变化的。例如缓慢或匀速行驶的列车、汽车等对桥梁的作用，工业厂房中行驶的吊车对吊车梁的作用等。显然，在移动荷载作用下，结构的某一反力或某一截面的内力都将随着荷载位置的移动而变化，并且反力和内力的变化规律是各不相同的。即使同一截面，不同的内力(如弯矩或剪力)变化规律也不相同。例如，在图 8-2(b)中，$F_P=1$ 为移动荷载，F_{Ay}、F_{By}、M_1、M_2、M_3 值均随荷载的移动而变化。如当 $F_P=1$ 作用在 A 处时，C 截面的弯矩 $M_C=0$；当 $F_P=1$ 作用在 1 处时，C 截面的弯矩值为 y_1；当 $F_P=1$ 作用在 2 处时，C 截面的弯矩值为 y_2；当 $F_P=1$ 作用在 3 处时，C 截面的弯矩值为 y_3；当 $F_P=1$ 作用在 B 处时，$M_C=0$。图 8-2(b)为 $F_P=1$ 作用位置变化时，M_C 的变化图形，从图中可知，当 $F_P=1$ 作用在 C 处时，M_C 的最大值为 y_C。

在结构设计中，为了求出移动荷载作用下反力和内力的最大值，必须研究荷载移动时反力和内力的变化规律，并且，一次只宜研究一种反力或某一个截面的某一项内力的变化规律。

实际工程中移动荷载的表现形式多种多样，如桥梁所受的移动荷载可能是一辆汽车或一个车队，也可能是火车或履带式车辆等。但通常是由很多间距不变的竖向荷载所组成，为了解决不同移动荷载作用下的计算问题，基于线弹性结构的叠加原理，可先研究一种最简单的荷载—— 一个竖向的单位移动荷载 $F_P=1$ 作用下的计算，然后利用叠加原理进一步研究各种复杂的移动荷载作用下的计算。

单位移动荷载 $F_P=1$(通常指向不变、竖直向下，量纲为 1)作用下，结构的反力、内力等量值随荷载位置变化的函数关系，分别称为反力、内力等的影响线方程，对应的函数图形分别称为反力、内力等的影响线。影响线用平行于杆轴线的坐标表示荷载位置，用垂直于杆轴线的坐标表示反力、内力等量值。根据影响线可确定最大反力或内力及其相应的荷载位置。

8.2 静力法作影响线

作影响线的基本方法有两种，即静力法和机动法。

用静力法作影响线时先选定一坐标系，将单位移动荷载 $F_P=1$ 放在任一位置，用 x 表示其位置，把 x 看作是固定不变的，即把 $F_P=1$ 看成是固定荷载，然后利用静力求解方法(对静定结构为平衡条件，对超静定结构为力法、位移法、力矩分配法等)，建立所求反力或内力等量值与荷载位置 x 之间的函数关系式，即影响线方程，再根据方程作出影响线。

对于梁，反力一般以向上为正；轴力以拉力为正；剪力以使隔离体顺时针转动为正；弯矩以使下侧受拉为正。一般将正值的影响线画在基线上侧，负值画在基线下侧。

下面以图 8-3(a)所示简支梁为例，介绍反力和内力影响线的求解过程。

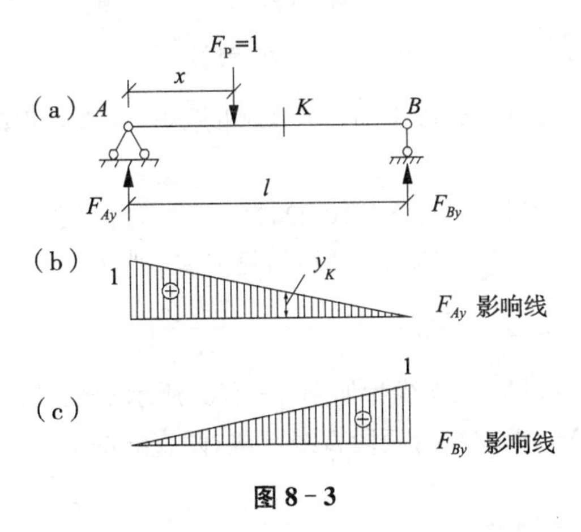

图 8-3

取 A 点为坐标原点，沿杆轴向右为 x 轴正向。将单位移动荷载 $F_P=1$ 放在距坐标原点 x 处。

1）作反力影响线

(1) A 支座的反力影响线

设反力 F_{Ay}、F_{By} 向上为正，以梁为研究对象。由 $\sum M_B = 0$ 得

$$F_{Ay}l - F_P(l-x) = 0$$

$$F_{Ay} = F_P\frac{l-x}{l} = \frac{l-x}{l}\ (0 \leqslant x \leqslant l)$$

这就是 F_{Ay} 的影响线方程。由于 F_{Ay} 是 x 的一次方程，故知影响线是一段直线，如图 8-3(b)。

根据影响线的定义，F_{Ay} 影响线中的任一竖标表示：当移动荷载 $F_P = 1$ 作用于该处时，反力 F_{Ay} 的大小。例如，图中的 y_K 表示当移动荷载 $F_P = 1$ 作用于 K 处时，反力 F_{Ay} 的大小。

(2) B 支座的反力影响线

与作反力 F_{Ay} 影响线相同，取整梁为隔离体，由 $\sum M_A = 0$ 有

$$F_{By} \cdot l - F_P \cdot x = 0$$

得 F_{By} 的影响线方程为

$$F_{By} = \frac{x}{l}\ (0 \leqslant x \leqslant l)$$

F_{By} 也是 x 的一次方程，故 F_{By} 影响线也是一段直线，如图 8-3(c)。

2）作内力影响线

(1) 作弯矩影响线

以作 C 截面的弯矩影响线（图 8-4(a)）为例，由于荷载 $F_P = 1$ 既可在 C 点左侧移动，也可在 C 点右侧移动。而用截面法利用平衡条件求 M_C 时，应将梁沿截面 C 截开，取任一部分研究。因此建立 M_C 的影响线方程应以截面 C 为界，将梁分成 AC 和 BC 段分别考虑。

当 $F_P = 1$ 在梁段 AC 上移动（图 8-4(b)），即 $0 \leqslant x \leqslant a$ 时，可取截面 C 以右部分（即 CB 段）为隔离体（当然，也可取截面 C 以左部分，即 AC 段为隔离体，计算稍复杂些，但最后结果一样），利用平衡条件得 M_C 的影响线方程为

$$M_C = F_{By} \cdot b = \frac{x}{l}b$$

由上式可知，当 $F_P = 1$ 在 AC 段上时，M_C 影响线为一直线，如图 8-4(d)所示左半段直线。

当 $F_P = 1$ 在梁段 BC 上移动（图 8-4(c)），即 $a \leqslant x \leqslant l$ 时，上面求得的影响线方程不再适用，此时可取截面 C 以左部分（即 AC 段）为隔离体，则有

$$M_C = F_{Ay} \cdot a = \frac{l-x}{l}a$$

则当 $F_P = 1$ 在 BC 段上时，M_C 影响线为如图 8-4(d)所示右半段直线。

由图 8-4(d)可见，M_C 影响线由两段直线组成，两直线的交点恰位于截面 C 处，其竖标为 $\frac{ab}{l}$。

通过 M_C 影响线和 F_{Ay}、F_{By} 影响线的比较可以看出，当 $0 \leqslant x \leqslant a$ 时，M_C 影响线与 F_{By} 影响线的形状相同，但纵坐标的比值为 b；当 $a \leqslant x \leqslant l$ 时，M_C 影响线与 F_{Ay} 影响线的形状相

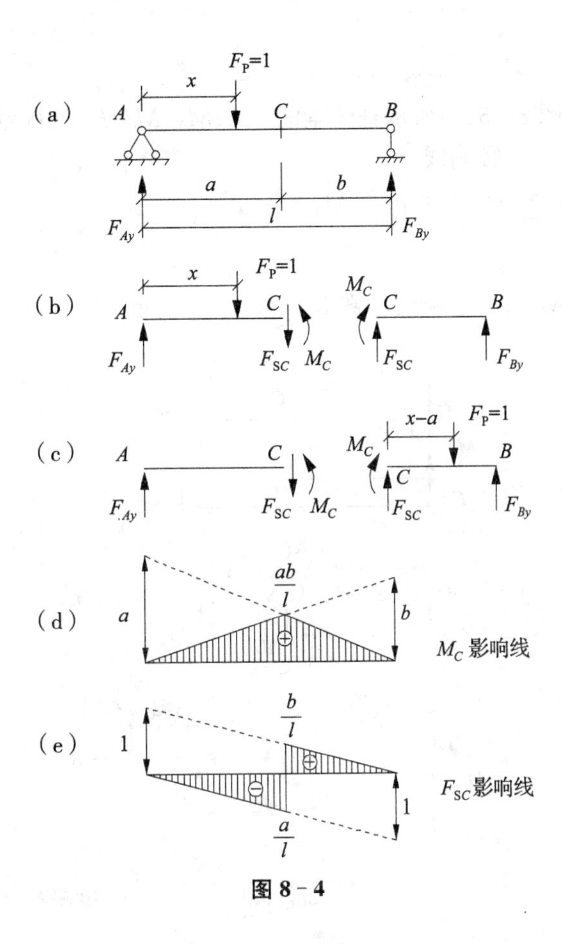

图 8-4

同，但纵坐标的比值为 a。据此，可由 F_{Ay} 和 F_{By} 影响线直接作出 M_C 影响线，即将 F_{By} 影响线乘以 b 并取 AC 段，将 F_{Ay} 影响线乘以 a 并取 CB 段，从而得到 M_C 影响线。这种利用已知量值的影响线作其他量值的影响线的方法是很方便的，以后还会经常用到。

(2) 作剪力影响线

以作 C 截面的剪力影响线为例，同样应分成 AC 和 BC 两段考虑。

当 $F_P=1$ 在梁段 AC 上移动时(图 8-4(b))，取 CB 段为隔离体，则得影响线方程为

$$F_{SC}=-F_{By}=-\frac{x}{l} \quad (0\leqslant x<a)$$

当 $F_P=1$ 在梁段 BC 上移动时(图 8-4(c))，取 AC 段为隔离体，则有

$$F_{SC}=F_{Ay}=\frac{l-x}{l} \quad (a<x\leqslant l)$$

根据以上 F_{SC}的影响线方程，作出 F_{SC}影响线如图 8-4(e)所示。

同样，F_{SC}影响线也可由 F_{Ay} 和 F_{By} 影响线直接作出，将 F_{By} 影响线反号并取其 AC 段，直接取 F_{Ay} 影响线的 CB 段，即得 F_{SC}影响线。由图 8-4(e)可知，F_{SC}影响线由两段相互平行的直线组成，其竖标在 C 截面处有一突变，突变值等于 1。当 $F_P=1$ 恰作用于 C 点时，F_{SC} 的值是不确定的，即当 $F_P=1$ 作用于 C 左截面时引起 C 截面的负剪力 $(-\frac{a}{l})$，作用于右截

面时产生正剪力($\frac{b}{l}$)。

【例 8-1】 试作图 8-5(a)所示悬臂梁的 F_{Ay}、M_A、M_C、F_{SC}影响线。

【解】 (1) 作 M_A、F_{Ay}影响线

以梁为隔离体,由 $\sum M_A = 0$ 得　$M_A = -x$

由 $\sum F_y = 0$ 得　$F_{Ay} = 1$

由此可分别作出 M_A、F_{Ay}影响线如图 8-5(d)、(e)所示。

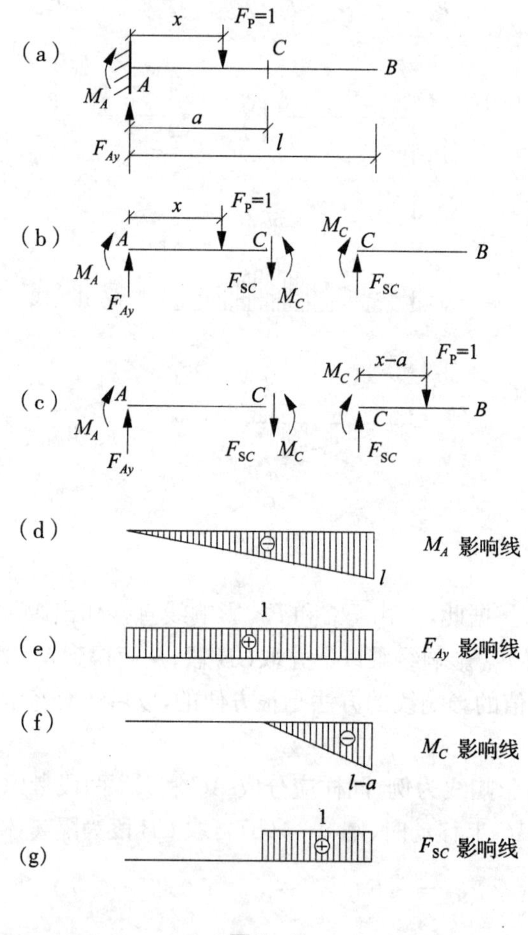

图 8-5

(2) 作 M_C、F_{SC}影响线

当 $F_P = 1$ 在 AC 段上(图 8-5(b))时,取 CB 为隔离体,$M_C = 0$,$F_{SC} = 0$

当 $F_P = 1$ 在 CB 段上(图 8-5(c))时,仍取 CB 为隔离体,$M_C = x - a$,$F_{SC} = 1$

由此可分别作出 M_C、F_{SC}影响线如图 8-5(f)、(g)所示。

【例 8-2】 试作图 8-6(a)所示伸臂梁的 F_{By}、F_{Cy}、M_E、F_{SE}、M_F、F_{SF}影响线。

【解】 (1) 作 F_{By}、F_{Cy}影响线

$$由 \sum M_C = 0 得 \qquad F_{By} = \frac{l-x}{l}$$

$$\text{由} \sum M_B = 0 \text{得} \qquad F_{Cy} = \frac{x}{l}$$

由此可分别作出 F_{By}、F_{Cy} 影响线如图 8-6(b)、(c)所示。由图可见，跨中部分与简支梁相同，伸臂部分为跨中部分的延长线。

(2) 作跨内部分 M_E、F_{SE} 影响线

当 $F_P = 1$ 在 AE 段上时，取 ED 段为隔离体。

$$\sum M_E = 0, \quad M_E = F_{Cy} \cdot b$$

$$\sum F_y = 0, \quad F_{SE} = -F_{Cy}$$

当 $F_P = 1$ 在 ED 段上时，取 AE 段为隔离体。

$$\sum M_E = 0, \quad M_E = F_{By} \cdot a$$

$$\sum F_y = 0, \quad F_{SE} = F_{By}$$

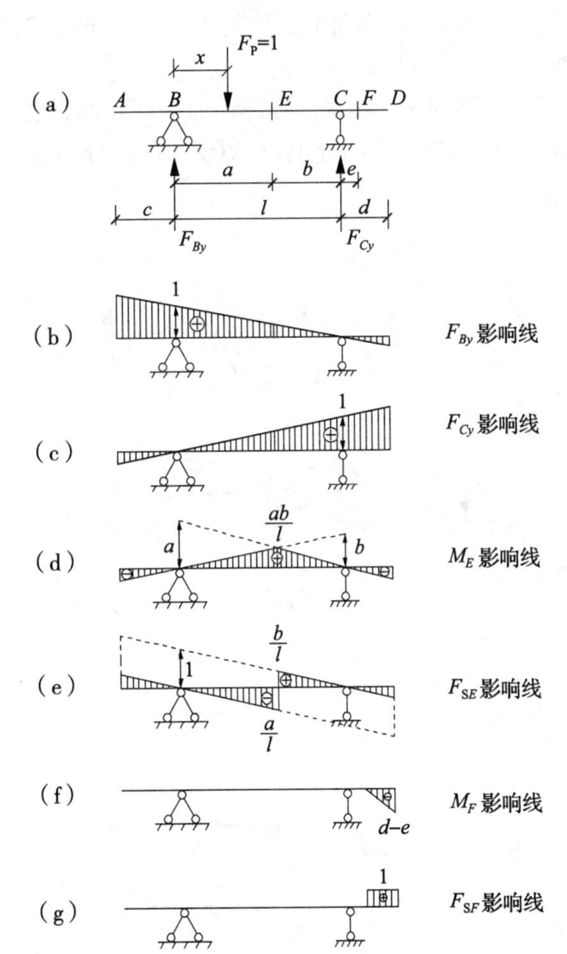

图 8-6

由上述影响线方程可见，可直接利用 F_{By}、F_{Cy} 影响线分别作出 M_E、F_{SE} 影响线如图

8-6(d)、(e)所示。跨中部分与简支梁相同，伸臂部分为跨中部分的延长线。

(3) 作伸臂部分 M_F、F_{SF}影响线

当 $F_P=1$ 在 AF 段上时，取 FD 段为隔离体，$M_F=0, F_{SF}=0$

当 $F_P=1$ 在 FD 段上时，仍取 FD 段为隔离体，

$$\sum M_F=0,\quad M_F=-(x-l-e)$$

$$\sum F_y=0,\quad F_{SF}=1$$

由此可分别作出 M_E、F_{SE}影响线如图 8-6(f)、(g)所示。由图可见，伸臂部分的内力影响线与将 CD 段视为 C 端固定的悬臂梁的影响线相同。

多跨静定梁由基本部分和附属部分组成，可看作是由简支梁、悬臂梁和伸臂梁三类简单梁所组成。由基本部分和附属部分的传力关系知，当荷载作用在基本部分上时，只有基本部分受力，附属部分不受力；当荷载作用在附属部分上时，不仅附属部分受力，而且基本部分也受力。据此即可作出多跨静定梁的反力、内力影响线。

【例 8-3】 试作图 8-7(a)所示多跨静定梁的 M_K、F_{Gy}、F_{SB}^{L}、F_{SB}^{R}、M_D 影响线。

【解】 (1) 作层叠图(图 8-7(b))

ABC 为基本部分，CE 和 EG 部分为附属部分；相对而言，CE 部分也为 EG 部分的基本部分。

(2) 作 M_K 影响线(K 截面在 CE 部分上，相对于 CE 部分而言，ABC 部分为其基本部分，EG 部分为其附属部分)

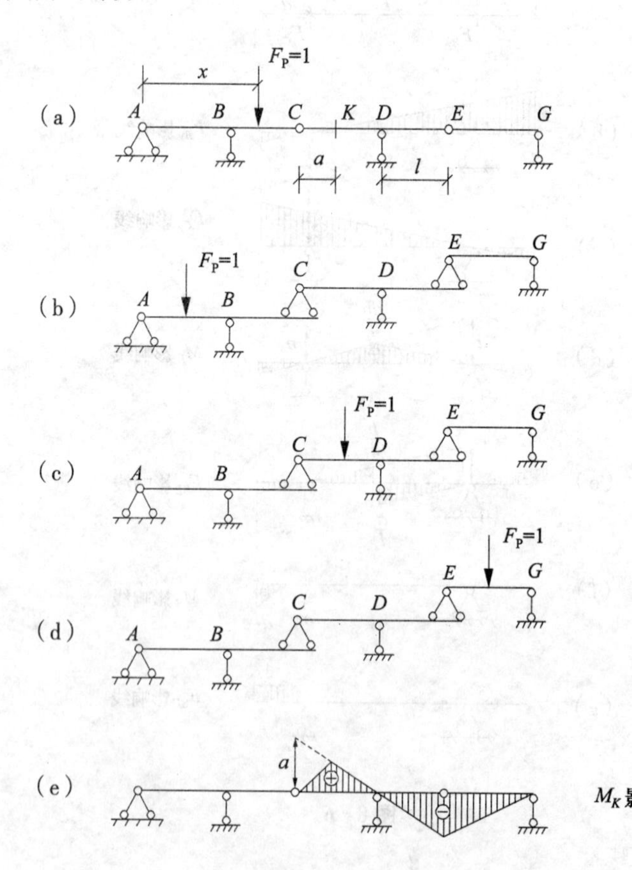

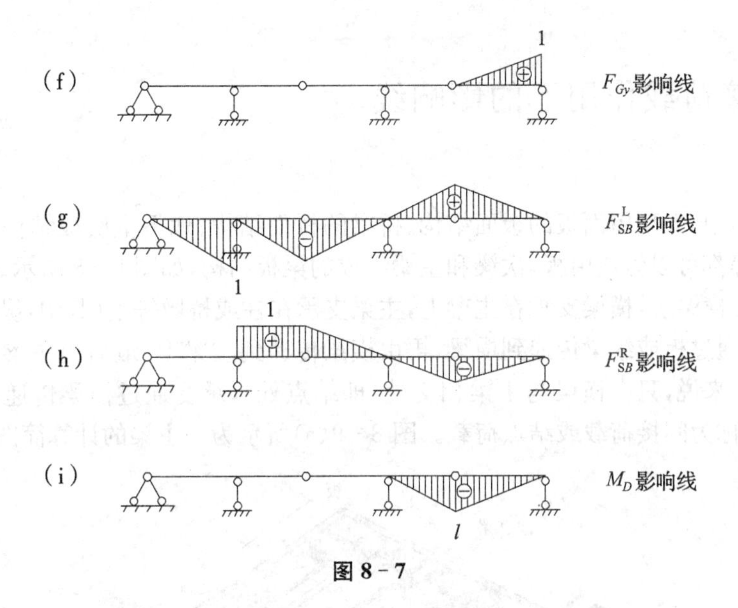

图 8-7

当 $F_P=1$ 作用在基本部分 ABC 上(图 8-7(b))时,附属部分 CE 不受力,因此其上的 K 截面弯矩 $M_K=0$。

当 $F_P=1$ 作用在 K 截面所在的 CE 部分上(图 8-7(c))时,将 CE 部分作为伸臂梁即可作出 M_K 影响线。

当 $F_P=1$ 作用在附属部分 EG 上(图 8-7(d))时,EG 部分作为简支梁,其反力 F_{Ey} 随荷载位置线性变化。因为 CE 为 EG 的基本部分,EG 部分的反力 F_{Ey} 要反向作用在 CE 部分上,M_K 随反力 F_{Ey} 而线性变化。因此 M_K 影响线为直线,只需定出两点即可将其作出。当 $F_P=1$ 作用在铰 E 处时,M_K 值可由已知的 CE 段影响线得出;而 $F_P=1$ 作用在支座 G 处时,$M_K=0$。于是,可作出 M_K 影响线如图 8-7(e)所示。

(3) 作 F_{Gy} 影响线

分析方法同 M_K 影响线。$F_P=1$ 作用在基本部分 ABC 和 CE 上时,附属部分 EG 不受力,因此 $F_{Gy}=0$。$F_P=1$ 作用在 EG 部分上时,EG 部分作为简支梁,作出反力 F_{Gy} 影响线如图 8-7(f)所示。

(4) 作 F_{SB}^{L}、F_{SB}^{R}、M_D 影响线

分析方法同 M_K 影响线(略),影响线分别如图 8-7(g)、(h)、(i)所示。

由上例可知,作多跨静定梁反力或内力影响线可总结如下几点:

(1) 当 $F_P=1$ 与所求反力或内力在同一梁段上时,影响线可按该梁段为单跨静定梁直接确定。

(2) 当 $F_P=1$ 作用的梁段相对于反力或内力所在的梁段而言为其基本部分时,影响线的竖标为零。

(3) 当 $F_P=1$ 作用的梁段相对于反力或内力所在的梁段而言为其附属部分时,影响线为直线,可根据铰处的竖标为已知和支座处竖标为零的条件作出。

(4) 支座左、右两侧截面的剪力影响线是不同的。

8.3 间接荷载作用下的影响线

实际工程中,大型屋面板的板面结构、桥梁的桥面结构、地下室底板结构和承受侧向压力的挡土墙等都可以做成由板、次梁和主梁组成的梁板结构,如图 8-8 所示。该结构中,板或纵梁支承在横梁上,横梁支承在主梁上,主梁支承在柱或桥墩等上(其中,纵梁和横梁均为次梁)。荷载通过板或纵梁传递到横梁,再由横梁传递到主梁上,最后由主梁传递到柱或桥墩上。对主梁来说,只在横梁与主梁相交处(即结点处),承受通过横梁传递过来的集中荷载,这种荷载称为间接荷载或结点荷载。图 8-9(a)所示为一主梁的计算简图。

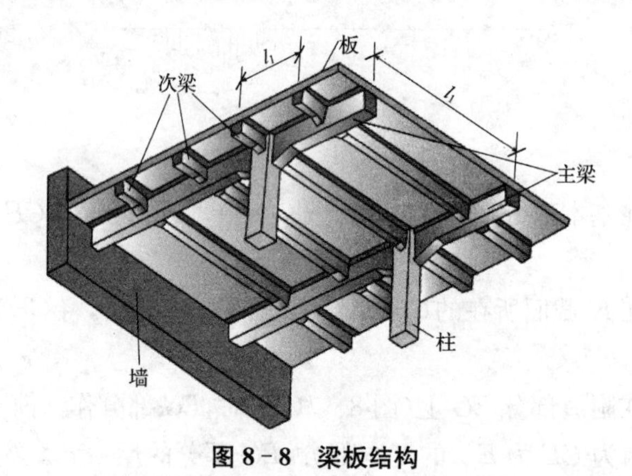

图 8-8 梁板结构

下面以作图 8-9(a)的 M_C 影响线为例来说明作间接荷载作用下影响线的方法。

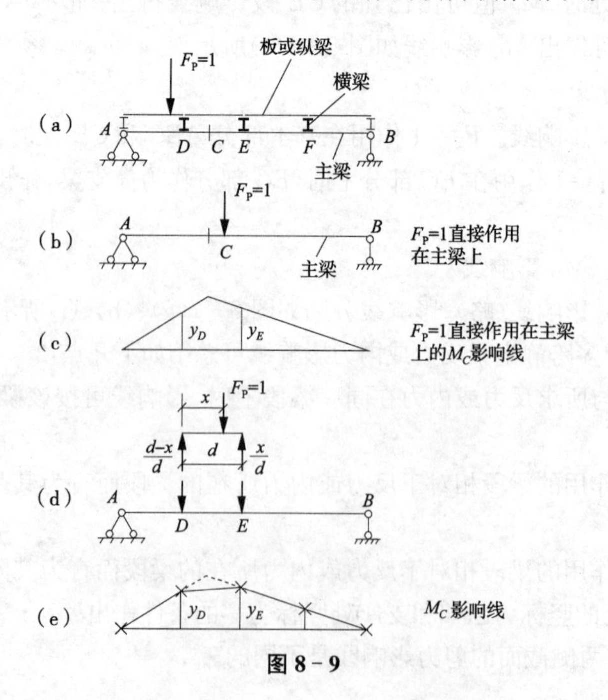

图 8-9

(1) 先将单位移动荷载视为直接作用在主梁上(图 8 - 9(b)),作出 M_C 影响线(图 8 - 9(c));

(2) 将所有结点(A、B、D、E、F 处)投影到上述影响线上,然后将相邻投影点用直线相连,即可得间接荷载作用下主梁的 M_C 影响线(图 8 - 9(e))。

以上作法的依据是:

(1) 在结点(A、B、D、E、F)处,荷载作用在板或纵梁上与荷载直接作用在主梁上的影响线竖标相同。

(2) 当荷载作用在相邻结点间的板或纵梁上时,其间的影响线为直线。

下面以荷载作用在结点 D、E 间的板或纵梁上为例加以说明。当 $F_P=1$ 在结点 D、E 间移动时,D、E 处通过横梁传递到主梁上的荷载分别为 $\frac{d-x}{d}$ 和 $\frac{x}{d}$,即此时在主梁的 D、E 处有两个位置固定的荷载 $\frac{d-x}{d}$ 和 $\frac{x}{d}$ 作用(图 8 - 9(d))。设 $F_P=1$ 直接作用在主梁上时,M_C 影响线在 D、E 处的竖标分别为 y_D 和 y_E(图 8 - 9(c)),则根据影响线的定义和叠加原理可求出间接荷载作用下主梁的 M_C 为

$$M_C=\frac{d-x}{d}y_D+\frac{x}{d}y_E$$

可见,M_C 是 x 的一次方程,故 M_C 影响线在 DE 间为一直线,且该直线在 D 处($x=0$ 时)的竖标值为 y_D,E 处($x=d$ 时)的竖标值为 y_E,即将 D、E 处的竖标顶点直接连接可得。因而作出间接荷载作用下主梁的 M_C 影响线如图 8 - 9(e)所示。

【例 8 - 4】 作图 8 - 10 所示主梁的 F_{By}、M_K、F_{SK} 影响线。

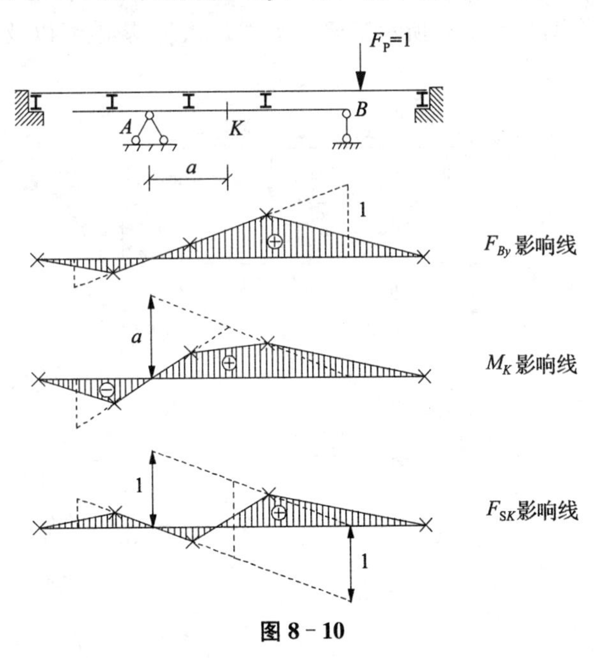

图 8 - 10

【解】 (1) 作出单位移动荷载 $F=1$ 直接作用在主梁上时 F_{By}、M_K 和 F_{SK} 的影响线(图中虚线)。

(2) 将结点投影到上述影响线得若干投影点(图中的"×"号)。

(3) 将相邻投影点用直线相连,即得 F_{By}、M_K、F_{SK} 影响线(图中实线)。

8.4 平面桁架的内力影响线

桁架结构一般通过横梁承受结点荷载，如图 8－11 所示。同样可以证明，当荷载在两结点间移动时，两结点间的影响线是直线。因此只要求出各结点处影响线的竖标，再连以直线即可。如图 8－11 所示的桁架，只要将 $F_P=1$ 分别作用在 5 个结点处，求出所求量值的影响线竖标，再连以直线即可得所求量值的影响线。当结点较多时，逐个结点求解不太简便，通过建立影响线方程再作影响线更为简便。

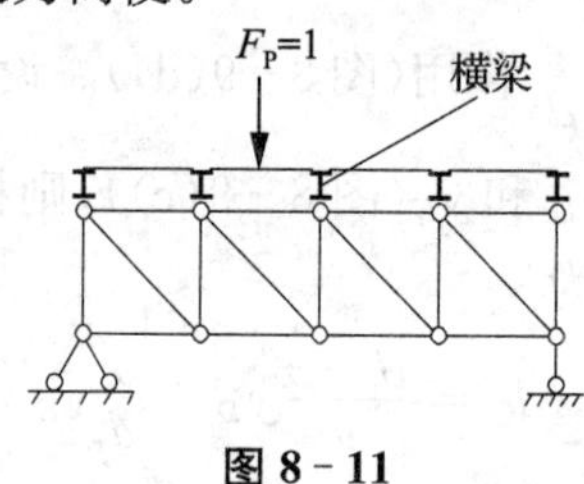

图 8－11

用静力法建立桁架影响线方程的方法与静定梁相同，将 $F_P=1$ 放置于任意 x 处并视为固定荷载，选用桁架内力计算方法（结点法、截面法和联合法）建立影响线方程，然后再作影响线。

注意：当 $F_P=1$ 在上弦或下弦移动时，桁架某些量值的影响线是不同的。

【例 8－5】 试作图 8－12(a)所示桁架中反力 F_{Ay}、F_{By} 影响线以及 1、2 和 3 杆的轴力影响线。$F_P=1$ 在上弦移动。

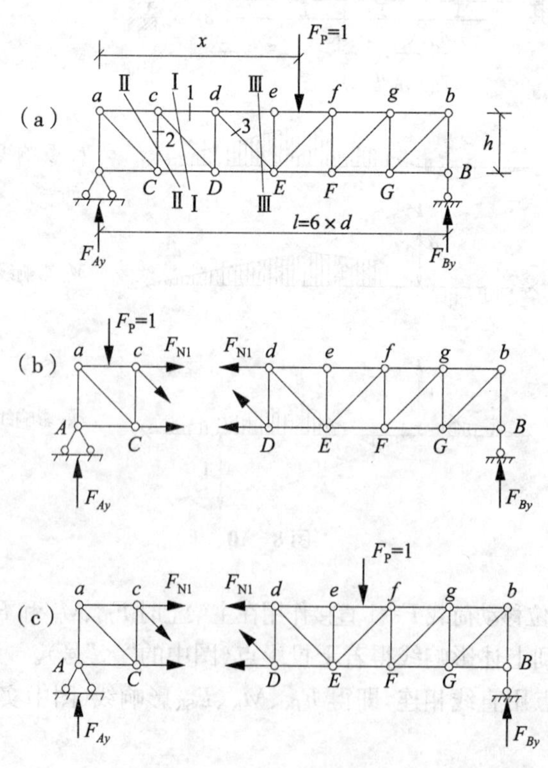

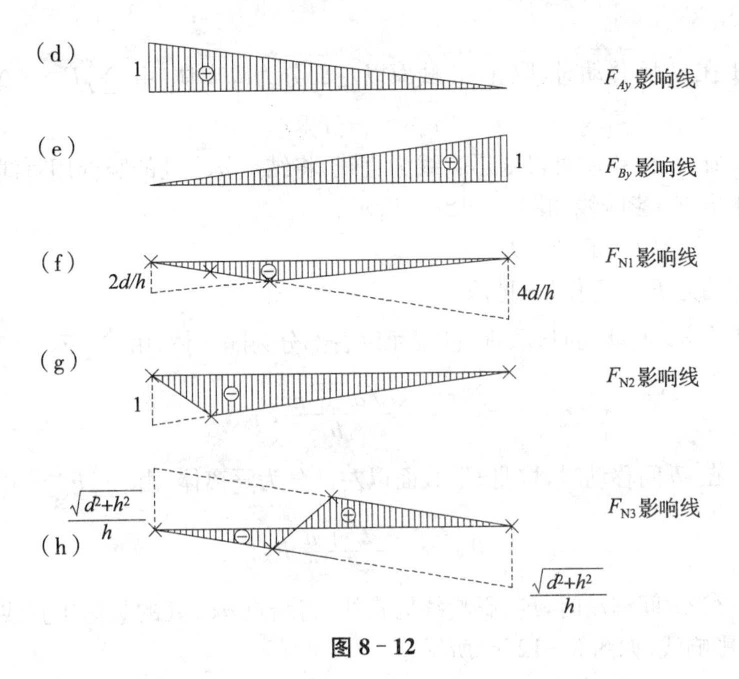

图 8-12

【解】 (1) 作 F_{Ay}、F_{By}影响线

对整体由 $\sum M_B=0$ 得　　$F_{Ay}=\dfrac{l-x}{l}$　　$(0\leqslant x\leqslant l)$

由 $\sum M_A=0$ 得　　$F_{By}=\dfrac{x}{l}$　　$(0\leqslant x\leqslant l)$

可知,桁架的反力影响线与简支梁相同,如图 8-12(d)、(e)所示。

(2) 作 1 杆轴力 F_{N1}的影响线

欲求 1 杆的轴力 F_{N1},可作Ⅰ-Ⅰ截面。

当 $F_P=1$ 作用在被截节间以左,即在 ac 间移动时,取Ⅰ-Ⅰ截面以右部分为隔离体(图 8-12(b)),由 $\sum M_D=0$ 得　　$F_{N1}=-\dfrac{F_{By}\cdot 4d}{h}$

可见,将反力 F_{By}影响线乘以 $-\dfrac{4d}{h}$,并取 ac 之间的一段,即得到 ac 部分的影响线。

当 $F_P=1$ 作用在被截节间以右,即在 db 间移动时,取Ⅰ-Ⅰ截面以左部分为隔离体(图 8-12(c)),由 $\sum M_D=0$ 得　　$F_{N1}=-\dfrac{F_{Ay}\cdot 2d}{h}$

可见,将反力 F_{Ay}影响线乘以 $-\dfrac{2d}{h}$,并取 db 之间的一段,即得到 db 部分的影响线。

当 $F_P=1$ 作用在被截节间,即在 cd 间移动时,F_{N1}影响线为直线,将结点 c、d 处的竖标用直线相连即可。由此可作出 F_{N1}影响线如图 8-12(f)所示。

(3) 作 2 杆轴力 F_{N2}的影响线

欲求 2 杆轴力 F_{N2},可作Ⅱ-Ⅱ截面。

当 $F_P=1$ 作用在 a 点($x=0$)时,取Ⅱ-Ⅱ截面以右部分为隔离体,由 $\sum F_y=0$ 有

$F_{N2} = F_{By} = 0$

当 $F_P=1$ 在 cb 间移动时，取Ⅱ-Ⅱ截面以左部分为隔离体，由 $\sum F_y = 0$ 有

$$F_{N2} = -F_{Ay}$$

当 $F_P=1$ 在 ac 间移动时，F_{N2}影响线为直线，将结点 a、c 处的竖标用直线相连即可。由此可作出 F_{N2}影响线如图 8－12(g)所示。

(4) 作 3 杆轴力 F_{N3}的影响线

欲求 3 杆轴力 F_{N3}，可作Ⅲ-Ⅲ截面。

当 $F_P=1$ 在 ad 间移动时，取Ⅲ-Ⅲ截面以右部分为隔离体，由 $\sum F_y = 0$ 有

$$F_{N3} = -\frac{\sqrt{d^2+h^2}}{h}F_{By}$$

当 $F_P=1$ 在 eb 间移动时，取Ⅲ-Ⅲ截面以左部分为隔离体，由 $\sum F_y = 0$ 有

$$F_{N3} = \frac{\sqrt{d^2+h^2}}{h}F_{Ay}$$

当 $F_P=1$ 在 de 间移动时，F_{N3}影响线为直线，将结点 d、e 处的竖标用直线相连即可。由此可作出 F_{N3}影响线，如图 8－12(h)所示。

对于图 8－12(a)所示桁架，当 $F_P=1$ 在下弦移动时的影响线，读者可自行求解，并与 $F_P=1$ 在上弦移动时的影响线进行比较。

8.5 机动法作影响线

8.5.1 机动法作静定梁的影响线

机动法作静定梁影响线的依据是刚体体系的虚位移原理，即刚体体系在力系作用下保持平衡的充要条件是：力系在任意微小的虚位移上所作的虚功总和为零。

下面以图 8－13(a)所示的简支梁为例进行介绍。为了作反力 F_{Ay}的影响线，将其相应的约束即支座 A 处的竖向链杆去掉，则原结构变成几何可变体系(有一个自由度)，如图 8－13(b)所示。将反力 F_{Ay}用正方向表示，即向上。此时，该几何可变体系在 $F_P=1$ 和反力 F_{Ay}、F_{By}的共同作用下仍保持平衡。使该体系沿反力方向产生微小的虚位移，即刚片 AB 绕 B 点作微小转动(图 8－13(c))，令相应于反力 F_{Ay}的虚位移即 A 处位移产生向上的单位线位移，即方向与 F_{Ay}相同，大小为 1；则相应于 $F_P=1$ 处的位移为 $y(x)$(因为 $F_P=1$ 的位置 x 是变化的，所以 y 也为 x 的函数)。这里规定：荷载以向下为正；反力以向上为正；虚位移以向上为正，即以与荷载的正方向相反为正。由刚体体系的虚位移原理，$F_P=1$ 和反力 F_{Ay}、F_{By}(图 8－13(b))在微小的虚位移上(图 8－13(c))所作的虚功总和为零(注意：当力与相应的虚位移方向一致时，虚功为正)，即

$$F_{Ay}\cdot 1 - F_P\cdot y(x) + F_{By}\cdot 0 = 0$$

得

$$F_{Ay} = y(x)$$

由上式可知，几何可变体系的竖向虚位移图就是 F_{Ay}的影响线(图 8－13(d))。

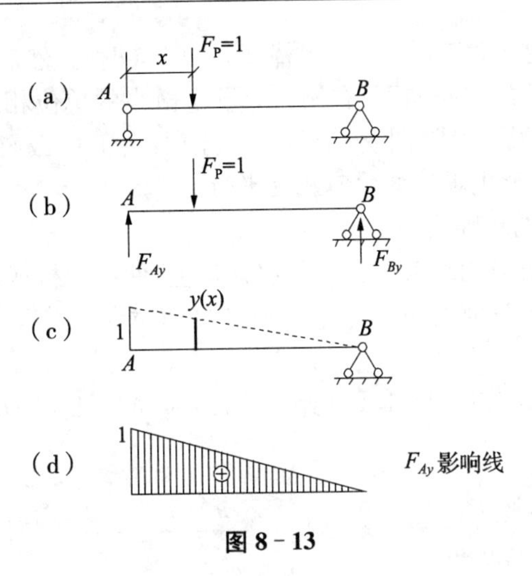

图 8－13

若作简支梁(图 8－14(a))C 截面的弯矩 M_C 影响线，首先将梁中与 M_C 相应的约束解除，即将截面 C 处的刚性连接改为铰接，并用一对正弯矩 M_C(弯矩以下侧受拉为正)代替原有约束的作用(图 8－14(b))；然后，使体系沿 M_C 的正向发生单位广义虚位移，即使得铰 C 两侧的截面发生微小的单位相对转角，所形成的竖向虚位移图即为 M_C 的影响线(图 8－14(c))。

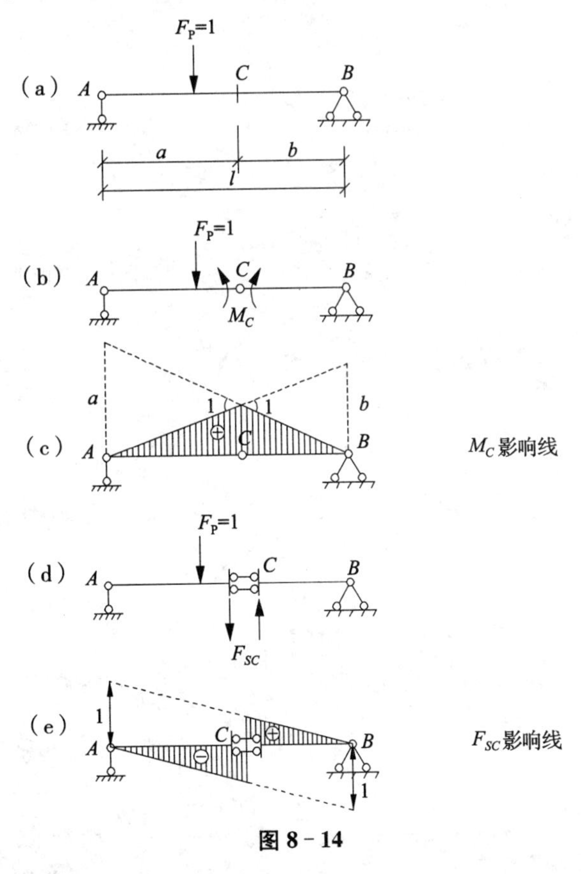

图 8－14

若作 C 截面的剪力 F_{SC}影响线，则应解除与 F_{SC}相应的约束，即将截面 C 处的刚性连接改为定向滑动连接，并用一对正剪力 F_{SC}代替(图 8-14(d))。然后，使体系沿 F_{SC}的正向发生单位广义虚位移，即 C 的左侧向下、右侧向上发生微小的单位相对竖向线位移，所形成的竖向虚位移图即为 F_{SC}的影响线(图 8-14(e))。注意：由于 C 截面处由两根平行链杆相联，C 截面左、右两侧的梁段产生虚位移后应相互平行。

用机动法作影响线的步骤为：

(1) 将与所求量值对应的约束去掉并代以该量值，使原结构成为几何可变体系。

(2) 使该体系沿所求量值的正向产生单位广义虚位移，则所得的竖向虚位移图即为所求量值的影响线。

【例 8-6】 用机动法作图 8-15(a)所示梁的 F_{By}、M_D、F_{SD}、M_E、F_{SE}、F_{SB}^{L}、F_{SB}^{R} 影响线。

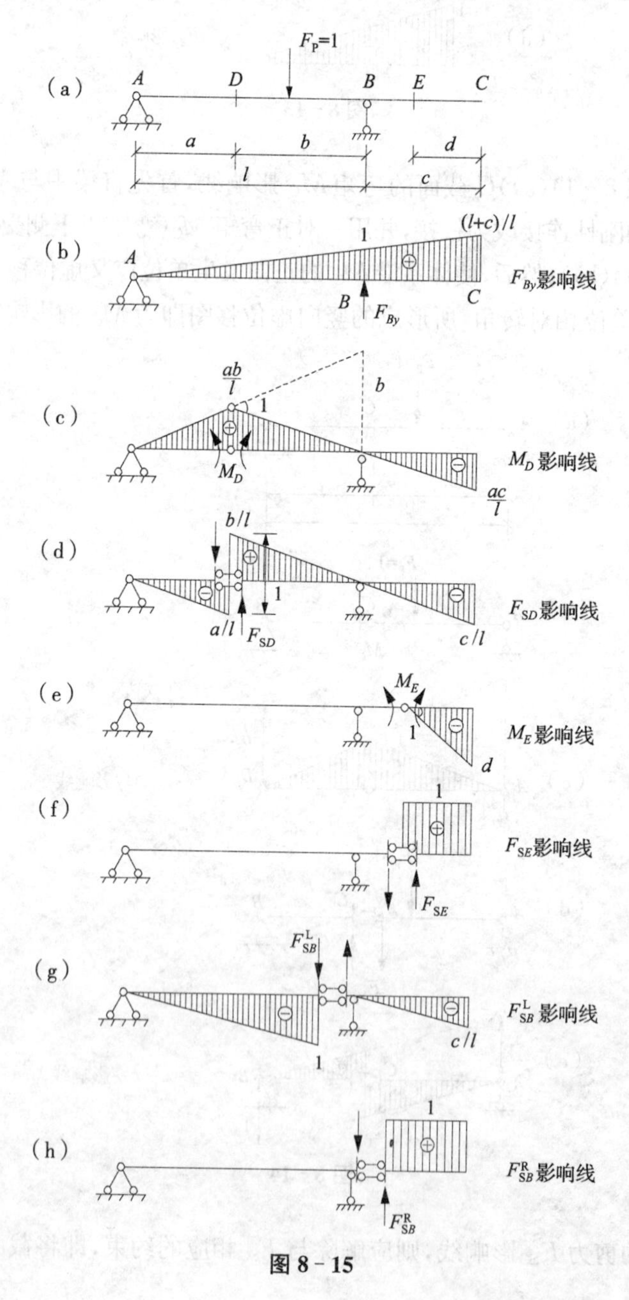

图 8-15

【解】 (1) 作反力 F_{By} 影响线

将 B 处竖向支座链杆去掉并代以反力，使 B 点向上产生单位线位移，则得 F_{By} 影响线(图 8 - 15(b))。

(2) 作弯矩 M_D 影响线

首先将与 M_D 对应的约束去掉并代以一对弯矩，即将 D 处的刚性连接改为铰接；然后，使所得体系沿 M_D 的正方向产生单位相对转角，即铰 D 两侧的截面产生单位相对转角，所得的虚位移图即为 M_D 影响线(图 8 - 15(c))。

(3) 作剪力 F_{SD} 影响线

首先将与 F_{SD} 对应的约束去掉并代以一对剪力，即将 D 处的刚性连接改为定向滑动连接(两根水平链杆相联)；然后，使所得体系沿 F_{SD} 的正方向产生单位相对线位移，即 D 截面左侧向下、右侧向上产生单位相对线位移，所得的虚位移图为 F_{SD} 影响线(图 8 - 15(d))。由平行链杆的特点可知，D 截面左、右两侧的梁段产生虚位移后两段应相互平行。

(4) 作 M_E、F_{SE}、F_{SB}^{L}、F_{SB}^{R} 影响线

分析方法同上，可作出影响线分别如图 8 - 15(e)、(f)、(g)、(h)所示。

由于静定梁的影响线均为直线，只要标注出去掉约束处的单位广义虚位移，根据结构的几何尺寸通过相似三角形的比例关系即可求得其余位置的纵标值。

【例 8 - 7】 用机动法作例 8 - 3 中多跨静定梁(图 8 - 7(a))的 M_K、F_{Gy}、F_{SB}^{L}、F_{SB}^{R}、M_D 影响线。

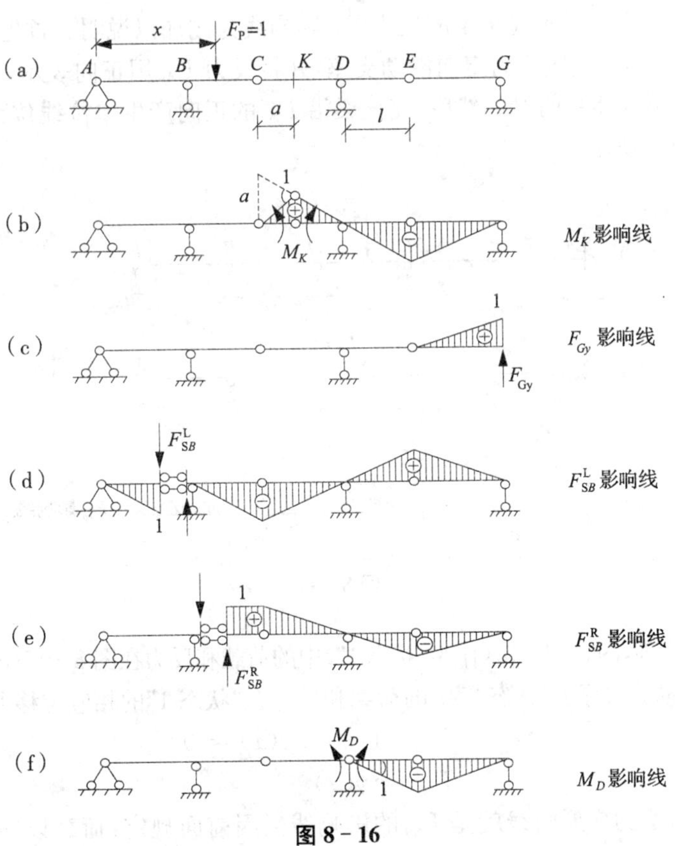

图 8 - 16

【解】 机动法作多跨静定梁影响线的步骤同前。首先将与所求量值对应的约束去掉并代以该量值，然后使体系沿所求量值的正向产生与所求量值对应的单位广义虚位移，加上支座处竖标应为零的条件，便可作出虚位移图。图 8-16 所示即为所求量值的影响线。对比例 8-3，两者的结果完全相同，显然机动法作多跨静定梁的影响线比静力法简便得多。

用机动法作间接荷载作用下静定梁影响线的过程与静力法一样，先用机动法作荷载直接作用在主梁上的影响线，然后将结点投影到该影响线上，再将相邻结点的投影点用直线相连，即可得间接荷载作用下主梁的影响线。

8.5.2 机动法作超静定梁的影响线

与静定结构相比，定量地作出多跨超静定梁影响线要困难得多，但由于实际工程中有时只需确定影响线的大致形状，这样可以通过机动法直观、快速地勾绘出来。

机动法作连续梁影响线的依据是功的互等定理，步骤与机动法作静定梁的影响线是类似的，即同样是将与所求量值对应的约束去掉并代以该量值，使所得体系产生与所求量值对应的单位广义虚位移，所得的虚位移图即为所求量值的影响线。但两者也有区别：对于静定梁，去掉所求量值对应的约束后成为一几何可变体系，其虚位移为刚体体系的位移，故其影响线由直线段组成；而对于连续梁，去掉一个约束后仍为几何不变体系，其虚位移为弹性曲线，影响线的曲线轮廓一般可凭直观勾绘出来。

下面以图 8-17(a)所示连续梁的反力 F_{Ay} 影响线为例加以说明。首先将 A 处相应的约束去掉，即将 A 处固定支座改为定向滑动支座，并将反力 F_{Ay} 用正向表示，得到图 8-17(b)所示的仍为几何不变体系的梁。然后，使该梁沿 F_{Ay} 的正向产生单位线位移，则所得的变形曲线如图 8-17(c)所示。

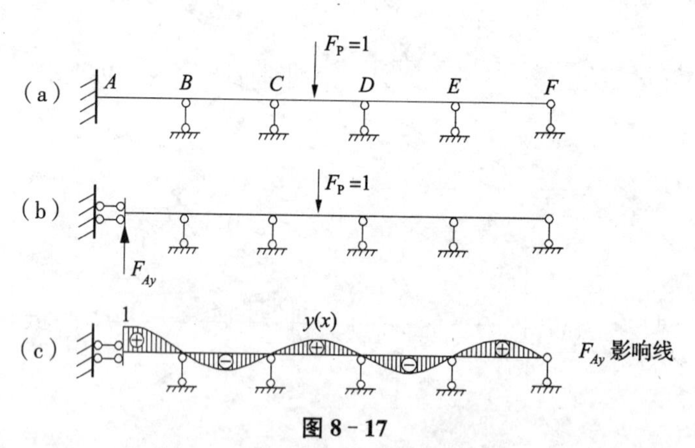

图 8-17

由功的互等定理，图 8-17(b)（作为"状态 1"）中的荷载和反力在图 8-17(c)（作为"状态 2"）的相应位移上所做的功等于"状态 2"中的荷载和反力在"状态 1"的相应位移上所做的功，即

$$F_{Ay} \cdot 1 - 1 \cdot y(x) = 0$$

$$F_{Ay} = y(x)$$

由上式可知，梁的变形曲线就是 F_{Ay} 的影响线。因前面规定：荷载以向下为正，反力以向上为正，虚位移向上为正。所以基线以上的虚位移（向上）为正，影响线竖标为正，应画在

基线以上;基线以下的虚位移(向下)为负,影响线竖标为负,应画在基线以下。

【例 8-8】 用机动法作图 8-18(a)所示连续梁的 M_A、F_{Cy}、M_K、F_{SK}、M_D、F_{SC}^{L}、F_{SC}^{R} 影响线。

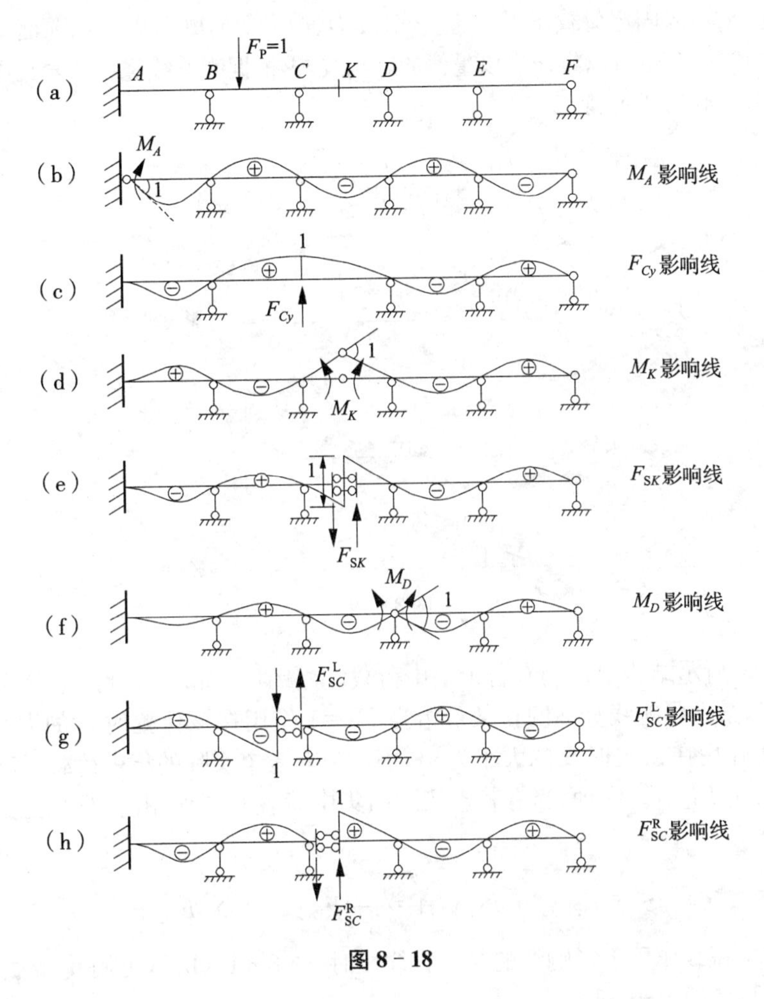

图 8-18

【解】 先作 M_A 的影响线。将固定支座 A 改为铰支座,再使 A 处沿 M_A 的正方向产生单位转角,则梁的变形曲线就是 M_A 的影响线,如图 8-18(b)。

用同样的方法可以作出 F_{Cy}、M_K、F_{SK}、M_D、F_{SC}^{L}、F_{SC}^{R} 影响线,分别如图 8-18(c)、(d)、(e)、(f)、(g)、(h)所示。

8.6 影响线的应用

前面介绍了用静力法和机动法作影响线的方法。作影响线的主要目的是为了确定实际移动荷载作用下各量值(反力、内力等)的最大值。本节将介绍影响线的应用。

8.6.1 固定荷载作用下的量值计算

对于静定结构,求固定荷载作用下的量值(反力、内力等),既可以利用前面章节介绍的静力平衡条件直接求解,也可以先作出该量值的影响线,再根据影响线竖标的含义进行求解。

1) 集中荷载作用下的情况

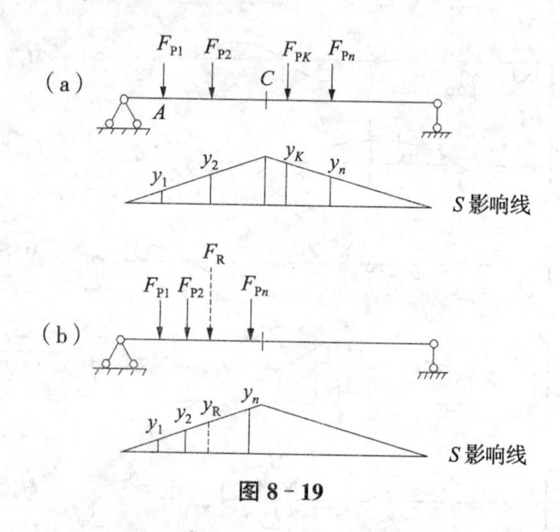

图 8-19

图 8-19(a)所示结构上作用有若干集中荷载,求量值 S(如求 M_C)。先作出 $F_P=1$ 作用下的 S 影响线,某处影响线竖标的含义是指当 $F_P=1$ 作用在该位置时 S 的大小,例如图中 y_1 表示 $F_P=1$ 作用在 A 处时 S 的大小为 y_1,因此当有一个实际的集中荷载 F_{P1} 作用在 A 处时,S 的大小应为 $F_{P1}y_1$。同理,当有若干实际的集中荷载共同作用时,根据叠加原理,产生的 S 值为

$$S = F_{P1}y_1 + F_{P2}y_2 + \cdots + F_{Pn}y_n = \sum_{i=1}^{n} F_{Pi}y_i \tag{8-1}$$

当若干集中荷载作用于影响线的某一直线段时(图 8-19(b)),可用其合力 F_R 代替,而不会改变所求量值的大小,即

$$S = F_{P1}y_1 + F_{P2}y_2 + \cdots + F_{Pn}y_n = F_R y_R \tag{8-2}$$

式中 y_R 为与合力 F_R 位置对应的影响线竖标。读者可仿照图乘法推导思路由几何关系和合力矩定理证明该结论。

2) 分布荷载作用下的情况

图 8-20(a)所示结构上局部作用有分布荷载 $q(x)$,求量值 S(如 M_C)。图 8-20(b)为 $F_P=1$ 作用下 S 的影响线。将分布荷载看作是由若干微段上的集中荷载 $q(x)\mathrm{d}x$ 组成,由集中荷载作用的情况可知

$$S = \int_m^n q(x)\mathrm{d}x \cdot y(x) \tag{8-3}$$

对于均布荷载,即 $q(x)=$常数 q,则上式变为

$$S = q\int_m^n y(x)\mathrm{d}x = q \cdot A \tag{8-4}$$

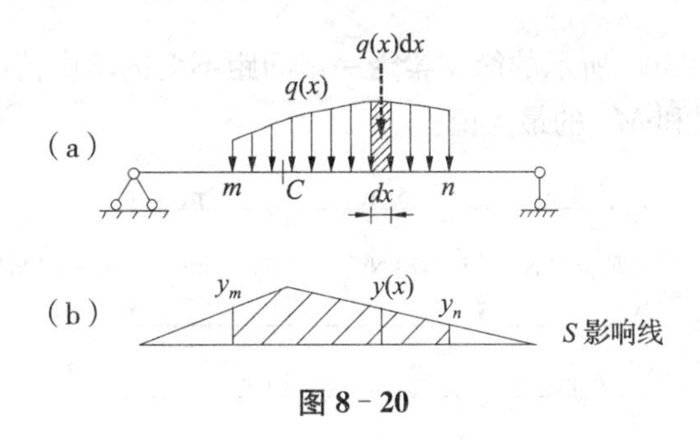

图 8-20

式中，A 为与均布荷载作用范围对应的影响线几何面积(图 8-20(b)中的阴影部分)。基线以上的影响线面积为正，基线以下则为负。

8.6.2 最不利荷载位置的确定

实际移动荷载作用下，结构上的量值将随荷载位置的变化而变化，使某个量值产生最大值或最小值时的荷载位置，称为该量值的最不利荷载位置。只要所求量值的最不利荷载位置确定下来，就可以按照 8.6.1 节的方法计算出该量值的最大值或最小值，作为结构设计的依据。本节将讨论如何确定最不利荷载位置。

当实际的移动荷载比较简单时，最不利荷载位置由直观即可容易确定。

(1) 当实际移动荷载为单个集中荷载 F_P 时，显然，当 F_P 作用于 S 影响线的最大正值竖标处时将使 S 产生最大值；而当 F_P 作用于 S 影响线的最大负值竖标处时 S 为最小值(图 8-21)。

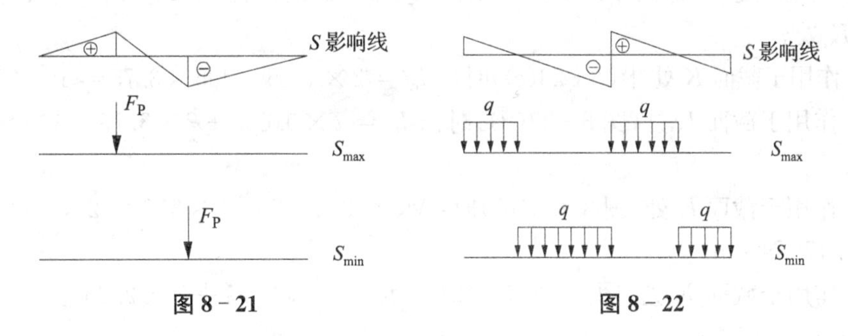

图 8-21　　图 8-22

(2) 当实际的移动荷载为均布荷载且可任意断续布置(称为可动均布荷载，如人群荷载、货物等)，由 $S=q\cdot A$ 可知，当均布荷载布满 S 影响线的所有正值部分时将产生 S 的最大值；反之，当均布荷载布满 S 影响线的所有负值部分时 S 为最小值(图 8-22)。

(3) 当有若干个集中荷载共同作用时，后面可以证明，最不利荷载位置的情况必有一个集中荷载作用于影响线的最大竖标处，究竟是哪个荷载，可将各个集中荷载分别作用于影响线的最大竖标处，然后分别求出对应的量值，再进行比较，其中的最大(小)值即为最大(小)量值，相应的荷载位置即为最不利荷载位置。一般情况下，最不利荷载位置可以事先大致估计：将数值较大、较为密集的荷载作用于影响线的最大竖标附近，同时将荷载尽可能多地作用在影响线的同号部分。

【例 8-9】 图 8-23(a)所示的简支梁受一组间距不变的集中荷载作用,试确定 K 截面弯矩的最不利荷载位置和 M_K 的最大值。

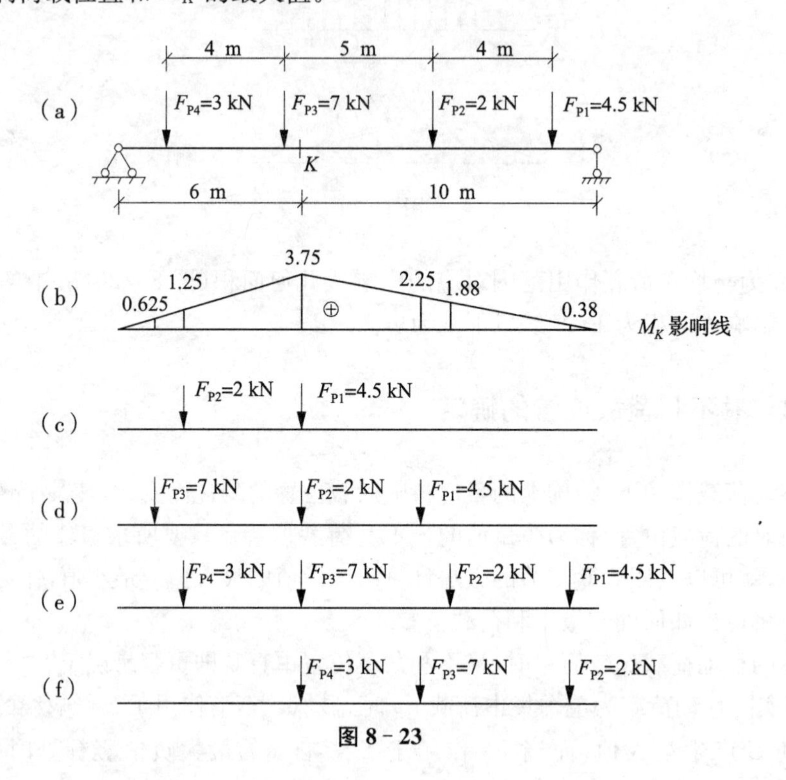

图 8-23

【解】 作 M_K 影响线如图 8-23(b)所示。调整荷载的位置,使 F_{P1}、F_{P2}、F_{P3}、F_{P4}分别作用于截面 K 处。

当 F_{P1}作用于截面 K 处(图 8-23(c))时:$M_K = 2\times1.25+4.5\times3.75 = 19.375\ \text{kN}\cdot\text{m}$

当 F_{P2}作用于截面 K 处(图 8-23(d))时:$M_K = 7\times0.625+2\times3.75+4.5\times2.25 = 22\ \text{kN}\cdot\text{m}$

当 F_{P3}作用于截面 K 处(图 8-23(e))时:$M_K = 3\times1.25+7\times3.75+2\times1.88+4.5\times0.38 = 35.47\ \text{kN}\cdot\text{m}$

当 F_{P4}作用于截面 K 处(图 8-23(f))时:$M_K = 3\times3.75+7\times2.25+2\times0.38 = 27.76\ \text{kN}\cdot\text{m}$

由此可知,M_K 的最大值为 $M_{K\max} = 35.47\ \text{kN}\cdot\text{m}$。相应的荷载位置(图 8-23(e))为最不利荷载位置。

当移动荷载为一组间距不变的集中荷载群时,最不利荷载位置由直观难以确定。通常是先找出使量值 S 取得极值时的荷载位置(称为临界位置),再从临界位置中确定最大量值对应的位置即为最不利荷载位置。

下面着重介绍临界位置如何判别。如果荷载处于某一临界位置时,S 为极大值,则当荷载无论向左还是向右移动微小距离 Δx(向左 $\Delta x<0$,向右 $\Delta x>0$),S 值都将减小,即 S 的增量 $\Delta S\leqslant0$。反之,如果 S 为极小值,则当荷载无论向左还是向右移动微小距离 Δx,S 值都将增大,即 S 的增量 $\Delta S\geqslant0$。因此,可以从 ΔS 着手来判别临界位置。

设移动荷载群为一组大小和间距都不变的集中荷载，如图 8－24(a)所示；某量值 S 的影响线如图 8－24(b)所示，为由 n 个直线段组成的折线图形，各直线段与 x 轴的夹角分别为 $\alpha_1,\alpha_2,\cdots,\alpha_n$。$\alpha$ 从 x 轴到各直线段以逆时针方向转动为正，例如图中的 α_1 和 α_n 为正。在该组移动荷载作用下，将作用于影响线同一直线段上的集中荷载用其合力代替，则

$$S=F_{R1}y_1+F_{R2}y_2+\cdots+F_{Rn}y_n$$

式中 F_{Ri} 为第 i 个直线段上集中荷载的合力；y_i 为与 F_{Ri} 对应的影响线竖标。

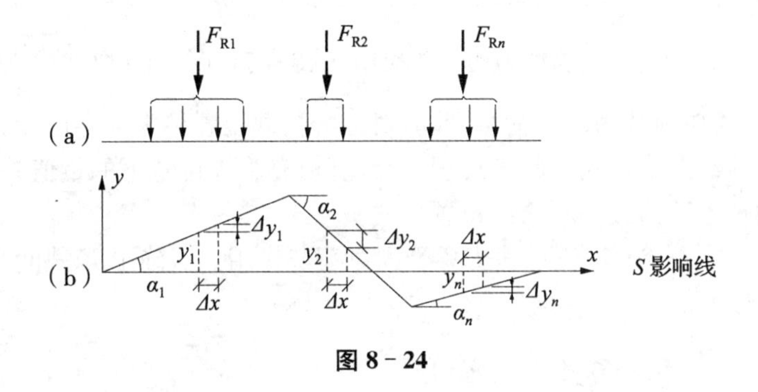

图 8－24

当荷载群整体移动微小距离 Δx 时，y_i 的增量(图 8－24(b))为

$$\Delta y_i=\Delta x\cdot\tan\alpha_i$$

量值 S 的增量为

$$\Delta S=F_{R1}\cdot\Delta y_1+F_{R2}\cdot\Delta y_2+\cdots+F_{Rn}\cdot\Delta y_n=\Delta x\cdot\sum_{i=1}^{n}F_{Ri}\tan\alpha_i$$

$$\frac{\Delta S}{\Delta x}=\sum_{i=1}^{n}F_{Ri}\tan\alpha_i$$

由前面的分析可知，如果 S 为极大值，无论荷载向左微移($\Delta x<0$)还是向右微移($\Delta x>0$)，都有 $\Delta S\leqslant 0$。

因此，若 S 为极大值，当荷载向左微移时 $\Delta x<0$，应有 $\Delta S\leqslant 0$，则有 $\dfrac{\Delta S}{\Delta x}\geqslant 0$，所以

$$\sum_{i=1}^{n}F_{Ri}\tan\alpha_i\geqslant 0 \tag{8-5a}$$

当荷载向右微移时 $\Delta x>0$，$\Delta S\leqslant 0$，$\dfrac{\Delta S}{\Delta x}\leqslant 0$，所以

$$\sum_{i=1}^{n}F_{Ri}\tan\alpha_i\leqslant 0 \tag{8-5b}$$

同理，若 S 为极小值，当荷载向左微移时 $\Delta x<0$，$\Delta S\geqslant 0$，$\dfrac{\Delta S}{\Delta x}\leqslant 0$，有

$$\sum_{i=1}^{n}F_{Ri}\tan\alpha_i\leqslant 0 \tag{8-6a}$$

当荷载向右微移时 $\Delta x>0$，$\Delta S\geqslant 0$，$\dfrac{\Delta S}{\Delta x}\geqslant 0$，有

$$\sum_{i=1}^{n}F_{Ri}\tan\alpha_i\geqslant 0 \tag{8-6b}$$

式(8-5)、(8-6)就是临界位置的判别式。由上述表达式可知，当荷载从临界位置向左或向右移动微小距离时，$\sum_{i=1}^{n} F_{Ri}\tan\alpha_i$ 的符号应当改变。为使求和结果变号，必须有某个集中荷载恰好位于影响线的顶点或转折处，否则 α_i 和 F_{Ri} 为不变量，$\sum_{i=1}^{n} F_{Ri}\tan\alpha_i$ 不可能改变符号。

综上所述，临界位置可按如下步骤确定：将某个集中荷载置于影响线的顶点处，当荷载向左移动时，它被计入顶点左侧的直线段，当荷载向右移动时，则被计入顶点右侧的直线段，从而能使直线段上的合力 F_{Ri} 的值改变，再利用式(8-5)、(8-6)判别 $\sum_{i=1}^{n} F_{Ri}\tan\alpha_i$ 是否变号。若变号，则该集中荷载为临界荷载，此时对应的荷载位置称为临界位置。依照上述步骤找出若干个临界荷载及其对应的临界位置后，计算所有临界位置下的量值并进行比较，其中量值最大的荷载位置即为最不利荷载位置。

【例 8-10】 图 8-25(a)所示简支梁受列车荷载作用。试确定 E 截面弯矩的最不利荷载位置和 M_E 的最大值。

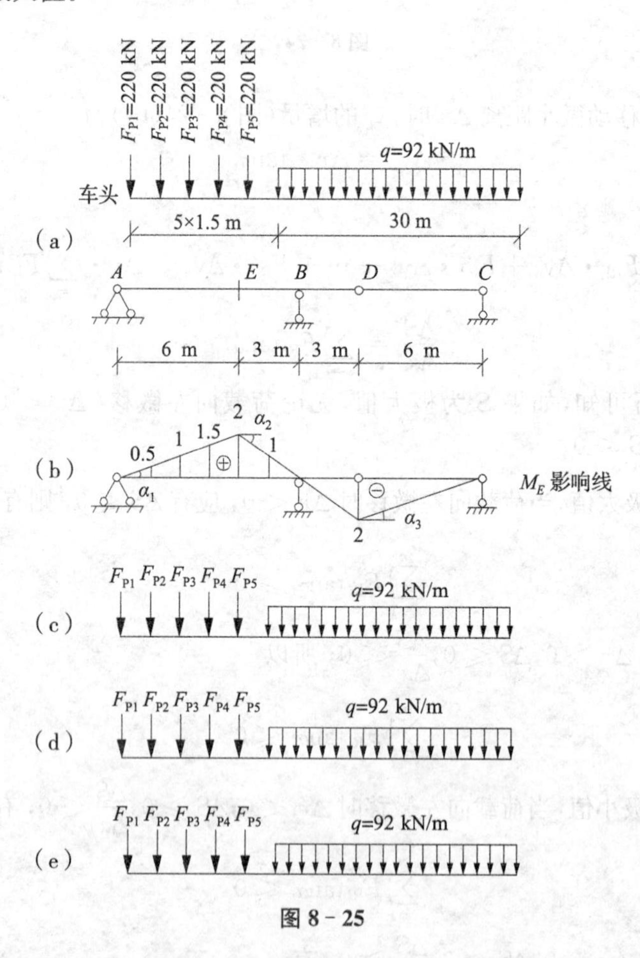

图 8-25

【解】 作 M_E 影响线如图 8-25(b)所示。图中 $\tan\alpha_1=\frac{1}{3}$，$\tan\alpha_2=-\frac{2}{3}$，$\tan\alpha_3=\frac{1}{3}$。

考虑列车从右向左开(即车头在左边)的情况。

(1) 当 F_{P5} 作用于 E 截面时(图 8 - 25(c))

若荷载向左微移,则

$$\sum F_{Ri}\tan\alpha_i = (F_{P1}+F_{P2}+F_{P3}+F_{P4}+F_{P5})\tan\alpha_1+(q\times 4.5)\tan\alpha_2+(q\times 6)\tan\alpha_3$$
$$= 220\times 5\times\frac{1}{3}-92\times 4.5\times\frac{2}{3}+92\times 6\times\frac{1}{3}=274.6\ \text{kN}>0$$

若荷载向右微移,则

$$\sum F_{Ri}\tan\alpha_i = (F_{P1}+F_{P2}+F_{P3}+F_{P4})\tan\alpha_1+(F_{P5}+q\times 4.5)\tan\alpha_2+(q\times 6)\tan\alpha_3$$
$$= 220\times 4\times\frac{1}{3}-(220+92\times 4.5)\times\frac{2}{3}+92\times 6\times\frac{1}{3}=54.7\ \text{kN}>0$$

$\sum_{i=1}^{n}F_{Ri}\tan\alpha_i$ 的符号并未改变,所以 F_{P5} 不是临界荷载。

由于荷载向右微移时 $\Delta x>0$, 则由 $\dfrac{\Delta S}{\Delta x}=\sum_{i=1}^{n}F_{Ri}\tan\alpha_i>0$ 知 $\Delta S>0$, 表明 S(即 M_E)在增加,所以欲使 $\sum_{i=1}^{n}F_{Ri}\tan\alpha_i$ 改变符号,荷载还需向右移动。

(2) 当 F_{P4} 作用于 E 截面时(图 8 - 25(d))

若荷载向左微移,则

$$\sum F_{Ri}\tan\alpha_i = (F_{P1}+F_{P2}+F_{P3}+F_{P4})\tan\alpha_1+(F_{P5}+q\times 3)\tan\alpha_2+(q\times 6)\tan\alpha_3$$
$$=146.7\ \text{kN}>0$$

若荷载向右微移,则

$$\sum F_{Ri}\tan\alpha_i = (F_{P1}+F_{P2}+F_{P3})\tan\alpha_1+(F_{P4}+F_{P5}+q\times 3)\tan\alpha_2+(q\times 6)\tan\alpha_3$$
$$=-73.3\ \text{kN}<0$$

$\sum_{i=1}^{n}F_{Ri}\tan\alpha_i$ 的符号改变,所以 F_{P4} 是临界荷载。相应的 M_E 为

$$M_E=220\times(0.5+1+1.5+2+1)-92\times\left(\frac{1}{2}\times 2\times 9\right)=492\ \text{kN}\cdot\text{m}$$

(3) 当 F_{P3} 作用于 E 截面时(图 8 - 25(e))

若荷载向左微移,则

$$\sum F_{Ri}\tan\alpha_i = (F_{P1}+F_{P2}+F_{P3})\tan\alpha_1+(F_{P4}+F_{P5}+q\times 1.5)\tan\alpha_2+(q\times 6)\tan\alpha_3$$
$$=18.7\ \text{kN}>0$$

若荷载向右微移,则

$$\sum F_{Ri}\tan\alpha_i = (F_{P1}+F_{P2})\tan\alpha_1+(F_{P3}+F_{P4}+F_{P5}+q\times 1.5)\tan\alpha_2+(q\times 6)\tan\alpha_3$$
$$=-201.3\ \text{kN}<0$$

所以 F_{P3} 是临界荷载。相应的 M_E 为

$$M_E=220\times(1+1.5+2+1+0)-92\times\left[\frac{1}{2}\times 2\times 6+\frac{1}{2}(1+2)\times 1.5\right]=451\ \text{kN}\cdot\text{m}$$

同理可判别出 F_{P1}、F_{P2} 均不是临界荷载(读者可自行验证)。

由比较可知,M_E 的最大值为 $M_{E\max}=492\ \text{kN}\cdot\text{m}$。最不利荷载位置如图 8 - 25(d)所示。

列车从左向右开(即车头在右边)的情况,读者可自己练习。

当影响线为最简单也是最常见的三角形时(图 8-26),临界位置(或临界荷载)的判别式可以简化。设 F_{Pcr} 为临界荷载,在影响线范围内其左侧的合力用 F_R^L 表示,右侧的合力用 F_R^R 表示。若求量值 S 的极大值,则由式(8-5)有

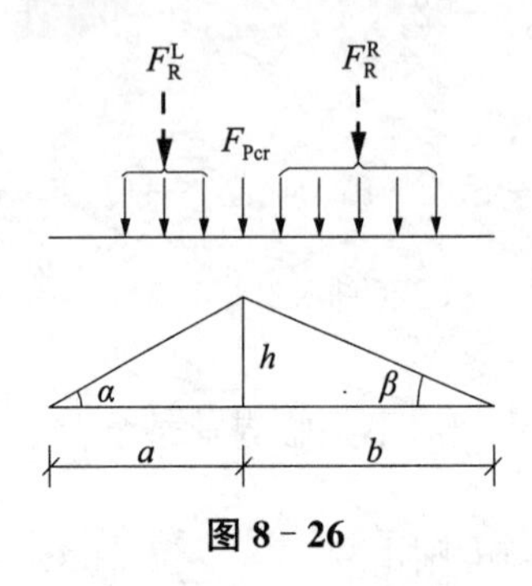

图 8-26

当荷载左移时 $\quad (F_R^L + F_{Pcr})\tan\alpha + F_R^R\tan(-\beta) \geqslant 0$

当荷载右移时 $\quad F_R^L\tan\alpha + (F_{Pcr} + F_R^R)\tan(-\beta) \leqslant 0$

由于 $\tan\alpha = \dfrac{h}{a}, \tan\beta = \dfrac{h}{b}$,将以上两式整理后可得

当荷载左移时
$$\frac{F_R^L + F_{Pcr}}{a} \geqslant \frac{F_R^R}{b} \tag{8-7(a)}$$

当荷载右移时
$$\frac{F_R^L}{a} \leqslant \frac{F_R^R + F_{Pcr}}{b} \tag{8-7(b)}$$

若将影响线的左半段上荷载的合力除以其长度视为左半段梁的平均荷载,右半段上荷载的合力除以其长度视为右半段梁的平均荷载,则由上式可知,当荷载左移时,临界荷载应计入左半段梁,则左半段梁的平均荷载应大于等于右半段梁的平均荷载。同理,当荷载右移时,临界荷载应计入右半段梁,则右半段梁的平均荷载应大于等于左半段梁的平均荷载,即临界荷载计入哪一边,则那一边的平均荷载就大于等于另一边的平均荷载。

注意:以上三角形影响线的判别式不适用于影响线为直角三角形(如简支梁的反力影响线)以及影响线有突变(如简支梁的剪力影响线)的情况,这些情况下的最不利荷载位置可按照本节开始提出的一般情况进行确定。

【例 8-11】 试确定例 8-9 中 K 截面最大弯矩的最不利荷载位置。

【解】 利用图 8-23(b)所示的 M_K 影响线,由式(8-7)来判别临界荷载。

(1) 当 F_{P1} 作用于截面 K 时(图 8-23(c))

荷载左移时,$\dfrac{2\ \text{kN} + 4.5\ \text{kN}}{6\ \text{m}} > \dfrac{0}{10\ \text{m}}$

荷载右移时,$\dfrac{2\ \text{kN}}{6\ \text{m}} < \dfrac{4.5\ \text{kN}}{10\ \text{m}}$

所以 F_{P1} 是临界荷载。相应的 $M_K = 2 \times 1.25 + 4.5 \times 3.75 = 19.375\ \text{kN} \cdot \text{m}$

(2) 当 F_{P2} 作用于截面 K 时(图 8-23(d))

荷载左移时,$\dfrac{7\ \text{kN} + 2\ \text{kN}}{6\ \text{m}} > \dfrac{4.5\ \text{kN}}{10\ \text{m}}$

荷载右移时，$\frac{7\ \text{kN}}{6\ \text{m}} > \frac{2\ \text{kN}+4.5\ \text{kN}}{10\ \text{m}}$

所以 F_{P2}不是临界荷载。

(3) 当 F_{P3}作用于截面 K 时(图 8-23(e))

荷载左移时，$\frac{3\ \text{kN}+7\ \text{kN}}{6\ \text{m}} > \frac{2\ \text{kN}+4.5\ \text{kN}}{10\ \text{m}}$

荷载右移时，$\frac{3\ \text{kN}}{6\ \text{m}} < \frac{7\ \text{kN}+2\ \text{kN}+4.5\ \text{kN}}{10\ \text{m}}$

所以 F_{P3}是临界荷载。相应的 $M_K = 3\times1.25+7\times3.75+2\times1.88+4.5\times0.38 = 35.47\ \text{kN}\cdot\text{m}$

(4) 当 F_{P4}作用于截面 K 时(图 8-23(f))

荷载左移时，$\frac{3\ \text{kN}}{6\ \text{m}} < \frac{7\ \text{kN}+2\ \text{kN}}{10\ \text{m}}$

荷载右移时，$\frac{0}{6\ \text{m}} < \frac{3\ \text{kN}+7\ \text{kN}+2\ \text{kN}}{10\ \text{m}}$

所以 F_{P4}不是临界荷载。

比较(1)和(3)可知，M_K 的最大值为 $M_{K\max} = 35.47\ \text{kN}\cdot\text{m}$。相应的荷载位置为最不利荷载位置，如图 8-23(e)所示。结果同例 8-9。

8.6.3 简支梁的绝对最大弯矩

在实际的移动荷载作用下，可以利用上节的方法求出简支梁每一个截面的最大弯矩，所有截面的最大弯矩中的最大值称为简支梁的绝对最大弯矩。绝对最大弯矩是实际移动荷载下结构的最大弯矩，是结构设计的依据。产生绝对最大弯矩的截面为危险截面，因此，确定绝对最大弯矩很重要。

确定简支梁的绝对最大弯矩需要解决两个问题：① 哪个截面会产生绝对最大弯矩？② 使该截面产生最大弯矩时的荷载位置？

由简支梁弯矩图的特点可知，当荷载为一组集中荷载时，无论荷载作用在何处，集中荷载作用点处的弯矩图有转折，所以，绝对最大弯矩必产生在某一集中荷载作用点处的截面上。这样，就把可能产生绝对最大弯矩的截面减少为有限个，其个数等于集中荷载数。但是，究竟是哪个集中荷载？该集中荷载的作用位置又在何处？可按如下方法解决：① 任选一集中荷载，移动荷载组判断荷载作用在什么位置时，该集中荷载作用处截面的弯矩达到最大值。这时只需解决一个问题即可，即荷载的作用位置。② 按同样方法，求出其他有限个集中荷载作用点处截面的最大弯矩后，再加以比较，其中的最大值即为绝对最大弯矩。

下面任选一集中荷载，来解决荷载作用在什么位置时，该集中荷载作用点处截面的弯矩达到最大值这个问题。如图 8-27(a)在一组间距不变的集中荷载中，任选一集中荷载 F_{PK}，设其作用位置的坐标为 x。此时，在梁上实有荷载作用下，其合力为 F_R，则 A 支座的反力可以利用静力平衡条件由 $\sum M_B = 0$ 求出

$$F_{Ay} = \frac{F_R(l-x-a)}{l}$$

式中,a 为 F_R 与 F_{PK}之间的距离(a 可利用合力矩定理对 F_{PK} 作用点取矩求得),当 F_R 在 F_{PK}的右侧时,a 为正,反之为负。

则 F_{PK}作用处截面的弯矩由截面法(图 8-27(b))可求出

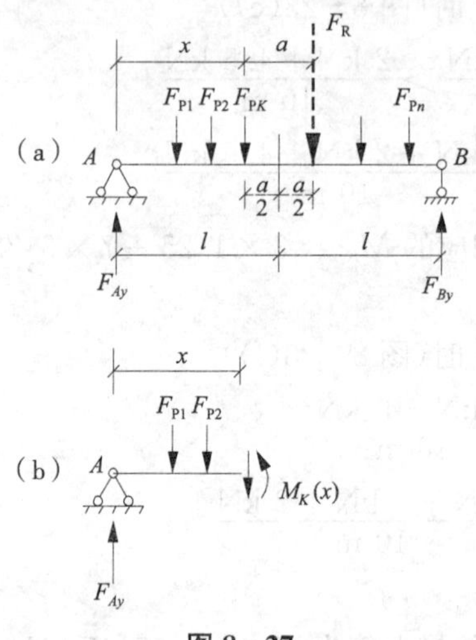

图 8-27

$$M_K(x) = F_{Ay} \cdot x - M_K^L = \frac{F_R(l-x-a)}{l}x - M_K^L$$

式中,M_K^L 表示 F_{PK}以左且实际作用于梁上的集中荷载(即 F_{P1}、F_{P2}、…、$F_{P,K-1}$)对 F_{PK}作用点的力矩之和。因为 F_{PK}以左的集中荷载的大小以及到 F_{PK}作用点的距离均不变,所以 M_K^L 为一个与 x 无关的常数。

当 $M_K(x)$ 为最大值时,对 x 的一阶导数为零,即

$$\frac{dM_K(x)}{dx} = \frac{F_R}{l}(l-2x-a) = 0$$

可得

$$x = \frac{l}{2} - \frac{a}{2} \tag{8-8}$$

将上式代入 $M_K(x)$ 的表达式可得 M_K 的最大值为

$$M_{K\max} = \frac{F_R}{l}\left(\frac{l}{2} - \frac{a}{2}\right)^2 - M_K^L$$

式(8-8)表明,当 F_{PK}作用点所在截面的弯矩达到最大值时,F_{PK}与 F_R 关于梁的中点对称布置。

此时应注意:将 F_{PK}与 F_R 对称布置于梁中点两侧后,观察梁上荷载有无变化,即荷载有无移出或移进,若有变化,则 F_R、a 及 M_K^L 的值均会发生改变,应重新计算。

利用上述分析方法,我们可以求出所有集中荷载作用点处截面的最大弯矩,再加以比较,即可求出绝对最大弯矩。但是,当荷载数目较多时,还是比较麻烦。

大量实例表明,简支梁的绝对最大弯矩总是发生在梁的中点附近,因此使梁跨中截面产生最大弯矩的临界荷载就是产生绝对最大弯矩的临界荷载。这样就可以事先排除一些荷载,而不必一一排查所有的集中荷载,从而使计算工作量减少。

综上所述,求绝对最大弯矩可按如下步骤进行:

(1) 求出使梁的跨中截面产生最大弯矩的临界荷载(按上一节方法)。

(2) 对每一临界荷载,先假设梁上实际作用的荷载个数,计算其合力 F_R;然后移动荷载,使 F_{PK} 与 F_R 对称布置于梁中点的两侧,并注意观察此时梁上荷载有无变化;最后,计算临界荷载作用截面的弯矩,即为可能的绝对最大弯矩。

(3) 从上述可能的绝对最大弯矩中选出最大的,即为简支梁的绝对最大弯矩。

【例 8-12】 试求例 8-9 中的简支梁(图 8-28(a))的绝对最大弯矩。

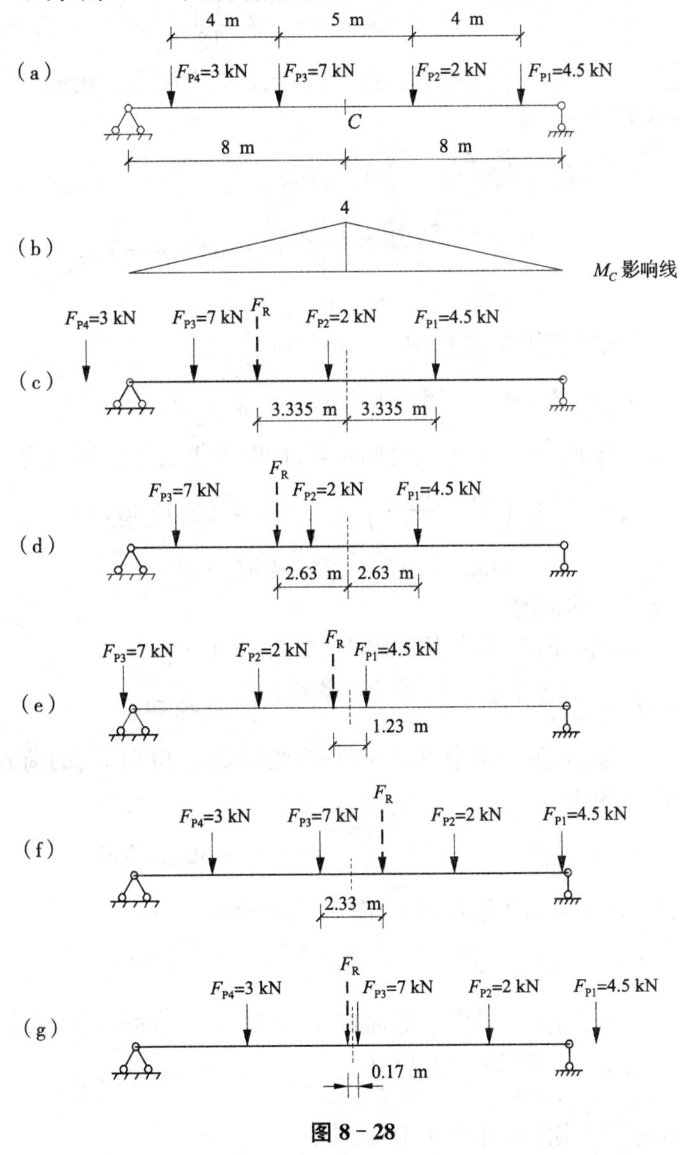

图 8-28

【解】 作出简支梁跨中 C 截面的弯矩影响线如图 8-28(b),并确定出使 C 截面弯矩产生最大值的临界荷载:F_{P1} 和 F_{P3}。

(1) 考虑 F_{P1} 为 F_{PK} 的情况

① 假设 F_{P1}、F_{P2}、F_{P3}、F_{P4} 实际作用在梁上(图 8-28(c))

此时，合力为 $F_R = F_{P1} + F_{P2} + F_{P3} + F_{P4} = 3+7+2+4.5 = 16.5\ \text{kN}$。

对 F_{P1} 作用点取矩，得合力 F_R 与 F_{P1} 之间的距离 $a = -\dfrac{2\times4+7\times9+3\times13}{16.5} = -6.67\ \text{m}$。负号表示 F_R 的作用点在 F_{P1} 的左边。

移动荷载，使 F_R 与 F_{P1} 关于梁中点对称布置，此时，F_{P4} 移出梁外，即梁上实际作用的荷载只有 F_{P1}、F_{P2}、F_{P3}。因此考虑下面的情况。

② 假设 F_{P1}、F_{P2}、F_{P3} 实际作用在梁上（图 8-28(d)）

$$F_R = 7+2+4.5 = 13.5\ \text{kN}, a = -\frac{2\times4+7\times9}{13.5} = -5.26\ \text{m}$$

移动荷载，使 F_R 与 F_{P1} 关于梁中点对称布置，此时梁上实际作用的荷载未改变。因此，F_{P1} 作用点处截面的弯矩为

$$\begin{aligned} M_1^b &= \frac{F_R}{l}\left(\frac{l}{2}-\frac{a}{2}\right)^2 - M_K^L \\ &= \frac{13.5}{16}\left(\frac{16}{2}+\frac{5.26}{2}\right)^2 - (2\times4+7\times9) \\ &= 24.34\ \text{kN}\cdot\text{m} \end{aligned}$$

③ 假设 F_{P1}、F_{P2} 实际作用在梁上（图 8-28(e)）

$$F_R = 2+4.5 = 6.5\ \text{kN}, a = -\frac{2\times4}{6.5} = -1.23\ \text{m}$$

移动荷载，使 F_R 与 F_{P1} 关于梁中点对称布置，此时梁上实际作用的荷载未改变。因此

$$M_1^c = \frac{6.5}{16}\left(\frac{16}{2}+\frac{1.23}{2}\right)^2 - 2\times4 = 22.15\ \text{kN}\cdot\text{m}$$

由上可知 $$M_{1\max} = M_1^b = 24.34\ \text{kN}\cdot\text{m}$$

(2) 考虑 F_{P3} 为 F_{PK} 的情况

① 假设 F_{P1}、F_{P2}、F_{P3}、F_{P4} 实际作用在梁上（图 8-28(f)）

$$F_R = 16.5\ \text{kN},\quad a = \frac{2\times5+4.5\times9-3\times4}{16.5} = 2.33\ \text{m}$$

移动荷载，使 F_R 与 F_{P3} 关于梁中点对称布置，此时梁上实际作用的荷载未改变。因此，F_{P3} 作用点处截面的弯矩为

$$M_3^a = \frac{16.5}{16}\left(\frac{16}{2}-\frac{2.33}{2}\right)^2 - 3\times4 = 36.18\ \text{kN}\cdot\text{m}$$

② 假设 F_{P2}、F_{P3}、F_{P4} 实际作用在梁上（图 8-28(g)）

$$F_R = 3+2+2 = 12\ \text{kN},\quad a = \frac{-3\times4+2\times5}{12} = -0.17\ \text{m}$$

移动荷载，使 F_R 与 F_{P3} 关于梁中点对称布置，此时梁上实际作用的荷载未改变。因此

$$M_3^b = \frac{12}{16}\left(\frac{16}{2}+\frac{0.17}{2}\right)^2 - 3\times4 = 37.03\ \text{kN}\cdot\text{m}$$

③ 假设 F_{P1}、F_{P2}、F_{P3} 实际作用在梁上（图略）

$$F_R = 13.5\ \text{kN},\quad a = \frac{2\times5+4.5\times9}{12} = 3.74\ \text{m}$$

移动荷载，使 F_R 与 F_{P3} 关于梁中点对称布置，此时，F_{P4} 移进梁内，即梁上实际作用的荷载有 F_{P1}、F_{P2}、F_{P3}、F_{P4}，与情况①相同。

由上可知 $$M_{3\max} = M_3^b = 37.03\ \text{kN}\cdot\text{m}$$

比较M_{1max}和M_{3max}可知，绝对最大弯矩值为 37.03 kN·m，发生在距离梁左端$\frac{16}{2}+\frac{0.17}{2}=8.09$ m的截面上。

8.6.4 内力包络图

在进行实际工程的设计中，通常要考虑恒载和活载共同作用的情况。恒载的作用位置是固定不变的，其内力可以按照前面章节的方法进行计算。而活载通常需要考虑不利布置，利用 8.6.2 节的方法，求出结构上所有截面的内力的最大值和最小值。再利用叠加原理，求出恒载和活载共同作用下所有截面内力的最大值和最小值，然后将所有最大值和最小值对应的纵标连接起来得到两条“边界线”，称为内力包络图。内力包络图反映了各截面内力的上下限，是结构设计的依据。内力包络图分为弯矩包络图和剪力包络图。

实际上结构的截面有无限个，不可能一个个计算，通常是将结构沿跨度分成若干等份，分别求出各等分点的内力最大值和最小值，再用光滑的曲线连接各点即可得到内力包络图。

1) 简支梁的内力包络图

图 8-29 为某简支梁在集中移动荷载作用下(未考虑恒载)的弯矩包络图和剪力包络图。

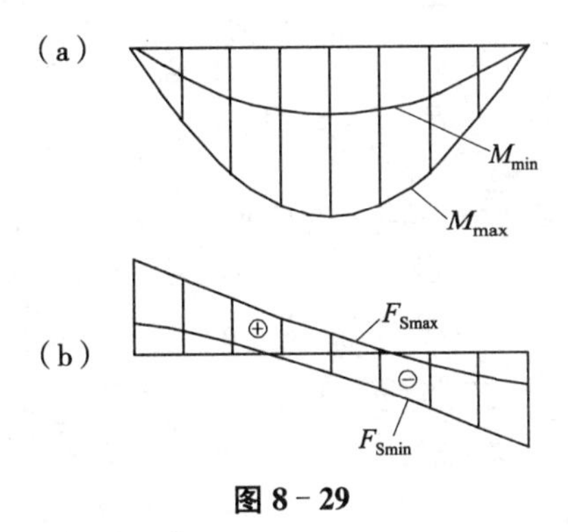

图 8-29

2) 连续梁的内力包络图

作连续梁的内力包络图，同样可以按照上述方法进行，但工作量比较大。当活载为可动均布荷载时，则可大大简化。

从 8.5.2 节连续梁的内力影响线可以看出，多数影响线在某一跨内是不变号的，而当均布活载布满影响线的正号部分时，内力产生最大值；布满影响线的负号部分时，内力产生最小值。即使在少数情况下，影响线在某一跨内变号(如剪力影响线)，仍可近似地满跨布置，对整体而言其误差是容许的。因此，内力最大值和最小值的最不利荷载位置，都是在若干跨内布满活载。综上所述，对某一跨而言，活载要么不布置，要么满跨布置，不考虑局部布置。

因此，在可动均布荷载下，作连续梁的内力包络图可按如下步骤进行：

(1) 作恒载作用下的内力图。

(2) 分别作连续梁在每一跨单独布满活载作用下的内力图。

(3) 对于每一等分截面，将恒载下的内力和活载下正值的内力叠加，得到内力的最大值；将恒载下的内力和活载下负值的内力叠加，得到内力的最小值。

(4) 分别连接各等分截面内力的最大值和最小值即得到内力包络图。

【例 8-13】 图 8-30(a)所示三跨等截面连续梁，设恒载为 $q=10$ kN/m 的均布荷载，活载为 $p=20$ kN/m 的可动均布荷载。试作其弯矩包络图和剪力包络图。

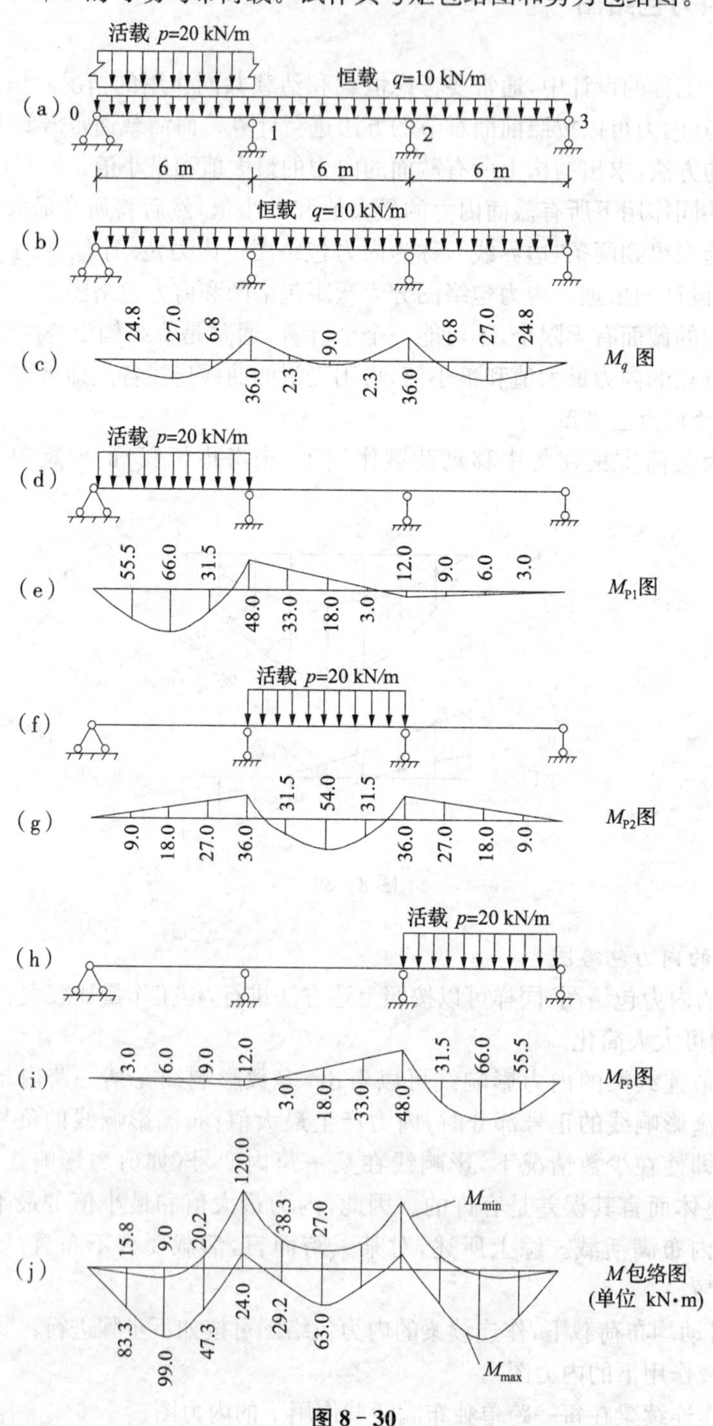

图 8-30

【解】 (1) 作弯矩包络图

① 作恒载作用下(图 8－30(b))的弯矩图(图 8－30(c))。

② 分别作出活载单独布置在第一跨(图 8－30(d))、第二跨(图 8－30(f))和第三跨(图 8－30(h))时的弯矩图(图 8－30(e)、(g)、(i))。

③ 将每跨梁分成四等份,依次求各等分点弯矩的最大值和最小值。

$$最大弯矩值=恒载下的弯矩值+\sum活载下的正弯矩值$$

$$最小弯矩值=恒载下的弯矩值+\sum活载下的负弯矩值$$

例如,对于第一跨的跨中截面,其最大弯矩为 $M_{max}=27+66+6=99\ kN\cdot m$,它是由恒载(图 8－30(c))、第一跨单独布满活载(图 8－30(e))和第三跨单独布满活载(图 8－30(i))3 种情况下的弯矩叠加得到的,由叠加原理,最大弯矩也可看作是由恒载、第一跨和第三跨布满活载两种情况共同产生的;其最小弯矩为 $M_{min}=27+(-18)=9\ kN\cdot m$,它是由恒载(图 8－30(c))、第二跨单独布满活载(图 8－30(g))两种情况的弯矩叠加得到的。对于其他截面,读者可自行验证。

④ 将各等分点弯矩的最大值和最小值分别用光滑曲线连接,即得到弯矩包络图,如图 8－30(j)所示。

(2) 连续梁的剪力包络图

连续梁的剪力包络图可用同样的方法作出,读者可自行练习。

思考题

8－1 与内力图相比,影响线和内力图上任一点的纵、横坐标各代表什么含义?

8－2 某截面的剪力影响线为何有突变?它与剪力图在集中荷载作用点处的突变含义是否相同?

8－3 机动法作影响线的理论依据是什么?为什么说静定结构的影响线均由直线段构成?

8－4 当移动荷载分别沿梁式桁架的上、下弦杆移动时,哪些杆件的内力影响线将有区别?

8－5 若移动荷载群向左或向右稍移时,均使 $\sum R_i \tan\alpha_i$ 出现正值,则应使荷载群向何方继续移动才有可能到达临界位置?

8－6 简支梁的绝对最大弯矩的含义是什么?为什么说发生绝对最大弯矩的截面总在跨中附近,并且其值与跨中最大弯矩相当?

习题

8－1 试用静力法作图示悬臂梁的 F_{Ay}、M_A、M_C 和 F_{SC} 影响线。

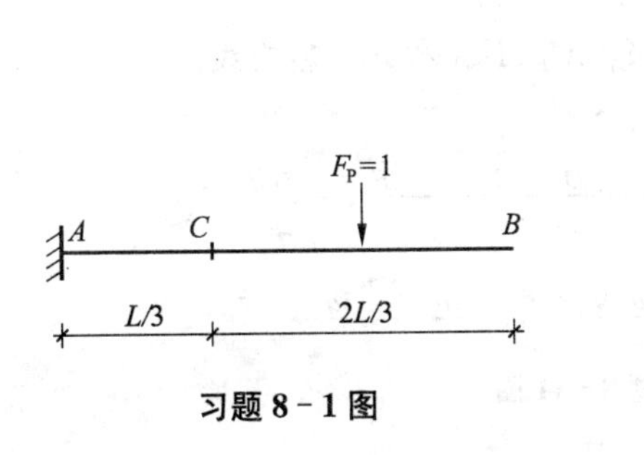

习题 8－1 图

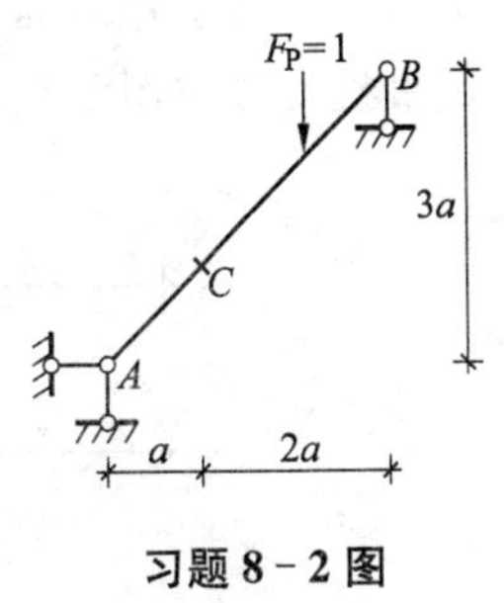

习题 8－2 图

8-2　试用静力法作图示简支斜梁的 F_{Ay}、M_C、F_{NC} 和 F_{SC} 影响线。

8-3　试用静力法作图示梁的 F_{SC} 和 M_C 影响线。

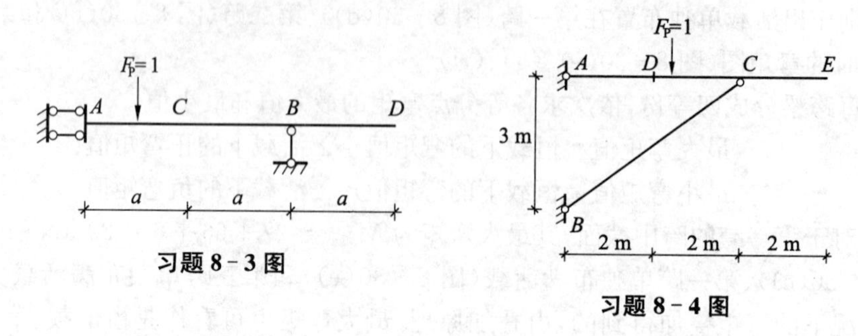

习题 8-3 图　　习题 8-4 图

8-4　试用静力法作图示组合结构的 F_{NBC}、M_D、F_{SD} 和 F_{ND} 影响线。$F_P=1$ 仅在 AE 部分移动。

8-5　试用静力法作图示梁的 M_E、F_{SE}、F_{SB}、F_{Cy}、$F_{SC左}$、$F_{SC右}$ 及 M_F 影响线。

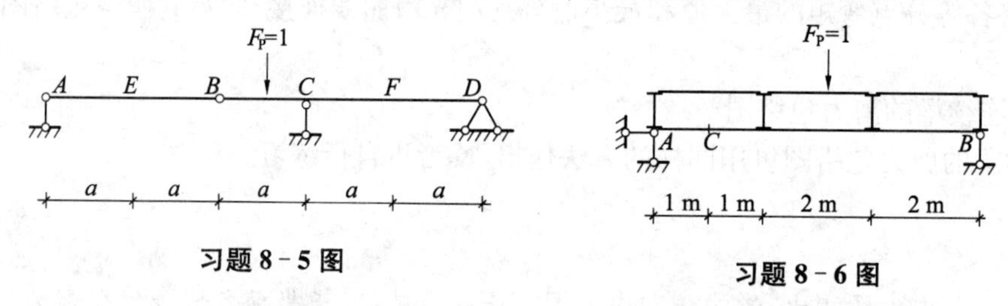

习题 8-5 图　　习题 8-6 图

8-6　试用静力法作图示梁 C 截面的 M_C 和 F_{SC} 影响线。

8-7　试用静力法作主梁的 F_{By}、M_D、F_{SD}、$F_{SC左}$ 和 $F_{SC右}$ 影响线。

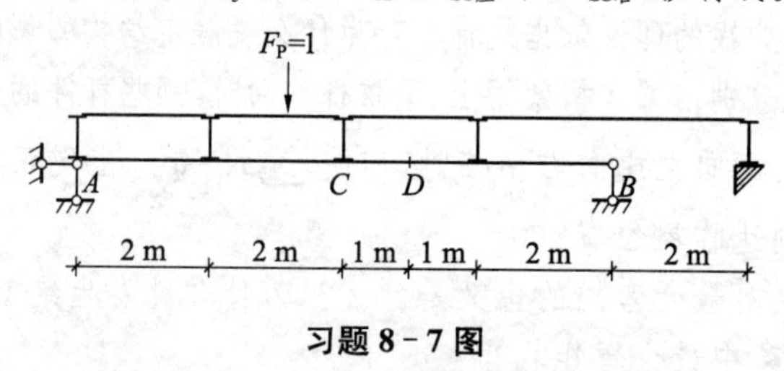

习题 8-7 图

8-8　试用机动法重作习题 8-4 中的影响线。

8-9　试用机动法重作习题 8-5 中的影响线。

8-10　试用机动法重作习题 8-6 中的影响线。

8-11　试用机动法作图示连续梁的 M_A、M_E、F_{SD} 和 F_{Cy} 影响线。

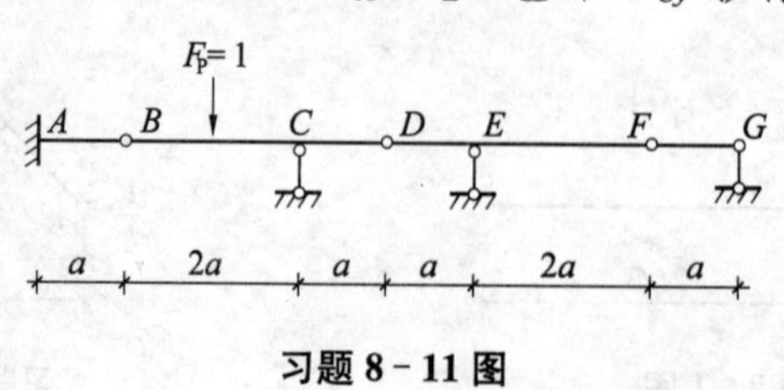

习题 8-11 图

8-12 当移动荷载 $F_P=1$ 沿上弦移动时，作图示桁架结构中指定杆的轴力影响线。

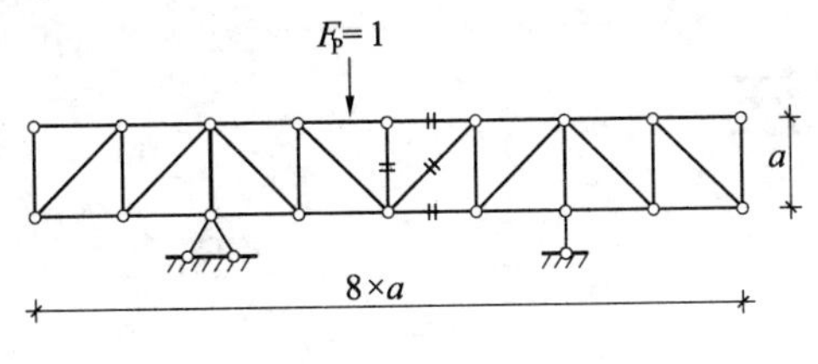

习题 8-12 图

8-13 当移动荷载 $F_P=1$ 沿下弦移动时，重作 8-12 题桁架结构的影响线。

8-14 试利用影响线求图示荷载作用下 D 截面的剪力和 E 截面的弯矩。

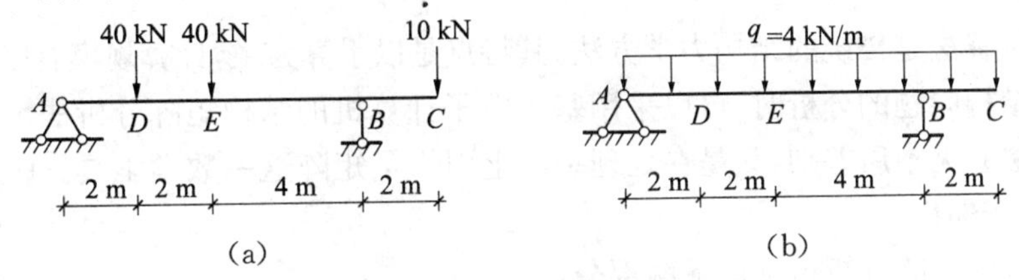

习题 8-14 图

8-15 试求图示车队荷载在影响线 Z 上的最不利位置及 Z 的绝对最大值。

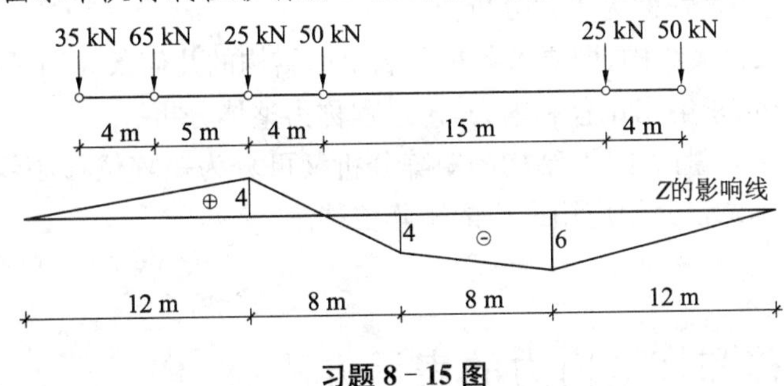

习题 8-15 图

8-16 试确定图示吊车梁 M_C 的最不利荷载位置，并计算其最大值和最小值。

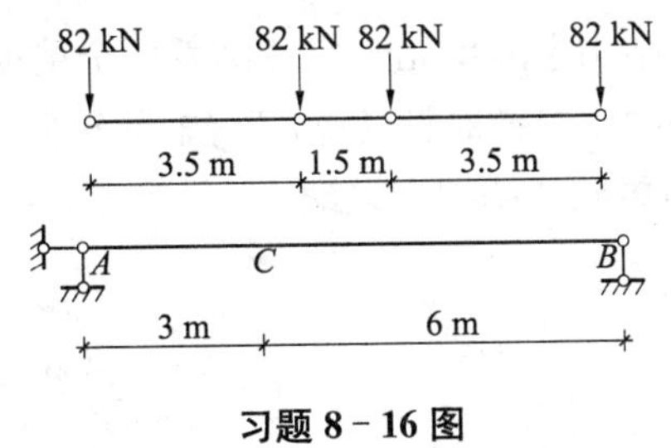

习题 8-16 图

9　矩阵位移法

9.1　概述

力法和位移法是传统的结构力学方法，其特点是以手算为主，计算规模有限。当我们遇到大型复杂结构问题的分析时，可以采用基于电子计算机的结构矩阵分析法。该方法的原理与传统方法并无本质差别，只是在处理手法上引入了矩阵这一数学工具。因为矩阵运算很有规律，便于编程。

杆系结构的矩阵分析包括以下两部分：

(1) 将结构分解成有限个单元，即结构的离散化。针对杆系结构，将一根杆件或杆件的某一段作为一个单元。离散化的目的是在最小范围内分析内力与位移之间的关系，从而建立单元刚度矩阵，这一过程称为单元分析。

(2) 将各单元聚合成结构，即要求各单元满足原结构的几何条件和平衡条件，从而建立结构的整体刚度矩阵，求解出位移和内力，该过程称为整体分析。

针对选择基本未知量的不同，结构的矩阵分析又可分为矩阵位移法(刚度法)和矩阵力法(柔度法)两种。本章仅介绍应用最广的矩阵位移法。

9.2　杆端位移和杆端内力的表示方法

设图 9-1 为取自某杆系结构中的单元 e，它联结着两个结点 i、j。现以 i 为原点，从 i 到 j 的方向为 $\bar{x}$ 轴的正向，以 $\bar{x}$ 轴的正向逆时针转 90°为 $\bar{y}$ 轴的正向。这样形成的坐标系称为该单元的局部坐标系。i、j 称为单元的始端和末端。

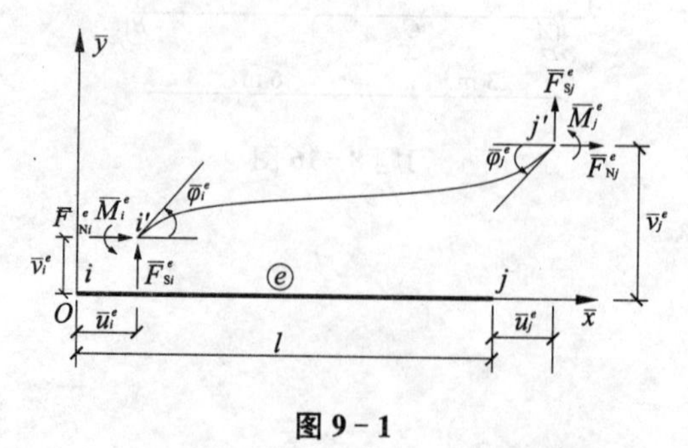

图 9-1

9.2.1 杆端位移的表示方法

对于平面杆系结构，每个单元的两端各有 3 个杆端位移和杆端内力分量。如图 9-1 所示，i 端的 3 个位移分量$\overline{u}_i^e$、$\overline{v}_i^e$ 和$\overline{\varphi}_i^e$ 分别表示单元 e 在局部坐标系下起始端(i 端)的轴向位移、横向位移和转角位移分量。j 端的 3 个位移分量$\overline{u}_j^e$、$\overline{v}_j^e$ 和$\overline{\varphi}_j^e$ 则分别表示该单元在局部坐标系下末端(j 端)的轴向位移、横向位移和转角位移分量。

这里，每种位移分量我们分别用 4 种符号表示，即位移的名称分别用 u、v、φ 表示；上标表示单元号；下标表示结点号；字母上方的一横表示局部坐标系(后面的整体坐标系则无此一横)。

上述杆端位移分量可用矩阵表示为

$$i\text{ 端的位移分量为：}\{\overline{\delta}_i\}^e=\begin{Bmatrix}\overline{u}_i\\\overline{v}_i\\\overline{\varphi}_i\end{Bmatrix}^e=[\overline{u}_i\quad \overline{v}_i\quad \overline{\varphi}_i]^{eT}$$

$$j\text{ 端的位移分量为：}\{\overline{\delta}_j\}^e=\begin{Bmatrix}\overline{u}_j\\\overline{v}_j\\\overline{\varphi}_j\end{Bmatrix}^e=[\overline{u}_j\quad \overline{v}_j\quad \overline{\varphi}_j]^{eT}$$

$$\text{单元 }e\text{ 的杆端位移列阵：}\{\overline{\delta}\}^e=\begin{Bmatrix}\overline{\delta}_i\\\overline{\delta}_j\end{Bmatrix}^e=\begin{Bmatrix}\overline{u}_i\\\overline{v}_i\\\overline{\varphi}_i\\\hdashline\overline{u}_j\\\overline{v}_j\\\overline{\varphi}_j\end{Bmatrix}^e=[\overline{u}_i\quad \overline{v}_i\quad \overline{\varphi}_i\quad \overline{u}_j\quad \overline{v}_j\quad \overline{\varphi}_j]^{eT}$$

9.2.2 杆端内力的表示方法

与杆端位移相对应，i 端的 3 个杆端内力分量$\overline{F}_{Ni}^e$、$\overline{F}_{Si}^e$和$\overline{M}_i^e$分别表示单元 e 在局部坐标系下起始端(i 端)的轴力、剪力和弯矩。j 端的 3 个杆端内力分量$\overline{F}_{Nj}^e$、$\overline{F}_{Sj}^e$和$\overline{M}_j^e$则分别表示单元 e 在局部坐标系下末端(j 端)的轴力、剪力和弯矩。用矩阵表示为

$$\{\overline{F}\}^e=\begin{Bmatrix}\overline{F}_i\\\hdashline\overline{F}_j\end{Bmatrix}^e=\begin{Bmatrix}\overline{F}_{Ni}\\\overline{F}_{Si}\\\overline{M}_i\\\hdashline\overline{F}_{Nj}\\\overline{F}_{Sj}\\\overline{M}_j\end{Bmatrix}^e=[\overline{F}_{Ni}\quad \overline{F}_{Si}\quad \overline{M}_i\quad \overline{F}_{Nj}\quad \overline{F}_{Sj}\quad \overline{M}_j]^{eT}$$

这里，必须指出：

(1) 杆端位移(内力)列阵中的元素必须按序排列，且一一对应。

(2) 杆端位移(内力)的符号均以与局部坐标的方向一致为正值，杆端转角和杆端弯矩则规定以逆时针方向为正。图 9-1 中的所有物理量均为正值。

9.3 局部坐标系下的单元分析

所谓单元分析，就是要确定某单元两端的杆端内力与相应的杆端位移之间的物理关系(即刚度关系)。对于平面杆系单元，则可利用虎克定律和第 6 章中的转角位移方程不难推得上述关系。

如图 9-2(a)～(f)所示，假设已知 6 个杆端位移分量，且杆上无荷载作用，现要确定相应的 6 个杆端力分量。

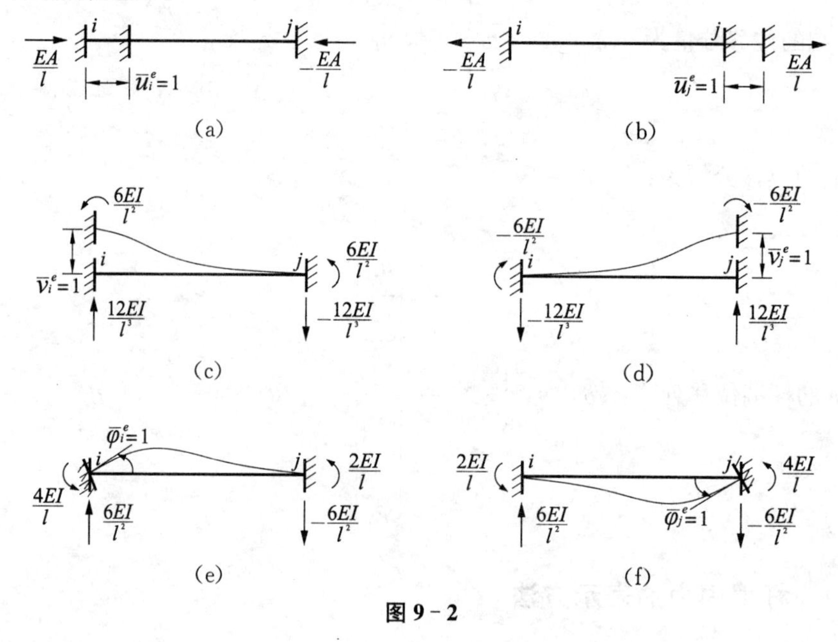

图 9-2

当杆端仅产生轴向位移时(图 9-2(a)、(b))，引起的杆端内力可由虎克定律并根据叠加原理得到

$$\overline{F}_{Ni}^{e}=\frac{EA}{l}\overline{u}_{i}^{e}-\frac{EA}{l}\overline{u}_{j}^{e},\quad \overline{F}_{Nj}^{e}=-\frac{EA}{l}\overline{u}_{i}^{e}+\frac{EA}{l}\overline{u}_{j}^{e}$$

当杆端仅发生角位移和横向线位移时引起的杆端内力(图 9-2(c)～(f))，可由第 6 章位移法中的转角位移方程并根据叠加原理得到

$$\overline{F}_{Si}^{e}=\frac{12EI}{l^{3}}\overline{v}_{i}^{e}+\frac{6EI}{l^{2}}\overline{\varphi}_{i}^{e}-\frac{12EI}{l^{3}}\overline{v}_{j}^{e}+\frac{6EI}{l^{2}}\overline{\varphi}_{j}^{e}$$

$$\overline{M}_{i}^{e}=\frac{6EI}{l^{2}}\overline{v}_{i}^{e}+\frac{4EI}{l}\overline{\varphi}_{i}^{e}-\frac{6EI}{l^{2}}\overline{v}_{j}^{e}+\frac{2EI}{l}\overline{\varphi}_{j}^{e}$$

$$\overline{F}_{Sj}^{e}=-\frac{12EI}{l^{3}}\overline{v}_{i}^{e}-\frac{6EI}{l^{2}}\overline{\varphi}_{i}^{e}+\frac{12EI}{l^{3}}\overline{v}_{j}^{e}-\frac{6EI}{l^{2}}\overline{\varphi}_{j}^{e}$$

$$\overline{M}_{j}^{e}=\frac{6EI}{l^{2}}\overline{v}_{i}^{e}+\frac{2EI}{l}\overline{\varphi}_{i}^{e}-\frac{6EI}{l^{2}}\overline{v}_{j}^{e}+\frac{4EI}{l}\overline{\varphi}_{j}^{e}$$

用矩阵表示为

$$\begin{Bmatrix} \overline{F}^e_{Ni} \\ \overline{F}^e_{Si} \\ \overline{M}^e_i \\ \overline{F}^e_{Nj} \\ \overline{F}^e_{Sj} \\ \overline{M}^e_j \end{Bmatrix} = \begin{bmatrix} \frac{EA}{l} & 0 & 0 & -\frac{EA}{l} & 0 & 0 \\ 0 & \frac{12EI}{l^3} & \frac{6EI}{l^2} & 0 & -\frac{12EI}{l^3} & \frac{6EI}{l^2} \\ 0 & \frac{6EI}{l^2} & \frac{4EI}{l} & 0 & -\frac{6EI}{l^2} & \frac{2EI}{l} \\ -\frac{EA}{l} & 0 & 0 & \frac{EA}{l} & 0 & 0 \\ 0 & -\frac{12EI}{l^3} & -\frac{6EI}{l^2} & 0 & \frac{12EI}{l^3} & -\frac{6EI}{l^2} \\ 0 & \frac{6EI}{l^2} & \frac{2EI}{l} & 0 & -\frac{6EI}{l^2} & \frac{4EI}{l} \end{bmatrix} \begin{Bmatrix} \overline{u}^e_i \\ \overline{v}^e_i \\ \overline{\varphi}^e_i \\ \overline{u}^e_j \\ \overline{v}^e_j \\ \overline{\varphi}^e_j \end{Bmatrix} \tag{9-1}$$

式(9-1)称为单元刚度方程，可简写为

$$\{\overline{F}\}^e = [\overline{k}]^e \{\overline{\delta}\}^e \tag{9-2}$$

式中 $\{\overline{F}\}^e = [\overline{F}^e_{Ni} \ \ \overline{F}^e_{Si} \ \ \overline{M}^e_i \ \ \overline{F}^e_{Nj} \ \ \overline{F}^e_{Sj} \ \ \overline{M}^e_j]^T$ (9-3)

$$\{\overline{\delta}\}^e = [\overline{u}^e_i \ \ \overline{v}^e_i \ \ \overline{\varphi}^e_i \ \ \overline{u}^e_j \ \ \overline{v}^e_j \ \ \overline{\varphi}^e_j]^T \tag{9-4}$$

分别称为单元的杆端力列阵和杆端位移列阵，式中

$$[\overline{k}]^e = \begin{array}{c} \begin{matrix} \overline{u}^e_i & \overline{v}^e_i & \overline{\varphi}^e_i & \overline{u}^e_j & \overline{v}^e_j & \overline{\varphi}^e_j \end{matrix} \\ \begin{bmatrix} \frac{EA}{l} & 0 & 0 & -\frac{EA}{l} & 0 & 0 \\ 0 & \frac{12EI}{l^3} & \frac{6EI}{l^2} & 0 & -\frac{12EI}{l^3} & \frac{6EI}{l^2} \\ 0 & \frac{6EI}{l^2} & \frac{4EI}{l} & 0 & -\frac{6EI}{l^2} & \frac{2EI}{l} \\ -\frac{EA}{l} & 0 & 0 & \frac{EA}{l} & 0 & 0 \\ 0 & -\frac{12EI}{l^3} & -\frac{6EI}{l^2} & 0 & \frac{12EI}{l^3} & -\frac{6EI}{l^2} \\ 0 & \frac{6EI}{l^2} & \frac{2EI}{l} & 0 & -\frac{6EI}{l^2} & \frac{4EI}{l} \end{bmatrix} \end{array} \begin{matrix} \overline{F}^e_{Ni} \\ \overline{F}^e_{Si} \\ \overline{M}^e_i \\ \overline{F}^e_{Nj} \\ \overline{F}^e_{Sj} \\ \overline{M}^e_j \end{matrix} \tag{9-5}$$

称为单元刚度矩阵(简称单刚)。其行数等于杆端力列阵中的分量个数，列数则等于杆端位移列阵中的分量个数。由于杆端力和相应的杆端位移的数目总是相等的，所以$[\overline{k}]^e$必为方阵。为避免混乱，可在$[\overline{k}]^e$的上方标注杆端位移分量，右方标注对应的杆端力分量。由图9-2可知，单刚中每个元素的物理意义是指：当所在列对应的杆端位移分量等于1(此时其余的杆端位移分量均为零)时，引起所在行对应的杆端力分量的数值。

单元刚度矩阵具有以下基本性质：

(1) 对称性。单刚$[\overline{k}]^e$是个对称矩阵，即位于主对角线两边对称位置的元素相等，这是由反力互等定理决定的。

(2) 奇异性。单刚$[\overline{k}]^e$是个奇异矩阵，即$[\overline{k}]^e$的行列式等于零，其逆阵不存在。也就是说，给定了杆端位移$\{\overline{\delta}\}^e$，可以由式(9-2)确定杆端力$\{\overline{F}\}^e$；但给定了杆端力$\{\overline{F}\}^e$，却无法由式(9-2)反求杆端位移$\{\overline{\delta}\}^e$。其物理解释为，目前所讨论的单元，两端无任何约束，杆

件除了由杆端力引起的轴向及弯曲变形外，还可以有无法确定的刚体位移。

式(9-5)为考虑轴向变形的一般刚架单元的刚度矩阵，该表达式经适当处理可得到以下一些常见单元的刚度矩阵。

(1) 不考虑轴向变形的刚架单元

由于$\bar{u}_i^e=\bar{u}_j^e=0$，可将式(9-5)中删去与轴向变形对应的行和列(即第1、4行和1、4列)。则

$$[\bar{k}]^e=\left[\begin{array}{cc|cc}\frac{12EI}{l^3} & \frac{6EI}{l^2} & -\frac{12EI}{l^3} & \frac{6EI}{l^2}\\ \frac{6EI}{l^2} & \frac{4EI}{l} & -\frac{6EI}{l^2} & \frac{2EI}{l}\\ \hline -\frac{12EI}{l^3} & -\frac{6EI}{l^2} & \frac{12EI}{l^3} & -\frac{6EI}{l^2}\\ \frac{6EI}{l^2} & \frac{2EI}{l} & -\frac{6EI}{l^2} & \frac{4EI}{l}\end{array}\right]$$

(2) 只考虑轴向变形的桁架单元(也称铰接杆元)

由于$\bar{v}_i^e=\bar{v}_j^e=\bar{\varphi}_i^e=\bar{\varphi}_j^e=0$，可将式(9-5)删去第2、3、5、6行(列)。则

$$[\bar{k}]^e=\begin{bmatrix}\frac{EA}{l} & -\frac{EA}{l}\\ -\frac{EA}{l} & \frac{EA}{l}\end{bmatrix}=\frac{EA}{l}\begin{bmatrix}1 & -1\\ -1 & 1\end{bmatrix}$$

(3) 只考虑弯曲变形的连续梁单元

由于$\bar{u}_i^e=\bar{v}_i^e=\bar{u}_j^e=\bar{v}_j^e=0$，可将式(9-5)删去第1、2、4、5行(列)。则

$$[\bar{k}]^e=\begin{bmatrix}\frac{4EI}{l} & \frac{2EI}{l}\\ \frac{2EI}{l} & \frac{4EI}{l}\end{bmatrix}=\begin{bmatrix}4i & 2i\\ 2i & 4i\end{bmatrix}=i\begin{bmatrix}4 & 2\\ 2 & 4\end{bmatrix}\quad \left(i=\frac{EI}{l}\right)$$

9.4 整体坐标系下的单元分析

上节的单刚是建立在杆件所在的局部坐标系下的(图9-3中的$\bar{x}\,i\,\bar{y}$)。对于整体结构，各单元的局部坐标系可能不尽相同，在研究结构的几何和平衡条件时，必须选定一个统一的坐标系，称为整体坐标系(图9-3中的xOy)，以便通过坐标转换建立整体坐标系下的单元刚度矩阵$[k]^e$。

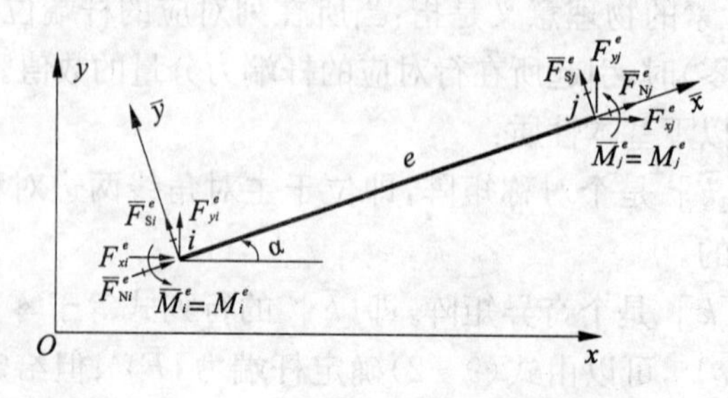

图 9-3

图 9 - 3 所示的杆件 ij，在局部坐标系 $\bar{x}i\bar{y}$ 中，仍以 $\{\bar{F}\}^e$ 和 $\{\bar{\delta}\}^e$ 分别表示杆端力和杆端位移列阵。而在整体坐标系 xOy 中，则以 $\{F\}^e$ 和 $\{\delta\}^e$ 来表示杆端力和杆端位移列阵，即

$$\{F\}^e = [F_{xi}^e \quad F_{yi}^e \quad M_i^e \quad F_{xj}^e \quad F_{yi}^e \quad M_j^e]^{\mathrm{T}} \tag{9-6}$$

$$\{\delta\}^e = [u_i^e \quad v_i^e \quad \varphi_i^e \quad u_j^e \quad v_j^e \quad \varphi_j^e]^{\mathrm{T}} \tag{9-7}$$

式中的杆端力和杆端线位移均以与整体坐标系指向一致为正，杆端弯矩和杆端角位移均以逆时针方向为正。

我们先来讨论两种坐标系中杆端力之间的转换关系。

设两种坐标系之间的夹角为 α，规定从 x 轴沿逆时针方向转至 $\bar{x}$ 轴为正值，根据力的投影关系将局部坐标系下的杆端力用整体坐标系下的杆端力来表示

$$\left.\begin{aligned}\bar{F}_{Ni}^e &= F_{xi}^e\cos\alpha + F_{yi}^e\sin\alpha\\ \bar{F}_{Si}^e &= -F_{xi}^e\sin\alpha + F_{yi}^e\cos\alpha\\ \bar{F}_{Nj}^e &= F_{xj}^e\cos\alpha + F_{yj}^e\sin\alpha\\ \bar{F}_{Sj}^e &= -F_{xj}^e\sin\alpha + F_{yj}^e\cos\alpha\end{aligned}\right\} \tag{a}$$

而弯矩不受坐标转换的影响，即

$$\left.\begin{aligned}\bar{M}_i^e &= M_i^e\\ \bar{M}_j^e &= M_j^e\end{aligned}\right\} \tag{b}$$

将(a)、(b)两式写成矩阵形式，则为

$$\begin{Bmatrix}\bar{F}_{Ni}^e\\ \bar{F}_{Si}^e\\ \bar{M}_i^e\\ \bar{F}_{Nj}^e\\ \bar{F}_{Sj}^e\\ \bar{M}_j^e\end{Bmatrix} = \begin{bmatrix}\cos\alpha & \sin\alpha & 0 & 0 & 0 & 0\\ -\sin\alpha & \cos\alpha & 0 & 0 & 0 & 0\\ 0 & 0 & 1 & 0 & 0 & 0\\ 0 & 0 & 0 & \cos\alpha & \sin\alpha & 0\\ 0 & 0 & 0 & -\sin\alpha & \cos\alpha & 0\\ 0 & 0 & 0 & 0 & 0 & 1\end{bmatrix}\begin{Bmatrix}F_{xi}^e\\ F_{yi}^e\\ M_i^e\\ F_{xj}^e\\ F_{yj}^e\\ M_j^e\end{Bmatrix} \tag{9-8}$$

或简写为

$$\{\bar{F}\}^e = [T]\{F\}^e \tag{9-9}$$

式中

$$[T] = \begin{bmatrix}\cos\alpha & \sin\alpha & 0 & 0 & 0 & 0\\ -\sin\alpha & \cos\alpha & 0 & 0 & 0 & 0\\ 0 & 0 & 1 & 0 & 0 & 0\\ 0 & 0 & 0 & \cos\alpha & \sin\alpha & 0\\ 0 & 0 & 0 & -\sin\alpha & \cos\alpha & 0\\ 0 & 0 & 0 & 0 & 0 & 1\end{bmatrix} \tag{9-10}$$

式(9 - 10)称为坐标转换矩阵。由于该矩阵中任一行(列)的元素平方和为 1，任意两行(列)元素乘积之和为零，因此它是一个正交矩阵，故

$$[T]^{-1} = [T]^{\mathrm{T}} \tag{9-11}$$

同理可得两种坐标系下,杆端位移之间的转换关系为

$$\{\bar{\delta}\}^e = [T]\{\delta\}^e \tag{9-12}$$

式(9-9)也可表示为

$$\{F\}^e = [T]^{-1}\{\bar{F}\}^e = [T]^{\mathrm{T}}\{\bar{F}\}^e \tag{9-13}$$

将局部坐标系下的单元刚度方程式(9-2)代入上式得

$$\{F\}^e = [T]^{\mathrm{T}}[\bar{k}]^e\{\bar{\delta}\}^e$$

再将式(9-12)代入上式得

$$\{F\}^e = [T]^{\mathrm{T}}[\bar{k}]^e[T]\{\delta\}^e$$

令

$$[k]^e = [T]^{\mathrm{T}}[\bar{k}]^e[T] \tag{9-14}$$

则

$$\{F\}^e = [k]^e\{\delta\}^e \tag{9-15}$$

式(9-14)和式(9-15)分别为整体坐标系下的单元刚度矩阵和单元刚度方程。为便于今后进行结构的整体分析,可将式(9-15)按单元的始末端结点号 i、j 表示成分块形式。

$$\begin{Bmatrix} \{F_i\}^e \\ \{F_j\}^e \end{Bmatrix} = \begin{bmatrix} [k_{ii}]^e & [k_{ij}]^e \\ [k_{ji}]^e & [k_{jj}]^e \end{bmatrix} \begin{Bmatrix} \{\delta_i\}^e \\ \{\delta_j\}^e \end{Bmatrix} \tag{9-16}$$

式中

$$\{F_i\}^e = \begin{Bmatrix} F_{xi}^e \\ F_{yi}^e \\ M_i^e \end{Bmatrix}, \{F_j\}^e = \begin{Bmatrix} F_{xj}^e \\ F_{yj}^e \\ M_j^e \end{Bmatrix}, \{\delta_i\}^e = \begin{Bmatrix} u_i^e \\ v_i^e \\ \varphi_i^e \end{Bmatrix}, \{\delta_j\}^e = \begin{Bmatrix} u_j^e \\ v_j^e \\ \varphi_j^e \end{Bmatrix} \tag{9-17}$$

分别为单元始端、末端的杆端力和杆端位移列阵。$[k_{ii}]^e$、$[k_{ij}]^e$、$[k_{ji}]^e$、$[k_{jj}]^e$ 分别为单刚 $[k]^e$ 的 4 个子块(也称为子阵),每个子块均为 3×3 阶的方阵,共有 9 个元素。

将式(9-5)和式(9-10)代入式(9-14),并进行矩阵乘法运算,可得整体坐标系下的单元刚度矩阵为

$$[k]^e = \begin{bmatrix} [k_{ii}]^e & [k_{ij}]^e \\ [k_{ji}]^e & [k_{jj}]^e \end{bmatrix} =$$

$$\left[\begin{array}{ccc|ccc}
\frac{EA}{l}\cos^2\alpha+\frac{12EI}{l^3}\sin^2\alpha & \left(\frac{EA}{l}-\frac{12EI}{l^3}\right)\sin\alpha\cos\alpha & -\frac{6EI}{l^2}\sin\alpha & -\frac{EA}{l}\cos^2\alpha-\frac{12EI}{l^3}\sin^2\alpha & \left(-\frac{EA}{l}+\frac{12EI}{l^3}\right)\sin\alpha\cos\alpha & -\frac{6EI}{l^2}\sin\alpha \\
\left(\frac{EA}{l}-\frac{12EI}{l^3}\right)\sin\alpha\cos\alpha & \frac{EA}{l}\sin^2\alpha+\frac{12EI}{l^3}\cos^2\alpha & \frac{6EI}{l^2}\cos\alpha & \left(-\frac{EA}{l}+\frac{12EI}{l^3}\right)\sin\alpha\cos\alpha & -\frac{EA}{l}\sin^2\alpha-\frac{12EI}{l^3}\cos^2\alpha & \frac{6EI}{l^2}\cos\alpha \\
-\frac{6EI}{l^2}\sin\alpha & \frac{6EI}{l^2}\cos\alpha & \frac{4EI}{l} & \frac{6EI}{l^2}\sin\alpha & -\frac{6EI}{l^2}\cos\alpha & \frac{2EI}{l} \\
\hline
-\frac{EA}{l}\cos^2\alpha-\frac{12EI}{l^3}\sin^2\alpha & \left(-\frac{EA}{l}+\frac{12EI}{l^3}\right)\sin\alpha\cos\alpha & \frac{6EI}{l^2}\sin\alpha & \frac{EA}{l}\cos^2\alpha+\frac{12EI}{l^3}\sin^2\alpha & \left(\frac{EA}{l}-\frac{12EI}{l^3}\right)\sin\alpha\cos\alpha & \frac{6EI}{l^2}\sin\alpha \\
\left(-\frac{EA}{l}+\frac{12EI}{l^3}\right)\sin\alpha\cos\alpha & -\frac{EA}{l}\sin^2\alpha-\frac{12EI}{l^3}\cos^2\alpha & -\frac{6EI}{l^2}\cos\alpha & \left(\frac{EA}{l}-\frac{12EI}{l^3}\right)\sin\alpha\cos\alpha & \frac{EA}{l}\sin^2\alpha+\frac{12EI}{l^3}\cos^2\alpha & -\frac{6EI}{l^2}\cos\alpha \\
-\frac{6EI}{l^2}\sin\alpha & \frac{6EI}{l^2}\cos\alpha & \frac{2EI}{l} & \frac{6EI}{l^2}\sin\alpha & -\frac{6EI}{l^2}\cos\alpha & \frac{4EI}{l}
\end{array}\right] \tag{9-18}$$

不难看出,上述整体坐标系下的单元刚度矩阵 $[k]^e$ 仍然是对称和奇异的。

对于平面桁架结构,在整体坐标系下每个单元的两端各有两个位移分量(水平和竖向线位移)和两个杆端力分量(其合力沿杆轴方向,即为局部坐标系下的杆端轴力)(如图 9-4)。

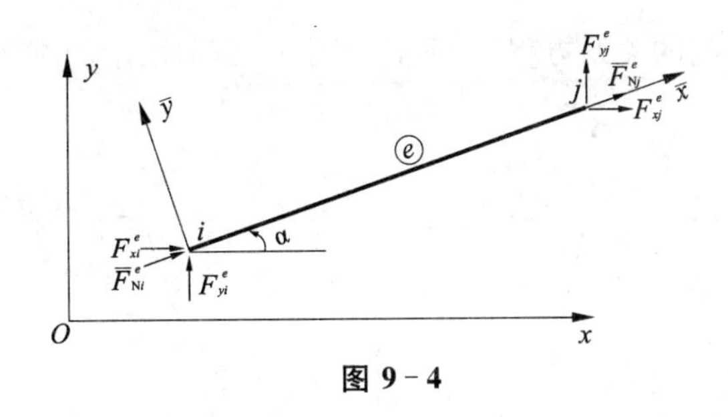

图 9-4

$$\{\delta\}^e=[u_i^e \quad v_i^e \quad u_j^e \quad v_j^e]^{\mathrm{T}},\{F\}^e=[F_{xi}^e \quad F_{yi}^e \quad F_{xj}^e \quad F_{yj}^e]^{\mathrm{T}}$$

因此整体坐标系下的单元刚度矩阵应是 4×4 阶。为便于后面集成整体刚度矩阵，宜将局部坐标系下的单元刚度矩阵由 2×2 阶扩充为 4×4 阶，即单元刚度矩阵可表示为

$$[\bar{k}]^e=\left[\begin{array}{cc|cc} \frac{EA}{l} & 0 & -\frac{EA}{L} & 0 \\ 0 & 0 & 0 & 0 \\ \hline -\frac{EA}{l} & 0 & \frac{EA}{l} & 0 \\ 0 & 0 & 0 & 0 \end{array}\right] \tag{9-19}$$

坐标转换矩阵$[T]$可由图 9-4 不难推得，或直接由式(9-10)删去第 3 行(列)和第 6 行(列)得到

$$[T]=\left[\begin{array}{cc|cc} \cos\alpha & \sin\alpha & 0 & 0 \\ -\sin\alpha & \cos\alpha & 0 & 0 \\ \hline 0 & 0 & \cos\alpha & \sin\alpha \\ 0 & 0 & -\sin\alpha & \cos\alpha \end{array}\right] \tag{9-20}$$

则整体坐标系下的单元刚度矩阵为

$$[k]^e=[T]^{\mathrm{T}}[\bar{k}]^e[T]=$$

$$\left[\begin{array}{c|c} [k_{ii}]^e & [k_{ij}]^e \\ \hline [k_{ji}]^e & [k_{jj}]^e \end{array}\right]=\frac{EA}{l}\left[\begin{array}{cc|cc} \cos^2\alpha & \cos\alpha\sin\alpha & -\cos^2\alpha & -\cos\alpha\sin\alpha \\ \cos\alpha\sin\alpha & \sin^2\alpha & -\cos\alpha\sin\alpha & -\sin^2\alpha \\ \hline -\cos^2\alpha & -\cos\alpha\sin\alpha & \cos^2\alpha & \cos\alpha\sin\alpha \\ -\cos\alpha\sin\alpha & -\sin^2\alpha & \cos\alpha\sin\alpha & \sin^2\alpha \end{array}\right] \tag{9-21}$$

9.5 结构的整体分析

9.5.1 结构总刚度方程的建立

前面的单元分析是以结构中的某些单元作为研究对象的，而整体分析则以整个结构为研究对象，通过考虑各结点的几何条件和平衡条件，建立结构的总刚度方程(即未知的结点

位移与已知的结点力之间的关系方程)。下面以图 9-5(a)所示的刚架为例加以说明。

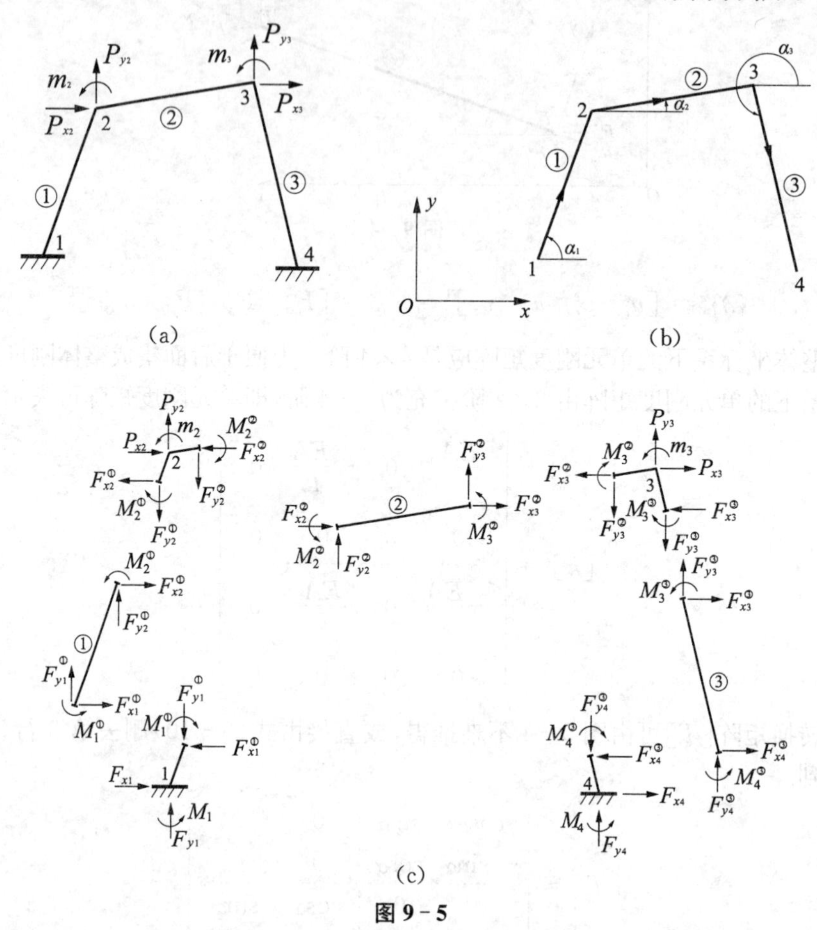

(c)

图 9-5

首先进行结构的离散化处理,即对各单元和结点进行编号,分别用①,②……表示单元号,用 1,2……表示结点号(支座也视为结点)。建立整体坐标系和各单元的局部坐标系(各单元的箭头方向表示其局部坐标系的 $\bar{x}$ 轴方向),如图 9-5(b)所示。各单元在整体坐标系下的刚度矩阵,按两端的结点编号用分块形式表示为

$$\underset{1\to 2}{[k]}^{①}=\begin{bmatrix}[k_{11}]^{①} & [k_{12}]^{①}\\ [k_{21}]^{①} & [k_{22}]^{①}\end{bmatrix}\begin{matrix}1\\2\end{matrix}\quad \underset{2\to 3}{[k]}^{②}=\begin{bmatrix}[k_{22}]^{②} & [k_{23}]^{②}\\ [k_{32}]^{②} & [k_{33}]^{②}\end{bmatrix}\begin{matrix}2\\3\end{matrix}\quad \underset{3\to 4}{[k]}^{③}=\begin{bmatrix}[k_{33}]^{③} & [k_{34}]^{③}\\ [k_{43}]^{③} & [k_{44}]^{③}\end{bmatrix}\begin{matrix}3\\4\end{matrix} \tag{a}$$

平面刚架中的每个刚结点通常有两个线位移和一个角位移。该刚架有 4 个结点,共有 12 个结点位移分量,按序将其排成一列,称为结构的位移列阵,即

$$\{\Delta\}=\{\Delta_1\}\quad\{\Delta_2\}\quad\{\Delta_3\}\quad\{\Delta_4\}$$

式中

$$\{\Delta_1\}=\begin{Bmatrix}u_1\\v_1\\\varphi_1\end{Bmatrix},\{\Delta_2\}=\begin{Bmatrix}u_2\\v_2\\\varphi_2\end{Bmatrix},\{\Delta_3\}=\begin{Bmatrix}u_3\\v_3\\\varphi_3\end{Bmatrix},\{\Delta_4\}=\begin{Bmatrix}u_4\\v_4\\\varphi_4\end{Bmatrix}$$

$\{\Delta_i\}$代表结点 i 的位移列阵,u_i、v_i 和 φ_i 分别为结点 i 沿整体坐标系 x、y 轴的线位移和

绕 z 轴的角位移，分别以沿 x、y 轴的正向和逆时针方向为正。

假设刚架的 2、3 结点上只有结点荷载作用(若某单元上还作用有非结点荷载，则尚需将其等效到相邻的结点上，详见后面的 9.5.4 节)，与结点位移列阵对应的结点外力(包括外荷载和支座反力或反力矩)列阵为

$$\{F\}=[\{F_1\}\quad\{F_2\}\quad\{F_3\}\quad\{F_4\}]^{\mathrm{T}}$$

式中

$$\{F_1\}=\begin{Bmatrix}F_{x1}\\F_{y1}\\M_1\end{Bmatrix},\{F_2\}=\begin{Bmatrix}P_{x2}\\P_{y2}\\m_2\end{Bmatrix},\{F_3\}=\begin{Bmatrix}P_{x3}\\P_{y3}\\m_3\end{Bmatrix},\{F_4\}=\begin{Bmatrix}F_{x4}\\F_{y4}\\M_4\end{Bmatrix}$$

上式 $\{F_i\}$ 代表结点 i 处的外力列阵，F_{xi}、F_{yi} 和 M_i 分别是作用于结点 i 的沿 x、y 方向的外力和外力矩，其正负号规定与前述结点位移的规定相同。结点 2、3 处的外力 $\{F_2\}$、$\{F_3\}$ 就是已知的结点荷载。支座 1、4 处无结点荷载作用，结点外力 $\{F_1\}$、$\{F_4\}$ 就是支座反力(暂时将其视为荷载)；若支座处尚有已知的结点荷载作用，则 $\{F_1\}$、$\{F_4\}$ 应为结点荷载与支座反力的代数和。

现在来考虑其平衡条件和变形条件。各单元、结点的隔离体如图 9－5(c)所示，注意图中各单元的杆端力均沿整体坐标系的正向作用。以结点 2 为例，由该结点的内、外力平衡条件 $\sum F_x=0$、$\sum F_y=0$ 和 $\sum M=0$ 可得

$$\left.\begin{aligned}P_{x2}&=F_{x2}^{①}+F_{x2}^{②}\\P_{y2}&=F_{y2}^{①}+F_{y2}^{②}\\m_2&=M_2^{①}+M_2^{②}\end{aligned}\right\}$$

用矩阵表示为

$$\begin{Bmatrix}P_{x2}\\P_{y2}\\m_2\end{Bmatrix}=\begin{Bmatrix}F_{x2}^{①}\\F_{y2}^{①}\\M_2^{①}\end{Bmatrix}+\begin{Bmatrix}F_{x2}^{②}\\F_{y2}^{②}\\M_2^{②}\end{Bmatrix}$$

简写为

$$\{F_2\}=\{F_2\}^{①}+\{F_2\}^{②}\tag{b}$$

根据式(9－16)，上述杆端内力列阵可用杆端位移列阵来表示(即将①、②单元的刚度方程展开)

$$\left.\begin{aligned}\{F_2\}^{①}&=[k_{21}]^{①}\{\delta_1\}^{①}+[k_{22}]^{①}\{\delta_2\}^{①}\\\{F_2\}^{②}&=[k_{22}]^{②}\{\delta_2\}^{②}+[k_{23}]^{②}\{\delta_3\}^{②}\end{aligned}\right\}\tag{c}$$

再由结点 2 处的变形连续条件，有

$$\left.\begin{aligned}\{\delta_2\}^{①}&=\{\delta_2\}^{②}=\{\Delta_2\}\\\{\delta_1\}^{①}&=\{\Delta_1\}\\\{\delta_3\}^{②}&=\{\Delta_3\}\end{aligned}\right\}\tag{d}$$

将式(c)和式(d)代入式(b)，可得以结点位移表示的结点 2 的平衡方程为

$$\{F_2\}=[k_{21}]^{①}\{\Delta_1\}+([k_{22}]^{①}+[k_{22}]^{②})\{\Delta_2\}+[k_{23}]^{②}\{\Delta_3\}\tag{e}$$

同理，对于结点 1、3、4 同样可列出类似的方程。将其汇总为

$$\left.\begin{aligned}
\{F_1\}&=[k_{11}]^{①}\{\Delta_1\}+[k_{12}]^{①}\{\Delta_2\}\\
\{F_2\}&=[k_{21}]^{①}\{\Delta_1\}+([k_{22}]^{①}+[k_{22}]^{②})\{\Delta_2\}+[k_{23}]^{②}\{\Delta_3\}\\
\{F_3\}&=[k_{32}]^{②}\{\Delta_2\}+([k_{33}]^{②}+[k_{33}]^{③})\{\Delta_3\}+[k_{34}]^{③}\{\Delta_4\}\\
\{F_4\}&=[k_{43}]^{③}\{\Delta_3\}+[k_{44}]^{③}\{\Delta_4\}
\end{aligned}\right\}\tag{f}$$

将以上 4 个方程合并写成矩阵形式为

$$\begin{Bmatrix}\{F_1\}=\begin{Bmatrix}F_{x1}\\F_{y1}\\M_1\end{Bmatrix}\\ \{F_2\}=\begin{Bmatrix}P_{x2}\\P_{y2}\\m_2\end{Bmatrix}\\ \{F_3\}=\begin{Bmatrix}P_{x3}\\P_{y3}\\m_3\end{Bmatrix}\\ \{F_4\}=\begin{Bmatrix}F_{x4}\\F_{y4}\\M_4\end{Bmatrix}\end{Bmatrix}=\begin{bmatrix}[k_{11}]^{①} & [k_{12}]^{①} & [0] & [0]\\ [k_{21}]^{①} & [k_{22}]^{①}+[k_{22}]^{②} & [k_{23}]^{②} & [0]\\ [0] & [k_{32}]^{②} & [k_{33}]^{②}+[k_{33}]^{③} & [k_{34}]^{③}\\ [0] & [0] & [k_{43}]^{③} & [k_{44}]^{③}\end{bmatrix}\begin{bmatrix}\{\Delta_1\}=\begin{Bmatrix}u_1\\v_1\\\varphi_1\end{Bmatrix}\\ \{\Delta_2\}=\begin{Bmatrix}u_2\\v_2\\\varphi_2\end{Bmatrix}\\ \{\Delta_3\}=\begin{Bmatrix}u_3\\v_3\\\varphi_3\end{Bmatrix}\\ \{\Delta_4\}=\begin{Bmatrix}u_4\\v_4\\\varphi_4\end{Bmatrix}\end{bmatrix}\tag{g}$$

式(g)即为用结点位移表示的全部结点的平衡方程，它反映了作用在结点上的外力与结点位移之间的关系，称为结构的原始总刚度方程(这里，“原始”之意是指此时结构暂未考虑边界约束条件)。

上式可简写成

$$\{F\}=[K_P]\{\Delta\}\tag{9-22}$$

式中

$$[K_P]=\begin{bmatrix}[K_{11}] & [K_{12}] & [K_{13}] & [K_{14}]\\ [K_{21}] & [K_{22}] & [K_{23}] & [K_{24}]\\ [K_{31}] & [K_{32}] & [K_{33}] & [K_{34}]\\ [K_{41}] & [K_{42}] & [K_{43}] & [K_{44}]\end{bmatrix}=\begin{bmatrix}[k_{11}]^{①} & [k_{12}]^{①} & [0] & [0]\\ [k_{21}]^{①} & [k_{22}]^{①}+[k_{22}]^{②} & [k_{23}]^{②} & [0]\\ [0] & [k_{32}]^{②} & [k_{33}]^{②}+[k_{33}]^{③} & [k_{34}]^{③}\\ [0] & [0] & [k_{43}]^{③} & [k_{44}]^{③}\end{bmatrix}\tag{9-23}$$

称为结构的原始总刚度矩阵$[K_P]$(下标 P 是“原始”的英文单词首字母)。其中某一元素的物理意义表示当所在列对应的结点位移分量等于 1(其余结点位移分量均为零)时，其所在行对应的结点外力分量的数值。

类似于单元刚度矩阵，结构的原始总刚度矩阵具有如下基本性质：

(1) 对称性。它是由反力互等定理决定的。

(2) 奇异性。由于暂时还没有考虑结构的边界约束条件，其逆阵不存在。结构可以有任意的刚体位移，结点位移的解答是不确定的。

9.5.2 直接刚度法

以上我们通过传统的静力平衡方程及变形协调条件，建立了结构的原始总刚度方程。

而在实际的运算中，结构的原始总刚度矩阵$[K_P]$还可由更直观的“直接刚度法”，通过简单的“搬家”过程，直接将单刚中的子块放到总刚中相应的位置形成总刚度矩阵。

对照式(a)和式(9-23)不难看出，总刚中的子块$[K_{ij}]$是由各单刚的子块$[k_{ij}]^e$提供的。也就是说，我们只需把每个单刚的4个子块按其2个下标号码，逐一搬到总刚中相应的位置中去，即可得到结构的原始总刚度矩阵。以单元②的4个子块为例，其“对号入座”过程如图9-6所示。

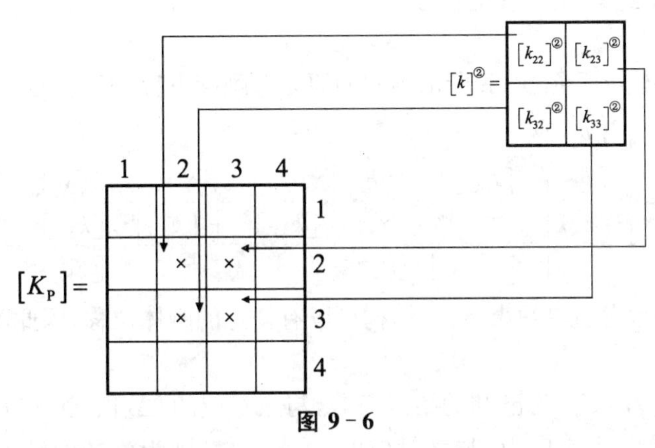

图 9-6

在形成总刚的过程中，具有相同下标的各单刚子块在被放置到同一位置时应当叠加。例如式(9-23)中的K_{22}，分别由单元①、②中的子块$[k_{22}]^{①}$和$[k_{22}]^{②}$共同提供，K_{33}的情况类似。无单刚子块放入的位置应为零子块，如式(9-23)中的K_{13}、K_{14}等。

假如我们将图9-5中的结点编号改为图9-7所示的情况，则整体坐标系下的单刚阵按其所在单元两端的结点号表示的分块形式为

$$\underset{3\to1}{[k]^{①}}=\begin{array}{c}\begin{matrix}3 & \quad\quad\quad 1\end{matrix}\\ \left[\begin{array}{c:c}[k_{33}]^{①} & [k_{31}]^{①}\\ \hdashline [k_{13}]^{①} & [k_{11}]^{①}\end{array}\right]\begin{matrix}3\\1\end{matrix}\end{array}$$

$$\underset{1\to2}{[k]^{②}}=\begin{array}{c}\begin{matrix}1 & \quad\quad\quad 2\end{matrix}\\ \left[\begin{array}{c:c}[k_{11}]^{②} & [k_{12}]^{②}\\ \hdashline [k_{21}]^{②} & [k_{22}]^{②}\end{array}\right]\begin{matrix}1\\2\end{matrix}\end{array}$$

$$\underset{2\to4}{[k]^{③}}=\begin{array}{c}\begin{matrix}2 & \quad\quad\quad 4\end{matrix}\\ \left[\begin{array}{c:c}[k_{22}]^{③} & [k_{24}]^{③}\\ \hdashline [k_{42}]^{③} & [k_{44}]^{③}\end{array}\right]\begin{matrix}2\\4\end{matrix}\end{array}$$

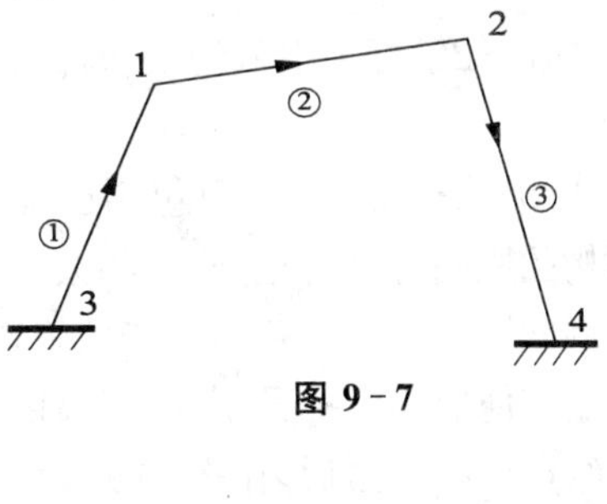

图 9-7

将上述单刚中的全部子块按其两个下标的编号，由直接刚度法“对号入座”到总刚中相应的位置中，没有子块放入的位置填零即可。

则该结构在新的结点编号下的原始总刚度矩阵为

$$[K_P]=\left[\begin{array}{c:c:c:c}[k_{11}]^{①}+[k_{11}]^{②} & [k_{12}]^{②} & [k_{13}]^{①} & [0]\\ \hdashline [k_{21}]^{②} & [k_{22}]^{②}+[k_{22}]^{③} & [0] & [k_{24}]^{③}\\ \hdashline [k_{31}]^{①} & [0] & [k_{33}]^{①} & [0]\\ \hdashline [0] & [k_{42}]^{③} & [0] & [k_{44}]^{③}\end{array}\right]$$

9.5.3 边界约束条件的引入

前面我们已经建立了图 9 - 5 所示刚架的原始总刚度方程，即式(g)

$$\left\{\begin{array}{c}\{F_1\}\\ \hdashline \{F_2\}\\ \hdashline \{F_3\}\\ \hdashline \{F_4\}\end{array}\right\}=\left[\begin{array}{c:c:c:c}[k_{11}]^{①} & [k_{12}]^{①} & [0] & [0]\\ \hdashline [k_{21}]^{①} & [k_{22}]^{①}+[k_{22}]^{②} & [k_{23}]^{②} & [0]\\ \hdashline [0] & [k_{32}]^{②} & [k_{33}]^{②}+[k_{33}]^{③} & [k_{34}]^{③}\\ \hdashline [0] & [0] & [k_{43}]^{③} & [k_{44}]^{③}\end{array}\right]\left\{\begin{array}{c}\{\Delta_1\}\\ \hdashline \{\Delta_2\}\\ \hdashline \{\Delta_3\}\\ \hdashline \{\Delta_4\}\end{array}\right\} \tag{9-24}$$

由于暂时尚未考虑边界约束条件，结构可以有任意的刚体位移，因此不能由上式求得结点位移。

上式中的$\{F_2\}$和$\{F_3\}$为已知的结点荷载，与之对应的$\{\Delta_2\}$、$\{\Delta_3\}$为待求的结点位移；$\{F_1\}$和$\{F_4\}$是未知的支座反力，与之对应的$\{\Delta_1\}$、$\{\Delta_4\}$则为已知的结点位移。由于结点1、4为固定支座，引入边界约束条件

$$\{\Delta_1\}=\{\Delta_4\}=\{0\} \tag{9-25}$$

代入式(9 - 24)，由矩阵运算可得

$$\left\{\begin{array}{c}\{F_2\}\\ \hdashline \{F_3\}\end{array}\right\}=\left[\begin{array}{c:c}[k_{22}]^{①}+[k_{22}]^{②} & [k_{23}]^{②}\\ \hdashline [k_{32}]^{②} & [k_{33}]^{②}+[k_{33}]^{③}\end{array}\right]\left\{\begin{array}{c}\{\Delta_2\}\\ \hdashline \{\Delta_3\}\end{array}\right\} \tag{9-26}$$

和

$$\left\{\begin{array}{c}\{F_1\}\\ \hdashline \{F_4\}\end{array}\right\}=\left[\begin{array}{c:c}[k_{12}]^{①} & [0]\\ \hdashline [0] & [k_{43}]^{③}\end{array}\right]\left\{\begin{array}{c}\{\Delta_2\}\\ \hdashline \{\Delta_3\}\end{array}\right\} \tag{9-27}$$

式(9 - 26)即为引入约束条件后的结构总刚度方程，也即位移法典型方程，可简写为

$$\{F\}=[K]\{\Delta\} \tag{9-28}$$

式(9 - 28)中的$\{F\}$只包括已知的结点荷载，$\{\Delta\}$只包括未知的结点位移，矩阵$[K]$为从结构的原始总刚度矩阵中，删去与已知为零的结点位移相对应的行和列得到的，称为结构的总刚度矩阵。对于几何不变体系，在引入边界约束条件后，即消除了刚体位移，结构的总刚度矩阵便成为非奇异矩阵，于是由式(9 - 28)即可解得未知的结点位移$\{\Delta\}$。

结点位移求出后，由各单元两端的结点号，得到各单元在整体坐标系下的杆端位移$\{\Delta\}^e$，再根据整体坐标系下的单元刚度方程，即式(9 - 15)求得整体坐标系下的杆端力为

$$\{F\}^e=[k]^e\{\Delta\}^e \tag{9-29}$$

再由式(9 - 9)转换为局部坐标系下的杆端力

$$\{\overline{F}\}^e=[T]\{F\}^e=[T][k]^e\{\Delta\}^e \tag{9-30}$$

或由式(9 - 12)求得局部坐标系中的杆端结点位移

$$\{\overline{\Delta}\}^e=[T]\{\Delta\}^e \tag{9-31}$$

再由式(9 - 2)求出局部坐标系中的杆端力

$$\{\overline{F}\}^{e}=[\overline{k}]^{e}\{\overline{\Delta}\}^{e}=[\overline{k}]^{e}[T]\{\Delta\}^{e} \tag{9-32}$$

在求出未知的结点位移后,可利用式(9 - 27)计算支座反力(该方程通常称为反力方程)。当然,在所有杆件的内力都求出后,不必再解反力方程,因为通过支座结点的内外力平衡关系求反力已无任何困难了。

上述求解方法在矩阵位移法中称为“后处理法”,即在集成原始总刚阵之前,暂不考虑各单元的约束条件,等到集成之后再考虑。其优点是各单元的刚度矩阵具有统一的形式;缺点是总刚阶数高且占据不必要的内存空间。相反,与之对应的还有“先处理法”,即在集成总刚前,各单元的单刚先考虑其两端的约束条件;缺点是各单元的单刚形式不统一。相对而言,“后处理法”应用更为广泛。

9.5.4 非结点荷载的等效处理

在实际问题中,经常会遇到杆件上作用有非结点荷载的情况,我们可以通过静力等效的方法将其作用到相邻的结点上,成为等效结点荷载。

如图 9 - 8 所示的刚架,首先与位移法一样,加入附加约束阻止所有结点的线位移和角位移,这时各单元产生固端力,并引起附加约束(附加链杆和附加刚臂)内的反力和反力矩。根据结点平衡条件,这些附加反力和反力矩的数值等于汇交于某结点的各固端力代数和(图 9 - 8(b))。然后,再释放附加链杆和刚臂,即将上述附加反力和反力矩反向后作为结点荷载加在相应的结点上(图 9 - 8(c)),这些荷载称为等效结点荷载,此后便可按照前面介绍的方法求解。最后,将以上两步的内力叠加,即为原结构在非结点荷载作用下的最终内力。

下面给出具体的计算步骤。

(1) 计算各单元在局部坐标系下的固端力 $\{\overline{F}^{\mathrm{F}}\}^{e}$

$$\{\overline{F}^{\mathrm{F}}\}^{e}=\begin{Bmatrix}\{\overline{F}_{i}^{\mathrm{F}}\}^{e}\\ \cdots\cdots\\ \{\overline{F}_{j}^{\mathrm{F}}\}^{e}\end{Bmatrix}=\begin{Bmatrix}\overline{F}_{\mathrm{N}i}^{\mathrm{F}}\\ \overline{F}_{\mathrm{S}i}^{\mathrm{F}}\\ \overline{M}_{i}^{\mathrm{F}}\\ \cdots\\ \overline{F}_{\mathrm{N}j}^{\mathrm{F}}\\ \overline{F}_{\mathrm{S}j}^{\mathrm{F}}\\ \overline{M}_{j}^{\mathrm{F}}\end{Bmatrix}^{e} \tag{9-33}$$

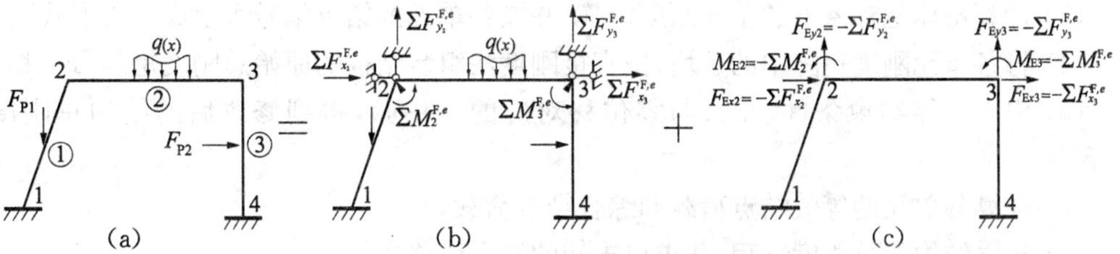

图 9 - 8

这些固端力可由第 6 章位移法中的载常数表 6 - 2 并按本章的符号规定查取。

(2) 求整体坐标系下的固端力$\{F^{\mathrm{F}}\}^e$

$$\{F^{\mathrm{F}}\}^e=[T]^{\mathrm{T}}\{\overline{F}^{\mathrm{F}}\}^e=\begin{Bmatrix}F_{xi}^{\mathrm{F}}\\F_{yi}^{\mathrm{F}}\\M_i^{\mathrm{F}}\\\hdashline F_{xj}^{\mathrm{F}}\\F_{yj}^{\mathrm{F}}\\M_j^{\mathrm{F}}\end{Bmatrix}^e \tag{9-34}$$

(3) 计算各单元的等效结点荷载$\{F_{\mathrm{E}}\}^e$

将$\{F^{\mathrm{F}}\}^e$反号即为单元e的等效结点荷载$\{F_{\mathrm{E}}\}^e$(下标“E”为英文单词“等效”的首字母)。

$$\{F_{\mathrm{E}}\}^e=-\{F^{\mathrm{F}}\}^e \tag{9-35}$$

(4) 求结构中某结点i的等效结点荷载$\{F_{\mathrm{E}i}\}$

将与某结点i相连的各单元在该端的等效结点荷载叠加,即为该结点的等效结点荷载。

$$\{F_{\mathrm{E}i}\}=\begin{Bmatrix}F_{\mathrm{E}xi}\\F_{\mathrm{E}yi}\\M_{\mathrm{E}i}\end{Bmatrix}=\begin{Bmatrix}-\sum F_{xi}^{\mathrm{F}}\\-\sum F_{yi}^{\mathrm{F}}\\-\sum M_i^{\mathrm{F}}\end{Bmatrix}^e=-\left\{\sum \overline{F}_i^{\mathrm{F}}\right\}^e \tag{9-36}$$

若除了上述非结点荷载之外,还有直接作用在结点i上的荷载$\{F_{\mathrm{D}i}\}$(下标“D”为英文单词“直接”的首字母),则结点i处总的结点荷载为

$$\{F_i\}=\{F_{\mathrm{D}i}\}+\{F_{\mathrm{E}i}\} \tag{9-37}$$

式中$\{F_i\}$称为结点i的综合结点荷载。整个结构的综合结点荷载列阵为

$$\{F\}=\{F_{\mathrm{D}}\}+\{F_{\mathrm{E}}\} \tag{9-38}$$

式中$\{F_{\mathrm{D}}\}$为直接结点荷载列阵,$\{F_{\mathrm{E}}\}$为等效结点荷载列阵。

各单元的最终杆端内力将是固端力与综合结点荷载作用下产生的杆端力之和,即

$$\{F\}^e=\{F^{\mathrm{F}}\}^e+\{F\}=\{F^{\mathrm{F}}\}^e+[k]^e\{\Delta\}^e \tag{9-39}$$

及

$$\{\overline{F}\}^e=\{\overline{F}^{\mathrm{F}}\}^e+[T][k]^e\{\Delta\}^e \tag{9-40}$$

或

$$\{\overline{F}\}^e=\{\overline{F}^{\mathrm{F}}\}^e+[\overline{k}]^e[T]\{\Delta\}^e \tag{9-41}$$

通过上述分析,可将矩阵位移法的解题步骤归纳如下:

(1) 对全部的结点和单元进行编号,建立各单元的局部坐标系和整体坐标系。

(2) 建立整体坐标系下的结点位移列阵和结点力列阵。

(3) 计算整体坐标系下的单元刚度矩阵,并按各单元的结点编号表示成分块形式。

(4) 将各单元刚度矩阵中的子块,按直接刚度法组装结构的原始总刚度矩阵$[K_{\mathrm{P}}]$。

(5) 引入边界约束条件,删去与零位移对应的行(列),得到修改后的结构总刚度矩阵$[K]$。

(6) 计算各单元的等效结点荷载和综合结点荷载。

(7) 建立结构的总刚度方程,并求出未知的结点位移。

(8) 由结点位移得到各单元的杆端位移,并按单元刚度方程求各单元的杆端内力。

下面通过3个算例具体说明解题过程。

9.6 算例分析

【例 9－1】 试建立图 9－9(a)所示连续梁的结构总刚度矩阵，并求各杆的杆端弯矩。

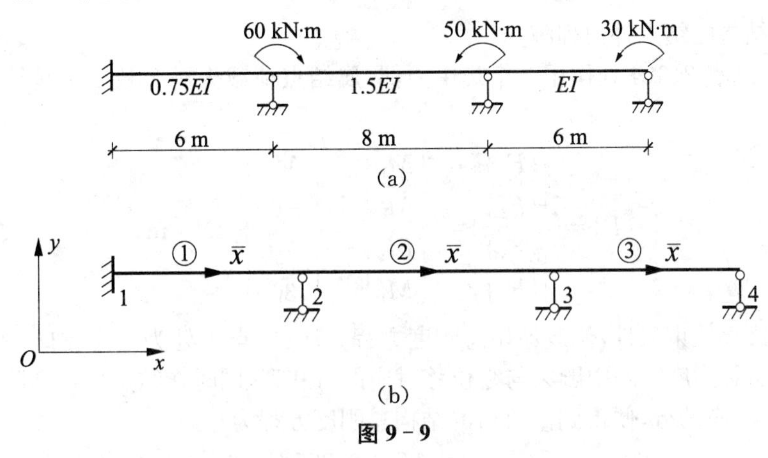

图 9－9

【解】 (1)将单元、结点编号，建立坐标系如图 9－9(a)所示。

(2)求出各单元在整体坐标系中的单元刚度矩阵。

由于各单元的局部坐标与整体坐标系方向一致，故无需进行坐标转换。各单元在整体坐标系中的单元刚度矩阵为

单元①

$$\underset{1\to2}{[k]}^{①}=[\bar{k}]^{①}=\begin{bmatrix}4i & 2i\\ 2i & 4i\end{bmatrix}=\begin{bmatrix}\dfrac{4(0.75EI)}{6} & \dfrac{2(0.75EI)}{6}\\ \dfrac{2(0.75EI)}{6} & \dfrac{4(0.75EI)}{6}\end{bmatrix}=\begin{bmatrix}0.5EI & 0.25EI\\ 0.25EI & 0.5EI\end{bmatrix}\begin{matrix}1\\2\end{matrix}$$

(列编号：1　2)

单元②

$$\underset{2\to3}{[k]}^{②}=\begin{bmatrix}\dfrac{4(1.5EI)}{8} & \dfrac{2(1.5EI)}{8}\\ \dfrac{2(1.5EI)}{8} & \dfrac{4(1.5EI)}{8}\end{bmatrix}=\begin{bmatrix}0.75EI & 0.375EI\\ 0.375EI & 0.75EI\end{bmatrix}\begin{matrix}2\\3\end{matrix}$$

(列编号：2　3)

单元③

$$\underset{3\to4}{[k]}^{③}=\begin{bmatrix}\dfrac{4EI}{6} & \dfrac{2EI}{6}\\ \dfrac{2EI}{6} & \dfrac{4EI}{6}\end{bmatrix}=\begin{bmatrix}0.667EI & 0.333EI\\ 0.333EI & 0.667EI\end{bmatrix}\begin{matrix}3\\4\end{matrix}$$

(列编号：3　4)

(3)将各单元刚度矩阵中的子块"对号入座",形成该连续梁的原始总刚度矩阵$[K_P]$。

$$[K_P]=\begin{array}{c} \begin{matrix} 1 & 2 & 3 & 4 \end{matrix} \\ \left[\begin{array}{c:c:c:c} 0.5EI & 0.25EI & 0 & 0 \\ \hdashline 0.25EI & (0.5EI+0.75EI) & 0.375EI & 0 \\ \hdashline 0 & 0.375EI & (0.75EI+0.667EI) & 0.333EI \\ \hdashline 0 & 0 & 0.333EI & 0.667EI \end{array}\right]\begin{matrix} 1 \\ 2 \\ 3 \\ 4 \end{matrix} \end{array}$$

(4)建立结构的结点外力列阵

本例仅在结点 2、3、4 处作用 3 个集中力偶,属结点荷载无需等效。于是结构的结点外力列阵为

$$\{F\}=\left\{\begin{array}{c} \{F_1\} \\ \hdashline \{F_2\} \\ \hdashline \{F_3\} \\ \hdashline \{F_4\} \end{array}\right\}=\left\{\begin{array}{c} M_1 \\ \hdashline M_2 \\ \hdashline M_3 \\ \hdashline M_4 \end{array}\right\}=\left\{\begin{array}{c} M_1 \\ -60 \\ 50 \\ 30 \end{array}\right\}\text{kN}\cdot\text{m}$$

(5)引入边界约束条件,修改原始总刚度方程。注:结点 1 处为固定支座,不发生转动,$\varphi_1=0$。在原始总刚度矩阵中删去与零位移对应的行和列,同时在结点位移列阵和结点外力列阵中也删去相应的行,便得到修改后的结构总刚度方程为

$$\left\{\begin{array}{c} -60 \\ 50 \\ 30 \end{array}\right\}\text{kN}\cdot\text{m}=\left[\begin{array}{ccc} 1.25 & 0.375 & 0 \\ 0.375 & 1.417 & 0.333 \\ 0 & 0.333 & 0.667 \end{array}\right]EI\left\{\begin{array}{c} \varphi_2 \\ \varphi_3 \\ \varphi_4 \end{array}\right\}$$

(6)解方程求未知的结点位移

$$\left\{\begin{array}{c} \varphi_2 \\ \varphi_3 \\ \varphi_4 \end{array}\right\}=\frac{1}{EI}\left\{\begin{array}{c} -61.98 \\ 46.62 \\ 21.67 \end{array}\right\}$$

(7)按式(9-32)计算各单元的杆端弯矩

单元① $\varphi_1=0,\varphi_2=-\dfrac{61.98}{EI}$

$$\left\{\begin{array}{c} M_1 \\ M_2 \end{array}\right\}^{①}=\left[\begin{array}{cc} 0.5EI & 0.25EI \\ 0.25EI & 0.5EI \end{array}\right]\left\{\begin{array}{c} 0 \\ -\dfrac{61.98}{EI} \end{array}\right\}=\left\{\begin{array}{c} -15.50 \\ -30.99 \end{array}\right\}\text{kN}\cdot\text{m}$$

单元② $\varphi_2=-\dfrac{61.98}{EI},\varphi_3=\dfrac{46.62}{EI}$

$$\left\{\begin{array}{c} M_2 \\ M_3 \end{array}\right\}^{②}=\left[\begin{array}{cc} 0.75EI & 0.375EI \\ 0.375EI & 0.75EI \end{array}\right]\left\{\begin{array}{c} -\dfrac{61.98}{EI} \\ \dfrac{46.62}{EI} \end{array}\right\}=\left\{\begin{array}{c} -29.00 \\ 11.72 \end{array}\right\}\text{kN}\cdot\text{m}$$

单元③ $\varphi_3=\dfrac{46.62}{EI},\varphi_4=\dfrac{21.67}{EI}$

$$\left\{\begin{array}{c} M_3 \\ M_4 \end{array}\right\}^{③}=\left[\begin{array}{cc} 0.667EI & 0.333EI \\ 0.333EI & 0.667EI \end{array}\right]\left\{\begin{array}{c} \dfrac{46.62}{EI} \\ \dfrac{21.67}{EI} \end{array}\right\}=\left\{\begin{array}{c} 38.31 \\ 29.98 \end{array}\right\}\text{kN}\cdot\text{m}$$

所得结果满足结点 2,3,4 的力矩平衡条件(读者可自行验证),故知计算结果无误。

【例 9-2】 试用矩阵位移法求图 9-10(a)所示桁架的内力。

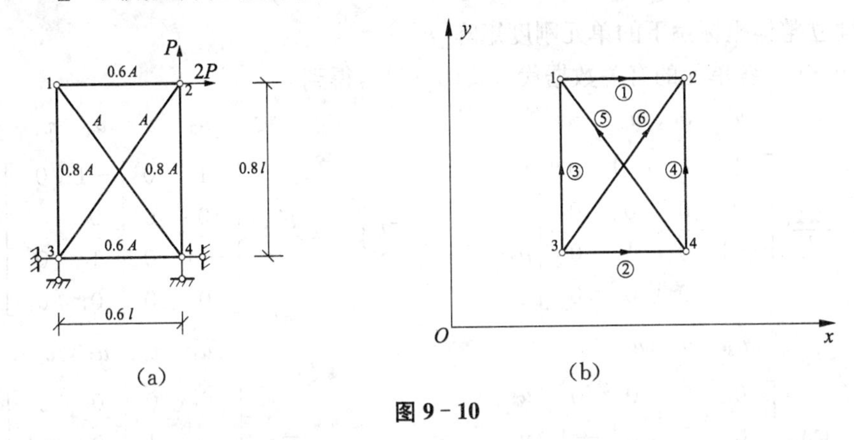

图 9-10

【解】 (1) 建立坐标系,对结点、单元进行编号,如图 9-10(b)所示

各单元的基本几何数据如表 9-1 所示。

表 9-1

单 元	单元端点 ij (i 为始端)	A	l_{ij}	$\cos\alpha$	$\sin\alpha$	$\cos^2\alpha$	$\sin^2\alpha$	$\sin\alpha\cos\alpha$
①	12	$0.6A$	$0.6l$	1	0	1	0	0
②	34	$0.6A$	$0.6l$	1	0	1	0	0
③	31	$0.8A$	$0.8l$	0	1	0	1	0
④	42	$0.8A$	$0.8l$	0	1	0	1	0
⑤	41	A	l	-0.6	0.8	0.36	0.64	-0.48
⑥	32	A	l	0.6	0.8	0.36	0.64	0.48

(2) 建立整体坐标系下的结点位移列阵$\{\Delta\}$和结点荷载列阵$\{P\}$

本例有 4 个结点,每个桁架结点在平面内有两个独立的结点位移,故

$$\{\Delta\}=\begin{Bmatrix}\{\Delta_1\}\\\{\Delta_2\}\\\{\Delta_3\}\\\{\Delta_4\}\end{Bmatrix},\{P\}=\begin{Bmatrix}\{P_1\}\\\{P_2\}\\\{P_3\}\\\{P_4\}\end{Bmatrix}$$

其中

$$\{\Delta_1\}=\begin{Bmatrix}u_1\\v_1\end{Bmatrix},\{\Delta_2\}=\begin{Bmatrix}u_2\\v_2\end{Bmatrix}$$

$$\{\Delta_3\}=\begin{Bmatrix}u_3\\v_3\end{Bmatrix},\{\Delta_4\}=\begin{Bmatrix}u_4\\v_4\end{Bmatrix}$$

$$\{P_1\}=\begin{Bmatrix}0\\0\end{Bmatrix},\{P_2\}=\begin{Bmatrix}2P\\P\end{Bmatrix}$$

$$\{P_3\}=\begin{Bmatrix}P_3^x\\P_3^y\end{Bmatrix},\{P_4\}=\begin{Bmatrix}P_4^x\\P_4^y\end{Bmatrix}$$

(3) 建立整体坐标系下的单元刚度矩阵$[k]^e$

将表 9-1 中各单元的有关数据代入式(9-21),得到

$$\underset{1\to2}{[k]}^{①}=\frac{EA_1}{l_1}\begin{array}{c}\begin{array}{cccc}u_1&v_1&u_2&v_2\end{array}\\\left[\begin{array}{cc|cc}1&0&-1&0\\0&0&0&0\\\hline -1&0&1&0\\0&0&0&0\end{array}\right]\end{array}\begin{array}{c}u_1\\v_1\\u_2\\v_2\end{array},\quad \underset{3\to4}{[k]}^{②}=\frac{EA_2}{l_2}\begin{array}{c}\begin{array}{cccc}u_3&v_3&u_4&v_4\end{array}\\\left[\begin{array}{cc|cc}1&0&-1&0\\0&0&0&0\\\hline -1&0&1&0\\0&0&0&0\end{array}\right]\end{array}\begin{array}{c}u_3\\v_3\\u_4\\v_4\end{array}$$

$$\underset{3\to1}{[k]}^{③}=\frac{EA_3}{l_3}\begin{array}{c}\begin{array}{cccc}u_3&v_3&u_1&v_1\end{array}\\\left[\begin{array}{cc|cc}0&0&0&0\\0&1&0&-1\\\hline 0&0&0&0\\0&-1&0&1\end{array}\right]\end{array}\begin{array}{c}u_3\\v_3\\u_1\\v_1\end{array},\quad \underset{4\to2}{[k]}^{④}=\frac{EA_4}{l_4}\begin{array}{c}\begin{array}{cccc}u_4&v_4&u_2&v_2\end{array}\\\left[\begin{array}{cc|cc}0&0&0&0\\0&1&0&-1\\\hline 0&0&0&0\\0&-1&0&1\end{array}\right]\end{array}\begin{array}{c}u_4\\v_4\\u_2\\v_2\end{array}$$

$$\underset{4\to1}{[k]}^{⑤}=\frac{EA_5}{l_5}\begin{array}{c}\begin{array}{cccc}u_4&v_4&u_1&v_1\end{array}\\\left[\begin{array}{cc|cc}0.36&-0.48&-0.36&0.48\\-0.48&0.64&0.48&-0.64\\\hline -0.36&0.48&0.36&-0.48\\0.48&-0.64&-0.48&0.64\end{array}\right]\end{array}\begin{array}{c}u_4\\v_4\\u_1\\v_1\end{array}$$

$$\underset{3\to2}{[k]}^{⑥}=\frac{EA_6}{l_6}\begin{array}{c}\begin{array}{cccc}u_3&v_3&u_2&v_2\end{array}\\\left[\begin{array}{cc|cc}0.36&0.48&-0.36&-0.48\\0.48&0.64&-0.48&-0.64\\\hline -0.36&-0.48&0.36&0.48\\-0.48&-0.64&0.48&0.64\end{array}\right]\end{array}\begin{array}{c}u_3\\v_3\\u_2\\v_2\end{array}$$

(4) 将各单元刚度矩阵按结点位移编号,由直接刚度法求得结构的原始总刚度方程为

$$\frac{EA}{l}\begin{array}{c}\begin{array}{cccccccc}u_1&v_1&u_2&v_2&u_3&v_3&u_4&v_4\end{array}\\\left[\begin{array}{cc|cc|cc|cc}1.36&-0.48&-1.00&0&0&0&-0.36&0.48\\-0.48&1.64&0&0&0&-1.00&0.48&-0.64\\\hline -1.00&0&1.36&0.48&-0.36&-0.48&0&0\\0&0&0.48&1.64&-0.48&-0.64&0&-1.00\\\hline 0&0&-0.36&-0.48&1.36&0.48&-1.00&0\\0&-1.00&-0.48&-0.64&0.48&1.64&0&0\\\hline -0.36&0.48&0&0&-1.00&0&1.36&-0.48\\0.48&-0.64&0&-1.00&0&0&-0.48&1.64\end{array}\right]\end{array}\begin{Bmatrix}u_1\\v_1\\u_2\\v_2\\u_3\\v_3\\u_4\\v_4\end{Bmatrix}=\begin{Bmatrix}0\\0\\2P\\P\\P_3^x\\P_3^y\\P_4^x\\P_4^y\end{Bmatrix}$$

上式中的方阵即为结构的原始总刚度矩阵$[K_P]$。

(5) 修改结构的原始总刚度方程

引入边界条件：$u_3=v_3=u_4=v_4=0$，剔除原始总刚度方程中与这些零位移对应的行和列，得到结构的总刚度方程为

$$\frac{EA}{l}\left[\begin{array}{cc:cc} 1.36 & -0.48 & -1.00 & 0 \\ -0.48 & 1.64 & 0 & 0 \\ \hdashline -1.00 & 0 & 1.36 & 0.48 \\ 0 & 0 & 0.48 & 1.64 \end{array}\right]\left\{\begin{array}{c} u_1 \\ v_1 \\ \hdashline u_2 \\ v_2 \end{array}\right\}=\left\{\begin{array}{c} 0 \\ 0 \\ \hdashline 2P \\ P \end{array}\right\}$$

(6)求结点位移

解结构总刚度方程，得

$$\begin{Bmatrix} u_1 \\ v_1 \\ u_2 \\ v_2 \end{Bmatrix}=\frac{Pl}{EA}\begin{Bmatrix} 3.505 \\ 1.026 \\ 4.273 \\ -0.642 \end{Bmatrix}$$

(7) 计算支座反力和杆端内力

将求得的结点位移和已知的边界条件 $u_3=v_3=u_4=v_4=0$ 代入结构的原始总刚度方程，得支座反力为

$$\begin{Bmatrix} P_3^x \\ P_3^y \\ P_4^x \\ P_4^y \end{Bmatrix}=\frac{EA}{l}\begin{bmatrix} 0 & 0 & -0.36 & -0.48 \\ 0 & -1.00 & -0.48 & -0.64 \\ -0.36 & 0.48 & 0 & 0 \\ 0.48 & -0.64 & 0 & -1.00 \end{bmatrix}\times\frac{Pl}{EA}\begin{Bmatrix} 3.505 \\ 1.026 \\ 4.273 \\ -0.642 \end{Bmatrix}=\begin{Bmatrix} -1.23P \\ -2.67P \\ -0.77P \\ 1.67P \end{Bmatrix}$$

求整体坐标系下的杆端内力，只要将已求得的结点位移$\{\Delta\}$代入整体坐标系下的单元刚度方程即可。现以①、⑥两单元为例。

单元①

$$\begin{Bmatrix} F_{x1} \\ F_{y1} \\ F_{x2} \\ F_{y2} \end{Bmatrix}^{①}=\frac{EA}{l}\begin{bmatrix} 1 & 0 & -1 & 0 \\ 0 & 0 & 0 & 0 \\ -1 & 0 & 1 & 0 \\ 0 & 0 & 0 & 0 \end{bmatrix}\times\frac{Pl}{EA}\begin{Bmatrix} 3.505 \\ 1.026 \\ 4.273 \\ -0.642 \end{Bmatrix}=\begin{Bmatrix} -0.768P \\ 0 \\ 0.768P \\ 0 \end{Bmatrix}$$

单元⑥

$$\begin{Bmatrix} F_{x3} \\ F_{y3} \\ F_{x2} \\ F_{y2} \end{Bmatrix}^{⑥}=\frac{EA}{l}\begin{bmatrix} 0.36 & 0.48 & -0.36 & -0.48 \\ 0.48 & 0.64 & -0.48 & -0.64 \\ -0.36 & -0.48 & 0.36 & 0.48 \\ -0.48 & -0.64 & 0.48 & 0.64 \end{bmatrix}\times\frac{Pl}{EA}\begin{Bmatrix} 0 \\ 0 \\ 4.273 \\ -0.642 \end{Bmatrix}=\begin{Bmatrix} -1.23P \\ -1.64P \\ 1.23P \\ 1.64P \end{Bmatrix}$$

再将整体坐标系下的杆端力$\{F\}^e$ 转换为局部坐标系下的杆端力为

单元①

$$\begin{Bmatrix} \overline{F}_{N1} \\ \overline{F}_{S1} \\ \overline{F}_{N2} \\ \overline{F}_{S2} \end{Bmatrix}^{①}=\begin{bmatrix} 1 & 0 & 0 & 0 \\ 0 & 1 & 0 & 0 \\ 0 & 0 & 1 & 0 \\ 0 & 0 & 0 & 1 \end{bmatrix}\begin{Bmatrix} -0.768P \\ 0 \\ 0.768P \\ 0 \end{Bmatrix}=\begin{Bmatrix} -0.768P \\ 0 \\ 0.768P \\ 0 \end{Bmatrix}$$

单元⑥

$$\begin{Bmatrix} \overline{F}_{N3} \\ \overline{F}_{S3} \\ \overline{F}_{N2} \\ \overline{F}_{S2} \end{Bmatrix}^{⑥} = \begin{bmatrix} 0.6 & 0.8 & 0 & 0 \\ -0.8 & 0.6 & 0 & 0 \\ 0 & 0 & 0.6 & 0.8 \\ 0 & 0 & -0.8 & 0.6 \end{bmatrix} \begin{Bmatrix} -1.23P \\ -1.64P \\ 1.23P \\ 1.64P \end{Bmatrix} = \begin{Bmatrix} -2.05P \\ 0 \\ 2.05P \\ 0 \end{Bmatrix}$$

【例 9－3】 试计算图 9－11(a)所示刚架的内力，设各杆的弹性模量和截面尺寸相同，$E=2.1\times10^8\ \text{kN/m}^2$，$A=0.4\ \text{m}^2$，$I=0.04\ \text{m}^4$。

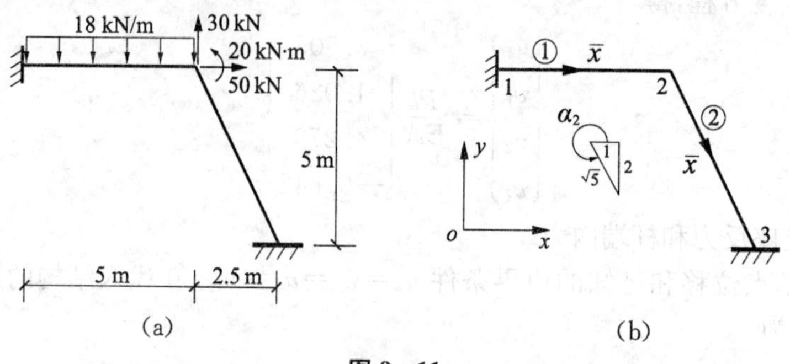

图 9－11

【解】 (1) 将单元、结点编号，建立坐标系如图 9－11(b)所示。

(2) 求出各单元在整体坐标系中的单元刚度矩阵。

单元①：$\alpha_1=0$，$\sin\alpha_1=0$，$\cos\alpha_1=1$

$$\underset{1\to2}{[k]}^{①}=10^5\times\begin{bmatrix} 168 & 0 & 0 & -168 & 0 & 0 \\ 0 & 8.064 & 20.16 & 0 & -8.064 & 20.16 \\ 0 & 20.16 & 67.2 & 0 & -20.16 & 33.6 \\ -168 & 0 & 0 & 168 & 0 & 0 \\ 0 & -8.064 & -20.16 & 0 & 8.064 & -20.16 \\ 0 & 20.16 & 33.6 & 0 & -20.16 & 67.2 \end{bmatrix}\begin{matrix} \\ 1 \\ \\ \\ 2 \\ \\ \end{matrix}$$

（列块编号：1，2）

单元②：$\sin\alpha_2=-\dfrac{2}{\sqrt{5}}=-0.8944$，$\cos\alpha_2=\dfrac{1}{\sqrt{5}}=0.4472$

$$\underset{2\to3}{[k]}^{②}=10^5\times\begin{bmatrix} 34.667 & -57.794 & 14.425 & -34.667 & 57.794 & 14.425 \\ -57.794 & 121.358 & 7.212 & 57.794 & -121.358 & 7.212 \\ 14.425 & 7.212 & 60.106 & -14.425 & -7.212 & 30.053 \\ -34.667 & 57.794 & -14.425 & 34.667 & -57.794 & -14.425 \\ 57.794 & -121.358 & -7.212 & -57.794 & 121.358 & -7.212 \\ 14.425 & 7.212 & 30.053 & -14.425 & -7.212 & 60.106 \end{bmatrix}\begin{matrix} \\ 2 \\ \\ \\ 3 \\ \\ \end{matrix}$$

（列块编号：2，3）

(3) 将以上各单刚中的子块“对号入座”，便形成刚架的原始总刚度矩阵。

$$
[K_P]=10^5\times
\begin{array}{c}
\begin{array}{ccccccccc}
& 1 & & & 2 & & & 3 &
\end{array}\\
\left[\begin{array}{ccc:ccc:ccc}
168 & 0 & 0 & -168 & 0 & 0 & & & \\
0 & 8.064 & 20.16 & 0 & -8.064 & 20.16 & & 0 & \\
0 & 20.16 & 67.2 & 0 & -20.16 & 33.6 & & & \\
\hdashline
-168 & 0 & 0 & 168+(34.667) & 0+(-57.794) & 0+(14.425) & -34.667 & 57.794 & 14.425\\
0 & -8.064 & -20.16 & 0+(-57.794) & 8.064+(121.358) & -20.16+(7.212) & 57.794 & -121.358 & 7.212\\
0 & 20.16 & 33.6 & 0+(14.425) & -20.16+(7.212) & 67.2+(60.106) & -14.425 & -7.212 & 30.053\\
\hdashline
 & & & -34.667 & 57.794 & -14.425 & 34.667 & -57.794 & -14.425\\
 & 0 & & 57.794 & -121.358 & -7.212 & -57.794 & 121.358 & -7.212\\
 & & & 14.425 & 7.212 & 30.053 & -14.425 & -7.212 & 60.106
\end{array}\right]
\end{array}
\begin{array}{c} \\ 1\\ \\ \\ 2\\ \\ \\ 3\\ \\ \end{array}
$$

(4) 计算结点荷载。

将单元①上的非结点荷载处理成等效的结点荷载，然后与原有的结点荷载叠加，得到总的结点荷载。

单元①的固端力为(局部坐标与整体坐标一致)

$$
\begin{aligned}
\{F^{F}\}^{①}=\{\overline{F}^{F}\}^{①}&=[\overline{F}^{F}_{N1}\quad \overline{F}^{F}_{S1}\quad \overline{M}^{F}_{1}\quad \overline{F}^{F}_{N2}\quad \overline{F}^{F}_{S2}\quad \overline{M}^{F}_{2}]^{①T}\\
&=[0,45\text{kN},37.5\text{kN}\cdot\text{m},0,45\text{kN},-37.5\text{kN}\cdot\text{m}]^{①T}
\end{aligned}
$$

单元①的等效结点荷载为

$$
\{\underset{1\to 2}{F_{E}}\}^{①}=-\{F^{F}\}^{①}=[\overset{1}{0,-45\text{kN},-37.5\text{kN}\cdot\text{m}},\overset{2}{0,-45\text{kN},37.5\text{kN}\cdot\text{m}}]^{①T}
$$

结点 2 的等效结点荷载为：$\{F_{E2}\}=[0,-45\text{kN},37.5\text{kN}\cdot\text{m}]^{T}$，而结点 2 上还有直接作用的结点荷载$\{F_{D2}\}=[50\text{kN},30\text{kN},20\text{kN}\cdot\text{m}]^{T}$，故结点 2 的综合结点荷载为

$$
\{F_2\}=\{F_{D2}\}+\{F_{E2}\}=[50\text{kN},-15\text{kN},57.5\text{kN}\cdot\text{m}]^{T}
$$

原结构的结点力列阵为

$$
\{F\}=\begin{Bmatrix}\{F_1\}\\ \hdashline \{F_2\}\\ \hdashline \{F_3\}\end{Bmatrix}
=\begin{Bmatrix}F_{x1}\\F_{y1}\\M_1\\ \hdashline F_{x2}\\F_{y2}\\M_2\\ \hdashline F_{x3}\\F_{y3}\\M_3\end{Bmatrix}
=\begin{Bmatrix}F_{x1}\\F_{y1}\\M_1\\ \hdashline 50\\-15\\57.5\\ \hdashline F_{x3}\\F_{y3}\\M_3\end{Bmatrix}
$$

这里需要说明的是，由于在引入约束条件时，$\{F_1\}$、$\{F_3\}$将被删去或被修改，故在此可不必计算支座结点 1、3 的等效结点荷载及综合结点荷载。

(5) 引入边界约束条件，修改原始总刚度方程。结构的原始总刚度方程为

$$
\begin{Bmatrix}F_{x1}\\F_{y1}\\M_1\\ \hdashline 50\\-15\\57.5\\ \hdashline F_{x3}\\F_{y3}\\M_3\end{Bmatrix}
=10^5\times
\left[\begin{array}{ccc:ccc:ccc}
168 & 0 & 0 & -168 & 0 & 0 & & & \\
0 & 8.064 & 20.16 & 0 & -8.064 & 20.16 & & 0 & \\
0 & 20.16 & 67.2 & 0 & -20.16 & 33.6 & & & \\
\hdashline
-168 & 0 & 0 & 202.667 & -57.794 & 14.425 & -34.667 & 57.794 & 14.425\\
0 & -8.064 & -20.16 & -57.794 & 129.422 & -12.948 & 57.794 & -121.358 & 7.212\\
0 & 20.16 & 33.6 & 14.425 & -12.948 & 127.306 & -14.425 & -7.212 & 30.053\\
\hdashline
 & & & -34.667 & 57.794 & -14.425 & 34.667 & -57.794 & -14.425\\
 & 0 & & 57.794 & -121.358 & -7.212 & -57.794 & 121.358 & -7.212\\
 & & & 14.425 & 7.212 & 30.053 & -14.425 & -7.212 & 60.106
\end{array}\right]
\begin{Bmatrix}u_1\\v_1\\\varphi_1\\ \hdashline u_2\\v_2\\\varphi_2\\ \hdashline u_3\\v_3\\\varphi_3\end{Bmatrix}
$$

由于结点 1 和 3 为固定端，故已知

$$\{\Delta_1\}=\begin{Bmatrix}u_1\\v_1\\\varphi_1\end{Bmatrix}=\begin{Bmatrix}0\\0\\0\end{Bmatrix},\{\Delta_3\}=\begin{Bmatrix}u_3\\v_3\\\varphi_3\end{Bmatrix}=\begin{Bmatrix}0\\0\\0\end{Bmatrix}$$

在原始总刚度矩阵中删去上述零位移对应的行和列，同时在结点位移列阵和结点外力列阵中删去相应的行，便得到修改后的结构总刚度方程为

$$\begin{Bmatrix}50\\-15\\57.5\end{Bmatrix}=10^5\times\begin{bmatrix}202.667 & -57.794 & 14.425\\-57.794 & 129.422 & -12.948\\14.425 & -12.948 & 127.306\end{bmatrix}\begin{Bmatrix}u_2\\v_2\\\varphi_2\end{Bmatrix}$$

(6) 解方程求得未知的结点位移为

$$\begin{Bmatrix}u_2\\v_2\\\varphi_2\end{Bmatrix}=\begin{Bmatrix}2.2387\times10^{-6}\,\text{m}\\2.6993\times10^{-7}\,\text{m}\\4.2905\times10^{-6}\,\text{rad}\end{Bmatrix}$$

(7) 计算各单元的杆端内力。

单元① $\alpha_1=0$，将结点位移转换为相应的杆端位移后，计算局部坐标系下的杆端力。但由于该单元尚有非结点荷载作用，故还须叠加相应的固端力，于是总的杆端力应为

$$\begin{Bmatrix}\overline{F}_{N1}\\\overline{F}_{S1}\\\overline{M}_1\\\hdashline\overline{F}_{N2}\\\overline{F}_{S2}\\\overline{M}_2\end{Bmatrix}^{①}=\begin{Bmatrix}F_{x1}\\F_{y1}\\M_1\\\hdashline F_{x2}\\F_{y2}\\M_2\end{Bmatrix}^{①}=[k]^{①}\{\Delta\}^{①}+\{F^{\mathrm{F}}\}^{①}=10^5\times$$

$$\left[\begin{array}{ccc:ccc}168 & 0 & 0 & -168 & 0 & 0\\0 & 8.064 & 20.16 & 0 & -8.064 & 20.16\\0 & 20.16 & 67.2 & 0 & -20.16 & 33.6\\\hdashline-168 & 0 & 0 & 168 & 0 & 0\\0 & -8.064 & -20.16 & 0 & 8.064 & -20.16\\0 & 20.16 & 33.6 & 0 & -20.16 & 67.2\end{array}\right]\begin{Bmatrix}0\\0\\0\\\hdashline2.2387\times10^{-6}\\2.6993\times10^{-7}\\4.2905\times10^{-6}\end{Bmatrix}$$

$$+\begin{Bmatrix}0\\45\\37.5\\\hdashline0\\45\\-37.5\end{Bmatrix}=\begin{Bmatrix}-37.610\,\text{kN}\\53.432\,\text{kN}\\51.372\,\text{kN}\cdot\text{m}\\\hdashline37.610\,\text{kN}\\36.568\,\text{kN}\\-9.212\,\text{kN}\cdot\text{m}\end{Bmatrix}$$

单元② $\sin\alpha_2=-0.8944$，$\cos\alpha_2=0.4472$，先按式(9-29)计算整体坐标系下的杆端力

$$\{F\}^{②}=\begin{Bmatrix}F_{x2}\\F_{y2}\\M_2\\\hdashline F_{x3}\\F_{y3}\\M_3\end{Bmatrix}^{②}=[k]^{②}\{\Delta\}^{②}$$

$$=10^5\times\left[\begin{array}{ccc:ccc}34.667&-57.794&14.425&-34.667&57.794&14.425\\-57.794&121.358&7.212&57.794&-121.358&7.212\\14.425&7.212&60.106&-14.425&-7.212&30.053\\\hdashline -34.667&57.794&-14.425&34.667&-57.794&-14.425\\57.794&-121.358&-7.212&-57.794&121.358&-7.212\\14.425&7.212&30.053&-14.425&-7.212&60.106\end{array}\right]\begin{Bmatrix}2.2387\times10^{-6}\\2.6993\times10^{-7}\\4.2905\times10^{-6}\\\hdashline 0\\0\\0\end{Bmatrix}$$

$$=\begin{Bmatrix}12.390\text{kN}\\-6.568\text{kN}\\29.212\text{kN}\cdot\text{m}\\\hdashline -12.390\text{kN}\\6.568\text{kN}\\16.318\text{kN}\cdot\text{m}\end{Bmatrix}$$

再按式(9－30)计算局部坐标系下的杆端力

$$\{\overline{F}\}^{②}=[T]\{F\}^{②}=\begin{Bmatrix}\overline{F}_{N2}\\\overline{F}_{S2}\\\overline{M}_2\\\hdashline\overline{F}_{N3}\\\overline{F}_{S3}\\\overline{M}_3\end{Bmatrix}^{②}$$

$$=\left[\begin{array}{ccc:ccc}0.4472&-0.8944&0&&&\\0.8944&0.4475&0&&0&\\0&0&1&&&\\\hdashline &&&0.4472&-0.8944&0\\&0&&0.8944&0.4472&0\\&&&0&0&1\end{array}\right]\begin{Bmatrix}12.390\\-6.568\\29.212\\\hdashline -12.390\\6.568\\16.318\end{Bmatrix}=\begin{Bmatrix}11.415\text{kN}\\8.144\text{kN}\\29.212\text{kN}\cdot\text{m}\\\hdashline -11.415\text{kN}\\-8.144\text{kN}\\16.318\text{kN}\cdot\text{m}\end{Bmatrix}$$

(8) 根据各单元局部坐标系下的杆端力作内力图。

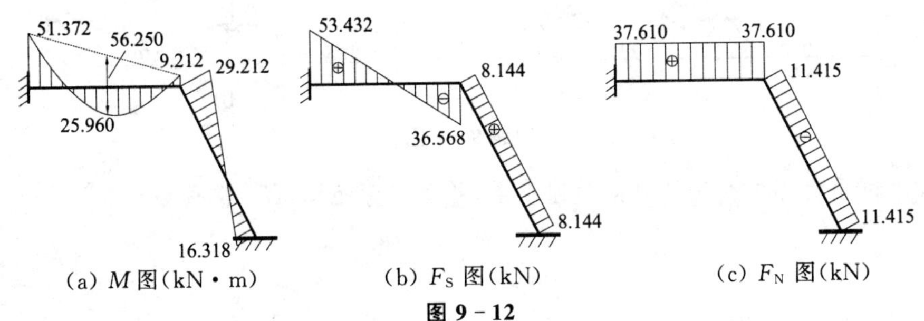

(a) M 图(kN·m)　(b) F_S 图(kN)　(c) F_N 图(kN)

图 9－12

思考题

9-1　矩阵位移法与传统位移法相比，在求解思路、表达方式及符号规则等方面有何异同？

9-2　单元刚度矩阵中任一行(列)元素的物理意义表示什么？其主对角线上的元素为何总是正的？

9-3　为什么说不考虑杆端约束条件时的单元刚度矩阵是奇异的？

9-4　矩阵位移法中，等效结点荷载的“等效原则”是什么？

9-5　单元刚度矩阵中元素 k_{ij} 的物理意义是(　　)。

A. 当且仅当 $\delta_i=1$ 时引起的与 δ_j 相应的杆端力

B. 当且仅当 $\delta_j=1$ 时引起的与 δ_i 相应的杆端力

C. 当 $\delta_j=1$ 时引起的与 δ_i 相应的杆端力

D. 当 $\delta_i=1$ 时引起的与 δ_j 相应的杆端力

9-6　矩阵位移法中，结构的原始总刚度方程表示哪两组物理量之间的相互关系(　　)。

A. 杆端力与结点位移　　B. 杆端力与结点力

C. 结点力与结点位移　　D. 结点位移与杆端力

习题

9-1　试计算图示连续梁的整体刚度矩阵，EI=常数。

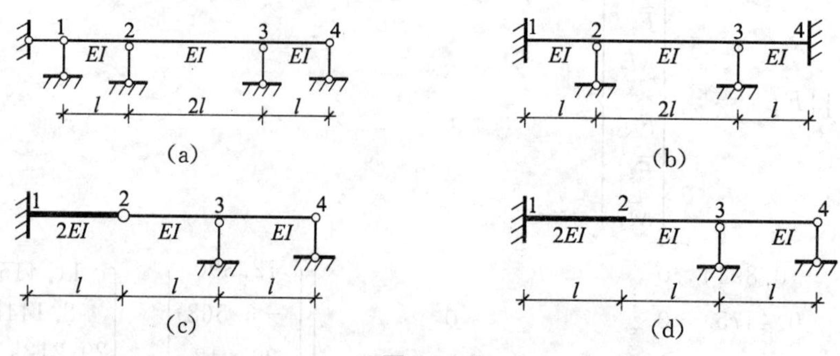

习题 9-1 图

9-2　试用矩阵位移法计算图示连续梁的结点转角和杆端弯矩。

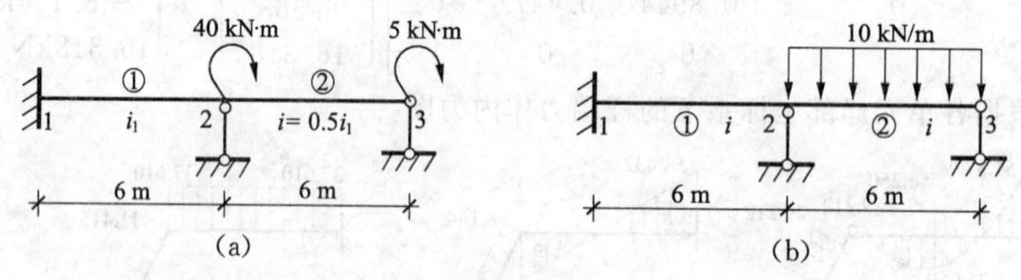

习题 9-2 图

9-3　试用矩阵位移法计算图示连续梁，并画出弯矩图，E=常数。

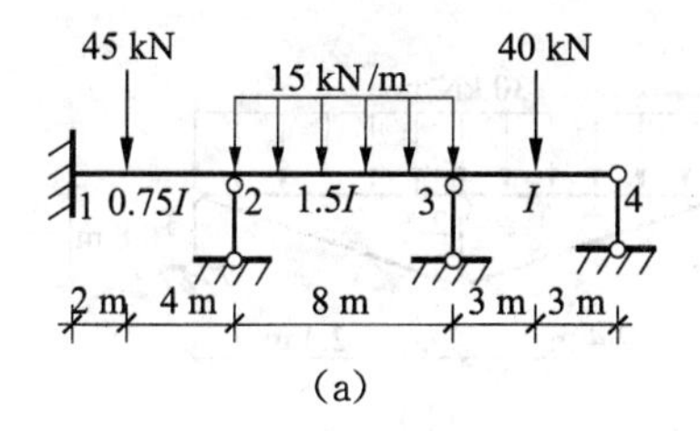

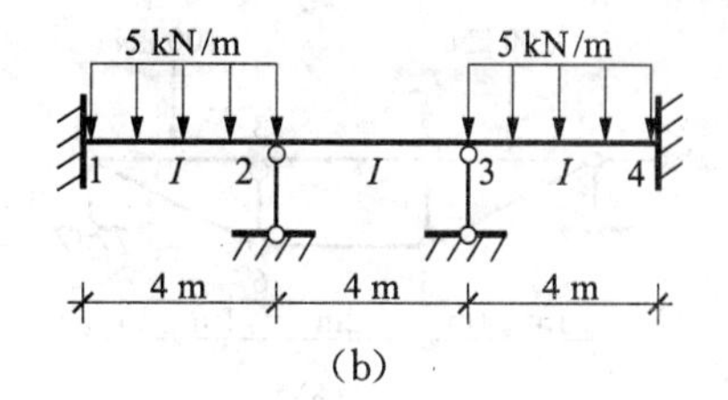

习题 9-3 图

9-4 试以单元刚度矩阵的子块形式，写出图示刚架原始总刚度矩阵中的下列子块的表达式：K_{15}，K_{66}，K_{55}，K_{52}，K_{47}。

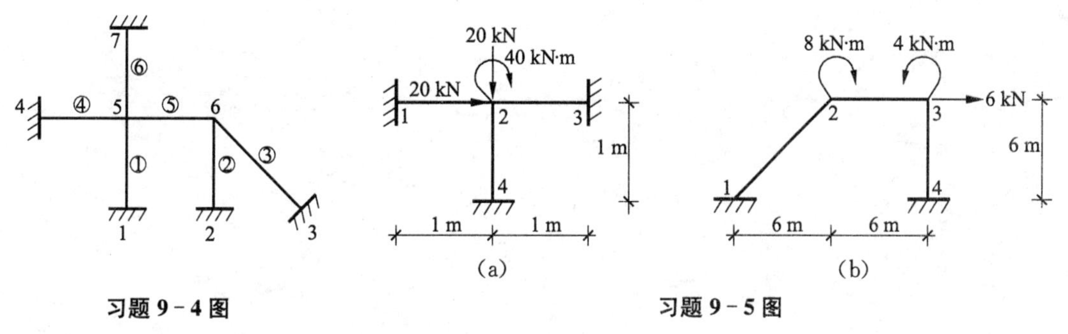

习题 9-4 图　　**习题 9-5 图**

9-5 试用矩阵位移法求图示刚架的 M 图（考虑轴向变形）。已知：$E=2.1\times10^4\ \text{kN/cm}^2$，$I=300\ \text{cm}^4$，$A=20\ \text{cm}^2$。

9-6 试用矩阵位移法求图示桁架的内力，各杆 EA 为常数。

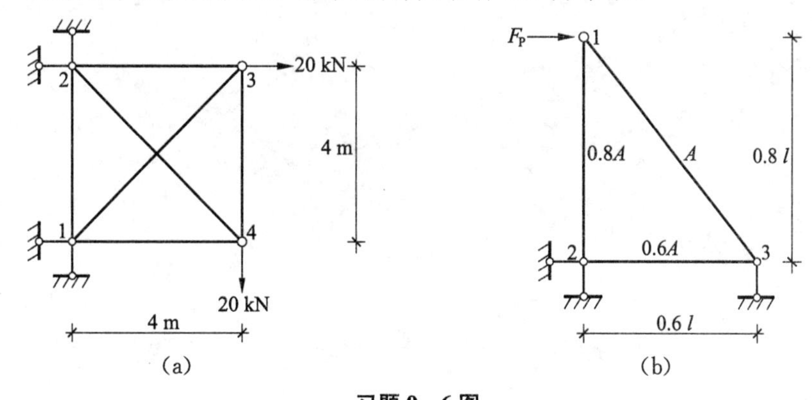

习题 9-6 图

9-7 试用矩阵位移法求图示组合结构的内力。已知：铰接杆的 $E_1=2.1\times10^5$ MPa，$A_1=4.12\times10^{-4}\ \text{m}^2$；梁式杆的 $E_2=0.24\times10^5$ MPa，$A_2=738\times10^{-4}\ \text{m}^2$，$I_2=5.19\times10^{-4}\ \text{m}^4$。

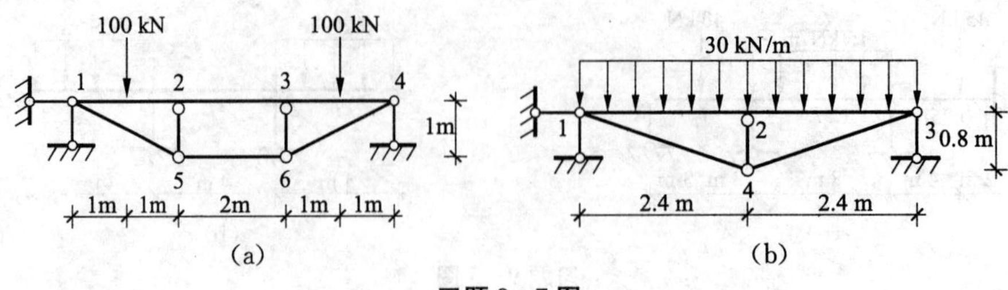

习题 9－7 图

10 结构的动力分析

10.1 概述

前面各章讨论的都是结构在静荷载作用下的计算问题，本章将进一步研究动荷载对结构的影响。所谓动荷载是指能使结构产生不容忽视的加速度和惯性力的荷载。在动荷载作用下，结构将发生振动，各种量值均随时间而变化。

按照动荷载的变化规律，通常有以下几种：

(1) 周期荷载。指随时间按一定规律改变大小的荷载，当按正弦（或余弦）函数规律改变大小时称为简谐周期荷载。它是周期荷载中最简单也是最重要的一种动力荷载，通常也称为振动荷载。

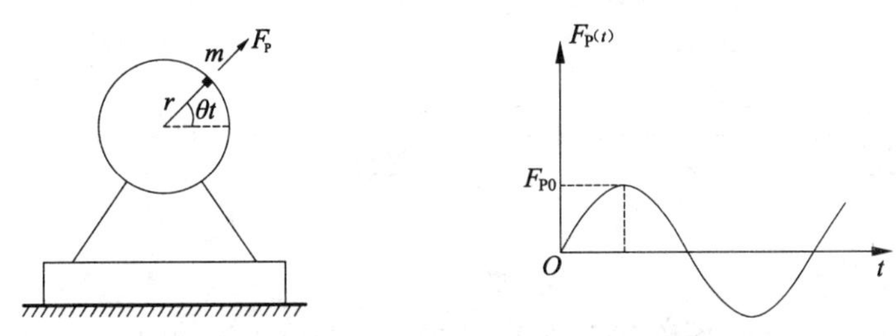

图 10－1 偏心块旋转引起的简谐荷载

例如图 10－1 所示的电机，内部的偏心块在随转子做匀速转动时便产生这种动荷载，设偏心块的质量为 m，离中心转轴的距离为半径 r，电机旋转的角速度为 θ，则任一时刻偏心块转过的角度为 θt，产生的离心力为

$$F_{P_0} = ma = m\theta^2 r$$

其水平和竖向分力为

$$F_{Px}(t) = F_{P_0}\cos\theta t = m\theta^2 r \cdot \cos\theta t$$

$$F_{Py}(t) = F_{P_0}\sin\theta t = m\theta^2 r \cdot \sin\theta t$$

上式表明，离心力的水平和竖向分力均为按简谐规律变化的振动荷载。

(2) 冲击荷载。指很快地把全部荷载施加于结构，且作用时间很短即行消失的荷载。例如工程中打桩机的桩锤对桩的冲击就是这种荷载。

(3) 突加荷载。指在一瞬间施加于结构上并持续作用在结构上的荷载。例如一重物掉落在地板上就是这种荷载。突加荷载包括对结构的突然加载和突然卸载。

(4) 快速移动的荷载。如高速通过桥梁的各种车辆引起的荷载。

(5) 随机荷载。指不能用简单的函数来描述的荷载，只能用概率统计的方法确定其分布情况。例如风荷载、波浪对结构的拍打、地震作用等属于此类荷载。

若结构受外部因素干扰发生振动，在之后的振动过程中不再受外部的干扰力作用，这样的振动称为自由振动，反之称强迫振动。

结构动力分析的目的就是确定动荷载下的内力、位移等量值随时间的变化规律，并找出最大值作为设计依据。

10.2 单自由度体系的自由振动

10.2.1 动力问题的自由度

结构在弹性变形的振动过程中确定全部质点位置所需的独立参数的数目，称为体系的自由度。如图 10-2(a)所示简支梁在跨中作用一物体 W，若梁的自重远小于物体的重量，则可将重物简化为一质点，则得图 10-2(b)所示的计算简图。如不考虑质点的转动以及梁的轴向伸缩(即忽略扭转振动和轴向振动)，质点的位置只需一个竖向位移参数 y 即可确定，即只有一个使梁上下弯曲振动的自由度。具有 1 个自由的体系称为单自由度体系，2 个以上自由度的体系则称为多自由度体系。

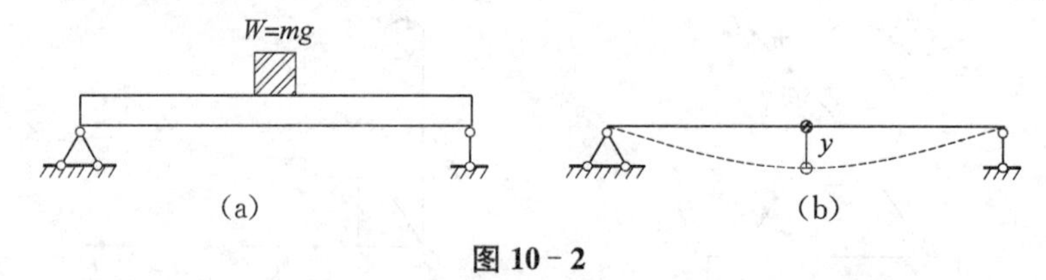

图 10-2

体系的自由度与质量的个数有关，但未必等于质量数。例如图 10-3(a)所示的悬臂刚架，若将全部质量集中在悬臂端，则要确定该质点任一时刻的位置需用两个参数 x、y，或者说该质点可沿水平和竖向作弯曲振动，故该刚架为具有两个自由度的振动体系。

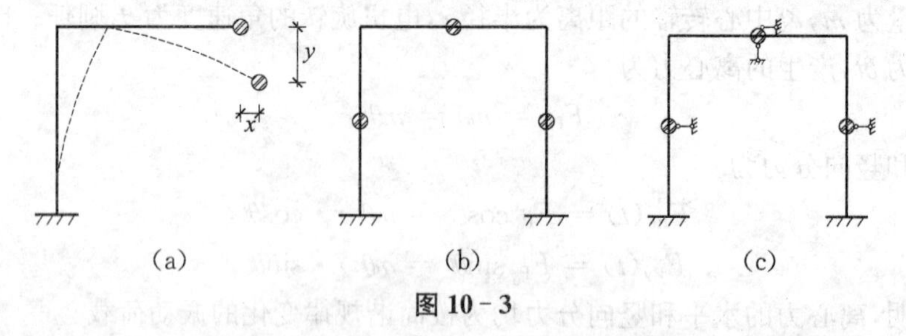

图 10-3

对于较复杂的体系，可采用在集中质量处增设附加链杆的方法来确定体系的自由度。由于每根刚性链杆可限制一个独立的线位移，因此若体系在加入 n 根附加链杆后，所有的质点不能再运动，则称该体系具有 n 个自由度。例如图 10-3(b)所示的刚架，若每根杆件的质量分别集中于杆件的中间，并忽略质点处的角位移和轴向变形，则按上述方法加入 4 根附加链杆后，便可确定全部质点的位置，故体系具有 4 个自由度。

另外，集中质量的数目越多，计算精度就越高，但计算工作量也就越大。例如图 10-4

(a)所示分布质量集度为$\overline{m}$的简支梁，当我们将其质量分别往二等分、三等分和四等分点集中时(图 10－4(b)、(c)、(d))，其自由度分别为 1、2、3，当需要考虑连续分布质量时，可将其视为无穷多个大小为$\overline{m}dx$ 的集中质量(图 10－4(e))，此时的梁属无限自由度体系。

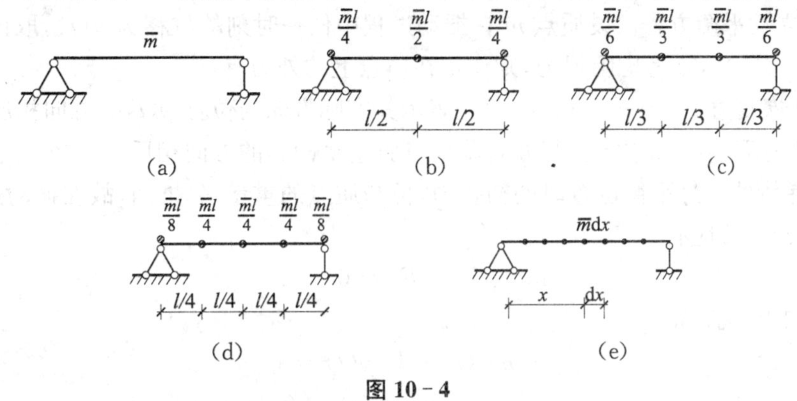

图 10－4

10.2.2　单自由度体系的自由振动

实际工程中的许多动力问题通常可以简化为单自由度体系近似计算，同时，单自由度体系的动力分析又是后面多自由度体系动力分析的基础。根据单自由度体系在振动过程中是否受外部动荷载的干扰，可分为自由振动和强迫振动。本节先讨论自由振动问题。

如图 10－5 所示的简支梁质量在跨中集中，若把质点 m 拉离原来的弹性平衡位置，到达图中虚线所示的偏离位置后突然放松，则质点将在原平衡位置的上下往复振动，这种振动称为自由振动。也可对该质点施加瞬时冲击，在极短的时间内使其获得初速度，进而引起振动。

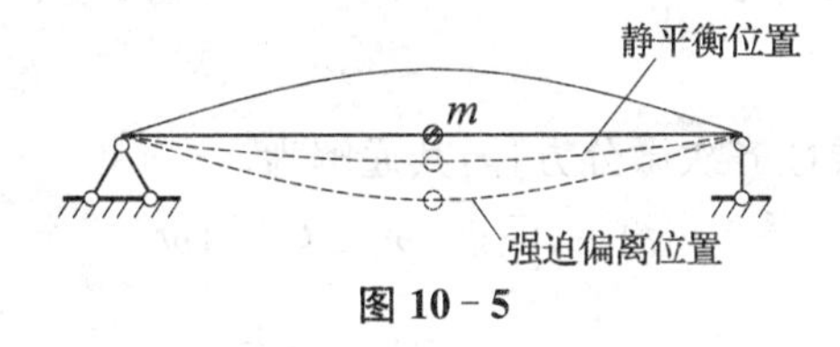

图 10－5

1）不考虑阻尼时的自由振动

我们用一个简单的质点弹簧模型来描述单自由度体系的振动过程。如图 10－6(a)所示弹簧下端悬挂一质量为 m 的重物。取重物的静平衡位置为原点，规定位移和质点所受的力均以向下为正。设弹簧发生单位位移时所需施加的力为 k_{11}，称为弹簧的刚度系数；在单位力作用下产生的位移为 δ_{11}，称为弹簧的柔度系数，显然二者的关系为

$$k_{11}=\frac{1}{\delta_{11}}$$

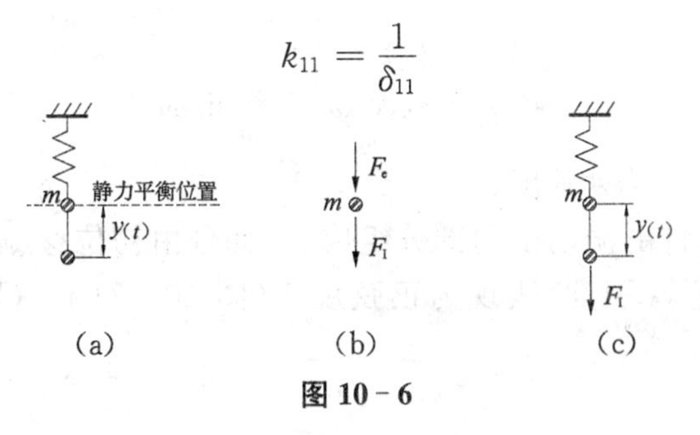

图 10－6

为寻求结构振动的规律,先建立质点的振动微分方程。根据达朗伯原理,将惯性力一并考虑后动力问题可按静力问题处理,即所谓的动静法。具体有两种方法:一种是建立动平衡方程,又称刚度法;另一种是列动位移方程,又称柔度法。

(1) 建立动平衡方程。设质点 m 在振动过程中任一时刻的位移为 $y(t)$,取该质点为隔离体(图 10-6(b)),不考虑阻尼力,则作用在质点上的外力有:

① 弹性恢复力 $F_e=-k_{11}y(t)$,负号表示其实际方向与位移 $y(t)$的方向相反。

② 惯性力 $F_I=-m\ddot{y}(t)$,其方向总是与加速度$\ddot{y}(t)$的方向相反。

注意,弹簧处于静平衡位置时的初拉力,恒与质点的重量 W 抵消,故在振动过程中这 2 个力无须考虑。故应有

$$F_I+F_e=0$$

将 F_e 和 F_I 代入得

$$-m\ddot{y}(t)-k_{11}y(t)=0$$

或

$$m\ddot{y}(t)+k_{11}y(t)=0 \tag{a}$$

令

$$\omega^2=\frac{k_{11}}{m} \tag{10-1}$$

则有

$$\ddot{y}(t)+\omega^2y(t)=0 \tag{10-2}$$

这就是单自由度体系作自由振动时的微分方程。

(2) 建立动位移方程。当质点 m 振动时,把 F_I 作为静荷载作用在体系的质量上,则质点处的位移(图 10-6(c))为

$$y(t)=F_I\delta_{11}=-m\ddot{y}(t)\delta_{11}$$

即

$$m\ddot{y}(t)+\frac{1}{\delta_{11}}y(t)=m\ddot{y}(t)+k_{11}y(t)=0$$

与式(a)完全相同。

式(10-2)为常系数线性齐次微分方程,其通解为

$$y(t)=C_1\cos\omega t+C_2\sin\omega t \tag{b}$$

质点在任一时刻的速度

$$\dot{y}(t)=-\omega C_1\sin\omega t+\omega C_2\cos\omega t \tag{c}$$

式中的常系数 C_1 和 C_2 可由初始条件确定。

当 $t=0$ 时的初位移和初速度为 $y(t)=y_0$, $\dot{y}(t)=\dot{y}_0$

代入式(b)、(c)后得 $C_1=y_0$, $C_2=\dfrac{\dot{y}_0}{\omega}$

因此

$$y(t)=y_0\cos\omega t+\frac{\dot{y}_0}{\omega}\sin\omega t \tag{10-3}$$

式中 y_0 称为初位移,$\dot{y}_0$ 称为初速度。

由此可知,体系的自由振动由两部分组成:一部分由初位移 y_0 引起,表现为余弦规律;另一部分由初速度 $\dot{y}_0$ 引起,表现为正弦规律(图 10-7(a)、(b)),两者叠加为简谐振动(10-7(c))。

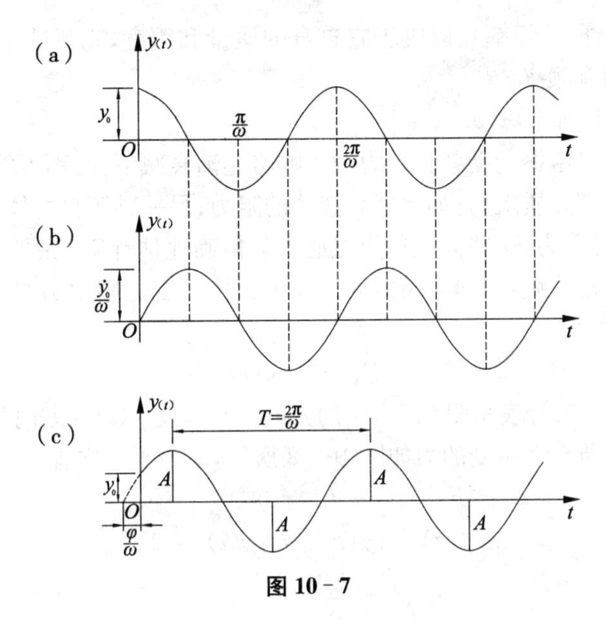

图 10-7

令
$$y_0 = A\sin\varphi \tag{d}$$

$$\frac{\dot{y}_0}{\omega} = A\cos\varphi \tag{e}$$

则有

$$A = \sqrt{y_0^2 + \frac{\dot{y}_0^2}{\omega^2}} \tag{10-4}$$

$$\tan\varphi = \frac{y_0}{\frac{\dot{y}_0}{\omega}} \tag{10-5}$$

则(10-3)可写成

$$y(t) = A\sin(\omega t + \varphi) \tag{10-6}$$

且有

$$\dot{y}(t) = A\omega\cos(\omega t + \varphi) \tag{10-7}$$

式中 A 表示质点的最大位移(图 10-7(c)),称为振幅;φ 称为初相位。若给时间一个增量 $T=\frac{2\pi}{\omega}$,则位移 $y(t)$ 和速度 $\dot{y}(t)$ 的数值均不变,故将 T 称为周期,其单位为秒(s)。周期的倒数 $\frac{1}{T}$ 代表每秒钟内完成的振动次数,用 f 表示,也称工程频率,其单位为 s^{-1} 或 Hz。而 $\omega=\frac{2\pi}{T}$ 即为 2π 秒内完成的振动次数,称为圆频率,又称自振频率,其单位为 $\frac{rad}{s}$。

ω 之值可由式(10-1)确定

$$\omega = \sqrt{\frac{k_{11}}{m}} = \sqrt{\frac{1}{m\delta_{11}}} = \sqrt{\frac{g}{mg\delta_{11}}} = \sqrt{\frac{g}{\Delta_{st}}} \tag{10-8}$$

式中 g 为重力加速度;Δ_{st} 为重量 mg 引起的静位移。

计算单自由度体系的自振频率,只需算出刚度系数 k_{11} 或柔度系数 δ_{11} 或静位移 Δ_{st},代入式(10-8)即可求得。由该式可知,体系的自振频率随结构刚度 k_{11} 的增大和质量 m 的减小而增大，即体系的自振频率只取决于它自身的质量和刚度，它反映了结构固有的动力特性，故通常又称为固有频率。

2）考虑阻尼时的自由振动

现实中，物体的自由振动受各种阻力的影响将逐渐衰减下去，不可能无限地延续。阻力分为两种：一种是外部介质阻力，如空气和液体的阻力；另一种源自物体内部的作用，如材料分子之间的摩擦和黏着力，这些力统称为阻尼力。精确地估计阻尼的作用是一个很复杂的问题，通常可引用福格第假定，即认为振动过程中物体所受的阻尼力与其振动速度成正比，称黏滞阻尼力，即

$$F_R = -c\dot{y}(t) \tag{f}$$

式中 c 称为阻尼系数，负号表示阻尼力 F_R 的方向恒与速度 $\dot{y}(t)$ 的方向相反。

当考虑阻尼时，质点上所受的力如图 10-8 所示，动力平衡方程为

$$F_I + F_R + F_e = 0$$

即

$$m\ddot{y}(t) + c\dot{y}(t) + k_{11}y(t) = 0 \tag{g}$$

F_R F_e m F_I

图 10-8

令

$$\omega^2 = \frac{k_{11}}{m}$$

并令

$$2k = \frac{c}{m} \tag{h}$$

则有

$$\ddot{y}(t) + 2k\dot{y}(t) + \omega^2 y(t) = 0 \tag{10-9}$$

这是一个线性常系数齐次微分方程，设其解的形式为

$$y(t) = Ce^{rt}$$

代入原微分方程(10-9)，可确定 r 的特征方程

$$r^2 + 2kr + \omega^2 = 0$$

其两个根为

$$r_{1,2} = -k \pm \sqrt{k^2 - \omega^2}$$

根据阻尼的大小程度，分为以下 3 种情况：

(1) $k<\omega$，即小阻尼情况，此时特征根 r_1、r_2 为 2 个复根，式(10-9)的通解为

$$y(t) = e^{-kt}(B_1\cos\sqrt{\omega^2 - k^2}t + B_2\sin\sqrt{\omega^2 - k^2}t) = e^{-kt}(B_1\cos\omega' t + B_2\sin\omega' t) \tag{i}$$

其中

$$\omega' = \sqrt{\omega^2 - k^2} \tag{10-10}$$

称为有阻尼的自振频率。常数 B_1、B_2 由初始条件确定：将 $t=0$ 时 $y(t)=y_0$，$\dot{y}(t)=\dot{y}_0$ 代入式(i)可得

$$B_1 = y_0,\quad B_2 = \frac{\dot{y}_0 + ky_0}{\omega'}$$

因此

$$y(t) = e^{-kt}\left(y_0\cos\omega' t + \frac{\dot{y}_0 + ky_0}{\omega'}\sin\omega' t\right) \tag{10-11}$$

上式也可写为

$$y(t) = be^{-kt}\sin(\omega' t + \varphi') \tag{10-12}$$

其中

$$b=\sqrt{y_0^2+\left(\frac{\dot{y}_0+ky_0}{\omega'}\right)^2} \tag{10-13}$$

$$\tan\varphi'=\frac{\omega' y_0}{\dot{y}_0+ky_0} \tag{10-14}$$

式(10－12)的位移一时间曲线如图 10－9 所示，即为衰减的正弦曲线，其振幅按 e^{-kt} 的规律减小，k 称为衰减系数。

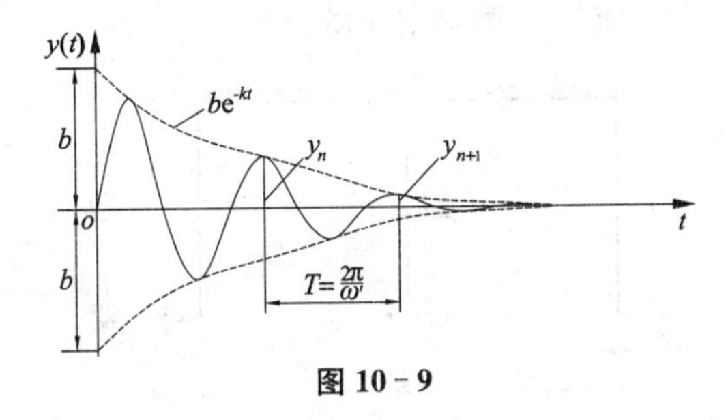

图 10－9

工程中常采用阻尼比作为阻尼的参数。

$$\xi=\frac{k}{\omega} \tag{j}$$

由式(10－10)有

$$\omega'=\omega\sqrt{1-\xi^2} \tag{10-15}$$

可见 ω' 随阻尼的增大而减小。在一般的建筑结构中 ξ 是一个很小的数，约在 0.01～0.1之间，因此有阻尼的自振频率 ω' 与无阻尼的自振频率 ω 很接近，可近似认为

$$\omega'\approx\omega \tag{k}$$

若在某一时刻 t_n 的振幅为 y_n，经过一个周期后的振幅为 y_{n+1}，则有

$$\frac{y_n}{y_{n+1}}=\frac{be^{-kt_n}}{be^{-k(t_n+T)}}=e^{kT}=e^{\xi\omega T}$$

上式两边取对数得

$$\ln\frac{y_n}{y_{n+1}}=\xi\omega T=\xi\omega\frac{2\pi}{\omega'}\approx 2\pi\xi \tag{10-16}$$

称振幅的对数递减量。同样，在经过 j 个周期后，有

$$\ln\frac{y_n}{y_{n+j}}=2\pi j\xi \tag{10-17}$$

若设法测出 y_n 及 y_{n+1} 或 y_{n+j}，则可由式(10－16)或式(10－17)求出阻尼比 ξ。

(2) $k>\omega$，即大阻尼情况，此时特征根 r_1、r_2 为 2 个负实根，式(10－9)的通解为

$$y(t)=e^{-kt}\left(C_1\cosh\sqrt{k^2-\omega^2}\,t+C_2\sinh\sqrt{k^2-\omega^2}\,t\right)$$

这是非周期函数，不会产生振动，即结构受初始干扰偏离平衡位置后将缓慢地回到原有位置。

(3) $k=\omega$，即临界阻尼情况，此时特征根是一对重根 $r_{1,2}=-k$，式(10－9)的通解为

$$y(t)=e^{-kt}(C_1+C_2t)$$

这也是非周期函数，故仍不发生振动。这种情形是由振动状态过渡到非振动状态之间的临界情况，此时的阻尼比 $\xi=1$，相应的 c 值称为临界阻尼系数，用 c_{cr} 表示。

在式(h)中令 $k=\omega$，可得

$$c_{cr} = 2m\omega \tag{l}$$

由式(j)及式(h)、(l)有

$$\xi = \frac{c}{c_{cr}}$$

表明阻尼比 ξ 即为阻尼系数 c 与临界阻尼系数 c_{cr} 之比。

【例 10-1】 试求图 10-10(a)所示单层两跨刚架侧向振动时的自振频率。设横梁刚度为无限大，并设刚架的全部质量 m 都集中在横梁上。

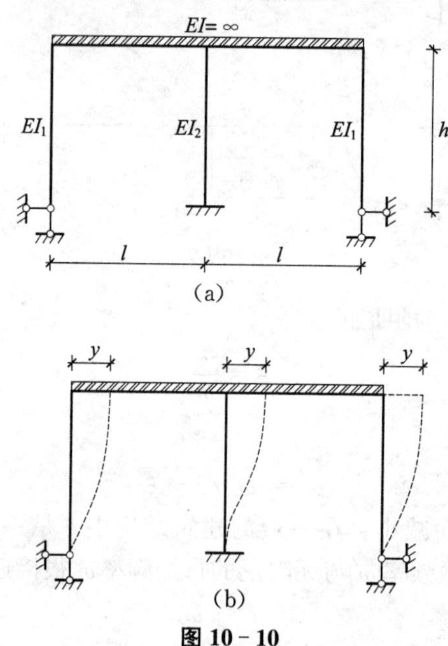

图 10-10

【解】 (1) 不考虑立柱的轴向变形，且由于横梁的抗弯刚度为无限大，故在侧向振动时3根立柱的柱顶不发生转动，并且柱顶的水平位移都等于 y，如图 10-10(b)所示。因为刚架的质量全部集中在横梁上，所以该体系为单自由度体系。

(2) 刚架的自振频率为

$$\omega = \sqrt{\frac{k_{11}}{m}}$$

式中，k_{11} 为刚架的侧移刚度，等于3根立柱的柱顶发生单位侧移而无转角时所需施加的力，即由位移法可知

$$k_{11} = 2\times\frac{3EI_1}{h^3} + \frac{12EI_2}{h^3} = \frac{6E}{h^3}(I_1 + 2I_2)$$

因此

$$\omega = \sqrt{\frac{6E}{mh^3}(I_1 + 2I_2)}$$

【例 10-2】 试确定图 10-11(a)所示梁自由振动时的运动方程和自振频率。k 为弹簧支座的刚度。

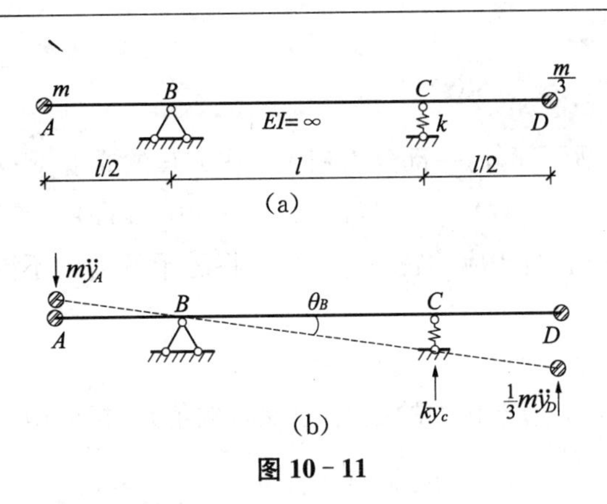

图 10 - 11

【解】 (1) 确定体系的动力自由度

由于梁的抗弯刚度 $EI=\infty$，因此梁振动时仅绕支座 B 转动，属单自由度体系。

设支座 B 处的转角为 $\theta_B(t)$，则 A 点位移 $y_A=\dfrac{\theta_B(t)l}{2}$，$C$ 点位移 $y_C=\theta_B(t)l$，D 点位移 $y_D=\dfrac{3\theta_B(t)l}{2}$，各质点的惯性力及支座 C 的反力如图 10 - 11(b)所示。

(2) 建立自由振动微分方程并确定自振频率

根据动平衡方程 $\sum M_B=0$，得

$$m\ddot{y}_A(t)\frac{l}{2}+ky_C(t)l+\frac{m}{3}\ddot{y}_D(t)\frac{3l}{2}=0$$

将 y_A、y_C、y_D 代入上式得

$$m\ddot{\theta}_B(t)\frac{l^2}{4}+k\theta_B(t)l^2+\frac{3}{4}m\ddot{\theta}_B(t)l^2=0$$

整理后，得此梁的自由振动微分方程为

$$\ddot{\theta}_B(t)+\frac{k}{m}\theta_B(t)=0$$

可知自振频率为

$$\omega=\sqrt{\frac{k}{m}}$$

10.3 单自由度体系的强迫振动

10.3.1 简谐荷载作用下的强迫振动

强迫振动是指结构在干扰力作用下产生的振动。若干扰力 $F_P(t)$ 直接作用在质点上，如图 10 - 12 所示。由动平衡条件得

$$F_I+F_R+F_e+F_P(t)=0$$

即

$$m\ddot{y}(t)+c\dot{y}(t)+k_{11}y(t)=F_P(t)$$

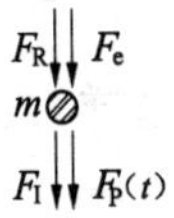

F_R F_e m F_I $F_P(t)$

图 10 - 12

$$\ddot{y}(t)+2\xi\omega\dot{y}(t)+\omega^2 y(t)=\frac{1}{m}F_P(t) \tag{10-18}$$

该微分方程的解包括两部分，一部分为相应齐次方程的通解 $y^0(t)$，它由上节可得

$$y^0(t)=e^{-\xi\omega t}(B_1\cos\omega' t+B_2\sin\omega' t) \tag{a}$$

另一部分则是与干扰力 $F_P(t)$ 相应的特解 $\bar{y}(t)$，它将随干扰力的不同而变化。下面讨论干扰力为简谐荷载的情况。

$$F_P(t)=F_P\sin\theta t \tag{10-19}$$

其中 θ 为干扰力的频率，F_P 为干扰力的最大值(又称幅值)。振动微分方程为

$$\ddot{y}(t)+2\xi\omega\dot{y}(t)+\omega^2 y(t)=\frac{F_P}{m}\sin\theta t \tag{10-20}$$

设式(10-20)有一特解为

$$\bar{y}(t)=C_1\sin\theta t+C_2\cos\theta t \tag{b}$$

代入式(10-20)，则得

$$-C_1\theta^2\sin\theta t-C_2\theta^2\cos\theta t+2C_1\xi\omega\theta\cos\theta t-2C_2\xi\omega\theta\sin\theta t+C_1\omega^2\sin\theta t+C_2\omega^2\cos\theta t=\frac{F_P}{m}\sin\theta t$$

即

$$\left(-C_1\theta^2-2C_2\xi\omega\theta+C_1\omega^2-\frac{F_P}{m}\right)\sin\theta t=(C_2\theta^2-2C_1\xi\omega\theta-C_2\omega^2)\cos\theta t$$

若 t 为任意值时上式均能成立，则必须使上式两边括号中的系数均为零，即

$$-C_1\theta^2-2C_2\xi\omega\theta+C_1\omega^2-\frac{F_P}{m}=0$$

$$C_2\theta^2-2C_1\xi\omega\theta-C_2\omega^2=0$$

由此可解出

$$\left.\begin{aligned}C_1&=\frac{(\omega^2-\theta^2)F_P}{m[(\omega^2-\theta^2)^2+4\xi^2\omega^2\theta^2]}\\C_2&=\frac{-2\xi\omega\theta F_P}{m[(\omega^2-\theta^2)^2+4\xi^2\omega^2\theta^2]}\end{aligned}\right\} \tag{c}$$

将式(a)的 $y^0(t)$ 和式(b)的 $\bar{y}(t)$ 合并，并代入式(c)中的 C_1 和 C_2，则得式(10-20)的通解为

$$y(t)=e^{-\xi\omega t}(B_1\cos\omega' t+B_2\sin\omega' t)+\frac{F_P}{m[(\omega^2-\theta^2)^2+4\xi^2\omega^2\theta^2]}[(\omega^2-\theta^2)\sin\theta t-2\xi\omega\theta\cos\theta t] \tag{d}$$

式中 B_1 和 B_2 由初始条件确定。设当 $t=0$ 时，$y(t)=y_0$，$\dot{y}(t)=\dot{y}_0$，代入式(d)，可求得

$$B_1=y_0+\frac{2\xi\omega\theta F_P}{m[(\omega^2-\theta^2)^2+4\xi^2\omega^2\theta^2]}$$

$$B_2=\frac{\dot{y}_0+\xi\omega y_0}{\omega'}+\frac{2\xi^2\omega^2\theta F_P}{m\omega'[(\omega^2-\theta^2)^2+4\xi^2\omega^2\theta^2]}-\frac{\theta(\omega^2-\theta^2)F_P}{m\omega'[(\omega^2-\theta^2)^2+4\xi^2\omega^2\theta^2]}$$

这样，式(d)可表示为

$$y(t)=e^{-\xi\omega t}\left(y_0\cos\omega' t+\frac{\dot{y}_0+\xi\omega y_0}{\omega'}\sin\omega' t\right)+e^{-\xi\omega t}\frac{\theta F_P}{m[(\omega^2-\theta^2)^2+4\xi^2\omega^2\theta^2]}[2\xi\omega\cos\omega' t+$$

$$\frac{2\xi^2\omega^2-(\omega^2-\theta^2)}{\omega'}\sin\omega' t]+\frac{F_P}{m[(\omega^2-\theta^2)^2+4\xi^2\omega^2\theta^2]}[(\omega^2-\theta^2)\sin\theta t-2\xi\omega\theta\cos\theta t] \tag{10-21}$$

由此可知，振动由三部分构成：第一部分是由初始条件决定的自由振动；第二部分是与初始条件无关、伴随干扰力的作用而发生的振动，其频率与体系的自振频率 ω' 一致，称为伴随自由振动。因为这两部分都含有 $e^{-\xi\omega t}$ 衰减因子，它们将随着时间的推移很快衰减掉，最后就只剩下第三部分，即按干扰力的频率 θ 振动，称为纯强迫振动或称稳态强迫振动(图 10－13)。振动开始时几种振动同时存在的阶段称为过渡阶段；后面只剩下纯强迫振动的阶段称为平稳阶段。

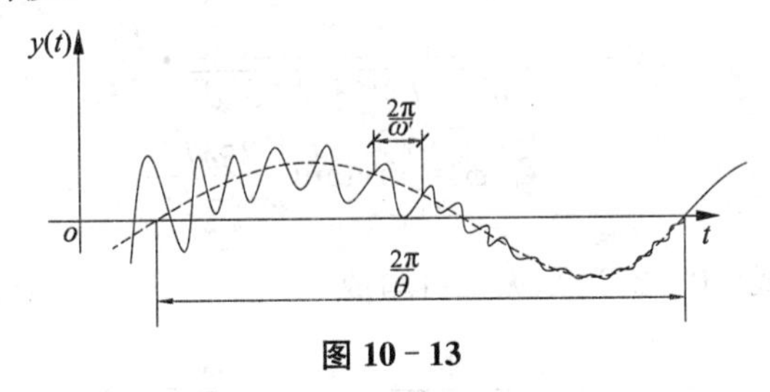

图 10－13

1) 不考虑阻尼时的纯强迫振动

此时 $\xi=0$，由式(10－21)可知纯强迫振动方程为

$$y(t)=\frac{F_P}{m(\omega^2-\theta^2)}\sin\theta t \tag{10-22}$$

最大动位移(即振幅)为

$$A=\frac{F_P}{m(\omega^2-\theta^2)}=\frac{1}{1-\frac{\theta^2}{\omega^2}}\frac{F_P}{m\omega^2} \tag{10-23}$$

由于 $\omega^2=\frac{k_{11}}{m}=\frac{1}{m\delta_{11}}$，因此 $\omega^2 m=\frac{1}{\delta_{11}}$，代入上式得

$$A=\frac{1}{1-\frac{\theta^2}{\omega^2}}F_P\delta_{11}=\mu y_{st} \tag{10-24}$$

式中 $y_{st}=F_P\delta_{11}$ 代表静位移，其值为将动荷载的最大值 F_P 作为静荷载作用在结构上产生的位移，而

$$\mu=\frac{1}{1-\frac{\theta^2}{\omega^2}}=\frac{A}{y_{st}} \tag{10-25}$$

称为动位移放大系数，等于最大动位移与静位移之比。根据 θ 与 ω 的比值求出 μ 后，只需乘以静位移，即可求得动荷载作用下的最大位移。当 $\theta<\omega$ 时，μ 为正，动位移与动荷载同向；当 $\theta>\omega$ 时，μ 为负，动位移与动荷载反向。同样道理，若求出了动内力的放大系数，则也可仿此计算结构在动荷载作用下的最大动内力。特别地，当干扰力与惯性力的作用点重合时，动位移放大系数与动内力放大系数相等。

由式(10－25)可知，μ 随 $\frac{\theta}{\omega}$ 而变化。当 $\frac{\theta}{\omega}$ 接近于 1 时，动力放大系数将迅速增大；当趋向于 1 时，μ 在理论上将成为无穷大，此时内力和位移都将无限增加，体系发生共振。

2）考虑阻尼时的纯强迫振动

取(10－21)的第三项，令

$$\left.\begin{aligned}\frac{(\omega^2-\theta^2)F_P}{m[(\omega^2-\theta^2)^2+4\xi^2\omega^2\theta^2]}&=A\cos\varphi\\-\frac{2\xi\omega\theta F_P}{m[(\omega^2-\theta^2)^2+4\xi^2\omega^2\theta^2]}&=-A\sin\varphi\end{aligned}\right\}\qquad\text{(e)}$$

则有

$$y(t)=A\sin(\theta t-\varphi)\qquad(10-26)$$

式中 A 为有阻尼时纯强迫振动的振幅，φ 是位移与荷载之间的相位差。由式(e)可得

振幅
$$A=\frac{1}{\sqrt{(\omega^2-\theta^2)^2+4\xi^2\omega^2\theta^2}}\cdot\frac{F_P}{m}\qquad(10-27)$$

相位差
$$\varphi=\arctan\left(\frac{2\xi\omega\theta}{\omega^2-\theta^2}\right)\qquad(10-28)$$

以 $\omega^2=\frac{k_{11}}{m}=\frac{1}{m\delta_{11}}$ 代入式(10－27)，则振幅可写成

$$A=\frac{1}{\sqrt{\left(1-\frac{\theta^2}{\omega^2}\right)^2+\frac{4\xi^2\theta^2}{\omega^2}}}\frac{F_P}{m\omega^2}=\mu y_{st}\qquad(10-29)$$

式中

$$\mu=\frac{1}{\sqrt{\left(1-\frac{\theta^2}{\omega^2}\right)^2+\frac{4\xi^2\theta^2}{\omega^2}}}\qquad(10-30)$$

由此可知，μ 不仅与 θ 和 ω 的比值有关，还与阻尼比 ξ 有关。现简单讨论 μ 与 φ 随 $\frac{\theta}{\omega}$ 而变化的情况。

(1) 当 θ 远小于 ω 时，则 $\frac{\theta}{\omega}$ 很小，因而 μ 接近于1。表明可近似地将 $F_P\sin\theta t$ 作为静荷载计算。此时的振动很慢，惯性力和阻尼力都很小，动荷载主要由结构的恢复力平衡。

(2) 当 θ 远大于 ω 时，μ 很小，表明质点近似于不动或颤动。这时振动很快，惯性力很大，结构的恢复力和阻尼力可忽略，动荷载主要由惯性力平衡。

(3) 当 θ 接近于 ω 时，μ 增加很快，当 $\theta\to\omega$ 时，将产生共振，可能导致结构的破坏。在工程设计中，应注意调整结构的刚度和质量来控制结构的自振频率，使其避免与干扰力的频率接近。

10.3.2 任意荷载作用下的强迫振动

图10－14(a)所示为一般动力荷载的变化规律，体系在该荷载作用下的动力反应，可视为由一系列瞬时冲量 $ds=F_P(\tau)\cdot d\tau$ 连续作用下的动力反应之和。因此，下面先讨论瞬时冲量的动力反应，再导出任意荷载下的动力反应。

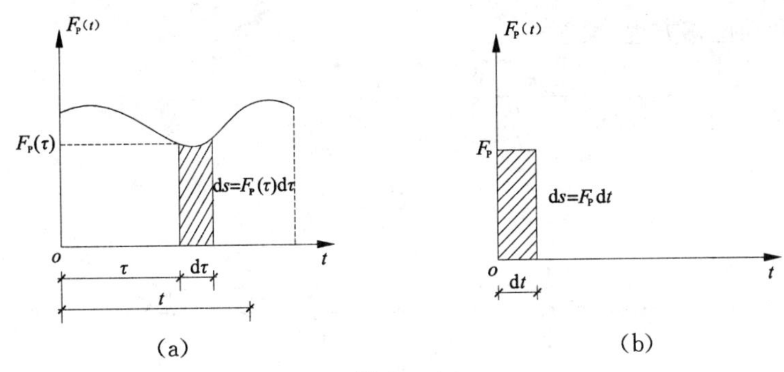

图 10-14

图 10-14(b)所示为一瞬时荷载,其值为 F_P,作用时间为 dt,则瞬时冲量为 $ds=F_P dt$。设体系在获得瞬时冲量之前处于静止状态,即初位移 $y_0=0$。质点 m 在瞬时冲量作用下获得初速度 $\dot{y}_0$,由理论力学中的质点动量定理可知,冲量等于动量的增值,即 $F_P dt=m\cdot\dot{y}_0$,因此 $\dot{y}_0=\dfrac{F_P dt}{m}$。质点在获得该初速度后便开始作自由振动。将初始条件 $y_0=0$ 和 $\dot{y}_0=\dfrac{F_P dt}{m}$代入式(10-11)得动位移方程为

$$y(t)=e^{-\xi\omega t}\left(\frac{\dot{y}_0}{\omega'}\sin\omega' t\right)=\frac{F_P dt}{m\omega'}\cdot e^{-\xi\omega t}\sin\omega' t \tag{10-31}$$

若瞬时冲量作用时 $t\neq 0$,而是 $t=\tau$,则持续时间为 $t-\tau$,故式(10-31)中的时间 t 应改为 $(t-\tau)$。并将一系列瞬时冲量 $ds=F_P(\tau)d\tau$ 连续作用下的动位移叠加,即得体系的总位移为

$$y(t)=\frac{1}{m\omega'}\int_0^t F(\tau)e^{-\xi\omega(t-\tau)}\cdot\sin\omega'(t-\tau)d\tau \tag{10-32}$$

这就是单自由度体系在零初始条件下,任意荷载作用下质点的动位移计算公式。若不考虑阻尼,则有 $\xi=0,\omega'=\omega$,于是

$$y(t)=\frac{1}{m\omega}\int_0^t F(\tau)\sin\omega(t-\tau)d\tau \tag{10-33}$$

式(10-32)、(10-33)称为杜哈梅(Duhamel)积分。

若体系在 $t=0$ 时,已具有初位移 y_0 和初速度 $\dot{y}_0$,则质点的总位移应为

$$y(t)=e^{-\xi\omega t}\left(y_0\cos\omega' t+\frac{\dot{y}_0+\xi\omega y_0}{\omega'}\sin\omega' t\right)+\frac{1}{m\omega'}\int_0^t F(\tau)e^{-\xi\omega(t-\tau)}\sin\omega'(t-\tau)d\tau \tag{10-34}$$

如不计阻尼,则有

$$y(t)=y_0\cos\omega t+\frac{\dot{y}_0}{\omega}\sin\omega t+\frac{1}{m\omega}\int_0^t F(\tau)\sin\omega(t-\tau)d\tau \tag{10-35}$$

10.4 多自由度体系的自由振动

10.4.1 振动微分方程的建立

多自由度体系的振动方程,同样可按前述两种方法建立:一种是列动平衡方程(刚度

法)；另一种是列动位移方程(柔度法)。

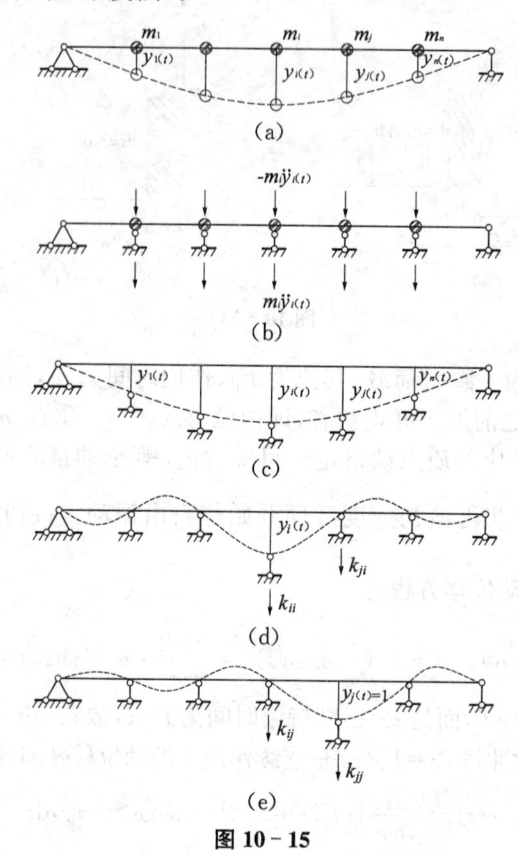

图 10-15

(1) 设图 10-15(a)所示无重简支梁支承有 n 个集中质量 m_1、m_2、…、m_n，为 n 个自由度体系。设在振动过程中任一时刻各质点的位移分别为 $y_1(t)$、$y_2(t)$、…、$y_n(t)$。类似于位移法中的处理方法，先加入附加链杆阻止所有质点的位移(图 10-15(b))，则在各质点的惯性力 $-m_i\ddot{y}_i(t)(i=1,2,\cdots,n)$ 作用下，各链杆的反力即等于 $m_i\ddot{y}_i(t)$；再令各链杆发生与各质点实际位置相同的位移(图 10-15(c))，各链杆上所需施加的力为 $F_{Ri}(i=1,2,\cdots,n)$。将上述两种情况叠加，各附加链杆上的总反力应为零，由此可列出各质点的动平衡方程。以质点 m_i 为例，有

$$m_i\ddot{y}_i(t)+F_{Ri}=0 \tag{a}$$

F_{Ri} 由结构的刚度和各质点的位移值确定，由叠加原理得

$$F_{Ri}=k_{i1}y_1(t)+k_{i2}y_2(t)+\cdots+k_{ii}y_i(t)+\cdots+k_{ij}y_j(t)+\cdots+k_{in}y_n(t) \tag{b}$$

式中 k_{ii}、k_{ij} 是结构的刚度系数，其物理意义见图 10-15(d)、(e)。如 k_{ij} 为 j 点发生单位位移(其余各点位移为零)时 i 点处附加链杆的反力。将式(b)代入式(a)，有

$$m_i\ddot{y}_i(t)+k_{i1}y_1(t)+k_{i2}y_2(t)+\cdots+k_{in}y_n(t)=0 \tag{c}$$

同理，对每一质点都能列出同样的动平衡方程，于是可建立 n 个方程如下：

$$\left.\begin{aligned}m_1\ddot{y}_1(t)+k_{11}y_1(t)+k_{12}y_2(t)+\cdots+k_{1n}y_n(t)=0\\m_2\ddot{y}_2(t)+k_{21}y_1(t)+k_{22}y_2(t)+\cdots+k_{2n}y_n(t)=0\\\vdots\qquad\qquad\\m_n\ddot{y}_n(t)+k_{n1}y_1(t)+k_{n2}y_2(t)+\cdots+k_{nn}y_n(t)=0\end{aligned}\right\} \tag{10-36}$$

用矩阵表示为

$$\begin{bmatrix} m_1 & & & 0 \\ & m_2 & & \\ & & \ddots & \\ 0 & & & m_n \end{bmatrix} \begin{Bmatrix} \ddot{y}_1(t) \\ \ddot{y}_2(t) \\ \vdots \\ \ddot{y}_n(t) \end{Bmatrix} + \begin{bmatrix} k_{11} & k_{12} & \cdots & k_{1n} \\ k_{21} & k_{22} & \cdots & k_{2n} \\ \vdots & \vdots & & \vdots \\ k_{n1} & k_{n2} & \cdots & k_{nn} \end{bmatrix} \begin{Bmatrix} y_1(t) \\ y_2(t) \\ \vdots \\ y_n(t) \end{Bmatrix} = \begin{Bmatrix} 0 \\ 0 \\ \vdots \\ 0 \end{Bmatrix} \tag{10-37}$$

或简写为

$$[M]\{\ddot{Y}(t)\} + [K]\{Y(t)\} = \{0\} \tag{10-38}$$

式中$[M]$为质量矩阵；$[K]$为刚度矩阵；$\{\ddot{Y}(t)\}$为加速度向量；$\{Y(t)\}$为位移向量。

式(10-36)或式(10-38)就是按刚度法建立的多自由度体系的无阻尼自由振动微分方程。

(2) 如果按柔度法建立振动微分方程，可将各质点的惯性力视为静荷载(图 10-15(a))，在这些荷载作用下，任一质点 m_i处的位移为

$$\begin{aligned} y_i(t) = {} & \delta_{i1}(-m_1\ddot{y}_1(t)) + \delta_{i2}(-m_2\ddot{y}_2(t)) + \cdots + \delta_{ii}(-m_i\ddot{y}_i(t)) + \cdots \\ & + \delta_{in}(-m_n\ddot{y}_n(t)) \end{aligned} \tag{d}$$

式中 δ_{ii}、δ_{ij} 为结构的柔度系数，其物理意义见图 10-16(b)、(c)。如 δ_{ij} 为 j 点作用单位力时 i 点处产生的位移。据此，可建立 n 个位移方程：

$$\left.\begin{aligned} y_1(t) + \delta_{11}m_1\ddot{y}_1(t) + \delta_{12}m_2\ddot{y}_2(t) + \cdots + \delta_{1n}m_n\ddot{y}_n(t) = 0 \\ y_2(t) + \delta_{21}m_1\ddot{y}_1(t) + \delta_{22}m_2\ddot{y}_2(t) + \cdots + \delta_{2n}m_n\ddot{y}_n(t) = 0 \\ \vdots \\ y_n(t) + \delta_{n1}m_1\ddot{y}_1(t) + \delta_{n2}m_2\ddot{y}_2(t) + \cdots + \delta_{nn}m_n\ddot{y}_n(t) = 0 \end{aligned}\right\} \tag{10-39}$$

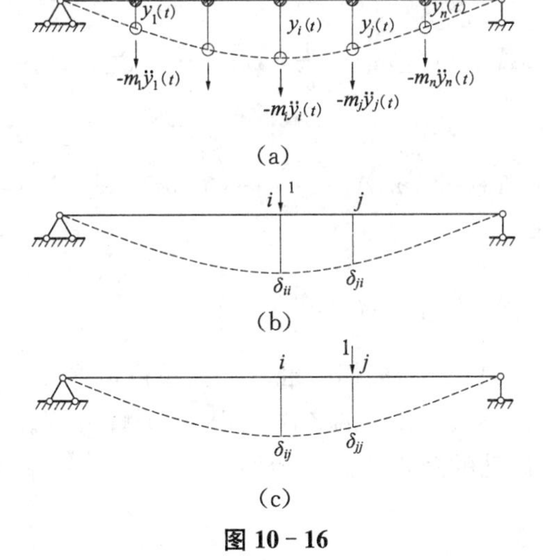

图 10-16

用矩阵表示为

$$\begin{Bmatrix} y_1(t) \\ y_2(t) \\ \vdots \\ y_n(t) \end{Bmatrix} + \begin{bmatrix} \delta_{11} & \delta_{12} & \cdots & \delta_{1n} \\ \delta_{21} & \delta_{22} & \cdots & \delta_{2n} \\ \vdots & \vdots & & \vdots \\ \delta_{n1} & \delta_{n2} & \cdots & \delta_{nn} \end{bmatrix} \begin{bmatrix} m_1 & & & 0 \\ & m_2 & & \\ & & \ddots & \\ 0 & & & m_n \end{bmatrix} \begin{Bmatrix} \ddot{y}_1(t) \\ \ddot{y}_2(t) \\ \vdots \\ \ddot{y}_n(t) \end{Bmatrix} = 0 \tag{10-40}$$

或简写为

$$\{Y(t)\}+[\delta][M]\{\ddot{Y}(t)\}=\{0\} \tag{10-41}$$

式中$[\delta]$为结构的柔度矩阵。

式(10-40)或式(10-41)就是按柔度法建立的多自由度体系的无阻尼自由振动微分方程。

若对式(10-41)左乘$[\delta]^{-1}$，则有

$$[\delta]^{-1}\{Y(t)\}+[M]\{\ddot{Y}(t)\}=\{0\} \tag{e}$$

根据柔度系数与刚度系数间的关系

$$[\delta]^{-1}=[K] \tag{10-42}$$

即柔度矩阵和刚度矩阵互为逆阵，因此无论按刚度法或柔度法建立体系的振动微分方程完全相同。

10.4.2 按柔度法求解

下面讨论按柔度法建立的振动微分方程的解。设式(10-39)的特解形式为

$$y_i(t)=A_i\sin(\omega t+\varphi) \quad (i=1,2,\cdots,n) \tag{f}$$

即假设所有质点按同一相位作同步简谐振动，但各质点的振幅各不相同。将式(f)代入式(10-39)并消去$\sin(\omega t+\varphi)$，得

$$\left.\begin{aligned}(\delta_{11}m_1-\frac{1}{\omega^2})A_1+\delta_{12}m_2A_2+\cdots+\delta_{1n}m_nA_n=0\\ \delta_{21}m_1A_1+(\delta_{22}m_2-\frac{1}{\omega^2})A_2+\cdots+\delta_{2n}m_nA_n=0\\ \vdots\qquad\qquad\\ \delta_{n1}m_1A_1+\delta_{n2}m_2A_2+\cdots+(\delta_{nn}m_n-\frac{1}{\omega^2})A_n=0\end{aligned}\right\} \tag{10-43}$$

写成矩阵形式为

$$\left([\delta][M]-\frac{1}{\omega^2}[I]\right)\{A\}=\{0\} \tag{10-44}$$

式中$[A]=[A_1 \quad A_2 \quad \cdots \quad A_n]^{\mathrm{T}}$为振幅向量，$[I]$是单位矩阵 。

式(10-43)是振幅A_1、A_2、…、A_n的齐次方程，称振幅方程。当A_1、A_2、…、A_n全为零时该式成立，此时对应无振动的静止状态。为使A_1、A_2、…、A_n有非零解，则必须使该方程组的系数行列式为零，即

$$\begin{vmatrix}\delta_{11}m_1-\frac{1}{\omega^2} & \delta_{12}m_2 & \cdots & \delta_{1n}m_n\\ \delta_{21}m_1 & \delta_{22}m_2-\frac{1}{\omega^2} & \cdots & \delta_{2n}m_n\\ \vdots & \vdots & & \vdots\\ \delta_{n1}m_1 & \delta_{n2}m_2 & \cdots & \delta_{nn}m_n-\frac{1}{\omega^2}\end{vmatrix}=0 \tag{10-45}$$

或写成

$$\left|[\delta][M]-\frac{1}{\omega^2}[I]\right|=0 \tag{10-46}$$

将上述行列式展开，得到一个含$\frac{1}{\omega^2}$的 n 次代数方程，可解出$\frac{1}{\omega^2}$的 n 个正实根，进而得到 n 个自振频率ω_1、ω_2、…、ω_n，按其数值从小到大依次排序，分别称第一、第二、…、第 n 频率，总称结构自振的频谱，式(10－45)或式(10－46)称为频率方程。

将自振频率中任一个 ω_k 代入式(f)，即得

$$y_i^{(k)}(t)=A_i^{(k)}\sin(\omega_k t+\bar{\omega}_k)\qquad(i=1,2,\cdots,n) \tag{10-47}$$

此时各质点按同一频率 ω_k 作同步简谐振动，各质点位移之间的比值为

$$y_1^{(k)}(t):y_2^{(k)}(t):\cdots:y_n^{(k)}(t)=A_1^{(k)}:A_2^{(k)}:\cdots:A_n^{(k)}$$

即在任何时刻结构的振动都保持同一形状，就像单自由度体系在振动。多自由度体系按任一自振频率 ω_k 的振动形式称为主振型或振型。

10.4.3　两个自由度体系的自由振动

多自由度体系中最简单的情况是两个自由度的体系，此时的振幅方程简化为

$$\left.\begin{aligned}\left(\delta_{11}m_1-\frac{1}{\omega^2}\right)A_1+\delta_{12}m_2A_2=0\\ \delta_{21}m_1A_1+\left(\delta_{22}m_2-\frac{1}{\omega^2}\right)A_2=0\end{aligned}\right\} \tag{g}$$

频率方程为

$$\begin{vmatrix}\left(\delta_{11}m_1-\frac{1}{\omega^2}\right) & \delta_{12}m_2\\ \delta_{21}m_1 & \left(\delta_{22}m_2-\frac{1}{\omega^2}\right)\end{vmatrix}=0 \tag{h}$$

展开并令$\lambda=\frac{1}{\omega^2}$，得

$$\lambda^2-(\delta_{11}m_1+\delta_{22}m_2)\lambda+(\delta_{11}\delta_{22}-\delta_{12}^2)m_1m_2=0$$

解得 λ 的两个根为

$$\left.\begin{aligned}\lambda_1=\frac{(\delta_{11}m_1+\delta_{22}m_2)+\sqrt{(\delta_{11}m_1+\delta_{22}m_2)^2-4(\delta_{11}\delta_{22}-\delta_{12}^2)m_1m_2}}{2}\\ \lambda_2=\frac{(\delta_{11}m_1+\delta_{22}m_2)-\sqrt{(\delta_{11}m_1+\delta_{22}m_2)^2-4(\delta_{11}\delta_{22}-\delta_{12}^2)m_1m_2}}{2}\end{aligned}\right\} \tag{10-48}$$

可得两个自振频率

$$\omega_1=\frac{1}{\sqrt{\lambda_1}};\quad \omega_2=\frac{1}{\sqrt{\lambda_2}} \tag{10-49}$$

将 $\omega=\omega_1$ 代入式(g)，可由其中任一式求得第一振型为

$$\rho_1=\frac{A_2^{(1)}}{A_1^{(1)}}=\frac{\frac{1}{\omega_1^2}-\delta_{11}m_1}{\delta_{12}m_2} \tag{10-50}$$

同理可得第二振型为

$$\rho_2 = \frac{A_2^{(2)}}{A_1^{(2)}} = \frac{\frac{1}{\omega_2^2} - \delta_{11} m_1}{\delta_{12} m_2} \tag{10-51}$$

10.4.4 按刚度法求解

可以利用柔度矩阵与刚度矩阵之间的互逆关系，将前述求频率和振型的公式进行适当变换即可。用$[\delta]^{-1}$左乘式(10-44)有

$$\left([M] - \frac{1}{\omega^2}[\delta]^{-1}\right)\{A\} = \{0\}$$

即
$$([K] - \omega^2 [M])\{A\} = \{0\} \tag{10-52}$$

这就是按刚度法求解的振幅方程。$\{A\}$不能全为零，可得频率方程为

$$|[K] - \omega^2 [M]| = 0 \tag{10-53}$$

展开后可解出 n 个自振频率 $\omega_1, \omega_2, \cdots, \omega_n$。将其逐一代回振幅方程(10-52)得

$$([K] - \omega_k^2 [M])\{A^{(k)}\} = \{0\} \quad (k = 1, 2, \cdots, n) \tag{10-54}$$

可确定 n 个主振型。

对于两个自由度体系，频率方程(10-53)简化为

$$\begin{vmatrix} k_{11} - \omega^2 m_1 & k_{12} \\ k_{21} & k_{22} - \omega^2 m_2 \end{vmatrix} = 0$$

展开得

$$m_1 m_2 (\omega^2)^2 - (k_{11} m_2 + k_{22} m_1)\omega^2 + (k_{11} k_{22} - k_{12}^2) = 0$$

解得 ω^2 的两个根为

$$\omega_{1,2}^2 = \frac{1}{2}\left(\frac{k_{11}}{m_1} + \frac{k_{22}}{m_2}\right) \pm \frac{1}{2}\sqrt{\left(\frac{k_{11}}{m_1} + \frac{k_{22}}{m_2}\right)^2 - \frac{4(k_{11} k_{22} - k_{12}^2)}{m_1 m_2}} \tag{10-55}$$

可求出 ω_1 和 ω_2。两个主振型为

$$\rho_1 = \frac{A_2^{(1)}}{A_1^{(1)}} = \frac{\omega_1^2 m_1 - k_{11}}{k_{12}}; \quad \rho_2 = \frac{A_2^{(2)}}{A_1^{(2)}} = \frac{\omega_2^2 m_1 - k_{11}}{k_{12}} \tag{10-56}$$

10.4.5 主振型的正交性

主振型的正交性，是指多自由度体系中任意两个不同主振型之间存在如下相互正交的性质，即关于质量矩阵和刚度矩阵的正交性。该正交性可通过矩阵运算不难得到。

将 n 自由度体系的振幅方程式(10-54)改写为

$$[K]\{A^{(k)}\} = \omega_k^2 [M]\{A^{(k)}\}$$

分别令 $k=i$ 和 $k=j$ 代入上式可得两个不同主振型的表达式为

$$[K]\{A^{(i)}\} = \omega_i^2 [M]\{A^{(i)}\} \tag{a}$$

和

$$[K]\{A^{(j)}\} = \omega_j^2 [M]\{A^{(j)}\} \tag{b}$$

用$\{A^{(j)}\}$的转置阵$\{A^{(j)}\}^{\mathrm{T}}$左乘式(a)的两端，用$\{A^{(i)}\}$的转置阵$\{A^{(i)}\}^{\mathrm{T}}$左乘式(b)的两端

$$\{A^{(j)}\}^{\mathrm{T}}[K]\{A^{(i)}\} = \omega_i^2 \{A^{(j)}\}^{\mathrm{T}}[M]\{A^{(i)}\} \tag{c}$$

$$\{A^{(i)}\}^{\mathrm{T}}[K]\{A^{(j)}\} = \omega_j^2\{A^{(i)}\}^{\mathrm{T}}[M]\{A^{(j)}\} \tag{d}$$

由于$[M]$和$[K]$均为对称矩阵，故$[M]^{\mathrm{T}}=[M]$，$[K]^{\mathrm{T}}=[K]$，将式(d)两边转置

$$\{A^{(j)}\}^{\mathrm{T}}[K]\{A^{(i)}\} = \omega_j^2\{A^{(j)}\}^{\mathrm{T}}[M]\{A^{(i)}\} \tag{e}$$

将式(c)减式(e)得

$$(\omega_i^2-\omega_j^2)\{A^{(j)}\}^{\mathrm{T}}[M]\{A^{(i)}\} = 0$$

由于 $\omega_i \neq \omega_j$，因此

$$\{A^{(j)}\}^{\mathrm{T}}[M]\{A^{(i)}\}=0 \tag{10-57}$$

式(10-57)表明，不同频率的两个主振型关于质量矩阵$[M]$彼此正交。将该关系式代入式(c)得

$$\{A^{(j)}\}^{\mathrm{T}}[K]\{A^{(i)}\}=0 \tag{10-58}$$

显然，两个不同频率的主振型关于刚度矩阵$[K]$也是正交的。

主振型的正交性也是结构本身固有的特性，它不仅可简化动力分析过程，而且还可用来检验所求的主振型的正确性。

【例 10-3】 若例 10-2 所示梁(图 10-11(a))在 BD 段承受均布动载荷作用，如图 10-17(a)所示。试求体系中弹簧支座的最大动反力。

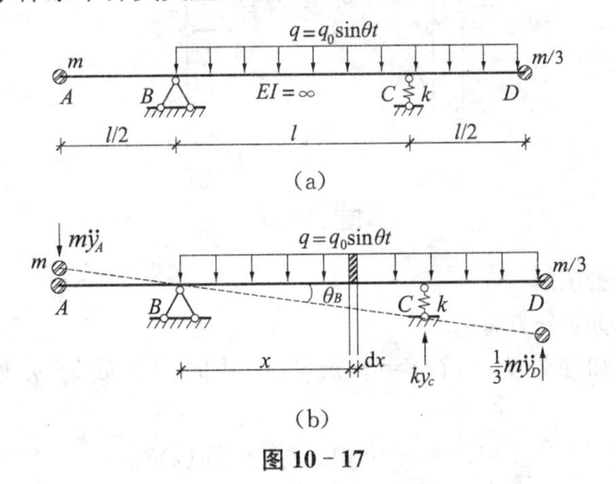

图 10-17

【解】 (1) 建立振动微分方程，设支座 B 处的转角为 $\theta_B(t)$，如图 10-17(b)所示。根据动平衡方程 $\sum M_B=0$，有

$$m\ddot{\theta}_B(t)\frac{l^2}{4}+k\theta_B(t)l^2+\frac{3}{4}m\ddot{\theta}_B(t)l^2=\int_0^{\frac{3l}{2}}xq_0\sin\theta t\,\mathrm{d}x$$

其中，等式右边为

$$q_0\sin\theta t\int_0^{\frac{3l}{2}}x\mathrm{d}x=\frac{q_0}{2}\sin\theta t\left(\frac{3l}{2}\right)^2=\frac{9}{8}q_0l^2\sin\theta t$$

则强迫振动的微分方程为

$$m\ddot{\theta}_B(t)+k\theta_B(t)=\frac{9q_0}{8}\sin\theta t$$

将上式与标准型强迫振动微分方程 $m\ddot{y}(t)+ky(t)=F_{\mathrm{P}}(t)$ 进行比较，可得

$$F_{\mathrm{P}}(t)=\frac{9q_0}{8}\sin\theta t$$

(2) 确定弹簧支座处的最大位移 $y_{C\max}$

$$A = y_{C\max} = \mu y_{st} = \frac{1}{1-\frac{\theta^2}{\omega^2}} \cdot \frac{F_P l}{m\omega^2} = \frac{9q_0 l}{8k} \cdot \frac{1}{1-\frac{\theta^2}{\omega^2}}$$

(3) 确定弹簧支座处的最大动反力 $F_{C\max}$

$$F_{C\max} = k y_{C\max} = \frac{9q_0 l}{8} \cdot \frac{1}{1-\frac{\theta^2}{\omega^2}}$$

(4) 讨论

由于动荷载 $q(t)=q_0\sin\theta t$ 的方向可改变，位移 y_C 和动反力 F_C 的方向也随之改变。当 $\sin\theta t=1, q(t)=q_0$ 时，$y_{C\max}$ 向下而 $F_{C\max}$ 向上；$\sin\theta t=-1, q(t)=-q_0$ 时，$y_{C\max}$ 向上而 $F_{C\max}$ 向下。

【例 10-4】 某体系在受到动荷载作用时简化成如图 10-18(a)所示。试求：(1)该体系受到简谐荷载 $F_P(t)=F_P\sin\theta t$ 作用时的动位移公式和最大动位移值；(2)比较体系的位移放大系数和弯矩放大系数。

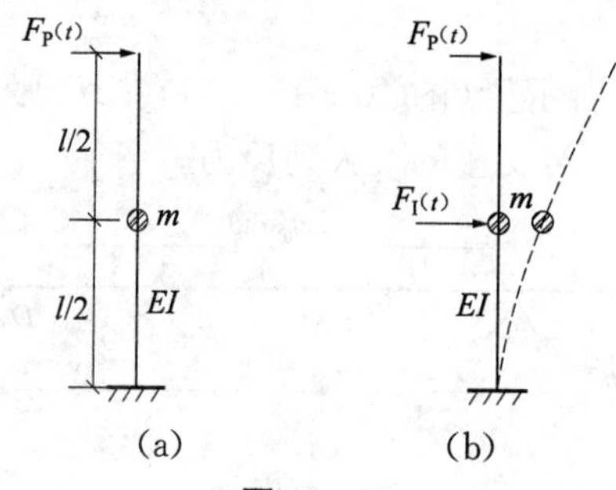

图 10-18

【解】 采用柔度法求解。

(1) 建立强迫振动微分方程

由动荷载 $F_P(t)$ 和惯性力 $F_I(t)=-m\ddot{y}(t)$ 共同产生质量 m 处的动力位移，如图 10-18(b)所示。

$$y(t) = -m\ddot{y}(t)\delta_{11} + F_P(t)\delta_{1P}$$

而

$$\omega = \frac{1}{\sqrt{m\delta_{11}}} = \sqrt{\frac{24EI}{ml^3}}$$

强迫振动微分方程改写为

$$\ddot{y}(t) + \omega^2 y(t) = \frac{\delta_{1P}}{m\delta_{11}} F_P(t)$$

式中，$\frac{\delta_{1P}}{\delta_{11}}F_P(t)$ 为动荷载 $F_P(t)$ 给质量 m 的等效作用力。

(2) 根据杜哈梅积分，平稳阶段的动位移为

$$y(t) = \frac{\delta_{1P}}{\delta_{11}} \cdot \frac{1}{m\omega}\int_0^t F_P(\tau)\sin\omega(t-\tau)\,d\tau$$

将 $F_P(t) = F_P\sin\theta t$ 代入上式得

$$y(t) = y_{st}\frac{1}{1-\frac{\theta^2}{\omega^2}}\sin\theta t$$

$$y_{st}=\delta_{1P}F_P=\frac{5l^3}{48EI}F_P$$

$$位移放大系数\ \mu=\frac{y_{max}}{y_{st}}=\frac{1}{1-\frac{\theta^2}{\omega^2}}$$

(3) 位移放大系数与弯矩放大系数的比较

在简谐荷载作用下，动荷载和惯性力同时达到最大值。

位移放大系数为

$$\mu_y=\frac{y_{max}}{y_{st}}=\frac{\delta_{1P}F_P+\delta_{11}I}{\delta_{1P}F_P}=1+\frac{\delta_{11}I}{\delta_{1P}F_P}=1+\frac{2}{5}\frac{I}{F_P}$$

弯矩放大系数为

$$\mu_M=\frac{M_{max}}{M_{st}}=\frac{F_Pl+I\frac{l}{2}}{F_Pl}=1+\frac{I}{2F_P}$$

可见两者是不同的。

【例 10-5】 图 10-19(a)所示桁架，在 C 点有一集中质量 m。(1) 试求该桁架的自振频率和主振型；(2) 验算所得主振型是否满足正交性关系。

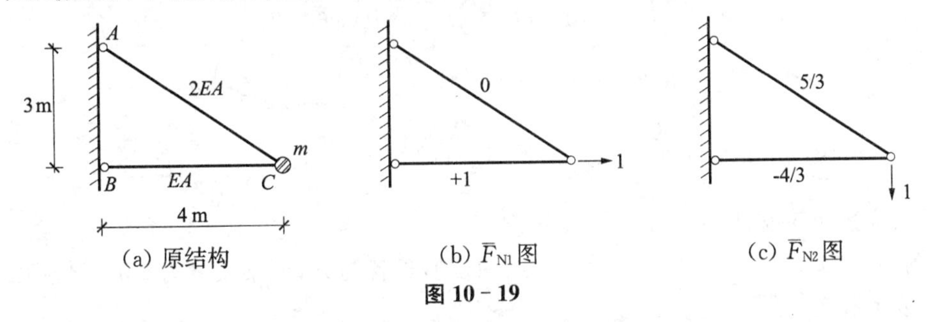

(a) 原结构　　(b) $\overline{F}_{N1}$图　　(c) $\overline{F}_{N2}$图

图 10-19

【解】 该桁架虽只有一个集中质量，却是两个自由度体系，采用柔度法求解。

(1) 柔度系数

沿着水平和竖直方向分别施加单位力于结点 C，对应的 $\overline{F}_{N1}$ 和 $\overline{F}_{N2}$ 如图 10-19(b)、(c)所示。

$$\delta_{11}=\sum\frac{\overline{F}_{N1}^2 l_i}{EA_i}=\frac{1^2\times 4}{EA}=\frac{4}{EA}$$

$$\delta_{12}=\delta_{21}=\sum\frac{\overline{F}_{N1}\overline{F}_{N2}l_i}{EA_i}=\frac{1\times\left(-\frac{4}{3}\right)\times 4}{EA}=-\frac{16}{3EA}$$

$$\delta_{22}=\sum\frac{\overline{F}_{N2}^2 l_i}{EA_i}=\frac{\left(-\frac{4}{3}\right)^2\times 4}{EA}+\frac{\left(\frac{5}{3}\right)^2\times 5}{2EA}=\frac{64}{9EA}+\frac{125}{18EA}=\frac{253}{18EA}$$

(2) 求自振频率

令 $\lambda=\frac{1}{\omega^2}$

$$\lambda_2^1=\frac{(\delta_{11}m_1+\delta_{22}m_2)\pm\sqrt{(\delta_{11}m_1+\delta_{22}m_2)^2-4(\delta_{11}\delta_{22}-\delta_{12}^2)m_1m_2}}{2}$$

$$= \frac{(4+\frac{253}{18}) \pm \sqrt{(4+\frac{253}{18})^2 - 4\times(4\times\frac{253}{18} - \frac{16^2}{9})}}{2}\frac{m}{EA}$$

$$= \frac{m}{36EA}(325 \pm \sqrt{69\ 625})$$

$$\omega_1 = \frac{1}{\sqrt{\lambda_1}} = 0.247\sqrt{\frac{EA}{m}}, \omega_2 = \frac{1}{\sqrt{\lambda_2}} = 0.767\sqrt{\frac{EA}{m}}$$

（3）主振型

$$\rho_1 = \frac{A_2^{(1)}}{A_1^{(1)}} = \frac{\frac{1}{\omega_1^2} - \delta_{11}m_1}{\delta_{12}m_2} = 0.431$$

$$\rho_2 = \frac{A_2^{(2)}}{A_1^{(2)}} = \frac{\frac{1}{\omega_2^2} - \delta_{11}m_1}{\delta_{12}m_2} = -2.323$$

（4）验证正交关系

体系的质量矩阵和刚度矩阵为

$$[M] = m\begin{pmatrix}1 & 0\\0 & 1\end{pmatrix}, [K] = \frac{EA}{500}\begin{pmatrix}253 & 96\\96 & 72\end{pmatrix}$$

则

$$\{A^{(1)}\}^{\mathrm{T}}[M]\{A^{(2)}\} = (1\quad 0.431)\begin{pmatrix}1 & 0\\0 & 1\end{pmatrix}\begin{pmatrix}1\\-2.323\end{pmatrix}m \approx 0$$

$$\{A^{(1)}\}^{\mathrm{T}}[K]\{A^{(2)}\} = \frac{1}{500}(1\quad 0.431)\begin{pmatrix}253 & 96\\96 & 72\end{pmatrix}\begin{pmatrix}1\\-2.323\end{pmatrix}EA \approx 0$$

故可以认为满足正交性要求。

【例 10-6】 图 10-20(a)所示的排架两柱质量各为 m，横梁质量为 $2m$。试求该排架的自振频率和主振型。

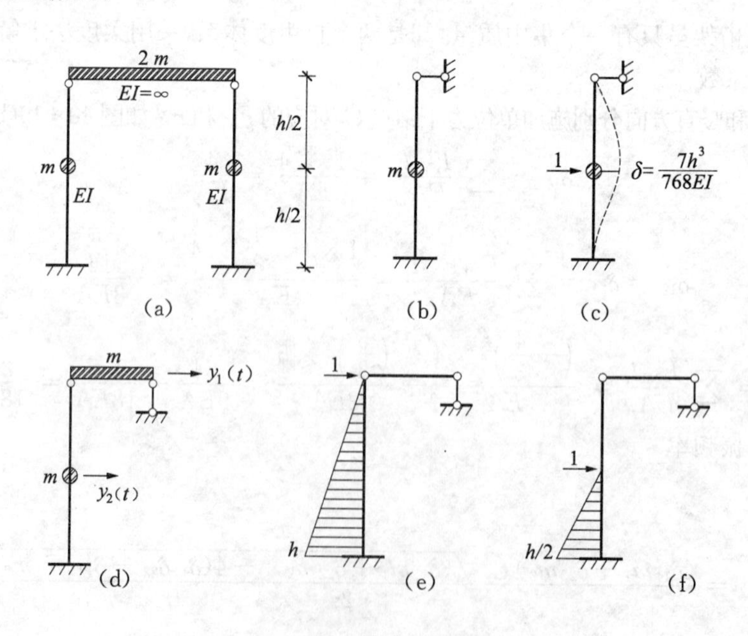

图 10-20

【解】 (1) 体系共有 3 个自由度，由于结构对称，可以分解为对称和反对称两组取半结构计算。对称情况如图 10－20(b)所示，只有 1 个自由度；反对称情况如图 10－20(d)所示，具有 2 个自由度。

(2) 采用柔度法求解

求自振频率

① 对称情况，按图 10－20(c)求出柔度系数，则频率为

$$\omega_{对称}=\sqrt{\frac{1}{m\delta}}=\sqrt{\frac{768EI}{7mh^3}}=10.474\sqrt{\frac{EI}{mh^3}}$$

② 反对称情况，如图 10－20(d)，设 $y_1(t)$、$y_2(t)$向右为正。由图 10－20(e)和 10－20(f)计算柔度系数。

$$\delta_{11}=\frac{h^3}{3EI},\delta_{22}=\frac{h^3}{24EI},\delta_{12}=\delta_{21}=\frac{5h^3}{48EI}$$

将柔度系数代入频率方程

$$\begin{vmatrix}\delta_{11}m_1-\dfrac{1}{\omega^2} & \delta_{12}m_2\\ \delta_{21}m_1 & \delta_{22}m_2-\dfrac{1}{\omega^2}\end{vmatrix}=0，且有 m_1=m_2=m，得$$

$$\omega'_{反对称}=1.651\sqrt{\frac{EI}{mh^3}},\omega''_{反对称}=10.986\sqrt{\frac{EI}{mh^3}}$$

体系的 3 个频率为(由低到高依次称第一频率、第二频率、第三频率)：

$$\omega_1=1.651\sqrt{\frac{EI}{mh^3}},\omega_2=10.474\sqrt{\frac{EI}{mh^3}},\omega_3=10.986\sqrt{\frac{EI}{mh^3}}$$

(3) 求主振型

$$\rho_1=\frac{\dfrac{1}{\omega_1^2}-\delta_{11}m_1}{\delta_{12}m_2}=\frac{1}{3.121},\rho_2=\frac{\dfrac{1}{\omega_2^2}-\delta_{11}m_1}{\delta_{12}m_2}=1$$

$$\rho_3=\frac{\dfrac{1}{\omega_3^2}-\delta_{11}m_1}{\delta_{12}m_2}=-\frac{1}{0.320}$$

第一、第三频率为反对称振型，第二频率为正对称振型(如图 10－21 所示)。

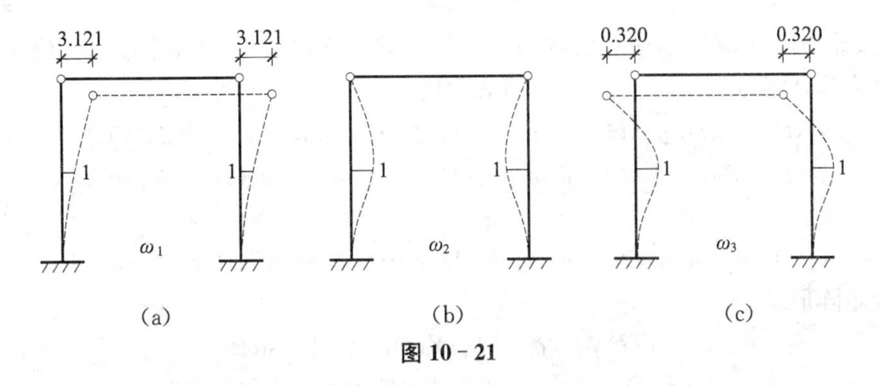

图 10－21

10.5 多自由度体系在简谐荷载下的强迫振动

10.5.1 采用柔度法求解

在动荷载作用下，多自由度体系的强迫振动也包括自由振动和强迫振动两部分。同样由于阻尼的存在，自由振动部分迅速衰减，很快进入平稳阶段。本节将只讨论体系在平稳阶段承受简谐荷载作用的纯强迫振动，且各荷载的频率和相位都相同的情况。

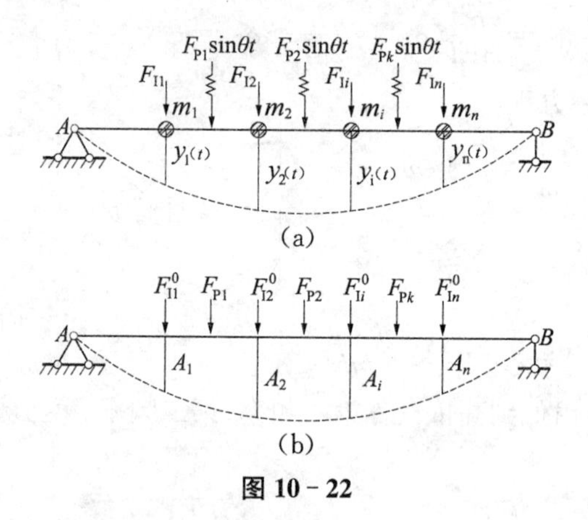

图 10-22

图 10-22(a)所示简支梁上有 n 个集中质量，并承受 k 个同步简谐荷载 $F_{P1}\sin\theta t, F_{P2}\sin\theta t, \cdots, F_{Pk}\sin\theta t$ 的作用，下面采用柔度法建立振动微分方程。结构除受到 n 个质点的惯性力 F_{Ii} 作用外，还受到 k 个动荷载的作用，任一质点 m_i 的位移 $y_i(t)$ 由两者共同引起

$$y_i(t) = \delta_{i1}F_{I1} + \delta_{i2}F_{I2} + \cdots + \delta_{in}F_{In} + y_{iP}(t)$$

其中

$$y_{iP}(t) = \sum_{j=1}^{k}\delta_{ij}F_{Pj}\sin\theta t = \Delta_{iP}\sin\theta t \tag{a}$$

式中

$$\Delta_{iP} = \sum_{j=1}^{k}\delta_{ij}F_{Pj} \tag{b}$$

为各动荷载同时达到最大值时在质点 m_i 上引起的静位移。同理，对 n 个质点可建立 n 个这样的位移方程，注意到 $F_{Ii} = -m\ddot{y}_i(t)$，可表示成

$$\left.\begin{aligned} y_1(t) + \delta_{11}m_1\ddot{y}_1(t) + \delta_{12}m_2\ddot{y}_2(t) + \cdots + \delta_{1n}m_n\ddot{y}_n(t) &= \Delta_{1P}\sin\theta t \\ y_2(t) + \delta_{21}m_1\ddot{y}_1(t) + \delta_{22}m_2\ddot{y}_2(t) + \cdots + \delta_{2n}m_n\ddot{y}_n(t) &= \Delta_{2P}\sin\theta t \\ &\vdots \\ y_n(t) + \delta_{n1}m_1\ddot{y}_1(t) + \delta_{n2}m_2\ddot{y}_2(t) + \cdots + \delta_{nn}m_n\ddot{y}_n(t) &= \Delta_{nP}\sin\theta t \end{aligned}\right\} \tag{10-59}$$

写成矩阵形式

$$\{Y(t)\} + [\delta][M]\{\ddot{Y}(t)\} = \{\Delta_P\}\sin\theta t \tag{10-60}$$

式中 $\{\Delta_P\} = [\Delta_{1P} \quad \Delta_{2P} \quad \cdots \quad \Delta_{nP}]^T$，为动荷载幅值引起的静位移列阵。

式(10-59)的微分方程组包括两部分:一部分反映了体系的自由振动,受阻尼作用很快衰减;另一部分为纯强迫振动。

设平稳阶段各质点均按干扰力的频率 θ 作同步简谐振动,解为

$$y_i(t) = A_i \sin\theta t \qquad (i = 1,2,\cdots,n) \tag{10-61}$$

式中 A_i 为质点 m_i 的振幅。将上式代入式(10-59),并由 $\ddot{y}_i(t) = -A_i\theta^2\sin\theta t$ 可得

$$\left.\begin{aligned}
\left(\delta_{11}m_1 - \frac{1}{\theta^2}\right)A_1 + \delta_{12}m_2A_2 + \cdots + \delta_{1n}m_nA_n + \frac{\Delta_{1P}}{\theta^2} &= 0 \\
\delta_{21}m_1A_1 + \left(\delta_{22}m_2 - \frac{1}{\theta^2}\right)A_2 + \cdots + \delta_{2n}m_nA_n + \frac{\Delta_{2P}}{\theta^2} &= 0 \\
&\vdots \\
\delta_{n1}m_1A_1 + \delta_{n2}m_2A_2 + \cdots + \left(\delta_{nn}m_n - \frac{1}{\theta^2}\right)A_n + \frac{\Delta_{nP}}{\theta^2} &= 0
\end{aligned}\right\} \tag{10-62}$$

写成矩阵形式

$$\left([\delta][M] - \frac{1}{\theta^2}[I]\right)\{A\} + \frac{1}{\theta^2}\{\Delta_P\} = \{0\} \tag{10-63}$$

式中$[I]$是单位矩阵,$\{A\}$是振幅向量。解该方程组即可求出各质点在纯强迫振动中的振幅 $A_1, A_2, \cdots, A_n$,故称式(10-63)为振幅方程。再代入式(10-61)即得各质点的振动方程。从而可得各质点的惯性力为

$$F_{Ii} = -m\ddot{y}_i(t) = m_i\theta^2A_i\sin\theta t = F_{Ii}^0\sin\theta t \tag{10-64}$$

式中 $F_{Ii}^0 = m_i\theta^2A_i$ 代表惯性力的幅值。

计算最大动力位移和内力时,可将惯性力和干扰力的幅值当作静荷载施加到结构上(图10-22(b))进行计算。

为求出惯性力的幅值 F_{Ii}^0,可根据 $F_{Ii}^0 = m_i\theta^2A_i$,将式(10-62)改写为

$$\left.\begin{aligned}
\left(\delta_{11} - \frac{1}{m_1\theta^2}\right)F_{I1}^0 + \delta_{12}F_{I2}^0 + \cdots + \delta_{1n}F_{In}^0 + \Delta_{1P} &= 0 \\
\delta_{21}F_{I1}^0 + \left(\delta_{22} - \frac{1}{m_2\theta^2}\right)F_{I2}^0 + \cdots + \delta_{2n}F_{In}^0 + \Delta_{2P} &= 0 \\
&\vdots \\
\delta_{n1}F_{I1}^0 + \delta_{n2}F_{I2}^0 + \cdots + \left(\delta_{nn} - \frac{1}{m_n\theta^2}\right)F_{In}^0 + \Delta_{nP} &= 0
\end{aligned}\right\} \tag{10-65}$$

写成矩阵形式

$$\left([\delta] - \frac{1}{\theta^2}[M]^{-1}\right)\{F_I^0\} + \{\Delta_P\} = \{0\} \tag{10-66}$$

式中$\{F_I^0\}$为最大惯性力向量,由此可直接解出各惯性力的最大值。当 $\theta = \omega_k (k = 1,2,\cdots,n)$,即干扰力的频率与任一自振频率相等时,由式(10-45)可知,式(10-62)的系数行列式为零,这时振幅、惯性力及内力值均为无限大,引起体系共振。

10.5.2 采用刚度法求解

当各简谐荷载均作用于质点处时(如图 10-23),仿照式(10-36)的建立过程,可得动平衡方程为

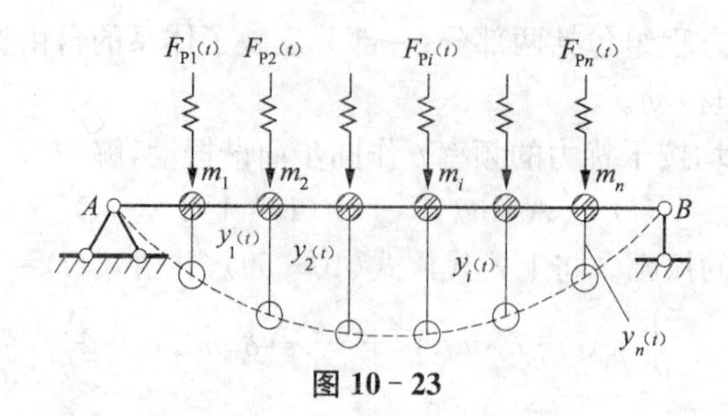

图 10 - 23

$$\left.\begin{aligned}m_1\ddot{y}_1(t)+k_{11}y_1(t)+k_{12}y_2(t)+\cdots+k_{1n}y_n(t)=F_{P1}(t)\\m_2\ddot{y}_2(t)+k_{21}y_1(t)+k_{22}y_2(t)+\cdots+k_{2n}y_n(t)=F_{P2}(t)\\\vdots\\m_n\ddot{y}_n(t)+k_{n1}y_1(t)+k_{n2}y_2(t)+\cdots+k_{nn}y_n(t)=F_{Pn}(t)\end{aligned}\right\}\tag{10-67}$$

写成矩阵形式

$$[M]\{\ddot{Y}(t)\}+[K]\{Y(t)\}=\{F_P(t)\}\tag{10-68}$$

若干扰力均为同步简谐荷载，即

$$\{F_P(t)\}=\{F_P\}\sin\theta t$$

式中 $\{F_P\}=[F_{P1}\quad F_{P2}\quad\cdots\quad F_{Pn}]^T$ 为动荷载幅值向量，则在平稳阶段质点也按频率 θ 作同步简谐振动

$$\{Y(t)\}=\{A\}\sin\theta t\tag{10-69}$$

代入式(10 - 68)，消去 $\sin\theta t$ 得

$$([K]-\theta^2[M])\{A\}=\{F_P\}\tag{10-70}$$

上式即为用于求各质点振幅的振幅方程。

各质点的惯性力为

$$\{F_I\}=-[M]\{\ddot{Y}(t)\}=\theta^2[M]\{A\}\sin\theta t=\{F_I^0\}\sin\theta t\tag{10-71}$$

式中 $\{F_I\}$ 是惯性力向量，$\{F_I^0\}=\theta^2[M]\{A\}$ 为惯性力幅值向量，即 $F_{Ii}^0=m_i\theta^2A_i(i=1,2,\cdots,n)$。

【例 10 - 7】 试求图 10 - 24(a)所示体系质点的最大动位移，并绘制最大动弯矩图。（已知：$\theta^2=\dfrac{60EI}{ma^3}$）

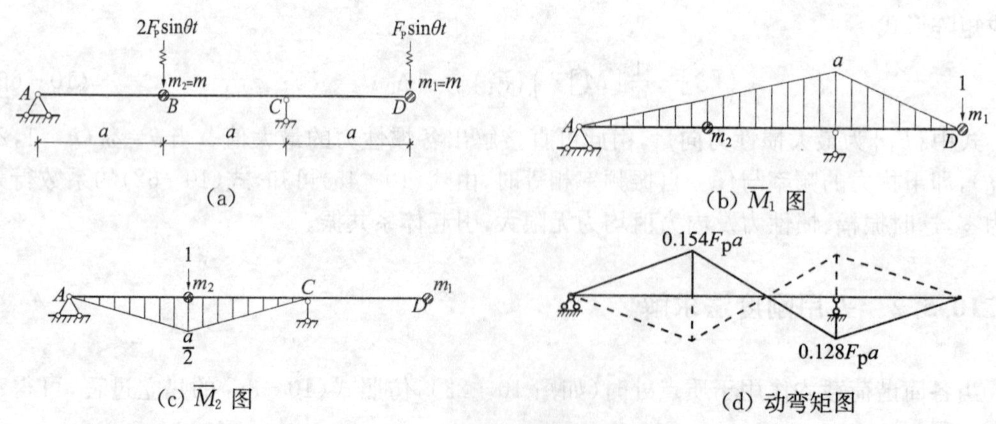

图 10 - 24

【解】 在质点 m_1、m_2 上分别作用单位荷载，弯矩图如图 10-24(b)、(c)所示，由图乘法求得柔度系数和自由项为

$$\delta_{11}=\frac{a^3}{EI},\quad \delta_{22}=\frac{a^3}{6EI},\quad \delta_{12}=\delta_{21}=-\frac{a^3}{4EI},$$

$$\Delta_{1P}=F_P\cdot\delta_{11}+2F_P\cdot\delta_{12}=\frac{F_Pa^3}{2EI},\Delta_{2P}=F_P\cdot\delta_{21}+2F_P\cdot\delta_{22}=\frac{F_Pa^3}{12EI}$$

将以上系数和自由项代入振幅方程式(10-62)求质点处的振幅 A_1、A_2：

$$\begin{cases}(m_1\delta_{11}-\frac{1}{\theta^2})A_1+m_2\delta_{12}A_2+\frac{\Delta_{1P}}{\theta^2}=0\\ m_1\delta_{21}A_1+(m_2\delta_{22}-\frac{1}{\theta^2})A_2+\frac{\Delta_{2P}}{\theta^2}=0\end{cases}$$

$$\Rightarrow\begin{cases}(\frac{ma^3}{EI}-\frac{ma^3}{60EI})A_1-\frac{ma^3}{4EI}A_2+\frac{F_Pa^3}{2EI}\cdot\frac{ma^3}{60EI}=0\\ -\frac{ma^3}{4EI}A_1+(\frac{ma^3}{6EI}-\frac{ma^3}{60EI})A_2+\frac{F_Pa^3}{12EI}\cdot\frac{ma^3}{60EI}=0\end{cases}$$

$$\Rightarrow\begin{cases}59A_1-15A_2+\frac{F_Pa^3}{2EI}=0\\ -15A_1+9A_2+\frac{F_Pa^3}{12EI}=0\end{cases}\quad\Rightarrow\quad\begin{cases}A_1=-0.0238\frac{F_Pa^3}{EI}\\ A_2=-0.0406\frac{F_Pa^3}{EI}\end{cases}$$

惯性力幅值为：$F_{I1}^0=m_1\theta^2A_1=-1.438F_P$，$F_{I2}^0=m_2\theta^2A_2=-2.436F_P$（与荷载反向）

将动荷载幅值和惯性力幅值同时作用在梁上，按静力法绘制动弯矩图或通过 $M_d=(F_P+F_{I1}^0)\overline{M}_1+(2F_P+F_{I2}^0)\overline{M}_2$ 叠加得到动弯矩图，如图 10-24(d)所示。

10.6 多自由度体系在任意荷载下的振型分解法

多自由度体系的无阻尼强迫振动微分方程已在前面导出，按刚度法有

$$[M]\{\ddot{Y}(t)\}+[K]\{Y(t)\}=\{F_P(t)\}\qquad(10-72)$$

前已指出，对于只具有集中质量的结构，质量矩阵[M]是对角矩阵，但刚度矩阵[K]一般不是对角矩阵，因此方程组是联立的，或者说是耦联的。当荷载$\{F_P(t)\}$不是按简谐规律变化而是任意动力荷载时，求解联立微分方程组是很困难的。若能设法解除方程组的耦联，亦即使其变为一个个独立的方程，则可使计算大为简化，实际上这一目的可以利用主振型的正交性并通过坐标变换的途径来实现。

前面所建立的多自由度体系的振动微分方程，是以各质点的位移$y_1(t)$，$y_2(t)$，…，$y_n(t)$为对象来求解的，位移向量

$$\{Y(t)\}=(y_1(t)\ y_2(t)\cdots\ y_n(t))^T$$

称为几何坐标。为了解除方程组的耦联，我们进行如下的坐标变换：将结构已标准化的 n 个主振型向量表示为$\{\Phi^{(1)}(t)\}$，$\{\Phi^{(2)}(t)\}$，…，$\{\Phi^{(n)}(t)\}$并作为基底，把几何坐标$\{Y(t)\}$表示为基底的线性组合，即

$$\{Y(t)\}=\alpha_1\{\Phi^{(1)}(t)\}+\alpha_2\{\Phi^{(2)}(t)\}+\cdots+\alpha_n\{\Phi^{(n)}(t)\}\qquad(10-73)$$

也就是将位移向量$\{Y(t)\}$按各主振型进行分解。上式的展开形式为

$$\begin{bmatrix} y_1(t) \\ y_2(t) \\ \vdots \\ y_n(t) \end{bmatrix} = \alpha_1 \begin{bmatrix} \Phi_1^{(1)}(t) \\ \Phi_2^{(1)}(t) \\ \vdots \\ \Phi_n^{(1)}(t) \end{bmatrix} + \alpha_2 \begin{bmatrix} \Phi_1^{(2)}(t) \\ \Phi_2^{(2)}(t) \\ \vdots \\ \Phi_n^{(2)}(t) \end{bmatrix} + \cdots + \alpha_n \begin{bmatrix} \Phi_1^{(n)}(t) \\ \Phi_2^{(n)}(t) \\ \vdots \\ \Phi_n^{(n)}(t) \end{bmatrix}$$

$$= \begin{bmatrix} \Phi_1^{(1)}(t) & \Phi_1^{(2)}(t) & \cdots & \Phi_1^{(n)}(t) \\ \Phi_2^{(1)}(t) & \Phi_2^{(2)}(t) & \cdots & \Phi_2^{(n)}(t) \\ \vdots & \vdots & & \vdots \\ \Phi_n^{(1)}(t) & \Phi_n^{(2)}(t) & \cdots & \Phi_n^{(n)}(t) \end{bmatrix} \begin{bmatrix} \alpha_1 \\ \alpha_2 \\ \vdots \\ \alpha_n \end{bmatrix} \tag{10-74}$$

可简写为

$$\{Y(t)\} = \{\Phi(t)\}[\alpha] \tag{10-75}$$

这样就把几何坐标$\{Y(t)\}$变换成数目相同的另一组新坐标

$$[\alpha] = (\alpha_1\ \alpha_2 \cdots \alpha_n)^T$$

$[\alpha]$称为正则坐标。式(10-75)中

$$\Phi^{(1)}(t) = (\Phi^{(1)}(t)\ \Phi^{(2)}(t) \cdots \Phi^{(n)}(t))^T \tag{10-76}$$

称为主振型矩阵,它就是几何坐标与正则坐标之间的转换矩阵。将式(10-75)代入式(10-68)并左乘以$\{\Phi^{(1)}(t)\}^T$,得到

$$\{\Phi(t)\}^T[M]\{\Phi(t)\}[\ddot{\alpha}] + \{\Phi(t)\}^T[K]\{\Phi(t)\}[\alpha] = \{\Phi(t)\}^T\{F_P(t)\} \tag{10-77}$$

利用主振型的正交性,很容易证明上式中的$\{\Phi(t)\}^T[M]\{\Phi(t)\}$和$\{\Phi(t)\}^T[K]\{\Phi(t)\}$都是对角矩阵。由矩阵的乘法有

$$\{\Phi(t)\}^T[M]\{\Phi(t)\} = \begin{bmatrix} \{\Phi^{(1)}(t)\}^T \\ \{\Phi^{(2)}(t)\}^T \\ \vdots \\ \{\Phi^{(n)}(t)\}^T \end{bmatrix} [M](\Phi^{(1)}(t)\ \Phi^{(2)}(t) \cdots \Phi^{(n)}(t))$$

$$= \begin{bmatrix} \{\Phi^{(1)}(t)\}^T[M]\{\Phi^{(1)}(t)\} & \{\Phi^{(1)}(t)\}^T[M]\{\Phi^{(2)}(t)\} & \cdots & \{\Phi^{(1)}(t)\}^T[M]\{\Phi^{(n)}(t)\} \\ \{\Phi^{(2)}(t)\}^T[M]\{\Phi^{(1)}(t)\} & \{\Phi^{(2)}(t)\}^T[M]\{\Phi^{(2)}(t)\} & \cdots & \{\Phi^{(2)}(t)\}^T[M]\{\Phi^{(n)}(t)\} \\ \vdots & \vdots & & \vdots \\ \{\Phi^{(n)}(t)\}^T[M]\{\Phi^{(1)}(t)\} & \{\Phi^{(n)}(t)\}^T[M]\{\Phi^{(2)}(t)\} & \cdots & \{\Phi^{(n)}(t)\}^T[M]\{\Phi^{(n)}(t)\} \end{bmatrix} \tag{a}$$

由第一个正交关系即式(10-57)知,上式右端矩阵中所有非主对角线上的元素均为零,因而只剩下主对角线上的元素。令

$$[\overline{M}_i] = \{\Phi^{(i)}(t)\}^T[M]\{\Phi^{(i)}(t)\} \tag{10-78}$$

称为相应于第i个主振型的广义质量。于是式(a)可写为

$$\{\Phi(t)\}^T[M]\{\Phi(t)\} = \begin{bmatrix} \overline{M}_1 & & & 0 \\ & \overline{M}_2 & & \\ & & \ddots & \\ 0 & & & \overline{M}_n \end{bmatrix} = [\overline{M}] \tag{10-79}$$

$[\overline{M}_i]$称为广义质量矩阵,它是一个对角矩阵。

同理,可以证明$\{\Phi(t)\}^T[K]\{\Phi(t)\}$也是对角矩阵,并可将其表为

$$\{\Phi(t)\}^T[K]\{\Phi(t)\}=\begin{bmatrix}\overline{K}_1 & & & 0\\ & \overline{K}_2 & & \\ & & \ddots & \\ 0 & & & \overline{K}_n\end{bmatrix} \tag{10-80}$$

其中主对角线上的任一元素为

$$[\overline{K}_i]=\{\Phi^{(i)}(t)\}^T[K]\{\Phi^{(i)}(t)\} \tag{10-81}$$

称为相应于第 i 个主振型的广义刚度，对角矩阵$[\overline{K}]$则称为广义刚度矩阵。

由前面 10.4.5 中的式(c)，将$\{A\}$换为$\{\Phi\}$，即

$$\{\Phi^{(j)}(t)\}^T[K]\{\Phi^{(i)}(t)\}=\omega_i^2\{\Phi^{(j)}(t)\}^T[M]\{\Phi^{(i)}(t)\}$$

令 $j=i$，并将式(10－78)和式(10－81)代入可得

$$\overline{K}_i=\omega_i^2\overline{M}_i \tag{10-82}$$

或

$$\omega_i=\sqrt{\frac{\overline{K}_i}{\overline{M}_i}}$$

这就是自振频率与广义刚度和广义质量间的关系式，它与单自由度体系的频率公式(10－8)具有相似的形式。如果将 n 个自振频率的平方也组成一个对角矩阵并记为Ω^2，即

$$\Omega^2=\begin{bmatrix}\overline{K}_1 & & & 0\\ & \overline{K}_2 & & \\ & & \ddots & \\ 0 & & & \overline{K}_n\end{bmatrix} \tag{10-84}$$

则又可写出

$$[\overline{K}]=\Omega^2[\overline{M}] \tag{10-85}$$

最后，将式(10－77)的右端记为$\{\overline{F}_P(t)\}$，即

$$\{\overline{F}_P(t)\}=\{\Phi\}^T\{F_P(t)\}=\begin{bmatrix}\{\Phi^{(1)}(t)\}^T\{F_P(t)\}\\ \{\Phi^{(2)}(t)\}^T\{F_P(t)\}\\ \vdots\\ \{\Phi^{(n)}(t)\}^T\{F_P(t)\}\end{bmatrix}=\begin{bmatrix}\overline{F}_{P1}(t)\\ \overline{F}_{P2}(t)\\ \vdots\\ \overline{F}_{Pn}(t)\end{bmatrix} \tag{10-86}$$

其中任一元素

$$\overline{F}_{Pi}(t)=\{\Phi^{(i)}(t)\}^T\{F_P(t)\} \tag{10-87}$$

称为相应于第 i 个主振型的广义荷载，$\{\overline{F}_P(t)\}$则称为广义荷载向量。

考虑到式(10－78)、式(10－81)及式(10－86)，则方程(10－77)成为

$$[\overline{M}]\ddot{\alpha}+[\overline{K}]\alpha=\{\overline{F}_P(t)\} \tag{10-88}$$

由于$[\overline{M}]$和$[\overline{K}]$都是对角矩阵，故此时方程组已解除耦联，而成为 n 个独立方程：

$$\overline{M}_i\ddot{\alpha}_i+\overline{K}_i\alpha=\overline{F}_{Pi}(t)\quad(i=1,2,\cdots,n)$$

将式(10－85)代入并除以 $\overline{M}_i$ 可得

$$\ddot{\alpha}_i+\omega_i^2\alpha=\frac{\overline{F}_{Pi}(t)}{\overline{M}_i}\quad(i=1,2,\cdots,n) \tag{10-89}$$

这与单自由度结构的强迫振动方程式(10－18)略去阻尼后的形式相同，因而可按同样方法求解。方程(10－89)的解可用杜哈梅积分求得，在初位移和初速度为零的情况下，参照式(10－33)有

$$\alpha_i(t)=\frac{1}{\overline{M}_i\omega_i}\int_0^t\overline{F}_i(\tau)\sin\omega_i(t-\tau)\mathrm{d}\tau\quad(i=1,2,\cdots,n)\tag{10-90}$$

这样，就把 n 个自由度结构的计算问题简化为 n 个单自由度计算问题。在分别求得了各正则坐标 $\alpha_1,\alpha_2,\cdots,\alpha_n$ 的解答之后，再代入式(10－73)或式(10－75)即可得到各几何坐标 y_1，$y_2,\cdots,y_n$。以上解法的关键之处就在于将位移 $\{Y(t)\}$ 分解为各主振型的叠加，故称为振型分解法或振型叠加法。

综上所述，可将振型分解法的步骤归纳如下：

(1) 求自振频率 ω_i 和振型 $\{\Phi^{(i)}(t)\}(i=1,2,\cdots,n)$。

(2) 计算广义质量和广义荷载

$$\begin{cases}\overline{M}_i=\{\Phi^{(i)}(t)\}^T[K]\{\Phi^{(i)}(t)\}\\ \overline{F}_{Pi}(t)=\{\Phi^{(i)}(t)\}^T\{\overline{F}_P(t)\}\end{cases}\quad(i=1,2,\cdots,n)$$

(3) 求解正则坐标的振动微分方程为

$$\ddot{\alpha}_i+\omega_i^2\alpha=\frac{\overline{F}_{Pi}(t)}{\overline{M}_i}\quad(i=1,2,\cdots,n)$$

与单自由度问题一样求解，得到 $\alpha_1,\alpha_2,\cdots,\alpha_n$。

(4) 计算几何坐标，由

$$\{Y(t)\}=\{\Phi(t)\}[\alpha]$$

求出各质点位移 $y_1(t),y_2(t),\cdots,y_n(t)$，然后即可计算其他动力反应(加速度、惯性力和动内力等)。

【例 10－8】 结构在质点 2 处作用突加荷载(图 10－25(a))，试求两质点的位移和梁的弯矩。

$$F(t)=\begin{cases}0 & (\text{当 } t<0)\\ F & (\text{当 } t>0)\end{cases}$$

【解】 (1) 该结构具有两个自由度。单位弯矩图如图 10－26(b)、(c)所示，由图乘可得

$$\delta_{11}=\delta_{22}=\frac{4\,l^3}{243EI}$$

$$\delta_{12}=\delta_{21}=\frac{7\,l^3}{486EI}$$

将它们代入式(10－48)并注意有

$m_1=m_2=m$，则可求得

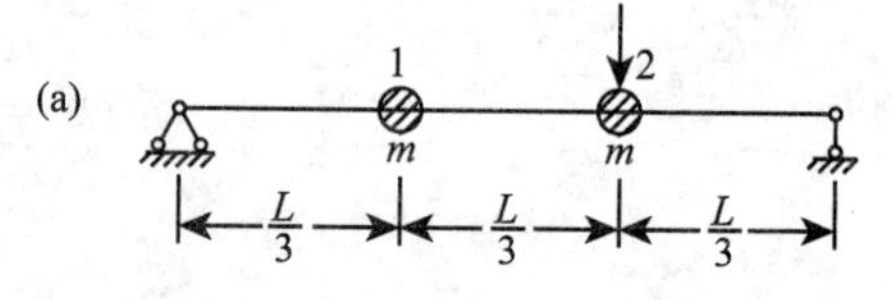

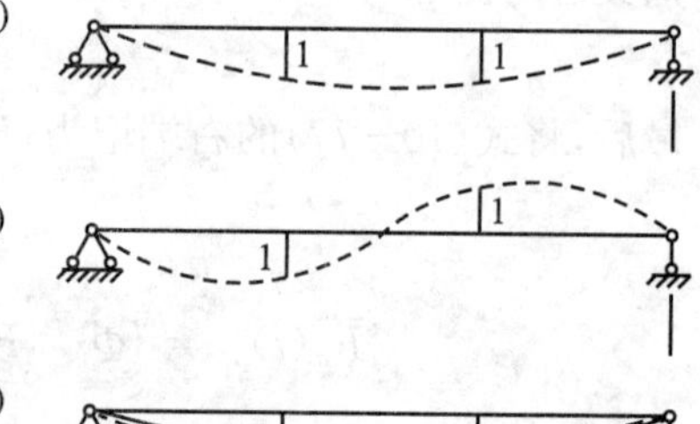

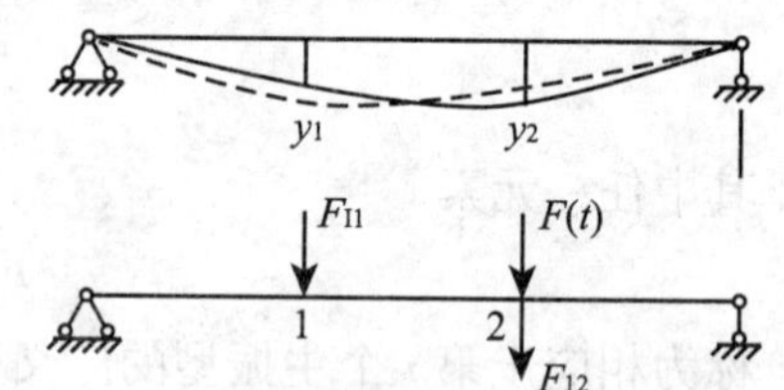

图 10－25

$$\lambda_1=(\delta_{11}+\delta_{12})m=\frac{15m\,l^3}{486EI}$$

$$\lambda_2=(\delta_{11}-\delta_{12})m=\frac{m\,l^3}{486EI}$$

于是，自振频率为

$$\omega_1=\sqrt{\frac{1}{\lambda_1}}=\sqrt{\frac{486EI}{15ml^3}}=5.69\sqrt{\frac{EI}{ml^3}}$$

$$\omega_2=\sqrt{\frac{1}{\lambda_2}}=\sqrt{\frac{486EI}{ml^3}}=22.05\sqrt{\frac{EI}{ml^3}}$$

$$\{\Phi^{(1)}\}=\begin{pmatrix}1\\1\end{pmatrix},\{\Phi^{(2)}\}=\begin{pmatrix}1\\-1\end{pmatrix}$$

(2) 广义质量为

$$\overline{M}_1=\{\Phi^{(1)}\}^T[M]\{\Phi^{(1)}\}$$

$$=(1\quad 1)\begin{pmatrix}m&0\\0&m\end{pmatrix}\begin{pmatrix}1\\-1\end{pmatrix}=2m$$

$$\overline{M}_2=\{\Phi^{(2)}\}^T[M]\{\Phi^{(2)}\}$$

$$=(1\quad -1)\begin{pmatrix}m&0\\0&m\end{pmatrix}\begin{pmatrix}1\\-1\end{pmatrix}=2m$$

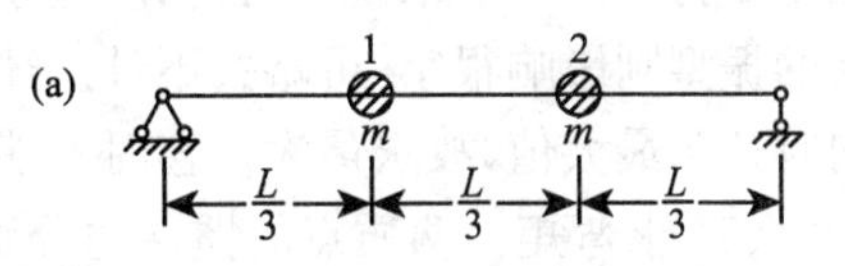

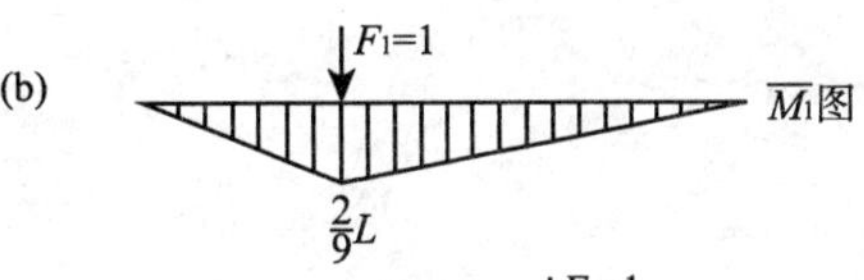

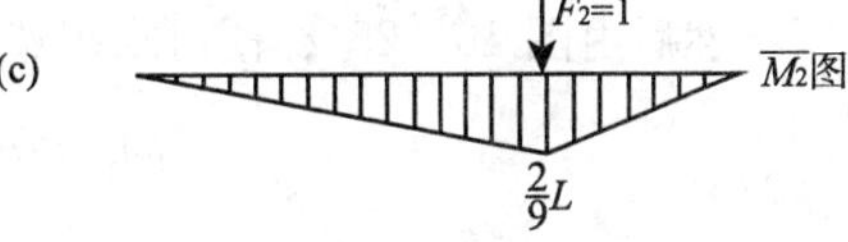

图 10-26

广义荷载为

$$\overline{F_{P1}}(t)=\{\Phi^{(1)}\}^T\{F_P(t)\}$$

$$=(1\quad 1)\begin{pmatrix}0\\F_P(t)\end{pmatrix}=F_P(t)$$

$$\overline{F_{P2}}(t)=\{\Phi^{(2)}\}^T\{F_P(t)\}$$

$$=(1\quad -1)\begin{pmatrix}0\\F_P(t)\end{pmatrix}=-F_P(t)$$

(3) 求正则坐标。由(10-90)有

$$\alpha_1(t)=\frac{1}{\overline{M}_1\,\omega_1}\int_0^t\overline{F}_1(\tau)\sin\omega_1(t-\tau)\mathrm{d}\tau$$

$$=\frac{1}{2\,m\omega_1}\int_0^t F\sin\omega_1(t-\tau)\mathrm{d}\tau$$

$$=\frac{F}{2m\omega_1^2}(1-\cos\omega_1 t)$$

$$\alpha_2(t)=\frac{1}{\overline{M}_2\,\omega_2}\int_0^t\overline{F}_2(\tau)\sin\omega_2(t-\tau)\mathrm{d}\tau$$

$$=\frac{1}{2\,m\omega_2}\int_0^t F\sin\omega_2(t-\tau)\mathrm{d}\tau$$

$$=-\frac{F}{2m\omega_2^2}(1-\cos\omega_2 t)$$

(4) 求位移。由式(10-75)有

$$\begin{Bmatrix}y_1\\y_2\end{Bmatrix}=\begin{bmatrix}1&1\\1&-1\end{bmatrix}\begin{Bmatrix}\alpha_1\\\alpha_2\end{Bmatrix}$$

得

$$y_1=\alpha_1+\alpha_2$$

$$=\frac{F}{2m\omega_1^2}\left[(1-\cos\omega_1 t)-\left(\frac{\omega_1}{\omega_2}\right)^2(1-\cos\omega_2 t)\right]$$

$$=\frac{F}{2m\omega_1^2}[(1-\cos\omega_1 t)-0.0667(1-\cos\omega_2 t)]$$

$$y_1=\alpha_1-\alpha_2$$

$$=\frac{F}{2m\omega_1^2}[(1-\cos\omega_1 t)+0.0667(1-\cos\omega_2 t)]$$

两质点位移图大致形状如图 10-25(d)所示。由上式可见,第二振型所占分量比第一振型小得多。一般来说,多自由度体系的动力位移主要是由前几个较低频率的振型组成,更高的振型则影响很小,可略去不计。还应注意,第一振型与第二振型频率不同,它们并不是同时达到最大值,故求最大位移时不能简单地把两个分量的最大值叠加。

(5) 求弯矩。两质点的惯性力分别为

$$F_{I1}=-m_1\ddot{y}_1=-\frac{F}{2}(\cos\omega_1 t-\cos\omega_2 t)$$

$$F_{I2}=-m_2\ddot{y}_2=-\frac{F}{2}(\cos\omega_1 t+\cos\omega_2 t)$$

然后由图 10-25(e)便可求得梁的动力弯矩。例如截面 1 的弯矩为

$$M_1(t)=F_{I1}\frac{2l}{9}+[F(t)+F_{I2}]\frac{l}{9}$$

$$=\frac{Fl}{6}[(1-\cos\omega_1 t)-\frac{1}{3}(1-\cos\omega_2 t)]$$

思考题

10-1 试说明动力荷载与移动荷载的区别。移动荷载是否可能产生动力效应?

10-2 结构动力分析与静力分析的主要区别是什么?

10-3 什么是体系的动力自由度?它与几何构造分析中体系的自由度之间有何区别?如何确定体系的动力自由度?

10-4 杜哈梅积分公式中的时间变量 τ 与 t 有何区别?

10-5 何为主振型?同一振型为何只能求得各质点振幅之间的相对比值?

10-6 简谐荷载作用于单自由度体系时的动力系数 μ 的变化规律是(　　)。

A. 干扰力频率越大,μ 越大(μ 指绝对值,下同)

B. 干扰力频率越小,μ 越大

C. 干扰力频率越接近自振频率,μ 越大

D. 有阻尼时,阻尼越大,μ 越大

10-7 当结构发生共振时(考虑阻尼),结构的(　　)。

A. 动平衡条件不能满足

B. 干扰力与阻尼力平衡,惯性力与弹性力平衡

C. 干扰力与弹性力平衡,惯性力与阻尼力平衡

D. 干扰力与惯性力平衡,弹性力与阻尼力平衡

10-8 单自由度体系受简谐荷载作用,不考虑阻尼作用,当 $\theta\leqslant\omega$ 时,其动力系数 μ 在__________范围内变化。

习题

10－1　试确定图示各体系的动力自由度。忽略弹性杆自身的质量及各杆的轴向变形。

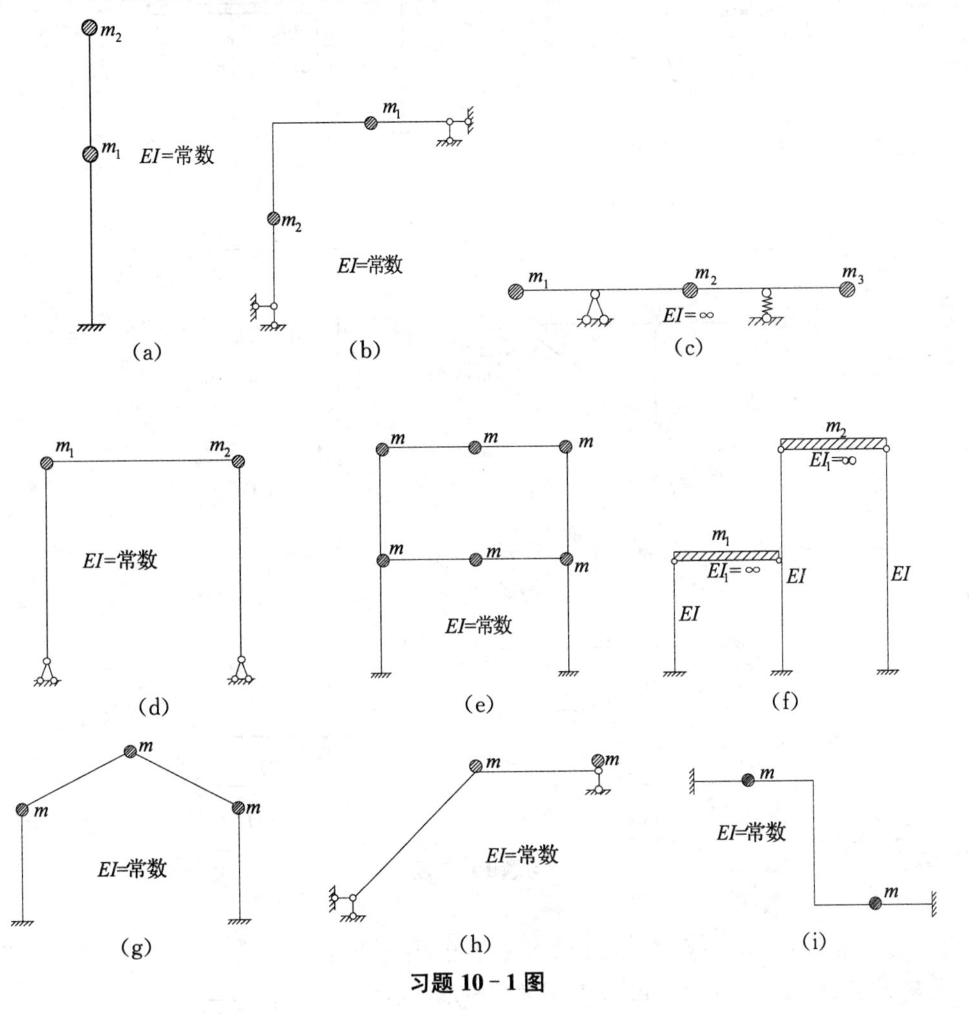

习题 10－1 图

10－2　试求图示梁的自振频率和周期。忽略梁自身的质量及其轴向变形，EI＝常数。

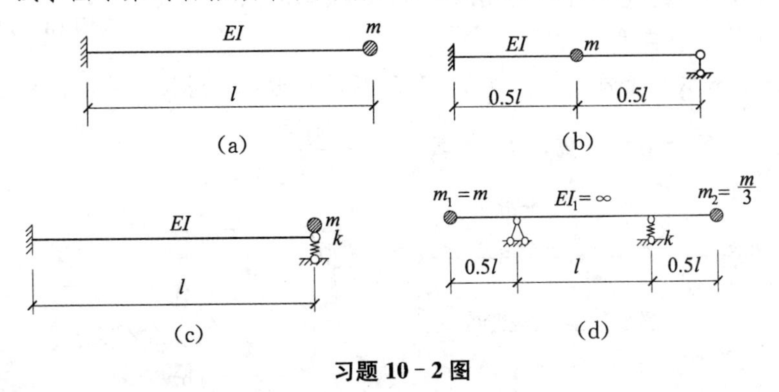

习题 10－2 图

10－3　试求图示刚架及桁架的自振频率，忽略弹性杆自身的质量及梁式杆的轴向变形。

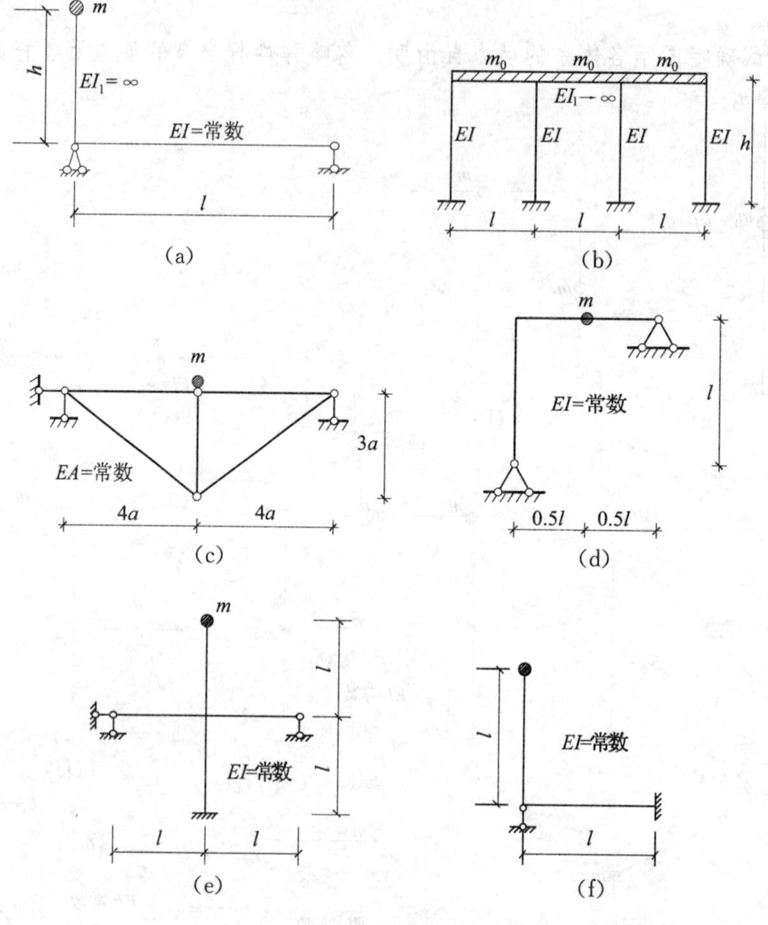

习题 10－3 图

10－4　悬臂梁端有一重量 $G=12$ kN 的质点，并作用有简谐荷载 $F_P\sin\theta t$，其中 $F_P=5$ kN。若不考虑阻尼，试计算梁在动荷载分别按每分钟振动 300 次和 600 次两种情况下的最大竖向位移和最大弯矩。已知 $l=2$ m，$E=21000$ kN/cm^2，$I=3400$ cm^4，不计梁的自重。

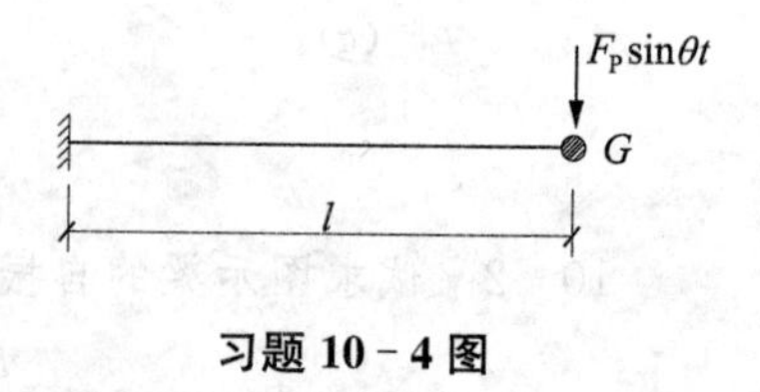

习题 10－4 图

10－5　试求图示梁在简谐荷载作用下作无阻尼强迫振动时质点的动位移幅值，并绘制最大动力弯矩图。不计梁的自重，$EI=$常数，$\theta=\sqrt{\dfrac{16EI}{ml^3}}$。

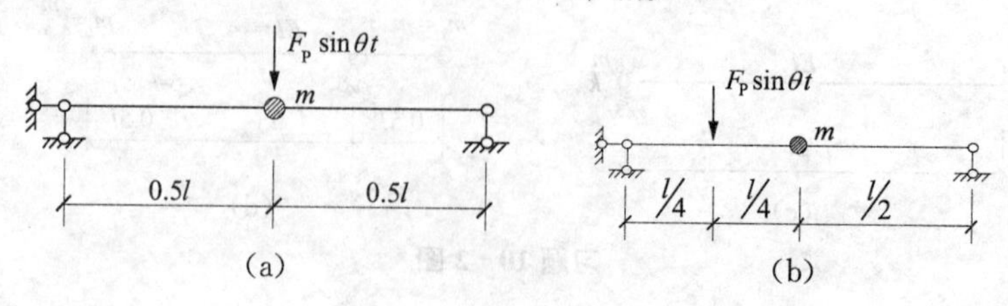

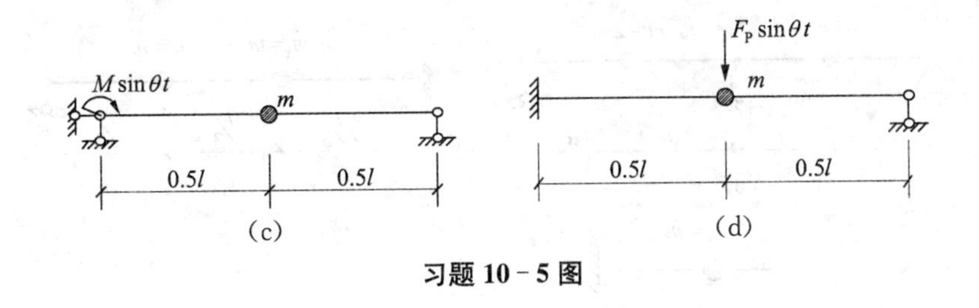

习题 10-5 图

10-6 设图(a)所示排架的横梁为无限刚性,并有图(b)所示水平短时动力荷载作用,试求横梁的动位移。

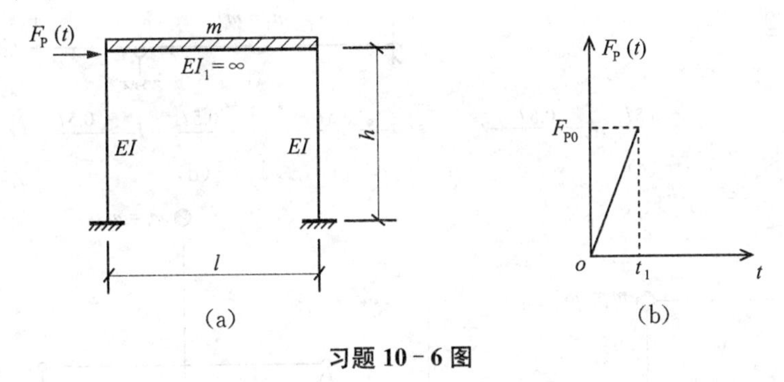

习题 10-6 图

10-7 图示结构中柱的质量集中在刚性横梁上,$m=5\ \text{t}$,$EI=7.2\times10^{4}\ \text{kN}\cdot\text{m}^{2}$,突加荷载 $F_{P(t)}=10\ \text{kN}$。试求柱顶最大位移及所发生的时间,并画出动弯矩图。

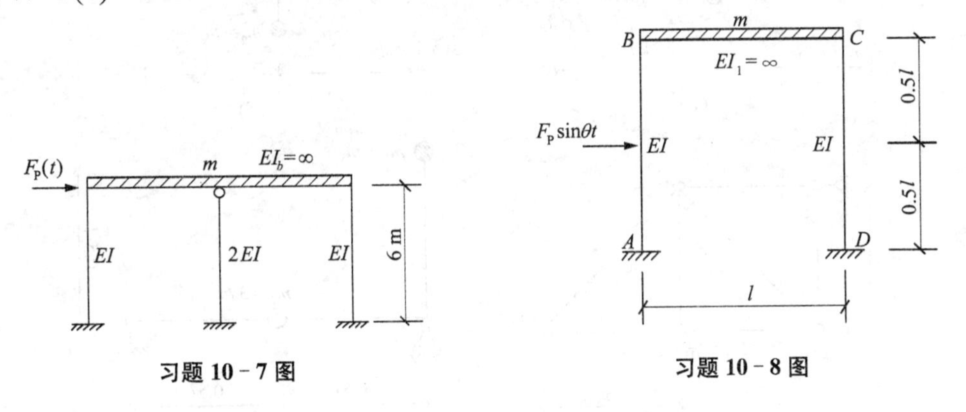

习题 10-7 图

习题 10-8 图

10-8 试求作图示刚架在动荷载 $F_{P(t)}=F_P\sin\theta t$ 作用下的最大动弯矩图,并求荷载作用点的最大位移,柱子质量忽略不计。已知 $\theta^2=\dfrac{8EI}{ml^3}$,$EI$=常数。

10-9 设某单自由度体系在简谐荷载 $F_{P(t)}=F_P\sin\theta t$ 作用下作有阻尼的强迫振动,试问荷载频率 θ 分别为何值时,体系的位移响应、速度响应和加速度响应达到最大?

10-10 试用柔度法求下列多自由度体系的自振频率和主振型。各杆的质量忽略不计,EI=常数。

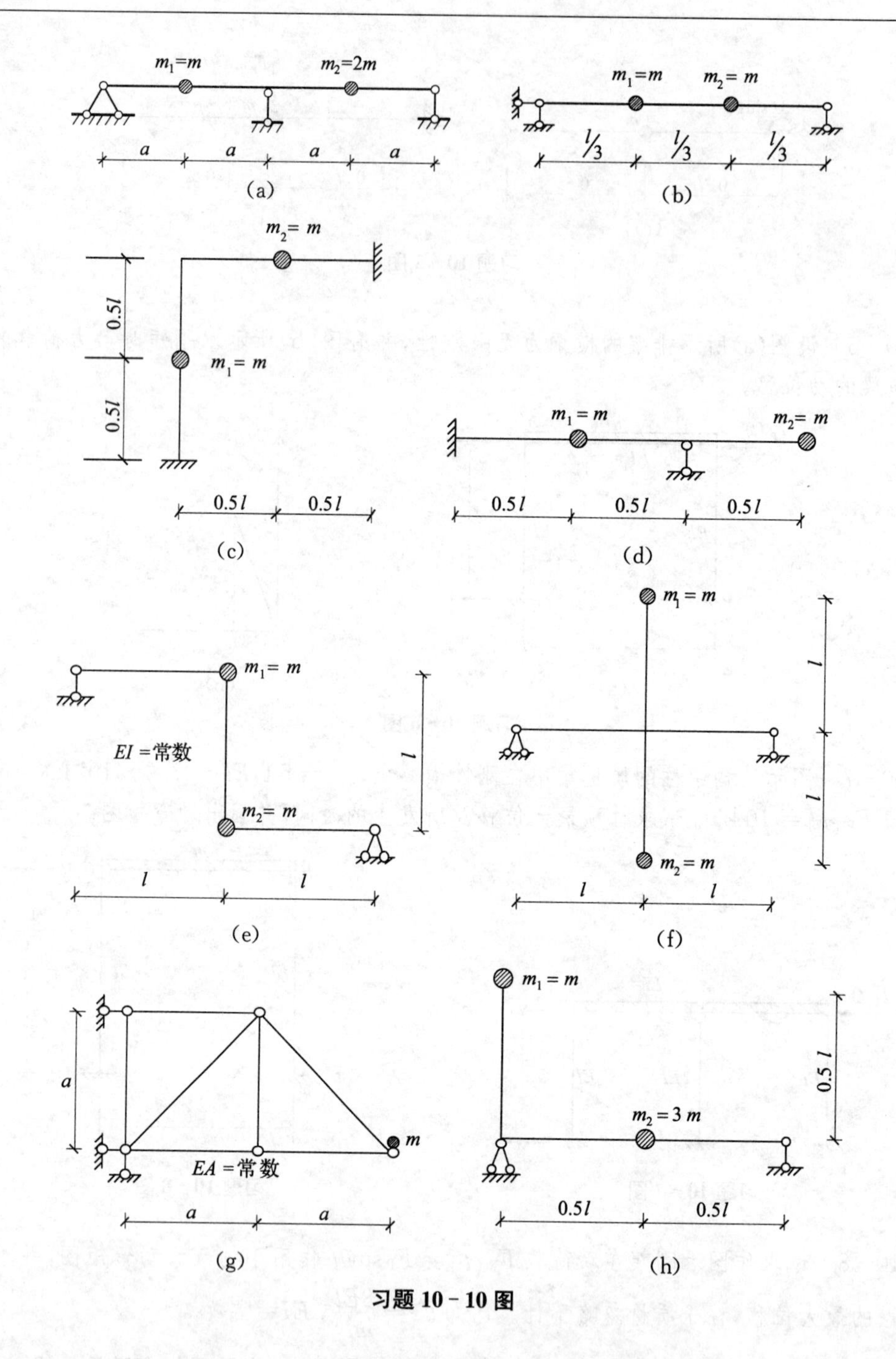

习题 10－10 图

10－11　试用刚度法求下列刚架的自振频率和主振型，忽略弹性杆自身的质量及各杆的轴向变形。

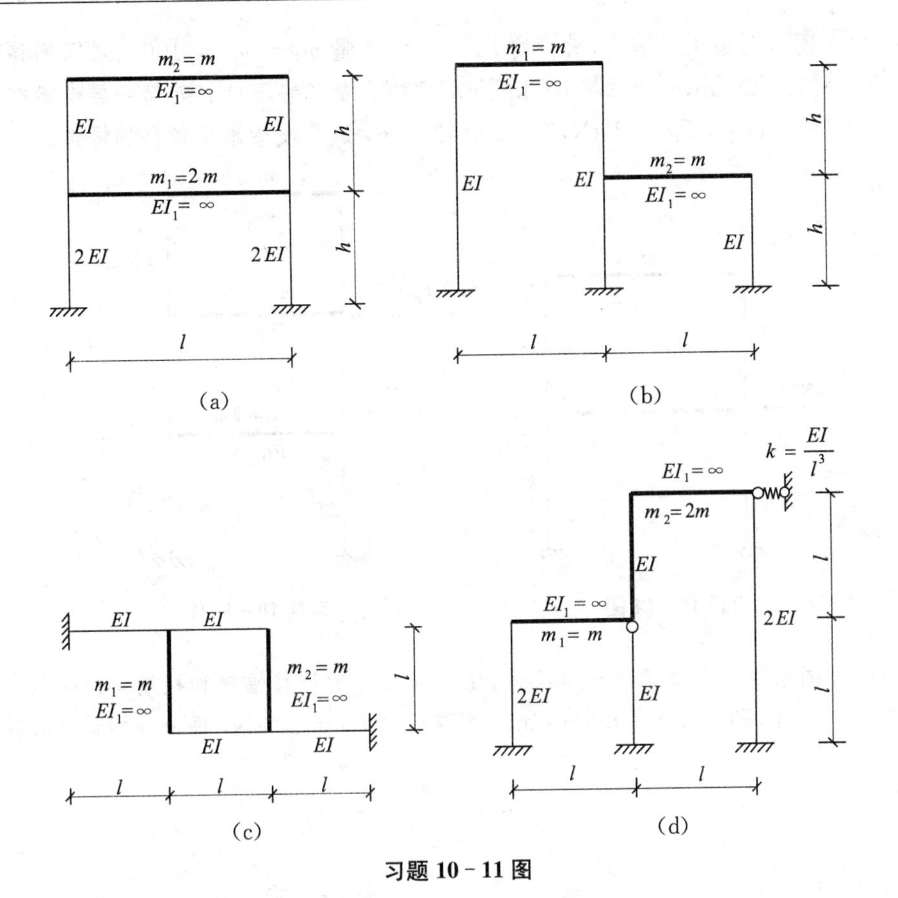

习题 10 - 11 图

10 - 12　图示刚架的分布质量不计，简谐荷载频率 $\theta=\sqrt{\dfrac{16EI}{ml^3}}$，试求质点的振幅及动弯矩图。各杆 EI=常数。

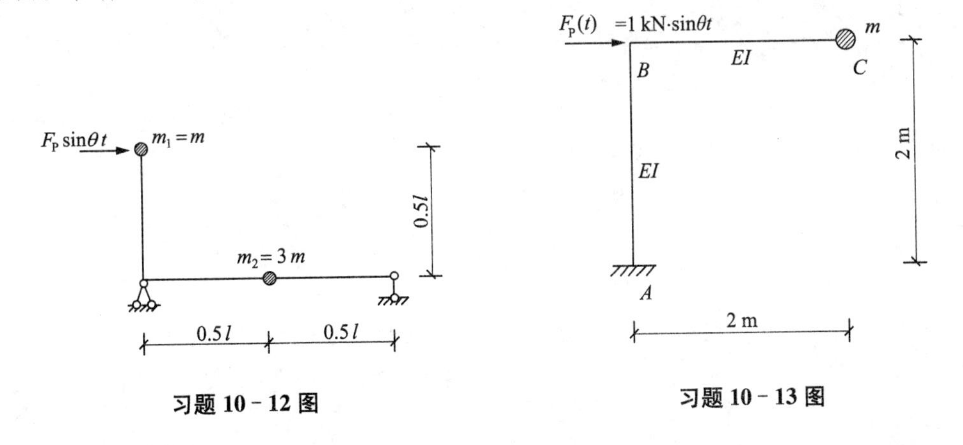

习题 10 - 12 图

习题 10 - 13 图

10 - 13　图示结构在 B 点处有水平简谐荷载 $F_{P}(t)=1\ \text{kN}\cdot\sin\theta t$ 作用，试求集中质量处的最大水平位移和竖向位移，并绘制最大动力弯矩图。已知：$EI=9\times10^6\ \text{N}\cdot\text{m}^2$，$\theta=\sqrt{\dfrac{EI}{ml^3}}$，忽略阻尼的影响。

10 - 14　图示两层刚架结构，横梁的 $EI=\infty$，质量 $m_1=m_2=100\,\text{t}$，层间侧移刚度分别为 $k_1=3\times10^4\,\text{kN/m}$，$k_2=2\times10^4\,\text{kN/m}$，柱的质量忽略不计。若第一层横梁有水平荷载 $F_P\sin\theta t$ 作用。其中，$F_P=2\,\text{kN}$，$\theta=300$ 转 / 分，试求横梁水平位移的幅值。

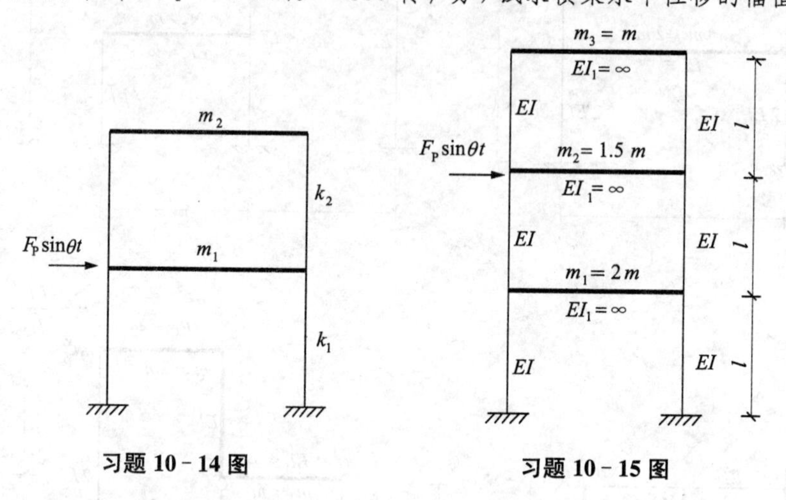

习题 10 - 14 图　　　　习题 10 - 15 图

10 - 15　图示刚架各横梁为无限刚性，试求横梁处的位移幅值和柱端弯矩幅值。已知，$m=100\,\text{t}$，$l=5\,\text{m}$，$EI=5\times10^5\,\text{kN}\cdot\text{m}^2$，简谐荷载 $F_P=30\,\text{kN}$，每分钟振动 240 次，忽略阻尼的影响。

11 结构的稳定分析

11.1 概述

为了防止结构发生破坏，在结构设计的过程中要求结构必须同时满足强度、刚度和稳定性三方面的要求，也就是说对一个结构及组成结构的构件除了进行强度、刚度方面的计算之外，还要进行结构的稳定性分析，以防止结构发生由于稳定性不足而导致的破坏。

实际工程发生的较大工程事故中，有相当一部分是稳定性不足引起的。例如 1907 年北美魁北克圣劳伦斯河上一座 548 m 长的钢桥在施工中突然倒塌，造成数十人伤亡，究其原因就是其桁架中的受压杆件突然失稳造成的。又如北京 1983 年兴建的中国社会科学院科研楼，施工过程中因钢管脚手架构造的严重缺陷，突然外弓引起脚手架整体稳定性破坏。因此，对结构进行稳定性分析具有十分重要的意义。

在材料力学中已经介绍过单根压杆的稳定问题，在结构力学中研究的主要对象是由杆件组成的杆系结构的稳定问题，介绍工程中常见结构的临界荷载的计算方法。

11.1.1 3 种平衡状态

在结构的稳定计算中，通常将结构的平衡状态分为 3 种情况：稳定平衡状态、不稳定平衡状态和随遇平衡状态。设结构原来处于某个平衡状态，后来由于受到微小干扰而偏离其原来位置。当干扰消失后，如果结构能够回到原来的平衡位置，则结构原来的平衡状态称为稳定平衡状态；如果结构继续偏离，不能回到原来的平衡位置，则结构原来的平衡状态称为不稳定平衡状态；如果结构在新的位置能够保持平衡，但不能回到原来的平衡位置，则结构原来的平衡状态称为随遇平衡状态或中性平衡状态。随遇平衡状态是结构由稳定平衡状态过渡到不稳定平衡状态的一种临界平衡状态，即是介于稳定平衡状态与不稳定平衡状态之间的一种中间状态，也称为临界状态。临界状态下作用在结构上的荷载则称为临界荷载。

结构的 3 种平衡状态也可通过图 11－1 所示在不同形状轨道上的刚性小球所处的状态来加以说明。设刚性小球原来处于平衡状态，对小球施加微小的侧向干扰后，图 11－1(a)所示小球会离开凹形轨道最低点的初始平衡位置，来回往复地摆动若干次之后，最终又回到它原来的平衡位置，因此小球所处的平衡状态为稳定平衡状态；图 11－1(c)所示小球在受到干扰离开凸形轨道最高点的初始平衡位置后，不仅不能回到初始平衡位置，而且还将继续远离该位置，因此小球所处的平衡状态为不稳定平衡状态；图 11－1(b)所示在平面轨道上的小球在受到干扰后会离开其初始平衡位置，滚动一小段距离后停留在新的位置上处于平衡，它虽然不能回到初始平衡位置，但也不会离开其新的平衡位置，因此小球处于随遇(或中性)平衡状态。

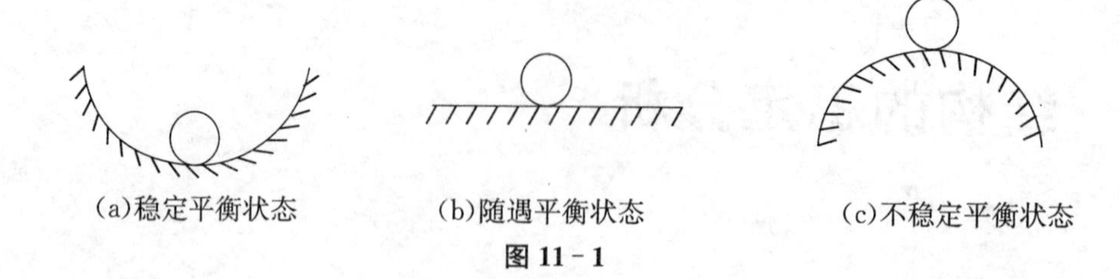

图 11-1

在结构的稳定计算中，通常采用小挠度理论，即以小挠度假定为前提的稳定分析方法，其优点是可以用较简单的方法得到基本正确的结论。大挠度理论由于未采用该假定而能够得到更精确的结果，但分析过程更复杂。

11.1.2 两种失稳形式

当荷载增大到某一数值时，结构由稳定平衡状态转变为不稳定平衡状态，即结构丧失其原始平衡状态的稳定性，简称为失稳。结构的失稳有两种基本形式：分支点失稳和极值点失稳。下面以压杆为例加以说明。

1）分支点失稳（第一类失稳）

对于图 11-2(a)所示理想中心压杆，我们来考察在荷载 F_P 增大的过程中，荷载 F_P 与压杆中点弯曲变形的挠度 Δ 之间的关系曲线。

失稳前（$0 \leqslant F_P < F_{Pcr}$）：当荷载 F_P 小于临界荷载 F_{Pcr} 时，压杆处于轴向受压状态，不会产生弯曲变形，压杆保持直线平衡状态，其原始平衡状态是稳定的，在这一阶段中无论荷载为何值均有 $\Delta=0$，在图 11-2(b)所示的 F_P—Δ 曲线上，这一阶段为图中的 OA 段。如果压杆受到轻微干扰而发生弯曲，偏离原始直线平衡位置，则当干扰消失后，压杆仍会回到原来的直线平衡位置，即这一阶段直线平衡位置是压杆唯一的平衡形式。

失稳后（$F_P \geqslant F_{Pcr}$）：当荷载 F_P 达到或大于临界荷载 F_{Pcr} 时，压杆理论上仍可保持直线形式的平衡状态，$\Delta=0$，F_P—Δ 曲线自 A 点顺着 OA 方向沿路径 1 继续向上。但这时的平衡是不稳定的，任何微小的干扰都可能使压杆产生弯曲变形，从而 $\Delta \neq 0$，且 Δ 会随着荷载的增大而增大。此时即使干扰消失，压杆也不能回到原始的直线平衡位置，而是处于弯曲平衡形式的压弯组合变形状态。F_P—Δ 曲线沿着图 11-2(b)中的路径 2 即曲线 AB（根据大挠度理论）前进。当采用小挠度理论进行近似分析时，曲线 AB 退化为水平直线 AB'。压杆最终会由于弯曲变形过大而丧失承载能力。

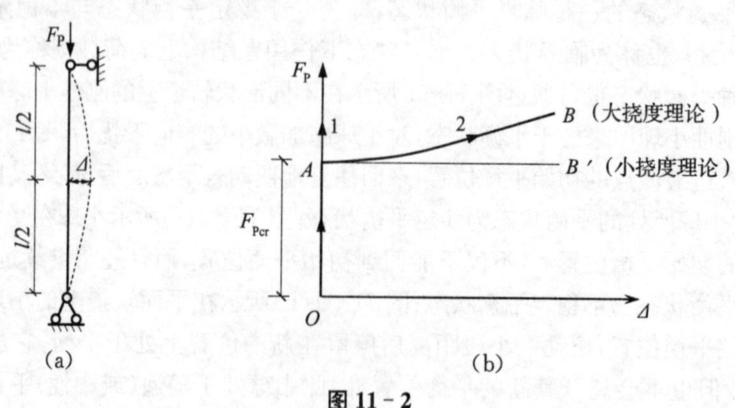

图 11-2

总之，在初始阶段，F_P—Δ 曲线的路径是唯一的，即直线 OA 段；在荷载达到临界荷载以后，F_P—Δ 曲线有两条可能的路径：路径 1 和路径 2，A 点是这两条路径的共同起始点，称为分支点。因此，自 A 点起，原始平衡路径 1(以及相应的平衡形式)和新的平衡路径 2(以及相应的新的平衡形式)同时并存，出现平衡形式的二重性，而两种平衡形式对应的压杆受力和变形状态之间具有质的区别。这种在荷载达到临界值时出现分支点的失稳形式称为分支点失稳或第一类失稳。

除理想中心压杆外，分支点失稳的现象还可能在其他结构中发生。例如图 11-3(a)所示承受均布压力的圆环，当压力达到临界值 q_{cr}时，原有圆形平衡形式将成为不稳定的，而可能会突然出现新的非圆形的平衡形式(如图中虚线所示)。又如图 11-3(b)所示承受均布荷载的抛物线拱和图 11-3(c)所示刚架，在荷载达到临界值以前，都处于轴向受压状态；而当荷载达到临界值时，将出现同时具有压缩和弯曲变形的新的平衡形式(如图中虚线所示)。再如图 11-3(d)所示工字梁，当荷载达到临界值以前，它仅在其腹板平面内弯曲；当荷载达到临界值时，原有平面弯曲形式不再是稳定的，梁将从腹板平面内偏离出来，突然发生斜弯曲和扭转组合变形(如图中虚线所示)。

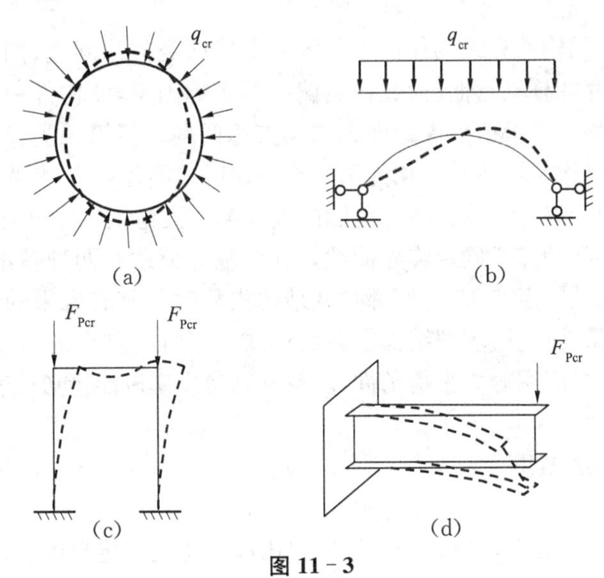

图 11-3

综上所述，分支点失稳的特征是：结构的变形在荷载达到临界值前后发生质的突变，原有平衡形式成为不稳定的，会出现新的有质的区别的平衡形式。同时，这种变化具有突然性。

2) 极值点失稳(第二类失稳)

图 11-4(a)、(b)分别为具有初始曲率的压杆和承受偏心荷载的压杆，不论荷载 F_P 值大小如何，杆件一开始就处于压弯组合变形的弯曲平衡状态。采用小挠度理论分析时，其 F_P—Δ 曲线如图 11-4(c)中的曲线 OA'所示。从图中可见，挠度 Δ 随荷载的增大而增大，且增大的幅度逐渐加大，当荷载接近于理想中心压杆的欧拉临界值 F_{Pe}时，挠度 Δ 趋于无穷大。采用大挠度理论分析时，其 F_P—Δ 曲线如图 11-4(c)中的曲线 OAB 所示。当荷载小于临界荷载 F_{Pcr}时(OA 段)，压杆的弯曲变形以及挠度 Δ 随荷载的增大而增大。这一阶段压杆的平衡状态是稳定的，若不加大荷载，则杆件的挠度也不会增加。F_P—Δ 曲线在荷载达到临界荷载 F_{Pcr}时(A 点)出现极值点，荷载达到极大值。自 A 点起的 AB 段，压杆的平衡状

态转变为不稳定的,即使不增加荷载甚至减小荷载,挠度也将继续增大,直至丧失承载能力。因此,压杆在极值点处由稳定平衡转变为不稳定平衡,故这种失稳形式称为极值点失稳。

极值点失稳的特征是:结构的变形在荷载达到临界值后并不发生质的突变,只是按原有形式迅速增长,致使结构丧失承载能力。

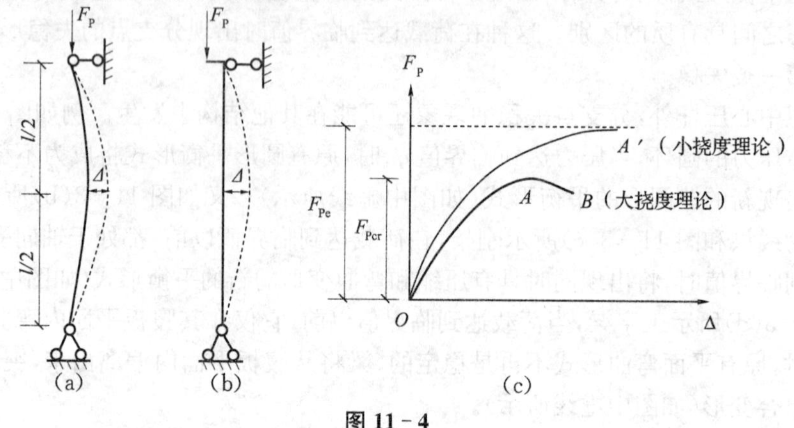

图 11-4

对于实际工程中的构件和结构往往难以区分上述两类失稳问题,如承受轴向压力的直杆,由于不可避免地存在杆轴弯曲、荷载初始偏心等影响因素,使构件一开始就处于压弯受力状态,因此实际上均属于极值点失稳即第二类失稳问题。但第二类稳定问题的分析比第一类稳定问题复杂,且通常可将其转化为第一类稳定问题简化处理,将偏心等影响通过各种系数反映。本章只限于讨论结构在弹性范围内丧失第一类稳定性即分支点失稳的问题。

稳定分析的核心问题在于确定临界荷载。确定临界荷载有两种基本方法:静力法和能量法。这两种方法的共同点在于:它们都是从结构失稳时可具有原来的和新的两种平衡形式,即平衡形式的二重性出发,求解结构在新的形式下能维持平衡的荷载,从而确定临界荷载;不同点是:静力法是应用静力平衡条件,能量法则是应用以能量形式表示的平衡条件。

11.1.3 稳定自由度

在稳定分析中,一般先要确定结构的稳定自由度。所谓稳定自由度,是指为确定结构失稳时的变形状态所需要的独立参数的数目。如图 11-5(a)所示支承在转动弹簧上的刚性压

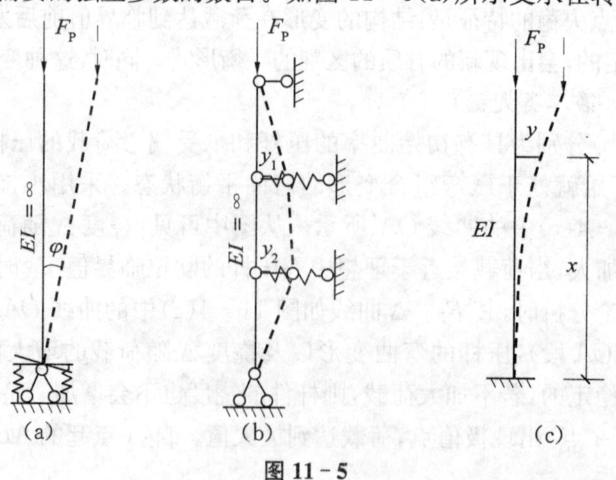

图 11-5

杆，失稳后的变形形态如图中虚线所示，用其转角 φ 作为参数即可确定其位置，故此结构只有一个稳定自由度。图 11－5(b)所示结构需两个独立参数 y_1 和 y_2 才能确定结构失稳后的变形形态，因此具有两个自由度。图 11－5(c)所示弹性压杆，则需无限多个独立参数 y 才能确定结构失稳后的变形状态，因此具有无限多个自由度。

11.2　静力法求临界荷载

用静力法确定临界荷载，是根据结构在临界状态时具有平衡形式的二重性的特点，应用静力平衡条件，寻求使结构在新的形式下能维持平衡的荷载，其最小值即为临界荷载。下面分别针对有限自由度和无限自由度结构进行分析。

11.2.1　有限自由度结构

【例 11－1】 试用静力法求图 11－6(a)所示单自由度体系刚性压杆的临界荷载。压杆上端弹簧支座的刚度系数为 k_1，下端弹性转动支座的刚度系数(即转动单位角度所需的力矩)为 k_2。

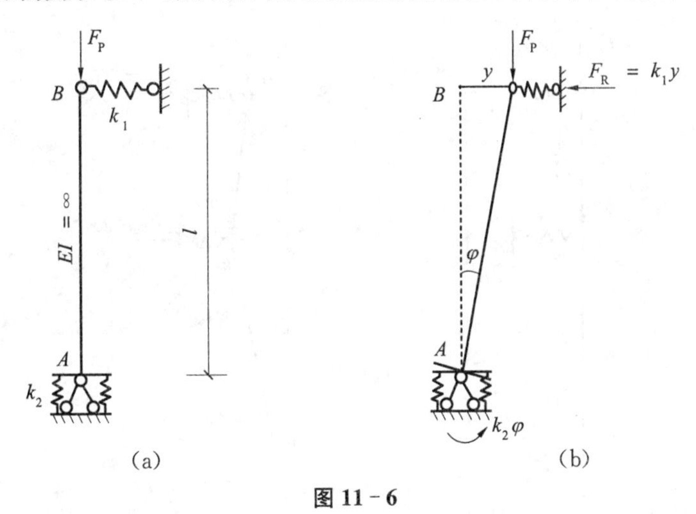

图 11－6

【解】 压杆在临界状态时新的平衡形式如图 11－6(b)所示，以杆件顶部的水平位移 y 作为设定的独立参数。则由于弹簧被压缩了长度 y，弹簧支座的反力为

$$F_R = k_1 y$$

弹性转动支座由于随杆件沿顺时针方向转动了 φ，因此产生逆时针方向的抵抗力矩，大小为 $k_2\varphi$。

根据小挠度理论，设位移 y 是微小的，因此 AB 杆在竖向的投影长度仍可近似看作是 l，杆件的转角 $\varphi \approx \dfrac{y}{l}$。

应用平衡条件 $\sum M_A = 0$ 有

$$F_{\mathrm{P}}y-k_1yl-k_2\varphi=0$$

即

$$\left(F_{\mathrm{P}}-k_1l-\frac{k_2}{l}\right)y=0$$

当 $y=0$ 时上式满足，但此时对应于结构原有的竖直平衡形式；对于压杆偏离竖直位置后新的平衡形式，则要求 $y\neq0$，因此 y 的系数应等于零，即

$$F_{\mathrm{P}}-k_1l-\frac{k_2}{l}=0 \tag{a}$$

式(a)称为稳定方程或特征方程。由式(a)即可求出临界荷载为

$$F_{\mathrm{Pcr}}=k_1l+\frac{k_2}{l}$$

对于具有 n 个自由度的结构，可针对结构新的平衡形式列出与自由度数目相等的 n 个平衡方程，它们是关于 n 个独立参数(确定结构新的平衡形式)的线性齐次方程。根据这 n 个参数不能全为零(n 个参数全为零的情况对应于原有平衡形式)的条件，其系数行列式 D 应为零，由此便可建立稳定方程：

$$D=0$$

展开行列式 D 可求解 n 个根，即稳定方程有 n 个特征荷载，其中最小者即为临界荷载。

【例 11-2】 试求图 11-7(a)所示结构的临界荷载。两个弹簧支座的刚度系数均为 k。

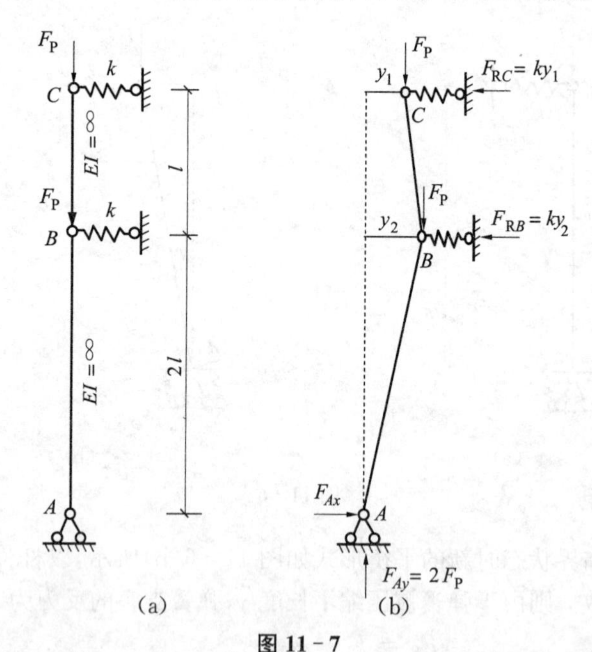

图 11-7

【解】 该结构具有两个自由度，设失稳时 C、B 点的水平位移分别为 y_1 和 y_2(图 11-7(b))，则两个弹簧支座的反力分别为

$$F_{\mathrm{RC}}=ky_1,\qquad F_{\mathrm{RB}}=ky_2$$

又设位移是微小的，因而 AB、BC 在竖直方向的投影长度仍可近似看作是 $2l$ 和 l。

先求解 A 支座的反力：由整体平衡条件 $\sum F_y=0$ 得

$$F_{Ay} = 2F_P$$

对 AB 杆列平衡条件 $\sum M_B = 0$ 得

$$F_{Ax} \cdot 2l - F_{Ay} y_2 = 0$$

则

$$F_{Ax} = \frac{F_P y_2}{l}$$

现在建立另外两个平衡条件来求解临界荷载：

对 BC 杆列平衡条件 $\sum M_B = 0$ 得

$$F_{RC} l + F_P(y_2 - y_1) = 0$$

即
$$k y_1 l + F_P(y_2 - y_1) = 0$$

对整体由平衡条件 $\sum F_x = 0$ 得

$$F_{Ax} - F_{RC} - F_{RB} = 0$$

即
$$\frac{F_P y_2}{l} - k y_1 - k y_2 = 0$$

整理后得

$$\left.\begin{aligned} (kl - F_P) y_1 + F_P y_2 = 0 \\ -kl y_1 + (F_P - kl) y_2 = 0 \end{aligned}\right\} \qquad \text{(b)}$$

这是关于 y_1 和 y_2 的线性齐次方程组，对于图 11-7(b)所示新的平衡形式，y_1 和 y_2 不全为零，则其系数行列式应等于零，即

$$\begin{vmatrix} (kl - F_P) & F_P \\ -kl & (F_P - kl) \end{vmatrix} = 0$$

展开得

$$F_P^2 - 3klF_P + (kl)^2 = 0$$

解得两个特征荷载

$$F_P = \frac{3 \pm \sqrt{5}}{2} kl = \begin{cases} 2.618kl \\ 0.382kl \end{cases}$$

取最小者即为临界荷载

$$F_{Pcr} = \frac{3 - \sqrt{5}}{2} kl = 0.382kl$$

下面进一步讨论结构失稳的形式。由于式(b)的系数行列式为 0，故不能由式(b)求得 y_1、y_2 的确定解答，但可求得 y_1、y_2 的比值。取式(b)中第一个方程可得

$$\frac{y_2}{y_1} = \frac{F_P - kl}{F_P}$$

将 $F_{Pcr} = 0.382kl$ 代入上式得 $\frac{y_2}{y_1} = -1.618$，相应的变形模态如图 11-8(a)所示。

将 $F_P = 2.618kl$ 代入上式得 $\frac{y_2}{y_1} = 0.618$，相应的变形模态如图 11-8(b)所示。

由于图 11-8(b)的失稳荷载大于图 11-8(a)的失稳荷载，故图 11-8(b)只是理论上存在的失稳形式，实际上结构必先以图 11-8(a)的形式失稳。

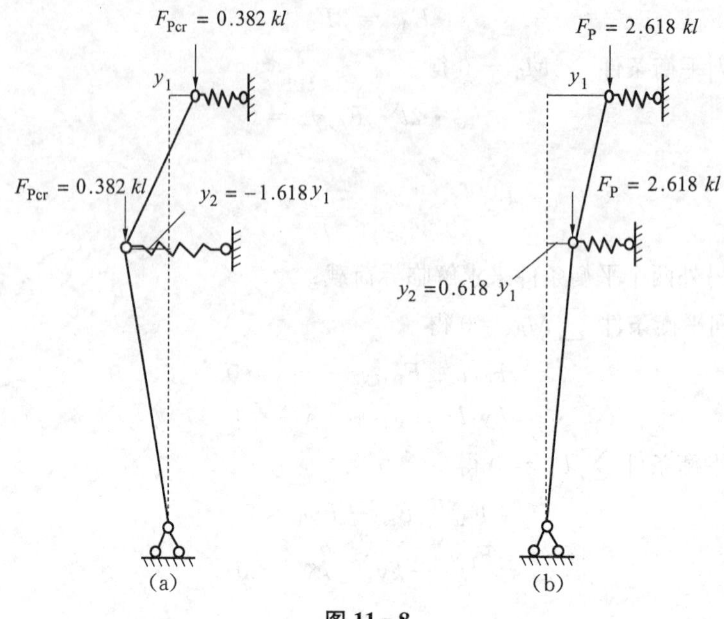

图 11-8

11.2.2 无限自由度结构

对于无限自由度结构，用静力法求临界荷载时仍首先假设结构处于新的平衡形式，列出其平衡方程，不过此时平衡方程不是代数方程而是微分方程。求解此微分方程，得到通解，再利用边界条件得到一组与微分方程通解中未知常数数目相同的线性齐次方程。为了获得非零解，其系数行列式 D 应等于零，据此建立稳定方程。此时，稳定方程为超越方程，有无穷多个根，对应有无穷多个特征荷载值（相应地有无穷多种变形曲线形式），其中最小者即为临界荷载。

【例 11-3】 试求图 11-9(a)所示一端固定另一端铰支的等截面中心受压弹性直杆的临界荷载。

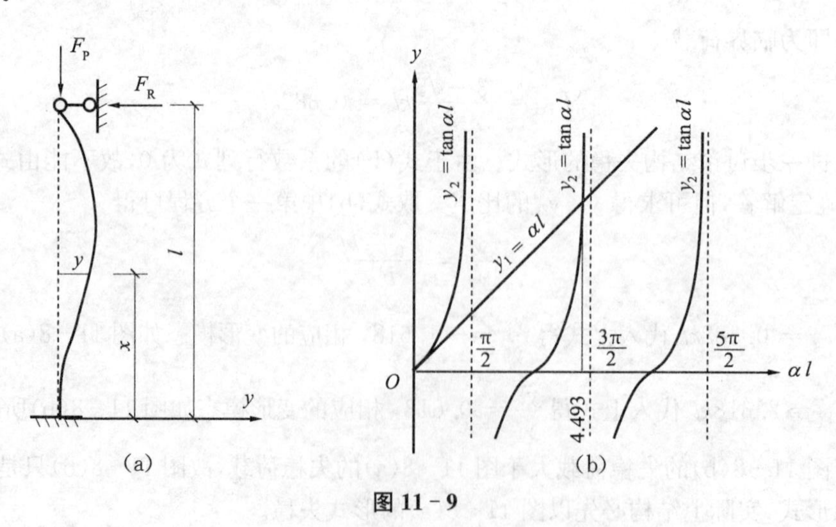

图 11-9

【解】 设压杆在临界状态下处于新的曲线平衡形式，柱上端的铰支座反力用 F_R 表示。取图示坐标系，则杆件任一截面的弯矩为

$$M = F_P y + F_R (l - x)$$

由于研究的是小变形情况，则根据材料力学中的挠曲线近似微分方程

$$EIy'' = -M$$

式中 EI 为杆件的抗弯刚度。则有

$$EIy'' = -F_P y - F_R (l - x)$$

即

$$EIy'' + F_P y = -F_R (l - x)$$

将上式两边同除以 EI，并令

$$\frac{F_P}{EI} = \alpha^2$$

则以上微分方程可写成

$$y'' + \alpha^2 y = -\alpha^2 \frac{F_R}{F_P}(l - x)$$

此微分方程的通解为

$$y = A\cos\alpha x + B\sin\alpha x - \frac{F_R}{F_P}(l - x)$$

其中 A、B 为积分常数，$\frac{F_R}{F_P}$ 也是未知量。

已知边界条件为

当 $x = 0$ 时，$y = 0$ 和 $y' = 0$；

当 $x = l$ 时，$y = 0$。

将边界条件代入通解，得到关于 A、B、$\frac{F_R}{F_P}$ 的线性齐次方程组：

$$\begin{cases} A - l\dfrac{F_R}{F_P} = 0 \\ \alpha B + \dfrac{F_R}{F_P} = 0 \\ A\cos\alpha l + B\sin\alpha l = 0 \end{cases}$$

当 $A = B = \frac{F_R}{F_P} = 0$ 时，上式满足，但此时各点的位移 y 均等于零，对应于压杆的原有直线平衡形式；而对于新的弯曲平衡形式，则要求 A、B、$\frac{F_R}{F_P}$ 不全为零，此时线性齐次方程组的系数行列式应等于零，即

$$D = \begin{vmatrix} 1 & 0 & -l \\ 0 & \alpha & 1 \\ \cos\alpha l & \sin\alpha l & 0 \end{vmatrix} = 0$$

将上式展开，得到如下的稳定方程

$$\tan\alpha l = \alpha l$$

此方程为超越方程，求解时可用图解法配合试算法求解。以 αl 为自变量，绘出 $y_1 = \alpha l$ 和

$y_2 = \tan\alpha l$ 的函数图形(图 11-9(b)),则两个函数图形交点的横坐标即为超越方程的根。因交点有无穷多个,故方程有无穷多个根。由图可以看出,最小的正根 αl 在 $\frac{3\pi}{2} \approx 4.7$ 的左侧附近,其准确数值可由试算法求得(见表 11-1)为

$$\alpha l = 4.493$$

则临界荷载为

$$F_{\mathrm{Pcr}} = \alpha^2 EI = \left(\frac{4.493}{l}\right)^2 EI = 20.19\frac{EI}{l^2}$$

表 11-1　试算法求最小正根

αl	$\tan\alpha l$	$\alpha l - \tan\alpha l$
4.5	4.637	−0.137
4.4	3.096	1.304
4.49	4.422	0.068
4.491	4.443	0.048
4.492	4.464	0.028
4.493	4.485	0.008
4.494	4.506	−0.012

在研究排架、刚架等结构的稳定问题时,为了计算方便起见,可将压杆从结构中单独取出进行分析,并将结构其余部分对它的约束作用用一个等效的弹性支座来代替。下面通过例题加以说明。

【例 11-4】 试求图 11-10(a)所示排架的临界荷载。

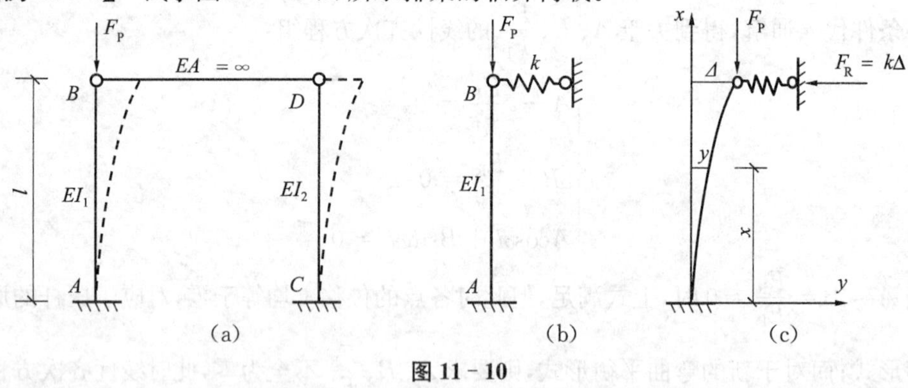

图 11-10

【解】 图 11-10(a)所示排架中,柱 AB 在顶端 B 点受到荷载 F_P 作用而受压,在临界状态下,柱 AB 发生弯曲变形(对应于新的平衡形式),并通过刚性链杆 BD 带动柱 CD 产生弯曲变形。因此,柱 CD 对于柱 AB 的顶端水平位移起到一定的阻碍或约束作用。排架在临界状态的变形模态如图中虚线所示。

由于只有柱 AB 是压杆,为了分析方便,将问题简化为单根柱 AB 的稳定问题,而柱 CD 和链杆 BD 对柱 AB 的作用,则可用附加在柱顶 B 处的水平弹簧支座来体现它们对柱 AB 顶部水平位移的弹性约束,即采用图 11-10(b)所示具有弹性约束压杆的计算简图来分析 AB 杆的

临界荷载,在使用了正确的弹簧刚度系数 k 之后,AB 杆的临界荷载即为所求排架的临界荷载。

设压杆 AB 在临界状态下处于图 11 - 10(c)所示新的曲线平衡形式,柱顶水平位移为 Δ,则弹簧支座的反力为 $F_R = k\Delta$,其中 k 为弹簧的刚度系数。

取图示坐标系,则杆件任一截面的弯矩为

$$M = -F_P(\Delta - y) + F_R(l - x)$$

由挠曲线近似微分方程

$$EI_1 y'' = -M = F_P(\Delta - y) - F_R(l - x)$$

即

$$EI_1 y'' + F_P y = -k\Delta(l - x) + F_P\Delta$$

将上式两边同除以 EI_1,并令

$$\frac{F_P}{EI_1} = \alpha^2$$

则以上微分方程可写成

$$y'' + \alpha^2 y = \alpha^2\Delta\left[1 - \frac{k}{F_P}(l - x)\right]$$

此微分方程的通解为

$$y = A\sin\alpha x + B\cos\alpha x + \Delta\left[1 - \frac{k}{F_P}(l - x)\right]$$

其中 A、B 为积分常数,Δ 也是未知量。

已知边界条件为

当 $x = 0$ 时,$y = 0$ 和 $y' = 0$;

当 $x = l$ 时,$y = \Delta$。

将边界条件代入通解,得到关于 A、B、Δ 的线性齐次方程组:

$$\begin{cases} B + \Delta\left(1 - \dfrac{k}{F_P}l\right) = 0 \\ \alpha A + \dfrac{k}{F_P}\Delta = 0 \\ A\sin\alpha l + B\cos\alpha l = 0 \end{cases}$$

对于新的弯曲平衡形式,要求 A、B、Δ 不全为零,则

$$D = \begin{vmatrix} 0 & 1 & 1 - \dfrac{k}{F_P} \\ \alpha & 0 & \dfrac{k}{F_P} \\ \sin\alpha l & \cos\alpha l & 0 \end{vmatrix} = 0$$

展开上式,并将 $F_P = \alpha^2 EI_1$ 代入,得稳定方程

$$\tan\alpha l = \alpha l - \frac{(\alpha l)^3 EI_1}{kl^3}$$

要求出临界荷载,还应确定刚度系数 k 的数值,取出柱 CD(链杆 BD 只起到联结作用),使柱上端 D 产生单位位移所需施加的力的大小即为刚度系数 k,如图 11 - 11(a)所示。而 k 值应等于图 11 - 11(b)所示杆件在顶部单位力作用下的位移((即柔度系数)的倒数。

根据图 11 - 11(b)中阴影图所示杆件在单位力作用下的弯矩图图乘法,即

$$\delta=\frac{1}{EI_2}\times\frac{1}{2}\times l^2\times\frac{2}{3}l=\frac{l^3}{3EI_2}$$

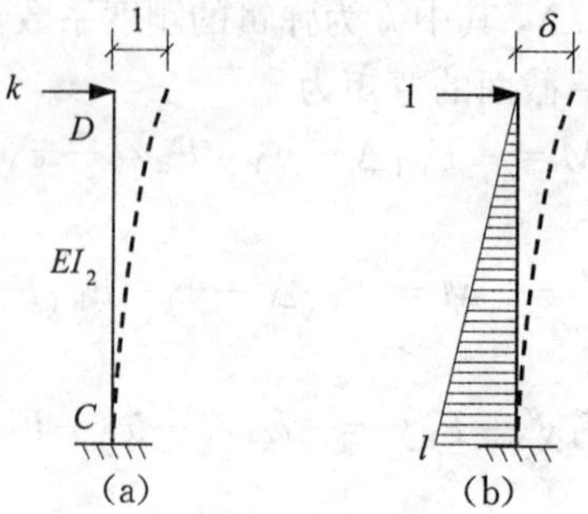

图 11 - 11

则
$$k=\frac{1}{\delta}=\frac{3EI_2}{l^3}$$

代入稳定方程后得

$$\tan\alpha l=\alpha l-\frac{(\alpha l)^3 I_1}{3I_2}$$

由上式可知,要求解这个超越方程,需要知道两柱惯性矩的比值 I_1/I_2。

设 $I_1=I_2$,则稳定方程变为

$$\tan\alpha l=\alpha l-\frac{(\alpha l)^3}{3}$$

由于方程有无穷多个根,因此用试算法求其最小正根难度很大,为此可先设法缩小其估算的范围。由材料力学可知,压杆端部的约束越强,其临界荷载也越大。本例中的压杆 AB 的临界荷载值应介于图 11 - 12(a)、(c)所示两种具有刚性支座压杆的临界荷载值之间,即

$$F_{\mathrm{Pcr1}}<F_{\mathrm{Pcr}}<F_{\mathrm{Pcr2}}$$

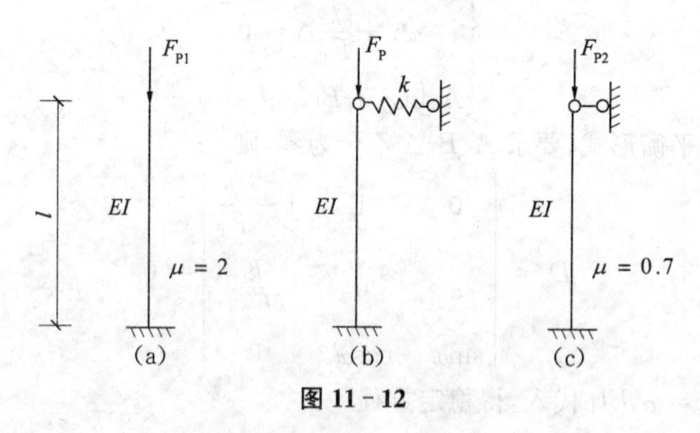

图 11 - 12

则由

$$F_{\mathrm{Pcr}}=\frac{\pi^2 EI}{(\mu l)^2}=\alpha^2 EI$$

得

$$\alpha l=\frac{\pi}{\mu}$$

式中 μ 为压杆的计算长度系数。

因此
$$1.571=\frac{\pi}{2}<\alpha l<\frac{\pi}{0.7}=4.488$$

通过试算求得
$$\alpha l=2.2$$

则所求临界荷载为
$$F_{\mathrm{Pcr}}=\alpha^2 EI_1=\left(\frac{2.2}{l}\right)^2 EI_1=4.84\frac{EI_1}{l^2}$$

【例 11-5】 试求图 11-13(a)所示刚架的临界荷载。

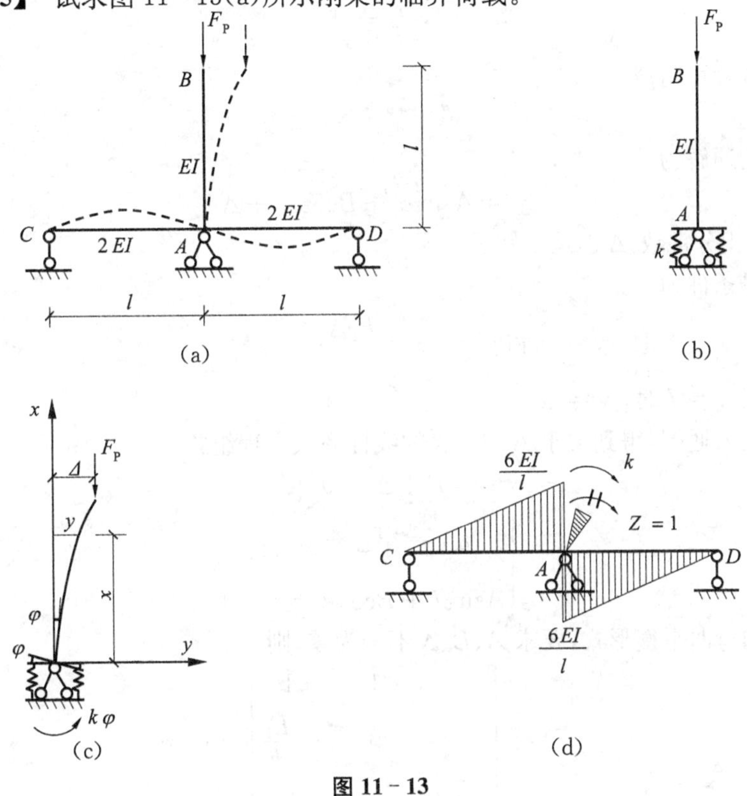

图 11-13

【解】 图 11-13(a)所示刚架中，柱 AB 在顶端 B 点受到荷载 F_P 作用而受压，在临界状态下，柱 AB 发生弯曲变形(对应于新的平衡形式)，并通过刚结点 A 带动 AC 杆和 AD 杆产生弯曲变形。则 AC 杆和 AD 杆对于柱 AB 下端 A 处的转动起到一定的约束作用。刚架在临界状态的变形形态如图中虚线所示。

将压杆 AB 单独取出后，在其 A 端用图 11-13(b)所示的弹性转动支座来代替 AC 杆和 AD 杆对它的弹性转动约束作用，相应的转动刚度用 k 表示。

设压杆 AB 在临界状态下处于图 11-13(c)所示新的曲线平衡形式，柱顶水平位移为 Δ，柱下端产生顺时针方向的转角 φ，则弹性转动支座的反力矩为 $k\varphi$，方向沿逆时针转向。

针对图 11-13(c)所示压杆的曲线平衡形式应用平衡条件 $\sum M_A=0$ 得
$$F_P\Delta-k\varphi=0$$

则

$$\varphi = \frac{F_P\Delta}{k}$$

由挠曲线近似微分方程

$$EIy'' = -M = F_P(\Delta - y)$$

即

$$EIy'' + F_P y = F_P\Delta$$

将上式两边同除以 EI,并令

$$\frac{F_P}{EI} = \alpha^2$$

则以上微分方程可写成

$$y'' + \alpha^2 y = \alpha^2\Delta$$

此微分方程的通解为

$$y = A\sin\alpha x + B\cos\alpha x + \Delta$$

其中 A、B 为积分常数,Δ 也是未知量。

已知边界条件为

当 $x = 0$ 时,$y = 0$ 和 $y' = \varphi = \dfrac{F_P\Delta}{k}$;

当 $x = l$ 时,$y = \Delta$。

将边界条件代入通解,得到关于 A、B、Δ 的线性齐次方程组:

$$\begin{cases} B + \Delta = 0 \\ \alpha A - \dfrac{F_P}{k}\Delta = 0 \\ A\sin\alpha l + B\cos\alpha l = 0 \end{cases}$$

对于新的弯曲平衡形式,要求 A、B、Δ 不全为零,则

$$D = \begin{vmatrix} 0 & 1 & 1 \\ \alpha & 0 & -\dfrac{F_P}{k} \\ \sin\alpha l & \cos\alpha l & 0 \end{vmatrix} = 0$$

展开上式,并将 $F_P = \alpha^2 EI$ 代入,得稳定方程

$$\alpha l \cdot \tan\alpha l = \frac{kl}{EI}$$

要求解转动弹簧的刚度 k 的数值,可取出压杆以外的部分,即由杆 AC 和杆 AD 组成的连续梁(图 11-13(d)),通过附加刚臂使刚结点 A 转动单位角度 $\overline{Z} = 1$,则由位移法根据图中所作弯矩图(阴影图)可得

$$k = \frac{6EI}{l} + \frac{6EI}{l} = \frac{12EI}{l}$$

代入稳定方程后得

$$\alpha l \cdot \tan\alpha l = 12$$

采用试算法求得该超越方程的最小正根为

$$\alpha l = 1.45$$

则所求临界荷载为

$$F_{\mathrm{Pcr}} = \alpha^2 EI = \left(\frac{1.45}{l}\right)^2 EI = 2.1\frac{EI}{l^2}$$

11.3 能量法求临界荷载

在较复杂的情况下，用静力法确定临界荷载往往会遇到困难。例如，微分方程具有变系数而不能积分为有限形式；或者边界条件较复杂，以致根据它们导出的稳定方程为高阶行列式，而不易将其展开和求解等。在这些情况下用能量法较为简便。

用能量法确定临界荷载，仍以结构失稳时平衡形式的二重性为依据，但应用以能量形式表示的平衡条件，寻求结构在新的形式下能维持平衡的荷载，其中最小者即为临界荷载。

在能量法中与平衡条件等价的是势能驻值原理。它可表述为：弹性结构满足边界条件和位移连续条件的一切可能位移（即虚位移）中，真实位移（即同时又满足平衡条件的位移）使结构的总势能 π 为驻值，也就是结构总势能的一阶变分等于零，即

$$\delta\pi = 0$$

这里，结构的总势能 π 等于结构的应变能 U 与外力势能 W 之和，即

$$\pi = U + W$$

其中，结构的应变能 U 可按材料力学有关公式计算。

外力势能定义为

$$W = -\sum_{i=1}^{n} F_{\mathrm{P}i}\Delta_i$$

式中，$F_{\mathrm{P}i}$是结构上的外荷载，Δ_i 是在虚位移中与外荷载 $F_{\mathrm{P}i}$ 相应的位移。可见，外力势能等于外力所作虚功的负值。

11.3.1 有限自由度结构

对于单自由度结构，所有可能的位移仅用一个独立参数 a_1 即可表示，结构的总势能 π 可表示为 a_1 的函数。当 a_1 有任意微小增量 δa_1（称为位移的变分）时，总势能的变分为

$$\delta\pi = \frac{\mathrm{d}\pi}{\mathrm{d}a_1}\delta a_1$$

当结构满足平衡条件时，应有 $\delta\pi = 0$，由于 δa_1 是任意的，故只有当

$$\frac{\mathrm{d}\pi}{\mathrm{d}a_1} = 0$$

时，总势能的变分 $\delta\pi$ 才能等于零，即总势能才能为驻值。由上式即可建立稳定方程求解临界荷载。

对于具有 n 个自由度的结构，所有可能的位移状态用有限个独立参数 $a_1, a_2, \cdots, a_n$ 即可表示，结构的总势能 π 可表示为这有限个独立参数的函数，则势能驻值条件可表示为

$$\delta\pi=\frac{\partial\pi}{\partial a_1}\delta a_1+\frac{\partial\pi}{\partial a_2}\delta a_2+\cdots+\frac{\partial\pi}{\partial a_n}\delta a_n=0$$

根据 $\delta\pi=0$ 及 $\delta a_1,\delta a_2,\cdots,\delta a_n$ 的任意性,必须有

$$\begin{cases}\dfrac{\partial\pi}{\partial a_1}=0\\ \dfrac{\partial\pi}{\partial a_2}=0\\ \quad\cdots\\ \dfrac{\partial\pi}{\partial a_n}=0\end{cases}$$

由此可获得一组关于 $a_1,a_2,\cdots,a_n$ 的线性齐次代数方程。要使 $a_1,a_2,\cdots,a_n$ 不全为零,则此方程组的系数行列式应等于零,据此即可建立稳定方程。由稳定方程的 n 个根中的最小值即可确定临界荷载。

【例 11-6】 试用能量法求图 11-14(a)所示单自由度结构的临界荷载。

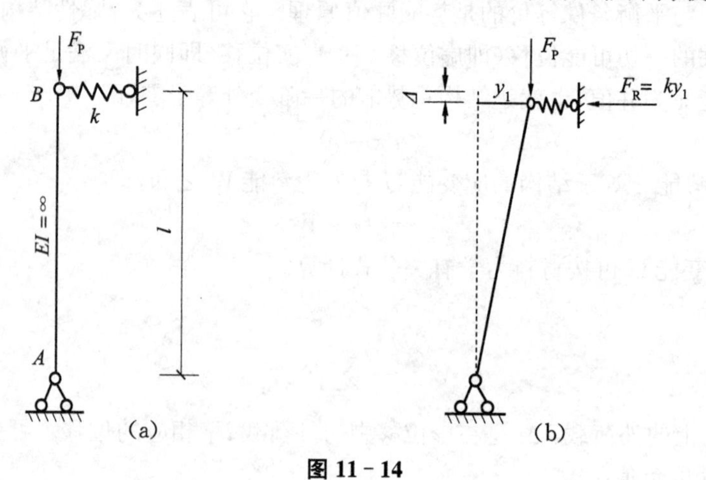

图 11-14

【解】 设刚性压杆失稳时发生微小的偏离如图 11-14(b)所示,其上端的水平位移为 y_1,竖向位移为 Δ,则有

$$\Delta=l-\sqrt{l^2-y_1^2}=l-l\left(1-\frac{y_1^2}{l^2}\right)^{\frac{1}{2}}=l-l\left(1-\frac{1}{2}\frac{y_1^2}{l^2}+\cdots\right)\approx\frac{y_1^2}{2l}$$

弹簧的应变能为

$$U=\frac{1}{2}ky_1^2$$

外力势能为

$$W=-F_P\Delta=-\frac{F_P}{2l}y_1^2$$

结构的总势能为

$$\pi=U+W=\frac{1}{2}ky_1^2-\frac{F_P}{2l}y_1^2=\frac{kl-F_P}{2l}y_1^2$$

若结构在偏离后的新位置能维持平衡,则根据上式应有

$$\frac{\mathrm{d}\pi}{\mathrm{d}y_1}=\frac{kl-F_P}{l}y_1=0$$

要求 y_1 不为零(y_1 为零时对应于原有的平衡位置),故应有

$$kl-F_P=0$$

由该稳定方程可求得临界荷载为

$$F_{Pcr}=kl$$

【例 11-7】 试用能量法求图 11-15(a)所示两个自由度结构的临界荷载。

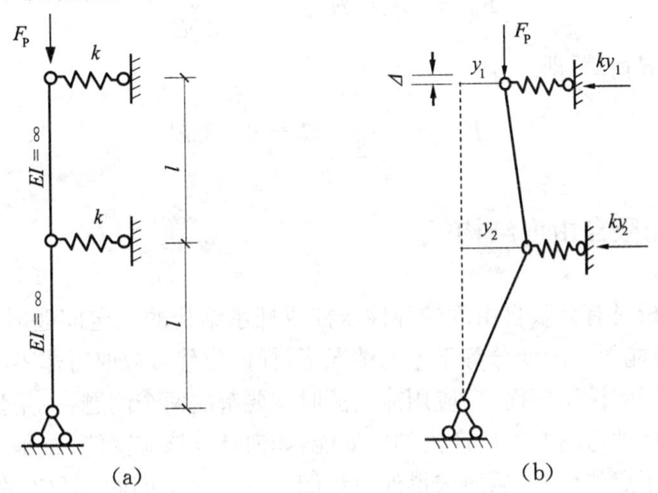

图 11-15

【解】 设结构失稳时发生图 11-15(b)所示的位移,则结构的应变能(两个弹簧应变能之和)为

$$U=\frac{1}{2}ky_1^2+\frac{1}{2}ky_2^2$$

外力势能为

$$W=-F_P\Delta=-F_P\left[\frac{y_2^2}{2l}+\frac{(y_2-y_1)^2}{2l}\right]$$

结构的总势能为

$$\pi=U+W=\frac{1}{2}ky_1^2+\frac{1}{2}ky_2^2-F_P\left[\frac{y_2^2}{2l}+\frac{(y_2-y_1)^2}{2l}\right]$$

$$=\frac{1}{2l}\left[(kl-F_P)y_1^2+2F_Py_1y_2+(kl-2F_P)y_2^2\right]$$

π 是两个独立参数 y_1、y_2 的函数,当结构满足平衡条件时,应用势能驻值条件

$$\frac{\partial\pi}{\partial y_1}=0,\qquad \frac{\partial\pi}{\partial y_2}=0$$

得

$$\begin{cases}\dfrac{\partial\pi}{\partial y_1}=\dfrac{1}{l}\left[(kl-F_P)y_1+F_Py_2\right]=0\\[2ex]\dfrac{\partial\pi}{\partial y_2}=\dfrac{1}{l}\left[F_Py_1+(kl-2F_P)y_2\right]=0\end{cases}$$

要求 y_1、y_2 不能全为零，故应有

$$\begin{vmatrix} (kl - F_P) & F_P \\ F_P & (kl - 2F_P) \end{vmatrix} = 0$$

展开并整理得

$$F_P^2 - 3klF_P + (kl)^2 = 0$$

解方程得

$$F_P = \frac{3 \pm \sqrt{5}}{2} kl = \begin{cases} 2.618kl \\ 0.382kl \end{cases}$$

其中最小值为临界荷载，即

$$F_{Pcr} = \frac{3 - \sqrt{5}}{2} kl = 0.382kl$$

11.3.2 无限自由度结构

用能量法分析具有无限自由度的弹性压杆或杆系结构的稳定问题时，仍采用势能驻值原理，即在使总势能的一阶变分等于零的情况下，根据位移参数取得非零解的条件确定压杆的临界荷载。对于弹性压杆而言，应用能量法时需要解决两个问题：一是弹性压杆失稳时的总势能中需包括杆件弯曲变形所产生的应变能，如何计算该应变能；二是如何计算杆件弯曲所引起的荷载作用点的位移，从而求得外力势能。以上两个问题都只有在压杆失稳时的位移（或变形）模态为已知函数时才能解决。

对于无限自由度结构，其失稳曲线的位移状态理论上应有无穷多个独立参数。为了简化求解，常将结构的位移函数用有限个已知函数的线性组合来表达，将无限自由度问题转化为有限自由度问题来求解，即瑞利—李兹法。

假设压杆失稳时的挠曲线函数 y 的一般形式为

$$y = a_1\varphi_1(x) + a_2\varphi_2(x) + \cdots + a_n\varphi_n(x) = \sum_{i=1}^{n} a_i\varphi_i(x)$$

式中 $\varphi_i(x)$ 是满足位移边界条件的已知函数，a_i 是任意参数。这样结构的所有位移形态便完全由 n 个独立参数 $a_1, a_2, \cdots, a_n$ 所确定，原无限自由度结构的稳定问题就被简化为 n 个自由度的稳定问题。

例如，图 11-16 所示弹性压杆，失稳时发生了弯曲变形，其弯曲应变能（忽略轴向变形和剪切变形的影响）为

$$U = \frac{1}{2}\int_0^l \frac{M^2}{EI} \mathrm{d}x$$

将 $M = EIy''$ 代入，有

$$U = \frac{1}{2}\int_0^l EI(y'')^2 \mathrm{d}x = \frac{1}{2}\int_0^l EI\left[\sum_{i=1}^{n} a_i\varphi''_i(x)\right]^2 \mathrm{d}x$$

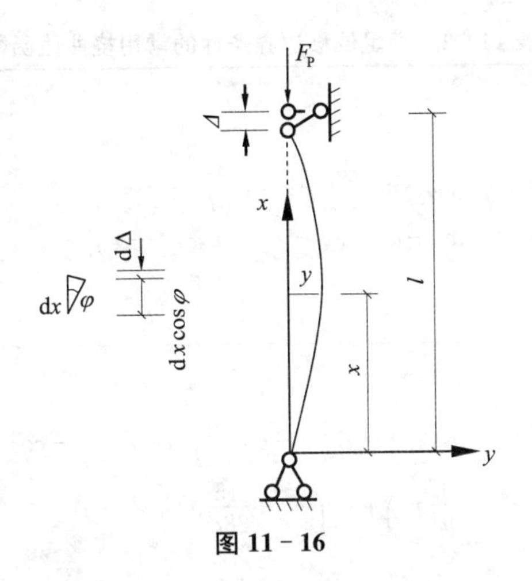

图 11-16

荷载 F_P 的作用点下降的距离为 Δ，它等于杆长 l 与挠曲线在原来杆轴方向上的投影之差。杆件上任意微段 $\mathrm{d}x$ 变形后在 x 轴上的投影为 $\mathrm{d}x\cos\varphi$，其中 φ 为挠曲线在任一点的切线与 x 轴之间的夹角。则 $\mathrm{d}x$ 在 x 轴上的改变量 $\mathrm{d}\Delta$ 为

$$\mathrm{d}\Delta = \mathrm{d}x - \mathrm{d}x\cos\varphi = \mathrm{d}x(1-\cos\varphi) = \mathrm{d}x\left[1-\left(1-\frac{\varphi^2}{2!}+\frac{\varphi^4}{4!}-\cdots\right)\right]$$

$$\approx \frac{1}{2}\varphi^2\mathrm{d}x \approx \frac{1}{2}(y')^2\mathrm{d}x$$

上式沿杆长 l 积分得

$$\Delta = \frac{1}{2}\int_0^l (y')^2\mathrm{d}x$$

则外力势能为

$$W = -F_P\Delta = -\frac{F_P}{2}\int_0^l (y')^2\mathrm{d}x = -\frac{F_P}{2}\int_0^l \left[\sum_{i=1}^n a_i\varphi'_i(x)\right]^2\mathrm{d}x$$

于是，结构的总势能为

$$\pi = U + W = \frac{1}{2}\int_0^l EI(y'')^2\mathrm{d}x - \frac{F_P}{2}\int_0^l (y')^2\mathrm{d}x$$

$$= \frac{1}{2}\int_0^l EI\left[\sum_{i=1}^n a_i\varphi''_i(x)\right]^2\mathrm{d}x - \frac{F_P}{2}\int_0^l \left[\sum_{i=1}^n a_i\varphi'_i(x)\right]^2\mathrm{d}x$$

上式应用势能驻值条件 $\delta\pi = 0$ 可得到 n 个关于独立参数 $a_1, a_2, \cdots, a_n$ 的线性齐次代数方程，并按照与前述有限自由度问题相同的方法确定临界荷载。

由于压杆失稳时的位移曲线一般很难精确估计和表示，因此能量法一般只能求得临界荷载的近似值，且其近似程度完全取决于所假设的位移曲线与真实的失稳曲线的符合程度。所以，能量法求解的关键问题就在于恰当地选取位移曲线。

对于假设的挠曲线函数，要求它应满足位移边界条件。为使解答的误差不致过大，通常可取杆件在某一横向荷载作用下的变形曲线方程作为失稳时的挠曲线函数。为了方便应用，表 11-2 列出了几种直杆的挠曲线函数形式。其中选取项数的多少取决于计算精度的要求，一般取 2～3 项就可得到良好的结果。

表 11－2　满足位移边界条件的常用挠曲线函数

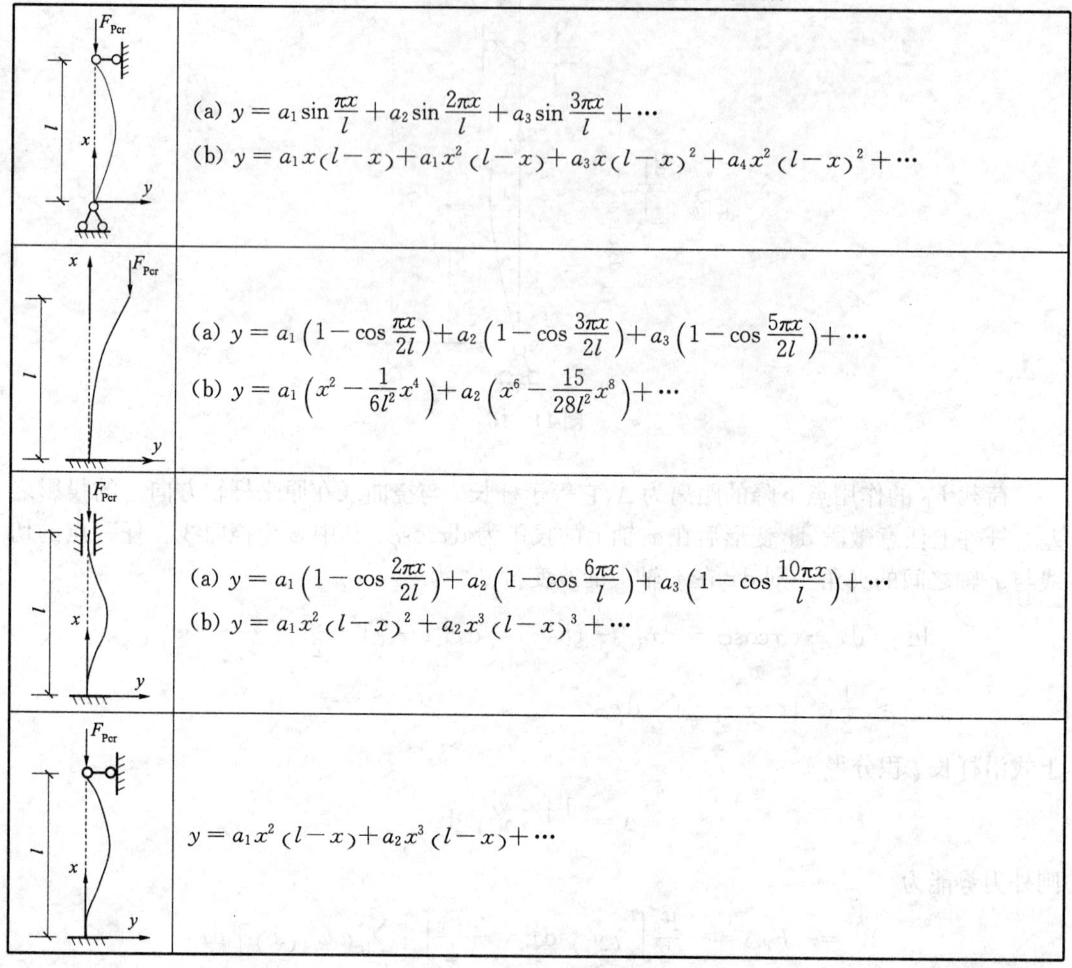

简图	挠曲线函数
	(a) $y=a_1\sin\frac{\pi x}{l}+a_2\sin\frac{2\pi x}{l}+a_3\sin\frac{3\pi x}{l}+\cdots$ (b) $y=a_1x(l-x)+a_1x^2(l-x)+a_3x(l-x)^2+a_4x^2(l-x)^2+\cdots$
	(a) $y=a_1\left(1-\cos\frac{\pi x}{2l}\right)+a_2\left(1-\cos\frac{3\pi x}{2l}\right)+a_3\left(1-\cos\frac{5\pi x}{2l}\right)+\cdots$ (b) $y=a_1\left(x^2-\frac{1}{6l^2}x^4\right)+a_2\left(x^6-\frac{15}{28l^2}x^8\right)+\cdots$
	(a) $y=a_1\left(1-\cos\frac{2\pi x}{2l}\right)+a_2\left(1-\cos\frac{6\pi x}{l}\right)+a_3\left(1-\cos\frac{10\pi x}{l}\right)+\cdots$ (b) $y=a_1x^2(l-x)^2+a_2x^3(l-x)^3+\cdots$
	$y=a_1x^2(l-x)+a_2x^3(l-x)+\cdots$

应当指出，按这种方法所求得的临界荷载近似值总是比精确解大。这是因为所假设的挠曲线与真实的曲线不相同，故相当于对体系的变形施加了某些约束，从而增大了压杆抵抗失稳的能力。

【例 11－8】 试求图 11－17(a)所示两端铰支等截面压杆的临界荷载。

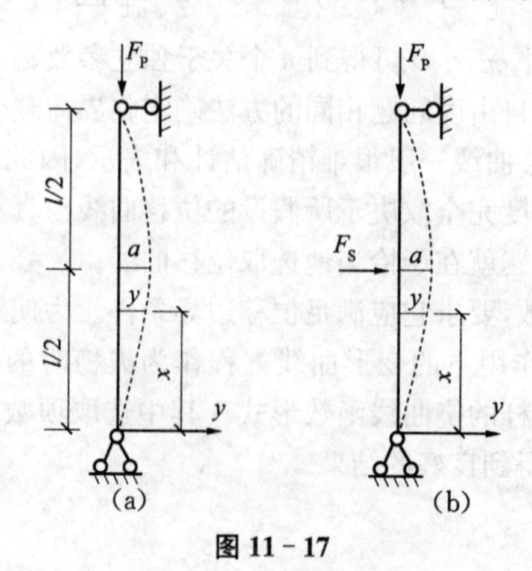

图 11－17

【解】 假设挠曲线函数只取一项，即简化为单自由度结构来计算。

(1) 假设挠曲线为正弦曲线

$$y = a\sin\frac{\pi x}{l}$$

挠曲线函数显然满足压杆两端的位移边界条件。

杆件的应变能为

$$U = \frac{1}{2}\int_0^l EI\,(y'')^2\mathrm{d}x = \frac{EI}{2}\int_0^l\left(-\frac{\pi^2 a}{l^2}\sin\frac{\pi x}{l}\right)^2\mathrm{d}x = \frac{\pi^4 EI}{4l^3}a^2$$

外力势能为

$$W = -\frac{F_P}{2}\int_0^l (y')^2\mathrm{d}x = -\frac{F_P}{2}\int_0^l\left(\frac{\pi a}{l}\cos\frac{\pi x}{l}\right)^2\mathrm{d}x = -\frac{\pi^2}{4l}F_P a^2$$

结构的总势能为

$$\pi = U + W = \left(\frac{\pi^4 EI}{4l^3} - \frac{\pi^2}{4l}F_P\right)a^2$$

则

$$\frac{\mathrm{d}\pi}{\mathrm{d}a} = \left(\frac{\pi^4 EI}{2l^3} - \frac{\pi^2}{2l}F_P\right)a = 0$$

而 $a \neq 0$，故有

$$\frac{\pi^4 EI}{2l^3} - \frac{\pi^2}{2l}F_P = 0$$

解得

$$F_{Pcr} = \frac{\pi^2 EI}{l^2}$$

这与精确解(欧拉临界荷载)相同，这说明所假设的挠曲线恰好就是压杆失稳时真实的挠曲线。

(2) 假设挠曲线为抛物线

$$y = \frac{4a}{l^2}(lx - x^2)$$

此挠曲线也满足位移边界条件。

应变能为

$$U = \frac{1}{2}\int_0^l EI\,(y'')^2\mathrm{d}x = \frac{EI}{2}\int_0^l\left(-\frac{8a}{l^2}\right)^2\mathrm{d}x = \frac{32EI}{l^3}a^2$$

外力势能为

$$W = -\frac{F_P}{2}\int_0^l (y')^2\mathrm{d}x = -\frac{F_P}{2}\int_0^l\left[\frac{4a}{l^2}(l - 2x)\right]^2\mathrm{d}x = -\frac{8}{3l}F_P a^2$$

结构总势能为

$$\pi = U + W = \left(\frac{32EI}{l^3} - \frac{8}{3l}F_P\right)a^2$$

由 $\frac{\mathrm{d}\pi}{\mathrm{d}a} = 0$ 及 $a \neq 0$ 可求得

$$F_{Pcr} = \frac{12EI}{l^2}$$

与上面的精确解相比，误差达 21.6%。

(3) 以压杆在中点受横向荷载 F_S 作用下的变形曲线(图 11－17(b))作为挠曲线

$$y=\frac{F_S}{EI}\left(\frac{l^2x}{16}-\frac{x^3}{12}\right)=a\left(\frac{3x}{l}-\frac{4x^3}{l^3}\right)\qquad\left(0\leqslant x\leqslant\frac{l}{2}\right)$$

应变能为

$$U=2\times\frac{1}{2}\int_0^{\frac{l}{2}}EI\,(y'')^2\mathrm{d}x=\frac{24EI}{l^3}a^2$$

外力势能为

$$W=-2\times\frac{F_P}{2}\int_0^{\frac{l}{2}}(y')^2\mathrm{d}x=-\frac{12F_P}{5l}a^2$$

结构总势能为

$$\pi=U+W=\left(\frac{24EI}{l^3}-\frac{12F_P}{5l}\right)a^2$$

由 $\frac{\mathrm{d}\pi}{\mathrm{d}a}=0$ 及 $a\neq0$ 可求得

$$F_{Pcr}=\frac{10EI}{l^2}$$

与上面的精确解相比,误差仅为 1.32%,说明横向荷载下的挠曲线与失稳时的真实变形曲线具有良好的相似度。

由以上 3 种假设挠曲线的计算结果可见:假设挠曲线的选取对临界荷载的计算结果有很大影响,为了提高计算精度,假设挠曲线可以选取多项计算。

【例 11－9】 试求图 11－18 所示排架结构的临界荷载。

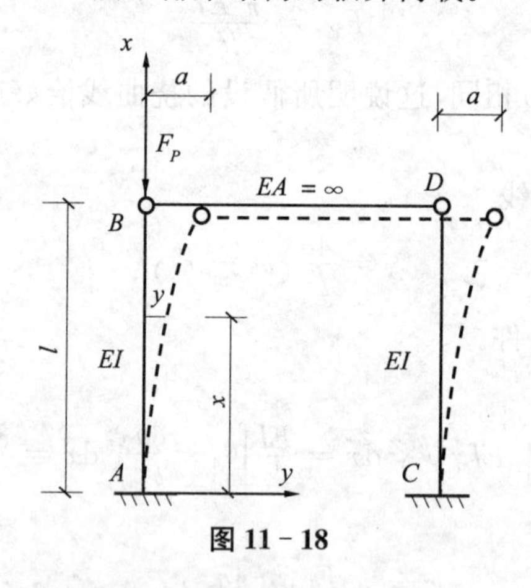

图 11－18

【解】 由表 11－1,假设两柱的挠曲线方程为

$$y=a\left(1-\cos\frac{\pi x}{2l}\right)$$

排架的应变能为

$$U=2\times\frac{1}{2}\int_0^{l}EI\,(y'')^2\mathrm{d}x=\frac{\pi^4EI}{32l^3}a^2$$

外力势能为

$$W=-\frac{F_P}{2}\int_0^{l}(y')^2\mathrm{d}x=-\frac{\pi^2F_P}{16l}a^2$$

结构总势能为

$$\pi = U + W = \left(\frac{\pi^4 EI}{32l^3} - \frac{\pi^2 F_P}{16l}\right)a^2$$

由 $\frac{d\pi}{da} = 0$ 及 $a \neq 0$ 可求得

$$F_{Pcr} = \frac{\pi^2 EI}{2l^2} \approx 4.93\,\frac{EI}{l^2}$$

这与例题 11-4 中用静力法求得的精确解 $4.84\,\frac{EI}{l^2}$ 相比，仅偏大 1.86%。

11.4　组合压杆的稳定分析

大型结构中的压杆，如桥梁的上弦杆、厂房的双肢柱、起重机和无线电桅杆的塔身等，经常采用组合压杆来代替实心压杆。组合压杆通常在两个型钢或钢筋混凝土主肢间通过若干联结件相连，使截面面积远离形心，以达到用较少的材料获得较大的截面惯性矩，从而提高压杆临界荷载的目的。联结件的形式有缀条式(图 11-19(a))和缀板式(图 11-19(b))两种，相应的组合压杆分别称为缀条式组合压杆和缀板式组合压杆。组合压杆的临界荷载通常要比截面和柔度相同的实体压杆的临界荷载小，其主要原因是组合压杆中剪力的影响较大。因此，计算组合压杆的临界荷载时一般需要考虑剪力的影响。

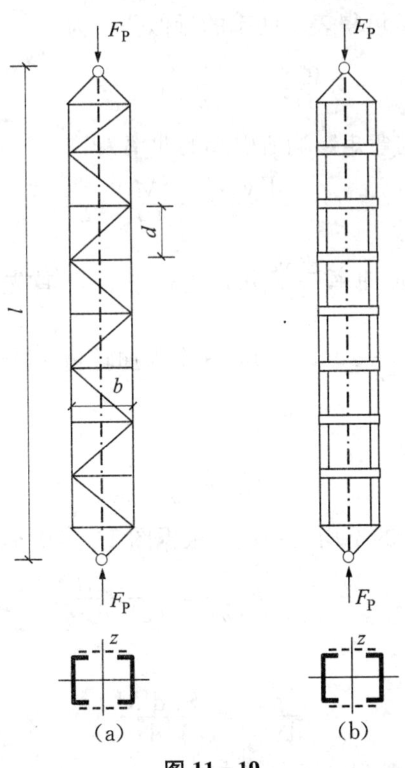

图 11-19

11.4.1 剪力对临界荷载的影响

在以上各节中，确定临界荷载时只考虑了弯矩的影响。为了考虑剪力的影响，在建立压杆的挠曲线微分方程时，应同时计算弯矩和剪力引起的变形。

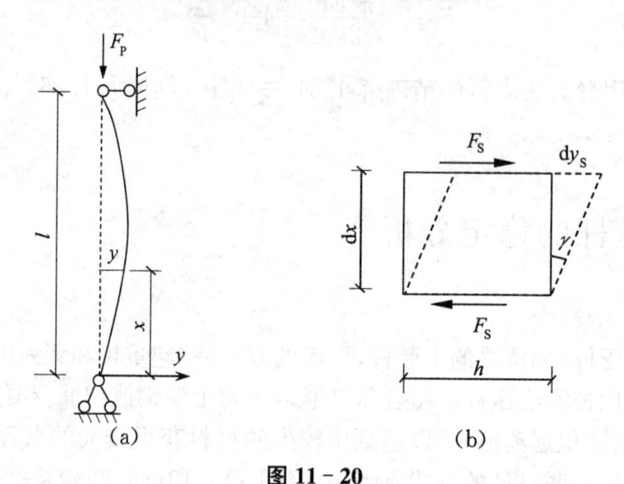

图 11-20

设 y_M 和 y_S 分别表示由于弯矩和剪力影响所产生的挠度，则两者共同影响所产生的挠度为

$$y = y_M + y_S$$

将上式对 x 求二阶导数，可得表示曲率的近似公式为

$$\frac{d^2 y}{dx^2} = \frac{d^2 y_M}{dx^2} + \frac{d^2 y_S}{dx^2} \tag{a}$$

考虑压杆小变形情况，则弯矩影响所引起的曲率为

$$\frac{d^2 y_M}{dx^2} = -\frac{M}{EI} \tag{b}$$

由剪力影响所引起的附加曲率 $\frac{d^2 y_S}{dx^2}$ 可以这样来推求：首先求出由于剪力所引起的杆轴切线的附加转角 $\frac{dy_S}{dx}$。由图 11-20(b)可知，这个附加转角在数值上等于微段的平均剪切角 γ，由第 4 章可知

$$\gamma = k\frac{F_S}{GA}$$

式中，k 为剪应力沿截面分布的不均匀系数。根据图 11-20(a)的坐标方向，有

$$\frac{dy_S}{dx} = k\frac{F_S}{GA} = \frac{k}{GA}\frac{dM}{dx}$$

上式对 x 求导有

$$\frac{d^2 y_S}{dx^2} = \frac{k}{GA}\frac{d^2 M}{dx^2} \tag{c}$$

将式(b)、(c)代入式(a)，就得到同时考虑弯矩和剪力影响的挠曲线微分方程

$$\frac{d^2y}{dx^2}=-\frac{M}{EI}+\frac{k}{GA}\frac{d^2M}{dx^2} \tag{d}$$

对于图 11-20(a)所示两端铰支的等截面弹性杆,其任一截面的弯矩

$$M=F_P y$$

则

$$M''=F_P y''$$

代入式(d),得

$$y''=-\frac{F_P}{EI}y+\frac{kF_P}{GA}y''$$

即

$$EI\left(1-\frac{kF_P}{GA}\right)y''+F_P y=0$$

为简化起见,令

$$\alpha^2=\frac{F_P}{EI\left(1-\frac{kF_P}{GA}\right)} \tag{e}$$

上述微分方程可写成

$$y''+\alpha^2 y=0$$

其通解为

$$y=A\cos\alpha x+B\sin\alpha x$$

由边界条件 $x=0$ 时,$y=0$ 和 $x=l$ 时,$y=0$ 可导出稳定方程为

$$\sin\alpha l=0$$

其最小正根为 $\alpha l=\pi$,故由式(e)可得压杆的临界荷载为

$$F_{Pcr}=\frac{1}{1+\frac{k}{GA}\frac{\pi^2 EI}{l^2}}\frac{\pi^2 EI}{l^2}=\eta F_{Pe} \tag{11-1}$$

式中 $F_{Pe}=\frac{\pi^2 EI}{l^2}$ 为欧拉临界荷载,η 为修正系数。

$$\eta=\frac{1}{1+\frac{k}{GA}\frac{\pi^2 EI}{l^2}}=\frac{1}{1+\frac{kF_{Pe}}{GA}}=\frac{1}{1+\frac{k\sigma_e}{G}}$$

这里 σ_e 为欧拉临界应力。对钢材取 $\sigma_e=200$ MPa,剪切弹性模量 $G=80$ GPa,则有

$$\frac{\sigma_e}{G}=\frac{1}{400}$$

可见在实体杆件的稳定性分析中,剪力的影响很小,通常可以忽略不计。

对于组合压杆,当由联结件所分隔的节间数目较多时,其临界荷载可用实体压杆的公式(11-1)进行近似计算。但为了体现联结件的影响,需要对式中的 $\frac{k}{GA}$ 作另行处理。从前述剪切角 γ 的公式可知,$\frac{k}{GA}$ 代表微段杆件在单位剪力作用下的剪切角 $\bar{\gamma}$。因此,对于组合压杆,只要求出单位剪力作用下的剪切角 $\bar{\gamma}$,并用它代替式(11-1)中的 $\frac{k}{GA}$ 即可。下面分别

就缀条式和缀板式组合压杆两种情况进行讨论，并给出相应的临界荷载以及实际工程中常用的有关公式。

11.4.2 缀条式组合压杆的临界荷载

缀条式组合压杆采用角钢或小型槽钢将肢杆联成桁架形式。由于缀条通常为单根角钢，其截面积与肢杆相比要小得多，因此它们与肢杆的联结可视为铰接。

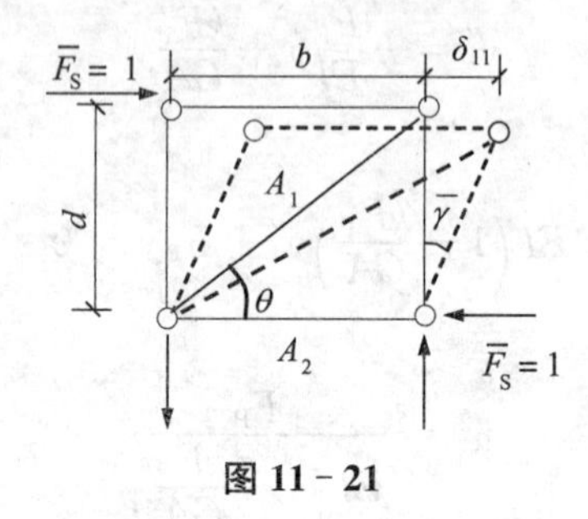

图 11-21

现取出组合压杆的一个节间，如图 11-21 所示，则在单位剪力 $\overline{F}_S=1$ 作用下，缀条发生图中虚线所示的变形，此时节间的剪切角为

$$\overline{\gamma}\approx\tan\overline{\gamma}=\frac{\delta_{11}}{d}$$

式中，位移 δ_{11} 按桁架的位移公式计算，即

$$\delta_{11}=\sum\frac{\overline{F}_{N1}^2 l}{EA}$$

由于主肢的截面面积远大于缀条，δ_{11} 主要由缀条的变形所产生，故在上式中可只考虑缀条轴力的影响。由图 11-19(a)可见，缀条布置在前后两个平面内，且每相邻两节间共有一对横向缀条。因此，由图 11-21 计算一个节间的 δ_{11} 时，考虑起作用的缀条应为两根横向缀条和两根斜向缀条。设一对斜向缀条的截面面积为 A_1，一对横向缀条的截面面积为 A_2。

对于横向缀条：轴力 $\overline{F}_{N1}=-1$，杆长 $\dfrac{d}{\tan\theta}$，截面积为 A_2；

对于斜向缀条：轴力 $\overline{F}_{N1}=\dfrac{1}{\cos\theta}$，杆长为 $\dfrac{d}{\sin\theta}$，截面积为 A_1。

于是有

$$\delta_{11}=\frac{d}{E}\left(\frac{1}{A_1\sin\theta\cos^2\theta}+\frac{1}{A_2\tan\theta}\right)$$

因而

$$\overline{\gamma}=\frac{1}{E}\left(\frac{1}{A_1\sin\theta\cos^2\theta}+\frac{1}{A_2\tan\theta}\right)$$

将上式的 $\overline{\gamma}$ 代替式(11-1)中的 $\dfrac{k}{GA}$，即得

$$F_{Pcr}=\frac{F_{Pe}}{1+\dfrac{F_{Pe}}{E}\left(\dfrac{1}{A_1\sin\theta\cos^2\theta}+\dfrac{1}{A_2\tan\theta}\right)}=\eta_1 F_{Pe}\qquad(11-2)$$

式中计算欧拉临界荷载 F_{Pe} 所用到的惯性矩 I 为两根主肢的截面对整个截面形心轴 z

的惯性矩。如用 A_d 表示一根主要杆件的截面积，I_d 表示一根主要杆件的截面对其本身形心轴的惯性矩，并近似认为其形心轴到 z 轴的距离为 $\frac{b}{2}$，则有

$$I \approx 2I_d + \frac{1}{2}A_d b^2$$

由式(11－2)可知，从对临界荷载的影响来说，斜向缀条比横向缀条的作用更大。例如当二者 EA 相同且 $\theta = 45°$ 时，有

$$\eta_1 = \frac{1}{1 + \frac{F_{Pe}}{EA}(2.83 + 1)}$$

上式分母中括号内的第一项代表斜向缀条的影响，第二项则代表横向缀条的影响。

若略去横向缀条的影响，则式(11－2)可简化为

$$F_{Pcr} = \frac{F_{Pe}}{1 + \frac{F_{Pe}}{E}\frac{1}{A_1 \sin\theta\cos^2\theta}} \tag{11-3}$$

如果在上式中引入长度系数 μ，可以将临界荷载写成欧拉问题的统一形式：

$$F_{Pcr} = \frac{\pi^2 EI}{(\mu l)^2}$$

其中 μ 应为

$$\mu = \sqrt{1 + \frac{\pi^2 I}{l^2}\frac{1}{A_1 \sin\theta\cos^2\theta}} \tag{11-4}$$

若用 r 代表两主肢的截面对整个截面形心轴 z 的回转半径，即

$$I = 2A_d r^2$$

此外，一般 θ 为 $30° \sim 60°$，故可取 $\frac{\pi^2}{\sin\theta\cos^2\theta} \approx 27$，将它代入式(11－4)，并引入长细比 $\lambda = \frac{l}{r}$，可得

$$\mu = \sqrt{1 + \frac{27}{\lambda^2}\frac{A_d}{A_1}}$$

如果采用换算长细比 λ_h，则有

$$\lambda_h = \frac{\mu l}{r} = \mu\lambda = \sqrt{\lambda^2 + 27\frac{A_d}{A_1}}$$

这就是钢结构规范中通常推荐的缀条式组合压杆换算长细比的计算公式。

11.4.3 缀板式组合压杆的临界荷载

缀板式组合压杆采用条形钢板将主肢联结成多个封闭刚架的形式，缀板与主肢的联结可视作刚结，因此不必设置斜杆，此时组合压杆就相当于一个单跨多层刚架。在确定 $\bar{\gamma}$ 时，可近似认为肢的反弯点(即弯矩为零的点)在节间的中点处，且单位剪力平均分配在两根主肢上。于是，由图 11－19(b)取出反弯点之间的某节间作为隔离体，如图 11－22(a)所示。

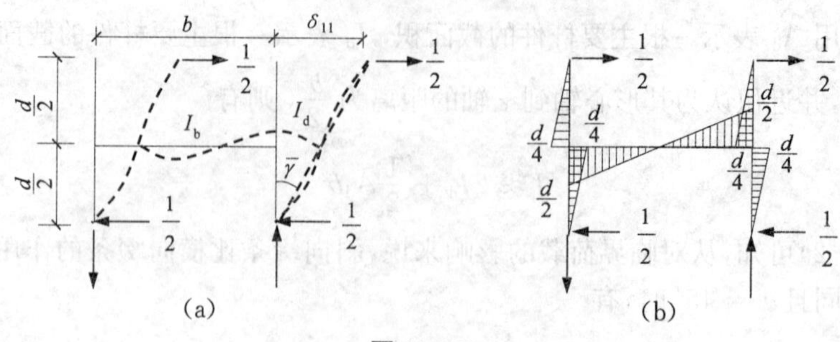

图 11-22

根据图 11-22(b)所示弯矩图，由图乘法可得

$$\delta_{11}=\sum\int\frac{\overline{M}_1^2}{EI}\,\mathrm{d}s=\frac{d^3}{24EI_d}+\frac{bd^2}{12EI_b}$$

因此剪切角为

$$\bar{\gamma}=\frac{\delta_{11}}{d}=\frac{d^2}{24EI_d}+\frac{bd}{12EI_b}$$

用上式代替式(11-1)中的 $\frac{k}{GA}$ 即得缀板式组合压杆的临界荷载计算公式

$$F_{Pcr}=\frac{F_{Pe}}{1+\left(\frac{d^2}{24EI_d}+\frac{bd}{12EI_b}\right)F_{Pe}}=\eta_2F_{Pe} \tag{11-5}$$

由上式可知，修正系数 η_2 将随节间长度 d 的增大而减小。

上式分母括号中的第一项代表主肢变形的影响，第二项代表缀板变形的影响。一般情况下，缀板的刚度要比主肢的刚度大得多，可近似取 $EI_b=\infty$，于是式(11-5)又可写成

$$F_{Pcr}=\frac{F_{Pe}}{1+\frac{d^2}{24EI_d}F_{Pe}}=\frac{F_{Pe}}{1+\frac{\pi^2d^2}{24l^2}\frac{I}{I_d}} \tag{11-6}$$

式中 $I=2I_d+\frac{1}{2}A_db^2$，为整个组合杆件的截面惯性矩。

将以下惯性矩、长细比(整个组合杆件的长细比用 λ 表示，一根主要杆件在一个节间内的长细比用 λ_d 表示)与回转半径的关系式

$$I=2A_dr^2,\ I_d=A_dr_d^2$$

和

$$\lambda=\frac{l}{r},\quad \lambda_d=\frac{d}{r_d}$$

代入式(11-6)即得

$$F_{Pcr}=\frac{F_{Pe}}{1+\frac{\pi^2 2d^2r^2A_d}{24l^2r_d^2A_d}}=\frac{F_{Pe}}{1+0.83\frac{\lambda_d^2}{\lambda^2}}$$

若近似地以 1 代替 0.83，则有

$$F_{Pcr}=\frac{\lambda^2}{\lambda^2+\lambda_d^2}F_{Pe} \tag{11-7}$$

相应的长度系数可写成

$$\mu=\sqrt{\frac{\lambda^2+\lambda_d^2}{\lambda^2}}$$

而换算长细比为

$$\lambda_h=\frac{\mu l}{r}=\mu\lambda=\sqrt{\lambda^2+\lambda_d^2}$$

这就是现行设计规范中用以确定缀板式组合压杆长细比的计算公式。

11.5 刚架结构的稳定分析

刚架中的一些杆件会受到轴向压力的作用，当压力较大时，刚架就有可能出现失稳。刚架的稳定问题一般属于极值点失稳。例如，当刚架的横梁受竖直向下的荷载作用时，刚架的立柱将处于偏心受压状态，刚架失稳时，立柱的平衡形式并不发生质的改变，而只是原有的变形迅速增长，这是典型的极值点失稳。极值点失稳的临界荷载计算较复杂，如果仅从满足工程设计的角度考虑，可将竖向荷载按静力等效的原则转换到刚架结点上，从而将极值点失稳问题转化为较简单的分支点失稳问题进行计算。

刚架的稳定性计算通常采用如下假设：

(1) 刚架失稳时，变形是微小的，可认为杆件弯曲后的弦长与变形前的杆长相等。

(2) 刚架只承受结点荷载，如有非结点荷载应采用静力等效方法转换为结点荷载。

(3) 刚架失稳前，各杆只受轴力，且不计轴向变形。

刚架的稳定计算可以采用力法、位移法和矩阵分析法，本节将介绍用矩阵位移法计算刚架的临界荷载。

用矩阵位移法求刚架的临界荷载与第 9 章所述用矩阵位移法计算结构内力的过程相似，首先将结构离散为若干单元，进行单元分析，建立各单元的单元刚度方程；然后将各单元按一定条件合成为整体，建立结构的总刚度方程，进行整体分析。但稳定计算与内力计算相比又有着重要的不同之处：普通内力计算时，在单元分析中可以不考虑轴向力对弯曲变形的影响，因为在刚架的弯曲问题中轴力较小，这种影响可以忽略不计，这种单元称为普通单元；而在稳定分析中，压杆所受轴力是导致其失稳并产生弯曲变形的决定因素，因此单元分析中必须考虑轴力对弯曲变形的影响，这样的单元称为压杆单元。

采用近似理论(小挠度理论)分析刚架的第一类失稳问题时，并不能求出结点位移的确定值。在考虑边界条件并忽略轴向变形的情况下，结构的总刚度方程中与未知结点位移对应的荷载列向量中的全部元素都将是零。因此，要求解结点位移的非零解，就必须使刚架总刚度矩阵的行列式为零。据此就可以建立稳定方程，从而求出刚架的临界荷载。

11.5.1 压杆单元的单元刚度方程

稳定计算中对压杆需采用压杆单元，即在单元刚度方程中需要考虑轴向压力对杆件弯曲变形的影响。下面就来推导压杆单元的单元刚度方程。

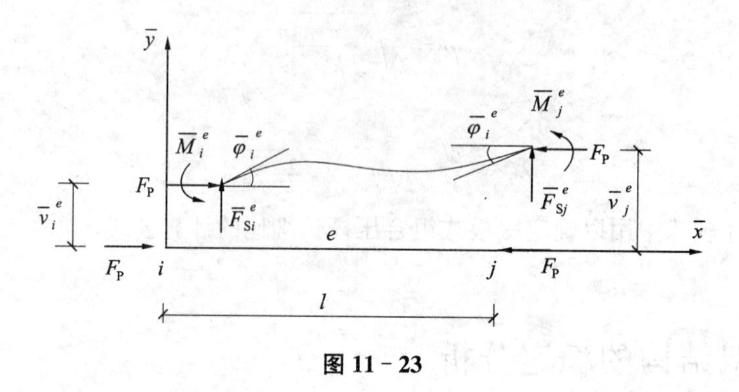

图 11 - 23

图 11 - 23 所示为一个等截面压杆单元，两端受轴向压力 F_P 作用，EI 为常数，局部坐标系中杆端位移和杆端力可分别表示为

$$\{\bar{\delta}\}^e = [\bar{v}_i^e \quad \bar{\varphi}_i^e \quad \bar{v}_j^e \quad \bar{\varphi}_j^e]^T = [\bar{\delta}_1^e \quad \bar{\delta}_2^e \quad \bar{\delta}_3^e \quad \bar{\delta}_4^e]^T$$

$$\{\bar{F}\}^e = [\bar{F}_{Si}^e \quad \bar{M}_i^e \quad \bar{F}_{Sj}^e \quad \bar{M}_j^e]^T = [\bar{F}_1^e \quad \bar{F}_2^e \quad \bar{F}_3^e \quad \bar{F}_4^e]^T$$

其中 $\bar{v}_i^e$，$\bar{\varphi}_i^e$，$\bar{F}_{Si}^e$，$\bar{M}_i^e$ 分别是结点 i 在局部坐标系中的竖向位移和转角以及它所受到的横向剪力和弯矩，如图 11 - 23 所示。

$\{\bar{\delta}\}^e$ 和 $\{\bar{F}\}^e$ 之间的关系可表示为

$$\{\bar{F}\}^e = [\bar{K}]^e \{\bar{\delta}\}^e \tag{11-8}$$

式中 $[\bar{K}]^e$ 为压杆单元的单元刚度矩阵，其元素不仅与压杆的刚度和长度有关，而且还与轴向压力 F 有关。

压杆单元刚度矩阵的建立可采用静力法或能量法，这里介绍较简便的能量法。

用能量法建立压杆单元的刚度矩阵时，首先要假定一个包含有限个独立参数的单元位移模式。对于图 11 - 23 所示的压杆，假定压杆失稳时的位移为三次多项式：

$$y(x) = a_1 + a_2 x + a_3 x^2 + a_4 x^3 \tag{a}$$

将边界条件

$$x = 0,\ y = \bar{\delta}_1^e,\ y' = \bar{\delta}_2^e$$
$$x = l,\ y = \bar{\delta}_3^e,\ y' = \bar{\delta}_4^e$$

代入式(a)，就得到关于 4 个参数 a_1、a_2、a_3 和 a_4 的方程组。解方程组可得

$$\begin{cases} a_1 = \bar{\delta}_1^e \\ a_2 = \bar{\delta}_2^e \\ a_3 = -\dfrac{3}{l^2}\bar{\delta}_1^e - \dfrac{2}{l}\bar{\delta}_2^e + \dfrac{3}{l^2}\bar{\delta}_3^e - \dfrac{1}{l}\bar{\delta}_4^e \\ a_4 = \dfrac{2}{l^3}\bar{\delta}_1^e + \dfrac{1}{l^2}\bar{\delta}_2^e - \dfrac{2}{l^3}\bar{\delta}_3^e + \dfrac{1}{l^2}\bar{\delta}_4^e \end{cases}$$

将这些参数代入式(a)得

$$y(x) = \sum_{i=1}^{4} \bar{\delta}_i^e \varphi_i(\xi) \tag{11-9}$$

其中

$$\xi = x/l$$

$$\left.\begin{aligned}\varphi_1(\xi)&=(1-3\xi^2+2\xi^3)\\ \varphi_2(\xi)&=l(\xi-2\xi^2+\xi^3)\\ \varphi_3(\xi)&=(3\xi^2-2\xi^3)\\ \varphi_4(\xi)&=-l(\xi^2-\xi^3)\end{aligned}\right\}\tag{11-10}$$

$\varphi_i(\xi)(i=1,2,3,4)$ 分别表示相应于 $\bar{\delta}_i^e=1$ 时的位移，称为形状函数。通过式(11-9)建立了以结点位移和转角为参数的压杆失稳位移模式。

压杆单元的总势能为

$$\pi=U_e+U_\mathrm{P}+U_\mathrm{Q}\tag{b}$$

其中 U_e 为应变能

$$U_e=\frac{1}{2}\int_0^l EI(y'')^2\mathrm{d}x=\frac{EI}{2l^3}\int_0^1\left(\sum_{i=1}^4\bar{\delta}_i^e\frac{\mathrm{d}^2\varphi_i}{\mathrm{d}\xi^2}\right)^2\mathrm{d}\xi\tag{c}$$

U_P 是轴力的势能

$$U_\mathrm{P}=-\frac{F_\mathrm{P}}{2}\int_0^l\left[\sum_{i=1}^4\bar{\delta}_i^e\varphi'_i(x)\right]^2\mathrm{d}x=-\frac{F_\mathrm{P}}{2l}\int_0^1\left(\sum_{i=1}^4\bar{\delta}_i^e\frac{\mathrm{d}\varphi_i}{\mathrm{d}\xi}\right)\mathrm{d}\xi\tag{d}$$

U_Q 是单元杆端力的势能

$$U_\mathrm{Q}=-\sum_{i=1}^4\bar{F}_i^e\bar{\delta}_i^e\tag{e}$$

根据势能驻值原理，单元处于平衡时应满足

$$\frac{\partial\pi}{\partial\bar{\delta}_i^e}=0\quad(i=1,2,3,4)$$

将式(b)代入，得

$$-\frac{\partial U_\mathrm{Q}}{\partial\bar{\delta}_i^e}=\frac{\partial U_\varepsilon}{\partial\bar{\delta}_i^e}+\frac{\partial U_\mathrm{P}}{\partial\bar{\delta}_i^e}\quad(i=1,2,3,4)\tag{f}$$

根据式(e)、(c)和(d)有

$$\frac{\partial U_\mathrm{Q}}{\partial\bar{\delta}_i^e}=-\bar{F}_i^e$$

$$\frac{\partial U_e}{\partial\bar{\delta}_i^e}=\frac{EI}{l^3}\int_0^1\left(\sum_{j=1}^4\bar{\delta}_j^e\frac{\mathrm{d}^2\varphi_j}{\mathrm{d}\xi^2}\right)\frac{\mathrm{d}^2\varphi_i}{\mathrm{d}\xi^2}\mathrm{d}\xi=\frac{EI}{l^3}\sum_{j=1}^4\bar{\delta}_j^e\int_0^1\frac{\mathrm{d}^2\varphi_i}{\mathrm{d}\xi^2}\frac{\mathrm{d}^2\varphi_j}{\mathrm{d}\xi^2}\mathrm{d}\xi$$

$$\frac{\partial U_\mathrm{P}}{\partial\bar{\delta}_i^e}=-\frac{F_\mathrm{P}}{l}\int_0^1\left(\sum_{j=1}^4\bar{\delta}_j^e\frac{\mathrm{d}\varphi_j}{\mathrm{d}\xi}\right)\frac{\mathrm{d}\varphi_i}{\mathrm{d}\xi}\mathrm{d}\xi=-\frac{F_\mathrm{P}}{l}\sum_{j=1}^4\bar{\delta}_j^e\int_0^1\frac{\mathrm{d}\varphi_i}{\mathrm{d}\xi}\frac{\mathrm{d}\varphi_j}{\mathrm{d}\xi}\mathrm{d}\xi$$

因此式(f)也可写成

$$\bar{F}_i^e=\sum_{i=1}^4\left(\frac{EI}{l^3}\int_0^1\frac{\mathrm{d}^2\varphi_i}{\mathrm{d}\xi^2}\frac{\mathrm{d}^2\varphi_j}{\mathrm{d}\xi^2}\mathrm{d}\xi-\frac{F_\mathrm{P}}{l}\int_0^1\frac{\mathrm{d}\varphi_i}{\mathrm{d}\xi}\frac{\mathrm{d}\varphi_j}{\mathrm{d}\xi}\mathrm{d}\xi\right)\bar{\delta}_j^e\quad(i=1,2,3,4)\tag{11-11}$$

式(11-11)中共有4个方程，它们可以写成如下的矩阵形式：

$$\{\bar{F}\}^e=([\bar{k}]^e-\{\bar{s}\}^e)\{\bar{d}\}^e\tag{11-12}$$

或

$$\{\bar{F}\}^e=[\bar{K}]^e\{\bar{d}\}^e\tag{11-13}$$

其中

$$\bar{K}^e=\bar{k}^e-\bar{s}^e$$

$\bar{K}^e$ 即为压杆单元的刚度矩阵，$\bar{k}^e$ 和 $\bar{s}^e$ 分别称为单元弹性刚度矩阵和单元几何刚度矩阵，它们的元素分别为

$$k_{ij}=\frac{EI}{l^3}\int_0^1\frac{\mathrm{d}^2\varphi_i}{\mathrm{d}\xi^2}\frac{\mathrm{d}^2\varphi_j}{\mathrm{d}\xi^2}\mathrm{d}\xi,\ s_{ij}=\frac{F_P}{l}\int_0^1\frac{\mathrm{d}\varphi_i}{\mathrm{d}\xi}\frac{\mathrm{d}\varphi_j}{\mathrm{d}\xi}\mathrm{d}\xi\quad(i,j=1,2,3,4)\tag{11-14}$$

将式(11－10)代入式(11－14)，计算各元素可得

$$[\bar{k}]^e=\begin{bmatrix}\frac{12EI}{l^3} & \frac{6EI}{l^2} & -\frac{12EI}{l^3} & \frac{6EI}{l^2}\\ \frac{6EI}{l^2} & \frac{4EI}{l} & -\frac{6EI}{l^2} & \frac{2EI}{l}\\ -\frac{12EI}{l^3} & -\frac{6EI}{l^2} & \frac{12EI}{l^3} & -\frac{6EI}{l^2}\\ \frac{6EI}{l^2} & \frac{2EI}{l} & -\frac{6EI}{l^2} & \frac{4EI}{l}\end{bmatrix}\tag{11-15}$$

$$\{\bar{s}\}^e=F_P\begin{bmatrix}\frac{6}{5l} & \frac{1}{10} & -\frac{6}{5l} & \frac{1}{10}\\ \frac{1}{10} & \frac{2l}{15} & -\frac{1}{10} & -\frac{l}{30}\\ -\frac{6}{5l} & -\frac{1}{10} & \frac{6}{5l} & -\frac{1}{10}\\ \frac{1}{10} & -\frac{l}{30} & -\frac{1}{10} & \frac{2l}{15}\end{bmatrix}\tag{11-16}$$

式(11－13)就是压杆单元的单元刚度方程，$[\bar{K}]^e$ 就是压杆单元刚度矩阵。从式(11－15)和式(11－16)可见，矩阵 $[\bar{k}]^e$ 仅与压杆的长度和刚度有关；而矩阵 $[\bar{s}]^e$ 与压杆的长度和轴力有关。

11.5.2 刚架的临界荷载

将局部坐标系中的压杆单元刚度矩阵 $[\bar{K}]^e$，通过第 9 章中所述坐标转换矩阵转换为整体坐标系中的单元刚度矩阵 $[K]^e$ 后，按照矩阵位移法中的直接刚度法形成结构的整体刚度矩阵 $[K]$，并根据支座的边界条件及忽略杆件轴向变形的假设进行修改(后处理法)。也可以采用第 9 章中的先处理法求解整体刚度矩阵 $[K]$。令 $[K]$ 的行列式等于零，就可得到稳定方程，求解稳定方程并取其最小根即为刚架的临界荷载。因为能量法采用了近似方法，所以求得的临界荷载也是近似值。

【例 11－10】 试求图 11－24(a)所示刚架的临界荷载。

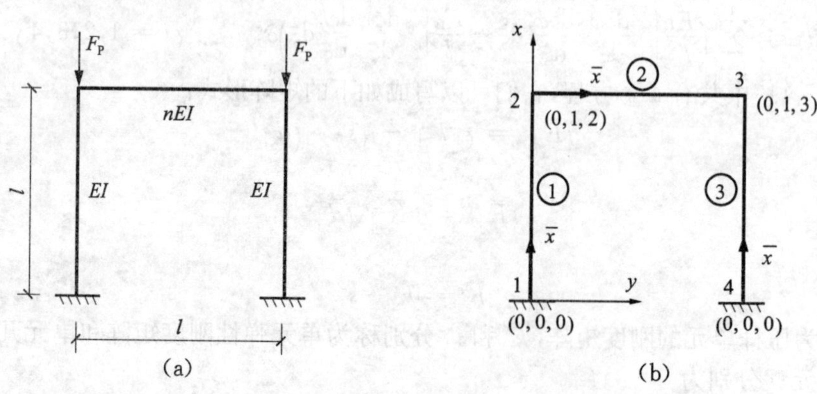

图 11－24

【解】 将单元和结点编号，建立整体坐标系和局部坐标系如图 11 - 24(b)所示。

采用先处理法，考虑边界条件并忽略杆件的轴向变形，将已知为零的结点位移分量编码为“0”。由图可见，本题的未知结点位移为

$$\{\Delta\}=[\Delta_1\quad \Delta_2\quad \Delta_3]^{\mathrm{T}}=[v_2\quad \varphi_2\quad \varphi_3]^{\mathrm{T}}$$

在 3 个单元中，单元①、③是压杆单元，它们的局部坐标与整体坐标一致；单元②是普通单元，它的局部坐标与整体坐标虽然不一致，但由于其结点只有转角而没有线位移，也不受坐标变换的影响。因此在求出局部坐标系中的单元刚度矩阵以后，可以直接集成整体刚度矩阵。

单元①和单元③的刚度矩阵相同：

$$[K]^{(1)}=[K]^{(3)}=[\overline{K}]^{(1)}=[\overline{K}]^{(3)}$$

$$=\begin{bmatrix}\frac{12EI}{l^3} & \frac{6EI}{l^2} & -\frac{12EI}{l^3} & \frac{6EI}{l^2}\\ \frac{6EI}{l^2} & \frac{4EI}{l} & -\frac{6EI}{l^2} & \frac{2EI}{l}\\ -\frac{12EI}{l^3} & -\frac{6EI}{l^2} & \frac{12EI}{l^3} & -\frac{6EI}{l^2}\\ \frac{6EI}{l^2} & \frac{2EI}{l} & -\frac{6EI}{l^2} & \frac{4EI}{l}\end{bmatrix}-F_{\mathrm{P}}\begin{bmatrix}\frac{6}{5l} & \frac{1}{10} & -\frac{6}{5l} & \frac{1}{10}\\ \frac{1}{10} & \frac{2l}{15} & -\frac{1}{10} & -\frac{l}{30}\\ -\frac{6}{5l} & -\frac{1}{10} & \frac{6}{5l} & -\frac{1}{10}\\ \frac{1}{10} & -\frac{l}{30} & -\frac{1}{10} & \frac{2l}{15}\end{bmatrix}$$

单元②的刚度矩阵删去与结点线位移有关的行和列后为

$$[K]^{(2)}=[\overline{K}]^{(2)}=\begin{bmatrix}\frac{4nEI}{l} & \frac{2nEI}{l}\\ \frac{2nEI}{l} & \frac{4nEI}{l}\end{bmatrix}$$

将以上单元刚度矩阵集成整体刚度矩阵为

$$[K]=\frac{EI}{l^3}\begin{bmatrix}24-72\alpha & -(6-3\alpha)l & -(6-3\alpha)l\\ -(6-3\alpha)l & 4(n+1-\alpha)l^2 & 2nl^2\\ -(6-3\alpha)l & 2nl^2 & 4(n+1-\alpha)l^2\end{bmatrix}$$

其中

$$\alpha=\frac{F_{\mathrm{P}}l^2}{30EI}$$

令 $[K]$ 的行列式等于零，展开后得到稳定方程

$$[8(1-3\alpha)(3n+2-2\alpha)-3(2-\alpha)^2](n+2-2\alpha)=0$$

该方程的 3 个实根从小到大排列依次为

$$\alpha_1=\frac{2}{45}\left[18n+13-\sqrt{(18n+13)^2-45(6n+1)}\right]$$

$$\alpha_2=\frac{n}{2}+1$$

$$\alpha_3=\frac{2}{45}\left[18n+13+\sqrt{(18n+13)^2-45(6n+1)}\right]$$

其中 α_1 为临界荷载。下面讨论 3 种情况。

(1) $n=0$，$\alpha_1=0.082\,9$，$F_{\mathrm{Pcr}}=2.486\,\frac{EI}{l^2}$。这时刚架的立柱相当于下端固定、上端自由的压杆，$F_{\mathrm{Pcr}}$ 的精确值为 $\frac{0.25\pi^2EI}{l^2}=2.467\,\frac{EI}{l^2}$，近似值的误差为 0.77%。

(2) $n=1$, $\alpha_1=0.248$, $F_{Pcr}=7.44\dfrac{EI}{l^2}$。与精确值 $7.379\dfrac{EI}{l^2}$ 相比,误差为0.82%。

(3) $n\to\infty$, $\alpha_1=\dfrac{1}{3}$, $F_{Pcr}=10\dfrac{EI}{l^2}$。这时刚架的立柱相当于下端固定、上端滑动的压杆,$F_{Pcr}$ 的精确值为 $\dfrac{\pi^2 EI}{l^2}=9.86\dfrac{EI}{l^2}$,误差为1.77%。

从以上3种情况可知,本题的计算结果是相当精确的。为提高计算精度,可以将单根压杆划分为两个甚至更多的单元,这样有助于提高计算精度。

思考题

11-1　结构稳定分析的意义何在?极值点失稳和分支点失稳各有什么特征?

11-2　试述采用静力法确定临界荷载的方法和步骤,改变压杆两端的约束刚度,对其计算长度和临界荷载有何影响?

11-3　试述采用能量法确定临界荷载的原理和步骤。势能驻值原理标志着什么条件?

11-4　用能量法求临界荷载时,为什么对有限自由度体系可以得到精确解,而对无限自由度体系一般只能得到近似解?

11-5　分析组合压杆的稳定时,为何必须考虑剪力对临界荷载的影响?

11-6　推导缀条式和缀板式组合压杆的临界荷载公式时,作了哪些简化假定?

11-7　对具有相同横截面面积和边界约束条件的两根实腹和空腹压杆,其稳定性能哪个好?试简述理由并举例说明。

习题

11-1　试用静力法求图示刚性体系的临界荷载。

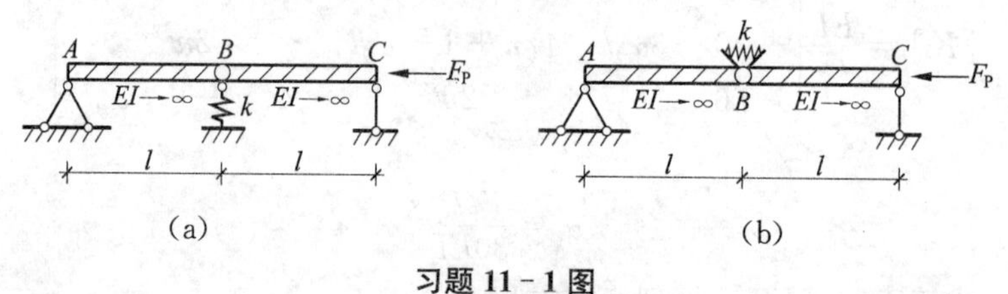

习题11-1图

11-2　试用静力法求图示刚性体系的临界荷载。

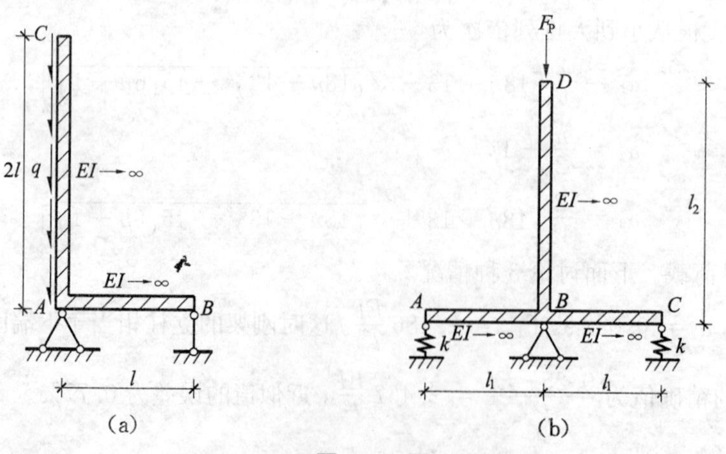

习题11-2图

11－3　试将下列结构简化为具有弹性支座的压杆模型，并求出各杆抗移和抗转弹簧的刚度系数值。

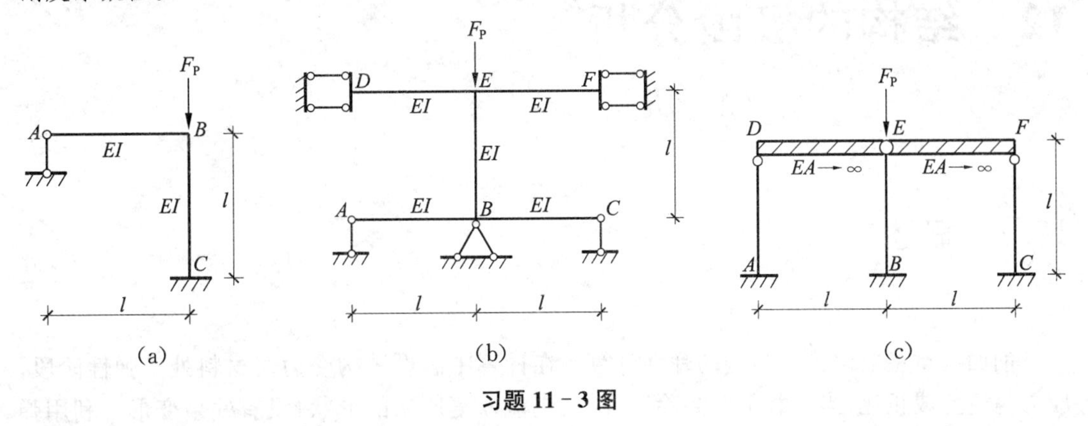

习题 11－3 图

11－4　试用静力法和能量法求图示刚性链杆体系的临界荷载，设 B、C 处弹簧的刚度分别为 k 和 $2k$。

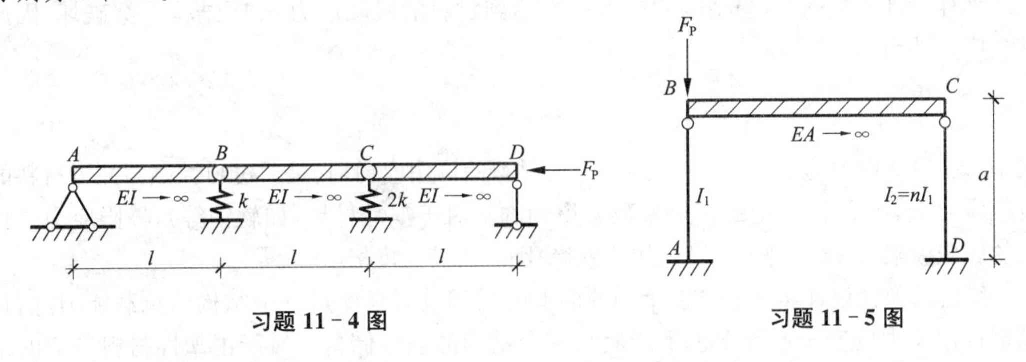

习题 11－4 图　　习题 11－5 图

11－5　试用静力法和能量法求图示排架的临界荷载。

11－6　试用静力法和能量法求图示刚架中竖向压杆的临界荷载，刚架可简化为具有弹性支承的压杆。

11－7　试用静力法和能量法计算图示结构的临界荷载。

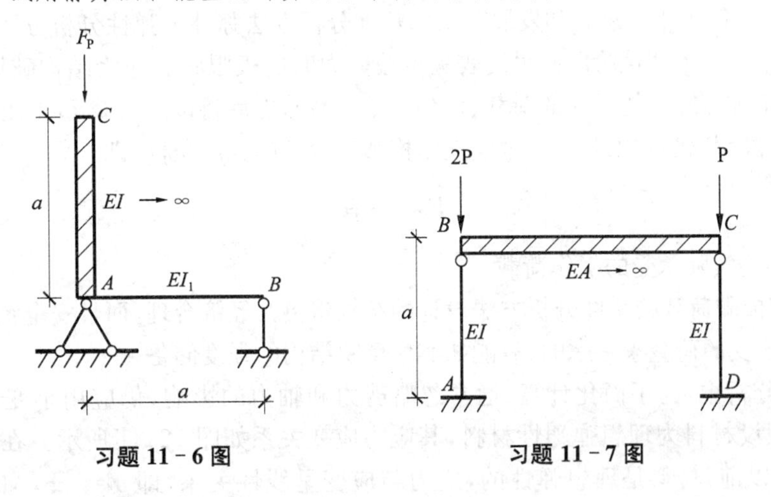

习题 11－6 图　　习题 11－7 图

12 结构的极限分析

12.1 概述

前面各章主要讨论了结构的弹性计算。在计算中假设结构受力时材料处于弹性阶段，应力与应变成正比，当荷载全部卸除后，结构仍能恢复原来的形状，没有残余变形。利用弹性计算的结果，以许用应力为依据来确定结构的截面尺寸或进行强度计算，这就是所谓的结构弹性分析或弹性设计。

弹性设计方法认为，当结构的最大应力达到材料的极限应力 σ_u 时结构将会破坏，因此其强度条件为

$$\sigma_{max} \leqslant [\sigma] = \frac{\sigma_u}{k}$$

式中 σ_{max} 为结构中的最大工作应力；$[\sigma]$ 为材料的许用应力，它是通过材性试验测得材料的极限应力 σ_u，再除以一定的安全系数 k 得到的。对于塑性材料(如软钢等)，极限应力是指它的屈服极限 σ_y；对于脆性材料(如铸铁等)则等于其强度极限 σ_b。

结构的弹性设计实际上是以个别截面上的局部应力来衡量整个结构的承载能力，而且确定许用应力的安全系数 k 也不能反映整个结构的强度储备。对于由塑性材料制成的结构，尤其是超静定结构，当个别截面上的最大应力达到屈服极限，甚至某一局部已进入塑性阶段时，结构一般并不会发生破坏，而仍具有继续承受荷载甚至承受更大荷载的能力。因此，弹性设计方法没有考虑材料超过屈服极限后结构所具有的承载能力，是不够经济合理的。

20 世纪三、四十年代建立和发展起来的塑性分析方法弥补了弹性分析方法的不足。这种方法是以结构进入塑性阶段并最终丧失承载能力时的极限状态作为结构破坏的标志，首先确定出结构破坏时所能承受的荷载(称为极限荷载)，然后将极限荷载 F_{Pu} 除以安全系数 k 作为结构的许用荷载，并以此为依据建立结构塑性设计的强度条件，即

$$F_P \leqslant \frac{F_{Pu}}{k}$$

式中 F_P 为结构实际承受的工作荷载。

显然，按极限荷载的塑性分析方法设计的结构将更为经济合理，而且安全系数 k 是从整个结构所能承受的荷载来考虑的，故能如实地反映结构的强度储备。

在塑性分析中，为了简化计算，通常忽略剪力和轴力的影响，仍应用小变形时的平截面假定，并假设材料为理想弹塑性材料，其应力应变关系如图 12-1 所示。在应力 σ 达到屈服极限 σ_y 以前，材料是理想弹性的，应力与应变呈线性关系，即 $\sigma = E\varepsilon$，如图中的 OA

段所示；当应力达到屈服极限 σ_y 时，材料进入理想的塑性流动状态，应力保持 σ_y 不变，而应变可以继续增大，即如图中的 AB 段所示。同时，认为材料受拉和受压时的性能相同。当材料到达塑性阶段的某点 C 时，如果卸载，则应力应变将沿着与 OA 平行的直线 CD 下降。应力减至零时，有残余应变 OD。由此可见，材料在加载和卸载时的情形不同：加载时是弹塑性的，卸载时是弹性的。还可看到，在经历塑性变形之后，应力与应变之间不再存在单值对应关系，同一个应力可对应于不同的应变值，同一个应变值可对应于不同的应力值。要得到弹塑性问题的解，一般需要了解加载卸载的全部历史以及相应的结构受力和变形的完整发展过程。基于以上原因，结构的弹塑性分析要比弹性分析复杂一些。

本章重点讨论梁和刚架的极限荷载。

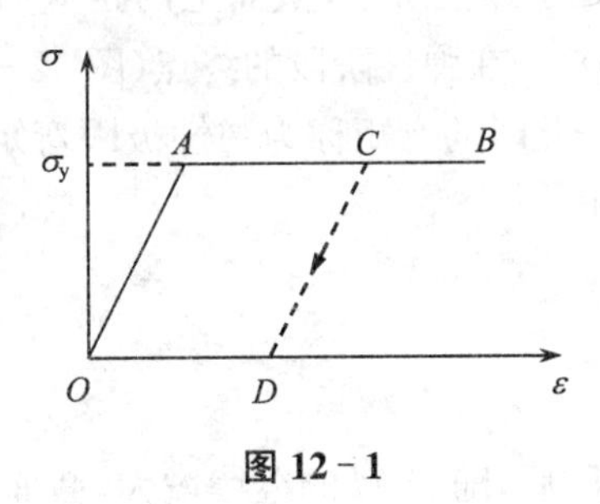

图 12－1

12.2 静定梁的极限荷载

12.2.1 纯弯曲梁的极限弯矩和塑性铰

首先以纯弯曲梁为例，介绍结构的弹塑性受力变形特征以及受弯杆件的极限弯矩、塑性铰等基本概念。

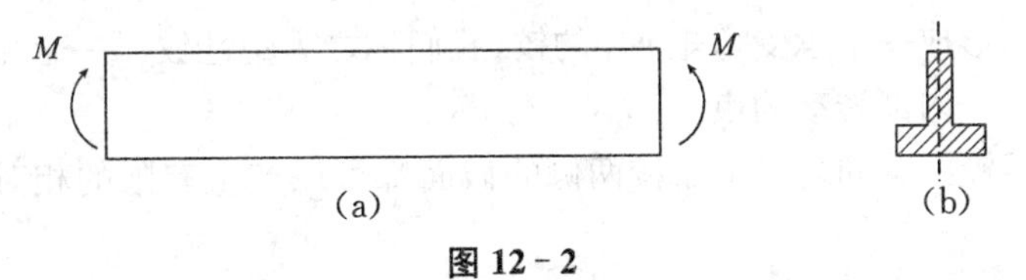

图 12－2

图 12－2(a)所示一根由理想弹塑性材料制成的受纯弯曲作用的梁，其横截面有一根竖向对称轴(图 12－2(b))，而弯矩 M 作用在梁的对称面内。随着弯矩 M 的增大，梁会经历一个由弹性阶段到弹塑性阶段，最后达到塑性阶段的过程。实验表明，在梁的变形过程中，无论在哪一阶段，梁弯曲变形时的平截面假定都是成立的。

图 12－3 描述了在各个阶段梁横截面上正应力的变化情况，具体说明如下：

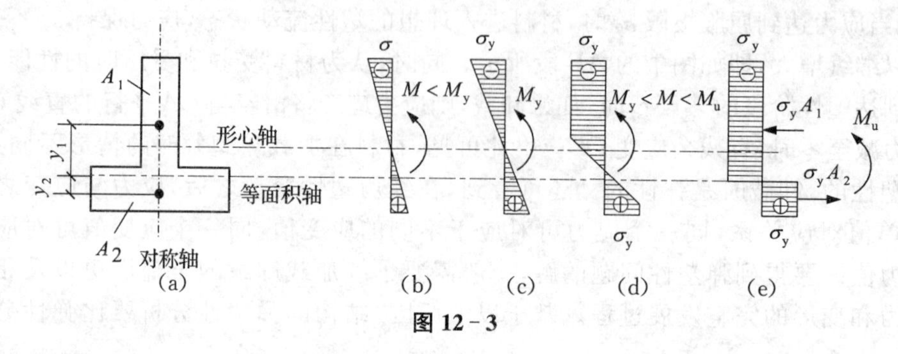

图 12 - 3

1）弹性阶段

当弯矩 M 较小时，梁完全处于弹性阶段，截面上的正应力都小于屈服极限 σ_y，并沿截面高度成直线分布(图 12 - 3(b))。在弹性阶段的终点(图 12 - 3(c))，截面最外纤维处的最大正应力首先达到屈服极限 σ_y，此时的弯矩称为弹性极限弯矩，或称为屈服弯矩，以 M_y 表示，由弹性计算的应力公式可知

$$M_y=\sigma_y W$$

式中 W 为弹性截面系数。

2）弹塑性阶段

当弯矩 M 超过屈服弯矩 M_y 后，随着 M 的继续增大，截面的上下边缘部分由外向内相继进入塑性流动阶段而形成塑性区，塑性区内纤维的正应力达到 σ_y 并保持不变，其余纤维则仍处于弹性阶段(图 12 - 3(d))，整个截面处于弹塑性阶段。此时截面上仍处于弹性状态的区域称为弹性核，弹性核内的正应力保持直线分布。

3）塑性流动阶段

在弹塑性阶段，随着 M 的增大，弹性核高度逐渐减小，塑性区域由外向内逐渐扩展，最后扩展到整个截面，即整个截面上的正应力(不论是拉应力还是压应力)都达到了屈服极限 σ_y (图 12 - 3(e))。此时的弯矩即为截面所能承受的最大弯矩，称为极限弯矩，以 M_u 表示。

当 $M=M_u$ 时，截面进入塑性流动阶段，截面上的弯矩不再增加而是保持不变，但截面上各点的变形仍可以在符合平截面假定的基础上继续发展(即受拉、受压区纤维分别自由地伸长或缩短)，从而使得该截面处两个无限靠近的相邻截面可以产生有限的相对转动，这种情况相当于该截面形成一个承受弯矩 M_u 的铰，我们称之为塑性铰。一个截面出现塑性铰，相当于结构丧失一个内部转动约束。

塑性铰与普通铰的共同之处在于铰两侧的截面都可以产生有限的相对转动，不同之处有两点：

(1) 普通铰不能承受弯矩，而塑性铰则可以承受极限弯矩 M_u。

(2) 普通铰是双向铰，其两边的杆件可以围绕铰沿两个方向(顺时针或逆时针)自由地产生相对转动；而塑性铰是单向铰，其两边的杆件只能沿着极限弯矩 M_u 的方向产生相对转动。如果对塑性铰施加与极限弯矩方向相反的力矩，即在达到极限状态后使弯矩减小，则由于卸载时的应力应变关系是线性的，截面立即恢复其弹性性质，塑性铰随即消失。

截面的极限弯矩值可根据图 12 - 3(e)所示极限状态的正应力分布图来确定。设截面受压区和受拉区的面积分别为 A_1 和 A_2，则受压区和受拉区的合力分别为 $\sigma_y A_1$ 和 $\sigma_y A_2$。由

于截面上的轴力为零，因此由平衡条件可知

$$\sigma_y A_2 - \sigma_y A_1 = 0$$

则得

$$A_1 = A_2 = \frac{A}{2}$$

式中 A 为梁截面的总面积。这说明在极限状态下，中性轴将截面分为面积相等的两部分，即中性轴成为等面积轴。截面上两个大小相等、方向相反的合力（$\sigma_y A_1$，$\sigma_y A_2$）组成一个力偶，也就是该截面的极限弯矩 M_u，即

$$M_u = \sigma_y A_1 y_1 + \sigma_y A_2 y_2 = \sigma_y (S_1 + S_2) = \sigma_y W_y$$

式中 y_1 和 y_2 分别为受压区和受拉区的形心到中性轴（等面积轴）的距离；S_1 和 S_2 分别为面积 A_1 和 A_2 对中性轴的静矩；$W_y = S_1 + S_2$ 称为塑性截面系数。

由上式可见，极限弯矩取决于截面的几何形状和尺寸以及材料的屈服极限，而与外荷载无关。

对于宽为 b、高为 h 的矩形截面，有

$$W_y = S_1 + S_2 = 2 \times \frac{bh}{2} \times \frac{h}{4} = \frac{bh^2}{4}$$

则极限弯矩为

$$M_u = \sigma_y W_y = \frac{bh^2}{4} \sigma_y$$

而相应的弹性截面系数和屈服弯矩分别为

$$W = \frac{bh^2}{6}, \qquad M_y = \frac{bh^2}{6} \sigma_y$$

极限弯矩与屈服弯矩的比值为

$$\frac{M_u}{M_y} = 1.5$$

这表明，对于矩形截面梁来说，截面的承载能力按塑性计算比按弹性计算可提高 50%。

令 $\alpha = \frac{M_u}{M_y} = \frac{W_y}{W}$，可见 α 与截面形状有关，称为截面形状系数。

几种常用截面的 α 值如下：

矩形：$\alpha = 1.5$；

圆形：$\alpha = 1.7$；

工字形：$\alpha = 1.15$。

12.2.2 静定梁的极限荷载

利用极限弯矩和塑性铰的概念，我们来确定由理想弹塑性材料制成的梁承受横向荷载作用时的极限荷载。

梁在横向荷载作用下截面上除了有弯矩外，一般还存在剪力。通常剪力对梁的极限荷载的影响很小，可以忽略不计。因此，在确定横向荷载作用下梁的极限荷载时，仍可采用以上按纯弯曲情况导出的关于截面的屈服弯矩 M_y 和极限弯矩 M_u 的计算结果。

图 12-4(a)所示承受跨中集中力的矩形截面简支梁，在荷载作用下，梁的弹塑性变形

发展过程仍可分为 3 个阶段进行分析。

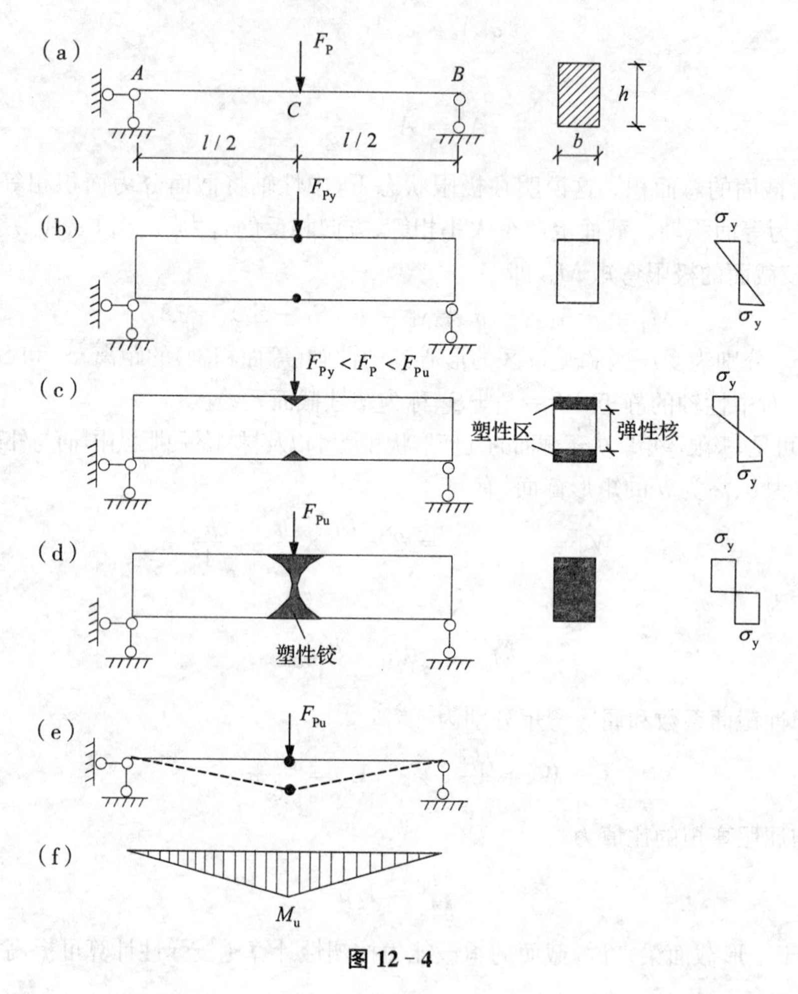

图 12-4

1）弹性阶段

在加载初期，梁上各截面的弯矩都小于屈服弯矩 M_y，整个梁处于弹性阶段。此时跨中截面 C 的弯矩最大，$M_{max}=\frac{1}{4}F_P l$。再继续加载，直到跨中截面的弯矩首先达到屈服弯矩 M_y，跨中截面上、下边缘纤维的应力均达到屈服极限 σ_y，其余部分仍为弹性区，如图 12-4(b)所示，至此弹性阶段便告终结。此时的荷载 $F_{Py}=\frac{4M_y}{l}$，称为屈服荷载。

2）弹塑性阶段

当荷载超过屈服荷载 F_{Py}后，跨中截面 C 处于弹塑性阶段。截面的上、下外部区域形成塑性区，而截面内部为仍处于弹性区的弹性核(图 12-4(c))。随着荷载的增大，塑性区在截面 C 处由外向内扩展，并从跨中截面向两端伸展。

3）极限状态

当荷载增大到极限值 F_{Pu}时，跨中弯矩达到极限弯矩 M_u，相应的极限荷载 $F_{Pu}=\frac{4M_u}{l}$。此时，跨中截面 C 全部进入塑性区，形成一个塑性铰(图 12-4(d))。跨中出现塑性铰后，梁变成了图 12-4(e)所示的机构(图中用实心圆点表示塑性铰),挠度可以任意增大,而承载力已无法再增加。这个机构称为破坏机构,此时的状态称为极限状态。梁在极限状态的弯矩图如图 12-4(f)所示。

以上各阶段的分析能帮助我们比较完整地了解梁的弹塑性发展过程,但如果只需要计算梁的极限荷载,则可以直接针对梁最终的极限状态进行分析。

对于静定梁,由于没有多余约束,结构中只要出现一个塑性铰就形成破坏机构(即几何可变或瞬变体系)。对于等截面梁,塑性铰必首先出现在弯矩绝对值最大的截面即 $|M|_{max}$ 处。根据塑性铰截面的弯矩值应等于极限弯矩 M_u 和相应的静力平衡条件,就可以求得极限荷载。

例如,对于图 12-4(a)所示等截面简支梁,由 M 图可知跨中截面的弯矩最大。令 $\frac{F_{Pu}l}{4}=M_u$,即可求得极限荷载为 $F_{Pu}=\frac{4M_u}{l}$。

12.3 单跨超静定梁的极限荷载

由于超静定结构中存在多余约束,因此其加载直至破坏的过程一般是:结构中先出现一个或若干个塑性铰,变为静定结构;再出现一个塑性铰,才会形成破坏机构,丧失承载能力。

下面以图 12-5(a)所示一端固定另一端铰支的等截面梁为例,说明超静定梁由弹性阶段到弹塑性阶段,直至极限状态的过程。

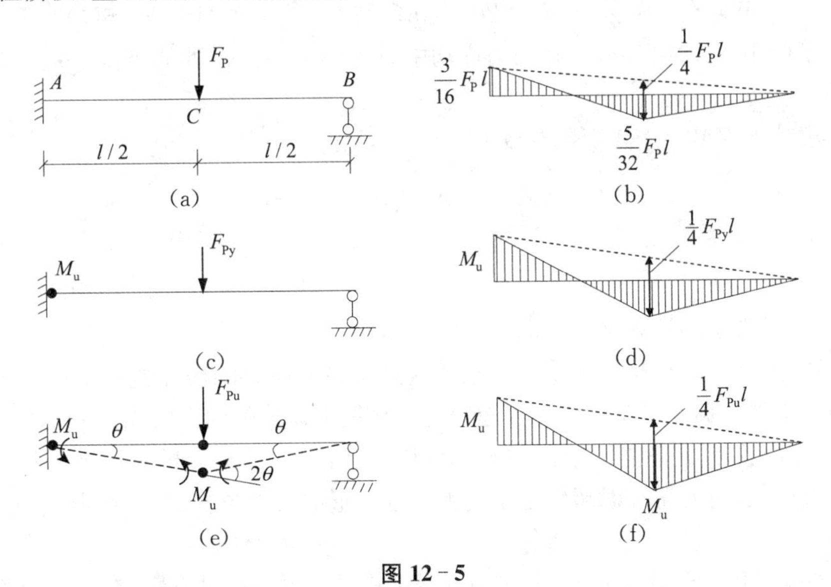

图 12-5

梁在弹性阶段的弯矩图可根据超静定结构的弹性计算方法得到,如图 12-5(b)所示,在固定端 A 处的弯矩最大。

当荷载增大到屈服荷载 F_{Py} 时,A 截面的弯矩首先达到其极限值 M_u,并形成塑性铰(图

12-5(c))。此时,原为一次超静定的梁便转化为静定的简支梁,承受的荷载有 A 端大小为 M_u 的力偶以及跨中的集中荷载 F_{Py},其弯矩图可由区段叠加法作出(图 12-5(d))。当荷载继续增大时,A 截面的弯矩将保持不变,其余截面的弯矩按照简支梁与跨中集中荷载的关系增加。

当荷载增大到极限荷载 F_{Pu} 时,跨中截面 C 的弯矩也达到极限值 M_u,形成第二个塑性铰,梁进一步成为几何可变的机构(图 12-5(e)),达到极限状态。此时的弯矩图仍可由平衡条件作出(图 12-5(f))。

极限荷载 F_{Pu} 可根据极限状态下的弯矩图及平衡条件求出。由图 12-5(f)可得

$$\frac{1}{4}F_{Pu}l-\frac{1}{2}M_u=M_u$$

故极限荷载为 $F_{Pu}=\dfrac{6M_u}{l}$。

由以上讨论可以看出,计算超静定梁的极限荷载实际上无需考虑弹塑性变形的发展过程,只要确定了最后的破坏机构的形式,使机构中各塑性铰处的弯矩都等于相应截面的极限弯矩,便可由静力平衡条件求出极限荷载,该问题实际上已转化为静定问题。这种利用静力平衡条件确定极限荷载的方法称为静力法。

另外,计算极限荷载的问题既然是平衡问题,则极限荷载 F_{Pu} 也可根据虚功原理来求解,这种方法称为机动法。例如在图 12-5(e)中,设机构沿荷载作用方向产生任意微小的虚位移,如图中的虚线所示,则外力所作的虚功为

$$W_{外}=F_{Pu}\times\frac{l}{2}\theta$$

内力虚功为

$$W_{内}=-M_u\theta-M_u\times 2\theta\quad(M_u\text{ 与 }\theta\text{ 反向,参见图 12-5(e)})$$

这里略去了微小的弹性变形,故在内力虚功中只考虑各塑性铰处的极限弯矩在其转角方向所做的功。

则由虚功方程 $W_{外}+W_{内}=0$ 或 $W_{外}=-W_{内}$ 得

$$F_{Pu}\times\frac{l}{2}\theta-(M_u\theta+M_u\times 2\theta)=0$$

即

$$F_{Pu}=\frac{6M_u}{l}$$

可见,两种方法的计算结果相同。

由上述分析可看出,超静定梁的极限荷载只需根据最后的破坏机构应用平衡条件或虚功原理即可求得。据此可总结出计算超静定结构极限荷载的两个特点:

(1) 只需预先判定超静定结构的破坏机构,就可根据该破坏机构在极限状态的平衡条件确定极限荷载,而无需考虑超静定结构弹塑性变形的发展过程、塑性铰形成的顺序和变形协调条件。

(2) 温度变化、支座移动等因素对超静定结构的极限荷载没有影响,因为超静定结构的最后一个塑性铰形成之前已经变为静定结构,所以温度变化、支座移动等因素对最后的内力状态没有影响。

下面再举两个例子说明单跨超静定梁极限荷载的计算。

【例 12-1】 图 12-6(a)所示一端固定另一端铰支的等截面梁受均布荷载作用,试求

其极限荷载 q_u。

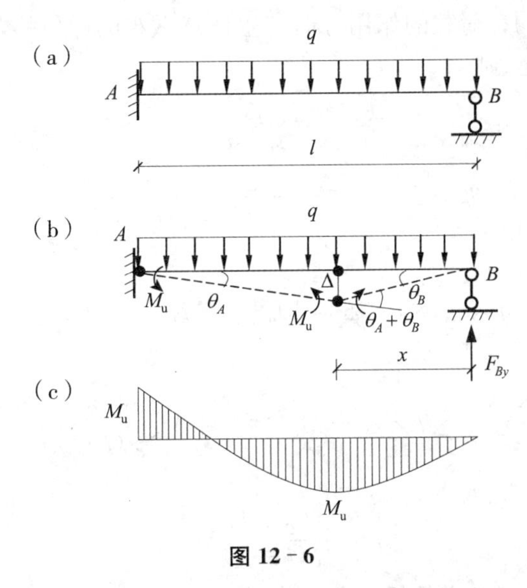

图 12－6

【解】 此梁出现两个塑性铰即达到极限状态。首先出现的塑性铰在最大负弯矩所在截面即固定端 A 处(A 截面在弹性阶段的弯矩绝对值最大)，另一个塑性铰应在最大正弯矩即剪力为零处，该截面的位置有待确定，设其至铰支座 B 的距离为 x(图 12－6(b))。梁在极限状态下的弯矩图如图 12－6(c)所示。

(1) 静力法

设极限状态时铰支座 B 的反力为 F_{By}，则针对梁由整体平衡条件 $\sum M_A = 0$ 可得

$$F_{By} = \frac{q_u l}{2} - \frac{M_u}{l}$$

令 x 截面的剪力为零，即

$$F_{Sx} = -F_{By} + q_u x = 0$$

可得

$$q_u = \frac{M_u}{l\left(\frac{l}{2} - x\right)} \tag{a}$$

令 x 截面的弯矩等于 M_u，即

$$M_x = \left(\frac{q_u l}{2} - \frac{M_u}{l}\right)x - \frac{q_u x^2}{2} = M_u$$

将式(a)代入，化简后有

$$x^2 + 2lx - l^2 = 0$$

解得

$$x = (\sqrt{2} - 1)l = 0.414l \quad (\text{另一根为} -(1+\sqrt{2})l\text{，舍去})$$

将 x 代入式(a)得极限荷载

$$q_u = 11.66\frac{M_u}{l^2}$$

(2) 机动法

使梁的破坏机构沿均布荷载的作用方向产生任意微小的虚位移,如图 12-6(b)所示。设 x 截面的竖向位移为 Δ,则

$$\theta_A = \frac{\Delta}{l-x}$$

$$\theta_A + \theta_B = \frac{\Delta}{l-x} + \frac{\Delta}{x} = \frac{\Delta l}{x(l-x)}$$

由虚功原理

$$q \times \frac{1}{2} \times l \times \Delta = M_u \theta_A + M_u(\theta_A + \theta_B)$$

即

$$q \times \frac{1}{2} \times l \times \Delta = M_u \frac{\Delta}{l-x} + M_u \frac{\Delta l}{x(l-x)}$$

消去公因子 Δ 得

$$q = \frac{2(x+l)}{lx(l-x)} M_u$$

由上式,对于在区间 $(0,l)$ 内的任一个 x 值,均有一个相应的荷载 q 值,显然,这里需要的是荷载 q 的极小值。利用 $\frac{dq}{dx} = 0$ 可得

$$x^2 + 2lx - l^2 = 0$$

由此解得

$$x = (\sqrt{2} - 1)l = 0.414l$$

将 x 代入 q 表达式,得极限荷载为

$$q_u = 11.66 \frac{M_u}{l^2}$$

无论是静力法还是机动法,关键是要正确地判断塑性铰的位置。梁中塑性铰的位置一般出现在能承受弯矩的支座如固定支座处、集中力作用处、均布荷载作用范围内弯矩产生极值处以及变截面梁的截面突变处等。当梁中这样的截面较多时,可以形成的破坏机构可能不止一种,这时可采用穷举法,即对所有可能的破坏机构用静力法或机动法计算相应的荷载,其中最小的荷载就是所求的极限荷载。

【例 12-2】 图 12-7(a)所示变截面梁,AC 段的极限弯矩为 $2M_u$,BC 段的极限弯矩为 M_u,试求极限荷载。

【解】 可能出现塑性铰的截面有 A、C、D 三个截面。该梁有一个多余约束,因此出现两个塑性铰后即形成破坏机构。

现将 3 个截面 A、C、D 两两组合得到 3 种可能的破坏机构(图 12-7(b)、(c)、(d)),分别用机动法和静力法进行求解。

(1) 机动法

机构 1(A、D 截面出现塑性铰,图 12-7(b)):

由虚功方程

$$F_P \times \frac{2l}{3}\theta = 2M_u \times \theta + M_u \times 3\theta$$

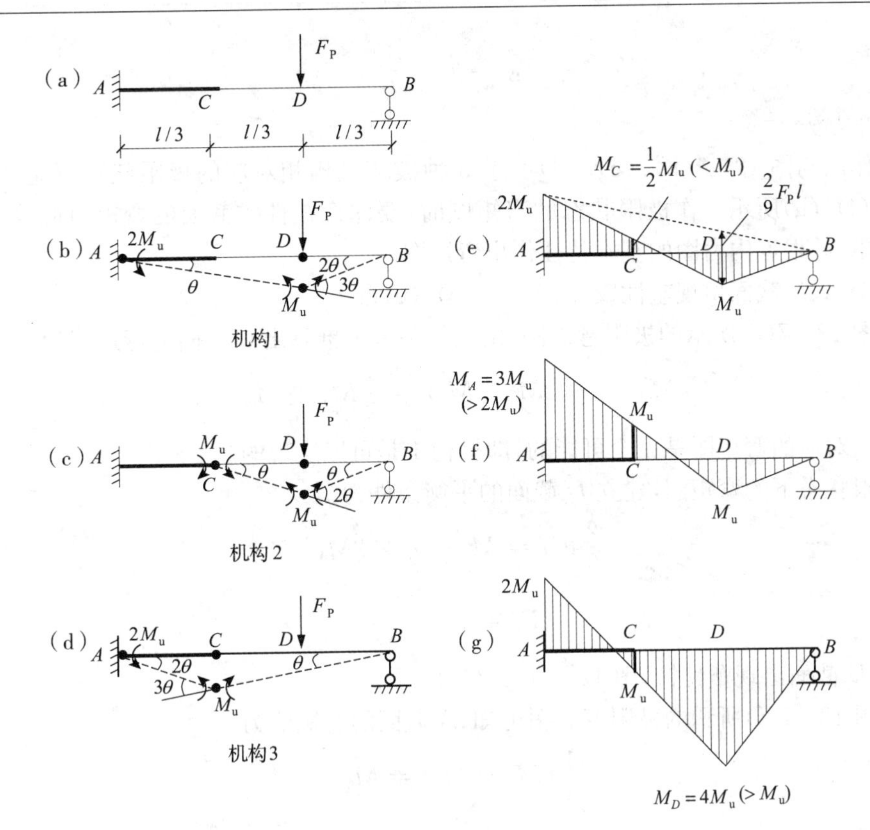

图 12-7

得

$$F_P = 7.5\frac{M_u}{l}$$

机构 2(C、D 截面出现塑性铰,图 12-7(c)):

由虚功方程

$$F_P \times \frac{l}{3}\theta = M_u \times \theta + M_u \times 2\theta$$

得

$$F_P = 9\frac{M_u}{l}$$

注意,截面突变处的塑性铰必出现在极限弯矩较小的一侧,因此 C 截面的极限弯矩应取 M_u 而不是 $2M_u$。

机构 3(A、C 截面出现塑性铰,图 12-7(d)):

由虚功方程

$$F_P \times \frac{l}{3}\theta = 2M_u \times 2\theta + M_u \times 3\theta$$

得

$$F_P = 21\frac{M_u}{l}$$

显然,机构 1 的 F_P 值最小,故极限荷载为

$$F_{Pu} = 7.5\frac{M_u}{l}$$

(2) 静力法

分别作出与图 12-7(b)、(c)、(d)所示 3 种破坏机构相对应的极限状态弯矩图，如图 12-7(e)、(f)、(g)所示。作极限状态的弯矩图时，要注意塑性铰截面的弯矩值应等于相应的极限弯矩，并根据内力图的基本特征作出弯矩图。

机构 1(A、D 截面出现塑性铰，图 12-7(b)、(e))：

根据图 12-7(e)所示的极限弯矩图，由几何关系可推算出 C 截面的弯矩值为

$$M_C = \frac{1}{2}(2M_u - M_u) = \frac{1}{2}M_u < M_u$$

所以机构 1 对应的弯矩图是完全可能的，即机构 1 是可以实现的。

由极限状态下的弯矩图，建立 D 截面的平衡条件为

$$\frac{2}{9}F_P l = M_u + \frac{1}{3}\times 2M_u$$

得

$$F_P = 7.5\frac{M_u}{l}$$

机构 2(C、D 截面出现塑性铰，图 12-7(c)、(f))：

根据图 12-7(f)所示的极限弯矩图可知，A 截面的弯矩值为

$$\frac{1}{2}(M_A - M_u) = M_u$$

则

$$M_A = 3M_u > 2M_u$$，已超过其极限弯矩值。

所以机构 2 对应的弯矩图不可能实现，即机构 2 无法形成，不必计算相应的荷载。

机构 3(A、C 截面出现塑性铰，图 12-7(d)、(g))：

根据图 12-7(g)所示的极限弯矩图可知，D 截面的弯矩为

$$\frac{1}{2}(M_D - 2M_u) = M_u$$

则

$$M_D = 4M_u > M_u$$

已超过其极限弯矩值。所以机构 3 对应的弯矩图不可能实现，即机构 3 也无法形成，不必计算相应的荷载。所以，极限荷载为

$$F_{Pu} = 7.5\frac{M_u}{l}$$

12.4 多跨超静定梁的极限荷载

多跨连续梁(图 12-8(a))的塑性破坏可以是由于某一跨出现 3 个塑性铰(图 12-8(b)、(c))或铰支端跨出现 2 个塑性铰(图 12-8(d))而形成破坏机构，也可以是由相邻各跨联合形成破坏机构(图 12-8(e))。可以证明，若连续梁各跨分别为等截面梁，且所有荷载的作用方向均

相同(如均向下),则只可能发生某一跨单独形成破坏机构的情况。因为在这种情况下,各跨的最大负弯矩只可能发生在两端的支座截面处。而对于各跨联合破坏的机构来说至少会有一跨在跨间形成负弯矩的塑性铰,显然这是不可能发生的。因为当荷载向下作用时,若该处的弯矩为负弯矩的话其绝对值必小于左边或右边截面弯矩的绝对值(图 12－8(f))。因此,对于这种连续梁,只需分别求出各跨单独形成机构时的破坏荷载,然后取其中最小者,便是连续梁的极限荷载。

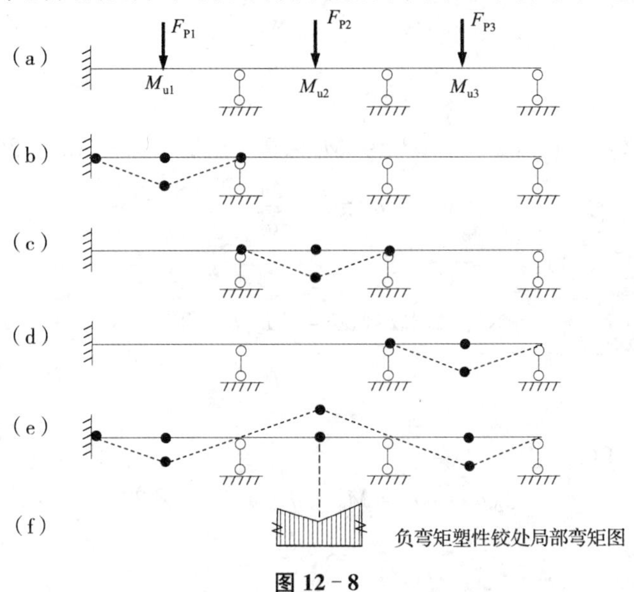

图 12－8

【例 12－3】 图 12－9(a)所示连续梁,各跨分别为等截面,其极限弯矩如图所示,试求极限荷载。

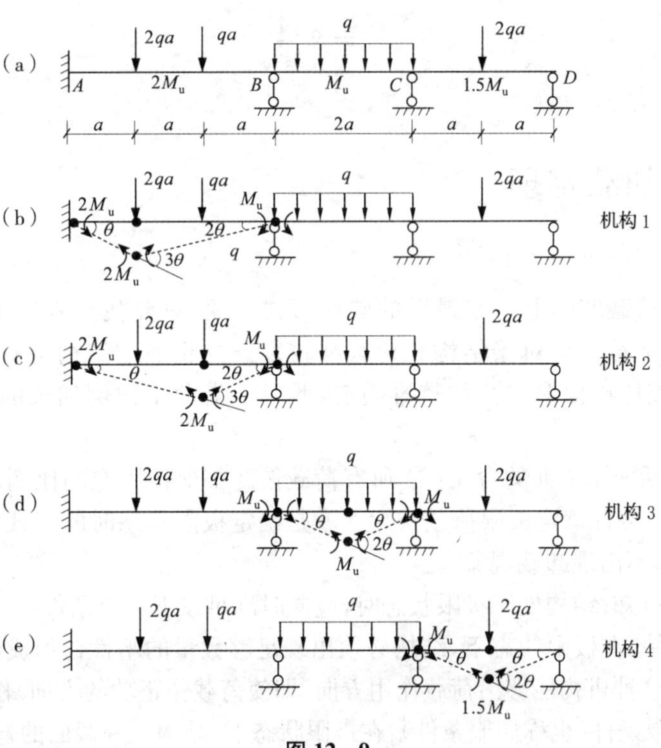

图 12－9

【解】 对于图示连续梁，只需考虑各跨独立破坏的情况。共有 4 种可能的破坏机构，分别如图 12－9(b)、(c)、(d)、(e)所示。

以下针对各破坏机构根据虚功原理用机动法求解。

机构 1(图 12－9(b))：

$$2qa \times 2a\theta + qa \times a\theta = 2M_u \times 2\theta + 2M_u \times 3\theta + M_u \times \theta$$

$$q = 2.2\frac{M_u}{a^2}$$

机构 2(图 12－9(c))：

$$2qa \times a\theta + qa \times 2a\theta = 2M_u \times \theta + 2M_u \times 3\theta + M_u \times 2\theta$$

$$q = 2.5\frac{M_u}{a^2}$$

机构 3(图 12－9(d))：

$$q \times \frac{1}{2} \times 2a \times a\theta = M_u(\theta + 2\theta + \theta)$$

$$q = 4\frac{M_u}{a^2}$$

机构 4(图 12－9(e))：

$$2qa \times a\theta = M_u \times \theta + 1.5M_u \times 2\theta$$

$$q = 2\frac{M_u}{a^2}$$

比较以上结果，机构 4 对应的荷载最小，即第 3 跨将首先形成破坏机构。所以极限荷载为

$$q_u = 2\frac{M_u}{a^2}$$

12.5 比例加载定理

结构的极限荷载实际上只与最后的破坏形式有关，只要找出真实的破坏机构，便可以据此求得极限荷载。但对于结构和荷载都较复杂的超静定结构常有许多种可能的破坏形式，真实的破坏机构形式往往较难确定，此时可借助于比例加载的几个定理来确定极限荷载。

比例加载包括两个方面的含义：① 所有荷载彼此都保持固定的比例，即都包含一个公共的荷载参数 F_P，因此确定极限荷载实际上就是确定极限状态时的荷载参数 F_{Pu}；② 所有荷载均单调增大，不出现卸载现象。

由前述分析可知，结构处于极限状态时，应同时满足以下 3 个条件：

(1) 机构条件：在极限状态下，结构必须出现足够数量的塑性铰形成破坏机构(几何可变或瞬变体系)，这种机构能够沿荷载作用方向(即使荷载作正功的方向)作单向运动。

(2) 内力局限条件(也称屈服条件)：在极限状态下，结构任一截面的弯矩绝对值都不超

过其极限弯矩值，即 $|M| \leqslant M_u$。

(3) 平衡条件：结构处于极限状态时，结构的整体或任一局部都能维持平衡。

为了便于讨论，以下将满足机构条件和平衡条件的荷载(不一定满足内力局限条件)称为可破坏荷载，用 F_P^+ 表示；而将满足内力局限条件和平衡条件的荷载(不一定满足机构条件)称为可接受荷载，用 F_P^- 表示。由于极限状态必须同时满足上述 3 个条件，故可知极限荷载既是可破坏荷载又是可接受荷载。

比例加载时有关极限荷载的几个定理如下：

(1) 极小定理：极限荷载是所有可破坏荷载中的最小者。

(2) 极大定理：极限荷载是所有可接受荷载中的最大者。

(3) 唯一性定理：如果荷载既是可破坏荷载，又是可接受荷载，则该荷载就是极限荷载。

下面给出定理的证明。首先来证明可破坏荷载 F_P^+ 恒不小于可接受荷载 F_P^-，即 $F_P^+ \geqslant F_P^-$。

任取一破坏机构，其荷载为可破坏荷载 F_P^+，对于相应的单向虚位移列出虚功方程，得

$$F_P^+ \Delta = \sum_{i=1}^{n} |M_{ui}| \cdot |\theta_i| \tag{a}$$

式中 n 为塑性铰的数目，M_{ui} 和 θ_i 分别是第 i 个塑性铰处的极限弯矩和相对转角。由于塑性铰是单向铰，极限弯矩 M_{ui} 和相对转角 θ_i 恒同向，总是作正功，故可取二者绝对值相乘。

再任取一可接受荷载 F_P^-，相应的弯矩图称为 M^- 图，令结构产生与上述机构相同的虚位移，则有

$$F_P^- \Delta = \sum_{i=1}^{n} M_i^- \theta_i \tag{b}$$

式中 M_i^- 是 M^- 图中对应于上述机构位移状态第 i 个塑性铰处的弯矩值。

根据内力局限条件可知

$$M_i^- \leqslant |M_{ui}|$$

则有

$$\sum_{i=1}^{n} M_i^- \theta_i \leqslant \sum_{i=1}^{n} |M_{ui}| \cdot |\theta_i|$$

将式(a)和式(b)代入上式，由于 Δ 为正值，故得

$$F_P^+ \geqslant F_P^-$$

得证。

再来证明上述 3 个定理：

(1) 极小定理：因为极限荷载 F_{Pu} 是可接受荷载，故 $F_{Pu} \leqslant F_P^+$，得证。

(2) 极大定理：因为极限荷载 F_{Pu} 是可破坏荷载，故 $F_{Pu} \geqslant F_P^-$，得证。

(3) 唯一性定理：假设存在两种极限状态，相应的极限荷载分别是 F_{Pu1} 和 F_{Pu2}。由于极限荷载既是可破坏荷载，又是可接受荷载，因此，如果把 F_{Pu1} 看作 F_P^+，把 F_{Pu2} 看作 F_P^-，则有 $F_{Pu1} \geqslant F_{Pu2}$；反之，如果把 F_{Pu2} 看作 F_P^+，把 F_{Pu1} 看作 F_P^-，则有 $F_{Pu2} \geqslant F_{Pu1}$。

由于以上两个不等式要同时满足，因此必有 $F_{Pu1} = F_{Pu2}$。这就证明了极限荷载是唯

一的。

根据上述比例加载定理，可采用以下方法之一来求得极限荷载：

(1) 穷举法：找出结构所有可能的破坏机构形式，由平衡条件或虚功原理求出相应的荷载(即可破坏荷载)，根据极小定理，其中最小者就是极限荷载。本章例题 12-1、12-2、12-3 中用机动法求解的过程实际上就是穷举法。

(2) 试算法：先选择一种最有可能成为真实极限状态的破坏机构，由平衡条件或虚功原理求出相应的荷载(即可破坏荷载)，并作出其弯矩图，再检查各控制截面的弯矩是否满足内力局限条件。若满足内力局限条件，则根据唯一性定理，该荷载就是极限荷载；若不满足，则选择其他机构再试算，直至满足。例题 12-2 中用静力法求解的过程基本上属于试算法。

求解超静定梁或刚架的极限荷载时，一般来说确定极限状态下破坏机构的可能形式比作出极限状态下的弯矩图要容易一些(尤其当结构的局部形成破坏机构时)，因此可首先考虑用穷举法计算。

12.6 刚架的极限荷载

本节讨论刚架极限荷载的计算，所用方法采用前述的穷举法。

刚架中一般同时存在弯矩、剪力和轴力，在此不考虑剪力和轴力对极限荷载的影响。

计算刚架的极限荷载时，首先根据刚架结构的特征及荷载作用情况，判断可能出现塑性铰的位置(例如刚结点处、固定支座处、集中力作用点处等)，然后通过各塑性铰位置及数量的合理搭配，确定各种可能的破坏机构形式。刚架的破坏机构可为局部的，也可以是整体的。基本的破坏机构形式有梁机构(如图 12-10(b)、(c)所示)和侧移机构(如图 12-10(d)所示)，此外还有由基本形式组合而成的联合机构(如图 12-10(e)、(f)所示)。

对于简单刚架用穷举法(或机动法)求极限荷载是方便的。对于结构或荷载比较复杂的刚架，由于可能的破坏形式有很多种，容易漏掉某些破坏形式。因此，可根据情况应用唯一性定理针对最小的荷载值检查是否满足内力局限条件 $|M| \leqslant M_u$，如果满足则即为所求的极限荷载。

【例 12-4】 求图 12-10(a)所示刚架的极限荷载，各杆极限弯矩均为 M_u。

【解】 图示刚架可能出现塑性铰的位置有截面 A、D、B、E，由于刚架为 1 次超静定，因此只要出现 2 个塑性铰或在柱子上出现 3 个塑性铰即形成破坏机构。可能的破坏机构形式如图 12-10(b)、(c)、(d)、(e)、(f)所示有 5 种，其中有 2 个梁机构、1 个侧移机构和 2 个联合机构。下面针对各破坏机构形式计算相应的荷载。

机构 1(图 12-10(b))：

$$F_P \times a\theta = M_u(\theta + 2\theta)$$

$$F_P = 3\frac{M_u}{a}$$

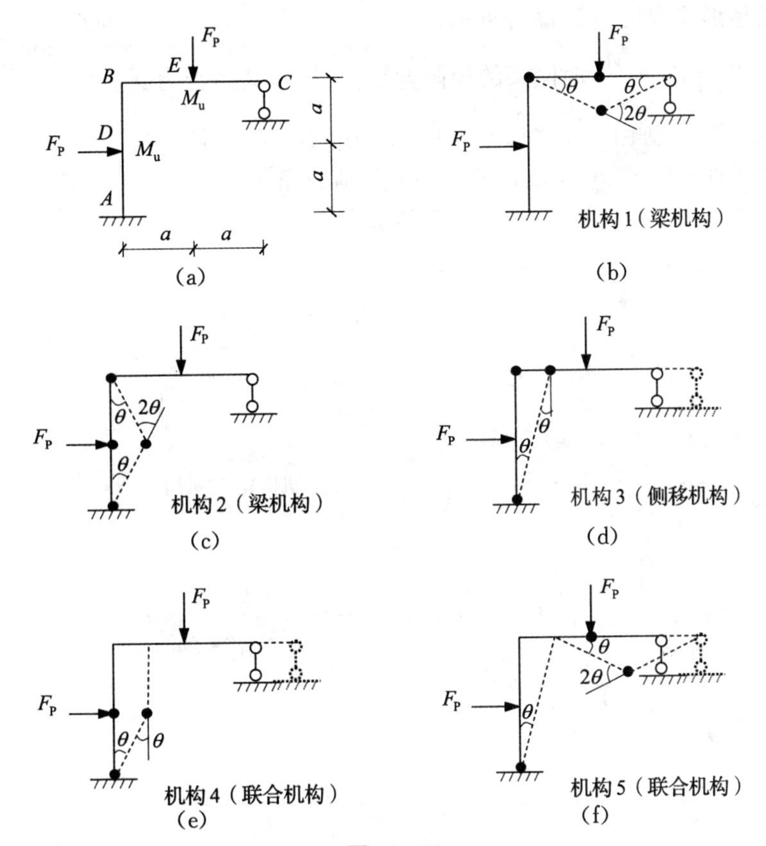

图 12－10

机构 2(图 12－10(c))：

$$F_P \times a\theta = M_u(\theta + 2\theta + \theta)$$

$$F_P = 4\frac{M_u}{a}$$

机构 3(图 12－10(d))：

$$F_P \times a\theta = M_u(\theta + \theta)$$

$$F_P = 2\frac{M_u}{a}$$

机构 4(图 12－10(e))：

$$F_P \times a\theta = M_u(\theta + \theta)$$

$$F_P = 2\frac{M_u}{a}$$

机构 5(图 12－10(f))：

$$F_P \times a\theta + F_P \times a\theta = M_u(\theta + 2\theta)$$

$$F_P = 1.5\frac{M_u}{a}$$

经分析可知，再无其他可能的机构，故由极小定理，极限荷载为

$$F_{Pu} = 1.5\frac{M_u}{a}$$

实际的破坏形式为机构 5(联合机构)。

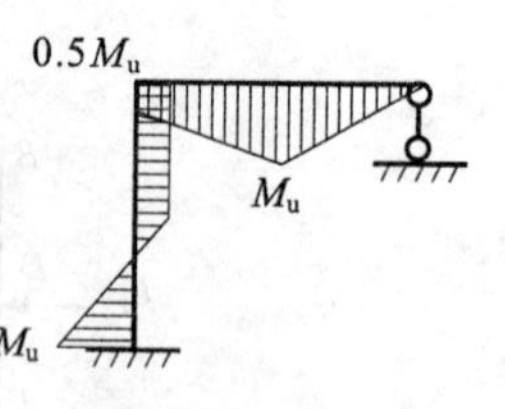

极限状态下的M图

图 12-11

现在作出 $F_P = 1.5\dfrac{M_u}{a}$ 时刚架的极限弯矩图,检验其是否为真实的极限荷载。所作弯矩图如图 12-11 所示。由图可见,各截面均满足内力局限条件 $|M| \leqslant M_u$,因此所求的极限荷载完全正确。

【例 12-5】 求图 12-12(a)所示刚架的极限荷载。

(a)

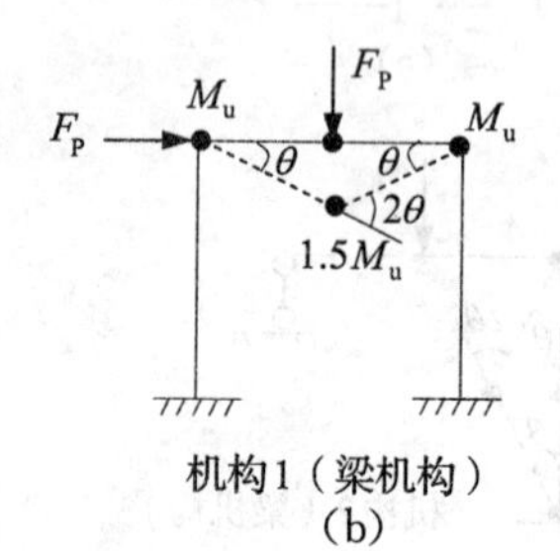

机构 1(梁机构)
(b)

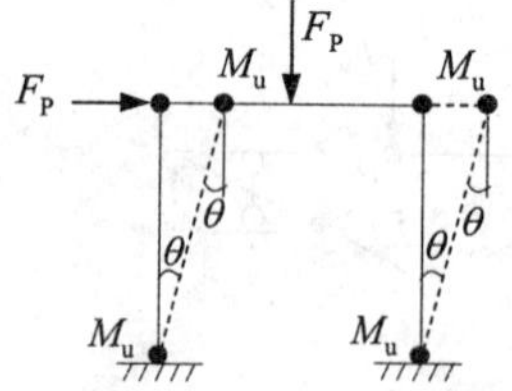

机构 2(侧移机构)
(c)

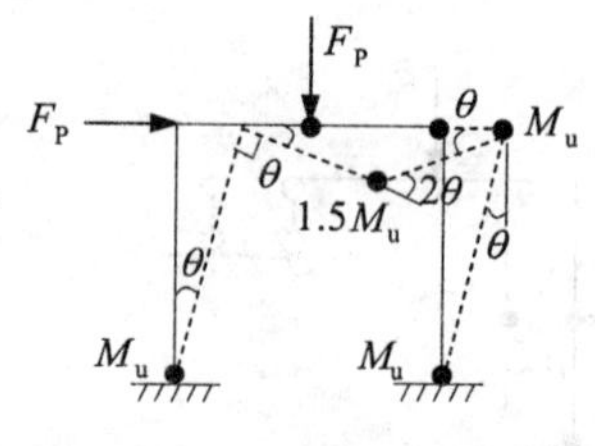

机构 3(联合机构)
(d)

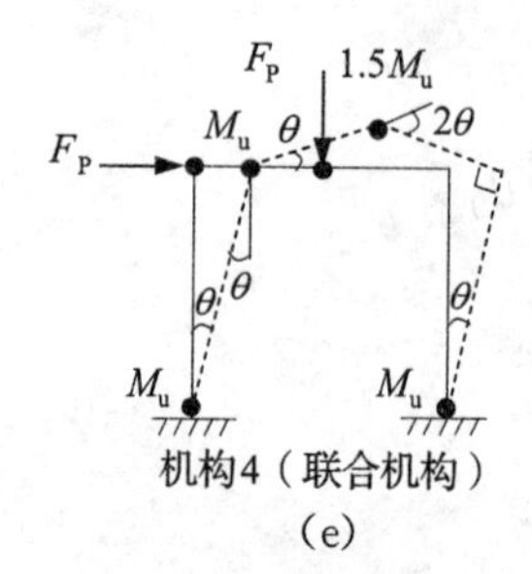

机构 4(联合机构)
(e)

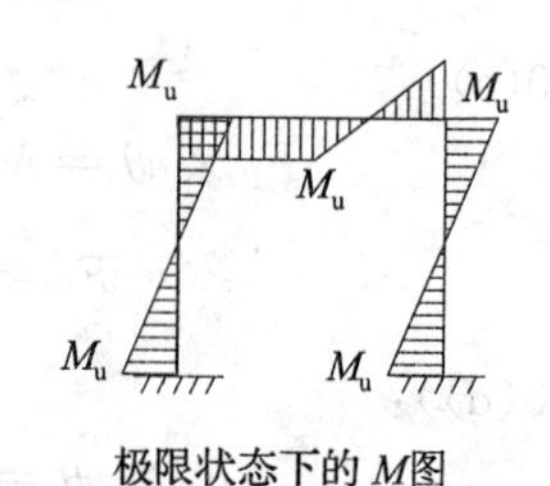

极限状态下的 M 图
(f)

图 12-12

【解】 图示刚架可能出现塑性铰的位置有截面 A、B、C、D 4 个杆端截面以及 BC 梁上集中力作用点 E 处,由于刚架为 3 次超静定,因此只要出现 4 个塑性铰或在某直杆上出现 3 个塑性铰即形成破坏机构。可能的破坏机构形式有 4 种,如图 12-12(b)、(c)、(d)、(e)所示。其中有 1 个梁机构、1 个侧移机构和 2 个联合机构。下面针对各破坏机构形式计算相应的荷载。

机构 1(图 12-12(b)):

$$F_P \times a\theta = M_u\theta + 1.5M_u \times 2\theta + M_u\theta$$

$$F_P = 5\frac{M_u}{a}$$

机构 2(图 12-12(c)):

$$F_P \times 2a\theta = 4M_u\theta$$

$$F_P = 2\frac{M_u}{a}$$

机构 3(图 12-12(d))：

$$F_P \times 2a\theta + F_P \times a\theta = M_A \times \theta + M_E \times 2\theta + M_C \times 2\theta + M_D \times \theta$$

即
$$F_P \times 2a\theta + F_P \times a\theta = M_u\theta + 1.5M_u \times 2\theta + M_u \times 2\theta + M_u\theta$$

$$F_P = 2.33\frac{M_u}{a}$$

机构 4(图 12-12(e))：

$$F_P \times 2a\theta - F_P \times a\theta = M_A \times \theta + M_B \times 2\theta + M_E \times 2\theta + M_D \times \theta$$

即
$$F_P \times 2a\theta - F_P \times a\theta = M_u\theta + M_u \times 2\theta + 1.5M_u \times 2\theta + M_u\theta$$

$$F_P = 7\frac{M_u}{a}$$

由极小定理，极限荷载为

$$F_{Pu} = 2\frac{M_u}{a}$$

实际的破坏形式为机构 2(侧移机构)。

图 12-12(e)所示为与 $F_P = 2\frac{M_u}{a}$ 对应的刚架的极限弯矩图，可见满足内力局限条件，因此 $F_{Pu} = 2\frac{M_u}{a}$ 即为所求的极限荷载。

思考题

12-1　结构的弹性分析和塑性分析有何本质区别？

12-2　屈服弯矩和极限弯矩的值取决于哪些因素？它们与所受的荷载是否有关？

12-3　对于什么形状的截面，其形心轴、中性轴和等面积轴是同一根轴？

12-4　塑性铰的物理特征是什么？它与一般的实铰有哪些本质区别？

12-5　结构处于极限状态时应满足哪些条件？可破坏荷载与可接受荷载分别满足了哪几个条件？

习题

12-1　已知材料的屈服极限为 σ_y，试求下列 3 种截面的极限弯矩 M_u。

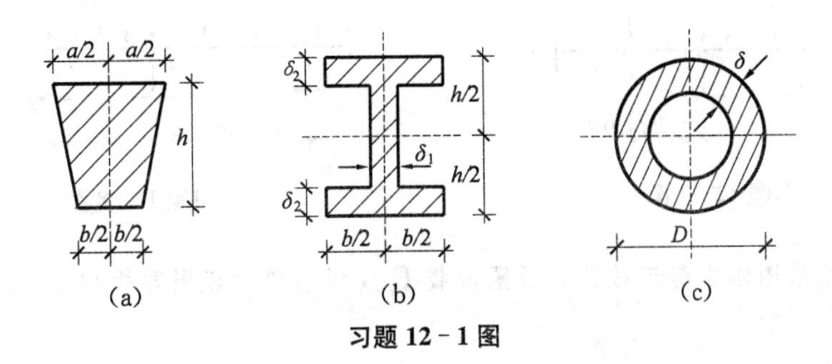

习题 12-1 图

12-2　试求图示静定梁的极限荷载。

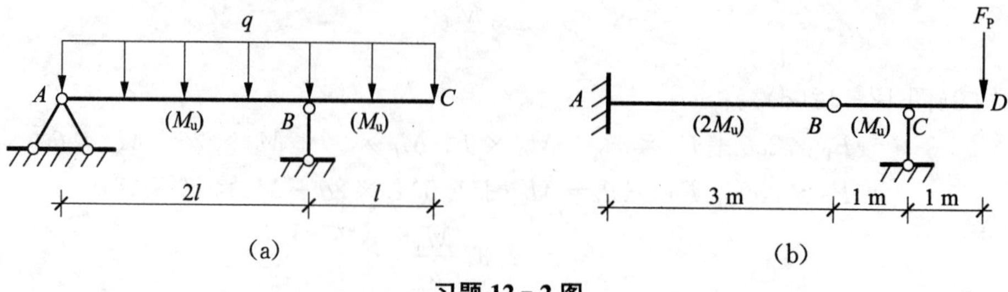

习题 12-2 图

12-3　试求图示两端固定等截面梁的极限荷载,已知梁的极限弯矩为 M_u。

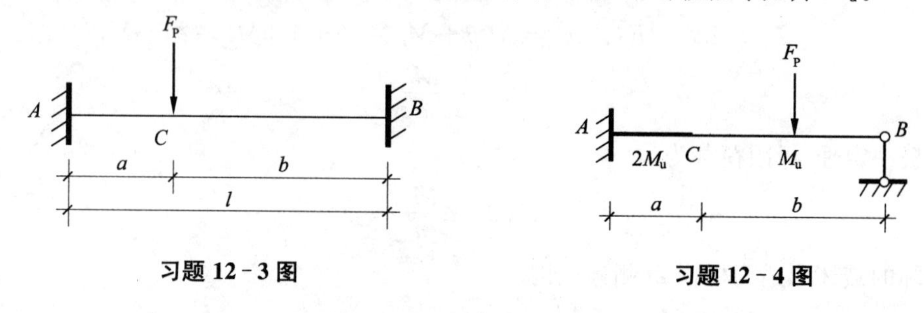

12-4　设图示变截面梁的极限弯矩在 AC 段为 $2M_u$,在 BC 段为 M_u,分别采用静力法和机动法求图示梁的极限荷载 F_{Pu}。

12-5　试求图示变截面梁的极限荷载 F_{Pu},设 AB 段的极限弯矩为 M_u',BD 段的极限弯矩为 M_u。

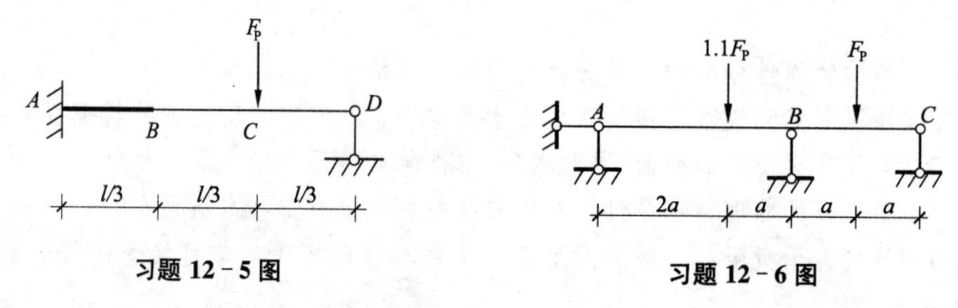

12-6　试求图示两跨连续梁的极限荷载 F_{Pu},各跨的极限弯矩均为 M_u。

12-7　试求图示多跨连续梁的极限荷载 q_u,各跨的极限弯矩均为 M_u。

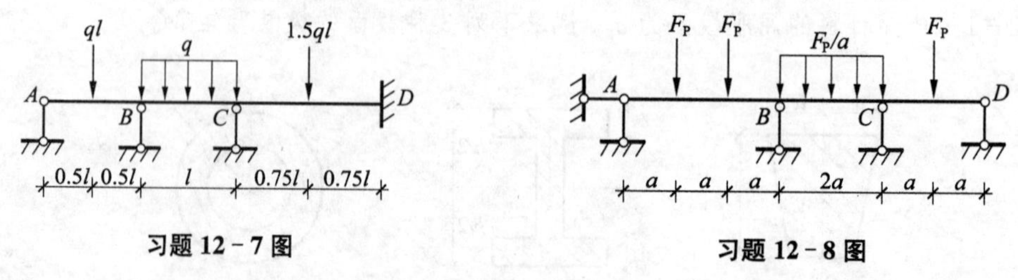

12-8　试求图示多跨连续梁的极限荷载 F_{Pu},设各跨的极限弯矩均为 M_u。

12－9 试求图示多跨连续梁的极限荷载 F_{Pu}。设 AB 和 BC 跨的极限弯矩均为 M_u，CD 跨的极限弯矩为 $2M_u$。

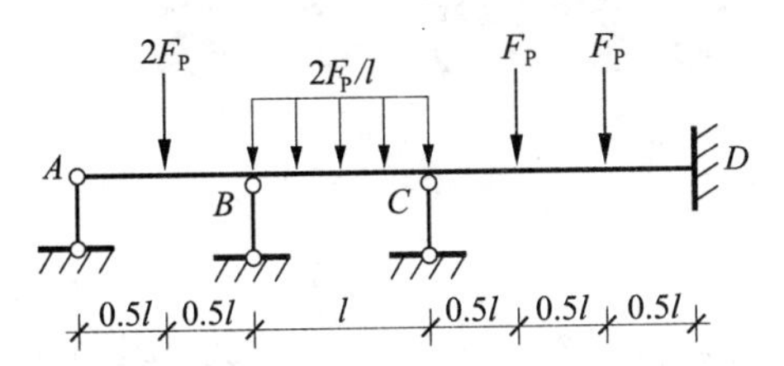

习题 12－9 图

12－10 试求图示刚架结构的极限荷载 F_{Pu}。

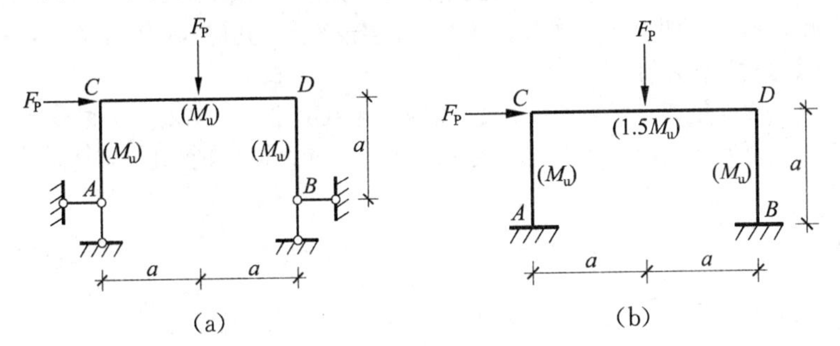

习题 12－10 图

参考答案

2

2-1 (a)～(e) 无多余约束的几何不变体系；(f) 有1个多余约束的几何不变体系

2-2 (a)、(b) 无多余约束的几何不变体系；(c)～(d)瞬变体系

2-3 (a) 无多余约束的几何不变体系；(b) 瞬变体系；(c) 无多余约束的几何不变体系；(d) 瞬变体系；(e) 有1个多余约束的几何不变体系；(f) 无多余约束的几何不变体系；(g) 可变体系；(h)可变体系

2-4 (a) 无多余约束的几何不变体系；(b) 有1个多余约束的几何不变体系；(c) 无多余约束的几何不变体系；(d) 无多余约束的几何不变体系

2-5 (a) $W=-27$，有27个多余约束的几何不变体系；(b) $W=-3$，有3个多余约束的几何不变体系；(c) $W=-5$，有5个多余约束的几何不变体系；(d) $W=0$，无多余约束的几何不变体系

3

3-1 (略)

3-2 (a) $F_{SE}=-0.5\ \text{kN}$，$M_{E左侧}=6.5\ \text{kN}\cdot\text{m}$(下侧受拉)，$M_{E右侧}=9.5\ \text{kN}\cdot\text{m}$(下侧受拉)

(b) $F_{SE}=1\ \text{kN}$，$M_E=8\ \text{kN}\cdot\text{m}$(下侧受拉)

(c) $F_{NB左侧}=4.47\ \text{kN}$，$F_{NB右侧}=0\ \text{kN}$，$F_{SB左侧}=-8.94\ \text{kN}$，$F_{SB右侧}=8\ \text{kN}$，$M_{B左侧}=M_{B右侧}=8\ \text{kN}\cdot\text{m}$(上侧受拉)

(d) $F_{NB左侧}=0\ \text{kN}$，$F_{NB右侧}=-3.58\ \text{kN}$，$F_{SB左侧}=8\ \text{kN}$，$F_{SB右侧}=7.16\ \text{kN}$，$M_{B左侧}=M_{B右侧}=10\ \text{kN}\cdot\text{m}$(下侧受拉)

3-3 (a) $V_C=0.75F_P(\downarrow)$，$F_{SC右侧}=-0.5F_P$，$M_C=0.5F_Pa$(下侧受拉)

(b) $V_A=qa(\uparrow)$，$M_A=0.5qa^2$(下侧受拉)，$M_C=1.5qa^2$(下侧受拉)

(c) $V_B=0.5qa(\uparrow)$，$V_E=1.25qa(\uparrow)$，$M_B=0.75qa^2$(下侧受拉)

(d) $V_A=20\ \text{kN}(\uparrow)$，$M_A=0$，$M_C=M_E=40\ \text{kN}\cdot\text{m}$(下侧受拉)

3-4 (略)

3-5 (a) $F_{NBA}=-80\ \text{kN}$，$F_{SBA}=0$，$M_{BA}=240\ \text{kN}\cdot\text{m}$(左侧受拉)

(b) $F_{NBA}=-20\ \text{kN}$，$F_{SBA}=0$，$M_{BA}=80\ \text{kN}\cdot\text{m}$(右侧受拉)

(c) $F_{NBD}=0$，$F_{SBD}=0$，$M_{BD}=32\ \text{kN}\cdot\text{m}$(右侧受拉)

(d) $F_{NBD}=-100\ \text{kN}$，$F_{SBD}=0$，$M_{BD}=30\ \text{kN}\cdot\text{m}$(左侧受拉)

(e) $F_{NBA}=7.5\ \text{kN}$，$F_{SBA}=-4\ \text{kN}$，$M_{BA}=12\ \text{kN}\cdot\text{m}$(右侧受拉)

(f) $F_{NAB}=0$，$F_{SAB}=-\frac{4}{3}\ \text{kN}$，$M_{AB}=4\ \text{kN}\cdot\text{m}$(下侧受拉)

(g) $F_{NBA}=-12.5\ \text{kN}$，$F_{SBA}=-10.42\ \text{kN}$，$M_{BA}=62.5\ \text{kN}\cdot\text{m}$(左侧受拉)

(h) $F_{NBA}=-60\ \text{kN}$，$F_{SBA}=-10.67\ \text{kN}$，$M_{BA}=64\ \text{kN}\cdot\text{m}$(左侧受拉)

3-6 (a) $F_{NBA}=-55\ \text{kN}$，$F_{SBA}=-80\ \text{kN}$，$M_{BA}=320\ \text{kN}\cdot\text{m}$(左侧受拉)

(b) $F_{NEB}=-45\ \text{kN}$，$F_{SEB}=0$，$M_{EB}=30\ \text{kN}\cdot\text{m}$(右侧受拉)

3-7 $H_A=0.5P(\rightarrow)$，$V_A=0.75P(\uparrow)$，$H_B=0.5P(\leftarrow)$，$V_B=0.25P(\uparrow)$，

$F_{NE}=-\frac{\sqrt{5}}{4}F_P$，$F_{SE}=0$，$M_E=0.5F_P$(上侧受拉)，$M_D=1.5F_P$(下侧受拉)

$F_{\text{ND左侧}}=-\frac{7\sqrt{5}}{20}F_P, F_{\text{SD左侧}}=\frac{\sqrt{5}}{5}F_P, F_{\text{ND右侧}}=-\frac{3\sqrt{5}}{20}F_P, F_{\text{SD右侧}}=-\frac{\sqrt{5}}{5}F_P$

3-8　$F_{NK}=-158.2\text{ kN}, F_{SK}=2.15\text{ kN}, M_K=7.5\text{ kN}\cdot\text{m}$(上侧受拉)

3-9　(a) 2 根零杆　(b) 10 根零杆　(c) 19 根零杆　(d) 7 根零杆　(e) 7 根零杆
(f) 6 根零杆　(g) 8 根零杆　(h) 8 根零杆

3-10　(a) $F_{NGF}=-40\text{ kN}$　(b) $F_{NDA}=50\text{ kN}, F_{NDE}=20\text{ kN}, F_{NDB}=-50\text{ kN}$

3-11　(a) $F_{N1}=-16.67\text{ kN}, F_{N2}=-4.17\text{ kN}, F_{N3}=4.17\text{ kN}$

(b) $F_{N1}=52.5\text{ kN}, F_{N2}=5\sqrt{13}\text{ kN}, F_{N3}=-5\sqrt{13}\text{ kN}$

(c) $F_{N1}=\sqrt{2}F_P, F_{N2}=2\sqrt{2}F_P, F_{N3}=-2F_P, F_{N4}=-2F_P$

(d) $F_{N1}=0, F_{N2}=\frac{1}{3}F_P, F_{N3}=-\frac{1}{3}F_P, F_{N4}=\frac{\sqrt{2}}{3}F_P$

(e) $F_{N1}=0, F_{N2}=-\frac{2}{3}F_P, F_{N3}=0$

(f) $F_{N1}=-0.75F_P, F_{N2}=0, F_{N3}=-0.25F_P$

(g) $F_{N1}=-\frac{\sqrt{5}}{3}F_P, F_{N2}=-\frac{7\sqrt{2}}{6}F_P$

(h) $F_{N1}=\frac{\sqrt{5}}{4}F_P, F_{N2}=0.5F_P$

3-12　(a) $F_{NAF}=4\sqrt{2}\text{ kN}, F_{NBF}=-4\text{ kN}, F_{NFG}=4\text{ kN}, M_B=2\text{ kN}\cdot\text{m}$(上侧受拉)

(b) $F_{NFA}=3\sqrt{13}\text{ kN}, F_{NFB}=-12\text{ kN}, F_{NFC}=3\sqrt{5}\text{ kN}, F_{QBC}=3\text{ kN}$

(c) $F_{NAC}=-70\sqrt{2}\text{ kN}, F_{SCB}=-50\text{ kN}, F_{SBA}=35\text{ kN}, M_{BA}=105\text{ kN}\cdot\text{m}$(右侧受拉)

4

4-1　(a) $\Delta_{By}=\frac{qL^4}{8EI}(\downarrow), \theta_B=\frac{qL^3}{6EI}$(顺时针), (b) $\Delta_{Cy}=\frac{FL^3}{24EI}(\downarrow), \theta_C=\frac{FL^2}{8EI}$(顺时针)

4-2　(a) $\Delta_{Cy}=\frac{qL^4}{6EI}(\downarrow)$　(b) $\Delta_{Bx}=\frac{m_0R^2}{EI}(\frac{\pi}{2}-1)(\rightarrow)$

4-3　(a) $\Delta_{Cy}=\frac{7qL^4}{256EI}(\downarrow)$　(b) $\Delta_{Cy}=\frac{81}{4EI}(\downarrow)$

(c) $\theta_B=\frac{PL^2}{2EI}$(逆时针)　(d) $\Delta_{Cy}=\frac{202.67}{EI}(\downarrow)$

4-4　(a) $\theta_B=\frac{qL^3}{3EI}$(顺时针)　(b) $\Delta_{Dx}=\frac{2PL^3}{3EI}(\rightarrow), \Delta_{B-E}=\frac{2\sqrt{2}PL^3}{3EI}$(靠近)

4-5　(a) $\Delta_{Cy}=\frac{22.9F_PL}{EA}(\downarrow)$

(b) $\Delta_{Cx}=2(1+\sqrt{2})\frac{F_PL}{EA}(\rightarrow), \theta_{BC}=(1+\sqrt{2})\frac{F_P}{EA}$(顺时针)

4-6　$\Delta_{Cy}=\frac{571}{EI}(\downarrow)$

4-7　$\Delta_{Dy}=0.2\text{ mm}(\downarrow)$

4-8　$\theta_A=0.0075$(顺时针)

4-9　$\Delta_{Ey}=\frac{23F_PL^3}{3EI}(\downarrow)$

4-10　$\Delta_{Cy}=\frac{6.828F_Pd}{EA}(\downarrow)$

4-11 $\Delta_{Ay}=\dfrac{F_PL^3}{16EI}$（↓）

4-12 $\Delta_{Cy}=\dfrac{F_PL^3}{48EI}\left(1+\dfrac{12aI}{AL^3}\right)$（↓）

5

5-1 (a) 3次 (b) 12次 (c) 5次 (d) 7次

5-2 (a) $M_B=\dfrac{3}{32}F_PL$（上侧受拉）

(b) $M_{AB}=13.57\ \mathrm{kN\cdot m}$（上侧受拉），$M_{BA}=17.86\ \mathrm{kN\cdot m}$（上侧受拉）

5-3 (a) $M_{BA}=10\ \mathrm{kN\cdot m}$（外侧受拉）

(b) $M_{BA}=31.422\ \mathrm{kN\cdot m}$（外侧受拉），$M_{AB}=22.89\ \mathrm{kN\cdot m}$（右侧受拉）

(c) $M_{DA}=M_{CB}=\dfrac{F_PL}{2}$（下侧受拉）

(d) $M_{BA}=2\ \mathrm{kN\cdot m}$，$M_{CB}=4.33\ \mathrm{kN\cdot m}$，$M_{DC}=5.66\ \mathrm{kN\cdot m}$

(e) $M_{AB}=0$，$M_{BA}=4.5\ \mathrm{kN\cdot m}$（左侧受拉），$M_{BC}=4.5\ \mathrm{kN\cdot m}$（右侧受拉）

(f) $M_{CD}=30\ \mathrm{kN\cdot m}$（左侧受拉）

5-4 (a) $F_{NK}=-0.071F_P$（压力）

(b) $F_{NK}=F_P$（拉力）

5-5 (a) $F_{NBC}=-12.44\ \mathrm{kN}$（压力），$M_{AB}=30.23\ \mathrm{kN\cdot m}$（上侧受拉）

(b) $F_{NAE}=F_{NBF}=85.26\ \mathrm{kN}$（拉力），$F_{NCE}=F_{NDF}=-47.29\ \mathrm{kN}$（压力）

$F_{NEF}=70.94\ \mathrm{kN}$（拉力），$M_{CA}=-21.88\ \mathrm{kN\cdot m}$（上侧受拉）

5-6 (a) $M_{AB}=\dfrac{2}{7}F_PL$（右侧受拉），$M_{BA}=\dfrac{3}{14}F_PL$（左侧受拉）

(b) $M_{AB}=\dfrac{qL^2}{24}$（右侧受拉）

(c) $M_{AB}=-0.52F_P$（右侧受拉），$M_{BA}=0.57F_P$（左侧受拉）

$M_{CB}=0.57F_P$（上侧受拉），$M_{DC}=0.52F_P$（左侧受拉）

5-7 (a) $M_{BA}=77.5\dfrac{EI\alpha}{L}$（下侧受拉），$M_{CB}=77.5\dfrac{EI\alpha}{L}$（右侧受拉）

(b) $M_{CD}=30\dfrac{\alpha EI}{L}$（右侧受拉）

5-8 (a) $M_{AB}=\dfrac{3EI}{L}\varphi-\dfrac{3EI}{L^2}\Delta$

(b) $M_{CB}=\dfrac{EI}{160a}$（右侧受拉）

5-9 $F_{NAB}=199.6\ \mathrm{kN}$（拉力）；$M_K=251.486\ \mathrm{kN\cdot m}$（内侧受拉）

6

6-1 (a) 4 (b) 7 (c) 9 (d) 5

6-2 (a) $M_{AB}=\dfrac{4EI\theta}{l}-\dfrac{F_Pl}{8}$，$M_{BA}=\dfrac{8EI\theta}{l}+\dfrac{F_Pl}{8}$

$M_{BC}=\dfrac{2EI\theta}{l}$，$M_{CB}=-\dfrac{2EI\theta}{l}$，$M_{BD}=\dfrac{3EI\theta}{l}$，$M_{DB}=0$

(b) $M_{AC}=\dfrac{2EI\theta_1}{l}$，$M_{CA}=\dfrac{4EI\theta_1}{l}$，$M_{BD}=\dfrac{2EI\theta_2}{l}$，$M_{DB}=\dfrac{4EI\theta_2}{l}$

$M_{CD}=\frac{8EI\theta_1}{l}+\frac{4EI\theta_2}{l},M_{DC}=\frac{4EI\theta_1}{l}+\frac{8EI\theta_2}{l},M_{DE}=\frac{8EI\theta_2}{l}-5l^2,M_{ED}=\frac{4EI\theta_2}{l}+5l^2$

(c) $M_{AC}=-\frac{F_Pl}{8}+\frac{2EI\theta}{l}-\frac{6EI\Delta}{l^2},M_{CA}=\frac{F_Pl}{8}+\frac{4EI\theta}{l}-\frac{6EI\Delta}{l^2}$

$M_{BD}=\frac{3EI\Delta}{l^2}$, $M_{DB}=0,M_{CD}=\frac{3EI\theta}{l},M_{DC}=0$

$M_{CE}=-\frac{F_Pl}{8}+\frac{4EI\theta}{l}+\frac{6EI\Delta}{l^2}$, $M_{EC}=\frac{F_Pl}{8}+\frac{2EI\theta}{l}+\frac{6EI\Delta}{l^2}$

(d) $M_{AB}=8i\theta\quad M_{BA}=4i\theta$

$M_{BC}=3i\theta-\frac{3i\Delta}{l},M_{CB}=0$

6-3 (a) $M_{AB}=0$, $M_{BA}=\frac{1}{8}ql^2$, $M_{BC}=-\frac{1}{8}ql^2$, $M_{CB}=\frac{ql^2}{16}$

(b) $M_{AC}=-150\ \text{kN}\cdot\text{m}$, $M_{CA}=-30\ \text{kN}\cdot\text{m}$, $M_{BD}=M_{DB}=-90\ \text{kN}\cdot\text{m}$

(c) $M_{AC}=-60\ \text{kN}\cdot\text{m}$, $M_{CA}=0$, $M_{BD}=-96\ \text{kN}\cdot\text{m}$, $M_{DB}=-72\ \text{kN}\cdot\text{m}$

$M_{CD}=0$, $M_{DC}=36\ \text{kN}\cdot\text{m}$, $M_{DE}=36\ \text{kN}\cdot\text{m}$, $M_{ED}=0$

(d) $M_{AD}=M_{DA}=0$, $M_{BD}=M_{DB}=0$, $M_{CE}=12.86\ \text{kN}\cdot\text{m}$, $M_{EC}=-4.29\ \text{kN}\cdot\text{m}$, $M_{DE}=0$,

$M_{ED}=4.29\ \text{kN}\cdot\text{m}$

6-4 (a) $M_{AB}=-\frac{27F_Pl}{64},M_{BA}=0$

(b) $M_{AC}=0.21\,ql^2$, $M_{CA}=0.4\,ql^2$, $M_{BC}=0.12\,ql^2$, $M_{CB}=0.49\,ql^2$

$M_{CD}=0.89\,ql^2$, $M_{DC}=0$

6-5 (a) $M_{AD}=-3.65i\theta$, $M_{DA}=-1.3i\theta$

$M_{CD}=0.35i\theta$, $M_{DC}=0.7i\theta$

$M_{DE}=0.6i\theta$, $M_{ED}=0.15i\theta$

$M_{BE}=0$, $M_{EB}=-0.15i\theta$

(b) $M_{AC}=\frac{1.92i\Delta}{l}$, $M_{CA}=\frac{3.84i\Delta}{l}$, $M_{BD}=\frac{0.24i\Delta}{l}$, $M_{DB}=\frac{0.48i\Delta}{l}$

$M_{CD}=-\frac{3.84i\Delta}{l}$, $M_{DC}=-\frac{7.2i\Delta}{l}$, $M_{DE}=\frac{6.72i\Delta}{l}$, $M_{ED}=0$

6-6 (a) $M_{AE}=-0.125F_Pl$, $M_{EA}=-0.25F_Pl$, $M_{ED}=0.5F_Pl$

$M_{EF}=-0.25F_Pl,M_{FE}=-0.125F_Pl$, $M_{BF}=M_{FB}=0$

$M_{FG}=0.125F_Pl$, $M_{GF}=0.25F_Pl,M_{GH}=0.5F_Pl$

$M_{CG}=0.125F_Pl$, $M_{GC}=0.25F_Pl$

(b) $M_{AF}=M_{CE}=-0.11F_Pl$, $M_{FA}=M_{EC}=-0.14F_Pl$

$M_{AC}=M_{CA}=0.11F_Pl$, $M_{EF}=M_{FE}=0$

$M_{ED}=M_{FB}=0.14F_Pl$, $M_{DE}=M_{BF}=0.11F_Pl$

$M_{DB}=M_{BD}=-0.11F_Pl$

7

7-1 (a) $\mu_{BA}=0.33$, $\mu_{BC}=0.67$

$M^F_{AB}=0$, $M^F_{BA}=40\ \text{kN}\cdot\text{m}$

$M^F_{BC}=8\ \text{kN}\cdot\text{m}$, $M^F_{CB}=16\ \text{kN}\cdot\text{m}$

(b) $\mu_{AB}=0.102$, $\mu_{AC}=0.619$, $\mu_{AD}=0.279$

$M^F_{AB}=36\ \text{kN}\cdot\text{m}\quad M^F_{BA}=18\ \text{kN}\cdot\text{m}$

$M_{AC}^{F} = M_{CA}^{F} = 0$, $M_{AD}^{F} = -30\ \text{kN}\cdot\text{m}$, $M_{DA}^{F} = 0$

7-2 (a) $M_{AB} = -162\ \text{kN}\cdot\text{m}$, $M_{BA} = 126\ \text{kN}\cdot\text{m}$

$M_{BC} = -126\ \text{kN}\cdot\text{m}$, $M_{CB} = 0$

(b) $M_{AB} = -62\ \text{kN}\cdot\text{m}$, $M_{BA} = -34\ \text{kN}\cdot\text{m}$

$M_{BC} = -16\ \text{kN}\cdot\text{m}$, $M_{BA} = 40\ \text{kN}\cdot\text{m}$

7-3 (a) $M_{AB} = 0.2F_{P}l$, $M_{BA} = 0.4F_{P}l$

$M_{BC} = 0.6F_{P}l$, $M_{CB} = 0$, $M_{BD} = -F_{P}l$

(b) $M_{AB} = 45\ \text{kN}\cdot\text{m}$, $M_{BA} = 0$

$M_{AC} = -5\ \text{kN}\cdot\text{m}$, $M_{CA} = 5\ \text{kN}\cdot\text{m}$

$M_{AD} = -70\ \text{kN}\cdot\text{m}$, $M_{DA} = 40\ \text{kN}\cdot\text{m}$

7-4 $M_{AB} = -1.66\ \text{kN}\cdot\text{m}$, $M_{BA} = 11.67\ \text{kN}\cdot\text{m}$

$M_{BC} = -11.67\ \text{kN}\cdot\text{m}$, $M_{CB} = 3.7\ \text{kN}\cdot\text{m}$

$M_{CD} = -3.7\ \text{kN}\cdot\text{m}$, $M_{DC} = 10\ \text{kN}\cdot\text{m}$

7-5 $M_{AE} = 10.6\ \text{kN}\cdot\text{m}$, $M_{EA} = 21.3\ \text{kN}\cdot\text{m}$

$M_{EF} = -41.3\ \text{kN}\cdot\text{m}$, $M_{FE} = 73.1\ \text{kN}\cdot\text{m}$

$M_{FG} = -73.1\ \text{kN}\cdot\text{m}$, $M_{GF} = 41.3\ \text{kN}\cdot\text{m}$

$M_{CG} = -10.6\ \text{kN}\cdot\text{m}$, $M_{GC} = -21.3\ \text{kN}\cdot\text{m}$

$M_{FB} = M_{BF} = 0$, $M_{ED} = 20\ \text{kN}\cdot\text{m}$, $M_{GH} = -20\ \text{kN}\cdot\text{m}$

7-6 $M_{AB} = -37.9\ \text{kN}\cdot\text{m}$, $M_{BA} = -4.75\ \text{kN}\cdot\text{m}$

$M_{BC} = 4.75\ \text{kN}\cdot\text{m}$, $M_{CB} = -53.9\ \text{kN}\cdot\text{m}$

$M_{CD} = 53.9\ \text{kN}\cdot\text{m}$, $M_{DC} = 79.4\ \text{kN}\cdot\text{m}$

7-7 (a) $M_{CA} = 1.26\ \text{kN}\cdot\text{m}$, $M_{CB} = 1.26\ \text{kN}\cdot\text{m}$, $M_{BC} = 1.26\ \text{kN}\cdot\text{m}$

(b) $M_{AC} = M_{BD} = -6.4L\ \text{kN}\cdot\text{m}$, $M_{CA} = M_{DB} = -5.6L\ \text{kN}\cdot\text{m}$

$M_{CE} = M_{DF} = -1.73L\ \text{kN}\cdot\text{m}$, $M_{EC} = M_{FD} = -2.27L\ \text{kN}\cdot\text{m}$

$M_{EF} = M_{FE} = 2.27L\ \text{kN}\cdot\text{m}$, $M_{CD} = M_{DC} = 7.33L\ \text{kN}\cdot\text{m}$

7-8 (a) $M_{AC} = M_{BD} = -60\ \text{kN}\cdot\text{m}$

(b) $M_{AB} = M_{BA} = -100\ \text{kN}\cdot\text{m}$, $M_{BC} = M_{CB} = -150\ \text{kN}\cdot\text{m}$

$M_{EF} = M_{FE} = -150\ \text{kN}\cdot\text{m}$, $M_{ED} = M_{DE} = -200\ \text{kN}\cdot\text{m}$

8

8-1～8-13 （略）

8-14 (a) $F_{SD左} = 47.5\ \text{kN}$, $F_{SD右} = 7.5\ \text{kN}$, $M_{E} = 110\ \text{kN}\cdot\text{m}$

(b) $F_{SD} = 7\ \text{kN}$, $M_{E} = 28\ \text{kN}\cdot\text{m}$

8-15 $Z_{max} = 777.5\ \text{kN}$

8-16 $M_{Cmax} = 314\ \text{kN}\cdot\text{m}$, $M_{Cmin} = 164\ \text{kN}\cdot\text{m}$

9

9-1 (a) $\Delta = \begin{bmatrix} \theta_1 \\ \theta_2 \\ \theta_3 \\ \theta_4 \end{bmatrix}, K = \dfrac{EA}{l}\begin{bmatrix} 4 & 2 & 0 & 0 \\ 2 & 6 & 1 & 0 \\ 0 & 1 & 6 & 2 \\ 0 & 0 & 2 & 4 \end{bmatrix}$ (b) $\Delta = \begin{bmatrix} \theta_2 \\ \theta_3 \end{bmatrix}, K = \dfrac{EA}{l}\begin{bmatrix} 6 & 1 \\ 1 & 6 \end{bmatrix}$

(c) $\Delta = \begin{bmatrix} v_2 \\ \theta_{21} \\ \theta_{23} \\ \theta_3 \\ \theta_4 \end{bmatrix}, K = \frac{EI}{l}\begin{bmatrix} \frac{36}{l^2} & -\frac{12}{l} & \frac{6}{l} & \frac{6}{l} & 0 \\ -\frac{12}{l} & 8 & 0 & 0 & 0 \\ \frac{6}{l} & 0 & 4 & 2 & 0 \\ \frac{6}{l} & 0 & 2 & 8 & 0 \\ 0 & 0 & 0 & 2 & 4 \end{bmatrix}$

(d) $\Delta = \begin{bmatrix} v_2 \\ \theta_2 \\ \theta_3 \\ \theta_4 \end{bmatrix}, K = \frac{EI}{l}\begin{bmatrix} \frac{36}{l^2} & -\frac{6}{l} & \frac{6}{l} & 0 \\ -\frac{6}{l} & 12 & 2 & 0 \\ \frac{6}{l} & 2 & 8 & 2 \\ 0 & 0 & 2 & 4 \end{bmatrix}$

9-2 (a) $\Delta = \begin{bmatrix} \theta_2 \\ \theta_3 \end{bmatrix} = \begin{bmatrix} \frac{6.82}{i_1} \\ -\frac{0.91}{i_1} \end{bmatrix}, \begin{bmatrix} M_i \\ M_j \end{bmatrix}^{①} = \begin{bmatrix} 13.64 \\ 27.27 \end{bmatrix} \text{kN·m}, \begin{bmatrix} M_i \\ M_j \end{bmatrix}^{②} = \begin{bmatrix} 12.73 \\ 5 \end{bmatrix} \text{kN·m}$

(b) $\Delta = \begin{bmatrix} \theta_2 \\ \theta_3 \end{bmatrix} = \begin{bmatrix} \frac{6.43}{i} \\ -\frac{10.71}{i} \end{bmatrix}, \begin{bmatrix} M_i \\ M_j \end{bmatrix}^{①} = \begin{bmatrix} 12.86 \\ 25.71 \end{bmatrix} \text{kN·m}, \begin{bmatrix} M_i \\ M_j \end{bmatrix}^{②} = \begin{bmatrix} -25.71 \\ 0 \end{bmatrix} \text{kN·m}$

9-3 (a) $M_{23} = -50.99$ kN·m, $M_{32} = 68.3$ kN·m (b) $M_{12} = -8.89$ kN·m, $M_{21} = 2.22$ kN·m

9-4 $K_{15} = k_{15}^{①}, K_{66} = k_{66}^{②} + k_{66}^{③} + k_{66}^{⑤}, K_{55} = k_{55}^{①} + k_{55}^{④} + k_{55}^{⑥} + k_{55}^{⑤}, K_{52} = 0, K_{47} = 0$

9-5 (a) $M_{21} = 13.22$ kN·m(上侧受拉)，$M_{23} = 13.57$ kN·m(下侧受拉)，$M_{24} = 13.21$ kN·m(左侧受拉)

(b) $M_{34} = 9.41$ kN·m(右侧受拉)，$M_{32} = 5.41$ kN·m(上侧受拉)

9-6 (a) $F_{N23} = 26.53$ kN, $F_{N34} = 6.53$ kN, $F_{N14} = -13.47$ kN

(b) $F_{N32} = F_P$(拉)，$F_{N12} = 1.333F_P$(拉)，$F_{N13} = 1.667F_P$(压)

9-7 (a) $M_{23} = 15.57$ kN·m(下侧受拉)，$F_{N25} = -42.22$ kN, $F_{N15} = 94.40$ kN, $F_{N56} = 84.43$ kN

(b) $M_{21} = 28.75$ kN·m(下侧受拉)，$F_{N24} = -48.04$ kN, $F_{N14} = 75.96$ kN

10

10-1 (a) 2 (b) 2 (c) 1 (d) 1 (e) 4 (f) 2 (g) 2 (h) 1 (i) 2

10-2 (a) $\omega = \sqrt{\frac{3EI}{ml^3}}$, $T = 2\pi\sqrt{\frac{ml^3}{3EI}}$ (b) $\omega = \sqrt{\frac{768EI}{7ml^3}}$, $T = \pi\sqrt{\frac{7ml^3}{192EI}}$

(c) $\omega = \sqrt{\frac{3EI + kl^3}{ml^3}}$, $T = 2\pi\sqrt{\frac{ml^3}{3EI + kl^3}}$ (d) $\omega = \sqrt{\frac{k}{m}}$, $T = 2\pi\sqrt{\frac{m}{k}}$

10-3 (a) $\omega = \sqrt{\frac{3EI}{mlh^2}}$ (b) $\omega = \sqrt{\frac{16EI}{m_0h^3}}$ (c) $\omega = \sqrt{\frac{2EA}{27ma}}$

(d) $\omega = \sqrt{\frac{1536EI}{23ml^3}}$ (e) $\omega = \sqrt{\frac{30EI}{13ml^3}}$ (f) $\omega = \sqrt{\frac{12EI}{7ml^3}}$

10-4 (1) $M_{max} = 42.2$ kN·m, $\Delta_{max} = 0.788$ cm (2) $M_{max} = 36.4$ kN·m, $\Delta_{max} = 0.681$ cm

10-5 (1) $Y_{max} = \frac{F_P l^3}{32EI}$, $M_{跨中} = \frac{3F_P l}{8}$ (2) $Y_{max} = \frac{11F_P l^3}{512EI}$, $M_{跨中} = \frac{27F_P l}{128}$

(3) $Y_{max} = \dfrac{3Ml^2}{32EI}$, $M_{跨中} = \dfrac{7M}{8}$　(4) $Y_{max} = \dfrac{7F_P l^3}{656EI}$, $M_{跨中} = \dfrac{15F_P l}{82}$

10-6　当 $t \leqslant t_1$ 时,$y(t) = y_{st}\left[1 - \dfrac{T\sin 2\pi \dfrac{t}{T}}{2\pi t}\right]$,其中 $T = 2\pi\sqrt{\dfrac{ml^3}{24EI}}$ 为刚架的自振周期;当 $t > t_1$ 时,横梁以 t_1 时刻的位移和速度为初始值做自由振动

10-7　$Y_{max} = 2$ mm, $t = 0.099$ s, $M_{max} = 24$ kN·m

10-8　$M_{A\max} = \dfrac{5F_P l}{16}$, $\Delta = \dfrac{F_P l^3}{48EI}$

10-9　当 $\theta = \omega\sqrt{1-2\xi^2}$ 时,位移响应达到最大;当 $\theta = \omega$ 时,速度响应达到最大;当 $\theta = \dfrac{\omega}{\sqrt{1-2\xi^2}}$ 时,加速度响应达到最大

10-10　(a) $\omega_1 = 1.928\sqrt{\dfrac{EI}{ma^3}}$, $\omega_2 = 3.327\sqrt{\dfrac{EI}{ma^3}}$, $\dfrac{Y_1^{(1)}}{Y_2^{(1)}} = -0.628$, $\dfrac{Y_1^{(2)}}{Y_2^{(2)}} = 3.184$

(b) $\omega_1 = 5.69\sqrt{\dfrac{EI}{ml^3}}$, $\omega_2 = 22\sqrt{\dfrac{EI}{ml^3}}$, $\dfrac{Y_1^{(1)}}{Y_2^{(1)}} = 1$, $\dfrac{Y_1^{(2)}}{Y_2^{(2)}} = -1$

(c) $\omega_1 = 10.47\sqrt{\dfrac{EI}{ml^3}}$, $\omega_2 = 13.86\sqrt{\dfrac{EI}{ml^3}}$, $\dfrac{Y_1^{(1)}}{Y_2^{(1)}} = -1$, $\dfrac{Y_1^{(2)}}{Y_2^{(2)}} = 1$

(d) $\omega_1 = 3.0618\sqrt{\dfrac{EI}{ml^3}}$, $\omega_2 = 12.298\sqrt{\dfrac{EI}{ml^3}}$, $\dfrac{Y_1^{(1)}}{Y_2^{(1)}} = -0.1602$, $\dfrac{Y_1^{(2)}}{Y_2^{(2)}} = 6.242$

(e) $\omega_1 = 1.095\sqrt{\dfrac{EI}{ml^3}}$, $\omega_2 = 2.0\sqrt{\dfrac{EI}{ml^3}}$

(f) $\omega_1 = \sqrt{\dfrac{3EI}{2ml^3}}$, $\omega_2 = \sqrt{\dfrac{3EI}{ml^3}}$, $\omega_3 = \sqrt{\dfrac{3EI}{ml^3}}$, $Y^{(1)} = \begin{Bmatrix}1\\1\\0\end{Bmatrix}$, $Y^{(2)} = \begin{Bmatrix}1\\-1\\0\end{Bmatrix}$, $Y^{(3)} = \begin{Bmatrix}0\\0\\1\end{Bmatrix}$

(g) $\omega_1 = 0.288\sqrt{\dfrac{EA}{ma}}$, $\omega_2 = 0.79\sqrt{\dfrac{EA}{ma}}$, $\dfrac{Y_1^{(1)}}{Y_2^{(1)}} = -0.5025$, $\dfrac{Y_1^{(2)}}{Y_2^{(2)}} = 0.1989$

(h) $\omega_1 = \sqrt{\dfrac{32EI}{5ml^3}}$, $\omega_2 = \sqrt{\dfrac{32EI}{ml^3}}$, $\dfrac{Y_1^{(1)}}{Y_2^{(1)}} = 3$, $\dfrac{Y_1^{(2)}}{Y_2^{(2)}} = -1$

10-11　(a) $\omega_1 = \sqrt{\dfrac{12EI}{mh^3}}$, $\omega_2 = \sqrt{\dfrac{48EI}{mh^3}}$, $\dfrac{Y_1^{(1)}}{Y_2^{(1)}} = 0.5$, $\dfrac{Y_1^{(2)}}{Y_2^{(2)}} = -1$

(b) $\omega_1 = 2.88\sqrt{\dfrac{EI}{mh^3}}$, $\omega_2 = 6.42\sqrt{\dfrac{EI}{mh^3}}$, $\dfrac{Y_1^{(1)}}{Y_2^{(1)}} = 2.31$, $\dfrac{Y_1^{(2)}}{Y_2^{(2)}} = -0.43$

(c) $\omega_1 = \sqrt{\dfrac{12EI}{ml^3}}$, $\omega_2 = \sqrt{\dfrac{60EI}{ml^3}}$, $\dfrac{Y_1^{(1)}}{Y_2^{(1)}} = 1$, $\dfrac{Y_1^{(2)}}{Y_2^{(2)}} = -1$

(d) $\omega_1 = 2.4144\sqrt{\dfrac{EI}{ml^3}}$, $\omega_2 = 6.4164\sqrt{\dfrac{EI}{ml^3}}$, $\dfrac{Y_1^{(1)}}{Y_2^{(1)}} = 0.362$, $\dfrac{Y_1^{(2)}}{Y_2^{(2)}} = -5.528$

10-12　$Y_1 = -\dfrac{F_P l^3}{16EI}$, $Y_2 = -\dfrac{F_P l^3}{24EI}$, $M_{水平杆跨中} = \dfrac{F_P l}{2}$

10-13　$Y_1 = -\dfrac{18l^3}{17EI} = -0.941$ mm, $Y_2 = -\dfrac{5l^3}{17EI} = -0.261$ mm

10-14　$Y_1 = -0.0459$ mm, $Y_2 = 0.0117$ mm

10-15　$Y_1 = -0.135$ mm, $Y_2 = -0.093$ mm, $Y_3 = -0.271$ mm, $M_1 = 16.236$ kN·m　$M_2 = 5.124$ kN·m, $M_3 = 32.52$ kN·m

11

11 - 1 (a) $F_{Pcr}=\frac{kl}{2}$ (b) $F_{Pcr}=\frac{2k}{l}$

11 - 2 (a) $q_{cr}=\frac{k}{2}$ (b) $F_{Pcr}=\frac{2kl_1{}^2}{l_2}$

11 - 3 （略）

11 - 4 $F_{Pcr}=0.4227kl$

11 - 5 (1) 若 $I_2=0$，则 $F_{Pcr}=\frac{\pi^2 EI_1}{(2a)^2}$

(2) 若 $I_2=\infty$，则 $F_{Pcr}=\frac{\pi^2 EI_1}{(0.7a)^2}$

(3) 若 $I_2=I_1$，则 $F_{Pcr}=\frac{\pi^2 EI_1}{(1.42a)^2}$

11 - 6 $F_{Pcr}=\frac{3EI_1}{a^2}$

11 - 7 $F_{Pcr}=\frac{0.876EI}{a^2}$

12

12 - 1 (a) $M_u=\frac{3bh\left(\frac{a^2+b^2}{2}-b\sqrt{\frac{a^2+b^2}{2}}\right)-2h^2\left(\frac{a^2+3b^2}{2}-2b\sqrt{\frac{a^2+b^2}{2}}\right)}{6(a-b)}\sigma_y$

(b) $M_u=\sigma_y bh\delta_2(1+\frac{\delta_1 h}{4b\delta_2})$ (c) $M_u=\frac{\sigma_y D^3}{6}\left[1-\left(1-\frac{2\delta}{D}\right)^3\right]$

12 - 2 (a) $q_u=\frac{2M_u}{l^2}$ (b) $F_{Pu}=\frac{2}{3}M_u$

12 - 3 $F_{Pu}=\frac{2l}{ab}M_u$

12 - 4 $F_{Pu}=\frac{4(2b+a)}{b(2a+b)}M_u$

12 - 5 ① 若 B、C 出现塑性铰形成破坏机构，则 $F_{Pu}=\frac{9M_u}{l}$； ② 若 A、C 出现塑性铰形成破坏机构，则 $F_{Pu}=\frac{3(M_u'+3M_u)}{2l}$

12 - 6 $F_{Pu}=\frac{2.27M_u}{a}$

12 - 7 $q_u=\frac{6.4M_u}{l^2}$

12 - 8 $F_{Pu}=\frac{1.33M_u}{a}$

12 - 9 $F_{Pu}=\frac{3M_u}{l}$

12 - 10 (a) $F_{Pu}=\frac{8M_u}{3a}$

(b) $F_{Pu}=\frac{3.5M_u}{a}$

参考文献

[1] 龙驭球,包世华. 结构力学Ⅰ、Ⅱ. 第2版. 北京:高等教育出版社,2006
[2] 单建,吕令毅. 结构力学. 第2版. 南京:东南大学出版社,2011
[3] 单建. 趣味结构力学. 北京:高等教育出版社,2008
[4] 李廉锟. 结构力学(上、下册). 第5版. 北京:高等教育出版社,2006
[5] 潘亦培,朱伯钦. 结构力学(上、下册). 北京:高等教育出版社,1985
[6] 郭仁俊. 结构力学. 北京:中国建筑工业出版社,2007
[7] 程选生. 工程结构力学. 北京:机械工业出版社,2009
[8] 魏德敏. 建筑力学. 北京:中国建筑工业出版社,2010